KUHMINSA

한 발 앞서나가는 출판사, **구민사**

구민사 출간도서 中 수험서 분야

- 용접
- 자동차
- 조경/산림
- 품질경영
- 산업안전
- 전기
- 건축토목
- 실내건축
- 기술사
- 기계
- 금속
- 환경
- 보일러
- 가스
- 공조냉동
- 위험물

전국 도서판매처

- 일산남부서점
- 안산대동서적
- 대전계룡서점
- 대구북앤북스
- 대구하나도서
- 포항학원사
- 울산처용서림
- 창원그랜드문고
- 순천중앙서점
- 광주조은서림

www.kuhminsa.co.kr

자격증 시험 접수부터 자격증 수령까지!

필기 원서 접수
큐넷(www.q-net.or.kr)
필기 시험은 회원 가입 후 인터넷 접수만 가능
(사진 파일, 접수비(인터넷 결제) 필요)
응시자격 요건 반드시 확인

필기시험
입실 시간 미준수 시 시험 응시 불가
준비물 : 수험표, 신분증, 필기구 지참

필기 합격 확인
큐넷(www.q-net.or.kr)
사이트에서 확인

실기 원서 접수
큐넷(www.q-net.or.kr)
응시 자격 서류는 실기시험 접수기간(4일 내)에
제출해야만 접수 가능

전문가를 위한 첫걸음, 구민사는 그 이상을 봅니다!
KUHMINSA

실기 시험
필답형과 작업형으로 분류
원서 접수 시 선택한 장소와 시간에 맞게 시험을 봅니다.
준비물 : 수험표, 신분증, 필기구 지참

최종합격 확인
큐넷(www.q-net.or.kr)
사이트에서 확인

자격증 신청
인터넷으로 신청(상장형 자격증 발급을 원칙으로 하며,
희망 시 수첩형 자격증 발급 신청/ 발급 수수료 부과)

자격증 수령
인터넷으로 발급(출력)
(수첩형 자격증 등기 수령 시 등기 비용 발생)

D-DAY 60 폐기물처리산업기사 필기 D-60 합격 플랜
(위의 플랜은 가장 이상적인 것이므로 참고하여 개인의 입장과 일정에 맞춰 준비하시기 바랍니다.)

월요일	화요일	수요일	목요일	금요일	토요일	일요일
D-60	D-59	D-58	D-57	D-56	D-55	D-54
폐기물 이론(PART 1~4)						
D-53	D-52	D-51	D-50	D-49	D-48	D-47
과년도 문제 풀이						
D-46	D-45	D-44	D-43	D-42	D-41	D-40
과년도 문제 풀이						
D-39	D-38	D-37	D-36	D-35	D-34	D-33
과년도 문제 풀이						
D-32	D-31	D-30	D-29	D-28	D-27	D-26
전체 이론 및 과년도 문제 복습						

D-DAY 60 놓친 부분 다시보기

월요일	화요일	수요일	목요일	금요일	토요일	일요일
D-25	D-24	D-23	D-22	D-21	D-20	D-19
		이론복습(O/X)				문제풀이(O/X)
D-18	D-17	D-16	D-15	D-14	D-13	D-12
		이론복습(O/X)				문제풀이(O/X)
D-11	D-10	D-9	D-8	D-7	D-6	D-5
		이론복습(O/X)				문제풀이(O/X)
D-4	D-3	D-2	D-1			
		이론복습(O/X)				

시험장 가기 전에 Tip

Q 계산기를 따로 가져가야 하나요?
A 시험을 치르는 PC에 설치된 계산기를 이용하실 수 있습니다.(개인 계산기 지참 가능)

Q PC로 시험을 치르면 종이는 못 쓰나요?
A 시험장에서 필요한 사람에 한해 종이를 제공합니다. 시험장마다 상황이 다를 수 있으니 전화로 해당 시험장의 상황을 파악해보시길 권장합니다. 이 때 시험이 끝나고 종이 반납은 필수입니다.

# 머리말

폐기물처리산업기사 필기시험을 준비하는 수험생들을 위해 집필된 것으로 최근에 출제된 과년도 문제들을 분석하여 자주 출제되는 중요한 문제들은 충분한 해설을 실어 응용문제에 대비하도록 하였다. 따라서 본 수험서를 통해서 여러분의 실력을 한 단계 업그레이드 시키고 합격을 앞당길 수 있도록 마무리 정리에 많은 도움을 줄 것으로 기대한다.

본 수험서의 특징

1. 각 과목마다 최근문제를 분석하여 핵심적인 내용으로 이론을 정리하였다.
2. 출제되는 빈도가 높은 문제는 상세한 해설로 정리하였다.
3. 계산문제는 혼자서도 풀 수 있게끔 공식 및 용어를 상세히 설명하였다.
4. 최근기출문제를 최대한 빨리 공부할 수 있게끔 기출문제구성 및 해설에 최대한 노력하였다.
5. 법규문제는 최근 개정된 내용으로 해설을 구성하였다.

본인은 다년간의 학원강의를 통하여 얻은 지식들을 기반으로 최근에 출제된 문제들을 분석하여 핵심적인 이론내용을 정리하였으며, 수험생들이 문제를 풀면서 궁금해 하는 질문들은 문제해설을 통하여 해결할 수 있게끔 최선의 노력을 하여 교재를 만들었으며, 수험생 여러분이 폐기물처리산업기사 공부에 쉽게 접근하여 자격증취득까지 많은 도움이 되리라 생각한다.

아무쪼록, 본 교재를 통하여 뜻한바 목적을 이루기를 바라며 내용 중 오류 및 잘못된 점이 있다면 수험생들의 기탄없는 충고를 받아들여 최고의 수험서가 될 수 있도록 최대한 노력을 할 것이다.

끝으로 이 도서가 출간되기 까지 수고를 아끼지 않으신 도서출판 구민사 조규백 대표님과 임직원 여러분 그리고 고려종합기술학원 식구들 및 항상 물심양면으로 도와주시는 분들께 진심으로 감사의 말씀을 드립니다.

저자

- 저자직강 동영상 바로가기 : http://www.환경에듀.com
- 블로그 : http://blog.naver.com/airnara69

# 이 책의 구성과 특징

01 체계적인 핵심 요약 & 최근 개정 법규 수록

- 이론 중 중요한 부분은 별표(★)로 표기해 개념정리에 큰 도움이 될 수 있게끔 하였습니다.
- 최근 개정된 법규 내용을 수록하여 법규과목을 충분히 대비할 수 있게끔 하였습니다.

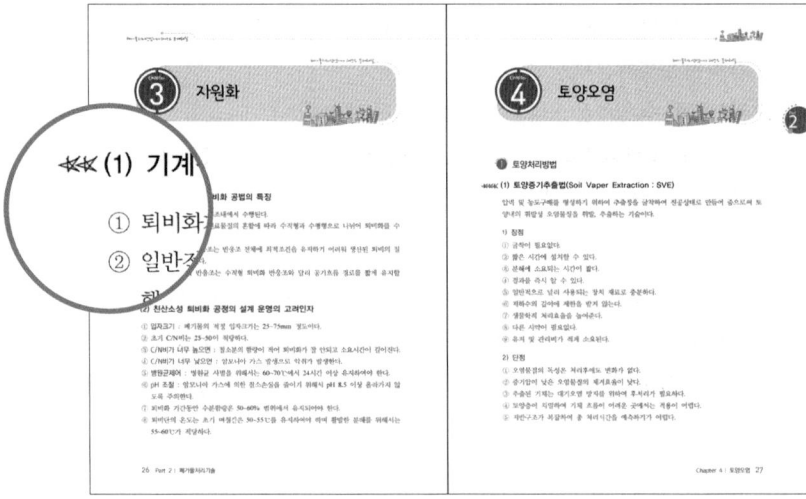

핵심 요약

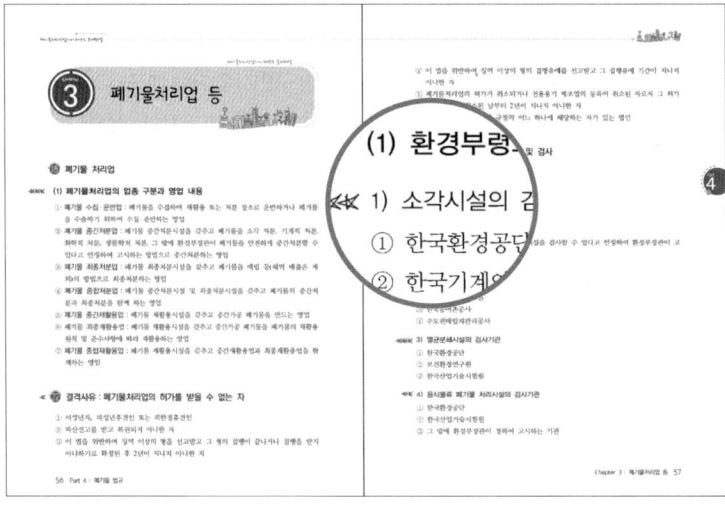

최근 법규

02 과년도 문제 수록 및 CBT 모의고사 수록

- 출제년도를 표기해 수험생들이 최근 출제경향을 쉽게 파악할 수 있도록 하였습니다.
- 출제되는 빈도가 높은 문제는 상세한 해설로 정리하였습니다.
- 계산문제는 혼자서도 풀 수 있게끔 공식 및 용어를 상세히 설명하였습니다.
- CBT 시행에 따라 모의고사를 수록하여 실전시험에 대비하였습니다.

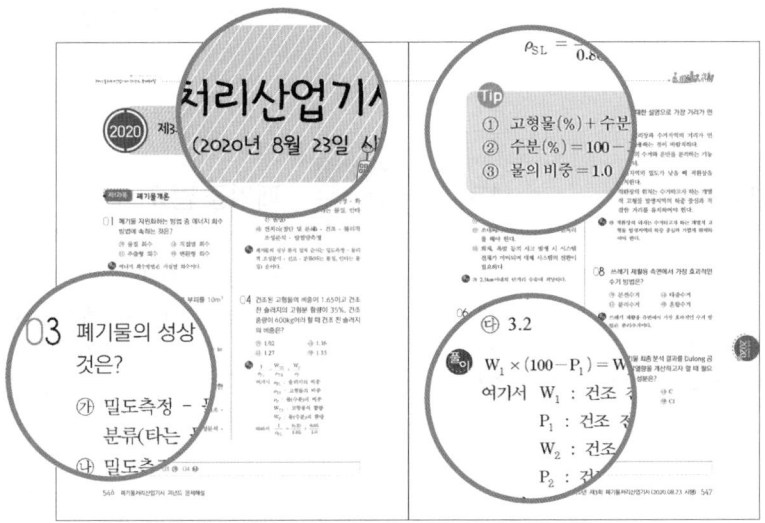

과년도 문제

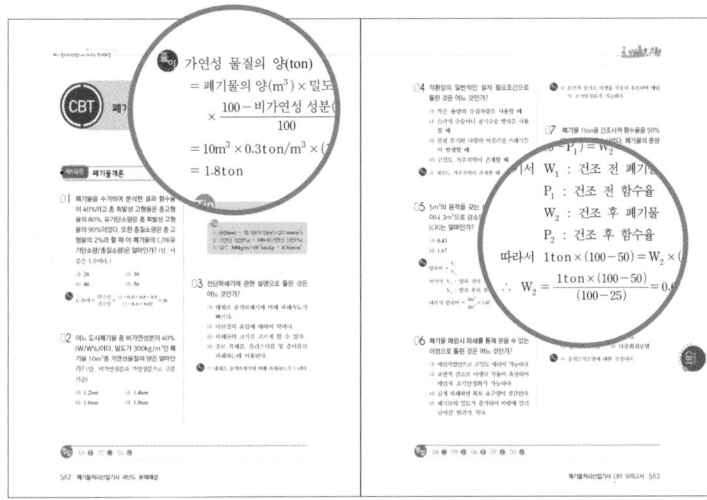

CBT 모의고사

CONTENTS

PART 01 폐기물 개론 ... 1

- Chapter 01. 폐기물 발생량 및 성상 ... 3
- Chapter 02. 폐기물 관리 ... 6
- Chapter 03. 폐기물의 감량 ... 9
- Chapter 04. 퇴비화 ... 12

PART 02 폐기물처리기술 ... 13

- Chapter 01. 중간처분 ... 15
- Chapter 02. 매립 ... 19
- Chapter 03. 자원화 ... 26
- Chapter 04. 토양오염 ... 27

PART 03 폐기물 공정 ... 29

- Chapter 01. 총칙 ... 31
- Chapter 02. 시료의 채취 ... 33
- Chapter 03. 일반항목편 ... 37
- Chapter 04. 금속류(Metals) ... 41
- Chapter 05. 기타 항목편 ... 45

PART 04 폐기물 법규 ... 49

- Chapter 01. 총칙 ... 51
- Chapter 02. 폐기물의 배출과 처리 ... 55
- Chapter 03. 폐기물처리업 등 ... 56

PART 05 과년도 문제해설

2012년
- 제1회 폐기물처리산업기사(2012. 3. 4 시행)   65
- 제2회 폐기물처리산업기사(2012. 5.20 시행)   90
- 제4회 폐기물처리산업기사(2012. 9.15 시행)   116

2013년
- 제1회 폐기물처리산업기사(2013. 3.10 시행)   139
- 제2회 폐기물처리산업기사(2013. 6. 2 시행)   161
- 제4회 폐기물처리산업기사(2013. 9.28 시행)   187

2014년
- 제1회 폐기물처리산업기사(2014. 3. 2 시행)   207
- 제2회 폐기물처리산업기사(2014. 5.25 시행)   227
- 제4회 폐기물처리산업기사(2014. 9.20 시행)   245

2015년
- 제1회 폐기물처리산업기사(2015. 3. 8 시행)   265
- 제2회 폐기물처리산업기사(2015. 5.31 시행)   283
- 제4회 폐기물처리산업기사(2015. 9.19 시행)   300

2016년
- 제1회 폐기물처리산업기사(2016. 3. 8 시행)   317
- 제2회 폐기물처리산업기사(2016. 5. 8 시행)   334
- 제4회 폐기물처리산업기사(2016. 10.1 시행)   351

2017년
- 제1회 폐기물처리산업기사(2017. 3. 5 시행)   367
- 제2회 폐기물처리산업기사(2017. 5. 7 시행)   385
- 제4회 폐기물처리산업기사(2017. 9.23 시행)   404

2018년
- 제1회 폐기물처리산업기사(2018. 3. 4 시행)   422
- 제2회 폐기물처리산업기사(2018. 4. 28 시행)   440
- 제4회 폐기물처리산업기사(2018. 9.15 시행)   458

2019년
- 제1회 폐기물처리산업기사(2019. 3. 3 시행)   474
- 제2회 폐기물처리산업기사(2019. 4. 27 시행)   492
- 제4회 폐기물처리산업기사(2019. 9.21 시행)   511

2020년
- 제1·2회 폐기물처리산업기사(2020.06.07 시행) 528
- 제3회 폐기물처리산업기사(2020.08.22 시행)   545

폐기물처리산업기사 CBT 모의고사   562

출제기준 – 폐기물처리산업기사 필기

직무분야	환경·에너지	중직무분야	환경	자격종목	폐기물처리산업기사	적용기간	2023.1.1~2025.12.31
직무내용	국민의 일상생활에 수반하여 발생하는 생활폐기물과 산업활동 결과 발생하는 사업장 폐기물을 기계적선별, 과, 건조, 파쇄, 압축, 흡수, 흡착, 이온교환, 소각, 소성, 생물학적 산화, 소화, 퇴비화 등의 인위적, 물리적, 기계적 단위조작과 생물학적, 화학적 반응공정을 주어 감량화, 무해화, 안전화 등 폐기물을 취급하기 쉽고 위험성이 적은 성상과 형태로 변화시키는 일련의 처리업무를 수행하는 직무이다.						
필기검정방법	객관식	문제수	80		시험시간		2시간

필기과목명	문제수	주요항목	세부항목
폐기물개론	20	1. 폐기물의 분류	1. 폐기물의 종류
			2. 폐기물의 분류체계
		2. 발생량 및 성상	1. 폐기물의 발생량
			2. 폐기물의 발생특성
			3. 폐기물의 물리적 조성
			4. 폐기물의 화학적 조성
			5. 폐기물 발열량
		3. 폐기물 관리	1. 수집 및 운반
			2. 적환장의 설계 및 운전관리
			3. 폐기물의 관리체계
		4. 폐기물의 감량 및 재활용	1. 감량
			2. 재활용
폐기물 처리기술	20	1. 중간처분	1. 중간처분기술
		2. 최종처분	1. 매립
		3. 자원화	1. 물질 및 에너지 회수
			2. 유기성 폐기물 자원화
			3. 회수자원의 이용
		4. 폐기물에 의한 2차 오염 방지대책	1. 2차 오염종류 및 특성
			2. 2차 오염의 저감기술
			3. 토양 및 지하수 2차 오염

폐기물공정시험기준 (방법)	20	1. 총칙	1. 일반 사항
		2. 일반 시험법	1. 시료채취 방법
			2. 시료의 조제 방법
			3. 시료의 전처리 방법
			4. 함량 시험 방법
			5. 용출시험 방법
		3. 기기 분석법	1. 자외선/가시선분광법
			2. 원자흡수분광광도법
			3. 유도결합 플라즈마 원자발광분광법
			4. 기체크로마토그래피법
			5. 이온전극법 등
		4. 항목별 시험방법	1. 일반항목
			2. 금속류
			3. 유기화합물류
			4. 기타
		5. 분석용 시약 제조	1. 시약제조방법
폐기물 관계법규	20	1. 폐기물관리법	1. 총 칙
			2. 폐기물의 배출과 처리
			3. 폐기물처리업 등
			4. 폐기물처리업자 등에 대한 지도와 감독 등
			5. 보칙
			6. 벌칙 (부칙포함)
		2. 폐기물관리법시행령	1. 시행령전문(부칙 및 별표 포함)
		3. 폐기물관리법 시행규칙	1. 시행규칙 전문(부칙 및 별표, 서식 포함)
		4. 폐기물관련법	1. 환경정책기본법 등 폐기물과 관련된 기타 법규내용

시험정보 - 폐기물처리산업기사 필기

개요
문명사회로부터 배출되는 폐기물을 적절하게 처리 및 처분하지 않으면 환경을 오염시킴으로써 인간을 포함하는 생태계의 존속을 위태롭게 할 수 있다. 이에 따라 정부에서도 시대적 조류에 부응하여 폐기물처리에 대한 전문인의 양성을 위해 자격제도 제정

수행직무
국민의 일상생활에 수반하여 발생하는 일반폐기물과 산업활동에 부수하여 발생하는 산업 폐기물을 기계적 분리, 증발, 여과, 건조, 파쇄, 압축, 흡수, 흡착, 이온교환, 소각, 소성, 생물학적 산화, 소화, 퇴비화 등의 인위적, 물리적, 기계적 단위조작과 생물 학적, 화학적 반응조작을 주어 감량화, 무해화, 안전화 등 폐기물을 취급하기 쉽고 위험성이 작은 성상과 형태로 변화시키는 일련의 처리업무 담당

진로 및 전망
정부의 환경공무원 폐기물처리업체 등으로 진출 할 수 있다. - 경제성장으로 인하여 우리나라의 생활폐기물과 사업장폐기물의 배출량은 계속증가 하고 있으나 처리현황에 있어서 매립이 대부분을 차지하고 이밖에 소각, 재활용, 보관, 기타(파쇄, 중화 등)의 방법으로 처리하고 있어 이를 관리 및 처리하는 인력 수요가 증가할 것이다.

취득방법
① 시 행 처 : 한국산업인력공단
② 관련학과 : 대학이나 전문대학의 환경공학, 관련학과
③ 훈련기관 : 사회교육원의 환경관리 과정
④ 시험과목
   - 필기 : 1. 폐기물개론 2. 폐기물처리기술 3. 폐기물 공정시험 기준(방법) 4. 폐기물 관계 법규
   - 실기 : 폐기물처리 실무
⑤ 검정방법
   - 필기 : 객관식4지 택일형 과목당 20문항(과목당 30분)
   - 실기 : 필답형(2시간 30분)
⑥ 합격기준 :
   - 필기 : 100점을 만점으로 하여 과목당 40점 이상, 전과목 평균 60점 이상
   - 실기 : 100점을 만점으로 하여 60점 이상

시험수수료
   - 필기 : 19,400원
   - 실기 : 20,800원

원소주기율표

1																	18
1 H 수소	2											13	14	15	16	17	2 He 헬륨
3 Li 리튬	4 Be 베릴륨											5 B 붕소	6 C 탄소	7 N 질소	8 O 산소	9 F 플루오린	10 Ne 네온
11 Na 나트륨	12 Mg 마그네슘	3	4	5	6	7	8	9	10	11	12	13 Al 알루미늄	14 Si 규소	15 P 인	16 S 황	17 Cl 염소	18 Ar 아르곤
19 K 칼륨	20 Ca 칼슘	21 Sc 스칸듐	22 Ti 타이타늄	23 V 바나듐	24 Cr 크로뮴	25 Mn 망가니즈	26 Fe 철	27 Co 코발트	28 Ni 니켈	29 Cu 구리	30 Zn 아연	31 Ga 갈륨	32 Ge 저마늄	33 As 비소	34 Se 셀레늄	35 Br 브로민	36 Kr 크립톤
37 Rb 루비듐	38 Sr 스트론튬	39 Y 이트륨	40 Zr 지르코늄	41 Nb 나이오븀	42 Mo 몰리브덴	43 Tc 테크네튬	44 Ru 루테늄	45 Rh 로듐	46 Pd 팔라듐	47 Ag 은	48 Cd 카드뮴	49 In 인듐	50 Sn 주석	51 Sb 안티몬	52 Te 텔루륨	53 I 아이오딘	54 Xe 제논
55 Cs 세슘	56 Ba 바륨	57 La 란타넘	72 Hf 하프늄	73 Ta 탄탈	74 W 텅스텐	75 Re 레늄	76 Os 오스뮴	77 Ir 이리듐	78 Pt 백금	79 Au 금	80 Hg 수은	81 Tl 탈륨	82 Pb 납	83 Bi 비스무트	84 Po 폴로늄	85 At 아스탄틴	86 Rn 라돈
87 Fr 프랑슘	88 Ra 라듐	89 Ac 악티늄	104 Rf 러더포듐	105 Db 더브늄	106 Sg 시보귬	107 Bh 보륨	108 Hs 하슘	109 Mt 마이트너륨	110 Ds 다름슈타튬	111 Rg 뢴트게늄							

58 Ce 세륨	59 Pr 프라세오디뮴	60 Nd 네오디뮴	61 Pm 프로메튬	62 Sm 사마륨	63 Eu 유로퓸	64 Gd 가돌리늄	65 Tb 테르븀	66 Dy 디스프로슘	67 Ho 홀뮴	68 Er 에르븀	69 Tm 툴륨	70 Yb 이터븀	71 Lu 루테튬
90 Th 토륨	91 Pa 프로트악티늄	92 U 우라늄	93 Np 넵투늄	94 Pu 플루토늄	95 Am 아메리슘	96 Cm 퀴륨	97 Bk 버클륨	98 Cf 캘리포늄	99 Es 아인슈타이늄	100 Fm 페르뮴	101 Md 멘델레븀	102 No 노벨륨	103 Lr 로렌슘

범례:
- 원자번호
- 원소기호 (예: 額: 액체, **a**: 기체, a: 고체)
- 이름
- 금속 / 비금속 / 전이원소 / 란타넘족 / 악티늄족

동영상 강의 수강자를 위한 전쌤의 환경에듀 이용방법

동영상 강의 바로가기　www.환경에듀.com

01
STEP 1.
교재를 구입하셨나요?
전쌤의 환경에듀로 시작하세요.
열심히 해서 **합격**해보자구요!

02
STEP 2.
전쌤 강의는 **홈페이지와 블로그**를 통해
전쌤과 함께 공부하실 수 있습니다.

방법1
홈페이지 http://www.환경에듀.com

방법2
블로그 http://blog.naver.com/airnara69

03
STEP 3.
알기 쉽고 귀에 쏙쏙 들어오는
재미있는 **동영상 강의**
잘 시청하고 계신가요?

04
STEP 4.
공부하다가 궁금한 점이 있거나
알고 넘어가야하는 문제가 있으신가요?
환경에듀(http://www.환경에듀.com)의
문을 두드려보세요!

05
STEP 5.
전쌤의 환경에듀(www.환경에듀.com)는
여러분이 자격증을 취득하는 순간까지
늘 곁에서 함께 하겠습니다.

최고의 합격수험서

전화택 원장님이 제시하는 합격 완벽대비!

수질계열
수질환경기사·산업기사 필기
수질환경기사·산업기사 실기
수질환경기사 과년도
수질환경산업기사 과년도

대기계열
대기환경기사·산업기사 필기
대기환경기사·산업기사 실기
대기환경기사 과년도
대기환경산업기사 과년도

환경계열
환경기능사 필기&실기
환경기능사 필기+작업형 실기

폐기물계열
폐기물처리기사 필기
폐기물처리기사 실기
폐기물처리기사 과년도
폐기물처리산업기사 필기
폐기물처리산업기사 실기
폐기물처리산업기사 과년도

화학계열
화학분석기능사 필기+실기

교재분야
수질환경분석
환경학개론
환경기초학 및 환경방지기술
수질오염
대기오염

❖ 환경에듀 홈페이지
http://www.환경에듀.com

❖ 블로그
http://blog.naver.com/airnara69

🔍 동영상 강의는 주소창에 www.환경에듀.com을 검색하세요!

도서출판 구민사
Address (07293) 서울특별시 영등포구 문래북로 116, 604호(문래동3가 46, 트리플렉스)
Tel 02)701-7421~2 Fax 02)3273-9642 homepage http://www.kuhminsa.co.kr

Part 1 폐기물 개론

- **Chapter** 폐기물 발생량 및 성상
- **Chapter** 폐기물 관리
- **Chapter** 폐기물의 감량
- **Chapter** 퇴비화

폐기물처리산업기사 과년도 문제해설

Chapter 1. 폐기물 발생량 및 성상

1 폐기물의 발생량

(1) 폐기물 발생량 예측방법

① 다중회귀모델(Multiple Regression Model Method)
하나의 수식으로 각 인자들이 효과를 총괄적으로 나타내어 복잡한 시스템의 분석에 유용하게 사용할 수 있는 쓰레기 발생량을 예측하는 방법이다.

② 동적모사모델(Dynamic Simulation Model Method)
ⓐ 쓰레기 배출에 영향을 주는 모든 인자를 시간에 대한 함수로 나타낸 후 시간에 대한 함수로 각 영향인자들 간에 상관관계를 수식화 한 것이다.
ⓑ 시간만 고려하는 방법과 시간을 단순히 하나의 독립적인 종속인자로 고려하는 방법의 문제점을 보완할 수 있도록 고안되었다.

③ 경향모델(Trend Model Method)
폐기물 발생량 예측방법 중 모든 인자를 시간에 대한 함수로 하여 모델화시켜 예측하는 방법이다.

(2) 쓰레기 발생량 조사방법

1) 물질수지법(material balance method)

① 시스템에 유입되는 쓰레기 양과 유출되는 쓰레기 양에 대해서 물질수지를 세워 발생되는 쓰레기의 양을 추정하는 방법이다.
② 물질수지를 세울 수 있는 상세한 데이터가 있는 경우에 가능하다.
③ 우선적으로 조사하고자 하는 계의 경계를 정확하게 설정하여야 한다.
④ 주로 산업폐기물의 발생량 추산에 이용된다.
⑤ 비용이 많이 들고 작업량이 많아 널리 이용되지 않는다.

2) 직접계근법(direct weighting method)
① 국내 대형소각장 및 위생매립장에 반입되는 쓰레기의 양을 주로 측정하는데 이용한다.
② 비교적 정확한 발생량을 파악할 수 있다.
③ 작업량이 많고 번거로운 폐기물의 발생량 조사방법이다.

3) 적재차량계수법(load count analysis)
① 일정기간동안 특정지역의 쓰레기 수거차량의 대수를 조사하여 이 값에 폐기물의 겉보기 비중을 보정하여 중량으로 환산하여 폐기물의 발생량을 조사하는 방법이다.
② 중간적하장 및 중계처리장에 반입되는 쓰레기의 양을 주로 측정하는데 이용한다.

4) 통계조사법
① 표본조사
   ⓐ 경비가 적게 든다.   ⓑ 조사기간이 짧다.
   ⓒ 조사상 오차가 크다.
② 전수조사
   ⓐ 행정시책의 이용도가 높다.   ⓑ 조사기간이 길다.
   ⓒ 표본치의 보정역할이 가능하다.   ⓓ 표본오차가 작아 신뢰도가 높다.

❷ 폐기물의 배출특성

(1) 폐기물 발생량에 영향을 미치는 인자
① 가구당 인원수   ② 생활수준
③ 쓰레기통의 크기   ④ 수거빈도
⑤ 계절

※※ (2) 폐기물 발생의 특징
① 대도시보다는 문화수준이 열악한 중소도시의 주변이 쓰레기를 더 적게 발생시킨다.
② 쓰레기발생량은 주방쓰레기량에 영향을 많이 받으므로 엥겔지수가 높은 서민층의 쓰레기가 부유층보다 적다.
③ 쓰레기를 자주 수거해 가면 쓰레기 발생이 증가한다.
④ 쓰레기통이 클수록 유효용적이 증가하면 발생량이 증가한다.

⑤ 재활용품의 회수 및 재이용률이 증가할수록 쓰레기 발생량은 감소한다.
⑥ 생활수준이 증가할수록 쓰레기의 종류는 다양화되고 발생량은 증가한다.
⑦ 쓰레기의 성분은 계절에 영향을 받는다.
⑧ 쓰레기 관련법규는 쓰레기 발생량에 매우 중요한 영향을 미친다.
⑨ 부엌용 분쇄기를 사용할 경우 음식쓰레기 발생량이 제한적으로 감소한다.
⑩ 상업지역, 주택지역 등 장소에 따라 발생량과 성상이 달라진다.

③ 폐기물의 조성

(1) 폐기물의 성상분석 절차 순서

> 시료 → 밀도 측정 → 물리적 조성분석 → 건조 → 분류(가연성, 불연성) → 전처리(절단 및 분쇄) → 화학적 조성분석

(2) 수분의 함유형태 및 특징

1) 수분의 함유형태

① 간극수 : 큰 고형물입자 간극에 존재하는 수분으로 슬러지내의 수분 중 일반적으로 가장 많은 양을 차지하며 고형물질과 직접 결합해 있지 않기 때문에 농축 등의 방법으로 용이하게 분리할 수 있는 수분이다.
② 모관결합수 : 미세한 슬러지 고형물의 입자사이의 얇은 틈에 존재하는 수분으로 모세관압으로 결합되어 있는 수분이며, 원심력, 진공압 등 기계적 압착으로 분리시킨다.
③ 부착수 : 콜로이드상 결합수로 수분제거가 용이하지 못하다.
④ 내부수 : 세포내부에 강하게 결합된 수분이다.

2) 함유수분의 특징

① 슬러지내의 탈수성 순서
   모관결합수 > 간극모관결합수 > 쐐기상모관결합수 > 표면부착수 > 내부수
② 슬러지 건조시 가장 증발이 어려운 수분은 내부수이다.
③ 수분의 함유율이 가장 큰 수분은 간극수이다.

Chapter 2 폐기물 관리

❶ 폐기물 관리

(1) 쓰레기 수거

1) 쓰레기 관리체계에서 비용이 가장 많이 드는 것은 수거단계이며, 수거단계가 전체비용의 60% 이상을 차지한다.

2) 쓰레기 수거노선 설정시 유의사항
  ① 가능한 지형지물 및 도로 경계와 같은 장벽을 이용하여 간선도로 부근에서 시작하고 끝나도록 배치하여야 한다.
  ② 가능한 한 시계방향으로 수거노선을 정한다.
  ③ 발생량이 아주 많은 발생원은 하루 중 가장 먼저 수거한다.
  ④ 발생량이 적으나 수거빈도가 동일하기를 원하는 적재지점은 가능한 한 같은 날 왕복 내에서 수거한다.
  ⑤ 언덕지역에서는 언덕의 위에서부터 적재하면서 아래로 차량을 진행한다.
  ⑥ U자형 회전을 피한다.
  ⑦ 가급적 출·퇴근 시간을 피한다.
  ⑧ 될 수 있는 한 한번 간 길은 가지 않는다.(반복운행을 피하도록 한다.)
  ⑨ 수거지점과 수거빈도를 결정하는데 기존정책이나 규정을 참고한다.

(2) 쓰레기의 수집 시스템

1) 모노레일 수송
  ① 적환장에서 최종처분장까지 수송하는데 적용할 수 있다.
  ② 자동무인화 할 수 있다.
  ③ 가설이 어렵고 설치비가 높다.
  ④ 시설완료후에는 경로변경이 어렵다.
  ⑤ 반송용 노선이 필요하다.

2) 컨베이어 수송
① 지하에 설치된 컨베이어에 의해 수송하는 방법이다.
② 수송망을 하수도 시설처럼 가설하면 각 가정에서 배출된 쓰레기를 최종처분장까지 운반할 수 있다.
③ 내구성과 미생물 부착 등의 문제가 있다.
④ 유지비가 많이 든다.
⑤ 악취문제의 해결과 경관보전의 가능하다.
⑥ 고가의 시설비와 정기적인 정비가 필요하다.

3) 관거(Pipe-line) 방식
① 장점
    ⓐ 자동화, 무공해화, 안전화가 가능하다.
    ⓑ 쓰레기가 눈에 띄지 않는다.
    ⓒ 분진, 악취, 소음, 진동 등의 문제가 없다.
    ⓓ 수거차량에 의한 도심지 교통량 증가가 없다.

② 단점
    ⓐ 쓰레기 발생밀도가 높은 인구밀집지역 및 아파트 지역 등에서 현실성이 있다.
    ⓑ 조대(대형)쓰레기는 파쇄, 압축 등의 전처리를 해야 한다.
    ⓒ 잘못 투입된 물건은 회수하기가 곤란하다.
    ⓓ 장거리 이용이 곤란하다.
    ⓔ 가설 후 경로(Route) 변경이 곤란하고 설치비가 높다.
    ⓕ 유지관리, 수송능력 등의 문제를 고려할 때 초기 투자비가 높다.
    ⓖ 고도의 시스템 신뢰성이 필요하다.
    ⓗ 투입구를 이용한 범죄나 사고의 위험이 있다.
    ⓘ 사고발생시 시스템 전체가 마비되어 대체 시스템으로의 전환이 필요하다.
    ⓙ 약 2.5km 이내의 수송에 용이하다.

③ 수송방식
    ⓐ 공기수송   ⓑ 슬러리(slurry)수송
    ⓒ 캡슐수송

❷ 적환장의 설계 및 운전관리

(1) 적환장의 필요성

① 폐기물 수집장소와 처분장소가 멀리 떨어져 있는 경우
② 소용량 수집차량이 사용되는 경우
③ 상업지역에서 폐기물 수집에 소형용기를 사용하는 경우
④ 불법투기와 다량의 어질러진 쓰레기들이 발생하는 경우
⑤ 슬러지 수송이나 공기수송 방식을 사용할 때
⑥ 저밀도 주거지역이 존재하는 경우
⑦ 작은 규모의 주택들이 밀집되어 있을 때

(2) 적환장(fransfer station)의 특징

① 최종처리장과 수거지역의 거리가 먼 경우 사용하는 것이 바람직하다.
② 폐기물의 수거와 운반을 분리하는 기능을 한다.
③ 적환장에서 재사용 가능한 물질의 선별이 가능하다.
④ 변질되기 쉬운 쓰레기 수거에는 이용하지 않는 것이 좋다.
⑤ 적환장의 주요기능은 작은 용기로 수거한 쓰레기를 대형트럭에 옮겨 싣는 것이다.
⑥ 소규모 주택이 밀집되어 있을 때에는 적환장이 필요하다.
⑦ 적환장 설계시에는 주변 환경요건을 고려하여야 한다.
⑧ 적환장의 설치장소는 수거하고자 하는 개별적 고형폐기물 발생지역의 하중중심과 되도록 가까운 곳이어야 한다.
⑨ 적환장은 소형수거를 대형수송으로 연결해 주는 곳이며, 효율적인 수송을 위하여 보조적인 역할을 수행한다.
⑩ 적환장은 소형차량에서 대형차량으로 적재하는 방식에 따라 직접투하방식, 저장투하방식, 직접·저장 결합방식이 있다.
⑪ 적환장을 시행하는 이유는 종말처리장이 대형화하여 폐기물의 운반거리가 연장되었기 때문이다.

Chapter 3. 폐기물의 감량

① 파쇄공정

(1) 파쇄

1) 파쇄시 작용하는 힘의 종류
① 충격력 ② 압축력 ③ 전단력

2) 파쇄처리의 효과
① 겉보기 비중 증가(밀도증가)   ② 비표면적 증가
③ 폐기물 소각시 연소효율 증가   ④ 고가금속 회수가능
⑤ 운반비의 저렴화   ⑥ 입경분포의 균일화
⑦ 유가물의 분리   ⑧ 용적의 감소

(2) 파쇄기의 종류

1) 건식파쇄기

① 전단파쇄기 : 고정칼, 왕복 또는 회전칼과의 교합에 의하여 폐기물을 전단한다.
ⓐ 주로 목재류, 플라스틱류, 종이류를 파쇄하는데 이용된다.
ⓑ 충격파쇄기에 비하여 파쇄속도가 느리다.
ⓒ 충격파쇄기에 비하여 이물질 혼입에 약하다.
ⓓ 충격파쇄기에 비하여 파쇄물의 크기를 고르게 할 수 있다.
ⓔ 소음과 분진발생이 비교적 적고 폭발의 위험성이 거의 없다.
ⓕ 다른 파쇄기와 조합하여 사용할 수 있다.

② 충격파쇄기
ⓐ 충격파쇄기는 주로 회전식에 적용한다.
ⓑ 대량처리가 가능하다.

ⓒ 연성이 있는 물질에는 부적합하다.
ⓓ 유리나 목질류 파쇄에 적합하다.
ⓔ 파쇄시 분진, 소음, 진동, 폭발의 위험성이 있다.
③ 압축파쇄기
ⓐ 파쇄기의 마모가 적고 비용이 적게 소요된다.
ⓑ 금속류, 고무류, 연질 플라스틱류의 파쇄가 어렵다.
ⓒ 나무, 플라스틱류, 콘크리트 덩어리, 건축 폐기물 파쇄에 이용된다.
ⓓ Rotary Mill식, Impact Crusher 등이 해당된다.

❷ 선별 공정

(1) 트롬멜(Trommel) 스크린

1) 트롬멜(Trommel) 스크린의 특징
① 스크린앞에 분쇄기를 두어 분리된 폐기물을 주입·분쇄함으로써 입도를 균일하게 한다.
 (스크린에 폐기물을 주입하기 이전에 분쇄기를 두는 것이 효과적이다.)
② 회전속도가 증가하면 어느 정도까지는 선별효율이 증가하나 일정속도 이상이 되면 원심력에 의해 막힘현상이 일어난다.
③ 원통의 경사도가 크면 폐기물이 그냥 배출될 수 있으므로 효율이 낮아진다.
 (경사도가 크면 효율은 떨어지고 부하율은 커진다.)
④ 최적회전속도 = 임계회전속도 × 0.45이다.

(2) Secators

① 물컹거리는 가벼운 물질로부터 딱딱한 물질을 선별하는데 이용한다.
② 경사진 Conveyor를 통해 폐기물을 주입시켜 천천히 회전하는 드럼위에 떨어뜨려서 분류하는 선별장치이다.
③ 퇴비속의 유리나 돌 선별에 이용한다.

(3) 스토너(Stoners)

① Pneumatic Table 이라고도 한다.

② 약간 경사진판에 진동을 줄 때 무거운 것이 빨리 판의 경사면 위로 올라가는 원리를 이용한다.
③ 공기가 유입되는 다공진동판으로 구성되어 있다.
④ 상당히 좁은 입자크기 분포범위 내에서 밀도 선별기로 작용한다.
⑤ 중요한 운전변수는 다공판의 기울기와 공기의 유량이다.

(4) 공기 선별기(Air Separation)

① Zigzag 공기선별기는 칼럼 내 난류를 높여줌으로써 선별효율을 증진시키고자 고안된 형태이다.
② 공기선별기의 성능은 주입률이 커질수록 떨어지는 것으로 알려져 있다.
③ 경사공기선별기는 중력에 의해 입구로 들어온 폐기물을 진동판에 의하여 분리한다.
④ 공기선별은 폐기물내의 가벼운 물질인 종이나 플라스틱류를 기타 무거운 물질로부터 선별해 내는 방법이다.

(5) 와전류 선별법

① 연속적으로 변화하는 자장속에 비자성이며, 전기전도성이 좋은 구리, 알루미늄, 아연등을 넣어 금속내에 소용돌이 전류를 발생시켜 생기는 반발력의 차를 이용하여 분리하는 방법이다.
② 자력선을 도체가 스칠때에 진행방향과 직각방향으로 힘이 작용하는 것을 이용하며, 비자성이고 전기전도성이 우수한 금속을 와전류 현상에 의하여 다른 물질로부터 선별하는 방법이다.
③ 철금속(Fe)/비철금속(Al, Cu)/유리병의 3종류를 각각 분리할 수 있는 방법이다.
④ 금속과 비금속을 구분하여 폐기물 중 비철금속(Al, Ni, Zn)등을 선별 회수하는 방법
⑤ 전자석유도에 관한 패러데이법칙을 기초로 한다.
⑥ 와전류식 선별기의 순도와 회수율은 98%까지 보고되고 있다.

Chapter 4. 퇴비화

※※ (1) 유기성 폐기물 퇴비화 조작에서 환경변화인자

① 수분함량 : 원료의 최적 함수율은 50~60% 정도가 적당하다.
② pH : 퇴비화 미생물의 최적 생육 pH는 6~8이다.
③ C/N비(적정 C/N비 30)
   ⓐ C/N비가 너무 낮으면 유기질소의 암모니아화로 악취가 발생한다.
   ⓑ C/N비가 너무 높으면 질소분의 함량이 적어 퇴비화가 잘 안되고 소요시간이 길어진다.
④ 입도 : 원료의 입도가 너무 작으면 퇴비더미내 공기의 통기성이 좋지 않아 미생물 활동을 저해한다. (적정입경 100~200mm)
⑤ 온도 : 적정온도는 60~70℃정도이다.

Part 2 폐기물처리기술

- Chapter 중간처분
- Chapter 매립
- Chapter 자원화
- Chapter 토양오염

폐기물처리산업기사 과년도 문제해설

Chapter 1 중간처분

❶ 슬러지 처리

① 혐기성 소화의 장·단점
  ⓐ 장점
    ㉠ 호기성처리에 비해 탈수성이 양호하다.
    ㉡ 호기성처리에 비해 슬러지가 적게 발생한다.
    ㉢ 동력시설의 소모가 적어 운전비용이 저렴하다.
    ㉣ 고농도 폐수처리에 적합하다.
    ㉤ 회수된 가스를 연료로 사용 가능하다.
    ㉥ 소화슬러지의 탈수 및 건조가 양호하다.
    ㉦ 연속처리가 가능하다.
    ㉧ 고농도 폐수나 분뇨를 비교적 낮은 에너지 비용으로 처리할 수 있다.
  ⓑ 단점
    ㉠ 운전이 어렵고 반응시간도 길다.
    ㉡ 소화가스는 냄새가 나며 부식이 높은 편이다.
    ㉢ 소화기간이 비교적 오래 걸린다.
    ㉣ 처리수를 다시 호기성처리하여 방류한다.

❷ 물리, 화학, 생물학적 처분

1) 용매추출방법의 적용대상 폐기물
① 미생물에 의해 분해가 어려운 물질을 처리할 경우
② 활성탄을 이용하기에는 농도가 너무 높은 물질을 처리할 경우
③ 낮은 휘발성으로 인해 Stripping하기가 곤란한 물질을 처리할 경우
④ 물에 대한 용해도가 낮은 물질을 처리할 경우

2) 용매추출법에 이용 가능성이 높은 폐기물의 특징
① 높은 분배계수를 가지는 것　　② 낮은 끓는점을 가질 것
③ 물에 대한 용해도가 낮은 것　　④ 밀도가 물과 다를 것

(2) Fenton(펜턴) 산화법

1) Fenton 산화법의 특징
① Fenton액은 철염과 과산화수소수를 포함한다.
② 최적반응을 위해 침출수 pH를 3~5로 조정한다.
③ Fenton액을 첨가하여 난분해성 유기물질(NBDCOD)을 산화하여 생분해성 유기물질(BDCOD)로 변화시킨다. (COD는 감소하고 BOD는 증가한다.)
④ 슬러지 생산량이 많아질 수 있다.
⑤ 처리시설은 pH조절조, 중화 및 응집조, 침전조로 구성되어 있다.
⑥ 여분의 과산화수소수는 후처리의 미생물 성장에 영향을 줄 수 있다.
⑦ 유입시설의 변화시 탄력적인 대응이 가능하다.
⑧ 시설비는 오존처리시나 활성탄 흡착법보다 적게 소요된다.
⑨ 펜턴시약의 반응시간은 철염과 과산화수소수의 주입농도에 따라 변화된다.

③ 고형화 처분

(1) 유기성 고형화 및 무기성 고형화

1) 유기성 고형화 방법의 특징
① 수밀성이 크며 다양한 폐기물에 적용할 수 있다.
② 방사성 폐기물 처리에 적용된다.
③ 최종 고화체의 체적 증가가 다양하다.
④ 처리비용이 고가이다.
⑤ 미생물 및 자외선에 대한 안정성이 약하다.
⑥ 상업화된 처리법의 현장자료가 빈약하다.
⑦ 고도의 기술이 필요하며 촉매 등 유해물질이 사용된다.

2) 무기성 고형화 방법의 특징
① 처리비용이 싸다.
② 장기적으로 안정성이 지속된다.
③ 고화재료 구입이 용이하며, 재료가 무독성이다.
④ 상온, 상압에서 처리가 용이하다.
⑤ 수용성이 작고, 수밀성이 양호하다.
⑥ 다양한 산업폐기물에 적용할 수 있다.
⑦ 고형화재료에 따라 고화체의 체적 증가가 다양하다.

(3) 폐기물의 고화처리방법

1) 시멘트 기초법
① 장점
  ⓐ 다양한 폐기물을 처리할 수 있다.
  ⓑ 폐기물의 건조 또는 탈수가 필요없다.
  ⓒ 사용되는 시멘트의 양을 조절함으로써 폐기물 콘크리트의 강도를 높일 수 있다.
  ⓓ 가장 널리 사용되는 방법 중의 하나로 포틀랜드 시멘트를 이용한다.
  ⓔ 고농도 중금속 폐기물에 적합하다.
  ⓕ 가장 흔히 사용되는 보통 포틀랜드 시멘트의 주성분은 CaO, SiO_2이다.
  ⓖ 장치이용이 쉽고 고도의 기술이 필요치 않다.
  ⓗ 재료의 가격이 싸고 풍부하게 존재한다.

② 단점
ⓐ 낮은 pH에서 폐기물 성분의 용출가능성이 있다.
ⓑ 고형화된 시료의 $\frac{표면적}{부피}$ 비를 감소시키거나 투수성을 감소시키는 것이 중요하다.

2) 석회 기초법
① 장점
ⓐ 석회의 가격이 싸고 널리 이용되고 있다.
ⓑ 탈수가 필요하지 않은 경우가 많다.
ⓒ 석회-포졸란 화학반응이 간단하고 용이하다.
ⓓ 공정운전이 간단하고 용이하다.
ⓔ 두 가지 폐기물을 동시에 처리할 수 있다.
② 단점
ⓐ pH가 낮을 경우 폐기물 성분의 용출가능성이 증가한다.
ⓑ 최종처분 물질의 양이 증가한다.

3) 자가시멘트법
① 장점
ⓐ 혼합률(MR)이 낮다.
ⓑ 중금속 저지에 효과적이다.
ⓒ 탈수 등의 전처리가 필요없다.
ⓓ 고농도 황화물 함유 폐기물에 적용한다.
(연소가스 탈황시 발생된 슬러지(FGD 슬러지) 처리에 적용)
ⓔ 폐기물이 스스로 고형화되는 성질을 이용하여 개발되었다.
② 단점
ⓐ 보조에너지가 필요하다.
ⓑ 장치비가 크며 숙련된 기술을 요한다.

Chapter 2 매립

1 매립

(1) 내륙매립공법

1) 샌드위치 공법

쓰레기를 수평으로 고르게 깔아서 압축한 다음 그 위에 복토를 하여 쓰레기와 복토를 번갈아 하면서 쌓는 방법이다.

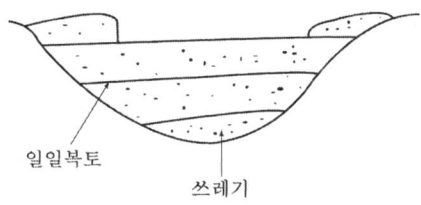

2) 셀공법

① 쓰레기 비탈면의 경사를 20% 전후(15~25%)로 하여 쓰레기를 셀모양으로 쌓고 각각의 셀에 복토하는 방법이다.
② 화재의 발생 및 확산을 방지할 수 있다.
③ 1일 작업하는 셀 크기는 매립 처분량에 따라 결정된다.
④ 발생가스와 매립층 내 수분의 이동이 용이하지 못하다.

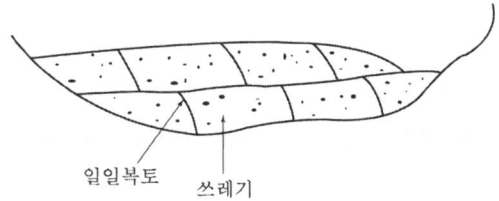

3) 압축매립공법

쓰레기를 매립하기 전에 이의 감량화를 목적으로 먼저 쓰레기를 일정한 더미형태로 압축하여 부피를 감소시킨 후 포장을 실시하여 매립하는 방법이다.

① 특징
    ⓐ 쓰레기 발생량 증가와 매립지 확보 및 사용년한 문제에 있어서 유리하다.
    ⓑ 운송이 간편하고 안정성이 있다.
    ⓒ 지가(地價)가 비쌀 경우에 유효한 방법이다.
    ⓓ 층별로 정렬하는 것이 보편적이며 매립 각 층별로 일일복토를 실시하여야 한다.

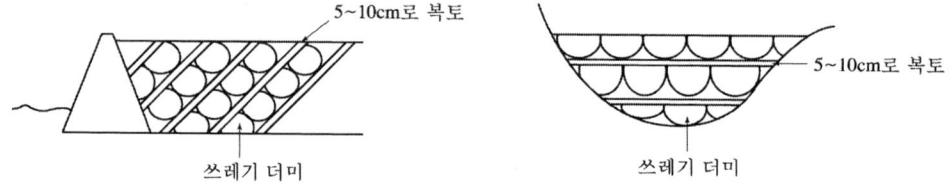

4) 도랑형 공법
① 폭 20m, 깊이 10m 정도의 도랑을 판 다음 일정한 두께로 쓰레기를 매립한 다음 인근 도랑에서 굴착한 흙으로 복토하는 방법이다.
② 매립지 바닥이 두껍고(지하수면이 지표면으로부터 깊은 곳에 있는 경우) 또한 복토로 적합한 지역에 이용하는 방법으로 단층매립만 가능한 공법이다.

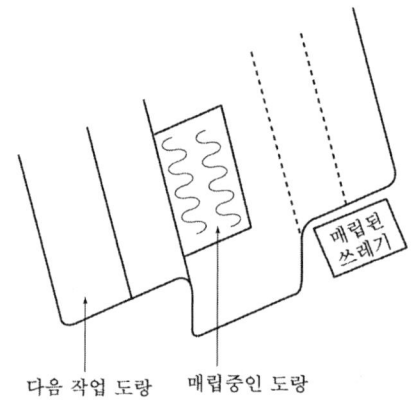

(2) 해안매립공법

① 처분장은 면적이 크고 1일 처분량이 많다.
② 수중에 쓰레기를 깔고 압축작업과 복토를 실시하기가 어려워 근본적으로 내륙매립과 다르다.

1) 박층뿌림공법
① 개량된 지반이 붕괴될 위험이 있을 때 밑면이 뚫린 바지선을 이용하여 쓰레기를 박층으로 떨어뜨려 뿌려주어 바닥의 지반하중을 균등하게 하기 위해 사용하는 방법이다.

② 쓰레기 지반 안정화 및 매립부지 조기 이용 등에 유리하지만 매립효율이 떨어진다.

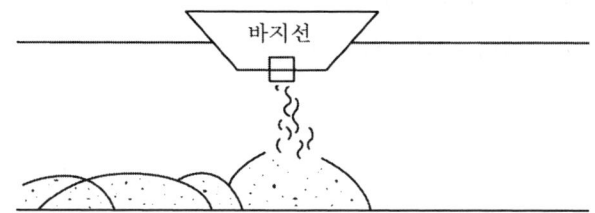

2) 순차투입공법

① 호안측으로부터 순차적으로 쓰레기를 투입하여 육지화하는 방법이다.
② 수심이 깊은 처분장에서는 건설비 과다로 내부수를 완전히 배제하기가 곤란한 경우 사용한다.
③ 부유성 쓰레기의 수면확산에 의해 수면부와 육지부 경계구분이 어려워 매립장비가 매몰되기도 한다.

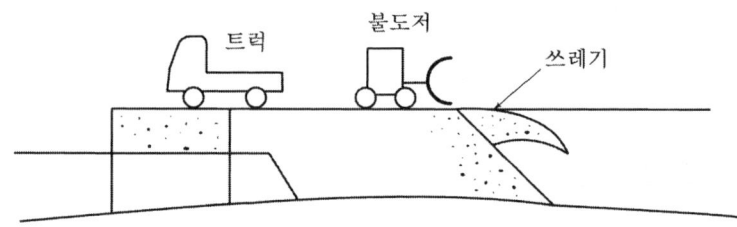

3) 수중투기공법 및 내수배재공법

호 안에 해수를 그대로 둔 채 폐기물을 투기하거나, 매립전에 내수를 배재시킨 후 폐기물을 매립하는 방법이다.

(3) 복토

1) 복토의 종류

① 당일복토
   ⓐ 복토의 최소두께 : 15cm 이상
   ⓑ 복토 실시시기 : 매립작업이 끝난 후
② 중간복토
   ⓐ 복토의 최소두께 : 30cm 이상
   ⓑ 복토 실시시기 : 매립작업이 7일 이상 중단될 때

③ 최종복토
ⓐ 복토의 최소두께 : 60cm 이상
ⓑ 복토 실시시기 : 매립시설의 사용이 종료되었을 때

2) 인공복토재의 조건
① 투수계수가 낮아야 한다.
② 연소가 잘되지 않아야 한다.
③ 생분해가 가능하여야 한다.
④ 살포가 용이해야 한다.
⑤ 미관상 좋아야 한다.
⑥ 매립지 공간을 절약할 수 있어야 한다.
⑦ 위생문제를 해결하여야 한다.

3) 복토의 목적
① 우수의 침투를 방지한다.
② 쓰레기의 비산을 방지한다.
③ 화재를 예방한다.
④ 유해곤충이나 해충의 서식을 방지한다.
⑤ 악취를 방지한다.

② 차수시설 및 침출수

(3) 차수시설의 종류

1) 연직차수막
① 차수막 보강시공이 가능하다.
② 지중에 수평방향의 차수층이 존재할 때 사용한다.
③ 지하수 집배수시설이 불필요하다.
④ 단위면적당 공사비는 비싸지만 총공사비는 싸다.
⑤ 지하매설로써 차수성 확인이 어렵다.
⑥ 연직차수막은 지중에 암반 및 점성토로 구성된 불투수층이 수평방향으로 넓게 분포하고 있는 경우 수직 또는 경사로 시공한다.

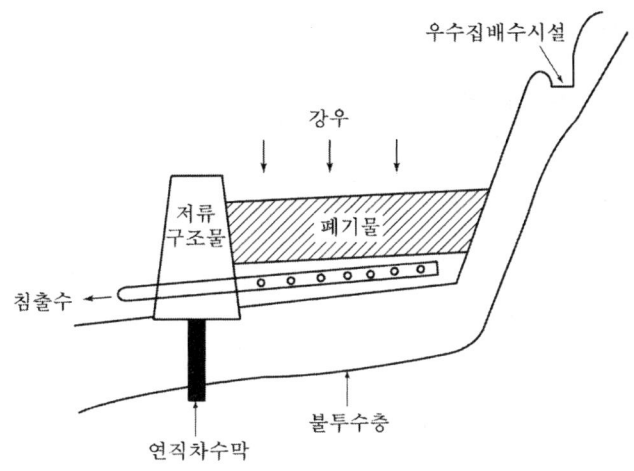

2) 표면차수막

① 시공시에는 눈으로 차수성 확인이 가능하나 매립후에는 곤란하다.
② 지하수 집배수시설이 필요하다.
③ 차수막 단위면적당 공사비는 싸지만 매립지 전체를 시공하는 경우가 많아 총공사비는 비싸다.
④ 보수 가능성면에 있어서는 매립전에는 용이하나 매립후에는 어렵다.
⑤ 매립지 필요범위에 차수재료로 덮인 바닥이 있을 때 사용한다.
⑥ 매립지 지반의 투수계수가 큰 경우에 사용한다.

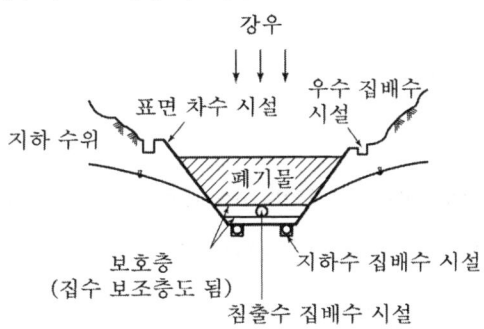

※※※ (5) 합성차수막의 종류

1) CR(Choroprene Rubber)
   ① 장점
      ⓐ 대부분의 화학물질에 대한 저항성이 높다.
      ⓑ 마모 및 기계적 충격에 강하다.
   ② 단점
      ⓐ 접합이 용이하지 못하다.   ⓑ 가격이 비싸다.

2) PVC(Polyvinyl Chloride)
   ① 장점
      ⓐ 가격이 저렴하다.   ⓑ 작업이 용이하다.
      ⓒ 강도가 크다.   ⓓ 접합이 용이하다.
   ② 단점
      ⓐ 대부분의 유기화학물질에 약하다.   ⓑ 자외선, 오존, 기후에 약하다.

3) CSPE(Chlorosulfonated Polyethylene)
   ① 장점
      ⓐ 접합이 용이하다.   ⓑ 미생물에 강하다.
      ⓒ 산 및 알칼리에 강하다.
   ② 단점
      ⓐ 기름, 탄화수소, 용매류에 약하다.
      ⓑ 강도가 약하다.

4) HDPE & LDPE(High Density Polyethylene & Low Density Polyethylene)
   ① 대부분의 화학물질에 대한 저항성이 높다.
   ② 접합상태가 양호하다.
   ③ 온도에 대한 저항성이 높다.
   ④ 강도가 높다.
   ⑤ 유연하지 못하고 손상의 우려가 높다.

5) EPDM(Ethylene Propylene Diene Monomer)
   ① 장점
      ⓐ 수분의 함량이 낮다.   ⓑ 강도가 높다.

② 단점
    ⓐ 접합상태가 양호하지 못하다.
    ⓑ 기름, 방향족 탄화수소, 용매류에 약하다.

6) CPE(Chlorinated Polyethylene)
① 강도가 높다.
② 접합상태가 양호하지 못하다.
③ 방향족 탄화수소 및 기름종류에 약하다.

(6) 점토의 차수막 적합조건

① 투수계수 : 10^{-7}cm/sec 미만
② 소성지수 : 10% 이상 30% 미만
③ 액성한계 : 30% 이상
④ 점토 및 미사토 함량 : 20% 이상
⑤ 자갈 함유량 : 10% 미만
⑥ 직경이 2.5cm 이상인 입자의 함유량 : 0%

Chapter 3 자원화

1 퇴비화

✦✦✦ (1) 기계식 반응조 퇴비화 공법의 특징

① 퇴비화가 밀폐된 반응조내에서 수행된다.
② 일반적으로 퇴비화 원료물질의 혼합에 따라 수직형과 수평형으로 나뉘어 퇴비화를 수행한다.
③ 수직형 퇴비화 반응조는 반응조 전체에 최적조건을 유지하기 어려워 생산된 퇴비의 질이 떨어질 수 있다.
④ 수평형 퇴비화 반응조는 수직형 퇴비화 반응조와 달리 공기흐름 경로를 짧게 유지할 수 있다.

(2) 친산소성 퇴비화 공정의 설계 운영의 고려인자

① 입자크기 : 폐기물의 적정 입자크기는 25~75mm 정도이다.
② 초기 C/N비는 25~50이 적당하다.
③ C/N비가 너무 높으면 : 질소분의 함량이 적어 퇴비화가 잘 안되고 소요시간이 길어진다.
④ C/N비가 너무 낮으면 : 암모니아 가스 발생으로 악취가 발생한다.
⑤ 병원균제어 : 병원균 사멸을 위해서는 60~70℃에서 24시간 이상 유지하여야 한다.
⑥ pH 조절 : 암모니아 가스에 의한 질소손실을 줄이기 위해서 pH 8.5 이상 올라가지 않도록 주의한다.
⑦ 퇴비화 기간동안 수분함량은 50~60% 범위에서 유지되어야 한다.
⑧ 퇴비단의 온도는 초기 며칠간은 50~55℃를 유지하여야 하며 활발한 분해를 위해서는 55~60℃가 적당하다.

Chapter 4 토양오염

❶ 토양처리방법

◀◀◀◀ (1) 토양증기추출법(Soil Vaper Extraction : SVE)

압력 및 농도구배를 형성하기 위하여 추출정을 굴착하여 진공상태로 만들어 줌으로써 토양내의 휘발성 오염물질을 휘발, 추출하는 기술이다.

1) 장점
① 굴착이 필요없다.
② 짧은 시간에 설치할 수 있다.
③ 분해에 소요되는 시간이 짧다.
④ 결과를 즉시 알 수 있다.
⑤ 일반적으로 널리 사용되는 장치 재료로 충분하다.
⑥ 지하수의 깊이에 제한을 받지 않는다.
⑦ 생물학적 처리효율을 높여준다.
⑧ 다른 시약이 필요없다.
⑨ 유지 및 관리비가 적게 소요된다.

2) 단점
① 오염물질의 독성은 처리후에도 변화가 없다.
② 증기압이 낮은 오염물질의 제거효율이 낮다.
③ 추출된 기체는 대기오염 방지를 위하여 후처리가 필요하다.
④ 토양층이 치밀하여 기체 흐름이 어려운 곳에서는 적용이 어렵다.
⑤ 지반구조가 복잡하여 총 처리시간을 예측하기가 어렵다.

(2) 토양세척법(Soil Washing Treatment)

1) 장점
① 비휘발성 물질, 생물학적으로 분해성 물질, 중금속 등에 적용된다.
② 광범위한 지역에 균일한 적용이 가능하다.
③ 에너지 소모가 적다.
④ 처리비용이 싸다.
⑤ 처리효과가 가장 높은 토양입경은 자갈이다.
⑥ 외부 환경의 조건변화에 대한 영향이 적다.
⑦ 부지내에서 유해오염물을 이송 없이 바로 처리할 수 있다.
⑧ 오염토양 부피의 단시간 내의 효율적인 급감으로 2차 처리비용을 절감할 수 있다.

2) 단점
① 비수용성 유기용매에 적용이 어렵다.
② 점토와 같이 미세입자에 흡착된 유기오염물질의 처리효과는 매우 낮다.
③ 자체적인 조절이 가능한 폐쇄형 공정이며, 고농도의 휴믹질이 존재하는 경우에는 전처리가 필요하다.

Part 3 폐기물 공정

- Chapter 총칙
- Chapter 시료의 채취
- Chapter 일반항목편
- Chapter 금속류(Metals)
- Chapter 기타 항목편

폐기물처리산업기사 과년도 문제해설

Chapter 1 총칙

1 총칙

(1) 온도

① 표준온도 : 0℃, 상온 : 15~25℃, 실온은 1~35℃, 찬곳 : 0~15℃
② 냉수 : 15℃ 이하, 온수 : 60~70℃, 열수 : 약 100℃
③ 수욕상 또는 수욕중에서 가열한다 : 따로 규정이 없는 한 수온 100℃에서 가열함을 뜻하고 약 100℃의 증기욕을 쓸 수 있다.
④ 각각의 시험은 따로 규정이 없는 한 상온에서 조작하고 조작 직후에 그 결과를 관찰한다. 단, 온도의 영향이 있는 것의 판정은 표준온도를 기준으로 한다.

(2) 관련 용어의 정의

① 액상폐기물 : 고형물의 함량이 5% 미만
② 반고상폐기물 : 고형물의 함량이 5% 이상 15% 미만
③ 고상폐기물 : 고형물의 함량이 15% 이상
④ 함침성 고상폐기물 : 종이, 목재 등 기름을 흡수하는 변압기 내부부재(종이, 나무와 금속이 서로 혼합되어 있어 분리가 어려운 경우를 포함)를 말한다.
⑤ 비함침성 고상폐기물 : 금속판, 구리선 등 기름을 흡수하지 않는 평면 또는 비평면형태의 변압기 내부부재를 말한다.
⑥ 즉시 : 30초 이내에 표시된 조작을 하는 것
⑦ 감압 또는 진공 : 따로 규정이 없는 한 15mmHg 이하
⑧ "이상"과 "초과", "이하", "미만"이라고 기재하였을 때는 "이상"과 "이하"는 기산점 또는 기준점인 숫자를 포함하며, "초과"와 "미만"의 기산점 또는 기준점인 숫자를 포함하지 않는 것을 뜻한다. 또한, "a~b"라 표시한 것은 a 이상 b 이하임을 뜻한다.

⑨ 바탕시험을 하여 보정한다 : 시료에 대한 처리 및 측정을 할 때, 시료를 사용하지 않고 같은 방법으로 조작한 측정치를 빼는 것
⑩ 방울수 : 20℃에서 정제수 20방울을 적하할 때, 그 부피가 약 1mL 되는 것
⑪ 항량으로 될 때까지 건조한다 : 같은 조건에서 1시간 더 건조할 때 전후 무게의 차가 g당 0.3mg 이하일 때를 말한다.
⑫ 용액의 산성, 중성, 또는 알칼리성을 검사할 때는 따로 규정이 없는 한 유리전극법에 의한 pH미터로 측정하고 구체적으로 표시할 때는 pH 값을 쓴다.
⑬ 여과용 기구 및 기기를 기재하지 않고 "여과한다"라고 하는 것은 KSM 7602 거름종이 5종 또는 이와 동등한 여과지를 사용하여 여과함을 말한다.
⑭ 정밀히 단다 : 규정된 양의 시료를 취하여 화학저울 또는 미량저울로 칭량함
⑮ 정확히 단다 : 규정된 수치의 무게를 0.1mg까지 다는 것
⑯ 정확히 취하여 : 규정한 양의 액체를 홀피펫으로 눈금까지 취하는 것
⑰ 정량적으로 씻는다 : 어떤 조작으로부터 다음 조작으로 넘어갈 때 사용한 비커, 플라스크 등의 용기 및 여과막 등에 부착한 정량대상 성분을 사용한 용매로 씻어 그 씻어낸 용액을 합하고 먼저 사용한 같은 용매를 채워 일정용량으로 하는 것
⑱ 약 : 기재된 양에 대하여 ±10% 이상의 차가 있어서는 안된다.
⑲ 냄새가 없다 : 냄새가 없거나, 또는 거의 없는 것을 표시하는 것
⑳ 물 : 따로 규정이 없는 한 정제수를 말한다.

(3) 용기

① 밀폐용기 : 취급 또는 저장하는 동안에 이물질이 들어가거나 또는 내용물이 손실되지 아니하도록 보호하는 용기
② 기밀용기 : 취급 또는 저장하는 동안에 밖으로부터의 공기 또는 다른 가스가 침입하지 아니하도록 내용물을 보호하는 용기
③ 밀봉용기 : 취급 또는 저장하는 동안에 기체 또는 미생물이 침입하지 아니하도록 내용물을 보호하는 용기
④ 차광용기 : 광선이 투과하지 않는 용기 또는 투과하지 않게 포장을 한 용기이며 취급 또는 저장하는 동안에 내용물이 광화학적 변화를 일으키지 아니하도록 방지할 수 있는 용기

Chapter 2 시료의 채취

1 시료의 채취

4) 콘크리트 고형화물 시료 채취

콘크리트 고형화물의 경우는 소형일 때는 고상혼합물의 경우에 따른다. 대형의 고형화물로써 분쇄가 어려울 경우에는 임의의 5개소에서 채취하여 각각 파쇄하여 100g씩 균등 양 혼합하여 채취한다.

5) 폐기물 소각시설의 소각재 시료 채취

① 일반사항
  ⓐ 연소실 바닥을 통해 배출되는 바닥재와 폐열보일러 및 대기오염 방지시설을 통해 배출되는 비산재의 채취에 적용한다.
  ⓑ 공정상 소각재에 물을 분사하는 경우(비산방지 및 냉각)를 제외하고는 가급적 물을 분사하기 전에 시료를 채취한다. 다만 부득이하게 수분이 함유된 상태에서 시료를 채취할 경우에는 가능한 한 수분을 줄여서 채취한다.

② 연속식 연소방식의 소각재 반출설비에서 시료채취
  ⓐ 연속식 연소방식의 소각재 반출설비에서 채취하는 경우 바닥재 저장조에서는 부설된 크레인을 이용하여 채취하고, 비산재 저장조에서는 낙하구 밑에서 채취하며, 소각재가 운반차량에 적재되어 있는 경우에는 적재 차량에서 채취하는 것을 원칙으로 하고, 부지내에 야적되어 있는 경우에는 야적더미에서 각 층별로 채취하는 것을 원칙으로 한다.
  ⓑ 소각재 저장조에서 채취하는 경우는 저장조에 쌓여 있는 소각재를 평면상에서 5등분한 후 각 등분마다 크레인을 이용하여 소각재를 상하층으로 잘 섞은 다음 크레인으로 일정량을 저장조 밖으로 운반한다. 다만, 시료채취장소가 좁아 작업하기 힘든 경우에는 크레인으로부터 직접 일정량을 채취하는 것으로 한다. 시료는 운반된 소각재 중 대표성이 있다고 판단되는 곳에서 각 등분마다 500g 이상을 채취한다.

ⓒ 낙하구 밑에서 채취하는 경우는 시료의 양이 1회에 500g 이상이 되도록 채취한다.
ⓓ 야적더미에서 채취하는 경우는 야적더미를 2m 높이마다 각각의 층으로 나누고 각 층별로 적절한 지점에서 500g 이상의 시료를 채취한다.
ⓔ 소각재가 적재되어 있는 운반차량에서 시료를 채취하는 경우 5톤 미만의 차량에 적재되어 있을 때에는 적재폐기물을 평면상에서 6등분한 후 각 등분마다 시료를 채취한다. 반면, 5톤 이상의 차량에 적재되어 있을 때에는 적재폐기물을 평면상에서 9등분한 후 각 등분마다 시료를 채취한다.

③ 회분식 연소방식의 소각재 반출설비에서 시료채취

회분식 연소방식의 소각재 반출설비에서 채취하는 경우에는 하루 동안의 운전횟수에 따라 매 운전시마다 2회 이상 채취하는 것을 원칙으로 하고, 시료의 양은 1회에 500g 이상으로 한다.

(3) 시료의 양

시료의 양은 1회에 100g 이상 채취한다. 다만, 소각재의 경우에는 1회에 500g 이상을 채취한다.

(4) 시료의 수

① 대상폐기물의 양과 시료의 최소 수

대상폐기물의 양 (단위 : ton)	시료의 최소 수	대상폐기물의 양 (단위 : ton)	시료의 최소 수
~ 1미만	6	100이상~500미만	30
1이상~5미만	10	500이상~1000미만	36
5이상~30미만	14	1000이상~5000미만	50
30이상~100미만	20	5000이상	60

② 폐기물이 적재되어 있는 운반차량에서 시료를 채취할 경우에는 적재 폐기물의 성상이 균일하다고 판단되는 깊이에서 시료를 채취한다.
ⓐ 5톤 미만의 차량에 적재되어 있을 때에는 적재폐기물을 평면상에서 6등분한 후 각 등분마다 시료를 채취한다.
ⓑ 5톤 이상의 차량에 적재되어 있을 때에는 적재폐기물을 평면상에서 9등분한 후 각 등분마다 시료를 채취한다.

(6) 시료의 분할 채취 방법

1) 시료의 분할채취방법
① 구획법
ⓐ 모아진 대시료를 네모꼴로 엷게 균일한 두께로 편다.
ⓑ 이것을 가로 4등분 세로 5등분하여 20개의 덩어리로 나눈다.
ⓒ 20개의 각 부분에서 균등량씩을 취하여 혼합하여 하나의 시료로 한다.

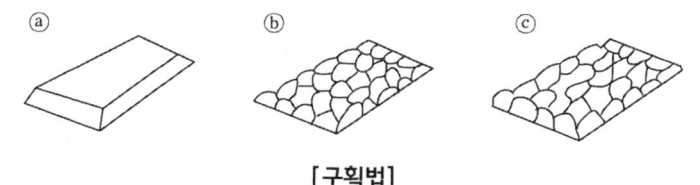

[구획법]

② 교호삽법
ⓐ 분쇄한 대시료를 단단하고 깨끗한 평면위에 원추형으로 쌓는다.
ⓑ 원추를 장소를 바꾸어 다시 쌓는다.
ⓒ 원추에서 일정량을 취하여 장방형으로 도포하고 계속해서 일정량을 취하여 그 위에 입체로 쌓는다.
ⓓ 육면체의 측면을 교대로 돌면서 균등량씩을 취하여 두개의 원추를 쌓는다.
ⓔ 하나의 원추는 버리고 나머지 원추를 앞의 조작을 반복하면서 적당한 크기까지 줄인다.

[교호삽법]

③ 원추 4분법
ⓐ 분쇄한 대시료를 단단하고 깨끗한 평면위에 원추형으로 쌓아 올린다.
ⓑ 앞의 원추를 장소를 바꾸어 다시 쌓는다.
ⓒ 원추의 꼭지를 수직으로 눌러서 평평하게 만들고 이것을 부채꼴로 사등분한다.
ⓓ 마주보는 두 부분을 취하고 반은 버린다.
ⓔ 반으로 준 시료를 앞의 조작을 반복하여 적당한 크기까지 줄인다.

[원추 4분법]

❷ 시료의 준비

1) 용출 시험방법

① 시료용액의 조제

시료의 조제방법에 따라 조제한 시료 100g 이상을 정확히 달아 정제수에 염산을 넣어 pH를 5.8~6.3으로 한 용매(mL)를 시료 : 용매 = 1 : 10(W : V)의 비로 2,000mL 삼각플라스크에 넣어 혼합한다.

② 용출조작

ⓐ 시료용액의 조제가 끝난 혼합액을 상온, 상압에서 진탕회수가 매분 당 약 200회, 진폭이 4~5cm의 진탕기를 사용하여 6시간 연속 진탕한다.

ⓑ 1.0μm의 유리섬유 여과지로 여과하고 여과액을 적당량 취하여 용출실험용 시료용액으로 한다.

ⓒ 여과가 어려운 경우에는 원심분리기를 사용하여 매분당 3,000회전 이상으로 20분 이상 원심분리한 다음 상징액을 적당량 취하여 용출실험용 시료용액으로 한다.

③ 실험결과의 보정

항목별 시험기준 중 각항의 규정에 따라 실험한 용출실험의 결과는 시료 중의 수분함량 보정을 위해 함수율 85% 이상인 시료에 한하여 $\dfrac{15}{100 - 시료의\ 함수율(\%)}$을 곱하여 계산된 값으로 한다.

✯✯✯ 3) 산분해법

① 질산 분해법

유기물 함량이 낮은 시료에 적용

② 질산 - 염산 분해법

유기물 함량이 비교적 높지 않고 금속의 수산화물, 산화물, 인산염 및 황화물을 함유하고 있는 시료에 적용

③ 질산 - 황산 분해법

ⓐ 유기물 등을 많이 함유하고 있는 대부분의 시료에 적용

ⓑ 칼슘, 바륨, 납 등을 다량 함유한 시료는 난용성의 황산염을 생성하여 다른 금속성분을 흡착하므로 주의하여야 한다.

④ 질산 - 과염소산 분해법

유기물을 높은 비율로 있으면서 산화분해가 어려운 시료들에 적용

⑤ 질산 - 과염소산 - 불화수소산 분해법

점토질 또는 규산염이 높은 비율로 함유된 시료에 적용

Chapter 3 일반항목편

1 강열감량 및 유기물함량 – 중량법

(1) 목적

시료에 질산암모늄용액(25%)을 넣고 가열하여 (600±25)℃의 전기로 안에서 3시간 강열한 다음 데시케이터에서 식힌 후 무게를 달아 증발접시의 무게차로부터 강열감량 및 유기물함량의 양(%)을 구한다.

2 기름성분 – 중량법

(1) 목적

시료를 직접 사용하거나, 시료에 적당한 응집제 또는 흡착제 등을 넣어 노말헥산 추출물질을 포집한 다음 노말헥산으로 추출하고 잔류물의 무게로부터 구하는 방법이다.

(2) 적용범위

① 폐기물중의 비교적 휘발되지 않는 탄화수소, 탄화수소유도체, 그리스유상물질 중 노말헥산에 용해되는 성분에 적용
② 정량한계는 0.1% 이하

③ 수소이온농도 – 유리전극법

(1) 적용범위

이 시험기준으로 pH를 0.01까지 측정한다.

(2) 간섭물질

① 유리전극은 일반적으로 용액의 색도, 탁도, 콜로이드성 물질들, 산화 및 환원성 물질들 그리고 염도에 의해 간섭을 받지 않는다.
② pH 10 이상에서 나트륨에 의해 오차가 발생할 수 있는데 이는 "낮은 나트륨 오차 전극"을 사용하여 줄일 수 있다.
③ 기름층이나 작은 입자상이 전극을 피복하여 pH 측정을 방해할 수 있는데 이 피복물을 부드럽게 문질러 닦아내거나 세척제로 닦아낸 후 정제수로 세척하고 부드러운 천으로 수분을 제거하여 사용한다. 염산(1+9)용액을 사용하여 피복물을 제거할 수 있다.
④ pH는 온도변화에 따라 영향을 받는다.

1) 반고상 또는 고상 폐기물

시료 10g을 50mL 비커에 취한다음 정제수 25mL를 넣어 잘 교반하여 30분 이상 방치한 후 이 현탁액을 시료용액으로 하거나 원심분리한 후 상층액을 시료용액으로 사용한다.

④ 석면

(1) 석면 – 편광현미경법

1) 적용범위

고형폐기물을 포함한 건축자재의 분석에 사용되며 유기 및 무기성분의 조합으로 된 모든 석면함유 물질에서 석면 유무를 판단할 수 있다. 편광현미경으로 판단할 수 있는 석면의 정량범위는 1~100%이다.

2) 시료의 양

시료의 양은 1회에 최소한 면적단위로는 $1cm^2$, 부피단위로는 $1cm^3$, 무게단위로는 2g 이상 채취한다.

(2) 석면 - X선 회절기법

1) 적용범위

고형폐기물을 포함한 건축자재의 분석에 사용되며 유기, 무기성분의 조합으로 된 모든 석면함유 물질에서 석면 유무를 판단할 수 있다. X선 회절기로 판단할 수 있는 석면의 정량범위는 0.1~100.0wt%이다.

❺ 시안

(1) 시안 - 자외선 가시선 분광법

1) 목적

시료를 pH 2 이하의 산성으로 조절한 후에 에틸렌다이아민테트라아세트산이나트륨을 넣고 가열 증류하여 시안화합물을 시안화수소로 유출시켜 수산화나트륨용액에 포집한 다음 중화하고 클로라민-T와 피리딘·피라졸론 혼합액을 넣어 나타나는 청색을 620nm에서 측정하는 방법이다.

2) 적용범위

① 이 시험기준으로는 각 시안화합물의 종류를 구분하여 정량할 수 없다.
② 폐기물 중에 시안의 정량한계는 0.01mg/L이다.

3) 간섭물질

① 시안화합물을 측정할 때 방해물질들은 증류하면 대부분 제거된다. 그러나 다량의 지방성분, 잔류염소, 황화합물은 시안화합물을 분석할 때 간섭할 수 있다.
② 다량의 지방성분을 함유한 시료는 아세트산 또는 수산화나트륨 용액으로 pH 6~7로 조절한 후 시료의 약 2%에 해당하는 부피의 노말헥산 또는 클로로폼을 넣어 추출하여 유기층은 버리고 수층을 분리하여 사용한다.
③ 황화합물이 함유된 시료는 아세트산아연용액(10W/V%) 2mL를 넣어 제거한다. 이용액 1mL는 황화물이온 약 14mg에 해당된다.
④ 잔류염소가 함유된 시료는 잔류염소 20mg당 L-아스코빈산(10W/V%) 0.6mL 또는 이산화비소산나트륨용액(10W/V%) 0.7mL를 넣어 제거한다.

(2) 시안 – 이온전극법

1) 목적
액상 폐기물과 고상 폐기물을 pH 12~13의 알칼리성으로 조절한 후 시안 이온전극과 비교 전극을 사용하여 전위를 측정하고 그 전위차로부터 시안을 정량하는 방법이다.

2) 적용범위
폐기물 중에 시안의 정량한계는 0.5mg/L이다.

(3) 시안 – 연속흐름법

시료를 산성상태에서 가열 증류하여 시안화물 및 시안착화합물의 대부분을 시안화수소로 유출시켜 포집한 다음 포집된 시안이온을 중화하고 클로라민-T를 넣어 생성된 염화시안이 발색시약과 반응하여 나타나는 청색을 620nm에서 측정하며, 정량한계는 0.01mg/L이다.

Chapter 4 금속류(Metals)

① 구리(Cu)

구리	정량한계	정밀도(RSD)
원자흡수분광광도법	0.008mg/L	±25% 이내
유도결합플라스마 – 원자발광분광법	0.006mg/L	±25% 이내
자외선 가시선 분광법	0.002mg	±25% 이내

(1) 구리 – 자외선 가시선 분광법

1) 목적

시료 중에 구리이온이 알칼리성에서 다이에틸다이티오카르바민산나트륨과 반응하여 생성하는 황갈색의 킬레이트 화합물을 아세트산부틸로 추출하여 흡광도를 440nm에서 측정하는 방법이다.

② 납(Pb)

납	정량한계	정밀도(RSD)
원자흡수분광광도법	0.004mg/L	±25% 이내
유도결합플라스마 – 원자발광분광법	0.040mg/L	±25% 이내
자외선 가시선 분광법	0.001mg	±25% 이내

(1) 납 – 자외선 가시선 분광법

1) 목적

시료 중에 납 이온이 시안화칼륨 공존하에 알칼리성에서 디티존과 반응하여 생성하는 납 디티존착염을 사염화탄소로 추출하고 과잉의 디티존을 시안화칼륨용액으로 씻은 다음 납 착염의 흡광도를 520nm에서 측정하는 방법이다.

③ 비소(As)

비소	정량한계	정밀도(RSD)
원자흡수분광도법	0.005mg/L	±25% 이내
유도결합플라스마-원자발광분광법	0.050mg/L	±25% 이내
자외선 가시선 분광법	0.002mg	±25% 이내

(1) 비소 - 수소화물생성 원자흡수분광광도법

1) 목적

전처리한 시료 용액 중에 아연 또는 나트륨붕소수화물을 넣어 생성된 수소화비소를 원자화시켜 193.7nm에서 흡광도를 측정하고 비소를 정량하는 방법이다.

(2) 비소 - 자외선 가시선 분광법

1) 목적

시료 중의 비소를 3가비소로 환원시킨 다음 아연을 넣어 발생되는 비화수소를 다이에틸다이티오카르바민산은의 피리딘용액에 흡수시켜 이때 나타나는 적자색의 흡광도를 530nm에서 측정하는 방법이다.

④ 수은(Hg)

수은	정량한계	정밀도(RSD)
원자흡수분광광도법(환원기화법)	0.0005mg/L	±25%
자외선 가시선 분광법(디티존법)	0.001mg	±25%

(1) 수은 - 원자흡수분광광도법

1) 목적
시료 중 수은을 이염화주석을 넣어 금속수은으로 환원시킨 다음 이 용액에 통기하여 발생하는 수은증기를 253.7nm의 파장에서 원자흡수분광광도법에 따라 정량하는 방법이다.

(2) 수은 - 자외선 가시선 분광법

1) 목적
수은을 황산 산성에서 디티존사염화탄소로 일차 추출하고 브로모화칼륨 존재하에 황산 산성에서 역추출하여 방해성분과 분리한 다음 알칼리성에서 디티존사염화탄소로 수은을 추출하여 490nm에서 흡광도를 측정하는 방법이다.

5 카드뮴(Cd)

카드뮴	정량한계	정밀도(RSD)
원자흡수분광광도법	0.002mg/L	±25% 이내
유도결합플라스마 - 원자발광분광법	0.004mg/L	±25% 이내
자외선 가시선 분광법(디티존법)	0.001mg	±25% 이내

(1) 카드뮴 - 자외선 가시선 분광법

1) 목적
시료 중에 카드뮴이온을 시안화칼륨이 존재하는 알칼리성에서 디티존과 반응시켜 생성하는 카드뮴착염을 사염화탄소로 추출하고, 추출한 카드뮴착염을 타타르산용액으로 역추출한 다음 수산화나트륨과 시안화칼륨을 넣어 디티존과 반응하여 생성하는 적색의 카드뮴착염을 사염화탄소로 추출하여 그 흡광도를 520nm에서 측정하는 방법이다.

❻ 크롬(Cr)

크롬	정량한계	정밀도(RSD)
원자흡수분광광도법	0.01mg/L	±25% 이내
유도결합플라스마-원자발광분광법	0.007mg/L	±25% 이내
자외선 가시선 분광법 (다이페닐카바자이드법)	0.002mg	±25% 이내

(1) 크롬 - 자외선 가시선 분광법

1) 목적

시료 중에 총 크롬을 과망간산칼륨을 사용하여 6가크롬으로 산화시킨 다음 산성에서 다이페닐카바자이드와 반응하여 생성되는 적자색 착화합물의 흡광도를 540nm에서 측정하여 총크롬을 정량하는 방법이다.

❼ 6가크롬(Cr^{6+})

크롬	정량한계	정밀도(RSD)
원자흡수분광광도법	0.01mg/L	±25% 이내
유도결합플라스마-원자발광분광법	0.007mg/L	±25% 이내
자외선 가시선 분광법 (다이페닐카바자이드법)	0.002mg	±25% 이내

(1) 6가크롬 - 자외선 가시선 분광법

1) 목적

시료 중에 6가크롬을 다이페닐카바자이드와 반응시켜 생성하는 적자색의 착화합물의 흡광도를 540nm에서 측정하여 6가크롬을 정량하는 방법이다.

Chapter 5 기타 항목편

❶ 유기인

(1) 유기인 - 기체크로마토그래피

★★★ 1) 목적

유기인 화합물 중 이피엔, 파라티온, 메틸디메톤, 다이아지논 및 펜토에이트의 측정방법으로서, 유기인화합물을 기체크로마토그래프로 분리한 다음 질소인검출기 또는 불꽃광도 검출기로 분석하는 방법이다.

2) 적용범위

① 유기인 화합물 중 이피엔, 파라티온, 메틸디메톤, 다이아지논 및 펜토에이트의 분석에 적용
② 기체크로마토그래프로 분리한 다음 질소인검출기 또는 불꽃광도검출기로 측정하는 방법이다.
★★ ③ 정량한계 : 0.0005mg/L

❷ 휘발성 저급염소화 탄화수소류 – 기체크로마토그래피

(1) 적용범위

① 트리클로로에틸렌(C_2HCl_3) 및 테트라클로로에틸렌(C_2Cl_4) 등의 휘발성 저급염소화 탄화수소류의 분석에 적용한다.
② 트리클로로에틸렌(C_2HCl_3)의 정량한계는 0.008mg/L, 테트라클로로에틸렌(C_2Cl_4)의 정량한계는 0.002mg/L이다.

(2) 간섭물질

① 추출용매에는 분석성분의 머무름 시간에서 피크가 나타나는 간섭물질이 있을 수 있다. 추출용매 안에 간섭물질이 발견되면 증류하거나 컬럼크로마토그래피에 의해 제거한다.
② 이 실험으로 끓는점이 높거나 극성 유기화합물들이 함께 추출되므로 이들 중에는 분석을 간섭하는 물질이 있을 수 있다.
③ 디클로로메탄과 같이 머무름 시간이 짧은 화합물은 용매의 피크와 겹쳐 분석을 방해할 수 있다.
④ 플루오르화탄소나 디클로로메탄과 같은 휘발성 유기물은 보관이나 운반 중에 격막(septum)을 통해 시료 안으로 확산되어 시료를 오염시킬 수 있으므로 현장 바탕시료로서 이를 점검하여야 한다.

❸ 감염성미생물

(1) 감염성미생물 분석방법

① 아포균검사법
② 세균배양검사법
③ 멸균테이프검사법

(2) 지표생물포자

감염성폐기물의 멸균잔류물에 대한 멸균여부의 판정은 병원성미생물보다 열저항성이 강하고 비병원성인 아포형성 미생물을 이용하는데 이를 지표생물포자라 한다.

(3) 시료채취 및 관리

① 정상운전조건에서 멸균처리가 끝난 다음 멸균잔류물을 잘 혼합하거나 혼합이 불가능할 경우에는 전체의 성상을 대표할 수 있도록 서로 다른 곳에서 시료를 채취한다.
② 시료의 채취는 가능한 한 무균적으로 하고 멸균된 용기에 넣어 1시간 이내에 실험실로 운반·실험하여야 하며, 그 이상의 시간이 소요될 경우에는 10℃ 이하로 냉장하여 6시간 이내에 실험실로 운반하고 실험실에 도착한 후 2시간 이내에 배양조작을 완료하여야 한다. 다만 8시간 이내에 실험이 불가능할 경우에는 현지 실험용 기구세트를 준비하여 현장에서 배양조작을 하여야 한다.

폐기물처리산업기사 과년도 문제해설

Part 4 폐기물 법규

- Chapter 총칙
- Chapter 폐기물의 배출과 처리
- Chapter 폐기물처리업 등

폐기물처리산업기사 과년도 문제해설

총칙

① 정의 및 폐기물의 종류와 처리시설

(1) 법에서 사용하는 용어

① 폐기물 : 쓰레기, 연소재, 오니, 폐유, 폐산, 폐알칼리 및 동물의 사체 등으로서 사람의 생활이나 사업활동에 필요하지 아니하게 된 물질
② 생활폐기물 : 사업장폐기물 외의 폐기물
③ 사업장폐기물 : 「대기환경보전법」, 「물환경보전법」 또는 「소음·진동관리법」에 따라 배출시설을 설치·운영하는 사업장이나 그 밖에 대통령령으로 정하는 사업장에서 발생하는 폐기물
④ 지정폐기물 : 사업장폐기물 중 폐유·폐산 등 주변 환경을 오염시킬 수 있거나 의료폐기물 등 인체에 위해를 줄 수 있는 해로운 물질로서 대통령령으로 정하는 폐기물
⑤ 의료폐기물 : 보건·의료기관, 동물병원, 시험·검사기관 등에서 배출되는 폐기물 중 인체에 감염 등 위해를 줄 우려가 있는 폐기물과 인체 조직 등 적출물, 실험 동물의 사체 등 보건·환경보호상 특별한 관리가 필요하다고 인정되는 폐기물로서 대통령령으로 정하는 폐기물
⑥ 처리 : 폐기물의 수집, 운반, 보관, 재활용, 처분
⑦ 처분 : 폐기물의 소각·중화·파쇄·고형화 등의 중간처분과 매립하거나 해역으로 배출하는 등의 최종처분

(2) 적용 범위

1) 폐기물관리법에 적용되지 않는 물질

① 원자력안전법에 따른 방사성 물질과 이로 인하여 오염된 물질
② 용기에 들어 있지 아니한 기체상태의 물질
③ 물환경보전법에 따른 수질 오염 방지시설에 유입되거나 공공수역으로 배출되는 폐수

④ 가축분뇨의 관리 및 이용에 관한 법률에 따른 가축분뇨
⑤ 하수도법에 따른 하수·분뇨
⑥ 가축전염병예방법에 적용되는 가축의 사체, 오염 물건, 수입 금지 물건 및 검역 불합격품
⑦ 수산생물질병 관리법이 적용되는 수산동물의 사체, 오염된 시설 또는 물건, 수입금지물건 및 검역 불합격품
⑧ 군수품관리법에 따라 폐기되는 탄약
⑨ 동물보호법에 따른 동물장묘업의 등록을 한 자가 설치·운영하는 동물장묘시설에서 처리되는 동물의 사체

(3) 지정폐기물의 종류

지정폐기물의 종류

1. 특정시설에서 발생되는 폐기물
   (1) 폐합성 고분자화합물
      ① 폐합성 수지(고체상태의 것은 제외)
      ② 폐합성 고무(고체상태의 것은 제외)
   (2) 오니류(수분함량이 95퍼센트 미만이거나 고형물함량이 5퍼센트 이상인 것 한정)
      ① 폐수처리 오니(환경부령으로 정하는 물질을 함유한 것으로 환경부장관이 고시한 시설에서 발생되는 것으로 한정)
      ② 공정 오니(환경부령으로 정하는 물질을 함유한 것으로 환경부장관이 고시한 시설에서 발생되는 것으로 한정)
      ③ 폐농약(농약의 제조·판매업소에서 발생되는 것으로 한정)

2. 부식성 폐기물
   (1) 폐산(액체상태의 폐기물로서 수소이온 농도지수가 2.0 이하인 것으로 한정)
   (2) 폐알칼리(액체상태의 폐기물로서 수소이온 농도지수가 12.5 이상인 것으로 한정하며, 수산화칼륨 및 수산화나트륨을 포함)

3. 유해물질함유 폐기물(환경부령으로 정하는 물질을 함유한 것으로 한정)
   (1) 광재(철광 원석의 사용으로 인한 고로슬래그는 제외)
   (2) 분진(대기오염 방지시설에서 포집된 것으로 한정하되, 소각시설에서 발생되는 것은 제외)

(4) 폐기물처리시설

```
                          폐기물처리시설

1. 중간처분시설
 (1) 소각시설
      ① 일반 소각시설
      ② 고온 소각시설
      ③ 열분해시설(가스화시설을 포함)
      ④ 고온 용융시설
      ⑤ 열처리 조합시설 [①에서 ④까지의 시설 중 둘 이상의 시설이 조합된 시설
 (2) 기계적 처분시설
      ① 압축시설(동력 7.5kW 이상인 시설로 한정)
      ② 파쇄·분쇄 시설(동력 15kW 이상인 시설로 한정)
      ③ 절단시설(동력 7.5kW 이상인 시설로 한정)
      ④ 용융시설(동력 7.5kW 이상인 시설로 한정)
      ⑤ 증발·농축 시설
      ⑥ 정제시설(분리·증류·추출·여과 등의 시설을 이용하여 폐기물을 처분하는 단위시설을 포함)
      ⑦ 유수 분리시설
      ⑧ 탈수·건조 시설
      ⑨ 멸균·분쇄 시설
 (3) 화학적 처분시설
      ① 고형화·고화·안정화 시설
      ② 반응시설(중화·산화·환원·중합·축합·치환 등의 화학반응을 이용하여 폐기물을 처분하는
         단위시설을 포함)
      ③ 응집·침전 시설
 (4) 생물학적 처분시설
      ① 소멸화 시설(1일 처분능력 100킬로그램 이상인 시설로 한정)
      ② 호기성·혐기성 분해시설
```

② 의료폐기물

(1) 의료폐기물의 종류

의료폐기물

1. 격리의료폐기물 : 감염병의 예방 및 관리에 관한 법률에 따른 감염병으로부터 타인을 보호하기 위하여 격리된 사람에 대한 의료행위에서 발생한 일체의 폐기물
2. 위해의료폐기물
   (1) 조직물류폐기물 : 인체 또는 동물의 조직·장기·기관·신체의 일부, 동물의 사체, 혈액·고름 및 혈액생성물(혈청, 혈장, 혈액제제)
   (2) 병리계폐기물 : 시험·검사 등에 사용된 배양액, 배양용기, 보관균주, 폐시험관, 슬라이드, 커버글라스, 폐배지, 폐장갑
   (3) 손상성폐기물 : 주사바늘, 봉합바늘, 수술용 칼날, 한방침, 치과용침, 파손된 유리재질의 시험기구
   (4) 생물·화학폐기물 : 폐백신, 폐항암제, 폐화학치료제
   (5) 혈액오염폐기물 : 폐혈액백, 혈액투석 시 사용된 폐기물, 그 밖에 혈액이 유출될 정도로 포함되어 있어 특별한 관리가 필요한 폐기물
3. 일반의료폐기물 : 혈액·체액·분비물·배설물이 함유되어 있는 탈지면, 붕대, 거즈, 일회용 기저귀, 생리대, 일회용 주사기, 수액세트

---

③ 에너지 회수기준

(1) 폐기물로부터 에너지를 회수하거나 회수할 수 있는 상태로 만들거나 폐기물을 연료로 사용하는 활동으로서 환경부령으로 정하는 활동

1) 가연성 고형폐기물로부터 다음 각 목에 따른 기준에 맞게 에너지를 회수하는 활동
   ① 다른 물질과 혼합하지 아니하고 해당 폐기물의 저위발열량이 킬로그램당 3천 킬로칼로리 이상일 것
   ② 에너지의 회수효율(회수에너지 총량을 투입에너지 총량으로 나눈 비율)이 75퍼센트 이상일 것
   ③ 회수열을 모두 열원으로 스스로 이용하거나 다른 사람에게 공급할 것
   ④ 환경부장관이 정하여 고시하는 경우에는 폐기물의 30퍼센트 이상을 원료나 재료로 재활용하고 그 나머지 중에서 에너지의 회수에 이용할 것

폐기물의 배출과 처리

14 대통령령으로 정하는 음식물류 폐기물 배출자의 범위

① 식품위생법에 따른 집단급식소(사회복지사업법에 따른 사회복지시설의 집단급식소는 제외) 중 1일 평균 총급식인원이 100명 이상([유아교육법]에 따른 유치원에 설치된 집단급식소는 1일 평균 총급식인원이 200명 이상)인 집단급식소를 운영하는 자
② 식품위생법에 따른 식품접객업 중 사업장 규모가 200제곱미터 이상인 휴게음식점영업 또는 일반음식점영업을 하는 자. 다만, 음식물류 폐기물의 발생량, 폐기물 재활용시설의 용량 등을 고려하여 특별자치시, 특별자치도 또는 시·군·구의 조례로 다음 각 목의 사업장 규모 또는 제외 대상 업종을 정하는 경우에는 그 조례에 따른다.
　가. 사업장 규모(200제곱미터 이상으로 한정)
　나. 휴게음식점영업 중 일부 제외 대상 업종
③ 유통산업발전법에 따른 대규모 점포를 개설한 자
④ 농수산물유통 및 가격안정에 관한 법률에 따른 농수산물도매시장·농수산물공판장·농수산물종합유통센터를 개설·운영하는 자
⑤ 관광진흥법에 따른 관광숙박업을 경영하는 자
⑥ 그 밖에 음식물류 폐기물을 스스로 감량하거나 재활용하도록 할 필요가 있어 특별자치도 또는 시·군·구의 조례로 정하는 자

Chapter 3 폐기물처리업 등

⑱ 폐기물 처리업

(1) 폐기물처리업의 업종 구분과 영업 내용

① 폐기물 수집·운반업 : 폐기물을 수집하여 재활용 또는 처분 장소로 운반하거나 폐기물을 수출하기 위하여 수집·운반하는 영업
② 폐기물 중간처분업 : 폐기물 중간처분시설을 갖추고 폐기물을 소각 처분, 기계적 처분, 화학적 처분, 생물학적 처분, 그 밖에 환경부장관이 폐기물을 안전하게 중간처분할 수 있다고 인정하여 고시하는 방법으로 중간처분하는 영업
③ 폐기물 최종처분업 : 폐기물 최종처분시설을 갖추고 폐기물을 매립 등(해역 배출은 제외)의 방법으로 최종처분하는 영업
④ 폐기물 종합처분업 : 폐기물 중간처분시설 및 최종처분시설을 갖추고 폐기물의 중간처분과 최종처분을 함께 하는 영업
⑤ 폐기물 중간재활용업 : 폐기물 재활용시설을 갖추고 중간가공 폐기물을 만드는 영업
⑥ 폐기물 최종재활용업 : 폐기물 재활용시설을 갖추고 중간가공 폐기물을 폐기물의 재활용 원칙 및 준수사항에 따라 재활용하는 영업
⑦ 폐기물 종합재활용업 : 폐기물 재활용시설을 갖추고 중간재활용업과 최종재활용업을 함께하는 영업

㉒ 결격사유 : 폐기물처리업의 허가를 받을 수 없는 자

① 미성년자, 피성년후견인 또는 피한정후견인
② 파산선고를 받고 복권되지 아니한 자
③ 폐기물관리법을 위반하여 금고 이상의 실형을 선고받고 그 형의 집행이 끝나거나 집행을 받지 아니하기로 확정된 후 10년이 지나지 아니한 자

④ 폐기물관리법을 위반하여 금고 이상의 형의 집행유예를 선고받고 그 집행유예 기간이 끝난 날부터 5년이 지나지 아니한 자
⑤ 폐기물관리법을 위반하여 대통령령으로 정하는 벌금형 이상을 선고받고 그 형이 확정된 날부터 5년이 지나지 아니한 자
⑥ 폐기물처리업의 허가가 취소되거나 전용용기 제조업의 등록이 취소된 자로서 그 허가 또는 등록이 취소된 날부터 10년이 지나지 아니한 자

29 폐기물처리시설의 사용신고 및 검사

(1) 환경부령으로 정하는 검사기관

1) 소각시설의 검사기관
① 한국환경공단
② 한국기계연구원
③ 한국산업기술시험원
④ 대학, 정부출연기관, 그 밖에 소각시설을 검사할 수 있다고 인정하여 환경부장관이 고시하는 기관

2) 매립시설의 검사기관
① 한국환경공단
② 한국건설기술연구원
③ 한국농어촌공사
④ 수도권매립지관리공사

3) 멸균분쇄시설의 검사기관
① 한국환경공단
② 보건환경연구원
③ 한국산업기술시험원

4) 음식물류 폐기물 처리시설의 검사기관
① 한국환경공단
② 한국산업기술시험원
③ 그 밖에 환경부장관이 정하여 고시하는 기관

5) 시멘트 소성로의 검사기관
① 한국환경공단
② 한국기계연구원
③ 한국산업기술시험원
④ 대학, 정부출연기관, 그 밖에 소각시설을 검사할 수 있다고 인정하여 환경부장관이 고시하는 기관

6) 소각열회수의 검사기관
① 한국환경공단
② 한국기계연구원
③ 한국에너지기술연구원
④ 한국산업기술시험원

(4) 환경부령으로 정하는 정기검사 기간

1) 소각시설, 소각열회수시설
① 최초 정기검사 : 사용개시일부터 3년
② 대기환경보전법에 따른 측정기기를 설치하고 굴뚝원격감시체계관제센터와 연결하여 정상적으로 운영되는 경우 : 사용개시일부터 5년
③ 2회 이후의 정기검사 : 최종 정기검사일부터 3년

2) 매립시설
① 최초 정기검사 : 사용개시일부터 1년
② 2회 이후의 정기검사 : 최종 정기검사일부터 3년

3) 멸균분쇄시설
① 최초 정기검사 : 사용개시일부터 3개월
② 2회 이후의 정기검사 : 최종 정기검사일부터 3개월

4) 음식물류 폐기물 처리시설
① 최초 정기검사 : 사용개시일부터 1년
② 2회 이후의 정기검사 : 최종 정기검사일부터 1년

5) 시멘트 소성로
① 최초 정기검사 : 사용개시일부터 3년
② 대기환경보전법에 따른 측정기기를 설치하고 굴뚝원격감시체계관제센터와 연결하여

정상적으로 운영되는 경우 : 사용개시일부터 5년
③ 2회 이후의 정기검사 : 최종 정기검사일부터 3년

30 폐기물처리시설의 관리

폐기물 처분시설 또는 재활용시설의 관리기준

1. 관리형 매립시설
   - 매립시설 침출수의 생물화학적 산소요구량·화학적 산소요구량·부유물질량의 배출허용 기준

구분	생물화학적 산소요구량 (mg/L)	화학적 산소요구량 (mg/L)	부유물질량 (mg/L)
청정지역	30	200	30
가지역	50	300	50
나지역	70	400	70

33 주변지역 영향 조사대상 폐기물처리시설

(1) 주변지역 영향 조사대상 폐기물처리시설 중 대통령령으로 정하는 폐기물처리시설

① 1일 처분능력이 50톤 이상인 사업장폐기물 소각시설(같은 사업장에 여러 개의 소각시설이 있는 경우에는 각 소각시설의 1일 처분능력의 합계가 50톤 이상인 경우)
② 매립면적 1만 제곱미터 이상의 사업장 지정폐기물 매립시설
③ 매립면적 15만 제곱미터 이상의 사업장 일반폐기물 매립시설
④ 시멘트 소성로(폐기물을 연료로 사용하는 경우로 한정)
⑤ 1일 재활용능력이 50톤 이상인 사업장폐기물 소각열회수시설(같은 사업장에 여러 개의 소각열회수시설이 있는 경우에는 각 소각열회수시설의 1일 재활용능력의 합계가 50톤 이상인 경우)

(2) 폐기물처리시설 주변지역 영향조사 기준

폐기물처리시설 주변지역 영향조사 기준

1. 조사방법

    가. 조사횟수 : 각 항목당 계절을 달리하여 2회 이상 측정하되, 악취는 여름(6월부터 8월까지)에 1회 이상 측정하여야 한다.

    나. 조사지점
    1) 미세먼지와 다이옥신 조사지점은 해당 시설에 인접한 주거지역 중 3개소이상 지역의 일정한 곳으로 한다.
    2) 악취 조사지점은 매립시설에 가장 인접한 주거지역에서 냄새가 가장 심한 곳으로 한다.
    3) 지표수 조사지점은 해당 시설에 인접하여 폐수, 침출수 등이 흘러들거나 흘러들 것으로 우려되는 지역의 상·하류 각 1개소 이상의 일정한 곳으로 한다.
    4) 지하수 조사지점은 매립시설의 주변에 설치된 3개의 지하수 검사정으로 한다.
    5) 토양 조사지점은 4개소 이상으로 하고, 토양정밀조사의 방법에 따라 폐기물 매립 및 재활용 지역의 시료채취 지점의 표토와 심토에서 각각 시료를 채취해야 하며, 시료채취 지점의 지형 및 하부토양의 특성을 고려하여 시료를 채취해야 한다.

---

34 기술관리인

(3) 기술관리인을 두어야 할 폐기물처리시설 중 대통령령으로 정하는 폐기물처리시설

1) 매립시설의 경우

    ① 지정폐기물을 매립하는 시설로서 면적이 3천300 제곱미터 이상인 시설. 다만 최종처분시설 중 차단형 매립시설에서는 면적이 330 제곱미터 이상이거나 매립용적이 1천 세제곱미터 이상인 시설로 한다.

    ② 지정폐기물 외의 폐기물을 매립하는 시설로서 면적이 1만 제곱미터 이상이거나 매립용적이 3만 세제곱미터 이상인 시설

2) 소각시설로서 시간당 처분능력이 600킬로그램(의료폐기물을 대상으로 하는 소각시설의 경우에는 200킬로그램)이상인 시설

3) 압축·파쇄·분쇄 또는 절단시설로서 1일 처분능력 또는 재활용능력이 100톤 이상인 시설

4) 사료화·퇴비화 또는 연료화시설로서 1일 재활용능력이 5톤 이상인 시설
5) 멸균분쇄시설로서 시간당 처분능력이 100킬로그램 이상인 시설
6) 시멘트 소성로
7) 용해로(폐기물에서 비철금속을 추출하는 경우로 한정)로서 시간당 재활용능력이 600킬로그램 이상인 시설
8) 소각열회수시설로서 시간당 재활용능력이 600킬로그램 이상인 시설

(4) 기술관리인의 자격기준

구분		자격기준
폐기물 처분시설 또는 재활용시설	가. 매립시설	• 폐기물처리기사, 수질환경기사, 토목기사, 일반기계기사, 건설기계설비기사, 화공기사, 토양환경기사 중 1명 이상
	나. 소각시설(의료폐기물을 대상으로 하는 소각시설은 제외), 시멘트 소성로, 용해로 및 소각열회수시설	• 폐기물처리기사, 대기환경기사, 토목기사, 일반기계기사, 건설기계설비기사, 화공기사, 전기기사, 전기공사기사 중 1명 이상
	다. 의료폐기물을 대상으로 하는 시설	• 폐기물처리산업기사, 임상병리사, 위생사 중 1명 이상
	라. 음식물류 폐기물을 대상으로 하는 시설	• 폐기물처리산업기사, 수질환경산업기사, 화공산업기사, 토목산업기사, 대기환경산업기사, 일반기계기사, 전기기사 중 1명 이상
	마. 그 밖의 시설	• 같은 시설의 운영을 담당하는 자 1명 이상

폐기물처리산업기사 과년도 문제해설

폐기물처리산업기사
과년도 문제해설

※ 2012년 제1회(2012.03.04. 시행)
　　　　제2회(2012.05.20. 시행)
　　　　제4회(2012.09.15. 시행)

※ 2013년 제1회(2013.03.10. 시행)
　　　　제2회(2013.06.02. 시행)
　　　　제4회(2013.09.28. 시행)

※ 2014년 제1회(2014.03.02. 시행)
　　　　제2회(2014.05.25. 시행)
　　　　제4회(2014.09.20. 시행)

※ 2015년 제1회(2015.03.08. 시행)
　　　　제2회(2015.05.31. 시행)
　　　　제4회(2015.09.19. 시행)

※ 2016년 제1회(2016.03.06. 시행)
　　　　제2회(2016.05.08. 시행)
　　　　제4회(2016.10.01. 시행)

※ 2017년 제1회(2017.03.05. 시행)
　　　　제2회(2017.05.07. 시행)
　　　　제4회(2017.09.23. 시행)

※ 2018년 제1회(2018.03.04. 시행)
　　　　제2회(2018.04.28. 시행)
　　　　제4회(2018.09.15. 시행)

※ 2019년 제1회(2019.03.03. 시행)
　　　　제2회(2019.04.27. 시행)
　　　　제4회(2019.09.21. 시행)

※ 2020년 제1·2회(2020.06.07. 시행)
　　　　제3회(2020.08.23. 시행)

※ CBT 모의고사

폐기물처리산업기사 과년도 문제해설

2012 제1회 폐기물처리산업기사
(2012년 3월 4일 시행)

제1과목 폐기물개론

01 평균 입경이 20cm인 폐기물을 입경 1cm가 되도록 파쇄 할때 소요되는 에너지는 입경을 4cm로 파쇄 할 때 소요되는 에너지의 몇 배인가? (단, Kick의 법칙 적용, n = 1)

㉮ 1.57 배 ㉯ 1.64 배
㉰ 1.72 배 ㉱ 1.86 배

풀이 Kick의 법칙

동력$(E) = C \ln \left(\dfrac{dp_1}{dp_2} \right)$

여기서 dp_1 : 평균 크기
dp_2 : 최종 크기

① $E_1 = C \ln \left(\dfrac{20cm}{1cm} \right) = C \ln 20$

② $E_2 = C \ln \left(\dfrac{20cm}{4cm} \right) = C \ln 5$

③ 소요에너지의 변화 $= \dfrac{E_1}{E_2} = \dfrac{C \ln 20}{C \ln 5} = 1.86$배

02 어느 도시에서 쓰레기 수거 시 수거인부가 1일 3500명, 수거인부 1인이 1일 8시간, 년간 300일을 근무하며 쓰레기를 수거 운반하는데 소요된 MHT가 10.7이라면 년간 쓰레기 수거량은 얼마인가?

㉮ 593,000t/년 ㉯ 658,000t/년
㉰ 785,000t/년 ㉱ 854,000t/년

풀이
$$\text{man} \cdot \text{hr/ton} = \dfrac{\text{수거인부수} \times \text{작업시간}}{\text{쓰레기 수거량}}$$

∴ 쓰레기 수거량(ton/년)

$= \dfrac{\text{수거인부수} \times \text{작업시간}}{\text{man} \cdot \text{hr/ton}}$

$= \dfrac{3500\text{인} \times 8\text{hr/day} \times 300\text{day/년}}{10.7 \text{man} \cdot \text{hr/ton}}$

$= 785,046.73 \text{ton/년}$

Tip
① MHT : 1ton의 쓰레기를 수거하는데 수거부 1인이 소요하는 총시간
② MHT = man · hr/ton

정답 01 ㉱ 02 ㉰

03 적환장에 대한 설명으로 틀린 것은?

㉮ 최종처리장과 수거지역의 거리가 먼 경우 사용하는 것이 바람직하다.
㉯ 저밀도 거주지역이 존재할 때 설치한다.
㉰ 재사용 가능한 물질의 선별시설 설치가 가능하다.
㉱ 대용량의 수집차량을 사용할 때 설치한다.

풀이 ㉱ 소용량의 수집차량을 사용할 때 설치한다.

Tip
적환장의 필요성
① 폐기물 수집장소와 처분장소가 멀리 떨어져 있는 경우
② 소용량 수집차량이 사용되는 경우
③ 상업지역에서 폐기물 수집에 소형용기를 사용하는 경우
④ 불법투기와 다량의 어질러진 쓰레기들이 발생하는 경우
⑤ 슬러지 수송이나 공기수송 방식을 사용할 때
⑥ 저밀도 주거지역이 존재하는 경우
⑦ 작은 규모의 주택들이 밀집되어 있을 때

04 분뇨의 특성과 가장 거리가 가장 먼 것은?

㉮ 악취가 유발된다.
㉯ 질소농도가 높다.
㉰ 토사 및 협잡물이 많다.
㉱ 고액분리가 잘 된다.

풀이 ㉱ 고액분리가 어렵다.

05 트롬멜 스크린에 대한 설명으로 옳지 않은 것은?

㉮ [원통의 임계속도× 1.45 = 최적속도]로 나타낸다.
㉯ 원통의 경사도가 크면 부하율이 커진다.
㉰ 스크린 중에서 선별효율이 좋고 유지관리상의 문제가 적다.
㉱ 원통의 경사도가 크면 효율이 떨어진다.

풀이 ㉮ [원통의 임계속도× 0.45 = 최적속도]로 나타낸다.

Tip
트롬멜(Trommel) 스크린
① 스크린앞에 분쇄기를 두어 분리된 폐기물을 주입·분쇄함으로써 입도를 균일하게 한다.(스크린에 폐기물을 주입하기 이전에 분쇄기를 두는 것이 효과적이다.)
② 회전속도가 증가하면 어느 정도까지는 선별효율이 증가하나 일정속도 이상이 되면 원심력에 의해 막힘현상이 일어난다.
③ 원통의 경사도가 크면 폐기물이 그냥 배출될 수 있으므로 효율이 낮아진다.(경사도가 크면 효율도 떨어지고 부하율도 커진다.)
④ 최적회전속도 = 임계회전속도×0.45 이다.
⑤ 원통의 길이가 길면 효율은 증가하나 동력소요가 많다.
⑥ 스크린 중 선별효율이 우수하고 유지관리상 문제가 적다.

정답 03 ㉱ 04 ㉱ 05 ㉮

06 쓰레기를 100톤 소각하였을 때 남은 재의 중량이 소각전 쓰레기 중량의 20%이고 재의 용적이 16m³이라면 재의 밀도는 얼마인가?

㉮ 1150kg/m³   ㉯ 1250kg/m³
㉰ 1350kg/m³   ㉱ 1450kg/m³

풀이 재의 밀도(kg/m³) = $\dfrac{\text{재의 중량(kg)}}{\text{재의 용적(m}^3\text{)}}$

$= \dfrac{100 \times 10^3 \text{kg} \times 0.20}{16\text{m}^3}$

$= 1250 \text{kg/m}^3$

Tip
100ton × 10³ = 100,000kg

07 도시 생활쓰레기를 분류하여 다음 표와 같은 결과를 얻었다. 이 쓰레기의 함수율은 얼마인가?

구 분	구성비 중량(%)	함수율(%)
연 탄 재	30	15
식품폐기물	50	40
종 이 류	20	20

㉮ 약 24%   ㉯ 약 29%
㉰ 약 34%   ㉱ 약 36%

풀이 함수율(%) = $\dfrac{\text{합(중량비} \times \text{함수율)}}{\text{합(중량비)}}$

$= \dfrac{30\% \times 15\% + 50\% \times 40\% + 20\% \times 20\%}{30\% + 50\% + 20\%}$

$= 28.5\%$

08 수분이 96%이고 무게 100kg인 폐수슬러지를 탈수시켜 수분이 70%인 폐수슬러지로 만들었다. 탈수된 후의 폐수슬러지의 무게는 얼마인가? (단, 슬러지 비중은 1.0 기준)

㉮ 11.3kg   ㉯ 13.3kg
㉰ 16.3kg   ㉱ 18.3kg

풀이 $W_1 \times (100 - P_1) = W_2 \times (100 - P_2)$
여기서 W_1 : 탈수 전 슬러지량(kg)
  P_1 : 탈수 전 함수율(%)
  W_2 : 탈수 후 슬러지량(kg)
  P_2 : 탈수 후 함수율(%)

따라서 $100\text{kg} \times (100 - 96) = W_2 \times (100 - 70)$

∴ $W_2 = \dfrac{100\text{kg} \times (100 - 96)}{(100 - 70)} = 13.33\text{kg}$

09 쓰레기 관리 체계에서 비용이 가장 많이 드는 것은 어느 단계인가?

㉮ 수거   ㉯ 저장
㉰ 처리   ㉱ 처분

풀이 쓰레기 관리체계에서 비용이 가장 많이 드는 것은 수거단계이며, 수거단계가 전체비용의 60%이상을 차지한다.

정답 06 ㉯ 07 ㉯ 08 ㉯ 09 ㉮

10. 함수율 80%의 슬러지 케이크 3000kg을 소각시 소각재 발생량(kg)은 얼마인가? (단, 케이크 건조 중량당 무기물 20%이며, 유기물 중 연소율은 95%이고, 소각에 의한 무기물 손실은 없다.)
   ㉮ 144kg   ㉯ 178kg
   ㉰ 248kg   ㉱ 273kg

풀이 소각시 소각재 발생량(kg)
   = 무기물량(kg) + 잔류 유기물량(kg)
   ① 무기물량(kg)
     = 슬러지 케이크량(kg)×고형물량×무기물함량
     = 3000kg×(1-0.8)×0.2 = 120kg
   ② 유기물량(kg)
     = 슬러지 케이크량(kg)×고형물량×유기물함량
       ×(1-유기물 중 연소율)
     = 3000kg×(1-0.8)×(1-0.2)×(1-0.95) = 24kg
   ③ 소각시 소각재 발생량(kg)
     = 120kg+24kg = 144kg

Tip
① 고형물량 = 100% − 함수율(%)
           = 100% − 80% = 20%
② 유기물량 = 100% − 무기물량(%)
           = 100% − 20% = 80%

11. 폐기물선별방법 중 분쇄한 전기줄로부터 금속을 회수하거나 분쇄된 자동차나 연소재로부터 알루미늄, 구리 등을 회수하는데 사용되는 선별장치는?
   ㉮ Fluidized bed separators
   ㉯ Stoners
   ㉰ Optical sorting
   ㉱ Jigs

풀이 ㉮ Fluidized bed separators에 대한 설명이다.

12. 폐기물의 새로운 수송방법인 Pipe line 수송에 관한 설명으로 틀린 것은?
   ㉮ 잘못 투입된 물건은 회수하기가 어렵다.
   ㉯ 부피가 큰 쓰레기는 일단 압축, 파쇄 등의 전처리가 필요하다.
   ㉰ 쓰레기 발생밀도가 높은 인구밀집지역 및 아파트 지역등에서 현실성이 있다.
   ㉱ 단거리 보다는 장거리 수송에 경제성이 있다.

풀이 ㉱ 장거리 보다는 단거리 수송에 경제성이 있다.

Tip
파이프라인(Pipe-line) 방식
(1) 장점
  ① 자동화, 무공해화, 안전화가 가능하다.
  ② 쓰레기가 눈에 띄지 않는다.
  ③ 분진, 악취, 소음, 진동등의 문제가 없다.
  ④ 수거차량에 의한 도심지 교통량 증가가 없다.
(2) 단점
  ① 쓰레기 발생빈도가 높아야 현실성이 있다.
  ② 조대(대형)쓰레기는 파쇄, 압축 등의 전처리를 해야 한다.
  ③ 잘못 투입된 물건은 회수하기가 곤란하다.
  ④ 장거리 이용이 곤란하다.
  ⑤ 가설 후 경로(Route) 변경이 곤란하고 설치비가 막대하다.
  ⑥ 유지관리, 수송능력 등의 문제를 고려할 때 초기 투자비가 높다.
  ⑦ 고도의 시스템 신뢰성이 필요하다.
  ⑧ 투입구를 이용한 범죄나 사고의 위험이 있다.
  ⑨ 사고발생시 시스템 전체가 마비되어 대체 시스템으로의 전환이 필요하다.
  ⑩ 약 2.5km 이내의 수송에 용이하다.

10 ㉮ 11 ㉮ 12 ㉱

13 5%의 고형물을 함유하는 슬러지를 하루에 10m³씩 침전지에서 제거하는 처리장에서 운영기술의 발전으로 6%의 고형물을 함유하는 슬러지로 제거할 수 있게 되었다면 같은 고형물량(무게기준)을 제거하기 위하여 침전지에서 제거되는 슬러지량(m³)은 얼마인가? (단, 비중은 1.0이다.)

㉮ 8.99 ㉯ 8.77
㉰ 8.55 ㉱ 8.33

풀이 $V_1 \times TS_1 = V_2 \times TS_2$
여기서 V_1 : 제거 전 슬러지량(m³)
TS_1 : 제거 전 고형물량(%)
V_2 : 제거 후 슬러지량(m³)
TS_2 : 제거 후 고형물량(%)
따라서 $10m^3 \times 5\% = V_2 \times 6\%$
∴ $V_2 = \dfrac{10m^3 \times 5\%}{6\%} = 8.33m^3$

Tip
① $V_1 \times (100 - P_1) = V_2 \times (100 - P_2)$
② $V_1 \times TS_1 = V_2 \times TS_2$

14 채취한 쓰레기 시료에 대한 성상분석을 위한 절차 중 가장 먼저 실시하는 단계는?

㉮ 건조 ㉯ 분류
㉰ 전처리 ㉱ 밀도측정

풀이 시료 → 밀도 측정 → 물리적 조성 → 분류 → 전처리 → 조성 분석 순서이다.

15 세대 평균 가족 수가 4인인 1000세대 아파트 단지에서 쓰레기 수거사항을 조사한 결과가 다음과 같을 때 1인1일 쓰레기 발생량은 얼마인가? (단, 1주일간의 수거용량 : 80m³, 쓰레기 밀도 : 350kg/m³)

㉮ 1.6kg/인·일 ㉯ 1.4kg/인·일
㉰ 1.2kg/인·일 ㉱ 1.0kg/인·일

풀이 쓰레기 발생량(kg/인·일)
$= \dfrac{쓰레기 수거량(kg/day)}{인구수(인)}$
$= \dfrac{80m^3/주 \times 1주/7일 \times 350kg/m^3}{1000세대 \times 4인/세대}$
$= 1.0 kg/인·일$

16 직경이 3.2m인 Trommel Screen의 임계속도는 얼마인가? (단, $N_c = [g/(4\pi^2 r)]^{0.5}$이다.)

㉮ 약 21 rpm ㉯ 약 24 rpm
㉰ 약 27 rpm ㉱ 약 29 rpm

풀이 $N_C = \left(\dfrac{g}{4\pi^2 r}\right)^{0.5} \times 60$
여기서 N_C : 임계속도(rpm)
g : 중력가속도(9.8m/sec²)
r : 스크린 반경(m)
따라서 $N_C = \left(\dfrac{9.8m/sec^2}{4 \times \pi^2 \times \left(\dfrac{3.2m}{2}\right)}\right)^{0.5} \times 60$
$= 23.63 rpm$

Tip
rpm = 회/min

정답 13 ㉱ 14 ㉱ 15 ㉱ 16 ㉯

17 폐기물 성분 중 비가연성이 60wt%를 차지하고 있다. 밀도가 550kg/m³인 폐기물이 30m³ 있을 때 가연성 물질의 양(kg)은 얼마인가? (단, 폐기물을 비가연성과 가연성분으로 구분)

㉮ 5400 kg ㉯ 6600 kg
㉰ 7400 kg ㉱ 8200 kg

 가연성 물질의 양(kg)
= 폐기물(m³)×밀도(kg/m³)×가연성 물질 함량
= 30m³×550kg/m³×(1−0.60)
= 6600kg

Tip
가연성 물질(%) = 100% − 비가연성 물질(%)
= 100 − 60% = 40%

18 고로슬래그의 입도분석 결과 입도누적곡선상의 10%, 60% 입경이 각각 0.5mm, 1.0mm 이라면 유효입경은 얼마인가?

㉮ 0.1mm ㉯ 0.5mm
㉰ 1.0mm ㉱ 2.0mm

 유효입경은 입도누적곡선상의 10%에 해당하는 입경이므로 0.5mm가 된다.

Tip
① 곡률계수 = $\dfrac{(D_{30\%})^2}{(D_{10\%} \times D_{60\%})}$
② 균등계수 = $\dfrac{D_{60\%}}{D_{10\%}}$
③ 유효입경 = $D_{10\%}$

19 우리나라의 생활폐기물 일일 발생량으로 가장 옳은 것은?

㉮ 0.3 kg/인 ㉯ 1.0 kg/인
㉰ 2.0 kg/인 ㉱ 3.0 kg/인

20 어떤 폐기물의 압축 전 부피는 3.5m³이고 압축 후의 부피가 0.8m³일 경우 압축비는 얼마인가?

㉮ 2.5 ㉯ 2.7
㉰ 3.5 ㉱ 4.4

 압축비 = $\dfrac{V_1}{V_2}$
여기서 V_1 : 압축 전의 부피(m³)
V_2 : 압축 후의 부피(m³)
따라서 압축비 = $\dfrac{3.5\text{m}^3}{0.8\text{m}^3}$ = 4.38

제2과목 폐기물처리기술

21 유입수의 BOD가 250ppm이고 정화조의 BOD 제거율이 80%라면 정화조를 거친 방류수의 BOD(ppm)는 얼마인가?

㉮ 50ppm ㉯ 60ppm
㉰ 70ppm ㉱ 80ppm

 BOD 제거율(%) = $\left(1 - \dfrac{\text{유출수의 BOD}}{\text{유입수의 BOD}}\right) \times 100$
$80\% = \left(1 - \dfrac{\text{유출수의 BOD}}{250\text{ppm}}\right) \times 100$
∴ 유출수의 BOD = 250ppm × (1 − 0.8)
= 50ppm

정답 17 ㉯ 18 ㉯ 19 ㉯ 20 ㉱ 21 ㉮

22 유효공극율 0.2, 점토층 위의 침출수 수두 1.5m인 점토 차수층 1.0m를 통과하는데 10년이 걸렸다면 점토 차수층의 투수계수(cm/sec)는 얼마인가?

㉮ 2.54×10^{-7}cm/sec ㉯ 3.54×10^{-7}cm/sec
㉰ 2.54×10^{-8}cm/sec ㉱ 3.54×10^{-8}cm/sec

 ① $t = \dfrac{d^2 \cdot n}{k(d+h)}$

여기서 t : 침출수가 점토층을 통과하는 시간(년)
d : 점토층 두께(m)
k : 투수계수(m/년)
h : 침출수 수두(m)

따라서 $k = \dfrac{d^2 \cdot n}{t(d+h)}$

$= \dfrac{(1.0m)^2 \times 0.2}{10년 \times (1.0m + 1.5m)}$

$= 0.008$m/년

② k(cm/sec)

$= \dfrac{0.008m}{년} \left| \dfrac{10^2 cm}{1m} \right| \dfrac{1년}{365day} \left| \dfrac{1day}{24hr} \right| \dfrac{1hr}{3600sec}$

$= 2.54 \times 10^{-8}$

23 고화 처리법 중 피막형성법에 관한 설명으로 틀린 것은?

㉮ 낮은 혼합률을 가진다.
㉯ 에너지 소요가 크다.
㉰ 화재 위험성이 있다.
㉱ 침출성이 크다.

 ㉱ 침출성이 낮다.

24 혐기성 소화의 장, 단점으로 틀린 것은?

㉮ 반응이 더디고 소화기간이 비교적 오래 걸린다.
㉯ 호기성 처리에 비해 슬러지가 많이 발생한다.
㉰ 소화 가스는 냄새가 나며 부식성이 높은 편이다.
㉱ 동력시설의 소모가 적어 운전비용이 저렴하다.

㉯ 호기성 처리에 비해 슬러지가 적게 발생한다.

> **Tip**
> **혐기성 소화의 장·단점**
> (장점)
> ① 호기성처리에 비해 탈수성이 양호하다.
> ② 호기성처리에 비해 슬러지가 적게 발생한다.
> ③ 동력시설의 소모가 적어 운전비용이 저렴하다.
> ④ 고농도 폐수처리에 적합하다.
> ⑤ 회수된 가스를 연료로 사용 가능하다.
> ⑥ 소화슬러지의 건조성이 양호하다.
> ⑦ 연속처리가 가능하다.
> (단점)
> ① 운전이 어렵고 반응시간도 길다.
> ② 소화가스는 냄새가 나며 부식이 높은 편이다.
> ③ 소화기간이 비교적 오래 걸린다.
> ④ 처리수를 다시 호기성처리하여 방류한다.

정답 22 ㉰ 23 ㉱ 24 ㉯

25 메탄올(CH_3OH) 5kg이 완전연소 하는데 필요한 이론공기량(Sm^3)은 얼마인가?

㉮ $15Sm^3$ ㉯ $18Sm^3$
㉰ $21Sm^3$ ㉱ $25Sm^3$

 ① $CH_3OH + 1.5O_2 \rightarrow CO_2 + 2H_2O$
  32kg : 1.5×22.4Sm^3
  5kg : O_o(이론산소량)
  ∴ O_o(이론산소량) = $\dfrac{5kg \times 1.5 \times 22.4Sm^3}{32kg}$
   = 5.25Sm^3

② 이론공기량(Sm^3) = 이론산소량(Sm^3) × $\dfrac{1}{0.21}$
   = 5.25Sm^3 × $\dfrac{1}{0.21}$
   = 25Sm^3

Tip
① 중량(kg) = 계수×분자량(kg)
② 체적(Sm^3) = 계수×22.4(Sm^3)
③ CH_3OH = 메탄올 = 메틸알콜
④ CH_3OH의 분자량 = 12+3×1+16+1
            = 32kg

26 함수율이 40%인 슬러지가 자연 건조되어 총무게의 20%에 해당하는 수분이 증발하였다면 수분 증발 후 슬러지의 함수율(%)은 얼마인가?

㉮ 20% ㉯ 25%
㉰ 30% ㉱ 35%

 $V_1 \times (1-P_1) = V_2 \times (1-P_2) \times (1-P_3)$
여기서 V : 슬러지량
   P : 함수율
따라서 $1 \times (1-0.40) = 1 \times (1-0.20) \times (1-P_3)$
∴ $P_3 = 0.25$ 따라서 **25%** 이다.

27 1차 반응속도에서 반감기(초기농도가 50% 줄어드는 시간)가 10분이다. 초기농도의 75%가 줄어드는데 걸리는 시간(분)은 얼마인가?

㉮ 20분 ㉯ 30분
㉰ 40분 ㉱ 50분

 ① 반감기 사용
$\ln\dfrac{1}{2} = -k \times t$
여기서 k : 상수
   t : 시간
따라서 $\ln\dfrac{1}{2} = -k \times 10\min$
∴ $k = \dfrac{\ln\dfrac{1}{2}}{-10\min} = 0.0693/\min$

② 1차 반응식 사용
$\ln\dfrac{C_t}{C_o} = -k \times t$
여기서 C_o : 초기농도
   C_t : t시간 후의 농도
   k : 상수
   t : 시간
따라서 $\ln\dfrac{25}{100} = -0.0693/\min \times t$
∴ $t = \dfrac{\ln\dfrac{25}{100}}{-0.0693/\min} = 20.0\min$

Tip
$C_t = 100\% - 75\% = 25\%$

정답 25 ㉱ 26 ㉰ 27 ㉮

28 매시간 10ton의 폐유를 소각하는 소각로에서 황산화물을 탈황하여 부산물인 80% 황산으로 전량 회수한다면 그 부산물량(kg/hr)은 얼마인가? (단, S : 32, 폐유 중 황성분 2%, 탈황율 90%라 가정함)

㉮ 약 590kg/hr   ㉯ 약 690kg/hr
㉰ 약 790kg/hr   ㉱ 약 890kg/hr

 $S+O_2 \rightarrow SO_2+1/2O_2 \rightarrow SO_3+H_2O \rightarrow H_2SO_4$
32kg   :   98kg
$10×10^3$kg/hr×0.02×0.90 : 0.8×X

$$\therefore X = \frac{10×10^3 \text{kg/hr} ×0.02×0.90×98\text{kg}}{32\text{kg}×0.8}$$
$$= 689.06 \text{kg/hr}$$

Tip
회수되는 H_2SO_4(황산)의 순도가 주어지면 반드시 보정해야 함에 주의!!!!

29 슬러지를 개량(conditioning)하는 주된 목적으로 맞는 것은?

㉮ 농축 성질을 향상시킨다.
㉯ 탈수 성질을 향상시킨다.
㉰ 소화 성질을 향상시킨다.
㉱ 구성성분 성질을 개선, 향상시킨다.

 슬러지를 개량(conditioning)하는 주된 목적은 탈수성을 향상시킨다.

30 유기적 고형화에 대한 일반적 설명으로 틀린 것은?

㉮ 수밀성이 작고 적용 가능 폐기물이 적음
㉯ 처리비용이 고가
㉰ 방사선 폐기물처리에 적용함
㉱ 미생물 및 자외선에 대한 안정성이 약함

 ㉮ 수밀성이 크고 적용 가능 폐기물이 많음

Tip
유기성 고형화 및 무기성 고형화
(1) 유기성 고형화 방법
 ① 수밀성이 크고 적용가능 폐기물이 많다.
 ② 방사선 폐기물 처리에 적용함.
 ③ 최종 고화체의 체적 증가가 다양하다.
 ④ 처리비용이 고가이다.
 ⑤ 미생물 및 자외선에 대한 안정성이 약함.
 ⑥ 상업화된 처리법의 현장자료가 빈약하다.
 ⑦ 고도의 기술이 필요하며 촉매 등 유해물질이 사용된다.
(2) 무기성 고형화 방법
 ① 처리비용이 싸다.
 ② 장기적으로 안정성이 지속된다.
 ③ 고화재료 구입이 용이하며, 재료가 무독성이다.
 ④ 상온, 상압에서 처리가 용이하다.
 ⑤ 수용성이 작고, 수밀성이 양호하다.
 ⑥ 다양한 산업폐물에 적용할 수 있다.
 ⑦ 고형화재료에 따라 고화체의 체적 증가가 다양하다.

정답 28 ㉯ 29 ㉯ 30 ㉮

31 점토를 매립지의 차수막으로 이용하기 위한 소성지수 기준을 가장 알맞게 나타낸 것은? (단, 포괄적인 관점 기준이다.)

㉮ 5% 이상 10% 미만
㉯ 10% 이상 30% 미만
㉰ 30% 이상 50% 미만
㉱ 50% 이상 70% 미만

Tip
점토의 차수막 적합조건
① 투수계수 : 10^{-7}cm/sec 미만
② 소성지수 : 10% 이상 30% 미만
③ 액성한계 : 30% 이상
④ 점토 및 미사토 함량 : 20% 이상
⑤ 자갈 함유량 : 10% 미만

32 쓰레기를 소각하였을 때 남는 재의 무게는 쓰레기의 10%이고 재의 밀도는 1.05g/cm³이라면 쓰레기 50톤을 소각할 경우 남는 재의 부피(m³)는 얼마인가?

㉮ 4.23m³　　㉯ 4.76m³
㉰ 5.26m³　　㉱ 5.83m³

 소각 후 남는 재의 부피(m³)

$$= \frac{\text{쓰레기량(kg)} \times \frac{\text{쓰레기 중 재의 함량(\%)}}{100}}{\text{재의 밀도(kg/m}^3\text{)}}$$

$$= \frac{50 \times 10^3 \text{kg} \times 0.1}{1050 \text{kg/m}^3} = 4.76\text{m}^3$$

Tip
① g/cm³ × 10³ = kg/m³
② 비중 1.05g/cm³는 1050kg/m³이다.
③ 밀도는 단위를 환산하기 위해 사용한다.

33 함수율 99%의 슬러지 1000m³을 농축시켜 300m³의 농축 슬러지가 얻어졌다고 하면, 농축슬러지의 함수율(%)은 얼마인가? (단, 탱크로부터 월류되는 SS는 무시하며, 모든 슬러지의 비중은 1.0 이다.)

㉮ 93.6%　　㉯ 94.3%
㉰ 95.2%　　㉱ 96.7%

 $V_1 \times (100 - P_1) = V_2 \times (100 - P_2)$
여기서 V_1 : 농축 전 슬러지(m³)
P_1 : 농축 전 함수율(%)
V_2 : 농축 후 슬러지(m³)
P_2 : 농축 후 함수율(%)
$1000\text{m}^3 \times (100 - 99) = 300\text{m}^3 \times (100 - P_2)$

$$\therefore P_2 = 100 - \frac{1000\text{m}^3 \times (100 - 99)}{300\text{m}^3}$$
$$= 96.67\%$$

34 매립지에서 발생하는 침출수의 특성이 COD/TOC : 2.0 ~ 2.8, BOD/COD : 0.1 ~ 0.5, 매립연한 : 5년 ~ 10년, COD(mg/L) : 500 ~ 10,000 일 때 효율성이 가장 양호한 처리공정은 어느 것인가?

㉮ 생물학적 처리　　㉯ 이온교환수지
㉰ 활성탄 흡착　　㉱ 역삼투

㉱ 역삼투법이 가장 효율적인 방법이다.

정답 31 ㉯　32 ㉯　33 ㉱　34 ㉱

35
퇴비를 효과적으로 생산하기 위하여 퇴비화 공정 중에 주입하는 Bulking Agent에 대한 설명과 가장 거리가 먼 것은?

㉮ 처리대상물질의 수분함량을 조절한다.
㉯ 미생물의 지속적인 공급으로 퇴비의 완숙을 유도한다.
㉰ 퇴비의 질(C/N비) 개선에 영향을 준다.
㉱ 처리대상물질 내의 공기가 원활히 유통될 수 있도록 한다.

Tip
Bulking Agent(팽화제)의 특징
① 수분조절제라고도 한다.
② 처리대상물질의 수분함량을 조절한다.
③ 퇴비의 질(C/N비) 개선에 영향을 준다.
④ 처리대상물질 내의 공기가 원활히 유통될 수 있도록 한다.
⑤ 퇴비생산에 필요한 탄소나 질소를 함유시켜 제공할 수도 있다.
⑥ 톱밥, 볏짚, 낙엽에 기존 퇴비를 혼합하여 퇴비화시키는 것을 말한다.

36
합성차수막 종류 중 CR에 관한 설명으로 옳지 않은 것은?

㉮ 가격이 싸다.
㉯ 대부분의 화학물질에 대한 저항성이 높다.
㉰ 마모 및 기계적 충격에 강하다.
㉱ 접합이 용이하지 못하다.

풀이 ㉮ 가격이 비싸다.

37
고형물 중 유기물이 90% 이고 함수율이 96%인 슬러지 500m³를 소화시킨 결과 유기물 중 2/3가 제거되고 함수율 92%인 슬러지로 변했다면 소화슬러지의 부피는 얼마인가? (단, 모든 슬러지의 비중은 1.0 이다.)

㉮ 100m³   ㉯ 150m³
㉰ 200m³   ㉱ 250m³

 소화슬러지 부피(m³) = (VS+FS) × $\dfrac{100}{100-P}$

여기서 VS : 휘발성 고형물(유기물)
FS : 잔류성 고형물(무기물)
P : 소화 후 함수율(%)

① VS(m³) = 슬러지량(m³)×고형물량×유기물량 ×유기물잔류량
= 500m³ × 0.04 × 0.90 × $\left(1 - \dfrac{2}{3}\right)$
= 6m³

② FS(m³) = 슬러지량(m³)×고형물량×무기물량
= 500m³ × 0.04 × 0.1
= 2m³

③ 소화슬러지 부피(m³)
= (6m³+2m³) × $\dfrac{100}{100-92\%}$ = 100m³

정답 35 ㉯ 36 ㉮ 37 ㉮

38 연직차수막에 대한 설명으로 틀린 것은? (단, 표면차수막과 비교 기준)

㉮ 차수막 보강시공이 가능하다.
㉯ 지중에 수평방향의 차수층이 존재할 때 사용한다.
㉰ 지하수 집배수 시설이 필요하다.
㉱ 단위면적당 공사비는 비싸지만 총공사비는 싸다.

풀이 ㉰ 지하수 집배수 시설이 불필요하다.

> **Tip**
> **차수시설의 종류**
> (1) 연직차수막
> ① 차수막 보강시공이 가능하다.
> ② 지중에 수평방향의 차수층이 존재할 때 사용한다.
> ③ 지하수 집배수 시설이 불필요하다.
> ④ 단위면적당 공사비는 비싸지만 총공사비는 싸다.
> ⑤ 지하매설로써 차수성 확인이 어렵다.
> ⑥ 연직차수막은 지중에 암반 및 점성토로 구성된 불투수층이 수평방향으로 넓게 분포하고 있는 경우 수직 또는 경사로 시공한다.
> (2) 표면차수막
> ① 시공시에는 눈으로 차수성 확인이 가능하나 매립후에는 곤란하다.
> ② 지하수 집배수시설이 필요하다.
> ③ 차수막 단위면적당 공사비는 싸지만 매립지 전체를 시공하는 경우가 많아 총공사비는 비싸다.
> ④ 보수 가능성면에 있어서는 매립전에는 용이하나 매립후에는 어렵다.
> ⑤ 매립지 필요범위에 차수재료로 덮인 바닥이 있을 때 사용한다.

39 함수율 90%, 겉보기밀도 $1.0t/m^3$인 슬러지 $1000m^3$를 함수율 20%로 처리하여 매립하였다면 매립된 슬러지의 중량은 몇 톤인가?

㉮ 100   ㉯ 125
㉰ 130   ㉱ 135

풀이
$W_1 \times (100 - P_1) = W_2 \times (100 - P_2)$
여기서 W_1 : 매립 전 슬러지량(ton)
P_1 : 매립 전 함수율(%)
W_2 : 매립 후 슬러지량(ton)
P_2 : 매립 후 함수율(%)
따라서 $1000 ton \times (100 - 90) = W_2 \times (100 - 20)$
$\therefore W_2 = \dfrac{1000 ton \times (100 - 90)}{(100 - 20)} = 125 ton$

> **Tip**
> ① 슬러지량(m^3)×밀도(ton/m^3) = 슬러지량(ton)
> ② 슬러지량(ton) = $1000m^3 \times 1.0 ton/m^3$
> = 1000ton

40 열교환기 중 과열기에 관한 설명으로 틀린 것은?

㉮ 일반적으로 보일러의 부하가 높아질수록 대류 과열에 의한 과열 온도가 상승한다.
㉯ 과열기의 재료는 탄소강을 비롯하여 니켈, 몰리브덴, 바나듐 등을 함유한 특수 내열 강관을 사용한다.
㉰ 과열기는 보일러 전열면을 통하여 연소가스의 여열로 보일러 급수를 예열하여 효율을 높이는 장치이다.
㉱ 과열기는 부착위치에 따라 전열 형태가 다르다.

풀이 ㉰번의 설명은 절탄기(이코노마이저)에 대한 설명이다.

제3과목 폐기물 공정시험기준

41 폐기물 소각시설의 소각재 시료 채취방법 중 회분식 연소방식의 소각재 반출설비에서의 시료채취로 맞는 것은?

㉮ 하루 운행시간에 따라 매시마다 2회 이상 채취하는 것을 원칙으로 하고 시료의 양은 1회에 100g 이상으로 한다.
㉯ 하루 운행시간에 따라 매시마다 2회 이상 채취하는 것을 원칙으로 하고 시료의 양은 1회에 500g 이상으로 한다.
㉰ 하루 동안의 운전횟수에 따라 매 운전시마다 2회 이상 채취하는 것을 원칙으로 하고 시료의 양은 1회에 100g 이상으로 한다.
㉱ 하루 동안의 운전횟수에 따라 매 운전시마다 2회 이상 채취하는 것을 원칙으로 하고 시료의 양은 1회에 500g 이상으로 한다.

[풀이] 회분식 연소방식의 소각재 반출설비에서 채취하는 경우에는 하루 동안의 운전횟수에 따라 매 운전시마다 2회 이상 채취하는 것을 원칙으로 하고, 시료의 양은 1회에 500g 이상으로 한다.

42 기체크로마토그래피 분석법으로 측정하여야 하는 항목은 어느 것인가?

㉮ 유기인 ㉯ 시안
㉰ 기름성분 ㉱ 비소

[풀이] 기체크로마토그래피 분석법으로 측정하여야 하는 항목에는 유기인, 폴리클로리네이티드비페닐(PCBs), 할로겐화 유기물질, 휘발성 저급염소화 탄화수소류가 있다.

43 다음은 용출 시험을 위한 시료 용액 조제에 관한 내용이다. ( )안에 알맞은 내용은?

> 시료의 조제방법에 따라 조제한 시료 100g 이상을 정확히 달아 정제수에 염산을 넣어 ( )(으)로 한 용매(mL)를 시료 : 용매 = 1 : 10(W/V)의 비로 2000mL 삼각플라스크에 넣어 혼합한다.

㉮ pH 5.8~6.3 ㉯ pH 4.5~8.3
㉰ pH 6.5~7.5 ㉱ pH 6.3~7.2

[풀이] 시료의 조제방법에 따라 조제한 시료 100g 이상을 정확히 달아 정제수에 염산을 넣어 pH를 5.8~6.3으로 한 용매(mL)를 시료 : 용매 = 1 : 10(W : V)의 비로 2,000mL 삼각플라스크에 넣어 혼합한다.

44 수은을 원자흡수분광광도법(환원기화법)으로 측정할 때 정밀도(RSD)로 맞는 것은?

㉮ ±10% ㉯ ±15%
㉰ ±20% ㉱ ±25%

[풀이] 수은의 분석법

수은	정량한계	정밀도(RSD)
원자흡수분광광도법 (환원기화법)	0.0005mg/L	±25%
자외선 가시선 분광법 (디티존법)	0.001mg	±25%

정답 41 ㉱ 42 ㉮ 43 ㉮ 44 ㉱

45 다음은 자외선 가시선 분광법으로 비소를 측정하는 내용이다. ( )안에 적당한 내용은?

> 시료 중의 비소를 3가 비소로 환원시킨 다음 아연을 넣어 발생되는 비화수소를 다이에틸다이티오카르바민산은의 피리딘 용액에 흡수시켜 이 때 나타나는 ( )에서 측정하는 방법이다.

㉮ 적자색의 흡광도를 430nm
㉯ 적자색의 흡광도를 530nm
㉰ 청색의 흡광도를 430nm
㉱ 청색의 흡광도를 530nm

> **Tip**
> **비소의 자외선 가시선 분광법**
> ① 목적 : 시료 중의 비소를 3가비소로 환원시킨 다음 아연을 넣어 발생되는 비화수소를 다이에틸다이티오카르바민산은의 피리딘용액에 흡수시켜 이때 나타나는 적자색의 흡광도를 530nm에서 측정하는 방법이다.
> ② 적용범위 : 정량한계 : 0.002mg

46 이온전극법에 의한 시안 측정목적이다. ( )안의 내용으로 맞는 것은?

> 액상폐기물과 고상폐기물을 pH ( )의 ( )으로 조절한 후 시안 이온전극과 비교전극을 사용하여 전위를 측정하고 그 전위차로부터 시안을 정량한다.

㉮ 4 이하, 산성   ㉯ 6~8, 중성
㉰ 9~10, 알칼리성 ㉱ 12~13, 알칼리성

> **Tip**
> **시안의 이온전극법**
> ① 목적 : 액상 폐기물과 고상 폐기물을 pH 12~13의 알칼리성으로 조절한 후 시안 이온전극과 비교전극을 사용하여 전위를 측정하고 그 전위차로부터 시안을 정량하는 방법이다.
> ② 적용범위 : 정량한계는 0.5mg/L이다.

47 매질효과가 큰 시험 분석방법에서 분석대상 시료와 동일한 매질의 표준시료를 확보하지 못한 경우에 매질효과를 보정하여 분석할 수 있는 방법은 어느 것인가?

㉮ 절대검정곡선법   ㉯ 표준물질첨가법
㉰ 상대검정곡선법   ㉱ 내부면적법

> **Tip**
> **검정곡선**
> ① 절대검정곡선법 : 시료의 농도와 지시값과의 상관성을 검정곡선식에 대입하여 작성하는 방법이다.
> ② 표준물질첨가법 : 시료와 동일한 매질에 일정량의 표준물질을 첨가하여 검정곡선을 작성하는 방법으로써, 매질효과가 큰 시험 분석 방법에서 분석 대상 시료와 동일한 매질의 표준시료를 확보하지 못한 경우에 매질효과를 보정하여 분석할 수 있는 방법이다.
> ③ 상대검정곡선법 : 검정곡선 작성용 표준용액과 시료에 동일한 양의 내부표준물질을 첨가하여 시험분석 절차, 기기 또는 시스템의 변동으로 발생하는 오차를 보정하기 위해 사용하는 방법이다.

 45 ㉯ 46 ㉱ 47 ㉯

48 다음은 기체크로마토그래피의 전자포획 검출기에 관한 설명이다. ( )안에 내용으로 알맞은 것은?

> 전자포획검출기는 방사선 동위원소(^{63}Ni, ^{3}H 등)로부터 방출되는 ( )이 운반기체를 전리하여 미소전류를 흘려보낼 때 시료 중의 할로겐이나 산소와 같이 전자포획력이 강한 화합물에 의하여 전자가 포획되어 전류가 감소하는 것을 이용하는 방법이다.

㉮ 알파(α) 선 ㉯ 베타(β) 선
㉰ 감마(γ) 선 ㉱ X 선

Tip
전자포획검출기(ECD)
방사선 동위원소(^{63}Ni, ^{3}H 등)로부터 방출되는 β 선이 운반기체를 전리하여 미소전류를 흘려보낼 때 시료 중의 할로겐이나 산소와 같이 전자포획력이 강한 화합물에 의하여 전자가 포획되어 전류가 감소하는 것을 이용하는 방법으로 유기할로겐화합물, 나이트로화합물 및 유기금속화합물을 선택적으로 검출할 수 있다.

49 다음 중 감염성미생물에 대한 검사방법으로 틀린 것은?

㉮ 아포균 검사법
㉯ 세균배양 검사법
㉰ 멸균테이프 검사법
㉱ 일반세균 검사법

 감염성미생물에 대한 검사방법에는 아포균 검사법, 세균배양 검사법, 멸균테이프 검사법이 있다.

50 자외선 가시선 분광법으로 크롬을 측정할 때 시료 중에 총 크롬을 6가 크롬으로 산화시키는데 사용되는 시약은 어느 것인가?

㉮ 아황산나트륨 ㉯ 염화제일주석
㉰ 티오황산나트륨 ㉱ 과망간산칼륨

Tip
크롬의 자외선 가시선 분광법
시료 중에 총 크롬을 과망간산칼륨을 사용하여 6가 크롬으로 산화시킨 다음 산성에서 다이페닐카바자이드와 반응하여 생성되는 적자색 착화합물의 흡광도를 540nm에서 측정하여 총크롬을 정량하는 방법이다.

51 편광현미경법으로 석면을 측정할 때 석면의 정량범위는 어느 것인가?

㉮ 1~25% ㉯ 1~50%
㉰ 1~80% ㉱ 1~100%

Tip
석면의 편광현미경법
① 목적 : 편광현미경과 입체현미경을 이용하여 고체 시료중 석면의 특성을 관찰하여 정성과 정량분석을 하기 위한 것이다.
② 적용범위 : 고형폐기물을 포함한 건축자재의 분석에 사용되며 유기 및 무기성분의 조합으로 된 모든 석면함유 물질에서 석면 유무를 판단할 수 있다. 편광현미경으로 판단할 수 있는 석면의 정량범위는 1~100% 이다.

정답 48 ㉯ 49 ㉱ 50 ㉱ 51 ㉱

52
유기물 함량이 비교적 높지 않고 금속의 수산화물, 산화물, 인산염 및 황화물을 함유 하는 시료에 적용되는 산분해법으로 맞는 것은?

㉮ 질산 - 황산 분해법
㉯ 질산 - 염산 분해법
㉰ 질산 - 과염소산 분해법
㉱ 질산 - 불화수소산 분해법

Tip
산분해법
① 질산 분해법 : 유기물 함량이 낮은 시료에 적용
② 질산-염산 분해법 : 유기물 함량이 비교적 높지 않고 금속의 수산화물, 산화물, 인산염 및 황화물을 함유하고 있는 시료에 적용
③ 질산-황산 분해법 : 유기물 등을 많이 함유하고 있는 대부분의 시료에 적용
④ 질산-과염소산 분해법 : 유기물을 높은 비율로 함유하고 있으면서 산화분해가 어려운 시료들에 적용
⑤ 질산-과염소산-불화수소산 분해법 : 점토질 또는 규산염이 높은 비율로 함유된 시료에 적용

53
온도 표시에 관한 내용으로 틀린 것은?

㉮ 찬 곳은 따로 규정이 없는 한 0~15℃의 곳을 뜻한다.
㉯ 냉수는 4℃ 이하를 말한다.
㉰ 온수는 60~70℃를 말한다.
㉱ 상온은 15~25℃를 말한다.

풀이 ㉯ 냉수는 15℃ 이하를 말한다.

54
자외선 가시선 분광법으로 구리를 정량할 때 간섭물질에 대한 내용으로 맞는 것은?

㉮ 비스무트(Bi)가 구리의 양보다 2배 이상 존재할 경우에는 황색을 나타내어 방해한다.
㉯ 비스무트(Bi)가 구리의 양보다 2배 이상 존재할 경우에는 청색을 나타내어 방해한다.
㉰ 비스무트(Bi)가 구리의 양보다 2배 이상 존재할 경우에는 적색을 나타내어 방해한다.
㉱ 비스무트(Bi)가 구리의 양보다 2배 이상 존재할 경우에는 적자색을 나타내어 방해한다.

Tip
구리의 자외선 가시선 분광법에서 간섭물질
① 시료의 전처리를 하지 않고 직접 시료를 사용하는 경우, 시료 중에 시안화합물이 함유되어 있으면 염산으로 산성 조건을 만든 후 끓여 시안화물을 완전히 분해 제거한 다음 실험한다.
② 비스무트(Bi)가 구리의 양보다 2배 이상 존재할 경우에는 황색을 나타내어 방해한다.

정답 52 ㉯ 53 ㉯ 54 ㉮

55. 원자흡수분광광도법을 이용한 크롬 측정에 관한 설명으로 틀린 것은?

㉮ 정량범위는 사용하는 장치 및 측정조건 등에 따라 다르나 357.9nm에서 최종용액 중에서 0.01 ~ 5mg/L이다.
㉯ 공기-아세틸렌 불꽃에서는 철, 니켈 등의 공존물질에 의한 방해영향이 크므로 이때는 황산나트륨을 1% 정도 넣어서 측정한다.
㉰ 시료 중에 칼륨, 나트륨, 리튬, 세슘과 같이 이온화가 어려운 원소가 100mg/L 이상의 농도로 존재할 때에는 측정을 간섭한다.
㉱ 염이 많은 시료를 분석하면 버너 헤드 부분에 고체가 생성되어 불꽃이 자주 꺼지고 버너 헤드를 청소해야 하는데 이를 방지하기 위해서는 시료를 묽혀 분석하거나, 메틸아이소부틸케톤 등을 사용하여 추출하여 분석한다.

㉰ 시료 중에 칼륨, 나트륨, 리튬, 세슘과 같이 이온화가 어려운 원소가 1,000mg/L 이상의 농도로 존재할 때에는 측정을 간섭한다.

56. 실험실에서 폐기물의 수분을 측정하기 위해 다음과 같은 결과를 얻었다. 폐기물의 수분 함량으로 맞는 것은?

[실험 결과치]
- 건조 전 시료무게 : 20g
- 증발접시 무게 : 2.345g
- 증발접시 및 시료의 건조 후 무게 : 17.287g

㉮ 25.3%   ㉯ 28.3%
㉰ 34.3%   ㉱ 38.6%

수분(%) = $\frac{(W_2 - W_3)}{(W_2 - W_1)} \times 100$

여기서 W_1 : 증발접시무게(g)
W_2 : 건조 전 증발접시와 시료의 무게(g)
W_3 : 건조 후 증발접시와 시료의 무게(g)

따라서 수분(%) = $\frac{(2.345g+20g)-17.287g}{(2.345g+20g)-2.345g} \times 100$
= 25.29%

57. 0.1N 수산화나트륨용액 20mL가 있다. 이 용액을 중화시키려면 다음 중 어느 것이 가장 적당한가?

㉮ 0.1M 황산 20mL
㉯ 0.1M 염산 10mL
㉰ 0.1M 황산 10mL
㉱ 0.1M 염산 40mL

중화적정공식
$N_1 V_1 = N_2 V_2$
$0.1N \times 20mL = (0.1N \times 2)N \times 10mL$
따라서 ㉰번이 적당하다.

Tip
① M농도×가수 = N농도
② H_2SO_4(황산)은 2가 물질이다.
③ 0.1M 황산은 0.2N 이다.

정답 55 ㉰ 56 ㉮ 57 ㉰

58 폐기물 시료채취를 위한 채취도구 및 시료 용기에 관한 설명으로 틀린 것은?

㉮ 노말헥산 추출물질 실험을 위한 시료 채취 시는 갈색경질의 유리병을 사용하여야 한다.
㉯ 유기인 실험을 위한 시료 채취 시는 갈색경질의 유리병을 사용하여야 한다.
㉰ 시료 중에 다른 물질의 혼입이나 성분의 손실을 방지하기 위하여 코르크 마개를 사용하며, 다만 고무마개는 셀로판지를 씌워 사용할 수도 있다.
㉱ 시료용기에는 폐기물의 명칭, 대상 폐기물의 양, 채취장소, 채취시간 및 일기, 시료번호, 채취책임자 이름, 시료의 양, 채취방법, 기타 참고자료를 기재한다.

풀이 ㉰ 시료 중에 다른 물질의 혼입이나 성분의 손실을 방지하기 위하여 밀봉할 수 있는 마개를 사용하며 코르크 마개를 사용하여서는 안된다. 다만, 고무나 코르크 마개에 파라핀지, 유지 또는 셀로판지를 씌워 사용할 수도 있다.

Tip
시료 용기
① 채취용기는 시료를 변질시키거나 흡착하지 않는 것이어야 하며 기밀하고 누수나 흡습성이 없어야 한다.
② 시료용기는 갈색경질의 유리병 또는 폴리에틸렌병, 폴리에틸렌백을 사용
③ 노말헥산 추출물질, 유기인, 폴리클로리네이티드비페닐(PCBs) 및 휘발성 저급염소화 탄화수소류는 갈색경질 유리병만 사용
④ 시료 중에 다른 물질의 혼입이나 성분의 손실을 방지하기 위하여 밀봉할 수 있는 마개를 사용하며 코르크 마개를 사용하여서는 안된다. 다만, 고무나 코르크 마개에 파라핀지, 유지 또는 셀로판지를 씌워 사용할 수도 있다.

⑤ 시료용기에는 폐기물의 명칭, 대상 폐기물의 양, 채취장소, 채취시간 및 일기, 시료 번호, 채취책임자 이름, 시료의 양, 채취방법, 기타 참고자료(보관상태 등)를 기재한다.

59 다음은 수분 및 고형물-중량법의 분석절차이다. ( )안에 내용으로 맞는 것은?

물중탕에서 수분의 대부분을 날려 보내고 (①)의 건조기 안에서 (②) 완전 건조시킨 다음 실리카겔이 담겨 있는 데시케이터 안에 넣어 식힌 후 무게를 정확히 단다.

㉮ ① 105±5℃　② 2시간
㉯ ① 105±5℃　② 4시간
㉰ ① 105~110℃　② 2시간
㉱ ① 105~110℃　② 4시간

Tip
수분 및 고형물의 중량법
① 목적 : 시료를 105~110℃에서 4시간 건조하고 데시케이터에서 식힌 후 무게를 달아 증발접시의 무게차로부터 수분 및 고형물의 양(%)을 구한다.
② 적용범위 : 이 시험기준은 0.1 %까지 측정한다.

60 대상 폐기물의 양이 550톤이라면 시료의 최소 수는 어느 것인가?

㉮ 32 ㉯ 34
㉰ 36 ㉱ 38

대상폐기물의 양과 시료의 최소 수

대상폐기물의 양 (단위 : ton)	시료의 최소 수	대상폐기물의 양 (단위 : ton)	시료의 최소 수
~1미만	6	100이상~500미만	30
1이상~5미만	10	500이상~1000미만	36
5이상~30미만	14	1000이상~5000미만	50
30이상~100미만	20	5000이상	60

제4과목 폐기물 관계법규

61 주변지역 영향 조사대상 폐기물처리시설 기준으로 틀린 것은?

㉮ 매립면적 1만 제곱미터 이상의 사업장 지정폐기물 매립시설
㉯ 매립면적 10만 제곱미터 이상의 사업장 일반폐기물 매립시설
㉰ 시멘트 소성로(폐기물을 연료로 사용하는 경우로 한정한다.)
㉱ 1일 처리능력이 50톤 이상인 사업장 폐기물 소각시설(같은 사업장에 여러개의 소각시설이 있는 경우에는 각 소각시설의 1일 처리능력의 합계가 50톤 이상인 경우를 말한다.)

[풀이] ㉯ 매립면적 15만 제곱미터 이상의 사업장 일반폐기물 매립시설

62 사업장폐기물을 폐기물처리업자에게 위탁하여 처리하려는 사업장폐기물배출자는 환경부장관이 고시하는 폐기물 처리 가격의 최저액보다 낮은 가격으로 폐기물을 위탁하여서는 아니 된다. 이를 위반하여 폐기물 처리 가격의 최저액보다 낮은 가격으로 폐기물 처리를 위탁한 자에 대한 벌칙 또는 과태료 처분 기준은 어느 것인가?

㉮ 300만원 이하의 과태료
㉯ 1000만원 이하의 과태료
㉰ 1년 이하의 징역 또는 5백만원 이하의 벌금
㉱ 1년 이하의 징역 또는 3백만원 이하의 벌금

[풀이] ㉮ 300만원 이하의 과태료에 해당한다.

63 용어의 정의로 틀린 것은?

㉮ 폐기물처리시설 : 폐기물의 중간처분시설, 최종처분시설 및 재활용시설로서 대통령령으로 정하는 시설을 말한다.
㉯ 처리 : 폐기물의 소각, 중화, 파쇄, 고형화 등의 중간처리와 매립하거나 해역으로 배출하는 등의 최종처리를 말한다.
㉰ 지정폐기물 : 사업장폐기물 중 폐유, 폐산 등 주변환경을 오염시킬 수 있거나 의료폐기물 등 인체에 위해를 줄 수 있는 해로운 물질로서 대통령령으로 정하는 폐기물을 말한다.
㉱ 생활폐기물 : 사업장폐기물외의 폐기물을 말한다.

[풀이] ㉯ 처리 : 폐기물의 수집, 운반, 보관, 재활용, 처분을 말한다.

정답 60 ㉰ 61 ㉯ 62 ㉮ 63 ㉯

64 한국폐기물협회의 업무와 가장 거리가 먼 것은 어느 것인가?

㉮ 폐기물 관련 국제교류 및 협력
㉯ 폐기물 관련 홍보 및 교육, 연수
㉰ 폐기물 관련 시설 관리
㉱ 폐기물산업의 발전을 위한 지도 및 조사, 연구

> 참고 법규개정으로 문제 삭제

65 의료폐기물의 종류 중 위해의료폐기물의 종류와 가장 거리가 먼 것은?

㉮ 전염성류 폐기물   ㉯ 병리계 폐기물
㉰ 손상성 폐기물   ㉱ 생물, 화학폐기물

> **Tip**
> **위해의료폐기물**
> ① 조직물류폐기물 : 인체 또는 동물의 조직·장기·기관·신체의 일부, 동물의 사체, 혈액·고름 및 혈액생성물(혈청, 혈장, 혈액제제)
> ② 병리계폐기물 : 시험·검사 등에 사용된 배양액, 배양용기, 보관균주, 폐시험관, 슬라이드, 커버글라스, 폐배지, 폐장갑
> ③ 손상성폐기물 : 주사바늘, 봉합바늘, 수술용 칼날, 한방침, 치과용침, 파손된 유리재질의 시험기구
> ④ 생물·화학폐기물 : 폐백신, 폐항암제, 폐화학치료제
> ⑤ 혈액오염폐기물 : 폐혈액백, 혈액투석 시 사용된 폐기물, 그 밖에 혈액이 유출될 정도로 포함되어 있어 특별한 관리가 필요한 폐기물

66 폐기물 처분시설 중 의료폐기물을 대상으로 하는 시설의 기술관리인의 자격으로 틀린 것은?

㉮ 폐기물처리산업기사
㉯ 임상병리사
㉰ 보건관리사
㉱ 위생사

> **Tip**
> **기술관리인의 자격기준**
>
> | 구분 | | 자격기준 |
> |---|---|---|
> | 폐기물 처분 시설 또는 재활용 시설 | 가. 매립시설 | 폐기물처리기사, 수질환경기사, 토목기사, 일반기계기사, 건설기계기사, 화공기사, 토양환경기사 중 1명 이상 |
> | | 나. 소각시설(의료폐기물을 대상으로 하는 소각시설은 제외), 시멘트 소성로, 용해로 및 소각열회수시설 | 폐기물처리기사, 대기환경기사, 토목기사, 일반기계기사, 건설기계기사, 화공기사, 전기기사, 전기공사기사 중 1명 이상 |
> | | 다. 의료폐기물을 대상으로 하는 시설 | 폐기물처리산업기사, 임상병리사, 위생사 중 1명 이상 |
> | | 라. 음식물류 폐기물을 대상으로 하는 시설 | 폐기물처리산업기사, 수질환경산업기사, 화공산업기사, 토목산업기사, 대기환경산업기사, 기계기사, 전기기사 중 1명 이상 |
> | | 마. 그 밖의 시설 | 같은 시설의 운영을 담당하는 자 1명 이상 |

67 폐기물의 통계조사(폐기물 발생 및 처리현황 조사)에 관한 내용으로 맞는 것은?

㉮ 1년마다 폐기물 배출 및 처리업체의 보고자료 등 서면조사에 기초하여 작성
㉯ 2년마다 폐기물 배출 및 처리업체의 보고자료 등 서면조사에 기초하여 작성
㉰ 3년마다 폐기물 배출 및 처리업체의 보고자료 등 서면조사에 기초하여 작성
㉱ 5년마다 폐기물 배출 및 처리업체의 보고자료 등 서면조사에 기초하여 작성

> 참고 법규개정으로 문제 삭제

 64 ㉰ 65 ㉮ 66 ㉰ 67 ㉮

68 폐기물처리시설 중 환경부령이 정한 멸균분쇄시설의 검사기관으로 틀린 것은?

㉮ 한국산업기술시험원
㉯ 한국환경공단
㉰ 보건환경연구원
㉱ 수도권매립지관리공사

풀이 환경부령이 정한 멸균분쇄시설의 검사기관으로 한국환경공단, 보건환경연구원, 한국산업기술시험원이 있다.

69 폐기물 처리업자가 폐기물의 발생, 배출, 처리상황 등을 기록한 장부의 보존기간으로 맞는 것은? (단, 최종 기재일 기준)

㉮ 6개월간   ㉯ 1년간
㉰ 2년간   ㉱ 3년간

풀이 폐기물 처리업자가 폐기물의 발생, 배출, 처리상황 등을 기록하고 마지막으로 기록한 날부터 3년간 보존하여야 한다.

70 의료폐기물은 [환경부장관이 지정한 기관이나 단체]가 환경부장관이 정하여 고시한 검사기준에 따라 검사한 전용용기만을 사용하여 처리하여야 한다. 다음 중 환경부장관이 지정한 기관이나 단체에 해당되지 않는 것은?

㉮ 한국환경공단
㉯ 국립환경과학원
㉰ 한국화학융합시험연구원
㉱ 한국건설생활환경시험연구원

Tip
의료폐기물 전용용기 검사기관
① 한국환경공단
② 한국화학융합시험연구원
③ 한국건설생활환경시험연구원
④ 그 밖에 국립환경과학원장이 의료폐기물 전용용기에 대한 검사능력이 있다고 인정하여 고시하는 기관

71 폐기물처리시설 중 기계적 재활용시설이 아닌 것은?

㉮ 연료화시설   ㉯ 탈수·건조시설
㉰ 응집·침전시설 ㉱ 증발·농축시설

Tip
기계적 재활용시설
① 압축·압출·성형·주조시설(동력 7.5kW 이상인 시설로 한정)
② 파쇄·분쇄·탈피 시설(동력 15kW 이상인 시설로 한정)
③ 절단시설(동력 7.5kW 이상인 시설로 한정)
④ 용융·용해시설(동력 7.5kW 이상인 시설로 한정)
⑤ 연료화시설
⑥ 증발·농축 시설
⑦ 정제시설(분리·증류·추출·여과 등의 시설을 이용하여 폐기물을 재활용하는 단위시설을 포함)
⑧ 유수 분리 시설
⑨ 탈수·건조 시설
⑩ 세척시설(철도용 폐목재 침목을 재활용하는 경우로 한정)

정답 68 ㉱ 69 ㉱ 70 ㉯ 71 ㉰

72 음식물류 폐기물 배출자에 관한 기준으로 맞는 것은?

㉮ 식품위생법에 따른 집단급식소(사회복지사업법에 따른 사회복지시설의 집단급식소 제외) 중 1일 평균 총급식 인원이 50명 이상인 집단급식소를 운영하는 자
㉯ 식품위생법에 따른 집단급식소(사회복지사업법에 따른 사회복지시설의 집단급식소 제외) 중 1일 평균 총급식 인원이 100명 이상인 집단급식소를 운영하는 자
㉰ 식품위생법에 따른 집단급식소(사회복지사업법에 따른 사회복지시설의 집단급식소 제외) 중 1일 평균 총급식 인원이 200명 이상인 집단급식소를 운영하는 자
㉱ 식품위생법에 따른 집단급식소(사회복지사업법에 따른 사회복지시설의 집단급식소 제외) 중 1일 평균 총급식 인원이 300명 이상인 집단급식소를 운영하는 자

73 의료폐기물 발생 의료기관 및 시험·검사기관에 대한 기준으로 틀린 것은?

㉮ 의료법에 따라 설치된 기업체의 부속 의료기관으로서 면적이 100제곱미터 이상인 의무시설
㉯ 국군의무사령부령에 따른 연대급 이상 군부대에 설치된 의무시설
㉰ 수의사법에 따른 동물병원
㉱ 노인복지법에 따른 노인요양시설

풀이 ㉯ 국군의무사령부령에 따라 사단급 이상 군부대에 설치된 의무시설

74 누구든지 수입폐기물을 수입할 당시의 성질과 상태 그대로 수출하여서는 아니 된다. 이를 위반하여 수입폐기물을 수입 당시의 성질과 상태 그대로 수출한 자에 대한 벌칙 기준은?

㉮ 2년 이하의 징역 또는 5백만원 이하의 벌금에 처함
㉯ 2년 이하의 징역 또는 1천만원 이하의 벌금에 처함
㉰ 3년 이하의 징역 또는 1천5백만원 이하의 벌금에 처함
㉱ 3년 이하의 징역 또는 3천만원 이하의 벌금에 처함

풀이 ㉱ 3년 이하의 징역 또는 3천만원 이하의 벌금에 해당한다.

75 폐기물처리업의 변경신고 사항으로 틀린 것은?

㉮ 상호의 변경
㉯ 연락장소나 사무실 소재지의 변경
㉰ 임시차량의 증차 또는 운반차량의 감차
㉱ 대표자의 변경(권리, 의무 승계하는 경우 포함)

풀이 ㉱ 대표자의 변경(권리, 의무 승계하는 경우는 제외)

정답 72 ㉯ 73 ㉯ 74 ㉱ 75 ㉱

76 폐기물 처리업자의 폐기물보관량 및 처리기한에 관한 기준으로 맞는 것은? (단, 폐기물 수집, 운반업자가 임시보관장소에 폐기물을 보관하는 경우)

㉮ 의료 폐기물외의 폐기물 : 중량 450톤 이하이고 용적이 300세제곱미터 이하, 5일 이내
㉯ 의료 폐기물외의 폐기물 : 중량 500톤 이하이고 용적이 300세제곱미터 이하, 5일 이내
㉰ 의료 폐기물외의 폐기물 : 중량 550톤 이하이고 용적이 300세제곱미터 이하, 5일 이내
㉱ 의료 폐기물외의 폐기물 : 중량 600톤 이하이고 용적이 300세제곱미터 이하, 5일 이내

Tip
폐기물처리업자의 폐기물 보관량 및 처리기한
(1) 폐기물 수집·운반업자가 임시보관장소에 폐기물을 보관하는 경우
  ① 의료폐기물인 경우
    ㉠ 냉장 보관할 수 있는 섭씨 4도 이하의 전용보관시설에서 보관하는 경우 : 5일 이내
    ㉡ 그 밖의 보관시설에서 보관하는 경우 : 2일 이내
  ② 의료폐기물 외의 폐기물 중 중량 450톤 이하이고 용적이 300세제곱미터 이하 : 5일 이내
(2) 폐기물 재활용업자가 임시보관시설에 폐기물(폐전주로 한정)을 보관하는 경우
  ① 3월부터 11월까지 : 중량 50톤 미만
  ② 12월부터 다음 해 2월까지 : 중량 100톤 미만

77 설치신고대상 폐기물처리시설 기준으로 틀린 것은?

㉮ 일반소각시설로서 1일 처분능력이 100톤(지정폐기물의 경우에는 5톤)미만인 시설
㉯ 생물학적 처분시설로서 1일 처분능력이 100톤 미만인 시설
㉰ 열분해시설로서 시간당 처분능력이 100킬로그램 미만인 시설
㉱ 열처리조합시설로서 시간당 처분능력이 100킬로그램 미만인 시설

풀이 ㉮ 일반소각시설로서 1일 처분능력이 100톤(지정폐기물의 경우 10톤)미만인 시설

Tip
설치신고대상 폐기물처리시설
① 일반소각시설로서 1일 처분능력이 100톤(지정폐기물의 경우에는 10톤) 미만인 시설
② 고온소각시설·열분해시설·고온용융시설 또는 열처리조합시설로서 시간당 처분능력이 100킬로그램 미만인 시설
③ 기계적 처분시설 또는 재활용시설 중 증발·농축·정제 또는 유수분리시설로서 시간당 처분능력 또는 재활용능력이 125킬로그램 미만인 시설
④ 기계적 처분시설 또는 재활용시설 중 압축·압출·성형·주조·파쇄·분쇄·탈피·절단·용융·용해·연료화·소성(시멘트 소성로는 제외) 또는 탄화시설로서 1일 처분능력 또는 재활용능력이 100톤 미만인 시설
⑤ 기계적 처분시설 또는 재활용시설 중 탈수·건조시설, 멸균분쇄시설 및 화학적 처분시설 또는 재활용시설
⑥ 생물학적 처분시설 또는 재활용시설로서 1일 처분능력 또는 재활용 능력이 100톤 미만인 시설
⑦ 소각열회수시설로서 1일 재활용 능력이 100톤 미만인 시설

정답 76 ㉮ 77 ㉮

78 폐기물처리업의 업종구분과 영업내용으로 틀린 것은?

㉮ 폐기물수집, 운반업 : 폐기물을 수집하여 재활용 또는 처분장소로 운반하거나 폐기물을 수출하기 위하여 수집, 운반하는 영업
㉯ 폐기물 중간재활용업 : 폐기물 재활용시설을 갖추고 중간가공 폐기물을 만드는 영업
㉰ 폐기물 최종재활용업 : 폐기물 재활용시설을 갖추고 최종가공 재활용폐기물을 만드는 영업
㉱ 폐기물 종합재활용업 : 폐기물 재활용시설을 갖추고 중간재활용업과 최종재활용업을 함께 하는 영업

풀이 ㉰ 폐기물 최종재활용업 : 폐기물 재활용시설을 갖추고 중간가공 폐기물을 폐기물의 재활용 원칙 및 준수사항에 따라 재활용하는 영업

> **Tip**
> **폐기물처리업의 업종 구분과 영업 내용**
> ① 폐기물 수집·운반업 : 폐기물을 수집하여 재활용 또는 처분 장소로 운반하거나 폐기물을 수출하기 위하여 수집·운반하는 영업
> ② 폐기물 중간처분업 : 폐기물 중간처분시설을 갖추고 폐기물을 소각 처분, 기계적 처분, 화학적 처분, 생물학적 처분, 그 밖에 환경부장관이 폐기물을 안전하게 중간처분할 수 있다고 인정하여 고시하는 방법으로 중간처분하는 영업
> ③ 폐기물 최종처분업 : 폐기물 최종처분시설을 갖추고 폐기물을 매립 등(해역 배출은 제외)의 방법으로 최종처분하는 영업
> ④ 폐기물 종합처분업 : 폐기물 중간처분시설 및 최종처분시설을 갖추고 폐기물의 중간처분과 최종처분을 함께 하는 영업
> ⑤ 폐기물 중간재활용업 : 폐기물 재활용시설을 갖추고 중간가공 폐기물을 만드는 영업
> ⑥ 폐기물 최종재활용업 : 폐기물 재활용시설을 갖추고 중간가공 폐기물을 폐기물의 재활용 원칙 및 준수사항에 따라 재활용하는 영업
> ⑦ 폐기물 종합재활용업 : 폐기물 재활용시설을 갖추고 중간재활용업과 최종재활용업을 함께 하는 영업

79 폐기물처리시설의 설치, 운영을 위탁받을 수 있는 자의 기준에 관한 내용 중 소각시설의 경우 보유하여야 하는 기술인력 기준으로 잘못된 것은?

㉮ 기계기사 1급 1명
㉯ 폐기물처리기술사 1명
㉰ 시공분야에서 3년 이상 근무한 자 1명
㉱ 폐기물처리기사 또는 대기환경기사 1명

풀이 ㉰ 시공분야에서 2년 이상 근무한 자 2명

> **Tip**
> **소각시설에서 보유해야 할 기술인력**
> ① 폐기물처리기술사 1명
> ② 폐기물처리기사 또는 대기환경기사 1명
> ③ 기계기사 1급 1명
> ④ 시공분야에서 2년 이상 근무한 자 2명(폐기물 처분시설의 설치를 위탁받으려는 경우에만 해당)
> ⑤ 1일 50톤 이상의 폐기물소각시설에서 천정크레인을 1년 이상 운전한 자 1명과 천정크레인 외의 처분시설의 운전분야에서 2년 이상 근무한 자 2명(폐기물 처분시설의 운영을 위탁받으려는 경우에만 해당)

정답 78 ㉰ 79 ㉰

80 시도지사 또는 지방환경관서의 장이 규정에 따른 영업정지 기간의 2분의 1의 범위에서 그 행정처분을 가볍게 할 수 있는 경우에 해당하지 않는 것은?

㉮ 위반내용을 시도지사 또는 지방환경관서에 신속히 자진 신고한 경우
㉯ 위반의 정도가 경미하고 그로 인한 주변 환경오염이 없거나 미미하여 사람의 건강에 영향을 미치지 아니한 경우
㉰ 위반행위에 대하여 행정처분을 하는 것이 지역주민의 건강과 생활환경에 심각한 피해를 줄 우려가 있는 경우
㉱ 공익을 위하여 특별히 행정처분을 가볍게 할 필요가 있는 경우

풀이 ㉮ 고의성이 없이 불가피하게 위반행위를 한 경우로서 신속히 적절한 사후조치를 취한 경우

2012 제2회 폐기물처리산업기사
(2012년 5월 20일 시행)

제1과목 폐기물개론

01 함수율 80wt%인 슬러지를 함수율 10wt%로 건조하였다면 슬러지 5톤당 증발된 수분량은 얼마인가? (단, 슬러지 비중은 1.0이다.)

㉮ 약 2,600 kg ㉯ 약 2,800 kg
㉰ 약 3,400 kg ㉱ 약 3,900 kg

풀이 ① $W_1 \times (100 - P_1) = W_2 \times (100 - P_2)$
여기서 W_1 : 건조 전 슬러지량(kg)
P_1 : 건조 전 함수율(%)
W_2 : 건조 후 슬러지량(kg)
P_2 : 건조 후 함수율(%)
따라서 5000kg×(100-80) = W_2×(100-10)
∴ $W_2 = \dfrac{5000\text{kg} \times (100-80)}{(100-10)} = 1111.11\text{kg}$
② 증발된 수분량 = $W_1 - W_2$
= 5000kg - 1111.11kg
= 3888.89kg

Tip
① 1ton = 1000kg
② 5ton = 5000kg

02 A도시에서 수거한 폐기물량이 3,520,000 톤/년이며, 수거인부는 1일 5,848인 수거 대상 인구는 6,373,288인 경우, A도시의 1인·1일 폐기물 발생량은 얼마인가?

㉮ 1.51 kg/1인·1일 ㉯ 1.87 kg/1인·1일
㉰ 2.14 kg/1인·1일 ㉱ 2.65 kg/1인·1일

풀이 폐기물 발생량(kg/인·일)
$= \dfrac{\text{폐기물 수거량(kg/day)}}{\text{인구수(인)}}$
$= \dfrac{3,520,000\text{ton/년} \times 10^3\text{kg/ton} \times 1\text{년}/365\text{일}}{6,373,288\text{인}}$
$= 1.51\text{kg/인·일}$

03 인구 2,000명인 도시에서 일주일간 쓰레기 수거상황을 조사한 결과, 차량대수 3대, 수거횟수 4회/대, 트럭 적재함 부피 10m³, 적재 시 밀도 0.6t/m³이었다. 1인당 1일 쓰레기 발생량은 얼마인가?

㉮ 3.43 kg/1일·1인 ㉯ 4.45 kg/1일·1인
㉰ 5.14 kg/1일·1인 ㉱ 6.38 kg/1일·1인

풀이 쓰레기 발생량(kg/인·일)
$= \dfrac{\text{폐기물 수거량(kg/day)}}{\text{인구수(인)}}$
$= \dfrac{10\text{m}^3 \times 600\text{kg/m}^3 \times 4\text{회/대} \times 3\text{대}}{2000\text{인} \times 7\text{일}}$
$= 5.14\text{kg/인·일}$

정답 01 ㉱ 02 ㉮ 03 ㉰

04 어느 도시의 쓰레기를 수집한 후 각 성분별로 함수량을 측정한 결과가 다음 표와 같았다. 쓰레기 전체의 함수율(%) 값은 얼마인가? (단, 중량 기준이다.)

성분	구성중량(kg)	함수율(%)
식품폐기물	10	70
플라스틱류	5	2
종이류	7	6
금속류	3	3
연탄재	25	8

㉮ 18.1% ㉯ 19.2%
㉰ 20.3% ㉱ 21.4%

 함수율 = $\dfrac{\text{합}\{\text{구성중량(kg)} \times \text{함수율(\%)}\}}{\text{합}\{\text{구성중량(kg)}\}}$

= $\dfrac{10\text{kg} \times 70\% + 5\text{kg} \times 2\% + 7\text{kg} \times 6\% + 3\text{kg} \times 3\% + 25\text{kg} \times 8\%}{10\text{kg} + 5\text{kg} + 7\text{kg} + 3\text{kg} + 25\text{kg}}$

= 19.22%

05 밀도가 500kg/m³인 폐기물 5ton을 압축비(CR) 2.5로 압축시켰다면 부피 감소율(VR, %)은 얼마인가?

㉮ 50   ㉯ 60
㉰ 70   ㉱ 80

부피 감소율(%) = $\left(1 - \dfrac{1}{\text{압축비}}\right) \times 100$
= $\left(1 - \dfrac{1}{2.5}\right) \times 100$
= 60%

06 다음 중 폐기물관리에서 가장 우선적으로 고려해야 하는 것은 무엇인가?

㉮ 감량화   ㉯ 최종처분
㉰ 소각열 회수   ㉱ 유기물 퇴비화

폐기물관리에서 가장 우선적으로 고려해야 하는 것은 감량화이다.

07 쓰레기 발생량 조사방법 중 주로 산업폐기물 발생량을 추산할 때 이용하는 방법으로 조사하고자 하는 계의 경계가 정확하여야 하는 것은 무엇인가?

㉮ 물질수지법
㉯ 직접계근법
㉰ 적재차량 계수분석법
㉱ 경향법

㉮ 물질수지법에 대한 설명이다.

> **Tip**
> **물질수지법(material balance method)**
> ① 시스템에 유입되는 쓰레기 양과 유출되는 쓰레기 양에 대해서 물질수지를 세워 발생되는 쓰레기의 양을 추정하는 방법이다.
> ② 물질수지를 세울 수 있는 상세한 데이터가 있는 경우에 가능하다.
> ③ 우선적으로 조사하고자 하는 계의 경계를 정확하게 설정하여야 한다.
> ④ 주로 산업폐기물의 발생량 추산에 이용된다.
> ⑤ 비용이 많이 들고 작업량이 많아 널리 이용되지 않는다.

08 다음은 다양한 쓰레기 수집 시스템에 관한 설명이다. 각 시스템에 대한 설명으로 옳지 않은 것은 무엇인가?

㉮ 모노레일 수송은 쓰레기를 적환장에서 최종처분장까지 수송하는데 적용할 수 있다.
㉯ 컨베이어 수송은 지상에 설치한 컨베이어에 의해 수송하는 방법으로 신속 정확한 수송이 가능하나 악취와 경관에 문제가 있다.
㉰ 컨테이너 철도수송은 광대한 지역에서 적용할 수 있는 방법이며 컨테이너의 세정에 많은 물이 요구되어 폐수처리의 문제가 발생한다.
㉱ 관거를 이용한 수거는 자동화, 무공해화가 가능하나 조대쓰레기는 파쇄, 압축 등의 전처리가 필요하다.

풀이 ㉯ 컨베이어 수송은 지상에 설치한 컨베이어에 의해 수송하는 방법으로 신속 정확한 수송이 가능하며, 악취문제의 해결과 경관보전이 가능하다.

09 폐기물 매립 시 파쇄를 통해 얻을 수 있는 이점과 가장 거리가 먼 것은 어느 것인가?

㉮ 매립작업만으로 고밀도 매립이 가능하다.
㉯ 표면적 감소로 미생물 작용이 촉진되어 매립지 조기 안정화가 가능하다.
㉰ 곱게 파쇄하면 복토 요구량이 절감된다.
㉱ 폐기물의 밀도가 증가되어 바람에 멀리 날아갈 염려가 적다.

풀이 ㉯ 표면적 증가로 미생물 작용이 촉진된다.

Tip
파쇄하여 매립시 장점
① 매립작업이 용이하고 압축장비가 없어도 매립작업만으로 고밀도의 매립이 가능하다.
② 곱게 파쇄하면 매립시 복토가 필요 없거나 복토요구량이 절감된다.
③ 폐기물 입자의 표면적이 증가되어 미생물의 작용이 빨라진다.
④ 매립시 폐기물이 잘 섞이므로 냄새가 방지된다.
⑤ 폐기물의 밀도가 증가하여 바람에 날아갈 염려가 적다.

10 750세대, 세대 당 평균 가족 수 4인인 아파트에서 배출하는 쓰레기를 2일마다 수거하는데 적재용량 8m³의 트럭 5대가 소요된다. 쓰레기 단위 용적당 중량이 0.14g/cm³이라면 1인 1일당 쓰레기 배출량은 얼마인가?

㉮ 0.93kg/인·일   ㉯ 1.38kg/인·일
㉰ 1.67kg/인·일   ㉱ 2.17kg/인·일

풀이 쓰레기 배출량(kg/인·일)
$= \dfrac{\text{쓰레기 수거량(kg/일)}}{\text{인구수(인)}}$
$= \dfrac{8\text{m}^3/\text{대} \times 140\text{kg/m}^3 \times 5\text{대}}{750\text{세대} \times 4\text{인/세대} \times 2\text{일}}$
$= 0.93\,\text{kg/인·일}$

Tip
① 비중(g/cm³)×10³ = 비중량(kg/m³)
② 0.14g/cm³×10³ = 140kg/m³

정답 08 ㉯ 09 ㉯ 10 ㉮

11 아래의 조건에 따른 지역의 쓰레기 수거는 1주일에 최소 몇 회 이상 하여야 하는가?

- 발생된 쓰레기밀도 160kg/m³
- 차량적재용량 15m³
- 압축비 2.0
- 발생량 1.2kg/인·일
- 적재함 이용율 80%
- 차량대수 1대
- 수거대상인구 40,000인
- 수거인부 8명

㉮ 69회   ㉯ 76회
㉰ 88회   ㉱ 94회

수거 회수/주 = $\dfrac{\text{쓰레기 발생량(kg/주)}}{\text{쓰레기 수거량(kg/회)}}$

= $\dfrac{1.2\text{kg/인·일} \times 40{,}000\text{인} \times 7\text{일/주}}{15\text{m}^3\text{/대} \times 1\text{대/회} \times 160\text{kg/m}^3 \times 0.8 \times 2.0}$

= 87.5회/주

12 폐기물의 압축 전 밀도는 500kg/m³이고, 압축시킨 후 밀도는 800kg/m³이었다. 이 폐기물의 부피 감소율은 얼마인가?

㉮ 31.5%   ㉯ 33.5%
㉰ 35.5%   ㉱ 37.5%

부피감소율(%) = $\left(1 - \dfrac{V_2}{V_1}\right) \times 100$

여기서 V_1 : 압축 전 부피(m³)
         V_2 : 압축 후 부피(m³)

V_1 = 1kg × $\dfrac{1}{500\text{kg/m}^3}$ = 0.002m³

V_2 = 1kg × $\dfrac{1}{800\text{kg/m}^3}$ = 0.00125m³

따라서 부피감소율(%) = $\left(1 - \dfrac{0.00125\text{m}^3}{0.002\text{m}^3}\right) \times 100$
                         = 37.5%

13 쓰레기 관리 체계에서 비용이 가장 많이 드는 것은 어느 것인가?

㉮ 수거   ㉯ 처리
㉰ 저장   ㉱ 분석

쓰레기 관리체계에서 비용이 가장 많이 드는 것은 수거단계이며, 수거단계가 전체비용의 60%이상을 차지한다.

14 다음 중 적환장이 설치되는 경우로 옳지 않은 것은?

㉮ 고밀도 거주지역이 존재할 때
㉯ 작은 용량의 수집차량이 사용되는 경우
㉰ 상업지역에서 폐기물 수집에 소형용기를 많이 사용하는 경우
㉱ 불법투기와 다량의 어질러진 쓰레기들이 발생하는 경우

 ㉮ 저밀도 거주지역이 존재할 때

Tip
적환장의 필요성
① 폐기물 수집장소와 처분장소가 멀리 떨어져 있는 경우
② 소용량 수집차량이 사용되는 경우
③ 상업지역에서 폐기물 수집에 소형용기를 사용하는 경우
④ 불법투기와 다량의 어질러진 쓰레기들이 발생하는 경우
⑤ 슬러지 수송이나 공기수송 방식을 사용할 때
⑥ 저밀도 주거지역이 존재하는 경우
⑦ 작은 규모의 주택들이 밀집되어 있을 때

정답   11 ㉰   12 ㉱   13 ㉮   14 ㉮

15 폐기물 발생량 예측방법 중 모든 인자를 시간에 함수로 나타낸 후 시간에 대한 함수로 표현된 각 영향인자 간의 상관계수를 수식화하는 것은 무엇인가?

㉮ 상관모사모델 ㉯ 시간추정모델
㉰ 동적모사모델 ㉱ 다중회귀모델

풀이 ㉰ 동적모사모델에 대한 설명이다.

> **Tip**
> **폐기물 발생량 예측방법**
> ① 다중회귀모델 : 하나의 수식으로 각 인자들이 효과를 총괄적으로 나타내어 복잡한 시스템의 분석에 유용하게 사용할 수 있는 쓰레기 발생량 예측방법
> ② 동적모사모델 : 쓰레기 배출에 영향을 주는 모든 인자를 시간에 대한 함수로 나타낸 후 시간에 대한 함수로 각 영향인자들 간에 상관관계를 수식화 한 것
> ③ 경향모델 : 폐기물 발생량 예측방법 중 모든 인자를 시간에 대한 함수로 하여 모델화시켜 예측하는 방법

16 함수율 60%인 쓰레기와 함수율 90%인 하수슬러지를 5 : 1의 비율로 혼합하면 함수율은 얼마인가? (단, 비중은 1.0 이다.)

㉮ 60% ㉯ 65%
㉰ 70% ㉱ 75%

풀이 함수율(%) $= \dfrac{(60\% \times 5)+(90\% \times 1)}{(5+1)} = 65\%$

17 폐기물 수거를 위한 노선을 결정할 때 고려하여야 할 내용으로 옳지 않은 것은?

㉮ 언덕지역에서는 언덕의 꼭대기에서부터 시작하여 적재하면서 차량이 아래로 진행하도록 한다.
㉯ 아주 많은 양의 쓰레기가 발생되는 발생원은 하루 중 가장 나중에 수거한다.
㉰ 적은 양의 쓰레기가 발생하나 동일한 수거빈도를 받기를 원하는 적재지점은 가능한 한 같은 날 왕복내에서 수거하도록 결정한다.
㉱ 가능한 한 시계방향으로 수거노선을 결정한다.

풀이 ㉯ 아주 많은 양의 쓰레기가 발생되는 발생원은 하루 중 가장 먼저 수거한다.

> **Tip**
> **쓰레기 수거노선 설정시 유의사항**
> ① 간선도로 부근에서 시작하고 끝나도록 한다.
> ② 가능한 한 시계방향으로 수거노선을 정한다.
> ③ 발생량이 아주 많은 발생원은 하루 중 가장 먼저 수거한다.
> ④ 발생량이 적으나 수거빈도가 동일하기를 원하는 적재지점은 가능한 한 같은 날 왕복내에서 수거한다.
> ⑤ 언덕지역에서는 언덕의 위에서부터 적재하면서 아래로 차량을 진행한다.
> ⑥ U자형 회전을 피한다.
> ⑦ 가급적 출·퇴근 시간을 피한다.
> ⑧ 될 수 있는 한 한번 간 길은 가지 않는다.

정답 15 ㉰ 16 ㉯ 17 ㉯

18 선별방법 중 주로 물렁거리는 가벼운 물질로부터 딱딱한 물질을 선별하는데 사용되는 것은 어느 것인가?

㉮ Flotation
㉯ Heavy Media Separator
㉰ Stoners
㉱ Secators

㉱ Secators(세카터)에 대한 설명이다.

Tip
선별방법 중 비교사항
① 세카터(Secators) : 물렁거리는 가벼운 물질로부터 딱딱한 물질을 선별하는데 이용하며 경사진 Conveyor를 통해 폐기물을 주입시켜 천천히 회전하는 드럼위에 떨어뜨려서 분류하는 선별장치이다.
② 스토너(Stoners) : Pneumatic Table 이라고도 하며 약간 경사진판에 진동을 줄 때 무거운 것이 빨리 판의 경사면 위로 올라가는 원리를 이용하는 선별장치이다.
③ 테이블(Table) 선별법 : 각 물질의 비중차를 이용하는 방법으로 약간 경사진 평판에 폐기물을 올려놓고 좌우로 빠른 진동과 느린 진동을 주면 가벼운 입자는 빠른 진동 쪽으로, 무거운 입자는 느린 진동쪽으로 분류되는 선별장치이다.

19 채취한 쓰레기 시료에 대한 성상분석 절차로 가장 옳은 것은 어느 것인가?

㉮ 밀도 측정 → 물리적 조성 → 건조 → 분류
㉯ 밀도 측정 → 물리적 조성 → 분류 → 건조
㉰ 물리적 조성 → 밀도 측정 → 건조 → 분류
㉱ 물리적 조성 → 밀도 측정 → 분류 → 건조

채취한 쓰레기 시료에 대한 성상분석 절차는 시료 → 밀도 측정 → 물리적 조성 → 분류 → 전처리 → 조성 분석이다.

20 다음 중 파쇄기에 관한 내용으로 옳지 않은 것은 어느 것인가?

㉮ 전단파쇄기는 파쇄물의 크기를 고르게 할 수 있다.
㉯ 충격파쇄기는 금속 및 고무 파쇄에 유리하다.
㉰ 압축파쇄기는 나무, 콘크리트 덩어리, 건축 폐기물 파쇄에 이용된다.
㉱ 습식 펄퍼(Wet Pulpur)는 소음, 분진, 폭발사고를 방지할 수 있다.

㉯ 충격파쇄기는 유리나 목질류 파쇄에 유리하다.

Tip
전단파쇄기와 충격파쇄기의 특징
(1) 전단파쇄기 : 고정칼, 왕복 또는 회전칼과의 교합에 의하여 폐기물을 전단한다.
① 주로 목재류, 플라스틱류, 종이류를 파쇄하는데 이용된다.
② 충격파쇄기에 비하여 파쇄속도가 느리다.
③ 충격파쇄기에 비하여 이물질 혼입에 약하다.
④ 충격파쇄기에 비하여 파쇄물의 크기를 고르게 할 수 있다.
⑤ 소음과 분진발생이 비교적 적고 폭발의 위험성이 거의 없다.
⑥ 다른 파쇄기와 조합하여 사용할 수 있다.
(2) 충격파쇄기
① 충격파쇄기는 주로 회전식에 적용한다.
② 대량처리가 가능하다.
③ 연성이 있는 물질에는 부적합하다.
④ 유리나 목질류 파쇄에 적합하다.
⑤ 파쇄시 분진, 소음, 진동, 폭발의 위험성이 있다.

정답 18 ㉱ 19 ㉮ 20 ㉯

제2과목 폐기물처리기술

21 아래의 조건을 이용해 매립지에서 발생한 가스 중 메탄의 양(m^3)을 계산하면?

- 총 쓰레기양 : 50ton
- 쓰레기 중 유기물 함량 : 35%(무게 기준)
- 발생 가스 중 메탄함량 : 40%(부피 기준)
- kg당 가스발생량 : 0.6m^3
- 유기물 비중 : 1

㉮ 4,200 ㉯ 5,200
㉰ 6,200 ㉱ 7,200

풀이) 메탄의 양(m^3)
= 총 쓰레기양(kg)×유기물 함량×가스 발생량(m^3/kg)×발생가스 중 메탄함량
= 50,000kg×0.35×0.6m^3/kg×0.4
= 4,200m^3

Tip
① ton×10^3 =kg
② 50ton = 50,000kg

22 슬러지를 최종 처분하기 위한 가장 합리적인 처리공정 순서로 맞는 것은?

A : 최종처분, B : 건조, C : 개량,
D : 탈수, E : 농축,
F : 유기물 안정화(소화)

㉮ E - F - D - C - B - A
㉯ E - D - F - C - B - A
㉰ E - F - C - D - B - A
㉱ E - D - C - F - B - A

풀이) 슬러지의 처리공정 : 농축 → 유기물 안정화(소화) → 개량 → 탈수 → 건조 → 소각 → 최종처분 순서이다.

23 혐기성 소화와 호기성 소화를 비교한 내용으로 틀린 것은?

㉮ 호기성 소화 시 상층액의 BOD 농도가 낮다.
㉯ 호기성 소화 시 슬러지 발생량이 많다.
㉰ 혐기성 소화 슬러지 탈수성이 불량하다.
㉱ 혐기성 소화 운전이 어렵고 반응시간도 길다.

풀이) ㉰ 혐기성 소화 슬러지 탈수성이 양호하다.

Tip
혐기성 소화의 장·단점
(장점)
① 호기성처리에 비해 탈수성이 양호하다.
② 호기성처리에 비해 슬러지가 적게 발생한다.
③ 동력시설의 소모가 적어 운전비용이 저렴하다.
④ 고농도 폐수처리에 적합하다.
⑤ 회수된 가스를 연료로 사용 가능하다.
⑥ 소화슬러지의 건조성이 양호하다.
⑦ 연속처리가 가능하다.
(단점)
① 운전이 어렵고 반응시간도 길다.
② 소화가스는 냄새가 나며 부식이 높은 편이다.

21 ㉮ 22 ㉰ 23 ㉰

24 폐기물 열분해의 장점으로 틀린 것은 어느 것인가? (단, 소각처리와 비교)

㉮ 황 및 중금속이 회분 속에 고정되는 비율이 크다.
㉯ 저장 및 수송이 가능한 연료를 회수할 수 있다.
㉰ 환원성 분위기가 유지되어 Cr^{3+}가 Cr^{6+}로 변화된다.
㉱ 배기 가스량이 적다.

[풀이] ㉰ 환원성 분위기가 유지되어 Cr^{3+}가 Cr^{6+}로 변화되기 어렵다.

Tip
소각처리와 비교할 때 열분해공정의 장점
① 황 및 중금속이 회분속에 고정되는 비율이 크다.
② 저장 및 수송이 가능한 연료를 회수할 수 있다.
③ 환원성 분위기가 유지되어 Cr^{3+}가 Cr^{6+}로 변화되기 어렵다.
④ 배기가스량이 적어 가스처리 장치가 소형이다.
⑤ NO_x 발생량이 적다.
⑥ 지속적 환원 분위기로 효과적 에너지 회수 가능

25 밀도가 600kg/m³인 도시형 쓰레기 200ton을 소각한 결과 밀도가 1000kg/m³인 소각재가 60ton이 되었다면 소각 시 부피 감소율(%)은 얼마인가?

㉮ 82%   ㉯ 86%
㉰ 92%   ㉱ 96%

[풀이] 부피감소율(%) = $\left(1 - \dfrac{V_2}{V_1}\right) \times 100$

여기서 V_1 : 압축 전 부피(m³)
V_2 : 압축 후 부피(m³)

$V_1 = 200,000 kg \times \dfrac{1}{600 kg/m^3} = 333.33 m^3$

$V_2 = 60,000 kg \times \dfrac{1}{1000 kg/m^3} = 60 m^3$

따라서 부피감소율(%) = $\left(1 - \dfrac{60 m^3}{333.33 m^3}\right) \times 100$
= 82%

Tip
① $ton \times 10^3 = kg$
② 200ton = 200,000kg
③ 60ton = 60,000kg

26 분뇨 100kL에서 SS 24,500mg/L을 제거하였다. SS의 함수율이 96%라고 하면 그 부피는 얼마인가? (단, 비중은 1.0 이다.)

㉮ 25m³   ㉯ 40m³
㉰ 61m³   ㉱ 83m³

[풀이] 슬러지 부피(m³)
= $\dfrac{제거된\ SS농도(kg/m^3) \times 분뇨량(m^3)}{비중량(kg/m^3)} \times \dfrac{100}{100-함수율(\%)}$

= $\dfrac{24.5 kg/m^3 \times 100 m^3}{1000 kg/m^3} \times \dfrac{100}{100-96}$

= 61.25m³

Tip
① $mg/L \times 10^{-3} = kg/m^3$
② SS $24,500 mg/L \times 10^{-3} = 24.5 kg/m^3$
③ 비중$(g/cm^3) \times 10^3 = kg/m^3$
④ 비중 $1.0 g/cm^3 \times 10^3 = 1000 kg/m^3$

27 메탄올(CH_3OH) 3kg을 완전 연소하는데 필요한 이론공기량(Sm^3)은 얼마인가?

㉮ $10Sm^3$ ㉯ $15Sm^3$
㉰ $20Sm^3$ ㉱ $25Sm^3$

[풀이] ① $CH_3OH + 1.5O_2 \rightarrow CO_2 + 2H_2O$
  $32kg : 1.5 \times 22.4 Sm^3$
  $3kg : O_o$(이론산소량)
  ∴ O_o(이론산소량) $= \dfrac{3kg \times 1.5 \times 22.4 Sm^3}{32kg}$
  $= 3.15 Sm^3$
② 이론공기량(A_o) = 이론산소량(Sm^3) $\times \dfrac{1}{0.21}$
  $= 3.15 Sm^3 \times \dfrac{1}{0.21} = 15 Sm^3$

Tip
① 중량(kg) = 계수×분자량(kg)
② 체적(Sm^3) = 계수×22.4(Sm^3)
③ CH_3OH(메탄올 = 메틸알콜)의 분자량
  $= 12 + 3 \times 1 + 16 + 1 = 32kg$

28 $C_{70}H_{130}O_{40}N_5$의 분자식을 가진 물질 100kg이 완전히 혐기 분해할 때 생성되는 이론적 암모니아의 부피(Sm^3)는 얼마인가? (단, $C_{70}H_{130}O_{40}N_5$+(가)H_2O → (나)CH_4+(다)`$CO_2$+`(라)NH_3)

㉮ $3.7Sm^3$ ㉯ $4.7Sm^3$
㉰ $5.7Sm^3$ ㉱ $6.7Sm^3$

[풀이] $C_{70}H_{130}O_{40}N_5 : 5NH_3$
  $1680kg : 5 \times 22.4 Sm^3$
  $100kg : X$
  ∴ $X = \dfrac{100kg \times 5 \times 22.4 Sm^3}{1680kg} = 6.67 Sm^3$

Tip
$C_{70}H_{130}O_{40}N_5$의 분자량
$= 70 \times 12 + 130 \times 1 + 40 \times 16 + 5 \times 14$
$= 1680kg$

29 탄소, 수소 및 황의 중량비가 83%, 14%, 3%인 폐유 3kg/hr을 소각시키는 경우 배기가스의 분석치가 CO_2 12.5%, O_2 3.5%, N_2 84%이었다면 매시 필요한 공기량(Sm^3/hr)은 얼마인가?

㉮ $35Sm^3$/hr ㉯ $40Sm^3$/hr
㉰ $45Sm^3$/hr ㉱ $50Sm^3$/hr

[풀이] 공급공기량(Sm^3/hr)
= 공기비(m)×이론공기량(A_o)×연료량(kg/hr)
① 공기비(m)
  $= \dfrac{N_2\%}{N_2\% - 3.76 \times O_2\%} = \dfrac{84\%}{84\% - 3.76 \times 3.5\%}$
  $= 1.1858$
② 이론공기량(A_o)
  $= 8.89C + 26.67\left(H - \dfrac{O}{8}\right) + 3.33S (Sm^3/kg)$
  $= 8.89 \times 0.83 + 26.67 \times 0.14 + 3.33 \times 0.03$
  $= 11.2124 Sm^3/kg$
③ 공급공기량
  $= 1.1858 \times 11.2124 Sm^3/kg \times 3kg/hr$
  $= 39.89 Sm^3/hr$

Tip
배출가스 분석치 $CO_2\%$, $O_2\%$, $N_2\%$
공기비(m) $= \dfrac{N_2\%}{N_2\% - 3.76 \times O_2\%}$

[정답] 27 ㉯ 28 ㉱ 29 ㉯

30 전기집진장치의 장단점으로 옳은 것은 어느 것인가?

㉮ 대량의 분진함유가스 처리는 곤란하다.
㉯ 운전비와 유지비가 많이 소요된다.
㉰ 압력손실이 크다.
㉱ 회수할 가치가 있는 입자의 포집이 가능하다.

풀이
㉮ 대량의 분진함유가스 처리도 가능하다.
㉯ 운전비와 유지비가 적게 소요된다.
㉰ 압력손실이 적다.

31 폐기물 고화처리방법 중 자가시멘트법의 장단점으로 틀린 것은?

㉮ 혼합률이 높다.
㉯ 중금속 저지에 효과적이다.
㉰ 탈수 등 전처리가 필요 없다.
㉱ 고농도 황화물 함유 폐기물에 적용한다.

풀이 ㉮ 혼합률이 낮다.

> **Tip**
> **자가시멘트법**
> (1) 장점
>   ① 혼합률(MR)이 낮다.
>   ② 중금속 저지에 효과적이다.
>   ③ 탈수 등의 전처리가 필요없다.
>   ④ 고농도 황화물 함유 폐기물에 적용한다.(연소가스 탈황시 발생된 슬러지 처리에 적용)
>   ⑤ 탈수 등 전처리가 필요없다.
>   ⑥ 폐기물이 스스로 고형화되는 성질을 이용하여 개발되었다.
> (2) 단점
>   ① 보조에너지가 필요하다.
>   ② 장치비가 크며 숙련된 기술을 요한다.

32 고형물 중 VS 60% 이고, 함수율 97%인 농축슬러지 100m³를 소화시켰다. 소화율(VS 대상)이 50%이고, 소화 후 함수율이 95%라면 소화 후의 부피(m³)는 얼마인가? (단, 모든 슬러지의 비중은 1.0 기준)

㉮ 32m³ ㉯ 35m³
㉰ 42m³ ㉱ 48m³

풀이
소화 후 슬러지부피(m³)
$= (VS+FS) \times \dfrac{100}{100-P(\%)}$

여기서 VS : 휘발성 고형물(유기물)
　　　FS : 잔류성 고형물(무기물)
　　　P : 소화 후 함수율(%)

① VS(m³)
  = 농축슬러지량(m³)×고형물량×VS×(1-소화율)
  = 100m³×0.03×0.6×(1-0.5)
  = 0.9m³

② FS(m³)
  = 농축슬러지량(m³)×고형물량×FS
  = 100m³×0.03×0.4
  = 1.2m³

③ 소화 후 슬러지 부피(m³)
  $= (0.9m³+1.2m³) \times \dfrac{100}{100-95\%}$
  = 42m³

> **Tip**
> ① 슬러지량(%) = 고형물(%)+함수율(%)
> ② 고형물(%) = 100% − 97% = 3%
> ③ 고형물(%) = VS(%)+FS(%)
> ④ FS(%) = 100% − 60% = 40%

 30 ㉱ 31 ㉮ 32 ㉰

33 매립시 표면차수막에 관한 설명으로 틀린 것은?

㉮ 지중에 수평방향의 차수층이 존재하는 경우에 적용한다.
㉯ 시공시에는 눈으로 차수성 확인이 가능하나 매립후에는 곤란하다.
㉰ 지하수 집배수시설이 필요하다.
㉱ 차수막 단위면적당 공사비는 싸지만 매립지 전체를 시공하는 경우가 많아 총공사비는 비싸다.

 ㉮번의 설명은 연직차수막에 대한 설명이다.

> **Tip**
> **차수시설의 종류**
> (1) 연직차수막
>   ① 차수막 보강시공이 가능하다.
>   ② 지중에 수평방향의 차수층이 존재할 때 사용한다.
>   ③ 지하수 집배수시설이 불필요하다.
>   ④ 단위면적당 공사비는 비싸지만 총공사비는 싸다.
>   ⑤ 지하매설로써 차수성 확인이 어렵다.
>   ⑥ 연직차수막은 지중에 암반 및 점성도로 구성된 불투수층이 수평방향으로 넓게 분포하고 있는 경우 수직 또는 경사로 시공한다.
> (2) 표면차수막
>   ① 시공시에는 눈으로 차수성 확인이 가능하나 매립후에는 곤란하다.
>   ② 지하수 집배수시설이 필요하다.
>   ③ 차수막 단위면적당 공사비는 싸지만 매립지 전체를 시공하는 경우가 많아 총공사비는 비싸다.
>   ④ 보수 가능성면에 있어서는 매립전에는 용이하나 매립후에는 어렵다.
>   ⑤ 매립지 필요범위에 차수재료로 덮인 바닥이 있을 때 사용한다.

34 다이옥신 저감을 위한 대표적 설비인 [활성탄+백필터]의 장단점으로 틀린 것은?

㉮ 파손 여과포의 교체회수가 많아 인력 및 경비 부담이 크고 설비의 연속운전에 지장을 줄 수 있다.
㉯ 다이옥신과 함께 중금속 등이 흡착된다.
㉰ 체류시간이 길어져 다이옥신 재형성 방지가 어렵다.
㉱ 활성탄 주입량을 변경하면 제거효율을 어느 정도 변경 가능하다.

 ㉰ 체류시간이 작아 다이옥신 재형성 방지가 어렵다.

35 일일 처리량이 35kL인 분뇨처리장에서 메탄가스를 생산 하고자 한다. 가스 생산을 위한 탱크용량은 얼마인가? (단, 탱크 체류시간 8시간, 메탄가스발생량은 처리량의 8배로 가정한다.)

㉮ 약 42kL   ㉯ 약 68kL
㉰ 약 93kL   ㉱ 약 124kL

탱크용량(KL)
= 분뇨처리량(KL/day)×탱크체류시간(hr)
  ×1day/24hr×8배
= 35KL/day×8hr×1day/24hr×8배
= 93.33KL

정답 33 ㉮ 34 ㉰ 35 ㉰

36 처리장으로 유입되는 생분뇨의 BOD가 15,000ppm, 이때의 염소이온 농도가 6,000ppm이었다. 이 생분뇨를 희석한 후 활성슬러지법으로 처리한 처리수의 BOD는 60ppm, 염소 이온은 200ppm 이었다면 활성슬러지법에서의 BOD 제거율(%)은 얼마인가?

㉮ 73%　　㉯ 78%
㉰ 82%　　㉱ 88%

풀이 BOD 제거율(%)
$= \left(1 - \dfrac{\text{유출수의 BOD} \times P}{\text{유입수의 BOD}}\right) \times 100$

P(희석배수치) = $\dfrac{\text{유입수의 Cl 농도}}{\text{유출수의 Cl 농도}}$
$= \dfrac{6,000\text{ppm}}{200\text{ppm}} = 30$

따라서 BOD 제거율(%)
$= \left(1 - \dfrac{60\text{ppm} \times 30}{15,000\text{ppm}}\right) \times 100 = 88\%$

Tip 염소농도가 주어지면 반드시 희석배수치(P)를 구해야 함.

37 소각로 설계의 기준이 되고 있는 발열량은 어느 것인가?

㉮ 고위발열량　　㉯ 저위발열량
㉰ 평균발열량　　㉱ 최대발열량

풀이 소각로 설계의 기준이 되고 있는 발열량은 저위발열량 기준이다.

38 어떤 도시에서 1일 50톤의 폐기물이 발생되었고 이 때 밀도가 400kg/m³이었다. 3m 깊이인 도랑식(trench)으로 매립하고자 할 때 1년 동안 필요한 부지면적은 얼마인가? (단, 도랑점유율이 100%, 매립 시 압축에 따른 쓰레기 부피 감소율은 50%로 한다.)

㉮ 약 5,410m²　　㉯ 약 6,210m²
㉰ 약 7,610m²　　㉱ 약 8,810m²

풀이 매립면적(m²/년)
$= \dfrac{\text{폐기물 발생량(kg/년)}}{\text{폐기물 밀도(kg/m}^3\text{)} \times \text{매립지 깊이(m)}}$
$\times (1 - \text{부피 감소율})$
$= \dfrac{50\text{ton/day} \times 10^3\text{kg/ton} \times 365\text{day/년}}{400\text{kg/m}^3 \times 3\text{m}}$
$\times (1 - 0.5)$
$= 7,604.17\text{m}^2$

Tip 부피 감소율(%) 보정에 주의해야 함.

39 인구가 300,000인 도시의 폐기물 매립지를 선정하고자 한다. 도시의 1인당 폐기물 발생량은 1.5kg/day 이었으며 폐기물의 밀도는 500kg/m³이었다. 매립지는 지형상 2m 정도 굴착 가능하다면 매립지 선정에 필요한 최소한의 면적(m²/year)은 얼마인가? (단, 지면보다 높게 매립하지 않는다고 가정하고 기타 조건은 고려하지 않는다.)

㉮ 129,350　　㉯ 164,250
㉰ 228,350　　㉱ 286,550

정답 36 ㉱　37 ㉯　38 ㉰　39 ㉯

매립면적(m²/년)

$= \dfrac{\text{폐기물 발생량(kg/년)}}{\text{폐기물 밀도(kg/m}^3) \times \text{매립지 깊이(m)}}$

$= \dfrac{1.5\,\text{kg/인}\cdot\text{일} \times 300{,}000\text{인} \times 365\text{일/년}}{500\,\text{kg/m}^3 \times 2\,\text{m}}$

$= 164{,}250\,\text{m}^2$

40 유동상 소각로의 장점과 가장 거리가 먼 것은 어느 것인가?

㉮ 반응시간이 빨라 소각시간이 짧다.
㉯ 기계적 구동부분이 적어 고장률이 낮다.
㉰ 연소효율이 높아 투입이나 유동을 위한 파쇄가 필요 없다.
㉱ 유동매체의 축열량이 높아 단기간 정지 후 가동시에 보조연료 사용 없이 정상 가동이 가능하다.

 ㉰ 연소효율이 높으며, 로내에 투입전 파쇄 등의 전처리가 필요하다.

> **Tip**
> **유동층 소각로**
> (1) 장점
> ① 기계적 구동부분이 적어 고장률이 낮다.
> ② 가스의 온도가 낮고 과잉공기량이 적다.
> ③ 로내의 온도의 자동제어와 열회수가 용이하다.
> ④ 반응시간이 빨라 소각시간이 짧다.
> ⑤ 유동매체의 축열량이 높아 단기간 정지후 가동시에 보조연료 사용 없이 정상 가동이 가능하다.
> ⑥ 연소효율이 높아 미연소분의 배출이 적고 2차 연소실이 필요 없다.
> (2) 단점
> ① 로내로 투입전 파쇄 등의 전처리가 필요하다.
> ② 상(床)으로부터 찌꺼기 분리가 어렵다.

제3과목 폐기물 공정시험기준

41 "함침성 고상폐기물"의 정의로 옳은 것은 어느 것인가?

㉮ 종이, 목재 등 수분을 흡수하는 변압기 내부부재(종이, 나무와 금속이 서로 혼합되어 있어 분리가 어려운 경우를 포함한다.)를 말한다.
㉯ 종이, 목재 등 수분을 흡수하는 변압기 내부부재(종이, 나무와 금속이 서로 혼합되어 있어 분리가 어려운 경우는 제외한다.)를 말한다.
㉰ 종이, 목재 등 기름을 흡수하는 변압기 내부부재(종이, 나무와 금속이 서로 혼합되어 있어 분리가 어려운 경우를 포함한다.)를 말한다.
㉱ 종이, 목재 등 기름을 흡수하는 변압기 내부부재(종이, 나무와 금속이 서로 혼합되어 있어 분리가 어려운 경우는 제외한다.)를 말한다.

> **Tip**
> **용어비교**
> ① 함침성 고상폐기물 : 종이, 목재 등 기름을 흡수하는 변압기 내부부재(종이, 나무와 금속이 서로 혼합되어 있어 분리가 어려운 경우를 포함)를 말한다.
> ② 비함침성 고상폐기물 : 금속판, 구리선 등 기름을 흡수하지 않는 평면 또는 비평면 형태의 변압기 내부부재를 말한다.

 40 ㉰ 41 ㉰

42 다음은 자외선 가시선 분광법을 적용하여 납을 측정할 때 시험방법에 관한 내용이다. ( )안에 알맞은 것은?

> 시료 중에 납 이온이 ( )공존하에 알칼리성에서 디티존과 반응하여 생성하는 납 디티존을 ( )용액으로 씻은 다음 납 착염의 흡광도를 520nm에서 측정하는 방법이다.

㉮ 시안화칼륨
㉯ 수산화나트륨
㉰ 이염화주석
㉱ 염화하이드록실아민

Tip
납의 자외선 가시선 분광법
① 목적 : 시료 중에 납 이온이 시안화칼륨 공존하에 알칼리성에서 디티존과 반응하여 생성하는 납 디티존착염을 사염화탄소로 추출하고 과잉의 디티존을 시안화칼륨용액으로 씻은 다음 납 착염의 흡광도를 520nm에서 측정하는 방법이다.
② 정량범위 : 0.001 ~ 0.04mg
   정량한계 : 0.001mg

43 정량한계에 관한 내용으로 옳은 것은 어느 것인가?

㉮ 정량한계 = 3×표준편차
㉯ 정량한계 = 3.3×표준편차
㉰ 정량한계 = 5×표준편차
㉱ 정량한계 = 10×표준편차

풀이) 정량한계는 10×표준편차 이다.

44 석면(편광현미경법) 측정 시 적용되는 용어 정의로 틀린 것은?

㉮ 굴절률 : 물질(시료)에 빛의 투과 시 빛의 속도와 진공에서 빛의 속도비를 말하며 파장과 온도에 상관없이 일정하다.
㉯ 색 : 편광현미경의 개방 니콜상에서 섬유나 미립자의 색을 말한다.
㉰ 형태 : 섬유나 미립자의 모양, 결정구조, 길고 짧음 등을 말한다.
㉱ 갈라지는 성질 : 원자들의 결합이 약해서 일정한 방향으로 쪼개지거나 갈라지는 성질을 말한다. 모든 석면 섬유는 한쪽 방향으로서 완전한 방향성을 가지고 있다.

풀이) ㉮ 굴절률 : 물질(시료)에 빛의 투과 시 빛의 속도와 진공에서 빛의 속도비를 말하며 파장과 온도에 따라 변한다.

45 유리전극법을 적용한 수소이온농도 측정 개요에 관한 내용으로 틀린 것은?

㉮ pH를 0.01까지 측정한다.
㉯ 유리전극은 일반적으로 용액의 색도, 탁도, 콜로이드성 물질들에 의해 간섭을 받지 않는다.
㉰ 유리전극은 일반적으로 용액의 산화 및 환원성 물질들 그리고 염도에 의해 간섭을 받지 않는다.
㉱ pH 4 이하에서는 나트륨에 대한 오차가 발생할 수 있으므로 "낮은 나트륨 오차 전극"을 사용한다.

풀이) ㉱ pH 10 이상에서는 나트륨에 대한 오차가 발생할 수 있으므로 "낮은 나트륨 오차 전극"을 사용한다.

정답 42 ㉮ 43 ㉱ 44 ㉮ 45 ㉱

46 자외선 가시선 분광법을 적용하여 구리(Cu)를 측정하고자 할 때 시험 개요에 관한 내용으로 틀린 것은?

㉮ 흡광도를 440nm에서 측정한다.
㉯ 정량한계는 0.002mg이다.
㉰ 흡수셀 세척시에는 과황산칼륨용액(2W/V%)에 소량의 계면활성제를 가하여 사용한다.
㉱ 비스무트(Bi)가 구리의 양보다 2배 이상 존재할 경우에는 황색을 나타내어 방해한다.

㉰ 흡수셀 세척시에는 탄산나트륨용액(2W/V%)에 소량의 계면활성제를 가하여 사용한다.

47 다음은 시료의 분할채취방법 중 구획법에 관한 내용이다. ( ) 안의 내용으로 옳은 것은 어느 것인가?

① 모아진 대시료를 네모꼴로 엷게 균일한 두께로 편다.
② 이것을 가로 4등분 세로 5등분하여 20개의 덩어리로 나눈다.
③ (   )

㉮ 20개 중 대각선으로 8개 덩어리를 취하여 혼합하여 하나의 시료로 한다.
㉯ 20개 중 가로 2등분, 세로 3등분을 임의로 취하여 혼합하여 하나의 시료로 한다.
㉰ 20개 중 가로 2등분, 세로 2등분을 임의로 취하여 혼합하여 하나의 시료로 한다.
㉱ 20개의 각 부분에서 균등량씩을 취하여 혼합하여 하나의 시료로 한다.

48 운반차량에서 시료를 채취할 경우, 5톤 미만의 차량에 폐기물이 적재되어 있을 때 평면상에서 몇 등분하여 각 등분마다 채취하여야 하는가?

㉮ 3등분 ㉯ 6등분
㉰ 9등분 ㉱ 12등분

Tip
폐기물이 적재되어 있는 운반차량에서 시료를 채취할 경우
① 5톤 미만의 차량에 적재되어 있을 때에는 적재폐기물을 평면상에서 6등분한 후 각 등분마다 시료를 채취한다.
② 5톤 이상의 차량에 적재되어 있을 때에는 적재폐기물을 평면상에서 9등분한 후 각 등분마다 시료를 채취한다.

49 총칙에서 규정하고 있는 용어 정의로 틀린 것은?

㉮ 무게를 "정확히 단다"라 함은 규정된 수치의 무게를 0.1mg까지 다는 것을 말한다.
㉯ "정확히 취하여"라 하는 것은 규정한 양의 액체를 홀피펫으로 눈금까지 취하는 것을 말한다.
㉰ "정밀히 단다"라 함은 규정된 양의 시료를 취하여 화학저울 또는 미량저울로 칭량함을 말한다.
㉱ "용기"라 함은 물질을 취급 또는 저장하기 위한 것으로 일정 기준 이상의 것으로 한다.

용기 : 시험용액 또는 시험에 관계된 물질을 보존, 운반 또는 조작하기 위하여 넣어 두는 것으로 시험에 지장을 주지 않도록 깨끗한 것을 뜻한다.

정답 46 ㉰ 47 ㉱ 48 ㉯ 49 ㉱

50 다음은 용출시험방법에 관한 설명이다. 옳은 것은 어느 것인가?

㉮ 정제수에 폐기물을 넣고 pH를 4.5~5.8로 조절한다.
㉯ 시료의 조제방법에 따라 조제한 시료 100g이상을 사용한다.
㉰ 진탕회수는 매분당 약 300회로 한다.
㉱ 진폭은 5~6cm로 4시간 이상 연속 진탕하며 원심 분리기로 분당 3,000회전 이상으로 분리한다.

㉮ 정제수에 염산을 넣고 pH를 5.8~6.3으로 조절한다.
㉰ 진탕회수는 매분당 약 200회로 한다.
㉱ 진폭은 4~5cm로 6시간 이상 연속 진탕하며 원심 분리기로 분당 3,000회전 이상으로 분리한다.

Tip
용출 시험방법
(1) 시료용액의 조제
　시료의 조제방법에 따라 조제한 시료 100g 이상을 정확히 달아 정제수에 염산을 넣어 pH를 5.8~6.3으로 한 용매(mL)를 시료:용매=1:10(W:V)의 비로 2,000mL 삼각플라스크에 넣어 혼합한다.
(2) 용출조작
① 시료용액의 조제가 끝난 혼합액을 상온 상압에서 진탕회수가 매분당 약 200회, 진폭이 4~5cm의 진탕기를 사용하여 6시간 연속 진탕한다.
② 1.0μm의 유리섬유 여과지로 여과하고 여과액을 적당량 취하여 용출실험용 시료용액으로 한다.
③ 여과가 어려운 경우에는 원심분리기를 사용하여 매분당 3,000회전 이상으로 20분 이상 원심분리한 다음 상징액을 적당량 취하여 용출실험용 시료용액으로 한다.

(3) 실험결과의 보정
　항목별 시험기준 중 각항의 규정에 따라 실험한 용출실험의 결과는 시료 중의 수분함량 보정을 위해 함수율 85%이상인 시료에 한하여 $\dfrac{15}{100 - 시료의\ 함유율(\%)}$을 곱하여 계산된 값으로 한다.

51 대상폐기물의 양이 50톤일 때 시료의 최소수는 얼마인가?

㉮ 14　　㉯ 20
㉰ 30　　㉱ 36

대상폐기물의 양이 50톤일 때 시료의 최소수는 20이다.

Tip
대상폐기물의 양과 시료의 최소 수

대상폐기물의 양 (단위:ton)	시료의 최소 수	대상폐기물의 양 (단위:ton)	시료의 최소 수
~1미만	6	100이상~500미만	30
1이상~5미만	10	500이상~1000미만	36
5이상~30미만	14	1000이상~5000미만	50
30이상~100미만	20	5000이상	60

 50 ㉯　51 ㉯

52 자외선 가시선 분광광도계 광원부의 광원 중 자외부의 광원으로 주로 사용되는 것은 어느 것인가?

㉮ 중수소방전관   ㉯ 텅스텐램프
㉰ 중공음극램프   ㉱ 나트륨방전관

> **Tip**
> **광원부의 광원**
> ① 가시부와 근적외부 : 텅스텐램프
> ② 자외부 : 중수소 방전관

53 다음 괄호에 들어갈 온도를 순서대로 바르게 나열한 것은?

> 표준온도는 0℃, 상온은 (①)℃, 실온은 (②)℃로 하며, 찬 곳은 따로 규정이 없는 한 (③)℃의 곳을 뜻한다. 온수는 60~70℃, 열수는 약 100℃, 냉수는 (④)℃ 이하로 한다. "수욕상(水浴上) 또는 물중탕에서 가열한다."라 함은 따로 규정이 없는 한 수온 (⑤)℃에서 가열함을 뜻하고 약 100℃의 증기욕을 쓸 수 있다.

㉮ ① 1~35 ② 15~25 ③ 0~15
　 ④ 15 ⑤ 100
㉯ ① 15~25 ② 1~35 ③ 0~15
　 ④ 15 ⑤ 100
㉰ ① 1~35 ② 15~25 ③ 1~15
　 ④ 4 ⑤ 100
㉱ ① 15~25 ② 1~35 ③ 1~15
　 ④ 4 ⑤ 100

54 다음은 자외선 가시선 분광법으로 6가 크롬을 측정할 때 시료 중 잔류염소에 의한 간섭에 관한 내용이다. ( )안의 내용으로 옳은 것은 어느 것인가?

> 시료 중에 잔류염소가 공존하면 발색을 방해한다. 이때는 시료에 ( )한 다음 입상활성탄을 10%정도 되게 넣고 자석교반기로 약 30분간 교반하여 여과한 액을 시료로 사용한다.

㉮ 수산화나트륨용액(10W/V%)을 넣어 pH 10 정도로 조절
㉯ 수산화나트륨용액(20W/V%)을 넣어 pH 12 정도로 조절
㉰ 묽은 황산(1+9)을 넣어 pH 4 정도로 조절
㉱ 묽은 황산(1+5)을 넣어 pH 2 정도로 조절

> **Tip**
> **간섭물질**
> ① 시료 중에 잔류염소가 공존하면 발색을 방해한다. 이때는 시료에 수산화나트륨용액 (20W/V%)을 넣어 pH 12정도로 조절한 다음 입상활성탄을 10% 정도 되게 넣고 자석교반기로 약 30분간 교반하여 여과한 액을 시료로 사용한다.
> ② 시료 중 철이 2.5mg 이하로 공존할 경우에는 다이페닐카바자이드용액을 넣기 전에 피로인산나트륨·10수화물용액(5%) 2 mL를 넣어 주면 영향이 없다.

정답 52 ㉮ 53 ㉯ 54 ㉯

55 수분 및 고형물(중량법) 측정시 시료채취 및 관리에 관한 내용으로 틀린 것은?

㉮ 시료는 유리병에 채취하여 가능한 빨리 측정한다.
㉯ 시료를 보관하여야 할 경우 미생물에 의한 분해를 방지하기 위해 pH 2 이하로 하여 냉암소에 보관한다.
㉰ 시료는 24시간 이내에 증발처리를 하여야 하나 최대한 7일을 넘기지 말아야 한다.
㉱ 시료를 분석하기 전에 상온이 되게 한다.

 ㉯ 시료를 보관하여야 할 경우 미생물에 의해 분해를 방지하기 위해 0~4℃로 보관 한다.

> **Tip**
> **시료채취 및 관리**
> ① 시료는 유리병에 채취하고 가능한 빨리 측정한다.
> ② 시료를 보관하여야 할 경우 미생물에 의해 분해를 방지하기 위해 0~4℃로 보관한 다.
> ③ 시료는 24시간 이내에 증발처리를 하여야 하나 최대한 7일을 넘기지 말아야 한다.
> ④ 시료를 분석하기 전에 상온이 되게 한다.

56 취급 또는 저장하는 동안에 밖으로부터의 공기 또는 다른 가스가 침입하지 아니하도록 내용물을 보호하는 용기는 어느 것인가?

㉮ 기밀용기   ㉯ 밀폐용기
㉰ 밀봉용기   ㉱ 차광용기

> **Tip**
> **용기**
> ① 밀폐용기 : 이물질
> ② 기밀용기 : 공기 또는 다른 가스
> ③ 밀봉용기 : 기체 또는 미생물
> ④ 차광용기 : 광선

57 중량법을 적용한 기름성분 측정에 관한 내용으로 틀린 것은?

㉮ 전기열판 또는 전기맨틀은 80℃ 온도조절이 가능한 것을 사용한다.
㉯ 증발접시는 알루미늄박으로 만든 접시, 비커 또는 증류 플라스크로써 부피는 50~250mL인 것을 사용한다.
㉰ 정량한계는 1.0% 이하로 한다.
㉱ 폐기물 중의 비교적 휘발되지 않는 탄화수소, 탄화수소 유도체, 그리스유상물질 중 노말헥산에 용해되는 성분에 적용한다.

 ㉰ 정량한계는 0.1% 이하로 한다.

58 다음은 이온전극법으로 시안을 측정하는 방법이다. ( ) 안에 옳은 내용은 어느 것인가?

> 액상폐기물과 고상폐기물을 ( )으로 조절한 후 시안 이온전극과 비교전극을 사용하여 전위를 측정하고 그 전위차로부터 시안을 정량하는 방법이다.

㉮ pH 4 이하의 산성
㉯ pH 5~6의 산성
㉰ pH 9~10의 알칼리성
㉱ pH 12~13의 알칼리성

> **Tip**
> **시안의 이온전극법**
> ① 목적 : 액상폐기물과 고상폐기물을 pH 12~13의 알칼리성으로 조절한 후 시안 이온전극과 비교전극을 사용하여 전위를 측정하고 그 전위차로부터 시안을 정량하는 방법이다.
> ② 적용범위 : 시안의 정량한계는 0.5mg/L이다.

59 다음은 회분식 연소방식의 소각재 반출설비에서의 시료채취에 관한 내용이다. ( ) 안에 알맞은 것은?

> 회분식 연소방식의 소각재 반출설비에서 채취하는 경우에는 하루 동안의 운전횟수에 따라 매 운전시마다 ( ) 이상 채취하는 것을 원칙으로 하고 시료의 양은 1회에 500g 이상으로 한다.

㉮ 1회　　㉯ 2회
㉰ 3회　　㉱ 4회

60 유기물의 함량이 높지 않고 금속의 수산화물, 산화물, 인산염 및 황화물을 함유하고 있는 시료에 적용하는 산분해법은?

㉮ 질산 - 염산 분해법
㉯ 질산 - 황산 분해법
㉰ 질산 - 과염소산 분해법
㉱ 질산 - 초산 분해법

> **Tip**
> **산분해법**
> ① 질산 분해법 : 유기물 함량이 낮은 시료에 적용
> ② 질산-염산 분해법 : 유기물 함량이 비교적 높지 않고 금속의 수산화물, 산화물, 인산염 및 황화물을 함유하고 있는 시료에 적용
> ③ 질산-황산 분해법 : 유기물 등을 많이 함유하고 있는 대부분의 시료에 적용
> ④ 질산-과염소산 분해법 : 유기물을 높은 비율로 함유하고 있으면서 산화분해가 어려운 시료들에 적용
> ⑤ 질산-과염소산-불화수소산 분해법 : 점토질 또는 규산염이 높은 비율로 함유된 시료에 적용

58 ㉱　59 ㉯　60 ㉮

제4과목 폐기물 관계법규

61 환경부장관이나 시·도지사가 폐기물처리업자에게 영업의 정지를 명령하고자 할 때 천재지변이나 그 밖의 부득이한 사유로 해당 영업을 계속하도록 할 필요가 있다고 인정되는 경우, 그 영업의 정지를 갈음하여 대통령령으로 정하는 매출액에 ( )를 곱한 금액을 초과하지 아니하는 범위에서 과징금을 부과할 수 있다. ( )안에 알맞은 말은?

㉮ 100분의 5   ㉯ 100분의 10
㉰ 100분의 15 ㉱ 100분의 20

62 폐기물처분시설 또는 재활용시설 중 음식물류 폐기물을 대상으로 하는 시설의 기술관리인의 자격으로 틀린 것은?

㉮ 위생사   ㉯ 화공산업기사
㉰ 토목산업기사   ㉱ 전기기사

Tip 기술관리인의 자격기준

구분		자격기준
폐기물 처분시설 또는 재활용시설	가. 매립시설	폐기물처리기사, 수질환경기사, 토목기사, 일반기계기사, 건설기계기사, 화공기사, 토양환경기사 중 1명 이상
	나. 소각시설(의료폐기물을 대상으로 하는 소각시설은 제외), 시멘트 소성로, 용해로 및 소각열회수시설	폐기물처리기사, 대기환경기사, 토목기사, 일반기계기사, 건설기계기사, 화공기사, 전기기사, 전기공사기사 중 1명 이상
	다. 의료폐기물을 대상으로 하는 시설	폐기물처리산업기사, 임상병리사, 위생사 중 1명 이상
	라. 음식물류 폐기물을 대상으로 하는 시설	폐기물처리산업기사, 수질환경산업기사, 화공산업기사, 토목산업기사, 대기환경산업기사, 기계기사, 전기기사 중 1명 이상
	마. 그 밖의 시설	같은 시설의 운영을 담당하는 자 1명 이상

63 폐기물 감량화 시설의 종류와 가장 거리가 먼 것은 어느 것인가?

㉮ 폐기물 재사용시설
㉯ 폐기물 재활용시설
㉰ 폐기물 재이용시설
㉱ 공정개선시설

풀이 폐기물 감량화 시설의 종류에는 공정개선시설, 폐기물 재이용시설, 폐기물 재활용시설, 그 밖의 폐기물 감량화시설이 있다.

64 폐기물 발생 억제 지침 준수 의무 대상 배출자의 규모 기준으로 옳은 것은?

㉮ 최근 3년간의 연평균 배출량을 기준으로 지정폐기물을 100톤 이상 배출하는 자
㉯ 최근 3년간의 연평균 배출량을 기준으로 지정폐기물을 500톤 이상 배출하는 자
㉰ 최근 2년간의 연평균 배출량을 기준으로 지정폐기물을 100톤 이상 배출하는 자
㉱ 최근 2년간의 연평균 배출량을 기준으로 지정폐기물을 500톤 이상 배출하는 자

Tip 폐기물 발생 억제 지침 준수 의무 대상 배출자의 규모 기준
① 최근 3년간의 연평균 배출량을 기준으로 지정폐기물을 100톤 이상 배출하는 자
② 최근 3년간의 연평균 배출량을 기준으로 지정폐기물 외의 폐기물을 1천톤 이상 배출하는 자

정답 61 ㉮ 62 ㉮ 63 ㉮ 64 ㉮

65 폐기물처리 신고자의 준수사항으로 틀린 것은?

㉮ 자신의 재활용시설에서 재활용할 수 없는 폐기물을 위탁받거나 재활용능력을 초과하여 폐기물을 위탁받아서는 아니 된다.
㉯ 정당한 사유 없이 계속하여 1년 이상 휴업하여서는 아니된다.
㉰ 폐기물처리 신고자는 신고한 재활용용도 또는 방법에 따라 재활용하여야 한다.
㉱ 처리금지, 휴업신고 또는 폐업신고 시 폐기물 수집, 운반증은 신고 즉시 폐기하여야 한다.

[풀이] ㉱ 처리금지, 휴업신고 또는 폐업신고 시 폐기물 수집, 운반증을 시도지사에게 반납 하여야 한다.

66 시도지사는 관할 구역의 폐기물을 적정하게 처리하기 위하여 환경부장관이 정하는 지침에 따라 몇 년마다 폐기물 처리에 관한 기본계획을 세워 환경부장관에게 승인을 받아야 하는가?

㉮ 3년   ㉯ 5년
㉰ 7년   ㉱ 10년

[참고] 법규개정으로 문제 삭제

67 위해의료폐기물 중 조직물류폐기물에 해당되는 것은?

㉮ 폐혈액백
㉯ 혈액투석 시 사용된 폐기물
㉰ 혈액, 고름 및 혈액생성물(혈청, 혈장, 혈액제제)
㉱ 폐항암제

[풀이] ㉮ 폐혈액백 : 혈액오염폐기물
㉯ 혈액투석 시 사용된 폐기물 : 혈액오염폐기물
㉰ 혈액, 고름 및 혈액생성물(혈청, 혈장, 혈액제제) : 조직물류폐기물
㉱ 폐항암제 : 생물·화학폐기물

68 폐기물 관리 종합계획에 포함되어야 할 사항과 가장 거리가 먼 것은?

㉮ 종합계획의 기조
㉯ 폐기물관리 현황 및 평가
㉰ 부문별 폐기물 관리 정책
㉱ 재원 조달 계획

[참고] 법규개정으로 문제 삭제

69 폐기물처리업자의 폐기물보관량 및 처리기한에 관한 기준으로 옳은 것은?

㉮ 폐기물 중간처분업자가 의료폐기물을 보관하는 경우 : 1일 처분용량의 3일분 보관량 이하, 3일 이내
㉯ 폐기물 중간처분업자가 의료폐기물을 보관하는 경우 : 1일 처분용량의 5일분 보관량 이하, 5일 이내
㉰ 폐기물 중간처분업자가 의료폐기물을

[정답] 65 ㉱ 66 ㉱ 67 ㉰ 68 ㉯ 69 ㉯

보관하는 경우 : 1일 처분용량의 7일분 보관량 이하, 7일 이내
㉣ 폐기물 중간처분업자가 의료폐기물을 보관하는 경우 : 1일 처분용량의 10일분 보관량 이하, 10일 이내

Tip
폐기물처리업자의 폐기물 보관량 및 처리기한
(1) 폐기물 수집·운반업자가 임시보관장소에 폐기물을 보관하는 경우
 ① 의료폐기물인 경우
  ㉠ 냉장 보관할 수 있는 섭씨 4도 이하의 전용보관시설에서 보관하는 경우 : 5일 이내
  ㉡ 그 밖의 보관시설에서 보관하는 경우 : 2일 이내
 ② 의료폐기물 외의 폐기물 중 중량 450톤 이하이고 용적이 300세제곱미터 이하 : 5일 이내
(2) 폐기물 재활용업자가 임시보관시설에 폐기물(폐전주로 한정)을 보관하는 경우
 ① 3월부터 11월까지 : 중량 50톤 미만
 ② 12월부터 다음 해 2월까지 : 중량 100톤 미만
(3) 폐기물 재활용업자가 다음 각 목의 폐기물을 재활용하기 위하여 보관하는 경우 : 1일 재활용량의 60일분 보관량 이하, 60일 이내
 ① 폐석고(도자기 제조시설에서 발생하는 것으로 한정), 폐고무, 광재, 폐내화물, 폐도자 기조각, 폐플라스틱, 폐금속류, 폐지, 폐목재, 폐유리, 폐콘크리트전주, 폐석재, 폐레미콘 또는 폐촉매
 ② 토기·자기·내화물·시멘트·콘크리트·석제품의 제조 및 가공시설, 건설공사장의 세륜시설, 수도사업용 정수시설, 비금속광물 분쇄시설(굴착시설을 포함) 또는 토사세척시설에서 발생되는 무기성 오니
(4) 폐기물 재활용업자, 폐기물 중간처분업자 및 폐기물 종합처분업자가 폐기물을 보관 (의료폐기물)에 따라 폐기물을 보관하는 경우는 제외)하는 경우 : 1일 처리 용량의 30일분 보관량 이하, 30일 이

내(매립시설의 일정 구역을 구획하여 폐석면을 매립하기 위한 경우에는 6개월 이내)
(5) 폐기물 재활용업자가 의료폐기물(태반으로 한정)을 보관하는 경우
 ① 폐기물 임시보관시설에 보관하는 경우 : 중량 5톤 미만, 5일 이내
 ② 그 밖의 경우 : 1일 재활용량의 7일분 보관량 이하, 7일 이내
(6) 폐기물 중간처분업자가 의료폐기물을 보관하는 경우 : 1일 처분용량의 5일분 보관량 이하, 5일 이내

70 의료폐기물 전용용기 검사기관으로 환경부장관이 지정한 기관이나 단체와 가장 거리가 먼 것은 어느 것인가?

㉮ 한국환경공단
㉯ 한국화학융합시험연구원
㉰ 한국건설생활환경시험연구원
㉱ 한국의료기기시험연구원

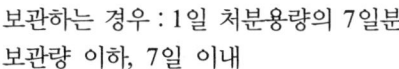 의료폐기물 전용용기 검사기관으로는 한국환경공단, 한국화학융합시험연구원, 한국건설생활환경시험연구원이 있다.

71 환경부령으로 정하는 폐기물처리시설의 설치를 마친 자는 환경부령으로 정하는 검사기관으로부터 검사를 받아야 한다. 폐기물처리시설이 소각시설인 경우, 검사기관으로 틀린 것은?

㉮ 보건환경연구원
㉯ 한국환경공단
㉰ 한국산업기술시험원
㉱ 한국기계연구원

정답 70 ㉱ 71 ㉮

> **Tip**
>
> **환경부령으로 정하는 검사기관**
> (1) 소각시설의 검사기관
>   ① 한국환경공단
>   ② 한국기계연구원
>   ③ 한국산업기술시험원
> (2) 매립시설의 검사기관
>   ① 한국환경공단
>   ② 한국건설기술연구원
>   ③ 한국농어촌공사
>   ④ 수도권매립지관리공사
> (3) 멸균분쇄시설의 검사기관
>   ① 한국환경공단
>   ② 보건환경연구원
>   ③ 한국산업기술시험원
> (4) 음식물류 폐기물 처리시설의 검사기관
>   ① 한국환경공단
>   ② 한국산업기술시험원
> (5) 시멘트 소성로의 검사기관
>   ① 한국환경공단
>   ② 한국기계연구원
>   ③ 한국산업기술시험원

> **Tip**
>
> **폐기물 중간처분업, 폐기물 최종처분업 및 폐기물 종합처분업의 변경허가를 받아야 하는 중요사항**
> ① 처분대상 폐기물의 변경
> ② 폐기물 처분시설 소재지의 변경
> ③ 운반차량(임시차량은 제외)의 증차
> ④ 폐기물 처분시설의 신설
> ⑤ 처분용량의 100분의 30 이상의 변경(허가 또는 변경허가를 받은 후 변경되는 누계)
> ⑥ 아래 ⓐ ⓑ ⓒ ⓓ에 해당하는 주요 설비의 변경
>   ⓐ 폐기물 처분시설의 구조 변경으로 인하여 기준이 변경되는 경우
>   ⓑ 차수시설·침출수 처리시설이 변경되는 경우
>   ⓒ 가스처리시설 또는 가스활용시설이 설치되거나 변경되는 경우
>   ⓓ 배출시설의 변경허가 또는 변경신고의 대상이 되는 경우
> ⑦ 매립시설 제방의 증·개축
> ⑧ 허용보관량의 변경

72 폐기물처리업 중 폐기물중간처분업, 폐기물최종처분업 및 폐기물종합처분업의 변경허가를 받아야 하는 중요사항과 가장 거리가 먼 것은?

㉮ 운반차량(임시차량 제외) 주차장 소재지 변경
㉯ 처분용량의 100분의 30이상의 변경(허가 또는 변경허가를 받은 후 변경되는 누계를 말한다.)
㉰ 매립시설의 제방의 증, 개축
㉱ 폐기물 처분시설의 신설

 ㉮ 운반차량(임시차량은 제외)의 증차

73 주변지역에 대한 영향 조사를 하여야 하는 '대통령령으로 정하는 폐기물처리시설' 기준으로 틀린 것은? (단, 폐기물처리업자가 설치, 운영 기준)

㉮ 시멘트 소성로(폐기물을 연료로 사용하는 경우로 한정한다.)
㉯ 매립면적 15만 제곱미터 이상의 사업장 일반폐기물 매립시설
㉰ 매립면적 3만 제곱미터 이상의 사업장 일반폐기물 매립시설
㉱ 1일 처리능력이 50톤 이상인 사업장폐기물 소각시설(같은 사업장에 여러 개의 소각시설이 있는 경우에는 각 소각시설의 1일 처리능력의 합계가 50톤 이상인 경우를 말한다.)

정답 72 ㉮ 73 ㉰

주변지역 영향 조사대상 폐기물처리시설 중 대통령령으로 정하는 폐기물처리시설
① 1일 처분능력이 50톤 이상인 사업장폐기물 소각시설(같은 사업장에 여러개의 소각시설이 있는 경우에는 각 소각시설의 1일 처분능력의 합계가 50톤 이상인 경우)
② 매립면적 1만 제곱미터 이상의 사업장 지정폐기물 매립시설
③ 매립면적 15만 제곱미터 이상의 사업장 일반폐기물 매립시설
④ 시멘트 소성로(폐기물을 연료로 사용하는 경우로 한정)
⑤ 1일 재활용능력이 50톤 이상인 사업장폐기물 소각열회수시설(같은 사업장에 여러개의 소각열회수시설이 있는 경우에는 각 소각열회수시설의 1일 재활용능력의 합계가 50톤 이상인 경우)

74 폐기물처리시설은 환경부령으로 정하는 기준에 맞게 설치하되, 환경부령으로 정하는 규모 미만은 폐기물 소각시설을 설치, 운영하여서는 아니 된다. 여기서 '환경부령으로 정하는 규모 미만의 폐기물 소각시설'을 바르게 나타낸 것은?

㉮ 시간당 폐기물 소각능력이 25킬로그램 미만인 폐기물 소각시설을 말한다.
㉯ 시간당 폐기물 소각능력이 50킬로그램 미만인 폐기물 소각시설을 말한다.
㉰ 시간당 폐기물 소각능력이 100킬로그램 미만인 폐기물 소각시설을 말한다.
㉱ 시간당 폐기물 소각능력이 125킬로그램 미만인 폐기물 소각시설을 말한다.

환경부령으로 정하는 규모 미만의 폐기물 소각시설이란 시간당 폐기물 소각 능력이 25킬로그램 미만인 폐기물 소각시설을 말한다.

75 폐기물처리시설을 환경부령으로 정하는 기준에 맞게 설치하되, 환경부령으로 정하는 규모 미만의 폐기물 소각 시설을 설치, 운영하여서는 아니 된다. 이를 위반하여 설치가 금지되는 폐기물 소각시설을 설치, 운영한 자에 대한 벌칙기준으로 맞는 것은?

㉮ 1년 이하의 징역이나 5백만원 이하의 벌금
㉯ 1년 이하의 징역이나 1천만원 이하의 벌금
㉰ 2년 이하의 징역이나 2천만원 이하의 벌금
㉱ 2년 이하의 징역이나 1천5백만원 이하의 벌금

76 폐기물처리시설 중 재활용 시설 기준에 관한 내용으로 틀린 것은?

㉮ 용해로(폐기물에서 비철금속을 추출하는 경우로 한정함)
㉯ 소성(시멘트 소성로는 제외함) 탄화 시설
㉰ 골재가공시설(1일 재활용능력 10톤 이상인 시설로 한정함)
㉱ 의약품 제조시설

㉰ 골재가공시설

재활용시설 기준
(1) 기계적 재활용시설
 ① 압축·압출·성형·주조시설(동력 7.5kW 이상인 시설로 한정)
 ② 파쇄·분쇄·탈피 시설(동력 15kW 이상인 시설로 한정)
 ③ 절단시설(동력 7.5kW 이상인 시설로 한정)

정답 74 ㉮ 75 ㉰ 76 ㉰

④ 용융·용해시설(동력 7.5kW 이상인 시설로 한정)
⑤ 연료화시설
⑥ 증발·농축 시설
⑦ 정제시설(분리·증류·추출·여과 등의 시설을 이용하여 폐기물을 재활용하는 단위시설을 포함)
⑧ 유수 분리 시설
⑨ 탈수·건조 시설
⑩ 세척시설(철도용 폐목재 침목을 재활용하는 경우로 한정)
(2) 화학적 재활용시설
① 고형화·고화 시설
② 반응시설(중화·산화·환원·중합·축합·치환 등의 화학반응을 이용하여 폐기물을 재활용하는 단위시설을 포함)
③ 응집·침전 시설
(3) 생물학적 재활용시설
① 사료화·퇴비화(지렁이분변토 생산시설 및 생석회 처리시설을 포함한다)·소멸화·부숙토 생산시설(1일 재활용능력 100킬로그램 이상인 시설로 한정하며, 건조에 의한 사료화·퇴비화 시설을 포함)
② 호기성·혐기성 분해시설
③ 버섯재배시설
(4) 시멘트 소성로
(5) 용해로(폐기물에서 비철금속을 추출하는 경우로 한정)
(6) 소성(시멘트 소성로는 제외한다)·탄화 시설
(7) 골재가공시설
(8) 의약품 제조시설
(9) 소각열회수시설(시간당 재활용능력이 200킬로그램 이상인 시설로 에너지를 회수하기 위하여 설치하는 시설만 해당)
(10) 그 밖에 환경부장관이 폐기물을 안전하게 재활용할 수 있다고 인정하여 고시하는 시설

77 법에서 사용하는 용어의 뜻으로 틀린 것은?

㉮ 생활폐기물 : 사업장폐기물 외의 폐기물을 말한다.
㉯ 처분 : 폐기물의 소각, 중화, 파쇄, 고형화 등의 중간처분과 매립하거나 해역으로 배출하는 등의 최종처분을 말한다.
㉰ 처리 : 폐기물을 재활용, 처분하여 폐기물을 안정화시키는 것을 말한다.
㉱ 폐기물감량화시설 : 생산공정에서 발생하는 폐기물의 양을 줄이고, 사업장 내 재활용을 통하여 폐기물 배출을 최소화하는 시설로서 대통령령으로 정하는 시설을 말한다.

㉰ 처리 : 폐기물의 수집, 운반, 보관, 재활용, 처분을 말한다.

78 지정폐기물 중 부식성 폐기물(폐알칼리) 기준으로 바르게 나타낸 것은?

㉮ 액체상태의 폐기물로서 수소이온 농도지수가 12.0 이상인 것으로 한정하며 수산화칼륨 및 수산화나트륨을 포함한다.
㉯ 액체상태의 폐기물로서 수소이온 농도지수가 12.0 이상인 것으로 한정하며 수산화칼륨 및 수산화나트륨을 제외한다.
㉰ 액체상태의 폐기물로서 수소이온 농도지수가 12.5 이상인 것으로 한정하며 수산화칼륨 및 수산화나트륨을 포함한다.
㉱ 액체상태의 폐기물로서 수소이온 농도지수가 12.5 이상인 것으로 한정하며 수산화칼륨 및 수산화나트륨을 제외한다.

Tip
부식성 폐기물

77 ㉰ 78 ㉰

① 폐산 : 액체상태의 폐기물로서 수소이온 농도지수가 2.0 이하인 것으로 한정
② 폐알칼리 : 액체상태의 폐기물로서 수소이온 농도지수가 12.5 이상인 것으로 한정하며, 수산화칼륨 및 수산화나트륨을 포함

79 폐기물처리시설 주변지역의 영향조사 기준 중 조사지점에 관한 내용으로 틀린 것은?

㉮ 미세먼지와 다이옥신 조사지점은 해당 시설에 인접한 주거지역 중 2개소 이상 지역의 일정한 곳으로 한다.
㉯ 악취 조사지점은 매립시설에 가장 인접한 주거지역에 냄새가 가장 심한 곳으로 한다.
㉰ 토양 조사지점은 4개소 이상으로 하고, 토양정밀조사의 방법에 따라 폐기물 매립 및 재활용 지역의 시료채취 지점의 표토와 심토에서 각각 시료를 채취해야 하며, 시료채취 지점의 지형 및 하부토양의 특성을 고려하여 시료를 채취해야 한다.
㉱ 지표수 조사지점은 해당 시설에 인접하여 폐수, 침출수 등이 흘러들거나 흘러들 것으로 우려되는 지역의 상, 하류 각 1개소 이상의 일정한 곳으로 한다.

㉮ 미세먼지와 다이옥신 조사지점은 해당시설에 인접한 주거지역 중 3개소 이상지역의 일정한 곳으로 한다.

80 폐기물처리시설의 사용을 끝내거나 폐쇄하려는 자는 그 시설의 사용종료일(매립면적을 구획하여 단계적으로 매립하는 시설은 구획별 사용종료일) 또는 폐쇄예정일 1개월(매립 시설의 경우는 3개월) 이전에 사용종료, 폐쇄신고서에 폐기물처리시설 사후관리계획서(매립시설인 경우만 해당된다.)를 첨부하여 시·도지사, 지방 환경관서의 장에게 제출하여야 한다. 폐기물처리시설 사후관리계획서에 포함되어야 하는 사항으로 틀린 것은?

㉮ 빗물배제계획
㉯ 오염토양 복원 계획
㉰ 지하수 수질 조사계획
㉱ 구조물과 지반 등의 안정도 유지계획

Tip
폐기물처리시설 사후관리계획서에 포함되어야 하는 사항
① 폐기물처리시설 설치·사용내용
② 사후관리 추진일정
③ 빗물배제계획
④ 침출수 관리계획(차단형 매립시설은 제외)
⑤ 지하수 수질 조사계획
⑥ 발생가스 관리계획(유기성폐기물을 매립하는 시설만 해당)
⑦ 구조물과 지반 등의 안정도 유지계획

79 ㉮ 80 ㉯

2012 제4회 폐기물처리산업기사
(2012년 9월 15일 시행)

제1과목 폐기물개론

01 폐기물발생량이 2000m³/일, 밀도 840 kg/m³일 때, 5톤 트럭으로 운반하려면 1일 필요한 차량은 몇 대인가? (단, 예비차량 2대 포함, 기타 조건은 고려하지 않는다.)

㉮ 334대 ㉯ 336대
㉰ 338대 ㉱ 340대

풀이

$$\text{차량수} = \frac{\text{쓰레기의 총 발생량(톤/일)}}{\text{차량의 적재용량(톤/대)}} + \text{예비차량}$$

$$= \frac{2000\text{m}^3/\text{일} \times 0.84\text{톤/m}^3}{5\text{톤/대}} + 2$$

$$= 338\text{대}$$

Tip
① 체적(m³) = 중량(kg) × $\frac{1}{\text{밀도(kg/m}^3)}$
② 중량(kg) = 체적(m³) × 밀도(kg/m³)

02 수거노선 설정시 주의사항으로 틀린 것은?

㉮ 고지대에서 저지대로 차량을 운행한다.
㉯ 다량 발생되는 배출원은 하루 중 가장 나중에 수거한다.
㉰ 반복운행, U자 회전을 피한다.
㉱ 가능한 한 시계방향으로 수거노선을 정한다.

풀이 ㉯ 다량 발생되는 배출원은 하루 중 가장 먼저 수거한다.

Tip
쓰레기 수거노선 설정시 유의사항
① 간선도로 부근에서 시작하고 끝나도록 한다.
② 가능한 한 시계방향으로 수거노선을 정한다.
③ 발생량이 아주 많은 발생원은 하루 중 가장 먼저 수거한다.
④ 발생량이 적으나 수거빈도가 동일하기를 원하는 적재지점은 가능한 한 같은 날 왕복내에서 수거한다.
⑤ 언덕지역에서는 언덕의 위에서부터 적재하면서 아래로 차량을 진행한다.
⑥ U자형 회전을 피한다.
⑦ 가급적 출·퇴근 시간을 피한다.
⑧ 될 수 있는 한 한번 간 길은 가지 않는다.

정답 01 ㉰ 02 ㉯

03 수거대상인구 5,252,000명, 쓰레기 수거량 4,412,000톤/년일 때 1인1일 쓰레기 발생량은 얼마인가?

㉮ 1.8kg/인·일 ㉯ 2.3kg/인·일
㉰ 2.7kg/인·일 ㉱ 3.2kg/인·일

풀이 쓰레기발생량(kg/인·일)
$= \dfrac{쓰레기\ 수거량(kg/일)}{인구수(인)}$
$= \dfrac{4,412,000톤/년 \times 10^3 kg/톤 \times 1년/365일}{5,252,000인}$
$= 2.30 kg/인·일$

04 폐기물발생량의 예측방법 중 모든 인자를 시간에 대한 함수로 나타낸 후 시간에 대한 함수로 표현된 각 영향인자들 간의 상관관계를 수식화 하는 방법은 어느 것인가?

㉮ 시간수지법   ㉯ 경향법
㉰ 다중회귀모델 ㉱ 동적모사모델

풀이 ㉱ 동적모사모델에 대한 설명이다.

> **Tip**
> **폐기물 발생량 예측방법**
> ① 다중회귀모델 : 하나의 수식으로 각 인자들이 효과를 총괄적으로 나타내어 복잡한 시스템의 분석에 유용하게 사용할 수 있는 쓰레기 발생량 예측방법
> ② 동적모사모델 : 쓰레기 배출에 영향을 주는 모든 인자를 시간에 대한 함수로 나타낸 후 시간에 대한 함수로 각 영향인자들 간에 상관관계를 수식화 한 것
> ③ 경향모델 : 폐기물 발생량 예측방법 중 모든인자를 시간에 대한 함수로하여 모델화시켜 예측하는 방법

05 쓰레기를 압축시키기 전의 밀도가 $0.43 t/m^3$이었던 것을 압축기에 압축시킨 결과 밀도가 $0.93 t/m^3$으로 증가하였을 때 압축비는 얼마인가?

㉮ 약 1.52 ㉯ 약 1.87
㉰ 약 2.16 ㉱ 약 2.54

풀이 압축비 $= \dfrac{V_1}{V_2}$

여기서 V_1 : 압축 전의 부피
 : 압축 후의 부피

$V_1 = 1톤 \times \dfrac{1}{0.43톤/m^3} = 2.3256 m^3$

$V_2 = 1톤 \times \dfrac{1}{0.93톤/m^3} = 1.0753 m^3$

따라서 압축비 $= \dfrac{V_1}{V_2} = \dfrac{2.3256 m^3}{1.0753 m^3} = 2.16$

06 쓰레기 발생량 조사방법 중 물질수지법에 대한 내용으로 거리가 먼 것은?

㉮ 주로 산업폐기물 발생량을 추산할 때 이용된다.
㉯ 먼저 조사하고자 하는 계의 경계를 정확하게 설정한다.
㉰ 물질수지를 세울 수 있는 상세한 데이터가 있는 경우에 가능하다.
㉱ 모든 인자를 수식화하여 비교적 정확하며 비용이 저렴하다.

풀이 물질수지법은 시스템에 유입되는 쓰레기 양과 유출되는 쓰레기 양에 대해서 물질수지를 세워 발생되는 쓰레기의 양을 추정하는 방법으로 ㉱ 비용이 많이 들고 작업량이 많다.

정답 03 ㉯ 04 ㉱ 05 ㉰ 06 ㉱

07 물렁거리는 가벼운 물질로부터 딱딱한 물질을 선별하는데 이용되며, 경사진 컨베이어를 통해 폐기물을 주입시켜 회전하는 드럼 위에 떨어뜨려 분류하는 선별방식은 어느 것인가?

㉮ Stoners   ㉯ Jigs
㉰ Secators   ㉱ float Separator

풀이 ㉰ Secators 에 대한 설명이다.

> **Tip**
> **선별방식**
> ① 스토너(Stoners) : Pneumatic Table 이라고도 하며, 약간 경사진판에 진동을 줄 때 무거운 것이 빨리 판의 경사면 위로 올라가는 원리를 이용하는 방법
> ② 테이블(Table) 선별법 : 각 물질의 비중차를 이용하는 방법으로 약간 경사진 평판에 폐기물을 올려놓고 좌우로 빠른 진동과 느린 진동을 주면 가벼운 입자는 빠른 진동 쪽으로, 무거운 입자는 느린 진동쪽으로 분류되는 방법

08 함수율이 각각 90%, 70%인 하수슬러지를 무게비 3 : 1로 혼합하였다면 혼합 하수 슬러지의 함수율(%)은 얼마인가? (단, 하수 슬러지 비중은 1.0 기준이다.)

㉮ 81   ㉯ 83
㉰ 85   ㉱ 87

풀이 함수율(%) $= \dfrac{(90\% \times 3)+(70\% \times 1)}{(3+1)} = 85\%$

09 무게 100톤, 밀도 700kg/m³인 폐기물을 밀도 1200kg/m³로 압축 하였을때 부피 감소율 (%)은 얼마인가?

㉮ 41.7%   ㉯ 45.5%
㉰ 51.3%   ㉱ 53.8%

풀이 부피감소율(%) $= \left(1 - \dfrac{V_2}{V_1}\right) \times 100$

여기서 V_1 : 압축 전의 부피(m³)
V_2 : 압축 후의 부피(m³)

$V_1 = 100 \mathrm{ton} \times \dfrac{1}{0.70 \mathrm{ton/m^3}} = 142.857 \mathrm{m^3}$

$V_2 = 100 \mathrm{ton} \times \dfrac{1}{1.2 \mathrm{ton/m^3}} = 83.333 \mathrm{m^3}$

따라서 부피감소율(%) $= \left(1 - \dfrac{V_2}{V_1}\right) \times 100$
$= \left(1 - \dfrac{83.333 \mathrm{m^3}}{142.857 \mathrm{m^3}}\right)$
$= 41.67\%$

10 폐기물 파쇄시 적용하는 힘으로 틀린 것은 어느 것인가?

㉮ 충격력   ㉯ 압축력
㉰ 인장력   ㉱ 전단력

풀이 폐기물 파쇄시 적용하는 힘에는 충격력, 압축력, 전단력이 있다.

정답 07 ㉰ 08 ㉰ 09 ㉮ 10 ㉰

11 다음 중 쓰레기 발생량을 조사방법으로 틀린 것은?

㉮ 물질수지법(material balance method)
㉯ 적재차량 계수분석법(load count analysis)
㉰ 수거트럭 수지법(collection truck balance method)
㉱ 직접계근법(direct weighting method)

쓰레기 발생량 조사방법에는 물질수지법, 직접계근법, 적재차량계수법이 있다.

Tip
쓰레기 발생량 조사방법
(1) 물질수지법(material balance method)
 ① 시스템에 유입되는 쓰레기 양과 유출되는 쓰레기 양에 대해서 물질수지를 세워 발생되는 쓰레기의 양을 추정하는 방법이다.
 ② 물질수지를 세울 수 있는 상세한 데이터가 있는 경우에 가능하다.
 ③ 우선적으로 조사하고자 하는 계의 경계를 정확하게 설정하여야 한다.
 ④ 주로 산업폐기물의 발생량 추산에 이용된다.
 ⑤ 비용이 많이 들고 작업량이 많아 널리 이용되지 않는다.
(2) 직접계근법(direct weighting method)
 ① 국내 대형소각장 및 위생매립장에 반입되는 쓰레기의 양을 주로 측정하는데 이용
 ② 비교적 정확한 발생량을 파악할 수 있다.
 ③ 작업량이 많고 번거로운 폐기물의 발생량 조사방법이다.
(3) 적재차량계수법(load count analysis)
 일정기간동안 특정지역의 쓰레기 수거차량의 댓수를 조사하여 이 값에 폐기물의 겉보기 비중을 보정하여 중량으로 환산하여 폐기물의 발생량을 조사하는 방법

12 인구가 6,000,000명이 사는 어느 도시에서 1년에 3,000,000 ton의 폐기물이 발생된다. 이 폐기물을 4,500명의 인부가 수거할 때 MHT는 얼마인가? (단, 수거인부의 1일 작업시간은 8시간이고, 1년 작업일수는 300일이다.)

㉮ 2.3 ㉯ 3.6
㉰ 4.7 ㉱ 8.8

$$\text{man} \cdot \text{hr/ton} = \frac{\text{수거인부수} \times \text{작업시간}}{\text{폐기물 수거실적}}$$
$$= \frac{4{,}500\text{명} \times 8\text{hr/day} \times 300\text{day/일}}{3{,}000{,}000\text{ton/년}}$$
$$= 3.6\,\text{MHT}$$

Tip
① MHT : 1ton의 쓰레기를 수거하는데 수거인부 1인이 소요하는 총 시간
② MHT = man · hr/ton

13 어떤 쓰레기의 입도를 분석하였더니 입도누적곡선상의 10%(D_{10}), 30%(D_{30}), 60%(D_{60}), 90%(D_{90})의 입경이 각각 2, 6, 15, 25mm 일때 곡률계수를 구하면 얼마인가?

㉮ 1.5 ㉯ 7.5
㉰ 2.0 ㉱ 1.2

$$\text{곡률계수} = \frac{(D_{30\%})^2}{(D_{10\%} \times D_{60\%})}$$
$$= \frac{(6\text{mm})^2}{(2\text{mm} \times 15\text{mm})} = 1.2$$

Tip
① 유효입경 = $D_{10\%}$ = 2mm
② 균등계수 = $\dfrac{D_{60\%}}{D_{10\%}} = \dfrac{15\text{mm}}{2\text{mm}} = 7.5$

14 쓰레기 수송 방법 중 Pipe line 수송에 대한 내용으로 거리가 먼 것은?

㉮ 가설 후에도 경로변경이 용이하다.
㉯ 쓰레기 발생밀도가 높은 곳에서 현실성이 있다.
㉰ 수거차량에 의한 도심지 교통량 증가가 없다.
㉱ 대형폐기물의 경우 압축 또는 파쇄를 하여야 한다.

풀이 ㉮ 가설 후에는 경로변경이 용이하지 못하다.

> **Tip**
> **파이프라인(Pipe-line) 방식**
> (1) 장점
> ① 자동화, 무공해화, 안전화가 가능하다.
> ② 쓰레기가 눈에 띄지 않는다.
> ③ 분진, 악취, 소음, 진동 등의 문제가 없다.
> ④ 수거차량에 의한 도심지 교통량 증가가 없다.
> (2) 단점
> ① 쓰레기 발생빈도가 높아야 현실성이 있다.
> ② 조대(대형)쓰레기는 파쇄, 압축 등의 전처리를 해야 한다.
> ③ 잘못 투입된 물건은 회수하기가 곤란하다.
> ④ 장거리 이용이 곤란하다.
> ⑤ 가설 후 경로(Route) 변경이 곤란하고 설치비가 막대하다.
> ⑥ 유지관리, 수송능력 등의 문제를 고려할 때 초기 투자비가 높다.
> ⑦ 고도의 시스템 신뢰성이 필요하다.
> ⑧ 투입구를 이용한 범죄나 사고의 위험이 있다.
> ⑨ 사고발생시 시스템 전체가 마비되어 대체 시스템으로의 전환이 필요하다.
> ⑩ 약 2.5km 이내의 수송에 용이하다.

15 적환장에 대한 내용으로 가장 거리가 먼 것은?

㉮ 적환장은 폐기물 처분지가 멀리 위치할수록 필요성이 더 높다.
㉯ 고밀도 거주지역이 존재할수록 적환장의 필요성이 더 높다.
㉰ 공기를 이용한 관로수송시스템 방식을 이용할수록 적환장의 필요성이 더 높다.
㉱ 작은 용량의 수집차량을 사용할수록 적환장의 필요성이 더 높다.

풀이 ㉯ 저밀도 거주지역이 존재할수록 적환장의 필요성이 더 높다.

> **Tip**
> **적환장의 필요성**
> ① 폐기물 수집장소와 처분장소가 멀리 떨어져 있는 경우
> ② 소용량 수집차량이 사용되는 경우
> ③ 상업지역에서 폐기물 수집에 소형용기를 사용하는 경우
> ④ 불법투기와 다량의 어질러진 쓰레기들이 발생하는 경우
> ⑤ 슬러지 수송이나 공기수송 방식을 사용할 때
> ⑥ 저밀도 주거지역이 존재하는 경우
> ⑦ 작은 규모의 주택들이 밀집되어 있을 때

정답 14 ㉮ 15 ㉯

16 폐기물을 파쇄하여 매립할 경우 장점으로 가장 거리가 먼 것은?

㉮ 매립작업이 용이하고 압축장비가 없어도 매립작업만으로 고밀도 매립이 가능하다.
㉯ 곱게 파쇄하면 매립시 복토가 필요 없거나 복토요구량을 줄일 수 있다.
㉰ 폐기물 입자의 표면적이 증가되어 미생물작용이 촉진되므로 매립시 조기 안정화를 꾀할 수 있다.
㉱ 폐기물 밀도가 높아져 혐기성 조건을 신속히 조성할 수 있어 냄새가 방지된다.

 ㉱ 매립시 폐기물이 잘 섞이므로 냄새가 방지된다.

17 수분함량이 90%인 슬러지 100m³을 30m³으로 농축할때 농축된 슬러지의 함수율은 얼마인가? (단, 슬러지의 비중은 1.0 기준이다.)

㉮ 약 56% ㉯ 약 67%
㉰ 약 73% ㉱ 약 82%

 $V_1 \times (100 - P_1) = V_2 \times (100 - P_2)$
여기서 V_1 : 농축 전 슬러지량(m³)
P_1 : 농축 전 함수율(%)
V_2 : 농축 후 슬러지량(m³)
P_2 : 농축 후 함수율(%)
따라서 $100m^3 \times (100 - 90) = 30m^3 \times (100 - P_2)$
∴ $P_2 = 100 - \left\{ \dfrac{100m^3 \times (100 - 90)}{30m^3} \right\}$
   $= 66.67\%$

18 쓰레기 발생량 및 성상 변동에 대한 설명으로 가장 거리가 먼 것은?

㉮ 일반적으로 도시규모가 커질수록 쓰레기의 발생량이 증가한다.
㉯ 대체로 생활수준이 증가하면 쓰레기 발생량도 증가한다.
㉰ 일반적으로 수집빈도가 낮을수록 쓰레기 발생량이 증가한다.
㉱ 일반적으로 쓰레기통의 크기가 클수록 쓰레기 발생량이 증가한다.

㉰ 일반적으로 수집빈도가 높을수록 쓰레기 발생량이 증가한다.

Tip
폐기물 발생의 특징
① 대도시보다는 문화수준이 열악한 중소도시의 주변이 쓰레기를 더 적게 발생시킨다.
② 쓰레기발생량은 주방쓰레기양에 영향을 많이 받으므로 엥겔지수가 높은 서민층의 쓰레기가 부유층보다 적다.
③ 쓰레기를 자주 수거해 가면 쓰레기 발생이 증가한다.
④ 쓰레기통이 클수록 유효용적이 증가하며 발생량이 증가한다.
⑤ 재활용품의 회수 및 재이용률이 증가할수록 쓰레기 발생량은 감소한다.
⑥ 생활수준이 증가할수록 쓰레기의 종류는 다양화되고 발생량은 증가한다.
⑦ 쓰레기의 성분은 계절에 영향을 받는다.
⑧ 쓰레기 관련법규는 쓰레기 발생량에 매우 중요한 영향을 미친다.
⑨ 부엌용 분쇄기를 사용할 경우 음식쓰레기 발생량이 제한적으로 감소한다.

정답 16 ㉱ 17 ㉯ 18 ㉰

19 수소 15.0%, 수분 0.4%인 중유의 고위 발열량이 12,000kcal/kg 일 때, 저위 발열량을 계산하면 얼마인가?

㉮ 11,188kcal/kg　㉯ 11,253kcal/kg
㉰ 11,324kcal/kg　㉱ 11,496kcal/kg

$Hl = Hh - 600(9H + W)(\text{kcal/kg})$
여기서　Hl : 저위 발열량(kcal/kg)
　　　　Hh : 고위 발열량(kcal/kg)
　　　　H : 수소의 함량
　　　　W : 수분의 함량
따라서　Hl = 12,000kcal/kg - 600×(9×0.15+0.004)
　　　　 = 11,187.6kcal/kg

20 500세대 2500명이 생활하는 아파트에서 배출되는 쓰레기를 4일마다 수거하는데 적재용량 8.0m³의 트럭 5대가 소요된다. 쓰레기의 용적당 중량이 400 kg/m³이라면 1인 1일당 쓰레기 배출량은 얼마인가?

㉮ 1.2kg/인·day　㉯ 1.6kg/인·day
㉰ 2.1kg/인·day　㉱ 2.8kg/인·day

 쓰레기 배출량(kg/인·day)
$= \dfrac{\text{쓰레기 수거량}}{\text{인구수}}$
$= \dfrac{8.0\text{m}^3/\text{대} \times 5\text{대} \times 400\text{kg/m}^3}{2500\text{인} \times 4\text{day}}$
$= 1.6\text{kg/인·day}$

① 체적(m³) = 중량(kg) × $\dfrac{1}{\text{밀도(kg/m}^3\text{)}}$
② 중량(kg) = 체적(m³)×밀도(kg/m³)

제2과목　폐기물처리기술

21 유동층 소각로의 장점으로 틀린 것은?

㉮ 기계적 구동부분이 적어 고장률이 낮다.
㉯ 가스의 온도가 낮고 과잉공기량이 적다.
㉰ 로내의 온도의 자동제어와 열회수가 용이하다.
㉱ 열용량이 커서 파쇄 등 전처리가 필요 없다.

 ㉱ 로내로 투입전 파쇄 등의 전처리가 필요하다.

Tip
유동층 소각로
(1) 장점
① 기계적 구동부분이 적어 고장률이 낮다.
② 가스의 온도가 낮고 과잉공기량이 적다.
③ 로내의 온도의 자동제어와 열회수가 용이하다.
④ 반응시간이 빨라 소각시간이 짧다.
⑤ 유동매체의 축열량이 높아 단기간 정지후 가동시에 보조연료 사용 없이 정상 가동이 가능하다.
⑥ 연소효율이 높아 미연소분의 배출이 적고 2차연소실이 필요 없다.
(2) 단점
① 로내로 투입전 파쇄 등의 전처리가 필요하다.
② 상(床)으로부터 찌꺼기 분리가 어렵다.

정답　19 ㉮　20 ㉯　21 ㉱

22 어느 도시의 분뇨 농도는 TS가 6%이고, TS의 65%가 VS이다. 이 분뇨를 혐기성 소화 처리를 한다면 분뇨 10m³당 발생하는 CH₄가스의 양(m³)은 얼마인가? (단, 비중은 1.0으로 가정하고, 분뇨의 VS 1kg당 0.4m³의 CH₄가스 발생한다.)

㉮ 122m³ ㉯ 131m³
㉰ 142m³ ㉱ 156m³

 CH₄ 가스의 발생량
= 분뇨량(m³)×고형물량×휘발성고형물량×CH₄ 가스발생량(m³/kg)×분뇨의 비중량(kg/m³)
= 10m³×0.06×0.65×0.4m³/kg×1000kg/m³
= 156m³

Tip
① 비중(g/cm³)×10³ = 비중량(kg/m³)
② 분뇨의 비중이 1.0이므로 비중량은 1000kg/m³

23 인공 복토재의 조건으로 틀린 것은?

㉮ 투수계수가 높아야 한다.
㉯ 연소가 잘 되지 않아야 한다.
㉰ 생분해가 가능하여야 한다.
㉱ 살포가 용이해야 한다.

 ㉮ 투수계수가 낮아야 한다.

Tip
인공복토재의 조건
① 투수계수가 낮아야 한다.
② 연소가 잘되지 않아야 한다.
③ 생분해가 가능하여야 한다.
④ 살포가 용이해야 한다.
⑤ 미관상 좋아야 한다.
⑥ 매립지 공간을 절약할 수 있어야 한다.
⑦ 위생문제를 해결하여야 한다.

24 분뇨를 혐기성 소화 처리할 때 발생하는 CH₄ gas의 부피는 분뇨투입량의 약 8배라고 한다. 1일에 분뇨 600kL씩을 처리하는 소화시설에서 발생하는 CH₄ 가스를 에너지원으로 하여 24시간 균등 연소시킬 때 얻을 수 있는 시간당 열량은 얼마인가? (단, CH₄가스의 발열량은 6000kcal/m³)

㉮ $1.0×10^5$kcal/hr ㉯ $1.2×10^6$kcal/hr
㉰ $1.6×10^7$kcal/hr ㉱ $1.8×10^8$kcal/hr

 열량(kcal/hr)
= 분뇨량(m³/day)×1day/24hr×CH₄발열량(kcal/m³)×8배
= 600m³/day×1day/24hr×6,000kcal/m³×8배
= $1.2×10^6$kcal/hr

Tip
① KL = m³
② 600KL/day = 600m³/day

25 전기집진장치의 장점으로 틀린 것은?

㉮ 집진효율이 높다.
㉯ 설치시 소요 부지면적이 작다.
㉰ 운전비, 유지비가 적게 소요된다.
㉱ 압력손실이 적고 대량의 분진함유가스를 처리할 수 있다.

 ㉯ 설치시 소요 부지면적이 크다.

정답 22 ㉱ 23 ㉮ 24 ㉯ 25 ㉯

26 K 도시의 인구가 10,000명이고 분뇨발생량은 1.1L/인·일이며 수거율은 60%이다. 이 수거분뇨를 혐기성 소화조로 처리할 때 필요한 소화조의 용량(m^3/조)은 얼마인가? (단, 소화조는 크기가 같은 4조로 하며, 소화일수는 30일 기준이다.)

㉮ 약 30m^3/조 ㉯ 약 50m^3/조
㉰ 약 70m^3/조 ㉱ 약 90m^3/조

【풀이】 소화조의 용량(m^3/조)

= 분뇨발생량(L/인·일)×$10^{-3}m^3$/L × $\dfrac{수거율(\%)}{100}$

×인구수×소화일수× $\dfrac{1}{소화조\ 수}$

= 1.1L/인·일× $10^{-3}m^3$/L×0.60×10,000명×30일

× $\dfrac{1}{4조}$

= 49.5m^3/조

27 폐기물의 열분해에 대한 내용으로 가장 거리가 먼 것은?

㉮ 폐기물을 산소의 공급 없이 가열하여 가스, 액체, 고체의 3성분으로 분리한다.
㉯ 고도의 발열반응으로 폐열회수가 가능하다.
㉰ 고온 열분해에서 1700℃까지 온도를 올리면 생산되는 모든 재는 slag로 배출된다.
㉱ 열분해에서 일반적으로 저온이라 함은 500~900℃, 고온은 1,100~1,500℃를 말한다.

【풀이】 ㉯ 흡열반응이다.

28 프로판(C_3H_8) 5Sm^3이 완전연소 할때 필요한 이론공기량(Sm^3)은 얼마인가?

㉮ 94Sm^3 ㉯ 106Sm^3
㉰ 119Sm^3 ㉱ 124Sm^3

【풀이】 ① $C_3H_8 + 5O_2 \rightarrow 3CO_2 + 4H_2O$
22.4Sm^3 : 5×22.4Sm^3
5Sm^3 : 이론산소량(Sm^3)

∴ 이론산소량 = $\dfrac{5 \times 22.4Sm^3 \times 5Sm^3}{22.4Sm^3}$

= 25Sm^3

② 이론공기량(Sm^3) = $\dfrac{이론산소량(Sm^3)}{0.21}$

= $\dfrac{25Sm^3}{0.21}$ = 119.05Sm^3

> **Tip**
> ① 체적(Sm^3) = 계수×22.4(Sm^3)
> ② 중량(kg) = 계수×분자량(kg)

29 가로 1.2m, 세로 2.0m, 높이 12m의 연소실에서 저위발열량 10,000kcal/kg의 중유를 1시간에 100kg 연소한다면 연소실 열발생률(kcal/m^3·h)은 얼마인가?

㉮ 약 20,000kcal/m^3·h
㉯ 약 25,000kcal/m^3·h
㉰ 약 30,000kcal/m^3·h
㉱ 약 35,000kcal/m^3·h

【풀이】 열발생율(kcal/m^3·h)

= $\dfrac{저위발열량(kcal/kg) \times 중유량(kg/hr)}{가로 \times 세로 \times 높이(m^3)}$

= $\dfrac{10,000kcal/kg \times 100kg/hr}{1.2m \times 2.0m \times 12m}$

= 34,722.22kcal/kg

정답 26 ㉯ 27 ㉯ 28 ㉰ 29 ㉱

30 CO 10kg을 완전 연소시킬 때 필요한 이론적 산소량은 얼마인가?

㉮ $4Sm^3$ ㉯ $6Sm^3$
㉰ $8Sm^3$ ㉱ $10Sm^3$

풀이) $CO + 0.5O_2 \rightarrow CO_2$
28kg : $0.5 \times 22.4 Sm^3$
10kg : O_o(이론적산소량)

∴ O_o(이론적 산소량) $= \dfrac{10kg \times 0.5 \times 22.4 Sm^3}{28kg}$
$= 4 Sm^3$

Tip
① 중량(kg) = 계수×분자량(kg)
② 체적(Sm^3) = 계수×22.4(Sm^3)
③ CO의 분자량(kg) = 12+16 = 28kg

31 공기를 이용하여 일산화탄소를 완전 연소시킬 때 건조가스 중 최대 탄산가스량(%)은 얼마인가? (단, 표준상태 기준이다.)

㉮ 21.6% ㉯ 27.7%
㉰ 31.2% ㉱ 34.7%

풀이) $CO_{2max}(\%) = \dfrac{CO_2량}{God} \times 100$

$CO + 0.5O_2 \rightarrow CO_2$

God(이론건연소가스량) = $(1-0.21)A_o + CO_2$량
$= (1-0.21) \times \dfrac{0.5}{0.21} + 1$
$= 2.881 Sm^3/Sm^3$

따라서 $CO_{2max}(\%) = \dfrac{1 Sm^3/Sm^3}{2.881 Sm^3/Sm^3} \times 100$
$= 34.71\%$

Tip
① Sm^3/Sm^3 = 부피비 = 개수비
② CO_2량 = $1 Sm^3/Sm^3$

32 유효공극율 0.2, 점토층 위의 침출수 수두 1.5m인 점토 차수층 1.0m를 통과하는데 10년이 걸렸다면 점토 차수층의 투수계수(cm/sec)는 얼마인가?

㉮ 1.54×10^{-8} cm/sec ㉯ 2.54×10^{-8} cm/sec
㉰ 3.54×10^{-8} cm/sec ㉱ 4.54×10^{-8} cm/sec

풀이)
① $t = \dfrac{d^2 \cdot n}{k(d+h)}$

여기서 t : 침출수가 점토층을 통과하는 시간(년)
d : 점토층의 두께(m)
n : 유효공극률
k : 투수계수(m/년)
h : 침출수 수두(m)

따라서 $k = \dfrac{d^2 \cdot n}{t(d+h)}$
$= \dfrac{(1.0m)^2 \times 0.2}{10년 \times (1.0m + 1.5m)}$
$= 0.008$ m/년

② k(cm/sec)
$= \dfrac{0.008m}{년} \Big| \dfrac{10^2 cm}{1m} \Big| \dfrac{1년}{365일} \Big| \dfrac{1일}{24hr} \Big| \dfrac{1hr}{3600sec}$
$= 2.54 \times 10^{-8}$ cm/sec

33 물리학적으로 분류된 토양수분인 흡습수에 대한 설명으로 가장 거리가 먼 것은?

㉮ 중력수 외부에 표면장력과 중력이 평형을 유지하며 존재하는 물을 말한다.
㉯ 흡습수는 pF 4.5 이상으로 강하게 흡착되어 있다.
㉰ 식물이 직접 이용할 수 없다.
㉱ 부식토에서의 흡습수의 양은 무게비로 70%에 달한다.

풀이) ㉮번의 설명은 모세관수에 대한 설명이다.

 30 ㉮ 31 ㉱ 32 ㉯ 33 ㉮

34 합성차수막의 종류 중에서 CR의 장단점으로 거리가 먼 것은?

㉮ 대부분의 화학물질에 대한 저항성이 높다.
㉯ 마모 및 기계적 충격에 강하다.
㉰ 접합이 용이하다.
㉱ 가격이 비싸다.

풀이) ㉰ 접합이 용이하지 못하다.

35 매립후 경과기간에 따른 가스 구성성분의 변화단계 중 CH_4와 CO_2의 함량이 거의 일정한 정상상태의 단계로 가장 적당한 단계는 어느 것인가?

㉮ Ⅰ단계 - 호기성단계(초기조절단계)
㉯ Ⅱ단계 - 혐기성단계(전이단계)
㉰ Ⅲ단계 - 혐기성단계(산형성단계)
㉱ Ⅳ단계 - 혐기성단계(메탄발효단계)

풀이) Ⅳ구역(정상적인 혐기단계)는 정상적인 혐기단계로 CH_4와 CO_2의 함량이 거의 일정하다.(CH_4 55%, CO_2 45%로 구성)

36 탄소 85%, 수소 13%, 황 2%으로 조성된 중유를 연소할때 필요한 이론공기량(Sm^3/kg)은 얼마인가?

㉮ 9.1Sm^3/kg ㉯ 11.1Sm^3/kg
㉰ 13.1Sm^3/kg ㉱ 15.1Sm^3/kg

풀이) 이론공기량(A_o)
= 8.89C+26.67$\left(H-\dfrac{O}{8}\right)$+3.33S($Sm^3/kg$)
= 8.89×0.85+26.67×0.13+3.33×0.02
= 11.09Sm^3/kg

연료에 따른 이론공기량(A_o) 공식을 숙지할 것

37 시멘트 고형화법 중 시멘트 기초법에 대한 내용으로 가장 거리가 먼 것은?

㉮ 다양한 폐기물을 처리할 수 있다.
㉯ 폐기물의 건조 또는 탈수가 필요하다.
㉰ 고형화된 시료의 표면적/부피비를 감소시키거나 투수성을 감소시키는 것이 중요하다.
㉱ 사용되는 시멘트의 양을 조절함으로써 폐기물 콘크리트의 강도를 높일 수 있다.

풀이) ㉯ 폐기물의 건조 또는 탈수가 필요없다.

Tip
시멘트 기초법
(1) 장점
① 다양한 폐기물을 처리할 수 있다.
② 폐기물의 건조 또는 탈수가 필요없다.
③ 고농도 중금속 폐기물에 적합하다.
④ 사용되는 시멘트의 양을 조절함으로써 폐기물 콘크리트의 강도를 높일 수 있다.
⑤ 가장 널리 사용되는 방법 중의 하나로 포틀랜드 시멘트를 이용한다.
⑥ 장치이용이 쉽고 고도의 기술이 필요치 않다.
⑦ 중금속이온이 불용성의 수산화물이나 탄산염으로 침전된다.
⑧ 가격이 싸다.
⑨ 석회-포졸란 화학반응이 간단하고 용이하다.
(2) 단점
① 고형화된 시료의 $\dfrac{표면적}{부피}$ 비를 감소시키거나 투수성을 감소시키는 것이 중요하다.
② 낮은 pH에서 폐기물 성분의 용출가능성이 있다.

38 1차 반응속도에서 반감기(농도가 50% 줄어드는 시간)가 10분이다. 초기농도의 75%가 줄어드는데 걸리는 시간(분)은 얼마인가?

㉮ 30분 ㉯ 25분
㉰ 20분 ㉱ 15분

풀이
① 반감기 반응식
$\ln\frac{1}{2} = -k \times t$
여기서 k : 상수, t : 시간
따라서 $\ln\frac{1}{2} = -k \times 10\min$
$\therefore k = \frac{\ln\frac{1}{2}}{-10\min} = 0.0693/\min$

② 1차 반응식
$\ln\frac{C_t}{C_o} = -k \times t$
여기서 C_o : 초기농도
C_t : t시간 후 농도
k : 상수
t : 시간
따라서 $\ln\frac{25}{100} = -0.0693/\min \times t$
$\therefore t = \frac{\ln\frac{25}{100}}{-0.0693/\min} = 20.0\min$

Tip
$C_t = 100\% - 75\% = 25\%$

39 쓰레기를 소각 처리하고자 한다. 중량분율로 탄소성분이 11%, 수소 3%, 산소 13% 이고, 기타성분(불연소분)이 73%일 때 소각로에 공급해야 할 실제 공기량(Nm³/kg)은 얼마인가? (단, 공기 과잉계수(m)은 1.5이다.)

㉮ 약 1.5Nm³/kg ㉯ 약 2.0Nm³/kg
㉰ 약 2.5Nm³/kg ㉱ 약 3.0Nm³/kg

풀이
실제 공급 공기량(Nm³/kg)
= 공기비(m)×이론공기량(Nm³/kg)
이론공기량(A_o)
= $8.89C + 26.67\left(H - \frac{O}{8}\right) + 3.33S$(Nm³/kg)
= $8.89 \times 0.11 + 26.67 \times \left(0.03 - \frac{0.13}{8}\right)$
= 1.3446Nm³/kg
따라서 실제공급공기량 = 1.5×1.3446Nm³/kg
= 2.02Nm³/kg

Tip
① Nm³ = Sm³ = 표준상태(0℃, 760mmHg)
② 과잉공기계수(m) = 공기비(m)

40 인구 200,000명인 어느 도시에 매립지를 조성하고자 한다. 1인 1일 쓰레기 발생량은 1.3kg 이고 쓰레기 밀도는 0.5t/m³이며 이 쓰레기를 압축하면 그 용적이 2/3로 줄어든다. 압축한 쓰레기를 매립할 경우, 년간 필요한 매립면적(m²)은 얼마인가? (단, 매립지 깊이는 2m, 기타 조건은 고려하지 않는다.)

㉮ 약 42500m² ㉯ 약 51800m²
㉰ 약 63300m² ㉱ 약 76200m²

풀이
매립면적(m²/년)
= $\frac{쓰레기 발생량(kg/년)}{쓰레기밀도(kg/m^3) \times 매립지 깊이(m)} \times (1 - 용적감소율)$
= $\frac{1.3kg/인 \cdot 일 \times 200{,}000인 \times 365일/년}{500kg/m^3 \times 2m} \times \left(1 - \frac{1}{3}\right)$
= 63,266.67m²/년

정답 38 ㉰ 39 ㉯ 40 ㉰

제3과목 폐기물 공정시험기준

41 폐기물공정시험기준에 규정된 시료의 축소방법으로 틀린 것은?

㉮ 원추이분법 ㉯ 원추사분법
㉰ 교호삽법   ㉱ 구획법

[풀이] 시료의 축소방법에는 구획법, 교호삽법, 원추4분법이 있다.

42 수은을 원자흡수분광광도법으로 측정할 때 벤젠, 아세톤 등 휘발성 유기물질의 간섭을 제어하기 위해 사용하는 시약은 어느 것인가?

㉮ 과망간산칼륨
㉯ 염산하이드록실아민
㉰ 티오황산나트륨
㉱ 묽은 황산

Tip
간섭물질
① 시료 중 염화물이온이 다량 함유된 경우에는 산화조작 시 유리염소를 발생하여 253.7nm에서 흡광도를 나타낸다. 이때에는 염산하이드록실아민용액을 과잉으로 넣어 유리염소를 환원시키고 용기 중에 잔류하는 염소는 질소가스를 통기시켜 축출한다.
② 벤젠, 아세톤 등 휘발성 유기물질도 253.7nm에서 흡광도를 나타낸다. 이때에는 과망간산칼륨 분해 후 헥산으로 이들 물질을 추출 분리한다.

43 5톤 이상의 운반차량에 적재된 폐기물은 평면상으로 몇 등분하여 시료를 채취하여야 하는가?

㉮ 4등분   ㉯ 6등분
㉰ 9등분   ㉱ 12등분

Tip
운반차량에 적재된 폐기물의 시료채취
① 5톤 미만의 차량에 적재된 경우되어 있을 때에는 적재폐기물을 평면상에서 6등분한 후 각 등분마다 시료를 채취한다.
② 5톤 이상의 차량에 적재되어 있을 때에는 적재폐기물을 평면상에서 9등분한 후 각 등분마다 시료를 채취한다.

44 다음 중 용어의 정의로 바르게 된 것은 어느 것인가?

㉮ 액상폐기물 : 고형물함량 5% 이하
㉯ 반고상폐기물 : 고형물함량 5% 이상 ~ 10% 이하
㉰ 반고상폐기물 : 고형물함량 5% 이상 ~ 15% 이하
㉱ 고상폐기물 : 고형물함량 15% 이상

Tip
폐기물 용어의 정의
① 액상폐기물 : 고형물의 함량이 5% 미만
② 반고상폐기물 : 고형물의 함량이 5% 이상 15% 미만
③ 고상폐기물 : 고형물의 함량이 15% 이상

정답 41 ㉮ 42 ㉮ 43 ㉰ 44 ㉱

45 정량한계 산정식으로 바르게 된 것은 어느 것인가?

㉮ 정량한계 = 3.3×표준편차
㉯ 정량한계 = 5×표준편차
㉰ 정량한계 = 10×표준편차
㉱ 정량한계 = 15×표준편차

풀이 정량한계 = 10×표준편차이다.

46 기체크로마토그래피를 적용한 유기인 분석에 대한 설명으로 가장 거리가 먼 것은?

㉮ 기체크로마토그래프로 분리한 다음 질소인 검출기로 분석한다.
㉯ 기체크로마토그래프로 분리한 다음 불꽃광도 검출기로 분석한다.
㉰ 정량한계는 사용하는 장치 및 측정조건에 따라 다르나 각 성분당 0.0005mg/L이다.
㉱ 시료채취는 유리병을 사용하며 염산으로 pH 2 이하로 시료를 보전한다.

풀이 ㉱ 시료채취는 유리병을 사용하며 채취 전에 시료로서 세척하지 말아야 하며, 모든 시료는 시료채취 후 추출하기 전까지 4℃ 냉암소에서 보관하고 7일 이내에 추출하고 40일 이내에 분석한다.

47 다음의 용출시험방법에 대한 설명으로 바르게 된 것은?

㉮ 시료용액은 시료의 조제방법에 따라 조제한 시료 100g 이상을 정확히 달아 정제수에 염산을 넣어 pH 4.5~5.8으로 한 용매(mL)를 시료 : 용매 = 1 : 10 (W/V)의 비로 1L 플라스크에 넣어 혼합한다.
㉯ 시료용액을 상온, 상압에서 진탕회수가 매 분당 약 200회, 진폭이 4~5cm의 진탕기를 사용하여 6시간 연속 진탕한 다음 0.1 μm의 유리섬유여과지로 여과한 것을 용출시험용 시료용액으로 한다.
㉰ 여과가 어려운 경우에는 원심분리기를 사용하여 분당 3,000회전 이상으로 20분 원심 분리한 다음 상징액을 적당량 취하여 용출시험용 시료용액으로 한다.
㉱ 시료중의 수분함량 보정을 위해 함수율 95%이상인 시료에 한하여 "5/(100-D)"를 곱하여 계산된 값으로 한다.(여기서 D는 시료의 함수율(%)이다.)

풀이 ㉮ 시료용액은 시료의 조제방법에 따라 조제한 시료 100g 이상을 정확히 달아 정제수에 염산을 넣어 pH 5.8~6.3으로 한 용매(mL)를 시료 : 용매 = 1 : 10(W/V)의 비로 2L 플라스크에 넣어 혼합한다.
㉯ 시료용액을 상온, 상압에서 진탕회수가 매 분당 약 200회, 진폭이 4~5cm의 진탕기를 사용하여 6시간 연속 진탕한 다음 1.0 μm의 유리섬유여과지로 여과한 것을 용출시험용 시료용액으로 한다.
㉱ 시료중의 수분함량 보정을 위해 함수율 85%이상인 시료에 한하여 "15/(100-D)"를 곱하여 계산된 값으로 한다.(여기서 D는 시료의 함수율(%)이다.)

정답 45 ㉰ 46 ㉱ 47 ㉰

48 자외선 가시선 분광법으로 6가 크롬을 측정할 때 흡수셀 세척시 사용되는 시약으로 틀린 것은 어느 것인가?

㉮ 탄산나트륨 ㉯ 질산
㉰ 과망간산칼륨 ㉱ 에틸알코올

> **Tip**
> **흡수셀의 세척방법**
> ① 탄산나트륨용액(2 W/V %)에 소량의 음이온계면활성제를 가한 용액에 흡수셀을 담가 놓고 필요하면 40~50℃로 약 10분간 가열한다.
> ② 흡수셀을 꺼내 정제수로 씻은 후 질산(1 + 5)에 소량의 과산화수소를 가한 용액에 약 30분간 담가 놓았다가 꺼내어 정제수로 잘 씻는다. 깨끗한 가제나 흡수지 위에 거꾸로 놓아 물기를 제거하고 실리카겔을 넣은 데시케이터 중에서 건조하여 보존한다.
> ③ 급히 사용하고자 할 때는 물기를 제거한 후 에틸알코올로 씻고 다시 에틸에테르로 씻은 다음 드라이어로 건조해서 사용한다.

49 수소이온농도를 측정할 때 사용하는 표준액 중 pH 값이 가장 낮은 것은? (단, 0℃ 기준)

㉮ 붕산염 표준액 ㉯ 인산염 표준액
㉰ 프탈산염 표준액 ㉱ 수산염 표준액

풀이 표준액의 pH 값 순서
수산염표준액 < 프탈산염표준액 < 인산염표준액 < 붕산염표준액 < 탄산염표준액 < 수산화칼슘표준액 순서이다.

50 시료의 전처리를 위한 산분해법 중 유기물 함량이 비교적 높지 않고 금속의 수산화물, 산화물, 인산염 및 황화물을 함유하고 있는 시료에 적용하는 것은 어느 것인가?

㉮ 질산 - 황산 분해법
㉯ 질산 - 염산 분해법
㉰ 질산 - 과염소산 분해법
㉱ 질산 분해법

>
> **산분해법**
> ① 질산 분해법 : 유기물 함량이 낮은 시료에 적용
> ② 질산-염산 분해법 : 유기물 함량이 비교적 높지 않고 금속의 수산화물, 산화물, 인산염 및 황화물을 함유하고 있는 시료에 적용
> ③ 질산-황산 분해법 : 유기물 등을 많이 함유하고 있는 대부분의 시료에 적용
> ④ 질산-과염소산 분해법 : 유기물을 높은 비율로 함유하고 있으면서 산화분해가 어려운 시료에 적용

51 폐기물 소각시설의 소각재 시료채취에 관한 내용이다. ( )안에 들어갈 내용으로 적당한 것은 어느 것인가? (단, 연속식 연소방식의 소각재 반출설비에서 시료채취)

> 야적더미에서 채취하는 경우는 야적더미를 ( )높이마다 각각의 층으로 나누고 각 층별로 적절한 지점에서 500g 이상의 시료를 채취한다.

㉮ 0.5m ㉯ 1.0m
㉰ 1.5m ㉱ 2.0m

 48 ㉰ 49 ㉱ 50 ㉯ 51 ㉱

52 기체크로마토그래피로 비함침성 고상 폐기물 중 폴리클로리네이티드비페닐(PCBs)를 검사할 때 비함침성 고상폐기물의 정량한계(부재 채취법)는 얼마인가?

㉮ 0.05mg/L ㉯ 0.005mg/kg
㉰ 0.01μg/10cm² ㉱ 0.01μg/100cm²

> **Tip**
> 폴리클로리네이티드비페닐(PCBs)
> -기체크로마토그래피 적용범위
> ① 용출용액 정량한계 : 0.0005mg/L
>   액상 폐기물의 정량한계 : 0.05mg/L
> ② 비함침성 고상 폐기물의 정량한계는 표면 채취법은 0.05μg/100cm², 부재 채취법은 0.005mg/kg

53 고형물함량이 50%, 수분함량이 50%, 강열감량이 95%인 폐기물의 경우 폐기물의 고형물 중 유기함량(%)은 얼마인가?

㉮ 60% ㉯ 70%
㉰ 80% ㉱ 90%

유기물 함량(%) = $\frac{휘발성\ 고형물(\%)}{고형물(\%)} \times 100$

휘발성 고형물(%) = 강열감량(%)-수분(%)
= 95%-50% = 45%

따라서 유기물 함량(%) = $\frac{45\%}{50\%} \times 100 = 90\%$

54 채취대상 폐기물 양과 최소 시료수에 대한 설명으로 잘못된 것은?

㉮ 대상 폐기물양이 300톤이면, 최소 시료수는 30 이다.
㉯ 대상 폐기물양이 1000톤이면, 최소 시료수는 40 이다.
㉰ 대상 폐기물양이 2500톤이면, 최소 시료수는 50 이다.
㉱ 대상 폐기물양이 5000톤이면, 최소 시료수는 60 이다.

 ㉯ 대상 폐기물양이 1000톤이면, 최소 시료수는 50 이다.

> **Tip**
> 대상폐기물의 양과 시료의 최소 수
>
> | 대상폐기물의 양 (단위 : ton) | 시료의 최소 수 | 대상폐기물의 양 (단위 : ton) | 시료의 최소 수 |
> |---|---|---|---|
> | ~1미만 | 6 | 100이상~500미만 | 30 |
> | 1이상~5미만 | 10 | 500이상~1000미만 | 36 |
> | 5이상~30미만 | 14 | 1000이상~5000미만 | 50 |
> | 30이상~100미만 | 20 | 5000이상 | 60 |

55 폐기물공정시험기준상 기름성분(중량법)의 정량한계는 얼마인가?

㉮ 0.05% 이하 ㉯ 0.1% 이하
㉰ 0.3% 이하 ㉱ 0.5% 이하

기름성분(중량법)의 정량한계는 0.1%이하 이다.

정답 52 ㉯ 53 ㉱ 54 ㉯ 55 ㉯

56 기체크로마토그래피로 휘발성 저급염소화 탄화수소류를 측정할 때 간섭물질에 대한 설명으로 가장 거리가 먼 것은?

㉮ 추출용매에서 분석성분의 머무름 시간에서 피크가 나타나는 간섭물질이 있을 수 있다.
㉯ 디클로로메탄과 같이 머무름 시간이 긴 화합물은 용매나 용질의 피크와 겹쳐 분석을 방해할 수 있다.
㉰ 플루오르화탄소나 디클로로메탄과 같은 휘발성 유기물은 보관이나 운반 중에 격막을 통해 시료 안으로 확산되어 시료를 오염시킬 수 있다.
㉱ 시료에 혼합표준액 일정량을 첨가하여 크로마토그램을 작성하고 미지의 다른 성분과 피크의 중복여부를 확인한다.

 ㉯ 디클로로메탄과 같이 머무름 시간이 짧은 화합물은 용매나 용질의 피크와 겹쳐 분석을 방해할 수 있다.

57 pH = 1인 폐산과 pH = 5인 폐산의 수소이온농도 차이는 몇 배가 되는가?

㉮ 4배   ㉯ 4백배
㉰ 만배   ㉱ 10만배

pH = 1 ⇒ $[H^+] = 10^{-1}$ mol/L
pH = 5 ⇒ $[H^+] = 10^{-5}$ mol/L
따라서 $\dfrac{10^{-1} \text{mol/L}}{10^{-5} \text{mol/L}} = 10,000$배

Tip
① pH = -log[H^+] ⇒ [H^+] = 10^{-pH} mol/L
② pOH = -log[OH^-] ⇒ [OH^-] = 10^{-pOH} mol/L

58 시안을 자외선 가시선 분광법으로 측정할 때 클로라민-T와 피리딘·피라졸론 혼합액을 넣어 나타나는 색으로 맞는 것은 어느 것인가?

㉮ 적색   ㉯ 황갈색
㉰ 적자색   ㉱ 청색

Tip
시안의 자외선 가시선 분광법
시료를 pH 2 이하의 산성으로 조절한 후에 에틸렌다이아민테트라아세트산이나트륨을 넣고 가열 증류하여 시안화합물을 시안화수소로 유출시켜 수산화나트륨용액에 포집한 다음 중화하고 클로라민-T와 피리딘·피라졸론 혼합액을 넣어 나타나는 청색을 620 nm에서 측정하는 방법이다.

59 자외선 가시선 분광법으로 구리를 측정할 때 황갈색 킬레이트 화합물을 추출하는 용액으로 사용되는 것은 어느 것인가?

㉮ 사염화탄소   ㉯ 아세트산부틸
㉰ 클로로폼   ㉱ 아세톤

Tip
구리의 자외선 가시선 분광법
폐기물 중에 구리를 자외선 가시선 분광법으로 측정하는 방법으로 시료 중에 구리이온이 알칼리성에서 다이에틸다이티오카르바민산나트륨과 반응하여 생성하는 황갈색의 킬레이트 화합물을 아세트산부틸로 추출하여 흡광도를 440nm에서 측정하는 방법이다.

정답 56 ㉯ 57 ㉰ 58 ㉱ 59 ㉯

60 폐기물공정시험기준의 총칙에 대한 내용으로 잘못된 것은 어느 것인가?

㉮ 정밀히 단다 : 규정된 수치의 무게를 0.1mg까지 다는 것을 말한다.
㉯ 밀봉용기 : 취급 또는 저장하는 동안에 기체 또는 미생물이 침입하지 아니하도록 내용물을 보호하는 용기를 말한다.
㉰ 방울수 : 20℃에서 정제수 20방울을 적하할 때 그 부피가 약 1mL 되는 것을 말한다.
㉱ 시험조작 중 즉시 : 30초 이내에 표시된 조작을 하는 것을 뜻한다.

풀이 ㉮ 정밀히 단다 : 규정된 양의 시료를 취하여 화학저울 또는 미량저울로 칭량한다.

제4과목 폐기물 관계법규

61 사업장폐기물을 폐기물처리업자에게 위탁하여 처리하려는 사업장폐기물배출자는 환경부장관이 고시하는 폐기물처리가격의 최저액보다 낮은 가격으로 폐기물처리를 위탁하여서는 아니 된다. 이를 위반하여 폐기 처리 가격의 최저액보다 낮은 가격으로 폐기물 처리를 위탁한 자에 대한 과태료 부과 기준으로 맞는 것은?

㉮ 1천만원 이하   ㉯ 5백만원 이하
㉰ 3백만원 이하   ㉱ 2백만원 이하

62 대통령령으로 정하는 폐기물처리시설을 설치, 운영하는 자는 그 처리시설에서 배출되는 오염물질을 측정하거나 환경부령으로 정하는 측정기관으로 하여금 측정하게 하고, 그 결과를 환경부장관에게 보고하여야 한다. 다음 중 환경부령으로 정하는 측정기관으로 틀린 것은?

㉮ 수도권매립지관리공사
㉯ 보건환경연구원
㉰ 국립환경과학원
㉱ 한국환경공단

> **Tip**
> 환경부령으로 정하는 오염물질의 측정기관
> ① 보건환경연구원
> ② 한국환경공단
> ③ 수질오염물질 측정대행업의 등록을 한 자
> ④ 수도권매립지관리공사
> ⑤ 그 밖에 국립환경과학원장이 정하여 고시하는 기관

63 폐기물 처리 공제조합에 대한 설명으로 가장 거리가 먼 것은?

㉮ 조합은 해당 자치단체장에게 설립신고를 함으로써 성립된다.
㉯ 조합은 조합원의 방치폐기물을 처리하기 위한 공제사업을 한다.
㉰ 조합은 법인으로 한다.
㉱ 조합의 조합원은 공제사업을 하는 데에 필요한 분담금을 조합에 내야 한다.

풀이 ㉮ 조합은 주된 사무소의 소재지에서 설립등기를 함으로써 성립한다.

정답 60 ㉮ 61 ㉰ 62 ㉰ 63 ㉮

64 폐기물처리기본계획에 포함되어야 하는 사항으로 틀린 것은?

㉮ 폐기물처리시설의 설치 현황과 향후 설치 계획
㉯ 폐기물의 감량화와 재활용 등 자원화에 관한 사항
㉰ 폐기물 관리 여건 및 전망
㉱ 재원의 확보 계획

[참고] 법규개정으로 문제 삭제

65 폐기물 처리시설 중 중간처분시설인 기계적 처분시설 기준으로 잘못된 것은?

㉮ 파쇄·분쇄시설(동력 7.5kW 이상인 시설로 한정한다.)
㉯ 압축시설(동력 7.5kW 이상인 시설로 한정한다.)
㉰ 절단시설(동력 7.5kW 이상인 시설로 한정한다.)
㉱ 증발·농축시설

[풀이] ㉮ 파쇄·분쇄시설(동력 15kW 이상인 시설로 한정한다.)

> **Tip**
> 기계적 처분시설
> ① 압축시설(동력 7.5kW 이상인 시설로 한정)
> ② 파쇄·분쇄 시설(동력 15kW 이상인 시설로 한정)
> ③ 절단시설(동력 7.5kW 이상인 시설로 한정)
> ④ 용융시설(동력 7.5kW 이상인 시설로 한정)
> ⑤ 증발·농축 시설
> ⑥ 정제시설(분리·증류·추출·여과 등의 시설을 이용하여 폐기물을 처분하는 단위시설을 포함)
> ⑦ 유수 분리시설
> ⑧ 탈수·건조 시설
> ⑨ 멸균분쇄 시설

66 다음은 폐기물처리업자(폐기물 재활용업자)의 준수사항에 관한 내용이다. ( ) 안에 들어갈 내용으로 적당한 것은?

> 유기성 오니를 화력발전소에서 연료로 사용하기 위해 가공하는 자는 유기성 오니 연료의 저위발열량, 수분함유량, 회분 함유량, 황분 함유량, 길이 및 금속성분을 ( )이상 측정하여 그 결과를 시도지사에게 제출하여야 한다.

㉮ 매 월 1회 이상
㉯ 매 2월 1회 이상
㉰ 매 분기당 1회 이상
㉱ 매 반기당 1회 이상

67 다음 중 폐기물처리업의 허가를 받을 수 없는 자에 대한 기준으로 잘못된 것은?

㉮ 미성년자
㉯ 파산선고를 받은 자로서 파산선고를 받은 날부터 5년이 지나지 아니한 자
㉰ 폐기물처리업의 허가가 취소된 자로서 그 허가가 취소된 날부터 10년이 지나지 아니한 자
㉱ 폐기물관리법을 위반하여 금고 이상의 형의 집행유예를 선고받고 그 집행유예 기간이 끝난 날부터 5년이 지나지 아니한 자

[풀이] ㉯ 파산선고를 받고 복권되지 아니한 자

정답 64 ㉰ 65 ㉮ 66 ㉰ 67 ㉯

68 폴리클로리네이티드비페닐 함유 폐기물의 지정폐기물 기준으로 맞는 것은?

㉮ 액체상태의 것 : 1리터당 0.5밀리그램 이상 함유한 것으로 한정한다.
㉯ 액체상태의 것 : 1리터당 1밀리그램 이상 함유한 것으로 한정한다.
㉰ 액체상태의 것 : 1리터당 2밀리그램 이상 함유한 것으로 한정한다.
㉱ 액체상태의 것 : 1리터당 5밀리그램 이상 함유한 것으로 한정한다.

> **Tip**
> **폴리클로리네이티드비페닐 함유 폐기물**
> ① 액체상태의 것(1리터당 2밀리그램 이상 함유한 것으로 한정)
> ② 액체상태 외의 것(용출액 1리터당 0.003 밀리그램 이상 함유한 것으로 한정)

69 법에서 사용하는 용어의 정의로 틀린 것은?

㉮ 폐기물감량화시설 : 생산 공정에서 발생하는 폐기물의 양을 줄이고, 사업장 내 재활용을 통하여 폐기물 배출을 최소화하는 시설로서 대통령령으로 정하는 시설을 말한다.
㉯ 처분 : 폐기물의 소각, 중화, 파쇄, 고형화 등의 중간처분과 매립하거나 해역으로 배출하는 등의 최종처분을 말한다.
㉰ 재활용 : 폐기물을 재사용, 재생이용할 수 있는 상태로 만드는 대통령령으로 정하는 활동을 말한다.
㉱ 처리 : 폐기물의 수집, 운반, 보관, 재활용, 처분을 말한다.

풀이) ㉰ 재활용 : 폐기물을 재사용·재생이용하거나 재사용·재생이용할 수 있는 상태로 만드는 활동을 말한다.

70 설치신고대상 폐기물처리시설 기준으로 맞는 것은?

㉮ 생물학적 처분시설 또는 재활용시설로서 1일 처분능력 또는 재활용 능력이 5톤 미만인 시설
㉯ 생물학적 처분시설 또는 재활용시설로서 1일 처분능력 또는 재활용 능력이 10톤 미만인 시설
㉰ 생물학적 처분시설 또는 재활용시설로서 1일 처분능력 또는 재활용 능력이 50톤 미만인 시설
㉱ 생물학적 처분시설 또는 재활용시설로서 1일 처분능력 또는 재활용 능력이 100톤 미만인 시설

> **Tip**
> **설치신고대상 폐기물처리시설 기준**
> ① 일반소각시설로서 1일 처분능력이 100톤(지정폐기물의 경우에는 10톤) 미만인 시설
> ② 고온소각시설·열분해시설·고온용융시설 또는 열처리조합시설로서 시간당 처분능력이 100킬로그램 미만인 시설
> ③ 기계적 처분시설 또는 재활용시설 중 증발·농축·정제 또는 유수분리시설로서 시간당 처분능력 또는 재활용능력이 125킬로그램 미만인 시설
> ④ 기계적 처분시설 또는 재활용시설 중 압축·압출·성형·주조·파쇄·분쇄·탈피·절단·용융·용해·연료화·소성(시멘트 소성로는 제외) 또는 탄화시설로서 1일 처분능력 또는 재활용능력이 100톤 미만인 시설
> ⑤ 기계적 처분시설 또는 재활용시설 중 탈수·건조시설, 멸균분쇄시설 및 화학적 처분시설 또는 재활용시설
> ⑥ 생물학적 처분시설 또는 재활용시설로서 1일 처분능력 또는 재활용 능력이 100톤 미만인 시설
> ⑦ 소각열회수시설로서 1일 재활용능력이 100톤 미만인 시설

정답 68 ㉰ 69 ㉰ 70 ㉱

71
관리형 매립시설에서 발생하는 침출수의 배출허용 기준 중 청정지역의 부유물질량에 대한 기준으로 맞는 것은?

㉮ 20mg/L   ㉯ 30mg/L
㉰ 40mg/L   ㉱ 50mg/L

> **Tip**
> 관리형 매립시설에서 발생하는 침출수의 배출허용 기준
>
> | 구분 | 생물화학적 산소요구량 (mg/L) | 화학적 산소요구량 (mg/L) | 부유물질량 (mg/L) |
> |---|---|---|---|
> | 청정지역 | 30 | 200 | 30 |
> | 가지역 | 50 | 300 | 50 |
> | 나지역 | 70 | 400 | 70 |

72
폐기물처리업의 업종 구분과 영업내용의 범위를 벗어나는 영업을 한 자에 대한 벌칙 기준으로 적당한 것은?

㉮ 5백만원 이하의 벌금에 처한다.
㉯ 1년 이하의 징역이나 5백만원 이하의 벌금에 처한다.
㉰ 2년 이하의 징역이나 2천만원 이하의 벌금에 처한다.
㉱ 3년 이하의 징역이나 3천만원 이하의 벌금에 처한다.

73
폐기물관리법에 적용되지 않는 물질에 대한 설명으로 잘못된 것은?

㉮ 원자력안전법에 따른 방사성물질과 이로 인하여 오염된 물질
㉯ 용기에 들어 있지 아니한 기체상태의 물질
㉰ 물환경보전법에 따른 하수, 분뇨
㉱ 군수품관리법에 따라 폐기되는 탄약

> **풀이** ㉰ 하수도법에 따른 하수, 분뇨

> **Tip**
> 폐기물관리법에 적용되지 않는 물질
> ① 원자력안전법에 따른 방사성 물질과 이로 인하여 오염된 물질
> ② 용기에 들어 있지 아니한 기체상태의 물질
> ③ 물환경보전법에 따른 수질 오염 방지시설에 유입되거나 공공 수역으로 배출되는 폐수
> ④ 가축분뇨의 관리 및 이용에 관한 법률에 따른 가축분뇨
> ⑤ 하수도법에 따른 하수·분뇨
> ⑥ 가축전염병예방법에 적용되는 가축의 사체, 오염 물건, 수입 금지 물건 및 검역 불합격품
> ⑦ 수산생물 질병관리법이 적용되는 수산동물의 사체, 오염된 시설 또는 물건, 수입 금지 물건 및 검역 불합격품
> ⑧ 군수품관리법에 따라 폐기되는 탄약

정답 71 ㉯ 72 ㉰ 73 ㉰

74 폐기물처리시설 주변지역의 영향조사 기준 중 조사지점에 대한 설명으로 틀린 것은?

㉮ 토양 조사지점은 4개소 이상으로 하고, 토양정밀조사의 방법에 따라 폐기물 매립 및 재활용 지역의 시료채취 지점의 표토와 심토에서 각각 시료를 채취해야 하며, 시료채취 지점의 지형 및 하부토양의 특성을 고려하여 시료를 채취해야 한다.
㉯ 악취 조사지점은 매립시설에 가장 인접한 주거지역에서 냄새가 가장 심한 곳으로 한다.
㉰ 미세먼지와 다이옥신 조사지점은 해당 시설에 인접한 주거지역 중 3개소 이상 지역의 일정한 곳으로 한다.
㉱ 지표수 조사지점은 해당 시설에 인접하여 폐수, 침출수 등이 흘러들거나 흘러들 것으로 우려되는 2개소 이상의 일정한 곳으로 한다.

㉱ 지표수 조사지점은 해당 시설에 인접하여 폐수, 침출수 등이 흘러들거나 흘러들 것으로 우려되는 1개소 이상의 일정한 곳으로 한다.

75 환경부령으로 정하는 폐기물처리시설의 설치를 마친 자는 환경부령으로 정하는 검사기관으로부터 검사를 받아야 한다. 폐기물처리시설이 멸균분쇄시설인 경우, 검사기관으로 틀린 것은?

㉮ 한국환경공단
㉯ 보건환경연구원
㉰ 한국산업기술시험원
㉱ 한국기계연구원

폐기물처리시설이 멸균분쇄시설인 경우 검사기관으로는 한국환경공단, 보건환경연구원, 한국산업기술시험원이 있다.

76 환경부령으로 정하는 음식물류 폐기물 배출자에 대한 기준으로 맞는 것은?

㉮ 집단급식소(사회복지시설의 집단급식소는 제외) 1일 최소 급식인원이 100명 이상인 집단급식소를 운영하는 자
㉯ 집단급식소(사회복지시설의 집단급식소는 제외) 1일 최소 급식인원이 200명 이상인 집단급식소를 운영하는 자
㉰ 집단급식소(사회복지시설의 집단급식소는 제외) 1일 평균 총 급식인원이 100명 이상인 집단급식소를 운영하는 자
㉱ 집단급식소(사회복지시설의 집단급식소는 제외) 1일 평균 총 급식인원이 200명 이상인 집단급식소를 운영하는 자

77 폐기물처리업의 시설, 장비, 기술능력 기준 중 생활폐기물 또는 사업장생활폐기물을 수집, 운반하는 경우에 갖추어야 할 장비로 틀린 것은?

㉮ 밀폐식 운반차량 1대 이상(적재능력합계 15세제곱미터)
㉯ 운반용 압축차량 또는 압착차량 1대 이상
㉰ 계량시설 1식 이상
㉱ 기계식 상차장치가 부착된 차량 1대 이상(특별시, 광역시에 한하되, 광역시의 경우 군지역은 제외)

참고 법규개정으로 문제 삭제

정답 74 ㉱ 75 ㉱ 76 ㉰ 77 ㉰

78 다음 중 위해의료폐기물인 손상성 폐기물로 틀린 것은?

㉮ 봉합바늘
㉯ 유리재질의 시험기구
㉰ 한방침
㉱ 수술용 칼날

> **Tip**
> **손상성폐기물**
> 주사바늘, 봉합바늘, 수술용 칼날, 한방침, 치과용침, 파손된 유리재질의 시험기구

79 기술관리인을 두어야 할 폐기물처리시설 기준으로 맞는 것은?

㉮ 용해로(폐기물에서 비철금속을 추출하는 경우는 제외한다.)로서 시간당 재활용능력이 200킬로그램 이상인 시설
㉯ 용해로(폐기물에서 비철금속을 추출하는 경우는 제외한다.)로서 시간당 재활용능력이 600킬로그램 이상인 시설
㉰ 용해로(폐기물에서 비철금속을 추출하는 경우로 한정한다.)로서 시간당 재활용능력이 200킬로그램 이상인 시설
㉱ 용해로(폐기물에서 비철금속을 추출하는 경우로 한정한다.)로서 시간당 재활용능력이 600킬로그램 이상인 시설

> **Tip**
> **기술관리인을 두어야 할 폐기물처리시설 중 대통령령으로 정하는 폐기물처리시설**
> (1) 매립시설의 경우
>   ① 지정폐기물을 매립하는 시설로서 면적이 3천 300제곱미터 이상인 시설
>   ② 지정폐기물 외의 폐기물을 매립하는 시설로서 면적이 1만 제곱미터 이상이거나 매립 용적이 3만 세제곱미터 이상인 시설
> (2) 소각시설로서 시간당 처분능력이 600킬로그램(의료폐기물을 대상으로 하는 소각시설의 경우에는 200킬로그램)이상인 시설
> (3) 압축·파쇄·분쇄 또는 절단시설로서 1일 처분능력 또는 재활용능력이 100톤 이상인 시설
> (4) 사료화·퇴비화 또는 연료화시설로서 1일 재활용능력이 5톤 이상인 시설
> (5) 멸균분쇄시설로서 시간당 처분능력이 100킬로그램 이상인 시설
> (6) 시멘트 소성로
> (7) 용해로(폐기물에서 비철금속을 추출하는 경우로 한정)로서 시간당 재활용능력이 600킬로그램 이상인 시설
> (8) 소각열회수시설로서 시간당 재활용능력이 600킬로그램 이상인 시설

80 주변지역에 대한 영향 조사를 하여야 하는 '대통령령으로 정하는 폐기물시설' 기준으로 잘못된 것은? (단, 폐기물처리업자가 설치, 운영인 경우 기준)

㉮ 시멘트 소성로(폐기물을 연료로 사용하는 경우는 제외한다.)
㉯ 매립면적 15만 제곱미터 이상의 사업장 일반폐기물 매립시설
㉰ 매립면적 1만 제곱미터 이상의 사업장 지정폐기물 매립시설
㉱ 1일 처리능력이 50톤 이상인 사업장폐기물 소각시설(같은 사업장에 여러개의 소각시설이 있는 경우에는 각 소각시설의 1일 처리능력의 합계가 50톤 이상인 경우를 말한다.)

풀이 ㉮ 시멘트 소성로(폐기물을 연료로 사용하는 경우로 한정한다.)

정답 78 ㉯ 79 ㉱ 80 ㉮

2013 제1회 폐기물처리산업기사
(2013년 3월 10일 시행)

제1과목 폐기물개론

01 폐기물의 초기함수율이 65%이었다. 이 폐기물의 노천 건조시킨 후의 함수율이 45%로 감소되었다면 증발된 물의 양(kg)은 얼마인가? (단, 초기폐기물의 무게 : 100kg 이고, 폐기물의 비중은 1.0 기준이다.)

㉮ 약 31.2kg   ㉯ 약 32.6kg
㉰ 약 34.5kg   ㉱ 약 36.4kg

풀이
① $W_1 \times (100 - P_1) = W_2 \times (100 - P_2)$
여기서 W_1 : 건조 전 폐기물 무게(kg)
P_1 : 건조 전 함수율(%)
W_2 : 건조 후 폐기물 무게(kg)
P_2 : 건조 후 함수율(%)
따라서 $100\text{kg} \times (100 - 65) = W_2 \times (100 - 45)$
∴ $W_2 = \dfrac{100\text{kg} \times (100-65)}{(100-45)} = 63.64\,\text{kg}$

② 수분의 증발량(kg) $= W_1 - W_2$
$= 100\text{kg} - 63.64\text{kg}$
$= 36.36\,\text{kg}$

02 부피 감소율을 90%로 하기 위한 압축비는 얼마인가?

㉮ 4   ㉯ 6
㉰ 8   ㉱ 10

풀이
압축비 $= \dfrac{100}{100 - \text{부피 감소율}(\%)}$
$= \dfrac{100}{100 - 90\%} = 10$

03 반경이 2.5m인 트롬멜 스크린의 임계속도(rpm)는 얼마인가?

㉮ 약 19rpm   ㉯ 약 27rpm
㉰ 약 32rpm   ㉱ 약 38rpm

풀이
$N_c = \sqrt{\dfrac{g}{4\pi^2 r}} \times 60$
여기서 N_c : 임계속도(rpm)
g : 중력가속도(9.8m/sec²)
r : 스크린 반경(m)
따라서 $N_c = \sqrt{\dfrac{9.8\text{m/sec}^2}{4 \times \pi^2 \times 2.5\text{m}}} \times 60 = 18.91\,\text{rpm}$

Tip
① rpm = 회/min
② rpm = 회/sec×60sec/min

정답 01 ㉱ 02 ㉱ 03 ㉮

04 인구 3만인 중소도시에서 쓰레기 발생량 100m³/day(밀도는 650kg/m³)를 적재중량 4ton 트럭으로 운반하려면 1일 소요될 트럭 운반대수는 어느 것인가? (단, 트럭의 1일 운반회수는 1회 기준이다.)

㉮ 11대 ㉯ 13대
㉰ 15대 ㉱ 17대

[풀이] 운반대수
$= \dfrac{\text{쓰레기 발생량}}{\text{적재중량}}$
$= \dfrac{100\text{m}^3/\text{day} \times 650\text{kg/m}^3 \times 10^{-3}\text{ton/kg}}{4\text{ton/대} \times 1\text{회}/1\text{일}}$
$= 17$대/회

05 3,600,000ton/year의 쓰레기를 5,500명의 인부가 수거하고 있다. 수거인부의 수거능력(MHT)은 얼마인가? (단, 수거인부의 1일 작업시간은 8시간, 1년 작업일수는 310일이다.)

㉮ 2.68 ㉯ 2.95
㉰ 3.35 ㉱ 3.79

[풀이] $\text{MHT} = \dfrac{\text{수거인부수} \times \text{작업시간}}{\text{쓰레기 수거실적}}$
$= \dfrac{5,500\text{인} \times 8\text{hr/day} \times 310\text{day/년}}{3,600,000\text{ton/년}}$
$= 3.79\,\text{MHT}$

Tip
① MHT = man·hr/ton
② MHT : 1ton의 쓰레기를 수거하는데 수거인부 1인이 소요되는 총시간
③ MHT가 클수록 수거효율이 낮다.

06 함수율 80%인 젖은 쓰레기와 함수율 20%인 마른 쓰레기를 중량비로 2 : 3으로 혼합하였다. 최종 함수율(%)은 얼마인가?

㉮ 32% ㉯ 44%
㉰ 56% ㉱ 68%

[풀이] 최종 함수율(%) $= \dfrac{80\% \times 2 + 20\% \times 3}{2 + 3} = 44\%$

07 어떤 쓰레기의 입도를 분석하였더니 입도누적 곡선상의 10%, 30%, 60%, 90%의 입경이 각각 2, 5, 10, 20mm 였다. 이 때 곡률계수는 얼마인가?

㉮ 2.75 ㉯ 2.25
㉰ 1.75 ㉱ 1.25

[풀이] 곡률계수 $= \dfrac{(D_{30\%})^2}{(D_{10\%} \times D_{60\%})}$
$= \dfrac{(5\text{mm})^2}{(2\text{mm} \times 10\text{mm})} = 1.25$

Tip
① 유효입경 $= D_{10\%}$ 이므로 유효입경은 2mm 이다.
② 균등계수 $= \dfrac{D_{60\%}}{D_{10\%}} = \dfrac{10\text{mm}}{2\text{mm}} = 5$

08 새로운 수집 수송 수단중 pipe line을 통한 수송방법으로 틀린 것은?

㉮ 콘테이너수송 ㉯ 공기수송
㉰ 슬러리수송   ㉱ 캡슐수송

[풀이] pipe line을 통한 수송방법에는 공기수송, 슬러리수송, 캡슐수송이 있다.

정답 04 ㉱ 05 ㉱ 06 ㉯ 07 ㉱ 08 ㉮

09 어느 도시의 1주일 쓰레기 수거상황이 다음과 같을 때 1인 1일 쓰레기 발생량(kg/인·일)은 얼마인가?

- 수거대상인구 : 160,000명
- 수거용적 : 4,300m³
- 적재시 밀도 : 480kg/m³

㉮ 0.43 ㉯ 1.84
㉰ 1.95 ㉱ 2.19

쓰레기 발생량(kg/인·일)
$= \dfrac{\text{쓰레기 수거량(kg/일)}}{\text{인구수(인)}}$
$= \dfrac{4300\text{m}^3/\text{주} \times 480\text{kg/m}^3 \times 1\text{주}/7\text{일}}{160,000\text{인}}$
$= 1.84 \text{kg/인·일}$

10 청소상태의 평가법 중 가로의 청소상태를 기준으로 하는 지역사회 효과지수를 나타내는 것은 어느 것인가?

㉮ USI ㉯ TUM
㉰ CEI ㉱ GFE

청소상태의 평가법 중 가로의 청소상태를 기준으로 하는 지역사회 효과지수를 나타내는 것은 CEI(지역사회 효과지수)이다.

Tip
USI(사용자 만족도 지수)
청소상태를 평가하는 방법 중 서비스를 받는 시민들의 만족도를 설문조사하여 나타내어지는 사용자 만족도 지수

11 쓰레기 파쇄기에 대한 내용으로 틀린 사항은?

㉮ 전단파쇄기는 주로 목재류, 플라스틱류 및 종이류를 파쇄하는데 이용된다.
㉯ 전단파쇄기는 대체로 충격파쇄기에 비해 파쇄속도가 느리고 이물질의 혼입에 대하여 약하다.
㉰ 충격파쇄기는 기계의 압착력을 이용하는 것으로 주로 왕복식을 적용한다.
㉱ 압축파쇄기는 파쇄기의 마모가 적고 비용이 적게 소요되는 장점이 있다.

㉰ 충격파쇄기는 주로 회전식에 적용한다.

Tip
파쇄기의 특징
(1) 전단파쇄기 : 고정칼, 왕복 또는 회전칼과의 교합에 의하여 폐기물을 전단한다.
 ① 주로 목재류, 플라스틱류, 종이류를 파쇄하는데 이용된다.
 ② 충격파쇄기에 비하여 파쇄속도가 느리다.
 ③ 충격파쇄기에 비하여 이물질 혼입에 약하다.
 ④ 충격파쇄기에 비하여 파쇄물의 크기를 고르게 할 수 있다.
 ⑤ 소음과 분진발생이 비교적 적고 폭발의 위험성이 거의 없다.
 ⑥ 다른 파쇄기와 조합하여 사용할 수 있다.
(2) 충격파쇄기
 ① 충격파쇄기는 주로 회전식에 적용한다.
 ② 대량처리가 가능하다.
 ③ 연성이 있는 물질에는 부적합하다.
 ④ 유리나 목질류 파쇄에 적합하다.
 ⑤ 파쇄시 분진, 소음, 진동, 폭발의 위험성이 있다.

12 적환장 설치 요건으로 가장 거리가 먼 것은?

㉮ 수거해야 할 쓰레기 발생지역내의 무게 중심과 가장 먼 곳
㉯ 간선도로와 쉽게 연결되고 2차적 또는 보조 수송수단 연계가 편리한 곳
㉰ 적환 작업 중 공중위생 및 환경 피해 영향이 최소인 곳
㉱ 건설과 운영이 가장 경제적인 곳

풀이 ㉮ 수거해야 할 쓰레기 발생지역내의 무게 중심에 되도록 가까운 곳

Tip 적환장 설치장소를 정하는데 고려사항
① 수거하고자 하는 개별적 고형물 발생지역의 하중 중심에 되도록 가까운 곳
② 주요 간선도로에 쉽게 도달할 수 있는 곳인 동시에 2차적 또는 보조 수송수단에 가까운 곳
③ 적환 작업중에 공중 및 환경피해가 최소인 곳
④ 설치 및 작업이 쉬운 곳
⑤ 주민의 반대가 적은 곳
⑥ 건설비와 운영비가 적게 들고 경제적인 곳

13 선별방식 중 각 물질의 비중차를 이용하는 방법으로 약간 경사진 평판에 폐기물을 흐르게 한 후 좌우로 빠른 진동과 느린 진동을 주어 분류하는 방법은 어느 것인가?

㉮ Secators   ㉯ Stoners
㉰ Table   ㉱ Jig

풀이 ㉰ Table(테이블) 선별법에 대한 설명이다.

14 쓰레기 발생량을 예측하는 방법 중 쓰레기 배출에 영향을 주는 모든 인자를 시간에 대한 함수로 나타낸 후 시간에 대한 함수로 표현된 각 영향인자들간의 상관관계를 수식화 한 것은 어느 것인가?

㉮ 경향법   ㉯ 추정법
㉰ 동적모사모델 ㉱ 다중회귀모델

풀이 ㉰ 동적모사모델에 대한 설명이다.

Tip 폐기물 발생량 예측방법
① 다중회귀모델 : 하나의 수식으로 각 인자들이 효과를 총괄적으로 나타내어 복잡한 시스템의 분석에 유용하게 사용할 수 있는 쓰레기 발생량 예측방법
② 동적모사모델 : 쓰레기 배출에 영향을 주는 모든 인자를 시간에 대한 함수로 나타낸 후 시간에 대한 함수로 각 영향인자들 간에 상관관계를 수식화 한 것
③ 경향모델 : 폐기물 발생량 예측방법 중 모든인자를 시간에 대한 함수로 하여 모델화시켜 예측하는 방법

15 삼성분이 다음과 같은 쓰레기의 저위발열량(kcal/kg)은 얼마인가?

- 수분 : 60%   - 가연분 : 30%
- 회분 : 10%

㉮ 약 890kcal/kg   ㉯ 약 990kcal/kg
㉰ 약 1190kcal/kg   ㉱ 약 1290kcal/kg

풀이 $Hl = 45 \times VS - 6W (kcal/kg)$
여기서 Hl : 저위발열량(kcal/kg)
VS : 가연성분(%)
W : 수분함량(%)
따라서 $Hl = 45 \times 30\% - 6 \times 60\%$
$= 990 kcal/kg$

12 ㉮ 13 ㉰ 14 ㉰ 15 ㉯

16 폐기물 조성이 다음과 같을 때 Dulong 식에 의한 저위 발열량(kcal/kg)을 계산하면 얼마인가?

- 3성분 : 수분 40%, 가연분 50%, 회분 10%,
- 가연분 조성 : C = 30%, H = 10%, O = 5%, S = 5%

㉮ 약 4000kcal/kg ㉯ 약 4500kcal/kg
㉰ 약 5000kcal/kg ㉱ 약 5500kcal/kg

풀이 ① Dulong 공식을 이용해 고위발열량(Hh)을 계산한다.

$$Hh = 8100C + 34000\left(H - \frac{O}{8}\right) + 2500S \text{ (kcal/kg)}$$

$$= 8100 \times 0.3 + 34000 \times \left(0.1 - \frac{0.05}{8}\right) + 2500$$

$$\times 0.05 = 5742.5 \text{ kcal/kg}$$

② 저위발열량(Hl)을 계산한다.

$$Hl = Hh - 600 \times (9H + W) \text{ (kcal/kg)}$$

$$= 5742.5 \text{ kcal/kg} - 600 \times (9 \times 0.1 + 0.4)$$

$$= 4962.5 \text{ kcal/kg}$$

Tip Dulong식은 고위발열량 구하는 공식임에 주의해야 한다.

17 다음 중 수거노선에 대한 고려사항으로 가장 거리가 먼 것은?

㉮ 발생량이 많은 곳을 우선 수거한다.
㉯ 될 수 있는 한 한번 간 길은 가지 않는 것이 좋다.
㉰ 언덕길을 올라가면서 수거하도록 한다.
㉱ 될 수 있는 한 시계방향으로 수거노선을 정한다.

풀이 ㉰ 언덕길은 내려가면서 수거하도록 한다.

Tip 쓰레기 수거노선 설정시 유의사항
① 간선도로 부근에서 시작하고 끝나도록 한다.
② 가능한 한 시계방향으로 수거노선을 정한다.
③ 발생량이 아주 많은 발생원은 하루 중 가장 먼저 수거한다.
④ 발생량이 적으나 수거빈도가 동일하기를 원하는 적재지점은 가능한 한 같은 날 왕복내에서 수거한다.
⑤ 언덕지역에서는 언덕의 위에서부터 적재하면서 아래로 차량을 진행한다.
⑥ U자형 회전을 피한다.
⑦ 가급적 출·퇴근 시간을 피한다.
⑧ 될 수 있는 한 한번 간 길은 가지 않는다.

18 폐기물의 자원화를 위해 EPR의 정착과 활성화가 필요하다. EPR의 의미로 가장 알맞은 것은?

㉮ 폐기물 자원화 기술개발제도
㉯ 생산자 책임 재활용제도
㉰ 재활용 제품 소비 촉진제도
㉱ 고부가 자원화 사업 지원제도

풀이 EPR은 생산자 책임 재활용제도이다.

Tip 생산자책임 재활용제도(EPR : Extended Producer Responsibility)
폐기물은 단순히 버려져 못쓰는 것이라는 인식을 바꾸어 '폐기물 = 자원'이라는 공감대를 확산시킴으로써 재활용정책에 활력을 불어 넣은 제도이다.

정답 16 ㉰ 17 ㉰ 18 ㉯

19 함수율 97%의 잉여슬러지 50m³을 농축시켜 함수율 89%로 하였을 때 농축된 잉여슬러지의 부피(m³)는 얼마인가? (단, 잉여슬러지 비중은 1.0 기준이다.)

㉮ 약 8m³ ㉯ 약 14m³
㉰ 약 16m³ ㉱ 약 19m³

풀이
$V_1 \times (100 - P_1) = V_2 \times (100 - P_2)$
여기서 V_1 : 농축 전 잉여슬러지량(m³)
P_1 : 농축 전 함수율(%)
V_2 : 농축 후 잉여슬러지량(m³)
P_2 : 농축 후 함수율(%)
따라서 $50m^3 \times (100-97) = V_2 \times (100-89)$
$\therefore V_2 = \frac{50m^3 \times (100-97)}{(100-89)} = 13.64\,m^3$

20 인구가 200만명인 어떤 도시의 폐기물 수거실적은 504,970톤/년 이었다. 폐기물 수거율이 총배출량의 75%라고 하면 이 도시의 1인 1일 배출량은 얼마인가? (단, 1년 = 365일, 총배출량 기준)

㉮ 약 0.71kg ㉯ 약 0.92kg
㉰ 약 1.34kg ㉱ 약 1.81kg

풀이
폐기물 배출량(kg/인·일)
$= \frac{\text{폐기물 수거량(kg/일)}}{\text{인구수(인)}} \times \frac{1}{\text{수거율}}$
$= \frac{504{,}970\,ton/년 \times 10^3 kg/ton \times 1년/365일}{2{,}000{,}000\,인} \times \frac{1}{0.75}$
$= 0.92\,kg/인·일$

제2과목 폐기물처리기술

21 10kg의 탄소를 완전연소 시키는데 필요한 이론적 공기량(Sm³)은 얼마인가?

㉮ 약 89Sm³ ㉯ 약 97Sm³
㉰ 약 106Sm³ ㉱ 약 113Sm³

풀이
① $C + O_2 \rightarrow CO_2$
12kg : 22.4Sm³
10kg : O_o(이론산소량)
$\therefore O_o(\text{이론산소량}) = \frac{10kg \times 22.4Sm^3}{12kg}$
$= 18.667\,Sm^3$
② 이론공기량(Sm³) = 이론산소량(Sm³) $\times \frac{1}{0.21}$
$= 18.667\,Sm^3 \times \frac{1}{0.21}$
$= 88.89\,Sm^3$

Tip
① 체적(Sm³) = 계수×22.4(Sm³)
② 중량(kg) = 계수×분자량(kg)

22 폐기물을 완전 연소시키기 위한 소각로의 연소조건으로 가장 틀린 것은?

㉮ 충분한 체류시간 ㉯ 충분한 난류
㉰ 충분한 압력 ㉱ 적당한 온도

Tip
소각로의 완전연소 조건(3T)
① 충분한 체류시간(Time)
② 충분한 난류(Turbulence)
③ 적당한 온도(Temperature)

정답 19 ㉯ 20 ㉯ 21 ㉮ 22 ㉰

23 분뇨의 총고형물(TS)이 40,000mg/L 이고, 그 중 휘발성 고형물(VS)은 60% 이며, CH_4의 발생량은 VS 1kg당 0.6m³ 이라면 분뇨 1m³당의 CH_4 가스발생량은 얼마인가?

㉮ 16.4m³   ㉯ 14.4m³
㉰ 12.4m³   ㉱ 10.4m³

풀이 CH_4가스 발생량(m³)
= 분뇨량(m³)×총고형물 농도(kg/m³)
   ×휘발성 고형물 함량×$\frac{m^3 CH_4 발생량}{kg\ VS}$
= 1m³×40kg/m³×0.6×0.6m³/kg
= 14.4m³

24 100KL 처리용량의 분뇨처리장에서 발생되는 메탄을 사용하는 보일러에서 기대할 수 있는 열생산량(kcal)은 얼마인가?

- 가스생산량 = 8m³/KL(분뇨)
- CH_4 함량 = 75%
- CH_4 열량 = 9,000kcal/m³
- 보일러 열교환 효율 = 80%
- 기타조건 고려 안함

㉮ 4.32×10⁶kcal   ㉯ 6.79×10⁶kcal
㉰ 8.64×10⁶kcal   ㉱ 9.75×10⁴kcal

풀이 열생산량(kcal)
= 분뇨처리용량(KL)×가스생산량(m³/KL 분뇨량)
   ×CH_4열량(kcal/m³)×CH_4함량×열교환효율
= 100KL×8m³/KL×9,000kcal/m³×0.75×0.8
= 4.32×10⁶kcal

25 이론 공기량을 사용하여 C_4H_{10}을 완전 연소시킨다면 발생되는 건연소가스 중의 $(CO_2)_{max}$ %는 얼마인가?

㉮ 약 12%   ㉯ 약 14%
㉰ 약 16%   ㉱ 약 18%

풀이 $C_4H_{10} + 6.5O_2 \rightarrow 4CO_2 + 5H_2O$
① God(이론건연소가스량)
 = (1-0.21)A_o+CO_2 량
 = (1-0.21)×$\frac{6.5}{0.21}$+4
 = 28.4524Sm³/Sm³
② CO_2량 = CO_2 개수 = 4Sm³/Sm³
③ CO_{2max}(%) = $\frac{CO_2 량}{God}$×100
  = $\frac{4Sm^3/Sm^3}{28.4524Sm^3/Sm^3}$×100
  = 14.06%

Tip
① CO_{2max}는 이론건연소가스량(God) 기준
② Sm³/Sm³ = 부피비 = 개수비
③ 완전연소 반응식
 $C_mH_n + \left(m+\frac{n}{4}\right)O_2 \rightarrow mCO_2 + \frac{n}{2}H_2O$

26 쓰레기 열분해시 열분해 온도가 증가할수록 발생 가스 중 함량(구성비, %)이 증가하는 것은 어느 것인가?

㉮ 수소   ㉯ CH_4
㉰ CO   ㉱ 이산화탄소

풀이 쓰레기 열분해시 열분해 온도가 증가할수록 이산화탄소의 함량은 감소하고, 수소함량은 증가한다.

27 다음 중 유동층 소각로의 장점으로 틀린 것은?

㉮ 상(床)으로부터 찌꺼기 분리가 용이하다.
㉯ 반응시간이 빨라 소각시간이 짧다.
㉰ 기계의 구동부분이 적어 고장률이 적다.
㉱ 단기간 정지 후 가동시에 보조연료 없이 정상가동이 가능하다.

 ㉮ 상(床)으로부터 찌꺼기 분리가 어렵다.

> **Tip**
> **유동층 소각로**
> (1) 장점
> ① 기계적 구동부분이 적어 고장률이 낮다.
> ② 가스의 온도가 낮고 과잉공기량이 적다.
> ③ 로내의 온도의 자동제어와 열회수가 용이하다.
> ④ 반응시간이 빨라 소각시간이 짧다.
> ⑤ 유동매체의 축열량이 높아 단기간 정지후 가동시에 보조연료 사용없이 정상 가동이 가능하다.
> ⑥ 연소효율이 높아 미연소분의 배출이 적고 2차 연소실이 필요 없다.
> (2) 단점
> ① 로내로 투입전 파쇄 등의 전처리가 필요하다.
> ② 상(床)으로부터 찌꺼기 분리가 어렵다.

28 고형화 처리의 장점으로 틀린 것은?

㉮ 폐기물 표면적이 증가하여 폐기물 성분을 줄인다.
㉯ 폐기물의 독성이 감소한다.
㉰ 폐기물 내 오염물질의 용해도가 감소한다.
㉱ 폐기물을 다루기 용이하게 한다.

 ㉮ 폐기물 표면적의 감소에 따른 폐기물 성분의 손실을 줄인다.

29 배연 탈황시 발생된 슬러지 처리에 많이 쓰이는 고형화 처리방법은 어느 것인가?

㉮ 시멘트 기초법
㉯ 석회 기초법
㉰ 자가 시멘트법
㉱ 열가소성 플라스틱법

 배연 탈황시 발생된 슬러지 처리에 많이 쓰이는 고형화 처리법은 자가 시멘트법이다.

> **Tip**
> **자가시멘트법**
> (1) 장점
> ① 혼합률(MR)이 낮다.
> ② 중금속 저지에 효과적이다.
> ③ 탈수 등의 전처리가 필요없다.
> ④ 고농도 황화물 함유 폐기물에 적용한다.(연소가스 탈황시 발생된 슬러지 처리에 적용)
> ⑤ 탈수 등 전처리가 필요없다.
> ⑥ 폐기물이 스스로 고형화되는 성질을 이용하여 개발되었다.
> (2) 단점
> ① 보조에너지가 필요하다.
> ② 장치비가 크며 숙련된 기술을 요한다.

30 매립지 표면차수막에 대한 내용으로 가장 거리가 먼 것은?

㉮ 매립지 바닥의 투수계수가 큰 경우에 사용하는 방법이다.
㉯ 매립 전이라면 보수가 용이하지만 매립 후는 어렵다.
㉰ 지하수 집배수시설이 불필요하다.
㉱ 차수막 단위면적당 공사비는 싸지만 매립지 전체를 시공하는 경우가 많아 총 공사비는 비싸다.

정답 27 ㉮ 28 ㉮ 29 ㉰ 30 ㉰

㉰ 지하수 집배수시설이 필요하다.

연직차수막과 표면차수막의 비교

	연직차수막	표면차수막
차수성 확인	지하에 매설하기 때문에 확인이 어렵다.	시공시에는 가능하다. 매립후에는 곤란하다.
경제성	단위면적당 공사비가 비싼 반면 총공사비는 싸다.	단위면적당 공사비는 싸지만 매립지 전체를 시공하는 경우가 많아 총공사비는 비싸다.
보수성	차수막 보강시공이 가능하다.	매립전에는 가능하나 매립후에는 어렵다.
지하수 집배수 시설	필요없다.	필요하다.

31 폐기물의 연소능력이 300kg/m²-hr이며 연소할 폐기물의 양이 250m³/day이다. 1일 8시간 소각로를 가동시킨다고 할 때 로스톨의 면적(m²)은 얼마인가? (단, 폐기물의 밀도는 150kg/m³ 이다.)

㉮ 13.8m²　㉯ 12.7m²
㉰ 14.5m²　㉱ 15.6m²

폐기물의 연소능력(kg/m²·hr)
$= \dfrac{\text{폐기물의 양(kg/hr)}}{\text{로스톨의 면적(m}^2\text{)}}$

$300 \text{kg/m}^2 \cdot \text{hr} = \dfrac{250\text{m}^3/\text{day} \times 150\text{kg/m}^3 \times 1\text{day}/8\text{hr}}{\text{로스톨의 면적(m}^2)}$

∴ 로스톨의 면적
$= \dfrac{250\text{m}^3/\text{day} \times 150\text{kg/m}^3 \times 1\text{day}/8\text{hr}}{300\text{kg/m}^2 \cdot \text{hr}}$
$= 15.63 \text{m}^2$

32 유해폐기물의 고화처리방법 중 열가소성 플라스틱법의 장단점으로 가장 거리가 먼 것은?

㉮ 용출손실률이 시멘트 기초법 보다 낮다.
㉯ 폐기물을 건조시켜야 한다.
㉰ 고온분해되는 물질에는 사용할 수 없다.
㉱ 혼합률이 비교적 낮다.

㉱ 혼합률이 비교적 높다.

열가소성 플라스틱법
(1) 장점
① 용출손실률은 시멘트기초법에 비해 매우 낮다.
② 대부분의 매트릭스 물질은 수용액의 침투에 저항성이 매우 크다.
③ 고화처리된 폐기물성분을 나중에 회수하여 재활용 할 수 있다.
(2) 단점
① 혼합률(MR)이 비교적 높다.
② 높은 온도에서 분해되는 물질에는 사용할 수 없다.
③ 처리과정에서 화재의 위험성이 있다.
④ 에너지 요구량이 크다.
⑤ 폐기물을 건조시켜야 한다.

33 위생매립에서 주로 당일복토 대용품으로 사용되는 인공복토재의 조건으로 틀린 것은?

㉮ 미관상 좋아야 한다.
㉯ 투수계수가 높아야 한다.
㉰ 매립지 공간을 절약할 수 있어야 한다.
㉱ 위생문제를 해결하여야 한다.

㉯ 투수계수가 낮아야 한다.

31 ㉱　32 ㉱　33 ㉯

34 유기물의 산화공법으로 적용되는 Fenton 산화반응에 사용되는 시약으로 알맞은 것은?

㉮ 아연과 자외선
㉯ 마그네슘과 자외선
㉰ 철과 과산화수소
㉱ 아연과 과산화수소

 Fenton 산화반응에 사용되는 것은 철과 과산화수소이다.

> **Tip**
> **Fenton 산화법**
> ① 철과 과산화수소가 이용된다.
> ② 침출수 pH를 3 ~ 5로 조정한다.
> ③ 난분해성 물질을 생분해성 물질로 변화시킨다.
> ④ 슬러지 생산량이 많아질 수 있다.
> ⑤ 처리시설은 pH 조절조, 중화 및 응집조, 침전조로 구성되어 있다.
> ⑥ 난분해성 유기물질의 제거 및 NBDCOD를 BDCOD로 변환시켜 생분해성을 증가시킨다.
> ⑦ 유입시설의 변화시 탄력적인 대응이 가능하다.
> ⑧ 시설비는 오존처리나 활성탄 흡착법보다 적게 소요된다.

35 건조된 슬러지 고형분의 비중이 1.28 이며, 건조 이전의 슬러지 내 고형분 함량이 35% 일 때 건조 전 슬러지의 비중은 얼마인가?

㉮ 1.038 ㉯ 1.083
㉰ 1.118 ㉱ 1.127

풀이
$$\frac{1}{\rho_{SL}} = \frac{W_{TS}}{\rho_{TS}} + \frac{W_P}{\rho_P}$$

여기서 ρ_{SL} : 슬러지 비중
ρ_{TS} : 고형물의 비중
W_{TS} : 고형물의 함량
ρ_P : 수분의 비중
W_P : 수분의 함량

따라서 $\frac{1}{\rho_{SL}} = \frac{0.35}{1.28} + \frac{0.65}{1.0}$

∴ $\rho_{SL} = \frac{1}{0.9234} = 1.083$

> **Tip**
> ① 고형물(%) + 수분(%) = 100%
> ② 수분(%) = 100 - 고형물(%)
> ③ 수분(물)의 비중 = 1.0

36 매립지의 합성차수막의 종류 중 PVC의 장·단점으로 가장 거리가 먼 것은?

㉮ 가격이 저렴하며 작업이 용이하다.
㉯ 강도가 높다.
㉰ 대부분의 유기화학물질에 강하다.
㉱ 접합이 용이하다.

 ㉰ 대부분의 유기화학물질에 약하다.

> **Tip**
> **PVC**
> (1) 장점
>   ① 가격이 저렴하다.
>   ② 작업이 용이하다.
>   ③ 강도가 크다.
>   ④ 접합이 용이하다.
> (2) 단점
>   ① 대부분의 유기화학물질에 약하다.
>   ② 자외선, 오존, 기후에 약하다.

정답 34 ㉰ 35 ㉯ 36 ㉰

37 인구 10,000명인 도시에서 1인 1일 쓰레기 배출량이 1.5kg이고 밀도가 0.45 ton/m³인 쓰레기를 매립용량이 20,000 m³인 트랜치에 매립, 처분하고자 할 때 트랜치의 사용 일수는 얼마인가? (단, 매립시 쓰레기 부피 감소율은 35% 이며, 기타조건은 고려하지 않는다.)

㉮ 약 851일   ㉯ 약 924일
㉰ 약 1,023일   ㉱ 약 1,152일

 트랜치의 사용일수

$$= \frac{\text{매립용량}(m^3)}{\text{쓰레기 배출량}(kg/day) \times \frac{1}{\text{밀도}(kg/m^3)} \times (1-\text{부피감소율})}$$

$$= \frac{20,000 m^3}{1.5 kg/\text{인} \cdot \text{일} \times 10,000\text{인} \times \frac{1}{450 kg/m^3} \times (1-0.35)}$$

$= 923.08 ≒ 924$일

38 5%의 고형물을 함유하는 500m³/day의 슬러지를 진공 여과시켜 75%의 수분을 함유하는 슬러지 케이크를 만든다면 하루 생산되는 슬러지 케이크의 양(m³)은 얼마인가? (단, 슬러지 케이크의 비중은 1.0 기준이다.)

㉮ 100m³   ㉯ 90m³
㉰ 83m³   ㉱ 75m³

 $V_1 \times (100-P_1) = V_2 \times (100-P_2)$
여기서 V_1 : 처음 슬러지량(m³/day)
P_1 : 처음 함수율(%)
V_2 : 변화 후 슬러지량(m³/day)
P_2 : 변화 후 함수율(%)

따라서 $500m^3/day \times (100-95) = V_2 \times (100-75)$

$\therefore V_2 = \frac{500m^3/day \times (100-95)}{(100-75)} = 100 m^3$

Tip
① 고형분(%) + 함수율(%) = 100%
② 함수율(%) = 100% - 고형분(%)

39 CH₃OH 3kg이 완전연소 하는데 필요한 이론공기량(Sm³)은 얼마인가?

㉮ 12Sm³   ㉯ 15Sm³
㉰ 18Sm³   ㉱ 21Sm³

① $CH_3OH + 1.5O_2 \rightarrow CO_2 + 2H_2O$
    32kg : 1.5×22.4Sm³
    3kg : O_o(이론산소량)

$\therefore O_o(\text{이론산소량}) = \frac{3kg \times 1.5 \times 22.4 Sm^3}{32 kg}$
$= 3.15 Sm^3$

② 이론공기량(Sm³) = 이론산소량(Sm³) × $\frac{1}{0.21}$
$= 3.15 Sm^3 \times \frac{1}{0.21}$
$= 15 Sm^3$

Tip
① CH₃OH = 메탄올 = 메틸알콜
② CH₃OH의 분자량(kg)
   = 12+(3×1)+16+1 = 32kg
③ 체적(Sm³) = 계수×22.4(Sm³)
④ 중량(kg) = 계수×분자량(kg)

정답 37 ㉯ 38 ㉮ 39 ㉯

40 어느 매립지의 침출수 농도가 반으로 감소하는데 4년이 걸린다면 이 침출수 농도가 90% 분해되는데 걸리는 시간(년)은 얼마인가? (단, 1차 반응기준이다.)

㉮ 11.3년   ㉯ 13.3년
㉰ 15.3년   ㉱ 17.3년

1차 반응식 : $\ln \dfrac{C_t}{C_o} = -k \times t$

여기서 C_o : 초기농도
C_t : t시간 후의 농도
k : 상수
t : 시간

① $\ln \dfrac{1}{2} = -k \times 4년$

∴ $k = \dfrac{\ln \dfrac{1}{2}}{-4년} = 0.1733/년$

② $\ln \dfrac{10}{100} = -0.1733/년 \times t$

∴ $t = \dfrac{\ln \dfrac{10}{100}}{-0.1733/년} = 13.29년$

Tip
$C_t = 100 - 90\% = 10\%$

제3과목 폐기물 공정시험기준

41 다음에서 설명하고 있는 시료 축소방법은 어느 것인가?

1. 분쇄한 대시료를 단단하고 깨끗한 평면위에 원추형으로 쌓는다.
2. 그 원추를 장소를 바꾸어 다시 쌓는다.
3. 원추에서 일정량을 취하여 장방형으로 도포하고 계속해서 일정량을 취하여 그 위에 입체로 쌓는다.
4. 육면체의 측면을 교대로 돌면서 균등량씩 취하여 두 개의 원추를 쌓고 이 중 하나는 버리는 방식으로 시료를 계속 적당한 크기로 줄인다.

㉮ 구획법   ㉯ 원추 2분법
㉰ 원추 4분법   ㉱ 교호삽법

 ㉱ 교호삽법에 대한 설명이다.

42 다음은 온도에 대한 설명이다. 가장 거리가 먼 것은?

㉮ 냉수는 15℃ 이하를 말한다.
㉯ 찬 곳은 따로 규정이 없는 한 0~15℃의 곳을 말한다.
㉰ 상온은 15~25℃를 말한다.
㉱ 온수는 70~80℃를 말한다.

㉱ 온수는 60~70℃를 말한다.

정답 40 ㉯   41 ㉱   42 ㉱

43 원자흡수분광광도법을 이용하여 비소를 정량할 때 가장 틀린 내용은 어느 것인가?

㉮ 과망간산칼륨으로 6가 비소로 산화시킨다.
㉯ 아연을 넣으면 수소화 비소가 발생한다.
㉰ 아르곤-수소 불꽃에 주입하여 분석한다.
㉱ 정량한계는 0.005mg/L 이다.

[풀이] ㉮ 비소의 원자흡수분광광도법(수소화물생성 원자흡수분광광도법)는 전처리한 시료 용액중에 아연 또는 나트륨붕소수화물을 넣어 생성된 수소화비소를 원자화시켜 193.7nm에서 흡광도를 측정하고 비소를 정량하는 방법이며, 정량한계는 0.005mg/L이다.

44 다음에서 설명한 내용으로 가장 거리가 먼 것은?

㉮ 분석용 저울은 0.1mg까지 달 수 있는 것이어야 한다.
㉯ '약'이라 함은 기재된 양에 대하여 ±10% 이상의 차이가 있어서는 안 된다.
㉰ 방울수라 함은 20℃에서 정제수 20방울을 적하할 때 그 부피가 약 1mL가 되는 것을 말한다.
㉱ '항량'이라 함은 한 시간 더 같은 조건에 노출 시켰을 때 그 무게차가 0.1mg 이하인 것을 말한다.

[풀이] ㉱ 항량으로 될 때까지 건조한다 : 같은 조건에서 1시간 더 건조할 때 전후 무게의 차가 g당 0.3mg 이하일 때를 말한다.

45 폐기물 시료채취 용기에 표시하는 내용으로 틀린 것은?

㉮ 대상 폐기물의 양
㉯ 시료의 양
㉰ 채취 책임자 이름
㉱ 폐기물 분석 내용

[풀이] 시료용기에는 폐기물의 명칭, 대상 폐기물의 양, 채취장소, 채취시간 및 일기, 시료 번호, 채취책임자 이름, 시료의 양, 채취방법, 기타 참고자료(보관상태 등)를 기재한다.

46 자외선 가시선 분광법에 의한 구리의 정량에 관한 내용으로 가장 거리가 먼 것은?

㉮ 추출용매는 아세트산부틸을 사용한다.
㉯ 정량한계는 0.002mg 이다.
㉰ 비스무트(Bi)가 구리의 양보다 2배 이상 존재할 경우에는 청색을 나타내어 방해한다.
㉱ 시료의 전처리를 하지 않고 직접 시료를 사용하는 경우 시료 중에 시안화합물이 함유되어 있으면 염산으로 산성조건을 만든 후 끓여 시안화물을 완전히 분해 제거한 다음 시험한다.

[풀이] ㉰ 비스무트(Bi)가 구리의 양보다 2배 이상 존재할 경우에는 황색을 나타내어 방해한다.

정답 43 ㉮ 44 ㉱ 45 ㉱ 46 ㉰

47 시안을 자외선 가시선 분광법으로 측정 시 정량한계로 맞는 것은?

㉮ 0.01mg/L   ㉯ 0.001mg/L
㉰ 0.003mg/L ㉱ 0.0001mg/L

🔍 시안측정시 정량한계
① 자외선 가시선 분광법 : 0.01mg/L
② 이온전극법 : 0.5mg/L

48 다음 중 pH 표준액의 종류에 해당되지 않는 것은?

㉮ 수산염 표준액   ㉯ 프탈산염 표준액
㉰ 염산염 표준액   ㉱ 붕산염 표준액

🔍 pH 표준액의 종류에는 수산염표준액, 프탈산염표준액, 인산염표준액, 붕산염표준액, 탄산염표준액, 수산화칼슘표준액이 있다.

49 대형의 콘크리트 고형화물로써 분쇄가 어려울 경우에 시료채취에 대한 설명으로 가장 알맞은 것은?

㉮ 임의의 5개소에서 채취하여 각각 파쇄하여 100g씩 균등 양 혼합하여 채취한다.
㉯ 임의의 5개소에서 채취하여 각각 파쇄하여 200g씩 균등 양 혼합하여 채취한다.
㉰ 임의의 6개소에서 채취하여 각각 파쇄하여 100g씩 균등 양 혼합하여 채취한다.
㉱ 임의의 6개소에서 채취하여 각각 파쇄하여 200g씩 균등 양 혼합하여 채취한다.

🔍 대형의 고형화물로써 분쇄가 어려울 경우에는 임의의 5개소에서 채취하여 각각 파쇄하여 100g씩 균등 양 혼합하여 채취한다.

50 시료의 채취에 있어서 소각재의 경우 1회에 몇 g 이상을 채취 하여야 하는가?

㉮ 100g 이상   ㉯ 200g 이상
㉰ 300g 이상   ㉱ 500g 이상

🔍 시료의 양은 1회에 100g 이상 채취한다. 다만, 소각재의 경우에는 1회에 500g 이상을 채취한다.

51 다음은 시료내 수은을 원자흡수분광광도법으로 측정할 때의 내용이다. ( )안에 들어갈 내용으로 알맞은 것은?

> 시료 중 수은을 ( )을 넣어 금속수은으로 환원시킨 다음 이 용액에 통기하여 발생하는 수은증기를 원자흡수분광광도법에 따라 정량하는 방법이다.

㉮ 시안화칼륨   ㉯ 과망간산칼륨
㉰ 아연분말   ㉱ 이염화주석

> **Tip**
> **수은의 원자흡수분광광도법**
> 시료 중 수은을 이염화주석을 넣어 금속수은으로 환원시킨 다음 이 용액에 통기하여 발생하는 수은증기를 253.7nm의 파장에서 원자흡수분광광도법에 따라 정량하는 방법이다.

52 폐기물공정시험기준상 이온전극법으로 분석할 수 있는 물질은 어느 것인가?

㉮ 시안   ㉯ 비소
㉰ 수은   ㉱ 유기인

🔍 시안의 분석법에는 자외선/가시선분광법, 이온전극법, 연속흐름법이 있다.

---

 47 ㉮ 48 ㉰ 49 ㉮ 50 ㉱ 51 ㉱ 52 ㉮

53 '비함침성 고상폐기물'의 용어 정의로 가장 적당한 것은 어느 것인가?

㉮ 금속판, 구리선 등 기름을 흡수하지 않는 평면 또는 비평면형태의 변압기 내부부재를 말한다.
㉯ 금속판, 구리선 등 수분을 흡수하지 않는 평면 또는 비평면형태의 변압기 내부부재를 말한다.
㉰ 금속판, 구리선 등 기름을 흡수하지 않는 평면 또는 비평면형태의 변압기 외부부재를 말한다.
㉱ 금속판, 구리선 등 수분을 흡수하지 않는 평면 또는 비평면형태의 변압기 외부부재를 말한다.

> **Tip**
> 용어정의
> ① 함침성 고상폐기물 : 종이, 목재 등 기름을 흡수하는 변압기 내부부재(종이, 나무와 금속이 서로 혼합되어 있어 분리가 어려운 경우를 포함)를 말한다.
> ② 비함침성 고상폐기물 : 금속판, 구리선 등 기름을 흡수하지 않는 평면 또는 비평면 형태의 변압기 내부부재를 말한다.

54 다음은 정량한계에 대한 설명이다. ( )안에 들어갈 알맞은 말은?

> 정량한계란 시험분석 대상을 정량화할 수 있는 측정값으로서 제시된 정량한계 부근의 농도를 포함하도록 시료를 준비하고 이를 반복 측정하여 얻은 결과의 표준편차에 ( )한 값을 사용한다.

㉮ 3배 ㉯ 5배
㉰ 10배 ㉱ 15배

▶ 정량한계 = 표준편차(S) × 10배

55 용출시험 방법에 대한 설명으로 가장 거리가 먼 것은?

㉮ 시료의 조제방법에 따라 조제한 시료 100g 이상을 정확히 달아 정제수에 염산을 넣어 pH를 5.8~6.3으로 한 용매(mL)를 시료 : 용매 = 1 : 10(W/V)의 비로 2000mL 삼각플라스크에 넣고 혼합하여 시료용액을 조제한다.
㉯ 시료용액의 조제가 끝난 혼합액을 매분당 300회, 진폭이 4~5cm의 진탕기를 사용하여 6시간 연속 진탕한 다음 0.45μm의 유리섬유여지로 여과한 것을 검액으로 한다.
㉰ 시료용액의 조제가 끝난 혼합액을 진탕한 후 여과가 어려운 경우에는 원심분리기를 사용하여 분당 3,000회전 이상으로 20분 이상 원심 분리한 다음 상징액을 적당량 취하여 용출시험용 시료용액으로 한다.
㉱ 용출시험 결과에 시료 중의 수분함량 보정을 위해 함수율 85% 이상인 시료에 한하여 "15/(100-D)"를 곱하여 계산된 값으로 한다.(D는 시료의 함수율(%)이다.)

▶ ㉯ 시료용액의 조제가 끝난 혼합액을 매분당 200회, 진폭이 4~5cm의 진탕기를 사용하여 6시간 연속 진탕한 다음 1.0μm의 유리섬유여지로 여과한 것을 검액으로 한다.

56 시료의 강열감량(%)를 측정하기 위해 10g의 도가니에 20g의 시료를 취한 후 25% 질산 암모늄용액을 넣어 탄화시킨 다음 600±25℃의 전기로 안에서 3시간 강열한 후 데시케이터에서 식힌 후 무게는 25g이었다면 강열감량(%)은 얼마인가?

㉮ 15%   ㉯ 20%
㉰ 25%   ㉱ 30%

 강열감량(%) = $\dfrac{W_2 - W_3}{W_2 - W_1} \times 100$

여기서 W_1 : 도가니의 무게
W_2 : 탄화 전의 도가니와 시료의 무게
W_3 : 탄화 후의 도가니와 시료의 무게

따라서 강열감량(%) = $\dfrac{(20g+10g)-(25g)}{(20g+10g)-(10g)} \times 100$
= 25%

57 수은을 자외선 가시선 분광법으로 측정할때의 내용으로 가장 거리가 먼 것은?

㉮ 디티존사염화탄소로 추출한다.
㉯ 정량범위는 0.001~0.025mg 이다.
㉰ 흡광도의 측정값이 0.2~0.8의 범위에 들도록 실험용액의 농도를 조절한다.
㉱ 광원부의 광원으로는 주로 중공음극램프를 사용한다.

> **Tip**
> **자외선 가시선 분광법의 광원**
> ① 가시부와 근적외부 : 텅스텐램프
> ② 자외부 : 중수소 방전관

58 대상폐기물의 양이 600톤일 때 시료의 최소수는 얼마인가?

㉮ 30   ㉯ 36
㉰ 40   ㉱ 46

 대상폐기물의 양이 600톤일 경우 시료의 최소수는 36이다.

> **Tip**
> **대상폐기물의 양과 시료의 최소 수**
>
> | 대상폐기물의 양 (단위 : ton) | 시료의 최소 수 | 대상폐기물의 양 (단위 : ton) | 시료의 최소 수 |
> |---|---|---|---|
> | ~1미만 | 6 | 100이상~500미만 | 30 |
> | 1이상~5미만 | 10 | 500이상~1000미만 | 36 |
> | 5이상~30미만 | 14 | 1000이상~5000미만 | 50 |
> | 30이상~100미만 | 20 | 5000이상 | 60 |

59 취급 또는 저장하는 동안에 밖으로부터의 공기 또는 다른 가스가 침입하지 아니하도록 내용물을 보호하는 용기는 어느 것인가?

㉮ 기밀용기   ㉯ 밀봉용기
㉰ 차단용기   ㉱ 밀폐용기

> **Tip**
> **용기**
> ① 밀폐용기 : 이물질
> ② 기밀용기 : 공기 또는 다른 가스
> ③ 밀봉용기 : 기체 또는 미생물
> ④ 차광용기 : 광선

정답 56 ㉰ 57 ㉱ 58 ㉯ 59 ㉮

60 수분 40%, 고형물 60%, 휘발성고형물 30%인 쓰레기의 유기물 함량(%)은 얼마인가?

㉮ 35 ㉯ 40
㉰ 45 ㉱ 50

풀이) 유기물 함량(%) = $\dfrac{휘발성\ 고형물(\%)}{고형물(\%)} \times 100$
= $\dfrac{30\%}{60\%} \times 100 = 50\%$

제4과목 폐기물 관계법규

61 폐기물 처분시설 또는 재활용시설의 검사기준에 관한 내용 중 멸균분쇄시설의 설치검사 항목이 아닌 것은?

㉮ 분쇄시설의 작동 상태
㉯ 자동기록장치의 작동 상태
㉰ 계량시설의 작동 상태
㉱ 밀폐형으로 된 자동제어에 의한 처리방식인지 여부

풀이) 멸균분쇄시설의 설치검사항목에는
① 분쇄시설의 작동 상태
② 자동기록장치의 작동 상태
③ 밀폐형으로 된 자동제어에 의한 처리방식인지 여부
④ 멸균능력의 적절성 및 멸균조건의 적절여부
⑤ 폭발사고와 화재등에 대비한 구조인지 여부
⑥ 자동투입 장치와 투입량 자동계측장치의 작동 상태
⑦ 악취방지시설 건조장치의 작동상태이다.

62 환경부령으로 정하는 폐기물처리시설의 설치를 마친 자는 환경부령으로 정하는 검사기관으로부터 검사를 받아야 한다. 폐기물처리시설이 매립시설인 경우, 검사기관으로 가장 거리가 먼 것은?

㉮ 한국건설기술연구원
㉯ 한국산업기술시험원
㉰ 한국농어촌공사
㉱ 한국환경공단

풀이) 폐기물처리시설이 매립시설인 경우 검사기관으로는 한국환경공단, 한국건설기술연구원, 한국농어촌공사, 수도권매립지관리공사가 있다.

63 폐기물 처리업의 업종구분과 영업내용의 범위를 벗어나는 영업을 한 자에 대한 벌칙 기준으로 가장 적당한 것은?

㉮ 1년 이하의 징역이나 500만원 이하의 벌금
㉯ 2년 이하의 징역이나 2천만원 이하의 벌금
㉰ 3년 이하의 징역이나 3천만원 이하의 벌금
㉱ 5년 이하의 징역이나 5천만원 이하의 벌금

풀이) 폐기물 처리업의 업종구분과 영업내용의 범위를 벗어나는 영업을 한 자는 2년 이하의 징역이나 2천만원 이하의 벌금에 해당한다.

정답) 60 ㉱ 61 ㉰ 62 ㉯ 63 ㉯

64 사업장폐기물의 종류별 분류번호로 맞는 것은 어느 것인가? (단, 지정폐기물 외의 사업장 폐기물의 분류번호)

㉮ 유기성오니류 31-01
㉯ 유기성오니류 41-01
㉰ 유기성오니류 51-01
㉱ 유기성오니류 61-01

🔵풀이 사업장폐기물의 종류별 분류번호 중 유기성오니류는 51-01이다.

65 다음은 폐기물처리 신고자가 갖추어야 할 보관시설과 재활용시설에 관한 내용 중 폐기물을 재활용하는 자의 기준(보관시설)에 관한 내용이다. ( )안에 들어갈 적당한 것은 어느 것인가?

> 1일 처리능력의 ( )의 폐기물을 보관할 수 있는 보관용기 또는 보관시설. 다만, 시·도지사의 인정을 받아 위탁받은 폐기물을 보관하지 아니하고 곧바로 재활용시설로 운반하는 경우에는 보관용기나 보관시설을 갖추지 아니할 수 있다.

㉮ 1일분 이상 30일분 이하
㉯ 5일분 이상 30일분 이하
㉰ 1일분 이상 60일분 이하
㉱ 5일분 이상 60일분 이하

🔵풀이 1일 처리능력의 1일분 이상 30일분 이하의 폐기물을 보관할 수 있는 보관용기 또는 보관시설에 대한 설명이다.

66 설치신고대상 폐기물처리시설의 규모 기준으로 가장 알맞은 것은 어느 것인가?

㉮ 소각열회수시설로서 1일 재활용능력이 10톤 미만인 시설
㉯ 기계적 처분시설 또는 재활용시설 중 탈수, 건조시설로 1일 처분능력 또는 재활용능력이 100톤 미만인 시설
㉰ 일반소각시설로서 1일 처분능력이 100톤(지정폐기물의 경우에는 5톤) 미만인 시설
㉱ 생물학적 처분시설 또는 재활용시설로서 1일 처분능력 또는 재활용능력이 100톤 미만인 시설

🔵풀이 ㉮ 소각열회수시설로서 1일 재활용능력이 100톤 미만인 시설
㉯ 기계적 처분시설 또는 재활용시설 중 탈수, 건조시설, 멸균분쇄시설 및 화학적 처분시설 또는 재활용시설
㉰ 일반소각시설로서 1일 처분능력이 100톤(지정폐기물의 경우에는 10톤) 미만인 시설

67 폐기물처리업의 변경신고 사항이 아닌 것은 어느 것인가?

㉮ 운반차량의 증차 또는 임시차량의 감차
㉯ 연락장소나 사무실 소재지의 변경
㉰ 상호의 변경
㉱ 대표자의 변경(권리, 의무를 승계하는 경우는 제외)

🔵풀이 ㉮ 임시차량의 증차 또는 운반차량의 감차

정답 64 ㉰ 65 ㉮ 66 ㉱ 67 ㉮

68 지정폐기물의 종류 중 폐석면의 기준으로 맞는 것은 어느 것인가?

㉮ 건조고형물의 함량을 기준으로 하여 석면이 1% 이상 함유된 제품, 설비(뿜칠로 사용된 것은 포함한다)등의 해체, 제거시 발생되는 것
㉯ 건조고형물의 함량을 기준으로 하여 석면이 2% 이상 함유된 제품, 설비(뿜칠로 사용된 것은 포함한다)등의 해체, 제거시 발생되는 것
㉰ 건조고형물의 함량을 기준으로 하여 석면이 5% 이상 함유된 제품, 설비(뿜칠로 사용된 것은 포함한다)등의 해체, 제거시 발생되는 것
㉱ 건조고형물의 함량을 기준으로 하여 석면이 10% 이상 함유된 제품, 설비(뿜칠로 사용된 것은 포함한다)등의 해체, 제거시 발생되는 것

69 다음은 방치폐기물의 처리기간에 관한 내용이다. ( )안에 알맞은 것은?

> 환경부장관이나 시도지사는 폐기물처리 공제조합에 방치폐기물의 처리를 명하려면 주변환경의 오염 우려정도와 방치폐기물의 처리량 등을 고려하여 ( )의 범위에서 그 처리기간을 정하여야 한다.

㉮ 1개월   ㉯ 2개월
㉰ 4개월   ㉱ 6개월

 방치폐기물의 처리기간 2개월, 1개월 범위안에서 기간연장

70 폐기물 발생 억제 지침 준수의무 대상 배출자의 규모 기준으로 맞는 것은?

㉮ 최근 3년간 연평균 배출량을 기준으로 지정폐기물 외의 폐기물을 300톤 이상 배출하는 자
㉯ 최근 3년간 연평균 배출량을 기준으로 지정폐기물 외의 폐기물을 600톤 이상 배출하는 자
㉰ 최근 3년간 연평균 배출량을 기준으로 지정폐기물 외의 폐기물을 1천톤 이상 배출하는 자
㉱ 최근 3년간 연평균 배출량을 기준으로 지정폐기물 외의 폐기물을 3천톤 이상 배출하는 자

> **Tip**
> **폐기물 발생 억제 지침 준수의무 대상 배출자의 규모 기준**
> ① 최근 3년간의 연평균배출량을 기준으로 지정폐기물을 100톤이상 배출하는 자
> ② 최근 3년간 연평균 배출량을 기준으로 지정폐기물 외의 폐기물을 1천톤 이상 배출하는 자

71 폐기물처리 신고자에게 처리금지를 갈음하여 부과할 수 있는 최대 과징금은 얼마인가?

㉮ 1천만원   ㉯ 2천만원
㉰ 5천만원   ㉱ 1억원

폐기물처리 신고자에게 처리금지를 갈음하여 부과할 수 있는 최대 과징금은 2천만원이다.

정답 68 ㉮ 69 ㉯ 70 ㉰ 71 ㉯

72 폐기물처리업자의 폐기물 보관량 및 처리기한에 관한 내용 중 폐기물 재활용업자가 임시보관시설에 폐기물(폐전주로 한정한다)을 보관하는 경우에 대한 기준으로 맞는 것은 어느 것인가?

㉮ 3월부터 11월까지 : 중량 100톤 미만
㉯ 3월부터 11월까지 : 중량 200톤 미만
㉰ 12월부터 다음 해 2월까지 : 중량 100톤 미만
㉱ 12월부터 다음 해 2월까지 : 중량 200톤 미만

> **Tip**
> 폐기물(폐전주로 한정)을 보관하는 경우
> ① 3월부터 11월까지 : 중량 50톤 미만
> ② 12월부터 다음 해 2월까지 : 중량 100톤 미만

73 시·도지사는 관할 구역의 폐기물을 적정하게 처리하기 위해 환경부장관이 정하는 지침에 따라 몇 년마다 폐기물 처리에 관한 기본계획을 세워 환경부장관에게 승인을 받아야 하는가?

㉮ 1년 ㉯ 3년
㉰ 5년 ㉱ 10년

참고 법규개정으로 문제 삭제

74 가연성 고형폐기물의 에너지회수기준을 측정하는 기관으로 틀린 것은?

㉮ 한국환경공단
㉯ 한국기계연구원
㉰ 한국산업표준연구원
㉱ 한국에너지기술연구원

풀이 ㉰ 한국산업기술시험원

75 폐기물처리시설 주변지역 영향조사 기준 중 조사방법(조사지점)에 대한 설명으로 가장 거리가 먼 것은?

㉮ 미세먼지와 다이옥신 조사지점은 해당 시설에 인접한 주거지역 중 2개소 이상 지역의 일정한 곳으로 한다.
㉯ 악취 조사지점은 매립시설에 가장 인접한 주거지역에서 냄새가 가장 심한 곳으로 한다.
㉰ 토양 조사지점은 4개소 이상으로 하고, 토양정밀조사의 방법에 따라 폐기물 매립 및 재활용 지역의 시료채취 지점의 표토와 심토에서 각각 시료를 채취해야 하며, 시료채취 지점의 지형 및 하부토양의 특성을 고려하여 시료를 채취해야 한다.
㉱ 지표수 조사지점은 해당 시설에 인접하여 폐수, 침출수 등이 흘러들거나 흘러들 것으로 우려되는 지역의 상, 하류 각 1개소 이상의 일정한 곳으로 한다.

풀이 ㉮ 미세먼지와 다이옥신 조사지점은 해당 시설에 인접한 주거지역 중 3개소 이상 지역의 일정한 곳으로 한다.

정답 72 ㉰ 73 ㉱ 74 ㉰ 75 ㉮

76 위해의료폐기물의 종류별 해당 폐기물을 잘못 연결한 것은 어느 것인가?

㉮ 손상성폐기물 : 파손된 유리재질의 시험기구
㉯ 혈액오염폐기물 : 혈액이 함유되어 있는 탈지면
㉰ 병리계폐기물 : 시험, 검사 등에 사용된 배양액
㉱ 생물, 화학폐기물 : 폐백신

[풀이] 혈액오염폐기물 : 폐혈액백, 혈액투석 시 사용된 폐기물

Tip
위해의료폐기물
① 조직물류폐기물 : 인체 또는 동물의 조직·장기·기관·신체의 일부, 동물의 사체, 혈액·고름 및 혈액생성물(혈청, 혈장, 혈액제제)
② 병리계폐기물 : 시험·검사 등에 사용된 배양액, 배양용기, 보관균주, 폐시험관, 슬라이드, 커버글라스, 폐배지, 폐장갑
③ 손상성폐기물 : 주사바늘, 봉합바늘, 수술용 칼날, 한방침, 치과용침, 파손된 유리재질의 시험기구
④ 생물·화학폐기물 : 폐백신, 폐항암제, 폐화학치료제
⑤ 혈액오염폐기물 : 폐혈액백, 혈액투석 시 사용된 폐기물, 그 밖에 혈액이 유출될 정도로 포함되어 있어 특별한 관리가 필요한 폐기물

77 폐기물처분시설 또는 재활용시설 중 의료폐기물을 대상으로 하는 시설의 기술관리인의 자격기준으로 잘못된 것은 어느 것인가?

㉮ 수질환경산업기사
㉯ 임상병리사
㉰ 폐기물처리산업기사
㉱ 위생사

Tip
기술관리인의 자격기준

구분		자격기준
폐기물 처분 시설 또는 재활용 시설	가. 매립시설	폐기물처리기사, 수질환경기사, 토목기사, 일반기계기사, 건설기계기사, 화공기사, 토양환경기사 중 1명 이상
	나. 소각시설(의료폐기물을 대상으로 하는 소각시설은 제외), 시멘트 소성로, 용해로 및 소각열 회수시설	폐기물처리기사, 대기환경기사, 토목기사, 일반기계기사, 건설기계기사, 화공기사, 전기기사, 전기공사기사 중 1명 이상
	다. 의료폐기물을 대상으로 하는 시설	폐기물처리산업기사, 임상병리사, 위생사 중 1명 이상
	라. 음식물류 폐기물을 대상으로 하는 시설	폐기물처리산업기사, 수질환경산업기사, 화공산업기사, 토목산업기사, 대기환경산업기사, 기계기사, 전기기사 중 1명 이상
	마. 그 밖의 시설	같은 시설의 운영을 담당하는 자 1명 이상

78 의료폐기물 전용용기 검사기관으로 틀린 것은?

㉮ 한국환경공단
㉯ 한국화학융합시험연구원
㉰ 한국재료시험연구원
㉱ 한국건설생활환경시험연구원

Tip
의료폐기물 전용용기 검사기관
① 한국환경공단
② 한국화학융합시험연구원
③ 한국건설생활환경시험연구원
④ 그 밖에 국립환경과학원장이 의료폐기물 전용용기에 대한 검사능력이 있다고 인정하여 고시하는 기관

정답 76 ㉯ 77 ㉮ 78 ㉰

79 주변지역 영향 조사대상 폐기물 처리시설 기준으로 맞는 것은?

㉮ 매립면적 1만 제곱미터 이상의 사업장 일반폐기물 매립시설
㉯ 매립면적 3만 제곱미터 이상의 사업장 일반폐기물 매립시설
㉰ 매립면적 5만 제곱미터 이상의 사업장 일반폐기물 매립시설
㉱ 매립면적 15만 제곱미터 이상의 사업장 일반폐기물 매립시설

> **Tip**
> 주변지역 영향 조사대상 폐기물처리시설 중 대통령령으로 정하는 폐기물처리시설
> ① 1일 처분능력이 50톤 이상인 사업장폐기물 소각시설(같은 사업장에 여러개의 소각시설이 있는 경우에는 각 소각시설의 1일 처분능력의 합계가 50톤 이상인 경우)
> ② 매립면적 1만 제곱미터 이상의 사업장 지정폐기물 매립시설
> ③ 매립면적 15만 제곱미터 이상의 사업장 일반폐기물 매립시설
> ④ 시멘트 소성로(폐기물을 연료로 사용하는 경우로 한정)
> ⑤ 1일 재활용능력이 50톤 이상인 사업장폐기물 소각열회수시설(같은 사업장에 여러개의 소각열회수시설이 있는 경우에는 각 소각열회수시설의 1일 재활용능력의 합계가 50톤 이상인 경우)

80 기술관리인을 두어야 할 폐기물처리시설 기준으로 맞는 것은?

㉮ 소각열회수시설로서 시간당 재활용능력이 100킬로그램 이상인 시설
㉯ 소각열회수시설로서 시간당 재활용능력이 125킬로그램 이상인 시설
㉰ 소각열회수시설로서 시간당 재활용능력이 200킬로그램 이상인 시설
㉱ 소각열회수시설로서 시간당 재활용능력이 600킬로그램 이상인 시설

> **Tip**
> 기술관리인을 두어야 할 폐기물처리시설 기준
> (1) 매립시설의 경우
>   ① 지정폐기물을 매립하는 시설로서 면적이 3천300 제곱미터 이상인 시설
>   ② 지정폐기물 외의 폐기물을 매립하는 시설로서 면적이 1만 제곱미터 이상이거나 매립 용적이 3만 세제곱미터 이상인 시설
> (2) 소각시설로서 시간당 처분능력이 600킬로그램(의료폐기물을 대상으로 하는 소각시설의 경우에는 200킬로그램)이상인 시설
> (3) 압축·파쇄·분쇄 또는 절단시설로서 1일 처분능력 또는 재활용능력이 100톤 이상인 시설
> (4) 사료화·퇴비화 또는 연료화시설로서 1일 재활용능력이 5톤 이상인 시설
> (5) 멸균분쇄시설로서 시간당 처분능력이 100킬로그램 이상인 시설
> (6) 시멘트 소성로
> (7) 용해로(폐기물에서 비철금속을 추출하는 경우로 한정)로서 시간당 재활용능력이 600킬로그램 이상인 시설
> (8) 소각열회수시설로서 시간당 재활용능력이 600킬로그램 이상인 시설

정답 79 ㉱ 80 ㉱

2013 제2회 폐기물처리산업기사
(2013년 6월 2일 시행)

제1과목 폐기물개론

01 어떤 도시에서 발생되는 쓰레기를 인부 50명이 수거운반할 때의 MHT는 얼마인가? (단, 1일 10시간 작업, 연간수거실적은 1,220,000ton, 휴가일수 60일/년·인)

㉮ 약 1.05 ㉯ 약 0.81
㉰ 약 0.33 ㉱ 약 0.13

풀이) $MHT = \dfrac{수거인부수 \times 작업시간}{쓰레기 수거실적}$

$= \dfrac{50인 \times 10hr/day \times 305day/년}{1,220,000ton/년}$

$= 0.125 MHT$

Tip
① MHT = man·hr/ton
② MHT : 1ton의 쓰레기를 수거하는데 수거인부 1인이 소요하는 총시간
③ MHT가 클수록 수거효율이 낮다.

02 폐기물의 입도 분석결과 입도 누적곡선 상의 10%, 30%, 60%, 90%의 입경이 각각 1, 5, 10, 20mm 였다. 이 때 유효입경과 균등계수는 얼마인가?

㉮ 유효입경 10mm, 균등계수 2.0
㉯ 유효입경 10mm, 균등계수 1.0
㉰ 유효입경 1.0mm, 균등계수 10
㉱ 유효입경 1.0mm, 균등계수 20

풀이) ① 유효입경 = 입도누적곡선상의 10%에 해당하는 입경($D_{10\%}$)
따라서 유효입경은 1.0mm 이다.

② 균등계수 = $\dfrac{D_{60\%}}{D_{10\%}}$

여기서 $D_{60\%}$: 입도누적곡선상 60% 입경
$D_{10\%}$: 입도누적곡선상 10% 입경

따라서 균등계수 = $\dfrac{10mm}{1mm} = 10.0$

Tip
① 유효입경 = $D_{10\%}$
② 균등계수 = $\dfrac{D_{60\%}}{D_{10\%}}$
③ 곡률계수 = $\dfrac{(D_{30\%})^2}{(D_{10\%} \times D_{60\%})}$

정답 01 ㉱ 02 ㉰

03 pH 3인 폐산 용액은 pH가 5인 폐산 용액에 비해 수소이온이 몇 배가 되는가?

㉮ 2배 ㉯ 15배
㉰ 20배 ㉱ 100배

풀이
pH = 3 ⇒ $[H^+] = 10^{-3}$ mol/L
pH = 5 ⇒ $[H^+] = 10^{-5}$ mol/L
따라서 $\dfrac{pH\,3}{pH\,5} = \dfrac{10^{-3}\,mol/L}{10^{-5}\,mol/L} = 100$배

Tip
pH = -log[H^+] ⇒ [H^+] = 10^{-pH} mol/L
pOH = -log[OH^-] ⇒ [OH^-] = 10^{-pOH} mol/L

04 함수율이 35%인 쓰레기를 함수율이 7%로 감소시키면 감소시킨 후의 쓰레기의 중량은 처음 중량의 몇 %인가? (단, 쓰레기 비중은 1.0 기준이다.)

㉮ 약 80% ㉯ 약 75%
㉰ 약 70% ㉱ 약 65%

풀이
$W_1 \times (100 - P_1) = W_2 \times (100 - P_2)$
여기서 W_1 : 처음 쓰레기양
P_1 : 처음 함수율
W_2 : 감소 후 쓰레기양
P_2 : 감소 후 함수율
따라서 $W_1 \times (100 - 35) = W_2 \times (100 - 7)$
∴ $\dfrac{W_2}{W_1} = \dfrac{(100-35)}{(100-7)} = 0.6989$
∴ $W_2 = 0.6989\,W_1$ 이므로 처음의 **69.89%**가 된다.

05 쓰레기를 소각했을 때 남은 재의 중량은 쓰레기 중량의 약 1/5 이다. 쓰레기 95ton을 소각했을 때 재의 용적이 7m³라고 하면 재의 밀도(ton/m³)는 얼마인가?

㉮ 2.31ton/m³ ㉯ 2.51ton/m³
㉰ 2.71ton/m³ ㉱ 2.91ton/m³

풀이
재의 밀도(ton/m³) = $\dfrac{\text{재의 중량(ton)}}{\text{재의 용적(m}^3\text{)}}$

$= \dfrac{95\,ton \times \dfrac{1}{5}}{7\,m^3}$

$= 2.71\,ton/m^3$

06 2차 파쇄를 위해 5cm의 폐기물을 1cm로 파쇄하는데 소요되는 에너지(kWh/ton)는 얼마인가? (단, Kick의 법칙(E = C·ln(L_1/L_2))을 이용할 것, 동일한 파쇄기를 이용하여 10cm의 폐기물을 1cm로 파쇄하는데에는 에너지가 50kWh/ton 소모된다.)

㉮ 약 30 ㉯ 약 35
㉰ 약 40 ㉱ 약 45

풀이
Kick의 법칙 : $E = C\ln\left(\dfrac{L_1}{L_2}\right)$
여기서 E : 동력
L_1 : 평균크기
L_2 : 최종크기

① $50\,kWh/ton = C \times \ln\left(\dfrac{10cm}{1cm}\right)$
∴ $C = \dfrac{50\,kWh/ton}{\ln\left(\dfrac{10cm}{1cm}\right)} = 21.71\,kWh/ton$

② $E = 21.71\,kWh/ton \times \ln\left(\dfrac{5cm}{1cm}\right)$
$= 34.94\,kWh/ton$

정답 03 ㉱ 04 ㉰ 05 ㉰ 06 ㉯

07 다음은 쓰레기의 부피 감소율(%) 변화이다. 이 중에서 가장 큰 압축비의 증가를 요하는 경우는 어느 것인가?

㉮ 부피감소율 30 → 60 증가
㉯ 부피감소율 60 → 80 증가
㉰ 부피감소율 80 → 90 증가
㉱ 부피감소율 90 → 95 증가

[풀이] 압축비 = $\dfrac{100}{100-\text{부피감소율}}$

㉮ ① 압축비 = $\dfrac{100}{100-30}$ = 1.43

② 압축비 = $\dfrac{100}{100-60}$ = 2.5

③ 압축비 증가 = 2.5-1.43 = 1.07

㉯ ① 압축비 = $\dfrac{100}{100-60}$ = 2.5

② 압축비 = $\dfrac{100}{100-80}$ = 5.0

③ 압축비 증가 = 5.0-2.5 = 2.5

㉰ ① 압축비 = $\dfrac{100}{100-80}$ = 5.0

② 압축비 = $\dfrac{100}{100-90}$ = 10.0

③ 압축비 증가 = 10.0-5.0 = 5.0

㉱ ① 압축비 = $\dfrac{100}{100-90}$ = 10.0

② 압축비 = $\dfrac{100}{100-95}$ = 20.0

③ 압축비 증가 = 20.0-10.0 = 10.0

08 함수율이 80%인 음식쓰레기와 함수율이 50%인 퇴비를 3 : 1의 무게비로 혼합할때 함수율(%)은 얼마인가? (단, 비중은 1.0 기준이다.)

㉮ 66.5% ㉯ 68.5%
㉰ 72.5% ㉱ 74.5%

[풀이] 함수율(%) = $\dfrac{80\% \times 3 + 50\% \times 1}{3+1}$ = 72.5%

09 40세대 2000명이 생활하는 아파트에서 배출하는 쓰레기를 4일마다 수거하는데 적재용량 8.0m³짜리 트럭 6대가 소요된다. 쓰레기의 용적당 중량은 400kg/m³라면 1인당 1일 쓰레기 배출량(kg)은 얼마인가? (단, 기타 조건은 고려하지 않는다.)

㉮ 5.2kg ㉯ 4.1kg
㉰ 3.2kg ㉱ 2.4kg

[풀이] 쓰레기 배출량(kg/인·일)
= $\dfrac{\text{쓰레기 수거량(kg/일)}}{\text{인구수(인)}}$
= $\dfrac{8.0\text{m}^3/\text{대} \times 6\text{대}/4\text{일} \times 400\text{kg/m}^3}{2,000\text{인}}$
= 2.4kg/인·일

Tip
① 중량(kg) = 용적(m³)×밀도(kg/m³)
② 용적(m³) = 중량(kg)×$\dfrac{1}{\text{밀도(kg/m}^3)}$

정답 07 ㉱ 08 ㉰ 09 ㉱

10 국내 쓰레기 수거노선 결정시 주의할 내용으로 틀린 것은?

㉮ 발생량이 아주 많은 곳은 하루 중 가장 먼저 수거한다.
㉯ 될 수 있는 한 한번 간 길은 가지 않는다.
㉰ 가능한 한 시계방향으로 수거노선을 정한다.
㉱ 적은 양의 쓰레기는 다른 날 왕복 내에서 수거한다.

[풀이] ㉱ 발생량이 적으나 수거빈도가 동일하기를 원하는 적재지점은 가능한 한 같은 날 왕복내에서 수거한다.

> **Tip**
> 쓰레기 수거노선 설정시 유의사항
> ① 간선도로 부근에서 시작하고 끝나도록 한다.
> ② 가능한 한 시계방향으로 수거노선을 정한다.
> ③ 발생량이 아주 많은 발생원은 하루 중 가장 먼저 수거한다.
> ④ 발생량이 적으나 수거빈도가 동일하기를 원하는 적재지점은 가능한 한 같은 날 왕복내에서 수거한다.
> ⑤ 언덕지역에서는 언덕의 위에서부터 적재하면서 아래로 차량을 진행한다.
> ⑥ U자형 회전을 피한다.
> ⑦ 가급적 출·퇴근 시간을 피한다.
> ⑧ 될 수 있는 한 한번 간 길은 가지 않는다.

11 새로운 쓰레기 수집방법 중 Pipe-line방식에 대한 내용으로 가장 거리가 먼 것은?

㉮ 쓰레기 발생빈도가 높은 인구밀집지역에서 현실성이 있다.
㉯ 대형폐기물에 대한 전처리가 필요하다.
㉰ 잘못 투입된 물건은 회수하기가 곤란하다.
㉱ 장거리 이송이 용이하다.

[풀이] ㉱ 단거리 이송이 용이하다.

> **Tip**
> 파이프라인(Pipe-line) 방식
> (1) 장점
> ① 자동화, 무공해화, 안전화가 가능하다.
> ② 쓰레기가 눈에 띄지 않는다.
> ③ 분진, 악취, 소음, 진동등의 문제가 없다.
> ④ 수거차량에 의한 도심지 교통량 증가가 없다.
> (2) 단점
> ① 쓰레기 발생빈도가 높아야 현실성이 있다.
> ② 조대(대형)쓰레기는 파쇄, 압축 등의 전처리를 해야 한다.
> ③ 잘못 투입된 물건은 회수하기가 곤란하다.
> ④ 장거리 이용이 곤란하다.
> ⑤ 가설 후 경로(Route) 변경이 곤란하고 설치비가 막대하다.
> ⑥ 유지관리, 수송능력 등의 문제를 고려할 때 초기 투자비가 높다.
> ⑦ 고도의 시스템 신뢰성이 필요하다.
> ⑧ 투입구를 이용한 범죄나 사고의 위험이 있다.
> ⑨ 사고발생시 시스템 전체가 마비되어 대체 시스템으로의 전환이 필요하다.
> ⑩ 약 2.5km 이내의 수송에 용이하다.

 10 ㉱ 11 ㉱

12 쓰레기 발생량에 영향을 주는 인자에 대한 내용으로 가장 적당한 것은?

㉮ 쓰레기통이 작을수록 쓰레기 발생량이 증가한다.
㉯ 수집빈도가 높을수록 쓰레기 발생량이 증가한다.
㉰ 생활수준이 높을수록 쓰레기 발생량이 감소한다.
㉱ 도시규모가 작을수록 쓰레기 발생량이 증가한다.

㉮ 쓰레기통이 클수록 쓰레기 발생량이 증가한다.
㉰ 생활수준이 높을수록 쓰레기 발생량이 증가한다.
㉱ 도시규모가 클수록 쓰레기 발생량이 증가한다.

> **Tip**
> **폐기물 발생의 특징**
> ① 대도시보다는 문화수준이 열악한 중소도시의 주변이 쓰레기를 더 적게 발생시킨다.
> ② 쓰레기발생량은 주방쓰레기양에 영향을 많이 받으므로 엥겔지수가 높은 서민층의 쓰레기가 부유층보다 적다.
> ③ 쓰레기를 자주 수거해 가면 쓰레기 발생이 증가한다.
> ④ 쓰레기통이 클수록 유효용적이 증가하면 발생량이 증가한다.
> ⑤ 재활용품의 회수 및 재이용률이 증가할수록 쓰레기 발생량은 감소한다.
> ⑥ 생활수준이 증가할수록 쓰레기의 종류는 다양화되고 발생량은 증가한다.
> ⑦ 쓰레기의 성분은 계절에 영향을 받는다.
> ⑧ 쓰레기 관련법규는 쓰레기 발생량에 매우 중요한 영향을 미친다.
> ⑨ 부엌용 분쇄기를 사용할 경우 음식쓰레기 발생량이 제한적으로 감소한다.

13 밀도가 $650kg/m^3$인 쓰레기 10톤을 압축시켜 부피를 $5m^3$으로 만들었다면 부피 감소율(Volume Reduction, %)은 얼마인가?

㉮ 약 79%   ㉯ 약 73%
㉰ 약 68%   ㉱ 약 62%

부피감소율(%) = $\left(1 - \dfrac{V_2}{V_1}\right) \times 100(\%)$

여기서 V_1 : 압축 전 부피(m^3)
V_2 : 압축 후 부피(m^3)

① $V_1 = 10ton \times \dfrac{1}{0.65ton/m^3} = 15.3846m^3$

② $V_2 = 5m^3$

③ 부피감소율(%) = $\left(1 - \dfrac{5m^3}{15.3846m^3}\right) \times 100$
  = 67.50%

14 메탄의 고위 발열량이 $9,250kcal/Nm^3$이라면 저위 발열량($kcal/Nm^3$)은 얼마인가?

㉮ $8,290kcal/Nm^3$ ㉯ $8,360kcal/Nm^3$
㉰ $8,470kcal/Nm^3$ ㉱ $8,530kcal/Nm^3$

$Hl = Hh - 480 \times H_2O$ 개수($kcal/Sm^3$)
여기서 Hl : 저위발열량($kcal/Sm^3$)
Hh : 고위발열량($kcal/Sm^3$)
$CH_4 + 2O_2 \rightarrow CO_2 + 2H_2O$
∴ $Hl = 9250kcal/Nm^3 - 480 \times 2$
  = $8290kcal/Nm^3$

> **Tip**
> ① 완전연소 반응식
> $C_mH_n + \left(m + \dfrac{n}{4}\right)O_2 \rightarrow mCO_2 + \dfrac{n}{2}H_2O$
> ② 표준상태(0℃, 760mmHg) = $Nm^3 = Sm^3$

정답 12 ㉯ 13 ㉰ 14 ㉮

15 인구 1,000,000인 도시에서 1일 1인당 1.8kg의 쓰레기가 발생하고 있다. 1년 동안에 발생한 쓰레기의 총 부피(m^3/년)는 얼마인가? (단, 쓰레기 밀도는 0.45 kg/L이며 기타 내용은 무시한다.)

㉮ 1,260,000m^3/년 ㉯ 1,460,000m^3/년
㉰ 1,630,000m^3/년 ㉱ 1,820,000m^3/년

 쓰레기의 총부피(m^3/년)
= 쓰레기 발생량(kg/인·일)×365일/년
×인구수(인)×$\frac{1}{쓰레기\ 밀도(kg/m^3)}$

= 1.8kg/인·일×365일/년×1,000,000인×$\frac{1}{450kg/m^3}$

= 1,460,000m^3/년

> **Tip**
> 쓰레기 밀도
> 0.45kg/L×10^3L/m^3 = 450kg/m^3

16 쓰레기 발생량 조사방법으로 틀린 것은?

㉮ 물질 수지법
㉯ 경향법
㉰ 적재차량 계수분석
㉱ 직접 계근법

쓰레기 발생량 조사방법으로는 물질수지법, 직접계근법, 적재차량계수법, 통계조사법 (전수조사, 표본조사)이 있다.

17 적환장이 필요한 경우로 틀린 것은?

㉮ 저밀도 주거지역이 존재하는 경우
㉯ 불법투기와 다량의 어질러진 쓰레기들이 발생하는 경우
㉰ 상업지역에서 폐기물 수집에 대형용기를 많이 사용하는 경우
㉱ 슬러지 수송이나 공기수송 방식을 사용하는 경우

㉱ 상업지역에서 폐기물 수집에 소형용기를 사용하는 경우

> **Tip**
> 적환장의 필요성
> ① 폐기물 수집장소와 처분장소가 멀리 떨어져 있는 경우
> ② 소용량 수집차량이 사용되는 경우
> ③ 상업지역에서 폐기물 수집에 소형용기를 사용하는 경우
> ④ 불법투기와 다량의 어질러진 쓰레기들이 발생하는 경우
> ⑤ 슬러지 수송이나 공기수송 방식을 사용할 때
> ⑥ 저밀도 주거지역이 존재하는 경우
> ⑦ 작은 규모의 주택들이 밀집되어 있을 때

정답 15 ㉯ 16 ㉯ 17 ㉰

18 직경이 3.5m인 Trommel screen의 최적속도(rpm)는 얼마인가?

㉮ 25 rpm   ㉯ 20 rpm
㉰ 15 rpm   ㉱ 10 rpm

풀이 ① $N_c = \sqrt{\dfrac{g}{4\pi^2 r}} \times 60$

여기서 N_c : 임계속도(rpm)
g : 중력가속도(9.8m/sec²)
r : 반경(m)

따라서 $N_c = \sqrt{\dfrac{9.8\text{m/sec}^2}{4 \times \pi^2 \times \left(\dfrac{3.5\text{m}}{2}\right)}} \times 60$

$= 22.60\,\text{rpm}$

② $N_s = N_c \times 0.45$

여기서 N_s : 최적속도(rpm)
N_c : 임계속도(rpm)

따라서 $N_s = 22.60\,\text{rpm} \times 0.45 = 10.17\,\text{rpm}$

Tip
① rpm = 회/min
② 회/sec × 60sec/min = rpm

19 80%의 수분을 함유하고 있는 초기슬러지 100kg을 건조하여 수분함량을 50%로 만들었을 때 증발된 물의 양(kg)은 얼마인가? (단, 슬러지 비중은 1.0 기준이다.)

㉮ 30kg   ㉯ 40kg
㉰ 50kg   ㉱ 60kg

풀이 $W_1 \times (100 - P_1) = W_2 \times (100 - P_2)$

여기서 W_1 : 건조 전 슬러지량(kg)
P_1 : 건조 전 함수율(%)
W_2 : 건조 후 슬러지량(kg)
P_2 : 건조 후 함수율(%)

① $100\text{kg} \times (100 - 80) = W_2 \times (100 - 50)$

∴ $W_2 = \dfrac{100\text{kg} \times (100 - 80)}{(100 - 50)} = 40\text{kg}$

② 증발된 물의 양 $= W_1 - W_2$
$= 100\text{kg} - 40\text{kg}$
$= 60\text{kg}$

20 적환장의 설치장소로 가장 거리가 먼 것은?

㉮ 쓰레기 발생지역의 무게중심에서 가능한 먼 곳
㉯ 주요간선도로와 가까운 곳
㉰ 환경피해가 최소인 곳
㉱ 설치 및 작업이 쉬운 곳

풀이 ㉮ 쓰레기 발생지역의 무게중심에 되도록 가까운 곳

Tip
적환장 설치장소를 정하는데 고려사항
① 수거하고자 하는 개별적 고형물 발생지역의 하중 중심에 되도록 가까운 곳
② 주요 간선도로에 쉽게 도달할 수 있는 곳인 동시에 2차적 또는 보조 수송수단에 가까운 곳
③ 적환 작업중에 공중 및 환경피해가 최소인 곳
④ 설치 및 작업이 쉬운 곳
⑤ 주민의 반대가 적은 곳
⑥ 건설비와 운영비가 적게 들고 경제적인 곳

정답 18 ㉱ 19 ㉱ 20 ㉮

제2과목 폐기물처리기술

21 소각로의 연소능력이 250kg/m²·h이며, 쓰레기양이 30,000kg/일이다. 1일 8시간 소각하는 로의 면적(m²)은 얼마인가?

㉮ 15m² ㉯ 20m²
㉰ 25m² ㉱ 30m²

풀이 소각로의 연소능력(kg/m²·h)
$= \dfrac{쓰레기량(kg/hr)}{로의 면적(m^2)}$

따라서 $250 kg/m^2 \cdot hr = \dfrac{30,000 kg/일 \times 1일/8hr}{로의 면적(m^2)}$

∴ 로의 면적 $= \dfrac{30,000 kg/일 \times 1일/8hr}{250 kg/m^2 \cdot hr} = 15 m^2$

22 3,785m³/day 규모의 하수처리장 유입수의 BOD와 SS 농도가 각각 200mg/L라고 하고 1차 침전에 의하여 SS는 50%, BOD는 30%(SS제거에 따른 감소)가 제거된다고 할 때 1차 슬러지의 양(kg/day)은 얼마인가? (단, 비중은 1.0이며, 고형물 기준)

㉮ 378.5kg/day ㉯ 400.1kg/day
㉰ 512.4kg/day ㉱ 605.6kg/day

풀이 1차 슬러지의 양(kg/day)
$=$ 유량(kg/day)$\times$SS 농도(kg/m³)$\times$SS 제거율
$= 3,785 m^3/day \times 0.2 kg/m^3 \times 0.5$
$= 378.5 kg/day$

23 합성차수막인 PVC의 장·단점에 대한 내용으로 거리가 먼 것은?

㉮ 강도가 높다.
㉯ 접합이 용이하다.
㉰ 자외선, 오존, 기후에 약하다.
㉱ 대부분의 유기화학물질에 강하다.

풀이 ㉱ 대부분의 유기화학물질에 약하다.

> **Tip**
> PVC
> (1) 장점
>   ① 가격이 저렴하다.
>   ② 작업이 용이하다.
>   ③ 강도가 크다.
>   ④ 접합이 용이하다.
> (2) 단점
>   ① 대부분의 유기화학물질에 약하다.
>   ② 자외선, 오존, 기후에 약하다.

24 소각처리에 있어서 생성된 다이옥신의 배출을 최소화 할 수 있는 기술로써 보편적으로 활성탄 주입시설과 함께 가장 많이 사용되는 집진 설비는 어느 것인가?

㉮ 원심력 집진기 ㉯ 전기 집진기
㉰ 세정식 집진기 ㉱ 백필터 집진기

풀이 소각처리에 있어서 생성된 다이옥신의 배출을 최소화 할 수 있는 기술로써 보편적으로 활성탄 주입시설과 함께 가장 많이 사용되는 집진 설비는 백필터 집진기이다.

정답 21 ㉮ 22 ㉮ 23 ㉱ 24 ㉱

25 폐기물 고화처리시 고화재의 종류에 따라 무기적 방법과 유기적 방법으로 나눌 수 있다. 유기적 고형화에 대한 내용으로 가장 거리가 먼 것은?

㉮ 수밀성이 크며 다양한 폐기물에 적용할 수 있다.
㉯ 최종 고화체의 체적 증가가 거의 균일하다.
㉰ 미생물, 자외선에 대한 안정성이 약하다.
㉱ 상업화된 처리법의 현장자료가 빈약하다.

 ㉯ 최종 고화체의 체적 증가가 다양하다.

> **Tip**
> **유기성 고형화 및 무기성 고형화**
> (1) 유기성 고형화 방법의 특징
> ① 수밀성이 크고 적용가능 폐기물이 많다.
> ② 방사성 폐기물 처리에 적용함.
> ③ 최종 고화체의 체적 증가가 다양하다.
> ④ 처리비용이 고가이다.
> ⑤ 미생물 및 자외선에 대한 안정성이 약함.
> ⑥ 상업화된 처리법의 현장자료가 빈약하다.
> ⑦ 고도의 기술이 필요하며 촉매 등 유해물질이 사용된다.
> (2) 무기성 고형화 방법의 특징
> ① 처리비용이 싸다.
> ② 장기적으로 안정성이 지속된다.
> ③ 고화재료 구입이 용이하며, 재료가 무독성이다.
> ④ 상온, 상압에서 처리가 용이하다.
> ⑤ 수용성이 작고, 수밀성이 양호하다.
> ⑥ 다양한 산업폐기물에 적용할 수 있다.
> ⑦ 고형화재료에 따라 고화체의 체적 증가가 다양하다.

26 처리용량이 100kL/day인 분뇨처리장에서 가스저장 탱크를 설계하고자 한다. 가스 저류 시간을 6시간으로 하고 생성가스량을 투입량의 10배로 가정하면 가스탱크의 용량(m^3)은 얼마인가?

㉮ $100m^3$ ㉯ $150m^3$
㉰ $200m^3$ ㉱ $250m^3$

풀이 가스탱크의 용량(m^3)
= 처리용량(m^3/day)×가스저류시간(day)×생성가스량
= $100m^3/day \times \left(\dfrac{6hr}{24}\right)day \times 10배$
= $250m^3$

> **Tip**
> KL/day = m^3/day

27 수분함량이 97%인 슬러지의 비중은 얼마인가? (단, 고형물의 비중은 1.35 이다.)

㉮ 약 1.062 ㉯ 약 1.042
㉰ 약 1.028 ㉱ 약 1.008

풀이 $\dfrac{1}{\rho_{SL}} = \dfrac{W_{TS}}{\rho_{TS}} + \dfrac{W_P}{\rho_P}$

여기서 ρ_{SL} : 슬러지의 비중
 ρ_{TS} : 고형물의 비중
 W_{TS} : 고형물의 함량
 ρ_P : 수분의 비중
 W_P : 수분의 함량

따라서 $\dfrac{1}{\rho_{SL}} = \dfrac{0.03}{1.35} + \dfrac{0.97}{1.0}$

∴ $\rho_{SL} = \dfrac{1}{0.9922} = 1.008$

정답 25 ㉯ 26 ㉱ 27 ㉱

28. 고화처리방법 중 열가소성 플라스틱법의 장·단점으로 틀린 것은?

㉮ 용출 손실률이 시멘트 기초법보다 낮다.
㉯ 혼합률(MR)이 비교적 높다.
㉰ 고온 분해되는 물질에 사용된다.
㉱ 처리과정에서 화재의 위험성이 있다.

풀이 ㉰ 높은 온도에서 분해되는 물질에는 사용할 수 없다.

Tip
열가소성 플라스틱법
(1) 장점
 ① 용출손실률은 시멘트기초법에 비해 매우 낮다.
 ② 대부분의 매트릭스 물질은 수용액의 침투에 저항성이 매우 크다.
 ③ 고화처리된 폐기물성분을 나중에 회수하여 재활용 할 수 있다.
(2) 단점
 ① 혼합률(MR)이 비교적 높다.
 ② 높은 온도에서 분해되는 물질에는 사용할 수 없다.
 ③ 처리과정에서 화재의 위험성이 있다.
 ④ 에너지 요구량이 크다.
 ⑤ 폐기물을 건조시켜야 한다.

29. 어느 분뇨 처리장에서 잉여슬러지량은 분뇨 처리량의 30%이며 함수율은 99%이다. 이것을 농축조에서 함수율 98%로 농축하여 탈수기로 탈수시키고자 한다. 탈수기는 일주일 중 6일 운전하고 1일 8시간씩 가동한다면 탈수기의 슬러지처리능력(m^3/hr)은 얼마인가? (단, 비중은 1.0 기준이고, 1일 분뇨 처리량은 200kL 임)

㉮ 1.8m^3/hr ㉯ 2.9m^3/hr
㉰ 3.6m^3/hr ㉱ 4.4m^3/hr

풀이 $V_1 \times (100 - P_1) = V_2 \times (100 - P_2)$
여기서 V_1 : 농축 전 슬러지량
 P_1 : 농축 전 함수율
 V_2 : 농축 후 슬러지량
 P_2 : 농축 후 함수율

① $200m^3/day \times 0.3 \times (100-99)$
 $= V_2 \times (100-98)$
 $\therefore V_2 = \dfrac{200m^3/day \times 0.3 \times (100-99)}{(100-98)}$
 $= 30 m^3/day$

② 슬러지 처리능력(m^3/hr)
 $= \dfrac{30m^3}{day} \Big| \dfrac{7day}{1주} \Big| \dfrac{1주}{6day} \Big| \dfrac{1day}{8hr}$
 $= 4.38 m^3/hr$

30. 중량비로 80% 수분을 함유한 폐수에 응집제를 가하여 침전시켰더니 상등액과 침전 슬러지의 용적비가 1 : 2로 되었다. 이 때의 침전 슬러지의 수분(%)은 얼마인가? (단, 응집제의 무게는 무시할 정도로 작으며 상등액의 SS 농도는 무시한다.)

㉮ 70% ㉯ 75%
㉰ 80% ㉱ 85%

풀이 $V_1 \times (100 - P_1) = V_2 \times (100 - P_2)$
 $3 \times (100 - 80) = 2 \times (100 - P_2)$
 $\therefore P_2 = 100 - \left\{ \dfrac{3 \times (100 - 80)}{2} \right\} = 70\%$

Tip
상등액 : 침전슬러지 = 1 : 2이므로 $V_1 = 3$, $V_2 = 2$가 된다.

31 토양오염의 특징으로 가장 거리가 먼 것은?

㉮ 오염경로의 다양성
㉯ 피해발현의 완만성
㉰ 타 환경인자와의 영향관계의 모호성
㉱ 오염(영향)의 광역성 및 인지성

㉱ 오염(영향)의 국지성 및 비인지성

Tip
토양오염의 특성
① 토양오염은 대기, 수질, 폐기물 등 1차 오염물질에 의한 축적성 오염이다.
② 오염경로의 다양성
③ 피해발현의 완만성 및 만성적인 형태
④ 타 환경인자와의 영향관계의 모호성
⑤ 오염(영향)의 국지성 및 비인지성

32 매립되는 총고형물 20,000g/m³인 폐기물 100m³ 중 휘발성 고형물이 60%(W/W%)이었다면 CH_4 발생량(m³)은 얼마인가? (단, CH_4 발생량은 VS 1kg당 0.5m³ 이다.)

㉮ 600m³ ㉯ 700m³
㉰ 800m³ ㉱ 900m³

CH_4 발생량(m³)
= 폐기물량(m³)×총고형물(kg/m³)
　×휘발성 고형물의 함량×CH_4 발생량(m³/kg)
= 100m³×20kg/m³×0.6×0.5m³/kg
= 600m³

33 다음과 같은 조건의 음식물쓰레기와 톱밥을 혼합한 후 건조시킨 결과, 함수율 25%의 쓰레기가 만들어졌다면 건조된 쓰레기의 양(ton)은 얼마인가? (단, 비중은 1.0 기준이다.)

성 분	쓰레기양(t)	함수율(%)
음식물 쓰레기	12.0	85.0
톱밥	2.0	5.0

㉮ 4.93 ton ㉯ 5.33 ton
㉰ 6.32 ton ㉱ 7.12 ton

① 함수량(P_1) = $\dfrac{12 \text{ton} \times 85\% + 2 \text{ton} \times 5\%}{12 \text{ton} + 2 \text{ton}}$
　　= 73.57%
② $W_1 \times (100-P_1) = W_2 \times (100-P_2)$
여기서 W_1 : 건조 전 쓰레기양(ton)
　　　P_1 : 건조 전 함수율(%)
　　　W_2 : 건조 후 쓰레기양(ton)
　　　P_2 : 건조 후 함수율(%)
따라서 14ton×(100-73.57)
　　= W_2×(100-25)
∴ $W_2 = \dfrac{14 \text{ton} \times (100-73.57)}{(100-25)}$
　　= 4.93ton

Tip
W_1 = 음식쓰레기양 + 톱밥
　= 12ton + 2ton = 4ton

31 ㉱ 32 ㉮ 33 ㉮

34 토양의 용적밀도가 1.56g/cm³이고, 입자밀도가 2.45g/cm³일 때 공극률(%)은 얼마인가? (단, 물의 비중은 1.0 으로 가정하고, 기타조건은 고려하지 않는다.)

㉮ 36.3% ㉯ 38.5%
㉰ 40.4% ㉱ 43.5%

풀이
$$공극률(\%) = \left(1 - \frac{용적밀도}{입자밀도}\right) \times 100$$
$$= \left(1 - \frac{1.56 g/cm^3}{2.45 g/cm^3}\right) \times 100 = 36.33\%$$

35 함수율 98%인 슬러지 3000m³을 함수율 30%로 처리하여 매립하였다면 매립된 슬러지의 중량(톤)은 얼마인가? (단, 비중은 1.0 기준이다.)

㉮ 약 75 톤 ㉯ 약 86 톤
㉰ 약 92 톤 ㉱ 약 98 톤

풀이
① $V_1 \times (100 - P_1) = V_2 \times (100 - P_2)$
여기서 V_1 : 매립 전 슬러지량(m³)
P_1 : 매립 전 함수율(%)
V_2 : 매립 후 슬러지량(m³)
P_2 : 매립 후 함수율(%)
따라서 3000m³×(100-98) = V_2×(100-30)
∴ $V_2 = \frac{3000 m^3 \times (100-98)}{(100-30)} = 85.71 m^3$

② 매립된 슬러지 중량(ton)
= 85.71m³ × 1.0ton/m³
= 85.71ton

Tip
비중의 단위
g/cm³ = g/mL = kg/L = ton/m³

36 표면차수막과 연직차수막을 비교한 설명으로 가장 거리가 먼 것은?

㉮ 차수성 확인 : 연직차수막은 지하에 매설하기 때문에 확인이 어렵다.
㉯ 경제성 : 표면차수막은 단위면적당 공사비가 비싼 반면 총 공사비는 싸다.
㉰ 보수 : 연직차수막은 차수막 보강시공이 가능하다.
㉱ 지하수 집배수시설 : 표면차수막은 필요하다.

 ㉯ 경제성 : 표면차수막은 단위면적당 공사비가 싸지만 반면 총공사비는 비싸다.

Tip

연직차수막과 표면차수막의 비교

	연직차수막	표면차수막
차수성 확인	지하에 매설하기 때문에 확인이 어렵다.	시공시에는 가능하다. 매립후에는 곤란하다.
경제성	단위면적당 공사비가 비싼 반면 총공사비는 싸다.	단위면적당 공사비는 싸지만 매립지 전체를 시공하는 경우가 많아 총공사비는 비싸다.
보수성	차수막 보강시공이 가능	매립전에는 가능하나 매립후에는 어렵다.
지하수 집배수 시설	필요없다.	필요하다.

정답 34 ㉮ 35 ㉯ 36 ㉯

37 유동상 소각로의 장단점으로 틀린 것은?

㉮ 기계적 구동부분이 적어 고장률이 낮다.
㉯ 상(床)으로부터 찌꺼기의 분리가 어렵다.
㉰ 로내 온도의 자동제어로 열회수가 용이하다.
㉱ 가스온도가 높고 과잉공기량이 많다.

㉱ 가스온도가 낮고 과잉공기량이 적다.

> **Tip**
> **유동층 소각로**
> (1) 장점
> ① 기계적 구동부분이 적어 고장률이 낮다.
> ② 가스의 온도가 낮고 과잉공기량이 적다.
> ③ 로내의 온도의 자동제어와 열회수가 용이하다.
> ④ 반응시간이 빨라 소각시간이 짧다.
> ⑤ 유동매체의 축열량이 높아 단기간 정지후 가동시에 보조연료 사용 없이 정상가동이 가능하다.
> ⑥ 연소효율이 높아 미연소분의 배출이 적고 2차연소실이 필요 없다.
> (2) 단점
> ① 로내로 투입전 파쇄 등의 전처리가 필요하다.
> ② 상(床)으로부터 찌꺼기 분리가 어렵다.

38 탄소 81%, 수소 16%, 황 3%로 구성된 중유 10kg의 연소에 필요한 이론공기량(Sm³)은 얼마인가?

㉮ 115.7Sm³　㉯ 107.7Sm³
㉰ 95.8Sm³　㉱ 88.7Sm³

① 이론공기량(A_o)
 = $8.89C + 26.67\left(H - \dfrac{O}{8}\right) + 3.33S$ (Sm³/kg)
 = 8.89×0.81+26.67×0.16+3.33×0.03
 = 11.568Sm³/kg
② 11.568Sm³/kg×10kg = 115.68Sm³/kg

39 침출수를 혐기성 여상으로 처리할 때 유입유량 3,000m³/day이고 BOD가 600mg/L이며 처리효율이 95%이다. 이때 발생되는 메탄가스의 양(m³/day)은 얼마인가? (단, 1.5m³ 가스/BOD kg, 가스 중 메탄 함량 60%, 표준상태 기준이다.)

㉮ 약 1,270m³/day　㉯ 약 1,367m³/day
㉰ 약 1,420m³/day　㉱ 약 1,539m³/day

CH_4 가스의 발생량(m³/day)
= 유입유량(m³/day)×BOD 농도(kg/m³)
　×처리효율×CH_4 함량×가스발생량(m³/kg)
= 3,000m³/day×0.6kg/m³×0.95×0.60×1.5m³/kg
= 1,539m³/day

40 용량 10⁵m³의 매립지가 있다. 밀도 0.5t/m³인 도시쓰레기가 400,000kg/일 율로 발생된다면 매립지 사용일수(일)는 얼마인가? (단, 매립지 내의 다짐에 의한 쓰레기 부피 감소율은 50%이다.)

㉮ 125일　㉯ 250일
㉰ 312일　㉱ 421일

매립지 사용일수
$= \dfrac{\text{매립용적}(m^3)}{\text{쓰레기 발생량}(m^3) \times (1-\text{부피감소율})}$
$= \dfrac{10^5 m^3}{400,000 kg/day \times \dfrac{1}{500kg/m^3} \times (1-0.5)}$
= 250일

> **Tip**
> ① ton×10³ = kg
> ② 밀도 0.5ton/m³×10³ = 500kg/m³

제3과목 | 폐기물 공정시험기준

41 대상폐기물의 양이 800톤인 경우, 시료의 최소수는 얼마인가?

㉮ 36 ㉯ 42
㉰ 50 ㉱ 60

풀이) 대상폐기물의 양이 500톤이상 1000톤 미만인 경우 시료의 최소수는 36이다.

Tip 대상폐기물의 양과 시료의 최소 수

대상폐기물의 양 (단위 : ton)	시료의 최소 수	대상폐기물의 양 (단위 : ton)	시료의 최소 수
~1미만	6	100이상~500미만	30
1이상~5미만	10	500이상~1000미만	36
5이상~30미만	14	1000이상~5000미만	50
30이상~100미만	20	5000이상	60

42 다음 중 농도표시에 관한 내용으로 가장 거리가 먼 것은?

㉮ 용액의 농도를 '%'로만 표시할 때는 W/V%를 말한다.
㉯ 천분율은 g/L의 기호를 쓴다.
㉰ 단위면적(A. area) 중 성분의 면적(A)를 표시할 때는 A/A%(area)의 기호를 쓴다.
㉱ 일억분율은 μg/L의 기호를 쓴다.

풀이) ㉱ 십억분율은 μg/L의 기호를 쓴다.

43 용출시험 방법 중 시료액의 조제 또는 용출조작에 대한 설명으로 가장 적당한 것은?

㉮ 시료적당량을 정밀하게 달아 정제수에 황산(1+2)을 넣어 pH4 이하로 만든 용매에 넣어 혼합한다.
㉯ 시료(g) : 용매(g)는 1 : 100(W/W) 비율로 혼합한다.
㉰ 진탕 후 1.0 μm의 유리섬유여과지로 여과하고 여과액을 적당량 취하여 용출시험용 시료용액으로 한다.
㉱ 진탕회수는 매분당 약 300회, 진폭은 4~5cm의 진탕기를 사용하여 8시간 연속 진탕한다.

풀이) ㉮ 시료 100g이상을 정확히 달아 정제수에 염산을 넣어 pH를 5.8~6.3으로 한 용매 (mL)를 넣어 혼합한다.
㉯ 시료 : 용매 = 1 : 10(W : V) 비율로 혼합한다.
㉱ 진탕회수는 매분당 약 200회, 진폭은 4~5cm의 진탕기를 사용하여 6시간 연속 진탕한다.

44 유기인을 기체크로마토그래피로 분석할 때 사용되는 검출기의 종류로 틀린 것은?

㉮ 질소인 검출기
㉯ 열전도도 검출기
㉰ 전자포획형 검출기
㉱ 불꽃광도 검출기

풀이) 검출기는 질소인 검출기(NPD), 불꽃광도 검출기(FPD)를 사용하며, 불꽃광도 검출기 대신 알칼리열 이온화 검출기 또는 전자포획형 검출기를 사용할 수 있다.

정답 41 ㉮ 42 ㉱ 43 ㉰ 44 ㉯

45 청석면의 형태와 색상에 대한 설명으로 가장 거리가 먼 것은?

㉮ 곧은 섬유와 섬유다발
㉯ 종횡비는 전형적으로 1 : 4 이상
㉰ 특징적인 청색과 다색성
㉱ 다발 끝은 분산된 모양

㉯ 종횡비는 전형적으로 10 : 1 이상

> **Tip**
> **청석면의 특징**
> ① 곧은 섬유와 섬유 다발
> ② 긴 섬유는 만곡
> ③ 다발 끝은 분산된 모양
> ④ 특징적인 청색과 다색성
> ⑤ 종횡비는 전형적으로 10 : 1 이상

46 다음에서 설명하고 있는 시료의 분할 채취방법은 어느 것인가?

> 1. 분쇄한 대시료를 단단하고 깨끗한 평면위에 원추형으로 쌓는다.
> 2. 원추를 장소를 바꾸어 다시 쌓는다.
> 3. 원추에서 일정량을 취하여 장방형으로 도포하고 계속해서 일정량을 취하여 그 위에 입체로 쌓는다.
> 4. 육면체의 측면을 돌면서 균등량씩 취하여 두 개의 원추를 쌓는다.
> 5. 하나의 원추를 버리고 나머지 원추를 앞의 조작을 반복하면서 적당한 크기까지 줄인다.

㉮ 구획법   ㉯ 교호삽법
㉰ 원추 2분법   ㉱ 원추 4분법

㉯ 교호삽법에 대한 설명이다.

47 폐기물의 수소이온농도 측정시 적용되는 정밀도에 대한 기준으로 적당한 것은?

㉮ 임의의 한 종류의 pH 표준용액에 대해 검출부를 정제수로 잘 씻은 다음 5회 되풀이 하여 pH를 측정하였을 때 그 재현성이 ±0.05 이내이어야 한다.
㉯ 임의의 한 종류의 pH 표준용액에 대해 검출부를 정제수로 잘 씻은 다음 5회 되풀이 하여 pH를 측정하였을 때 그 재현성이 ±0.1 이내이어야 한다.
㉰ 임의의 한 종류의 pH 표준용액에 대해 검출부를 정제수로 잘 씻은 다음 10회 되풀이 하여 pH를 측정하였을 때 그 재현성이 ±0.05 이내이어야 한다.
㉱ 임의의 한 종류의 pH 표준용액에 대해 검출부를 정제수로 잘 씻은 다음 10회 되풀이 하여 pH를 측정하였을 때 그 재현성이 ±0.1 이내이어야 한다.

정밀도 : 임의의 한 종류의 pH 표준용액에 대하여 검출부를 정제수로 잘 씻은 다음 5회 되풀이 하여 pH를 측정했을 때 그 재현성이 ± 0.05 이내이어야 한다.

48 10ppm을 %로 나타내면 얼마가 되는가?

㉮ 0.1%   ㉯ 0.1%
㉰ 0.01%   ㉱ 0.001%

$10ppm \times 10^{-4} = 0.001\%$

> **Tip**
> $ppm \times 10^{-4} = \%$
> $\% \times 10^4 = ppm$

49 폐기물 운반용 차량에 적재된 폐기물 중에서 시료를 채취하고자 할때 시료채취 기준으로 가장 적당한 것은 어느 것인가?

㉮ 5톤 미만 차량 적재시 적재 폐기물을 평면상에서 2등분 한 후 각 등분마다 시료 채취
㉯ 5톤 이상 차량 적재시 적재 폐기물을 평면상에서 6등분 한 후 각 등분마다 시료 채취
㉰ 5톤 미만 차량 적재시 적재 폐기물을 평면상에서 4등분 한 후 각 등분마다 시료 채취
㉱ 5톤 이상 차량 적재시 적재 폐기물을 평면상에서 9등분 한 후 각 등분마다 시료 채취

> **Tip**
> **적재된 차량에서 시료채취기준**
> ① 5톤 미만의 차량에 적재되어 있을 때에는 적재폐기물을 평면상에서 6등분한 후 각 등분마다 시료를 채취한다.
> ② 5톤 이상의 차량에 적재되어 있을 때에는 적재폐기물을 평면상에서 9등분한 후 각 등분마다 시료를 채취한다.

50 폐기물 중의 기름성분의 추출에 사용되는 물질은 어느 것인가?

㉮ 클로로폼 ㉯ 사염화탄소
㉰ 벤젠 ㉱ 노말헥산

[풀이] 기름성분의 중량법은 시료를 직접 사용하거나, 시료에 적당한 응집제 또는 흡착제 등을 넣어 노말헥산 추출물질을 포집한 다음 노말헥산으로 추출하고 잔류물의 무게로부터 구하는 방법이다.

51 폐기물 시료의 전처리방법인 질산-과염소산 분해법에 관한 내용으로 틀린 것은?

㉮ 유기물을 다량 함유하고 있으면서 산화분해가 어려운 시료들에 적용한다.
㉯ 과염소산을 넣을 경우 진한질산이 공존하지 않으면 폭발할 위험이 있다.
㉰ 유기물분해가 완전히 끝나지 않아 액이 맑지 않을 때에는 다시 진한질산 5mL를 넣고 가열은 반복한다.
㉱ 부피기준으로 질산과 과염소산은 동일한 비율로 주입, 분해한다.

[풀이] ㉱ 진한질산 5 mL와 과염소산 10 mL를 넣는다.

52 총칙에서 규정하고 있는 설명으로 가장 적당한 것은?

㉮ '약'이라 함은 기재된 양에 대하여 ±5% 이상의 차가 있어서는 안 된다.
㉯ '방울수'라 함은 0℃에서 정제수 20방울을 적하할 때 그 부피가 약 1mL 되는 것을 말한다.
㉰ '감압 또는 진공'이라 함은 5mmHg 이하를 말한다.
㉱ '냄새가 없다'라고 기재한 것은 냄새가 없거나 또는 거의 없는 것을 표시하는 것이다.

[풀이] ㉮ '약'이라 함은 기재된 양에 대하여 ±10% 이상의 차가 있어서는 안 된다.
㉯ '방울수'라 함은 20℃에서 정제수 20방울을 적하할 때 그 부피가 약 1mL 되는 것을 말한다.
㉰ '감압 또는 진공'이라 함은 15mmHg 이하를 말한다.

정답 49 ㉱ 50 ㉱ 51 ㉱ 52 ㉱

53 다음 용출조작에 대한 내용 중 ( )안에 들어갈 적당한 것은 어느 것인가?

> 여과가 어려운 경우에는 원심분리기를 사용하여 매분당 ( ) 이상으로 ( )이상 원심 분리한 다음 상징액을 적당량 취하여 용출시험용 검액으로 한다.

㉮ 2000회전, 20분 ㉯ 2000회전, 30분
㉰ 3000회전, 20분 ㉱ 3000회전, 30분

Tip
용출조작
① 시료용액의 조제가 끝난 혼합액을 상온 상압에서 진탕회수가 매분당 약 200회, 진폭이 4~5cm의 진탕기를 사용하여 6시간 연속 진탕한다.
② 1.0μm의 유리섬유 여과지로 여과하고 여과액을 적당량 취하여 용출실험용 시료용액으로 한다.
③ 여과가 어려운 경우에는 원심분리기를 사용하여 매분당 3,000회전 이상으로 20분 이상 원심분리한 다음 상징액을 적당량 취하여 용출실험용 시료용액으로 한다.

54 총칙 중 온도에 대한 설명으로 가장 거리가 먼 것은?

㉮ 찬 곳은 따로 규정이 없는 한 0~15℃의 곳을 뜻한다.
㉯ 냉수는 4℃ 이하를 말한다.
㉰ 온수는 60~70℃를 말한다.
㉱ 실온은 1~35℃로 한다.

㉯ 냉수는 15℃ 이하를 말한다.

55 다음은 폐기물 소각시설의 소각재 시료 채취에 대한 설명이다. ( )안에 들어갈 적당한 것은 어느 것인가?

> 연속식 연소방식의 소각재 반출설비에서 시료채취 : 소각재 저장소에서 채취하는 경우는 저장조에 쌓여 있는 소각재를 평면상에서 ( )한 후 각 등분마다 크레인을 이용하여 소각재를 상하층으로 잘 섞은 다음 크레인으로 일정량을 저장조 밖으로 운반한다.

㉮ 4등분 ㉯ 5등분
㉰ 6등분 ㉱ 9등분

56 pH값 크기순으로 pH 표준액을 알맞게 나타낸 것은 어느 것인가? (단, 20℃ 기준)

㉮ 수산염표준액 < 프탈산염표준액 < 붕산염표준액 < 수산화칼슘표준액
㉯ 프탈산염표준액 < 인산염표준액 < 탄산염표준액 < 수산염표준액
㉰ 탄산염표준액 < 붕산염표준액 < 수산화칼슘표준액 < 수산염표준액
㉱ 인산염표준액 < 수산염표준액 < 붕산염표준액 < 탄산염 표준액

20℃ 기준에서 pH값 크기순서는 수산염표준액 < 프탈산염표준액 < 인산염표준액 < 붕산염표준액 < 탄산염표준액 < 수산화칼슘표준액 이다.

57 시험분석 대상물질을 기기가 검출할 수 있는 최소한의 농도 또는 양을 나타내는 기기 검출한계에 대한 설명으로 적당한 것은?

㉮ 바탕시료를 반복 측정 분석한 결과의 표준편차에 2배한 값
㉯ 바탕시료를 반복 측정 분석한 결과의 표준편차에 3배한 값
㉰ 바탕시료를 반복 측정 분석한 결과의 표준편차에 5배한 값
㉱ 바탕시료를 반복 측정 분석한 결과의 표준편차에 10배한 값

풀이 기기검출한계(IDL) : 시험분석 대상물질을 기기가 검출할 수 있는 최소한의 농도 또는 양으로서, 일반적으로 S/N 비의 2~5배 농도 또는 바탕시료를 반복 측정 분석한 결과의 표준편차에 3배한 값 등을 말한다.

> **Tip**
> **정량한계(LOQ)**
> 시험분석 대상을 정량화할 수 있는 측정값으로서, 제시된 정량한계 부근의 농도를 포함하도록 시료를 준비하고 이를 반복 측정하여 얻은 결과의 표준편차(S)에 10배한 값을 사용한다.

58 강열감량 및 유기물함량(중량법) 측정시 전기로 강열과정 전, 시료의 탄화를 위해 주입하는 시약은 어느 것인가?

㉮ 불화수소산용액
㉯ 과염소산용액
㉰ 과망간산칼륨용액
㉱ 질산암모늄용액

풀이 질산암모늄용액(25%)을 넣어 시료에 적시고 천천히 가열하여 탄화시킨 다음 (600±25)℃의 전기로 안에서 3시간 강열하고 실리카겔이 담겨있는 데시케이터 안에 넣어 식힌 후 무게를 정확히 단다.

59 자외선 가시선 분광법에 의한 시안 측정 시 사용시약 중 잔류염소를 제거하기 위한 시약은 어느 것인가?

㉮ 질산(1+4)
㉯ 클로라민T
㉰ L-아스코빈산
㉱ 아세트산아연 용액

풀이 잔류염소가 함유된 시료는 잔류염소 20mg당 L-아스코빈산(10W/V %) 0.6mL 또는 이산화비소산나트륨용액(10W/V %) 0.7mL를 넣어 제거한다.

> **Tip**
> **간섭물질**
> ① 시안화합물을 측정할 때 방해물질들은 증류하면 대부분 제거된다. 그러나 다량의 지방성분, 잔류염소, 황화합물은 시안화합물을 분석할 때 간섭할 수 있다.
> ② 다량의 지방성분을 함유한 시료는 아세트산 또는 수산화나트륨 용액으로 pH 6~7로 조절한 후 시료의 약 2%에 해당하는 부피의 노말헥산 또는 클로로폼을 넣어 추출하여 유기층은 버리고 수층을 분리하여 사용한다.
> ③ 황화합물이 함유된 시료는 아세트산아연용액(10W/V %) 2mL를 넣어 제거한다. 이 용액 1mL는 황화물이온 약 14mg에 해당된다.
> ④ 잔류염소가 함유된 시료는 잔류염소 20 mg당 L-아스코빈산(10W/V %) 0.6mL 또는 이산화비소산나트륨용액(10W/V %) 0.7mL를 넣어 제거한다.

정답 57 ㉯ 58 ㉱ 59 ㉰

60 다음 중 폐기물공정시험기준상 유도결합 플라스마-원자발광분광법으로 측정하는 물질은 어느 것인가?

㉮ 유기인   ㉯ 수은
㉰ 비소   ㉱ 시안

풀이) 폐기물공정시험기준상 분석방법
㉮ 유기인 : 기체크로마토그래피법
㉯ 수은 : 원자흡수분광광도법, 자외선 가시선 분광법
㉰ 비소 : 원자흡수분광광도법, 유도결합플라스마 - 원자발광분광법, 자외선 가시선 분광법
㉱ 시안 : 자외선/가시선분광법, 이온전극법, 연속흐름법

제4과목 폐기물 관계법규

61 수입폐기물을 수입할 당시의 성질과 상태 그대로 수출한 자에 대한 벌칙 기준은 어느 것인가?

㉮ 1년 이하의 징역이나 1천만원 이하의 벌금
㉯ 2년 이하의 징역이나 1천5백만원 이하의 벌금
㉰ 2년 이하의 징역이나 2천만원 이하의 벌금
㉱ 3년 이하의 징역이나 3천만원 이하의 벌금

풀이) ㉱ 3년 이하의 징역이나 3천만원 이하의 벌금에 해당한다.

62 사후관리 항목 및 방법에 따라 조사한 결과를 토대로 매립시설이 주변환경에 미치는 영향에 대한 종합보고서를 매립시설의 사용종료신고 후 몇 년 마다 작성하여야 하는가?

㉮ 1년   ㉯ 2년
㉰ 3년   ㉱ 5년

풀이) 주변환경영향 종합보고서 작성 : 사후관리 항목 및 방법에 따라 조사한 결과를 토대로 매립시설이 주변환경에 미치는 영향에 대한 종합보고서를 매립시설의 사용종료신고 후 5년마다 작성하여야 한다.

63 폐기물 발생 억제 지침 준수의무 대상 배출자의 규모 기준으로 맞는 것은?

㉮ 최근 3년간 연평균 배출량을 기준으로 지정폐기물을 100톤 이상 배출하는 자
㉯ 최근 3년간 연평균 배출량을 기준으로 지정폐기물을 200톤 이상 배출하는 자
㉰ 최근 3년간 연평균 배출량을 기준으로 지정폐기물을 300톤 이상 배출하는 자
㉱ 최근 3년간 연평균 배출량을 기준으로 지정폐기물을 500톤 이상 배출하는 자

Tip
폐기물 발생 억제 지침 준수의무 대상 배출자의 규모 기준
① 최근 3년간의 연평균 배출량을 기준으로 지정폐기물을 100톤 이상 배출하는 자
② 최근 3년간의 연평균 배출량을 기준으로 지정폐기물 외의 폐기물을 1천톤 이상 배출하는 자

정답 60 ㉰ 61 ㉱ 62 ㉱ 63 ㉮

64 폐기물처리업의 시설, 장비, 기술능력의 기준 중 사업장 배출시설계 폐기물의 수집·운반하는 경우의 기준으로 잘못된 것은?

㉮ 연락장소 또는 사무실
㉯ 장비(액체상태폐기물을 수집·운반하는 경우) : 탱크로리 또는 카고트럭 2대 이상
㉰ 장비(고체상태폐기물을 수집·운반하는 경우) : 암롤트럭, 컨테이너트럭, 덤프트럭, 밀폐식 운반차량, 운반용 압착차량·압축차량 또는 기계식 상차장치가 부착된 차량 2대 이상
㉱ 기술능력 : 폐기물처리산업기사, 대기환경산업기사, 수질환경산업기사 중 1명 이상

참고 법규개정으로 문제 삭제

65 주변지역 영향 조사대상 폐기물 처리시설 기준으로 맞는 것은 어느 것인가? (단, 대통령령으로 정하며 폐기물 처리업자 설치, 운영)

㉮ 매립면적 1만 제곱미터 이상의 사업장 지정폐기물 매립시설
㉯ 매립면적 2만 제곱미터 이상의 사업장 지정폐기물 매립시설
㉰ 매립면적 3만 제곱미터 이상의 사업장 지정폐기물 매립시설
㉱ 매립면적 5만 제곱미터 이상의 사업장 지정폐기물 매립시설

> **Tip**
> **주변지역 영향 조사대상 폐기물처리시설 중 대통령령으로 정하는 폐기물처리시설**
> ① 1일 처분능력이 50톤 이상인 사업장폐기물 소각시설(같은 사업장에 여러개의 소각시설이 있는 경우에는 각 소각시설의 1일 처분능력의 합계가 50톤 이상인 경우)
> ② 매립면적 1만 제곱미터 이상의 사업장 지정폐기물 매립시설
> ③ 매립면적 15만 제곱미터 이상의 사업장 일반폐기물 매립시설
> ④ 시멘트 소성로(폐기물을 연료로 사용하는 경우로 한정)
> ⑤ 1일 재활용능력이 50톤 이상인 사업장폐기물 소각열회수시설(같은 사업장에 여러개의 소각열회수시설이 있는 경우에는 각 소각열회수시설의 1일 재활용능력의 합계가 50톤 이상인 경우)

정답 64 ㉱ 65 ㉮

66 폐기물 관리의 기본원칙에 대한 내용으로 틀린 것은?

㉮ 폐기물은 중간처리보다는 소각 및 매립의 최종처리를 우선하여 비용과 유해성을 최소화 하여야 한다.
㉯ 폐기물로 인하여 환경오염을 일으킨 자는 오염된 환경을 복원할 책임을 지며, 오염으로 인한 피해의 구제에 드는 비용을 부담하여야 한다.
㉰ 국내에서 발생한 폐기물은 가능하면 국내에서 처리되어야 하고, 폐기물의 수입은 되도록 억제되어야 한다.
㉱ 누구든지 폐기물을 배출하는 경우에는 주변 환경이나 주민의 건강에 위해를 끼치지 아니하도록 사전에 적절한 조치를 하여야 한다.

풀이 ㉮ 폐기물은 소각 및 매립의 최종처리보다는 중간처리를 우선하여야 한다.

67 생활폐기물이 배출되는 토지나 건물의 소유자, 점유자 또는 관리자는 관할 특별자치도, 시군구의 조례로 정하는 바에 따라 생활환경 보전상 지장이 없는 방법으로 그 폐기물을 스스로 처리하거나 양을 줄여서 배출하여야 한다. 이를 위반한 자에 대한 과태료 기준은 어느 것인가?

㉮ 100만원 이하의 과태료
㉯ 200만원 이하의 과태료
㉰ 300만원 이하의 과태료
㉱ 500만원 이하의 과태료

68 폐기물처리시설 중 재활용시설인 화학적 재활용시설로 틀린 것은?

㉮ 연료화 시설
㉯ 고형화·고화 시설
㉰ 반응시설(중화, 산화, 환원, 중합, 축합, 치환 등의 화학 반응을 이용하여 폐기물을 재활용하는 단위시설을 포함한다.)
㉱ 응집·침전시설

풀이 ㉮ 연료화 시설은 기계적 재활용시설에 해당한다.

> **Tip**
> **화학적 재활용시설**
> ① 고형화·고화 시설
> ② 반응시설(중화·산화·환원·중합·축합·치환 등의 화학반응을 이용하여 폐기물을 재활용하는 단위시설을 포함)
> ③ 응집·침전 시설

69 다음은 폐기물처리업자(폐기물 재활용업자)의 준수사항에 대한 설명이다. ( ) 안에 알맞은 것은?

> 유기성 오니를 화력발전소에서 연료로 사용하기 위하여 가공하는 자는 유기성 오니 연료의 저위발열량, 수분 함유량, 회분 함유량, 황분 함유량, 길이 및 금속성분을 ( )측정하여 그 결과를 시도지사에게 제출하여야 한다.

㉮ 매 월 1회 이상
㉯ 매 2월 1회 이상
㉰ 매 분기당 1회 이상
㉱ 매 반기당 1회 이상

정답 66 ㉮ 67 ㉮ 68 ㉮ 69 ㉰

70 다음은 지정폐기물 중 폐페인트 및 폐래커에 관한 기준이다. ( ) 안에 적당한 것은?

> 페인트 및 래커와 유기용제가 혼합된 것으로서 페인트 및 래커 제조업, ( )의 도장 시설, 폐기물을 재활용하는 시설에서 발생되는 것.

㉮ 용적 3세제곱미터 이상 또는 동력 3마력 이상
㉯ 용적 3세제곱미터 이상 또는 동력 5마력 이상
㉰ 용적 5세제곱미터 이상 또는 동력 3마력 이상
㉱ 용적 5세제곱미터 이상 또는 동력 5마력 이상

> **Tip**
> **지정폐기물 중 폐페인트 및 폐래커**
> ① 페인트 및 래커와 유기용제가 혼합된 것으로서 페인트 및 래커 제조업, 용적 5세제곱미터 이상 또는 동력 3마력 이상의 도장시설, 폐기물을 재활용하는 시설에서 발생되는 것
> ② 페인트 보관용기에 남아 있는 페인트를 제거하기 위하여 유기용제와 혼합된 것
> ③ 폐페인트 용기(용기 안에 남아 있는 페인트가 건조되어 있고, 그 잔존량이 용기 바닥에서 6밀리미터를 넘지 아니하는 것은 제외)

71 폐기물처리시설(소각시설, 소각열회수시설이나 멸균분쇄시설)의 검사를 받으려는 자가 해당 검사기관에 검사신청서와 함께 첨부하여 제출하여야 하는 서류와 가장 거리가 먼 것은?

㉮ 설계도면
㉯ 폐기물조성비 내용
㉰ 설치 및 장비확보 명세서
㉱ 운전 및 유지관리계획서

> **Tip**
> **첨부서류**
> (1) 소각시설, 소각열회수시설이나 멸균분쇄시설의 경우
> ① 설계도면
> ② 폐기물조성비 내용
> ③ 운전 및 유지관리계획서
> (2) 매립시설의 경우
> ① 설계도서 및 구조계산서 사본
> ② 시방서 및 재료시험성적서 사본
> ③ 설치 및 장비확보 명세서
> ④ 환경부장관이 고시하는 사항을 포함한 시설설치의 환경성조사서(면적이 1만 제곱미터 이상이거나 매립용적이 3만 세제곱미터 이상인 매립시설의 경우만 제출).
> ⑤ 종전에 받은 정기검사 결과서 사본(종전에 검사를 받은 경우에 한함)
> (3) 음식물류 폐기물 처리시설의 경우
> ① 설계도면
> ② 운전 및 유지관리계획서(물질수지도를 포함)
> ③ 재활용제품의 사용 또는 공급계획서(재활용의 경우만 제출)
> (4) 시멘트 소성로의 경우
> ① 설계도면
> ② 폐기물 성질·상태, 양, 조성비 내용
> ③ 운전 및 유지관리계획서

정답 70 ㉰ 71 ㉰

72 위해의료폐기물의 종류 중 시험, 검사 등에 사용된 배양액, 배양용기, 보관균주, 폐시험관, 슬라이드, 커버글라스, 폐배지, 폐장갑은 어느 폐기물에 해당 하는가?

㉮ 생물·화학폐기물
㉯ 손상성폐기물
㉰ 병리계폐기물
㉱ 조직물류 폐기물

풀이 병리계폐기물에는 시험·검사 등에 사용된 배양액, 배양용기, 보관균주, 폐시험관, 슬라이드, 커버글라스, 폐배지, 폐장갑이 해당한다.

> **Tip**
> **위해의료폐기물**
> ① 조직물류폐기물 : 인체 또는 동물의 조직·장기·기관·신체의 일부, 동물의 사체, 혈액·고름 및 혈액생성물(혈청, 혈장, 혈액제제)
> ② 병리계폐기물 : 시험·검사 등에 사용된 배양액, 배양용기, 보관균주, 폐시험관, 슬라이드, 커버글라스, 폐배지, 폐장갑
> ③ 손상성폐기물 : 주사바늘, 봉합바늘, 수술용 칼날, 한방침, 치과용침, 파손된 유리재질의 시험기구
> ④ 생물·화학폐기물 : 폐백신, 폐항암제, 폐화학치료제
> ⑤ 혈액오염폐기물 : 폐혈액백, 혈액투석 시 사용된 폐기물, 그 밖에 혈액이 유출될 정도로 포함되어 있어 특별한 관리가 필요한 폐기물

73 폐기물처리업의 허가를 받을 수 없는 자의 기준으로 잘못된 것은?

㉮ 미성년자
㉯ 파산선고를 받은 자로서 파산선고를 받은 날부터 5년이 지나지 아니한 자
㉰ 폐기물관리법을 위반하여 금고 이상의 실형을 선고받고 그 형의 집행이 끝나거나 집행을 받지 아니하기로 확정된 후 10년이 지나지 아니한 자
㉱ 폐기물처리업의 허가가 취소된 자로서 그 허가가 취소된 날부터 10년이 지나지 아니한 자

풀이 ㉯ 파산선고를 받고 복권되지 아니한 자

> **Tip**
> **폐기물처리업의 허가를 받을 수 없는 자의 기준**
> ① 미성년자, 피성년후견인 또는 피한정후견인
> ② 파산선고를 받고 복권되지 아니한 자
> ③ 폐기물관리법을 위반하여 금고 이상의 실형을 선고받고 그 형의 집행이 끝나거나 집행을 받지 아니하기로 확정된 후 10년이 지나지 아니한 자
> ④ 폐기물관리법을 위반하여 금고 이상의 형의 집행유예를 선고받고 그 집행유예 기간이 끝난 날부터 5년이 지나지 아니한 자
> ⑤ 폐기물관리법을 위반하여 대통령령으로 정하는 벌금형 이상을 선고받고 그 형이 확정된 날부터 5년이 지나지 아니한 자
> ⑥ 폐기물처리업의 허가가 취소되거나 전용용기 제조업의 등록이 취소된 자로서 그 허가 또는 등록이 취소된 날부터 10년이 지나지 아니한 자

정답 72 ㉰ 73 ㉯

74 토지이용의 제한 기간은 폐기물매립시설의 사용이 종료되거나 그 시설이 폐쇄된 날부터 몇 년 이내로 하는가?

㉮ 15년 ㉯ 20년
㉰ 25년 ㉱ 30년

풀이 토지이용의 제한 기간은 폐기물매립시설의 사용이 종료되거나 그 시설이 폐쇄된 날부터 30년 이내로 한다.

75 환경부령으로 정하는 폐기물처리시설의 설치를 마친 자는 환경부령으로 정하는 검사기관으로부터 검사를 받아야 한다. 폐기물처리시설이 시멘트 소성로인 경우, 검사기관으로 가장 거리가 먼 것은?

㉮ 한국환경공단
㉯ 한국기계연구원
㉰ 한국산업기술시험원
㉱ 한국건설기술연구원

Tip
시멘트 소성로의 검사기관
① 한국환경공단
② 한국기계연구원
③ 한국산업기술시험원

76 폐기물 감량화시설의 종류로 틀린 것은?

㉮ 공정 개선시설
㉯ 폐기물 전처리시설
㉰ 폐기물 재이용시설
㉱ 폐기물 재활용시설

풀이 폐기물 감량화시설의 종류에는 공정 개선시설, 폐기물 재이용시설, 폐기물 재활용시설이 있다.

77 폐기물관리법에서 사용하는 용어의 정의로 가장 거리가 먼 것은?

㉮ 폐기물감량화시설 : 생산 공정에서 발생하는 폐기물의 양을 줄이고, 사업장 내 재활용을 통하여 폐기물 배출을 최소화하는 시설로서 대통령령으로 정하는 시설을 말한다.
㉯ 사업장폐기물 : [대기환경보전법], [물환경보전법] 또는 [소음진동관리법]에 따라 배출시설을 설치, 운영하는 사업장이나 그 밖에 대통령령으로 정하는 사업장에서 발생하는 폐기물을 말한다.
㉰ 처리 : 폐기물의 소각, 중화, 파쇄, 고형화 등의 중간처리와 매립하거나 해역으로 배출하는 등의 최종처리를 말한다.
㉱ 지정폐기물 : 사업장 폐기물 중 폐유, 폐산 등 주변 환경을 오염시킬 수 있거나 의료폐기물 등 인체에 위해를 줄 수 있는 해로운 물질로서 대통령령으로 정하는 폐기물을 말한다.

풀이 ㉰ 처리 : 폐기물의 수집, 운반, 보관, 재활용, 처분을 말한다.

정답 74 ㉱ 75 ㉱ 76 ㉯ 77 ㉰

78 기술관리인을 두어야 하는 폐기물처리시설 기준으로 잘못된 것은? (단, 폐기물처리업자가 운영하는 폐기물처리시설은 제외)

㉮ 시멘트 소성로
㉯ 소각열회수시설로서 시간당 재활용능력이 600킬로그램 이상인 시설
㉰ 멸균분쇄시설로서 시간당 처분능력이 200킬로그램 이상인 시설
㉱ 사료화, 퇴비화 또는 연료화시설로서 1일 재활용능력이 5톤 이상인 시설

풀이 ㉰ 멸균분쇄시설로서 시간당 처분능력이 100킬로그램 이상인 시설

Tip
기술관리인을 두어야 할 폐기물처리시설
(1) 매립시설의 경우
  ① 지정폐기물을 매립하는 시설로서 면적이 3천300 제곱미터 이상인 시설. 다만 최종 처분시설 중 차단형 매립시설에서는 면적이 330 제곱미터 이상이거나 매립용적이 1천 세제곱미터 이상인 시설로 한다.
  ② 지정폐기물 외의 폐기물을 매립하는 시설로서 면적이 1만 제곱미터 이상이거나 매립용적이 3만 세제곱미터 이상인 시설
(2) 소각시설로서 시간당 처분능력이 600킬로그램(의료폐기물을 대상으로 하는 소각시설의 경우에는 200킬로그램)이상인 시설
(3) 압축·파쇄·분쇄 또는 절단시설로서 1일 처분능력 또는 재활용능력이 100톤 이상인 시설
(4) 사료화·퇴비화 또는 연료화시설로서 1일 재활용능력이 5톤 이상인 시설
(5) 멸균분쇄시설로서 시간당 처분능력이 100킬로그램 이상인 시설
(6) 시멘트 소성로
(7) 용해로(폐기물에서 비철금속을 추출하는 경우로 한정)로서 시간당 재활용능력이 600킬로그램 이상인 시설
(8) 소각열회수시설로서 시간당 재활용능력이 600킬로그램 이상인 시설

79 다음은 방치폐기물의 처리기간에 관한 내용이다. ( )안에 적당한 것은? (단, 연장 기간 제외)

> 환경부장관이나 시도지사는 폐기물처리공제조합에 방치폐기물의 처리를 명하려면 주변환경의 오염 우려정도와 방치폐기물의 처리량 등을 고려하여 ( )범위에서 그 처리기간을 정하여야 한다.

㉮ 1개월 ㉯ 2개월
㉰ 3개월 ㉱ 6개월

Tip
방치폐기물의 처리량과 처리기간
(1) 방치폐기물의 처리량
  ① 폐기물처리업자가 방치한 폐기물의 경우 : 그 폐기물처리업자의 폐기물 허용보관량의 2배 이내
  ② 폐기물처리 신고자가 방치한 폐기물의 경우 : 그 폐기물처리 신고자의 폐기물 보관량의 2배 이내
(2) 처리기간 : 2개월, 1개월 범위안에서 기간연장

정답 78 ㉰ 79 ㉯

80 매립시설의 기술관리인 자격기준으로 틀린 것은?

㉮ 수질환경기사 ㉯ 대기환경기사
㉰ 토양환경기사 ㉱ 토목기사

풀이 기술관리인의 자격기준

구분		자격기준
폐기물 처분 시설 또는 재활용 시설	가. 매립시설	• 폐기물처리기사, 수질환경기사, 토목기사, 일반기계기사, 건설기계기사, 화공기사, 토양환경기사 중 1명 이상
	나. 소각시설(의료폐기물을 대상으로 하는 소각시설은 제외), 시멘트 소성로, 용해로 및 소각열회수시설	• 폐기물처리기사, 대기환경기사, 토목기사, 일반기계기사, 건설기계기사, 화공기사, 전기기사, 전기공사기사 중 1명 이상
	다. 의료폐기물을 대상으로 하는 시설	• 폐기물처리산업기사, 임상병리사, 위생사 중 1명 이상
	라. 음식물류 폐기물을 대상으로 하는 시설	• 폐기물처리산업기사, 수질환경산업기사, 화공산업기사, 토목산업기사, 대기환경산업기사, 기계기사, 전기기사 중 1명 이상
	마. 그 밖의 시설	• 같은 시설의 운영을 담당하는 자 1명 이상

정답 80 ㉯

2013 제4회 폐기물처리산업기사
(2013년 9월 28일 시행)

제1과목 폐기물개론

01 파쇄장치 중 전단파쇄기에 관한 설명으로 가장 거리가 먼 것은?

㉮ 주로 목재류, 플라스틱류 및 종이류를 파쇄하는데 이용된다.
㉯ 이물질의 혼입에 대해 약하나 파쇄물의 크기를 고르게 할 수 있다.
㉰ 충격파쇄기에 비하여 대체적으로 파쇄속도가 빠르다.
㉱ 고정칼, 왕복 또는 회전칼과의 교합에 의하여 폐기물을 전단한다.

[풀이] ㉰ 충격파쇄기에 비하여 대체적으로 파쇄속도가 느리다.

02 쓰레기 관리체계에서 가장 비용이 많이 드는 과정은 어느 것인가?

㉮ 수거 및 운반 ㉯ 처리
㉰ 저장   ㉱ 재활용

[풀이] 쓰레기 관리체계에서 비용이 가장 많이 드는 것은 수거단계이며, 수거단계가 전체비용의 60%이상을 차지한다.

03 인구 3,800명인 어느 지역에서 하루 동안 발생되는 쓰레기를 수거하기 위하여 용량 8m³인 청소차량이 5대, 1일 2회 수거, 1일 근무시간이 8시간인 환경미화원이 5명 동원된다. 이 쓰레기의 적재밀도가 0.3ton/m³ 일 때 MHT 값은 얼마인가? (단, 기타 조건은 고려하지 않는다.)

㉮ 1.38man·hour/ton
㉯ 1.42man·hour/ton
㉰ 1.67man·hour/ton
㉱ 1.83man·hour/ton

[풀이] ① 쓰레기 수거량(ton/일)
= 0.3ton/m³×8m³/대×5대/1회×2회/일
= 24ton/일

② MHT(man·hr/ton)
$= \dfrac{수거인부수 \times 작업시간}{쓰레기 수거량}$
$= \dfrac{5인 \times 8hr/일}{24ton/일}$
= 1.67man·hr/ton

정답 01 ㉰ 02 ㉮ 03 ㉰

04 밀도가 250kg/m³인 폐기물 1000kg을 소각하였더니 200kg의 소각잔류물이 발생하였다. 이 소각잔류물의 밀도가 1000 kg/m³일 때 부피 감소율은 얼마인가?

㉮ 91% ㉯ 93%
㉰ 95% ㉱ 97%

풀이
① 압축전 부피(V_1)
 = $1000\text{kg} \times \dfrac{1}{250\text{kg/m}^3} = 4\text{m}^3$
② 압축후 부피(V_2)
 = $200\text{kg} \times \dfrac{1}{1000\text{kg/m}^3} = 0.2\text{m}^3$
③ 부피감소율(%)
 = $\left(1 - \dfrac{V_2}{V_1}\right) \times 100 = \left(1 - \dfrac{0.2\text{m}^3}{4\text{m}^3}\right) \times 100$
 = 95%

05 파쇄기로 15cm의 폐기물을 3cm로 파쇄 하는데 에너지가 50kW·h/ton이 소요되었다. 20cm의 폐기물을 4cm로 파쇄시 소요되는 에너지량은 얼마인가? (단, Kick의 법칙을 이용 하시오)

㉮ 32kW·h/ton ㉯ 37kW·h/ton
㉰ 41kW·h/ton ㉱ 50kW·h/ton

풀이
① 동력(E) = $C\ln\left(\dfrac{dp_1}{dp_2}\right)$
 $50\text{kw·hr/ton} = C\ln\left(\dfrac{15\text{cm}}{3\text{cm}}\right)$
 $\therefore C = \dfrac{50\text{ kw·hr/ton}}{\ln\left(\dfrac{15\text{cm}}{3\text{cm}}\right)}$
  = 31.067 kw·hr/ton
② 동력(E) = $31.067\text{kw·hr/ton} \times \ln\left(\dfrac{20\text{cm}}{4\text{cm}}\right)$
  = 50.0 kw·hr/ton

06 다음 중 쓰레기의 발생량 조사 방법으로 가장 거리가 먼 것은?

㉮ 경향법
㉯ 적재차량 계수분석법
㉰ 직접 계근법
㉱ 물질 수지법

풀이 쓰레기 발생량 조사방법에는 물질수지법, 직접계근법, 적재차량계수법, 통계조사법(표본조사, 전수조사)가 있다.

07 어느 도시 폐기물 중 가연성 성분이 65%이고 불연성 성분이 35%일 때 다음의 조건하에서 RDF를 생산한다면 일주일 동안에 생산된 양(m³)은 얼마인가? (단, 회수된 가연성 폐기물 전량이 RDF로 전환됨)

- 폐기물 발생량 : 2kg/인·일
- 가옥수 : 5000세대
- 세대 당 평균 인구수 : 5명
- 가연성 성분 회수율 : 80%
- RDF의 밀도 : 1,500kg/m³

㉮ 121 ㉯ 185
㉰ 227 ㉱ 264

풀이 RDF 생산량(m³/주)
= 폐기물량(kg/일) × $\dfrac{\text{가연성분(\%)}}{100}$ × 7일/주
 × $\dfrac{1}{\text{RDF 밀도(kg/m}^3\text{)}}$
= 2kg/인·일×5000세대×5인/세대×0.8×0.65× 7일/주× $\dfrac{1}{1500\text{kg/m}^3}$
= 121.33 m³

정답 04 ㉰ 05 ㉱ 06 ㉮ 07 ㉮

08 선별효율을 나타내는 지표로 Worrell의 제안식을 적용한 선별결과가 다음과 같을 때, 선별효율은 얼마인가?

- 투입량 : 10톤/일
- 회수량 : 7톤/일(회수대상물질 5톤/일)
- 제거대상물질 : 3톤/일(회수대상물질 0.5톤/일)

㉮ 약 50% ㉯ 약 60%
㉰ 약 70% ㉱ 약 80%

풀이 Worrell의 제안식에서
선별효율(E) = X(회수율)× Y(기각율)
$= \left(\dfrac{X_c}{X_i} \times \dfrac{Y_o}{Y_i}\right) \times 100$

문제조건에서
X_i(회수대상물질) = 5.5톤/일
Y_i(비회수대상물질) = 4.5톤/일
X_o(제거량 중 회수대상물질) = 0.5톤/일
Y_o(제거량 중 비회수대상물질) = 2.5톤/일
X_c(회수량 중 회수대상물질) = 5톤/일
Y_c(회수량 중 비회수대상물질) = 2톤/일

따라서 $E = \left(\dfrac{X_c}{X_i} \times \dfrac{Y_o}{Y_i}\right) \times 100$
$= \left(\dfrac{5톤/일}{5.5톤/일} \times \dfrac{2.5톤/일}{4.5톤/일}\right) \times 100$
$= 50.51\%$

Tip
Rietema의 선별효율 공식
선별효율(E) = $\left|\left(\dfrac{X_c}{X_i} - \dfrac{Y_c}{Y_i}\right)\right| \times 100(\%)$

09 다음의 물질회수를 위한 선별방법 중 플라스틱에서 종이를 선별할 수 있는 방법으로 가장 맞는 것은?

㉮ 와전류선별 ㉯ Jig 선별
㉰ 광학 선별 ㉱ 정전기적 선별

풀이 선별방법
㉮ 와전류선별 : 금속과 비금속을 구분하여 폐기물 중 비철금속(Al, Ni, Zn)등 선별
㉯ Jig 선별 : 사금선별
㉰ 광학 선별 : 불투명한 것(돌, 코르크 등)과 투명한 것(유리 등)의 선별
㉱ 정전기적 선별 : 플라스틱, 고무와 종이, 섬유, 합성피혁 선별

10 10m³의 폐기물을 압축비 8로 압축하였을 때 압축 후의 부피는 얼마인가?

㉮ 0.85m³ ㉯ 0.95m³
㉰ 1.15m³ ㉱ 1.25m³

풀이 압축비 = $\dfrac{V_1}{V_2}$
여기서 V_1 : 압축전의 부피(m³)
V_2 : 압축후의 부피(m³)
따라서 $8 = \dfrac{10\text{m}^3}{V_2}$
∴ $V_2 = \dfrac{10\text{m}^3}{8} = 1.25\text{m}^3$

정답 08 ㉮ 09 ㉱ 10 ㉱

11 수거노선 설정시 유의사항으로 가장 거리가 먼 것은?
㉮ 언덕인 경우 위에서 내려가며 수거한다.
㉯ 아주 많은 양의 쓰레기가 발생되는 발생원은 하루 중 가장 먼저 수거한다.
㉰ 출발점은 차고와 가까운 곳으로 한다.
㉱ 가능한 한 반시계방향으로 설정한다.

풀이 ㉱ 가능한 한 시계방향으로 설정한다.

12 다음의 쓰레기의 성상분석 과정 중에서 일반적으로 가장 먼저 이루어지는 절차는 어느 것인가?
㉮ 분류
㉯ 절단 및 분쇄
㉰ 건조
㉱ 화학적 조성 분석

풀이 폐기물의 성상분석 절차순서는 시료 → 밀도 측정 → 물리적 조성 → 건조 → 분류 → 전처리 → 조성 분석 순이다.

13 모든 인자를 시간에 따른 함수로 나타낸 후, 시간에 대한 함수로 표시된 각 인자간의 상호관계를 수식화하여 쓰레기 발생량을 예측하는 방법은 어느 것인가?
㉮ 동적모사모델
㉯ 다중회귀모델
㉰ 시간인자모델
㉱ 다중인자모델

풀이 ㉮ 동적모사모델에 대한 설명이다.

14 밀도 680kg/m³인 쓰레기 200kg이 압축되어 밀도가 960kg/m³으로 되었다면 압축비는 얼마인가?
㉮ 약 1.1
㉯ 약 1.4
㉰ 약 1.7
㉱ 약 2.1

풀이 압축비 = $\dfrac{V_1}{V_2}$

여기서 V_1 : 압축전의 부피(m³)
V_2 : 압축후의 부피(m³)

① $V_1 = 200\text{kg} \times \dfrac{1}{680\text{kg/m}^3} = 0.2941\text{m}^3$

② $V_2 = 200\text{kg} \times \dfrac{1}{960\text{kg/m}^3} = 0.2083\text{m}^3$

③ 압축비 = $\dfrac{0.2941\text{m}^3}{0.2083\text{m}^3} = 1.41$

15 수분함량이 70%인 음식쓰레기 10톤을 소각처리하기 위하여 수분함량이 20%가 되도록 건조시켰을 때, 건조된 음식쓰레기의 중량은 얼마인가? (단, 비중은 1.0 기준이다.)
㉮ 5.25톤
㉯ 4.85톤
㉰ 4.35톤
㉱ 3.75톤

풀이 $W_1 \times (100 - P_1) = W_2 \times (100 - P_2)$
여기서 W_1 : 소각처리전 음식쓰레기량(ton)
P_1 : 소각처리전 수분함량(%)
W_2 : 소각처리후 음식쓰레기량(ton)
P_2 : 소각처리후 수분함량(%)
따라서 10톤 × (100−70) = W_2 × (100−20)
∴ $W_2 = \dfrac{10\text{톤} \times (100-70)}{(100-20)} = 3.75$톤

정답 11 ㉱ 12 ㉰ 13 ㉮ 14 ㉯ 15 ㉱

16 함수율이 각각 45%와 93%인 도시 쓰레기와 하수 슬러지를 함께 매립하려 한다. 도시 쓰레기와 슬러지를 중량비로 8 : 2로 혼합할 때 혼합된 쓰레기의 함수율(%)은 얼마인가?

㉮ 약 45% ㉯ 약 50%
㉰ 약 55% ㉱ 약 60%

😀 혼합된 쓰레기의 함수율(%)
$= \dfrac{45\% \times 8 + 93\% \times 2}{8+2} = 54.6\%$

17 어떤 쓰레기 입도를 분석한 결과, 입도누적곡선상의 10%, 30%, 60%, 90%의 입경이 각각 2mm, 5mm, 10mm, 20mm이었다고 한다면 유효입경은 얼마인가?

㉮ 2mm ㉯ 5mm
㉰ 7mm ㉱ 10mm

😀 유효입경
= 입도누적곡선상의 10%에 해당하는 입경($D_{10\%}$)
= 2mm

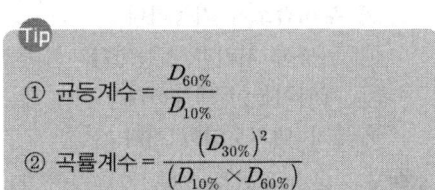

Tip
① 균등계수 = $\dfrac{D_{60\%}}{D_{10\%}}$
② 곡률계수 = $\dfrac{(D_{30\%})^2}{(D_{10\%} \times D_{60\%})}$

18 인구 110,000명이고, 쓰레기배출량이 1.1kg/인·일이라 한다. 쓰레기의 밀도는 250kg/m³라고 하면 적재량이 5m³ 트럭의 하루 운반 횟수는 얼마인가? (단, 트럭은 1대 기준이다.)

㉮ 69회 ㉯ 81회
㉰ 97회 ㉱ 101회

😀 운반 횟수(회/일)
$= \dfrac{\text{쓰레기 배출량}(m^3/\text{일})}{\text{적재량}(m^3/\text{회})}$

$= \dfrac{1.1\text{kg/인·일} \times 110{,}000\text{인} \times \dfrac{1}{250\text{kg/m}^3}}{5\text{m}^3/\text{회}}$

= 97회

19 새로운 쓰레기 수집 시스템에 대한 다음 설명 중 가장 거리가 먼 것은?

㉮ 모노레일 수송의 장점은 자동무인화이다.
㉯ 관거수거는 쓰레기 발생빈도가 낮은 지역에서 현실성이 높다.
㉰ 공기수송은 진공수송과 가압수송이 있으며 가압수송이 진공수송보다 수송거리를 길게 할 수 있다.
㉱ 컨테이너 철도수송은 콘테이너 세정에 많은 물이 사용되는 단점이 있다.

😀 ㉯ 관거수거는 쓰레기 발생빈도가 높은 지역에서 현실성이 높다.

정답 16 ㉰ 17 ㉮ 18 ㉰ 19 ㉯

20 탈수를 통해 폐기물의 함수율을 90%에서 60%로 감소시켰다. 이 경우 폐기물의 무게는 처음 무게의 몇 %로 감소하는가? (단, 비중은 1.0 기준이다.)

㉮ 25% ㉯ 40%
㉰ 65% ㉱ 80%

풀이
$W_1 \times (100 - P_1) = W_2 \times (100 - P_2)$
여기서 W_1 : 탈수전 폐기물의 무게
　　　　P_1 : 탈수전 함수율
　　　　W_2 : 탈수후 폐기물의 무게
　　　　P_2 : 탈수후 함수율
따라서 $W_1 \times (100 - 90) = W_2 \times (100 - 60)$
∴ $W_2 = W_1 \times \dfrac{(100-90)}{(100-60)} = W_1 \times 0.25$
따라서 처음무게의 25%로 감소한다.

제2과목 폐기물처리기술

21 쓰레기의 성분이 탄소 85%, 수소 10%, 산소 2%, 황 3%로 구성되어 있다면 이를 5.0kg 연소시킬 때 필요한 이론공기량(Sm^3)은 얼마인가?

㉮ 26.2 ㉯ 30.3
㉰ 42.7 ㉱ 51.3

풀이
① 이론공기량(A_o)
$= 8.89C + 26.67\left(H - \dfrac{O}{8}\right) + 3.33S(Sm^3/kg)$
$= 8.89 \times 0.85 + 26.67\left(0.10 - \dfrac{0.02}{8}\right) + 3.33 \times 0.03$
$= 10.2567 Sm^3/kg$
② $A_o = 10.2567 Sm^3/kg \times 5.0kg = 51.28 Sm^3$

22 7570m^3/d 유량의 하수처리장에서 유입수 BOD와 SS의 농도는 각각 200 mg/L이고, 1차 침전지에 의하여 SS는 50%, BOD는 30%가 제거된다고 할 때 1차 침전지에서의 슬러지 발생량(kg/day)(건조고형물 기준)은 얼마인가? (단, 생물학적 분해는 없으며 BOD 제거는 SS 제거로 인한다.)

㉮ 약 630kg/d ㉯ 약 760kg/d
㉰ 약 850kg/d ㉱ 약 920kg/d

풀이
슬러지발생량(kg/day)
= 유량(m^3/day)×SS량(kg/m^3)×SS 제거량
= 7570m^3/day×0.2kg/m^3×0.5
= 757kg/day

Tip
① ppm = mg/L = g/m^3
② mg/L×10^{-3} = kg/m^3
③ SS 200mg/L = SS 0.2kg/m^3

23 폐기물 소각의 장점으로 가장 거리가 먼 것은?

㉮ 부피감소가 가능하다.
㉯ 위생적 처리가 가능하다.
㉰ 폐열이용이 가능하다.
㉱ 2차 대기오염이 적다.

풀이 ㉱ 2차 대기오염이 많다.

정답 20 ㉮ 21 ㉱ 22 ㉯ 23 ㉱

24 수거 분뇨를 혐기성 처리후 유출수를 20배 희석한 후 2차 처리를 하여 BOD 20mg/L인 방류수를 배출하였다. 2차 처리시설의 BOD 제거율(%)은 얼마인가? (단, 혐기성 소화조 유입 분뇨의 BOD는 20,000mg/L, BOD 제거율은 80%이고, 희석수의 BOD농도는 무시한다.)

㉮ 86%　　㉯ 90%
㉰ 94%　　㉱ 97%

풀이
① 2차 처리시설의 유입 BOD 농도(BOD_i)
= 유입 분뇨의 BOD 농도(mg/L)×(1-제거율)
= 20,000mg/L×(1-0.8)
= 4,000mg/L
② 2차 처리시설의 유출 BOD 농도(BOD_o)
= 20mg/L
③ 2차 처리시설의 BOD 제거율(%)
$= \left(1 - \dfrac{BOD_o \times P}{BOD_i}\right) \times 100$
$= \left(1 - \dfrac{20\,mg/L \times 20}{4,000\,mg/L}\right) \times 100 = 90\%$

Tip
P : 희석배수치

25 질소와 인을 제거하기 위한 생물학적 고도처리공법(A_2/O)의 공정 중 호기조의 역할로 틀린 것은?

㉮ 질산화　　㉯ 탈질화
㉰ 유기물의 산화　　㉱ 인의 과잉섭취

풀이 ㉯ 탈질화는 무산소조의 역할이다.

26 다음 조건과 같은 매립지내 침출수가 차수층을 통과하는데 소요되는 시간은?

- 점토층 두께 : 1.0m
- 유효공극률 : 0.2
- 투수계수 : 10^{-7}cm/sec
- 상부침출수 수두 : 0.4m

㉮ 약 7.83년　　㉯ 약 6.53년
㉰ 약 5.33년　　㉱ 약 4.53년

풀이
$t = \dfrac{d^2 \cdot n}{k \cdot (d+h)}$
여기서 t : 침출수가 점토층을 통과하는 시간(년)
d : 점토층의 두께(m)
n : 유효공극률
k : 투수계수(m/년)
h : 침출수 수두(m)

① k(m/년)
$= \dfrac{10^{-7}\,cm}{sec} \Big| \dfrac{1\,m}{10^2\,cm} \Big| \dfrac{3600\,sec}{1\,hr} \Big| \dfrac{24\,hr}{1\,day} \Big| \dfrac{365\,day}{1년}$
= 0.0315m/년

② $t(년) = \dfrac{(1.0m)^2 \times 0.2}{0.0315m/년 \times (1.0m + 0.4m)}$
= 4.53년

27 유해폐기물의 처리기술 중 유기성 고형화에 관한 설명으로 틀린 것은?

㉮ 처리비용이 고가이다.
㉯ 최종 고화체의 체적 증가가 다양하다.
㉰ 수밀성이 크며 다양한 폐기물에 적용이 가능하다.
㉱ 미생물, 자외선에 대한 안정성이 강하다.

풀이 ㉱ 미생물, 자외선에 대한 안정성이 약하다.

28 분뇨처리장에서 분뇨를 소화 후 소화된 슬러지를 탈수하고 있다. 소화된 슬러지의 발생량은 1일 분뇨 투입량의 10%이며 소화된 슬러지의 함수량이 95%라면 1일 탈수된 슬러지의 양(m^3)은 얼마인가? (단, 슬러지의 비중은 모두 1.0 이고, 분뇨투입량은 200kL/day 이며, 탈수된 슬러지의 함수율은 75% 이다.)

㉮ $7m^3$ ㉯ $6m^3$
㉰ $5m^3$ ㉱ $4m^3$

풀이
① 소화된 슬러지량(m^3/day)
 = $200m^3/day \times 0.1 \times (1-0.95)$
 = $1m^3/day$
② 탈수된 슬러지량(m^3/day)
 = 소화된 슬러지량(m^3/day) $\times \dfrac{100}{100-함수율(\%)}$
 = $1m^3/day \times \dfrac{100}{100-75}$
 = $4m^3/day$

29 이론공기량을 사용하여 C_3H_8을 연소시킨다. 건조 가스 중 $(CO_2)_{max}$는 얼마인가?

㉮ 약 13.7% ㉯ 약 15.7%
㉰ 약 18.7% ㉱ 약 21.7%

풀이
$C_3H_8 + 5O_2 \rightarrow 3CO_2 + 4H_2O$
① 이론건연소가스량(God)
 = $(1-0.21)A_o + CO_2$량
 = $(1-0.21) \times \dfrac{5}{0.21} + 3$
 = $21.8095 Sm^3/Sm^3$
② CO_2량 = CO_2 갯수 = $3Sm^3/Sm^3$
③ $CO_{2max}(\%)$
 = $\dfrac{CO_2량}{God} \times 100 = \dfrac{3Sm^3/Sm^3}{21.8095\,Sm^3/Sm^3} \times 100$
 = 13.76%

30 인구 400,000명에 1인당 하루 1.15kg의 쓰레기를 배출하는 지역에 면적이 3,000,000m^2의 매립장을 건설하려고 한다. 강우량은 1,250mm/year인 경우 강우로 인한 침출수 발생량(톤/년)은 얼마인가? (단, 강우량 중 60%는 증발되고 40%만 침출수로 발생된다고 가정하고 침출수의 비중은 1.0 이다.)

㉮ 500,000톤/년 ㉯ 1,000,000톤/년
㉰ 1,500,000톤/년 ㉱ 2,000,000톤/년

풀이
침출수 발생량(톤/년)
= 강우량(m/년) × 강우량 중 침출수 × 면적(m^2)
 × 비중(ton/m^3)
= 1250×10^{-3}m/년 × 0.40 × 3,000,000m^2 × 1.0ton/m^3
= 1,500,000ton/년

Tip
비중의 단위
g/m^3 = g/mL = kg/L = ton/m^3

31 다음과 같은 조건의 축분과 톱밥을 혼합한 쓰레기의 함수율(%)은 얼마인가? (단, 비중은 1.0 기준이다.)

성분	쓰레기량(t)	함수율(%)
축분	12.0	85.0
톱밥	2.0	5.0

㉮ 73.6% ㉯ 75.6%
㉰ 77.6% ㉱ 79.6%

풀이
혼합된 쓰레기의 함수율(%)
= $\dfrac{12ton \times 85\% + 2ton \times 5\%}{12ton + 2ton}$ = 73.57%

정답 28 ㉱ 29 ㉮ 30 ㉰ 31 ㉮

32 매립물의 조성이 $C_{40}H_{83}O_{30}N$인 경우 이 매립물 1mol 당 발생하는 메탄은 몇 mol 인가? (단, 혐기성 반응이다.)

㉮ 22.5   ㉯ 28.5
㉰ 32.5   ㉱ 38.5

풀이 $C_{40}H_{83}O_{30}N$: 22.5CH_4
  1mol : 22.5mol
따라서 22.5mol이 정답이다.

> **Tip**
> 혐기성 반응에서 CH_4의 계수 구하는 공식
> $C_{40}H_{83}O_{30}N \rightarrow \left(\dfrac{4a+b-2c-3d}{8}\right)CH_4$
> 여기서 a = 40, b = 83, c = 30, d = 1
> $\dfrac{(4\times40)+83-(2\times30)-(3\times1)}{8} = 22.5$

33 어느 도시에서 소각대상 폐기물이 1일 100톤 발생되고 있다. 스토커 소각로에서 화상부하율을 200kg/m²·hr로 설계하고자 하는 경우 소요되는 스토커의 화상면적(m²)은 얼마인가? (단, 소각로는 1일 12시간 운전한다.)

㉮ 약 21m²   ㉯ 약 32m²
㉰ 약 42m²   ㉱ 약 64m²

풀이 화상부하율(kg/m²·hr) = $\dfrac{\text{폐기물량(kg/hr)}}{\text{화상면적(m}^2)}$

$200kg/m^2 \cdot hr = \dfrac{100\times10^3 kg/day \times 1day/12hr}{\text{화상면적(m}^2)}$

∴ 화상면적 = $\dfrac{100\times10^3 kg/day \times 1day/12hr}{200kg/m^2 \cdot hr}$
     $= 41.67m^2$

34 60g의 에탄(C_2H_6)이 완전연소 할 때 필요한 이론 공기 부피(L)는 얼마인가? (단, 0℃, 1기압 기준이다.)

㉮ 약 450L   ㉯ 약 550L
㉰ 약 650L   ㉱ 약 750L

풀이 ① 이론산소량(O_o)을 계산한다.
  $C_2H_6 + 3.5O_2 \rightarrow 2CO_2 + 3HO$
  30g : 3.5×22.4L
  60g : O_o
  ∴ $O_o = \dfrac{60g \times 3.5 \times 22.4L}{30g} = 156.8L$

② 이론공기량(A_o)을 계산한다.
  A_o = 이론산소량(L) × $\dfrac{1}{0.21}$
     = $156.8L \times \dfrac{1}{0.21} = 746.67L$

> **Tip**
> ① C_2H_6의 분자량 = (2×12)+(6×1) = 30g
> ② C_2H_6 1mol $\begin{cases} 30g \\ 22.4L \end{cases}$
> ③ 완전연소 반응식
> $C_mH_n + \left(m+\dfrac{n}{4}\right)O_2 \rightarrow mCO_2 + \dfrac{n}{2}H_2O$

35 폐기물 매립지의 침출수 처리에 많이 사용되는 펜톤 시약의 조성으로 맞는 것은?

㉮ 과산화수소 + Alum
㉯ 과산화수소 + 철염
㉰ 과망간산칼륨 + 철염
㉱ 과망간산칼륨 + Alum

풀이 펜톤시약은 과산화수소(H_2O_2)이며, 촉매는 철염(황산제1철)이다.

정답 32 ㉮ 33 ㉰ 34 ㉱ 35 ㉯

36 매립지에서 흔히 사용되는 합성차수막으로 가장 거리가 먼 것은?

㉮ LFG ㉯ HDPE
㉰ CR   ㉱ PVC

● ㉮ LFG(Landfill Gas)는 매립지에서 발생하는 가스를 의미한다.

37 매립지로부터 가스가 발생될 것이 예상되면 발생가스에 대한 적절한 대책이 수립되어야 한다. 다음 중 최소한의 환기설비 또는 가스대책 설비를 계획하여야 하는 경우로 틀린 것은?

㉮ 발생가스의 축적으로 덮개설비에 손상이 갈 우려가 있는 경우
㉯ 식물 식생의 과다로 지중 가스 축척이 가중되는 경우
㉰ 유독가스가 방출될 우려가 있는 경우
㉱ 매립지 위치가 주변개발지역과 인접한 경우

● ㉯의 경우는 환기설비 또는 가스대책 설비에 해당되지 않는다.

38 퇴비화 과정에서 팽화제로 이용되는 물질로 틀린 것은?

㉮ 톱밥   ㉯ 왕겨
㉰ 볏집   ㉱ 하수슬러지

● 팽화제로 이용되는 물질은 톱밥, 왕겨, 볏집, 낙엽 등이 있다.

39 다음 중 차수막에 대한 설명으로 가장 거리가 먼 것은?

㉮ 연직차수막은 지중에 차수층이 수직방향으로 분포하고 있는 경우 시공한다.
㉯ 연직차수막은 지하에 매설하기 때문에 차수성 확인이 어렵다.
㉰ 표면차수막은 원칙적으로 지하수 집배수 시설을 시공한다.
㉱ 표면차수막은 단위면적당 공사비는 싸지만 매립지 전체를 시공하는 경우가 많아 총공사비가 비싸다.

● ㉮ 연직차수막은 지중에 암반 및 점토로 구성된 불투수층이 수평방향으로 넓게 분포하고 있는 경우 수직 또는 경사로 시공한다.

40 매립지내 폐기물 분해에 대한 단계별 설명과 가장 거리가 먼 것은?

㉮ 1단계(호기성단계) : 매립조작시 혼입된 공기가 호기성 분위기를 유도하여 호기성 미생물에 의해 산소가 증가한다.
㉯ 2단계(통성혐기성단계) : 혐기성 미생물이 우점균이 되어 각종 폐기물을 분해하여 저급지방산, 이산화탄소, 암모니아 가스 등을 생성한다.
㉰ 3단계(혐기성단계) : 메탄생성균과 메탄과 이산화탄소로 분해하는 미생물로 인해 메탄이 생성되기 시작한다.
㉱ 4단계(혐기성안정화단계) : 완전한 혐기성분위기가 유지되면서 메탄생성균이 우점종이 되어 유기물 분해와 동시에 메탄과 이산화탄소가 생성된다.

● ㉮ 1단계(호기성단계) : 매립조작시 혼입된 공기가 호기성 분위기를 유도하여 호기성 미생물에 의해 산소가 감소한다.

정답 36 ㉮ 37 ㉯ 38 ㉱ 39 ㉮ 40 ㉮

제3과목 폐기물 공정시험기준

41 대상폐기물의 양이 35톤인 경우 시료의 최소 수로 맞는 것은?

㉮ 20 ㉯ 30
㉰ 36 ㉱ 40

▶풀이 대상폐기물의 양과 시료의 최소 수

대상폐기물의 양 (단위 : ton)	시료의 최소 수	대상폐기물의 양 (단위 : ton)	시료의 최소 수
~1미만	6	100이상~500미만	30
1이상~5미만	10	500이상~1000미만	36
5이상~30미만	14	1000이상~5000미만	50
30이상~100미만	20	5000이상	60

42 다음 용어의 정의로 틀린 것은?

㉮ 무게를 '정밀히 단다'라 함은 규정된 수치의 무게를 0.1mg까지 다는 것을 말한다.
㉯ '정확히 취하여'라 하는 것은 규정한 양의 액체를 홀피펫으로 눈금까지 취하는 것을 말한다.
㉰ '냄새가 없다'라고 기재한 것은 냄새가 없거나 또는 거의 없는 것을 표시하는 것이다.
㉱ '바탕시험을 하여 보정한다'라 함은 시료에 대한 처리 및 측정을 할 때 시료를 사용하지 않고 같은 방법으로 조작한 측정치를 빼는 것을 뜻한다.

▶풀이 ㉮ 무게를 '정밀히 단다'라 함은 규정된 양의 시료를 취하여 화학저울 또는 미량저울로 칭량한다.

43 감염성미생물(아포균 검사법) 측정에 적용되는 '지표생물포자'에 대한 설명으로 맞는 것은?

㉮ 감염성 폐기물의 멸균 잔류물에 대한 멸균 여부의 판정은 병원성미생물보다 열저항성이 약하고 비병원성인 아포형성 미생물을 이용하는데 이를 지표생물포자라 한다.
㉯ 감염성 폐기물의 멸균 잔류물에 대한 멸균 여부의 판정을 병원성미생물보다 열저항성이 강하고 비병원성인 아포형성 미생물을 이용하는데 이를 지표생물포자라 한다.
㉰ 감염성 폐기물의 멸균 잔류물에 대한 멸균 여부의 판정을 비병원성미생물보다 열저항성이 약하고 병원성인 아포형성 미생물을 이용하는데 이를 지표생물포자라 한다.
㉱ 감염성 폐기물의 멸균 잔류물에 대한 멸균 여부의 판정을 비병원성미생물보다 열저항성이 강하고 병원성인 아포형성 미생물을 이용하는데 이를 지표생물포자라 한다.

▶풀이 ㉯번이 지표생물포자에 대한 설명이다.

44 유도결합플라스마-원자발광분광법으로 6가크롬을 측정할 때 정밀도(RSD) 기준으로 맞는 것은?

㉮ ±0.5% 이내 ㉯ ±5% 이내
㉰ ±15% 이내   ㉱ ±25% 이내

▶풀이 정밀도(RSD) 기준은 ±25% 이내이다.

정답 41 ㉮ 42 ㉮ 43 ㉯ 44 ㉱

45 자외선가시선 분광광도계에 관한 내용으로 틀린 것은?

㉮ 광원부-파장선택부-시료부-측광부로 구성된다.
㉯ 광원부의 광원으로 가시부와 근자외부의 광원으로는 텅스텐램프가 사용된다.
㉰ 광원부의 광원으로 자외부의 광원으로는 중수소방전관이 사용된다.
㉱ 시료액의 흡수파장인 370nm 이상일 때는 석영 또는 경질유리 흡수셀을 사용한다.

㉯ 광원부의 광원으로 가시부와 근적외부의 광원으로는 텅스텐램프가 사용된다.

46 다음은 석면(편광현미경법)의 시료 채취양에 관한 내용이다. ( )안의 내용으로 맞는 것은?

시료의 양은 1회에 최소한 면적단위로는 1cm², 부피단위로는 1cm³, 무게단위로는 ( ) 이상 채취한다.

㉮ 1g ㉯ 2g
㉰ 3g ㉱ 4g

47 취급 또는 저장하는 동안에 기체 또는 미생물이 침입하지 아니하도록 내용물을 보호하는 용기는 어느 것인가?

㉮ 차단용기 ㉯ 밀폐용기
㉰ 기밀용기 ㉱ 밀봉용기

용기
㉯ 밀폐용기 : 이물질
㉰ 기밀용기 : 공기 또는 다른 가스
㉱ 밀봉용기 : 기체 또는 미생물

Tip
차광용기 : 광선

48 납을 자외선 가시선 분광법으로 측정할 때 간섭물질에 관한 설명이다. ( )안에 들어갈 말로 맞는 것은?

전처리를 하지 않고 직접 시료를 사용하는 경우, 시료 중에 ( )이 함유되어 있으면 염산 산성으로 끓여 완전히 분해 제거한다.

㉮ 비스무트(Bi) 화합물
㉯ 다량의 유기물
㉰ 철, 알루미늄
㉱ 시안화합물

정답 45 ㉯ 46 ㉯ 47 ㉱ 48 ㉱

49 폐기물 용출시험방법의 용출조작에 관한 설명으로 틀린 것은?

㉮ 여과가 어려운 경우에는 원심분리기를 사용하여 매분당 3000회전 이상으로 20분 이상 원심 분리한 다음, 상징액을 적당량 취하여 용출시험용 시료용액으로 한다.

㉯ 용출시험의 결과는 시료 중의 수분함량 보정을 위해 함수율 95% 이상인 시료에 한하여 [5/(100-시료 함수율(%)]를 곱하여 계산된 값으로 한다.

㉰ 시료조제가 끝난 혼합액은 상온, 상압에서 진탕회수가 매분당 약 200회, 진폭 4~5cm정도로 6시간 연속진탕 한다.

㉱ 진탕한 시료는 $1.0\,\mu m$의 유리섬유여과지로 여과하고 여과액을 적당량 취하여 용출시험용 시료용액으로 한다.

풀이 ㉯ 용출시험의 결과는 시료 중의 수분함량 보정을 위해 함수율 85% 이상인 시료에 한하여 [15/(100-시료 함수율(%)]를 곱하여 계산된 값으로 한다.

50 '곧은 섬유와 섬유 다발' 형태가 아닌 석면의 종류는 어느 것인가? (단, 편광현미경법 기준이다.)

㉮ 직섬석 ㉯ 청석면
㉰ 갈석면 ㉱ 백석면

풀이 ㉱ 백석면은 꼬인 물결 모양의 섬유형태이다.

51 유리전극법으로 수소이온농도를 측정할 때 간섭물질에 대한 내용으로 틀린 것은?

㉮ 유리전극은 일반적으로 용액의 색도, 탁도에 간섭을 받지 않는다.
㉯ 유리전극은 산화 및 환원성 물질 그리고 염도에 간섭을 받는다.
㉰ pH 10 이상에서 나트륨에 의해 오차가 발생할 수 있는데 이는 "낮은 나트륨 오차 전극"을 사용하여 줄일 수 있다.
㉱ pH는 온도변화에 따라 영향을 받는다.

풀이 유리전극은 산화 및 환원성 물질 그리고 염도에 간섭을 받지 않는다.

52 폐기물공정시험기준상 이온전극법에 의해 정량되는 물질은?

㉮ 구리   ㉯ 시안
㉰ 크롬   ㉱ 비소

풀이 분석방법
㉮ 구리 : 원자흡수분광광도법, 유도결합플라스마-원자발광분광법, 자외선 가시선 분광법
㉯ 시안 : 자외선/가시선분광법, 이온전극법, 연속흐름법
㉰ 크롬 : 원자흡수분광광도법, 유도결합플라스마-원자발광분광법, 자외선 가시선 분광법(다이페닐카바자이드법)
㉱ 비소 : 원자흡수분광광도법, 유도결합플라스마-원자발광분광법, 자외선 가시선 분광법

정답 49 ㉯ 50 ㉱ 51 ㉯ 52 ㉯

53 기름성분을 중량법으로 측정할 때 정량한계 기준은?

㉮ 0.1% 이하 ㉯ 0.5% 이하
㉰ 1.0% 이하 ㉱ 5.0% 이하

[풀이] 기름성분을 중량법으로 측정할 때 정량한계 기준은 0.1%이하이다.

54 6톤 운반차량에 적재되어 있는 폐기물의 시료채취 방법으로 맞는 것은?

㉮ 적재 폐기물을 평면상에서 6등분한 후 각 등분마다 시료를 채취한다.
㉯ 적재 폐기물을 평면상에서 9등분한 후 각 등분마다 시료를 채취한다.
㉰ 적재 폐기물을 평면상에서 10등분한 후 각 등분마다 시료를 채취한다.
㉱ 적재 폐기물을 평면상에서 14등분한 후 각 등분마다 시료를 채취한다.

[풀이] 시료채취방법 : 5톤 미만의 차량은 6등분, 5톤 이상의 차량은 9등분

55 다음은 강열감량 및 유기물함량을 중량법으로 측정하는 방법에 대한 내용이다. ( )안에 맞는 말은?

> 시료를 질산암모늄용액(25%)을 넣고 가열하여 탄화시킨 다음 600 ±25℃의 전기로 안에서 ( ) 강열한 다음 데시케이터에서 식힌 후 무게를 달아 증발접시의 무게차로부터 강열감량 및 유기물함량의 양(%)을 구한다.

㉮ 2시간 ㉯ 3시간
㉰ 4시간 ㉱ 6시간

56 총칙에서 규정하고 있는 '함침성 고상폐기물'의 정의로 맞는 것은?

㉮ 종이, 목재 등 수분을 흡수하는 변압기 내부 부재(종이, 나무와 금속이 서로 혼합되어 분리가 어려운 경우를 포함)를 말한다.
㉯ 종이, 목재 등 수분을 흡수하는 변압기 내부 부재(종이, 나무와 금속이 서로 혼합되어 분리가 어려운 경우는 제외)를 말한다.
㉰ 종이, 목재 등 기름을 흡수하는 변압기 내부 부재(종이, 나무와 금속이 서로 혼합되어 분리가 어려운 경우를 포함)를 말한다.
㉱ 종이, 목재 등 기름을 흡수하는 변압기 내부 부재(종이, 나무와 금속이 서로 혼합되어 분리가 어려운 경우는 제외)를 말한다.

정답 53 ㉮ 54 ㉯ 55 ㉯ 56 ㉰

57 다음은 폐기물공정시험기준상의 용어이다. ( ) 안에 들어갈 수치 중 가장 작은 것은 어느 것인가?

㉮ '방울수'는 ( )℃에서 정제수 20방울을 적하시켰을 때 부피가 약 1mL가 된다.
㉯ 냉수는 ( )℃ 이하를 말한다.
㉰ '약'이라 함은 기재된 양에 대해서 ±( )% 이상의 차가 있어서는 안 된다.
㉱ 진공이라 함은 ( )mmHg 이하의 압력을 말한다.

[풀이] ㉮ 20, ㉯ 15, ㉰ 10, ㉱ 15

58 다음은 자외선 가시선 분광법으로 수은을 측정하는 방법이다. ( )에 알맞은 말은?

수은을 황산 산성에서 디티존사염화탄소로 일차 추출하고 브롬화칼륨 존재하에 황산 산성에서 역추출하여 방해성분과 분리한 다음 알칼리성에서 디티존사염화탄소로 수은을 추출, ( )에서 흡광도 측정

㉮ 340nm ㉯ 490nm
㉰ 540nm ㉱ 580nm

59 유기물 함량이 낮은 시료에 적용하는 산분해법으로 맞는 것은?

㉮ 염산 분해법 ㉯ 황산 분해법
㉰ 질산 분해법 ㉱ 염산-질산 분해법

[풀이] 유기물 함량이 낮은 시료에 적용하는 산분해법은 질산 분해법이다.

60 다음은 수은을 원자흡수분광광도법으로 측정하는 방법이다. ( )안에 맞는 말은?

시료 중 수은을 ( )을 넣어 금속수은으로 환원시킨 다음 이 용액에 통기하여 발생하는 수은증기를 원자흡수분광광도법으로 정량한다.

㉮ 아연분말
㉯ 이염화주석
㉰ 염산히드록실아민
㉱ 과망간산칼륨

제4과목 폐기물 관계법규

61 폐기물 발생 억제 지침 준수의무 대상 배출자의 규모 기준으로 맞는 것은?

㉮ 최근 3년간 연평균 배출량을 기준으로 지정폐기물을 100톤 이상 배출하는 자
㉯ 최근 3년간 연평균 배출량을 기준으로 지정폐기물을 200톤 이상 배출하는 자
㉰ 최근 3년간 연평균 배출량을 기준으로 지정폐기물을 600톤 이상 배출하는 자
㉱ 최근 3년간 연평균 배출량을 기준으로 지정폐기물을 1000톤 이상 배출하는 자

[풀이] 최근 3년간 연평균 배출량을 기준으로 지정폐기물은 100톤 이상, 지정폐기물 외의 폐기물은 1천 톤이상 배출하는 자이다.

정답 57 ㉰ 58 ㉯ 59 ㉰ 60 ㉯ 61 ㉮

62 시도지사가 폐기물처리 신고자에게 처리금지를 명령하여야 하는 경우, 그 처리 금지를 갈음하여 부과할 수 있는 최대 과징금은 어느 것인가?

㉮ 1천만원   ㉯ 2천만원
㉰ 5천만원   ㉱ 1억원

63 생활폐기물 처리대행자(대통령령이 정하는 자)에 대한 기준으로 틀린 것은?

㉮ 폐기물 처리업의 허가를 받은 자
㉯ 한국환경공단(농업활동으로 발생하는 폐플라스틱 필름, 시트류를 재활용하거나 폐농약용기 등 폐농약포장재를 재활용 또는 소각하는 것은 제외한다.)
㉰ 가전제품 등을 제조, 수입 또는 판매하는 자 중 가전제품 등의 폐기물을 재활용하기 위하여 스스로 회수, 처리하는 체계를 갖춘 자로서 환경부장관이 고시한 자
㉱ 폐기물처리 신고자

🖊 ㉯ 한국환경공단

64 환경부장관 또는 시도지사가 폐기물 처리 공제조합에 방치폐기물의 처리를 명할 때에는 처리량과 처리기간에 대하여 대통령령으로 정하는 범위 안에서 할 수 있도록 명하여야 한다. 이와 같이 폐기물처리 공제조합에 처리를 명할 수 있는 방치폐기물의 처리량에 대한 기준으로 맞는 것은? (단, 폐기물처리업자가 방치한 폐기물의 경우)

㉮ 그 폐기물처리업자의 폐기물 허용보관량의 1.5배 이내
㉯ 그 폐기물처리업자의 폐기물 허용보관량의 2.0배 이내
㉰ 그 폐기물처리업자의 폐기물 허용보관량의 2.5배 이내
㉱ 그 폐기물처리업자의 폐기물 허용보관량의 3.0배 이내

65 폐기물처분시설 또는 재활용 시설 중 음식물류 폐기물을 대상으로 하는 시설의 기술관리인 자격기준으로 틀린 것은?

㉮ 화공산업기사   ㉯ 토목산업기사
㉰ 토양환경기사   ㉱ 전기기사

🖊 음식물류 폐기물을 대상으로 하는 시설의 기술관리인 자격기준은 폐기물처리산업기사, 수질환경산업기사, 화공산업기사, 토목산업기사, 대기환경산업기사, 기계기사, 전기기사 중 1인 이상이다.

정답 62 ㉯ 63 ㉯ 64 ㉯ 65 ㉰

66 다음은 과징금의 부과 및 납부에 관한 내용이다. ( )안에 알맞은 말은?

> 환경부장관이나 시도지사가 폐기물처리업자에게 과징금을 부과하려는 때에는 그 위반행위의 종별과 해당 과징금의 금액을 구체적으로 밝혀 이를 납부할 것을 서면으로 통지하여야 하며, 통지를 받은 자는 통지를 받은 날부터 ( )이내에 과징금을 부과권자가 정하는 수납기관에 납부하여야 한다.

㉮ 5일 ㉯ 10일
㉰ 20일 ㉱ 30일

67 의료폐기물 중 일반의료폐기물에 해당하지 않는 것은?

㉮ 혈액이 함유되어 있는 탈지면
㉯ 수액세트
㉰ 파손된 유리재질의 시험기구
㉱ 일회용 주사기

㉰ 파손된 유리재질의 시험기구는 위해의료폐기물에 해당한다.

68 폐기물처리시설인 재활용시설 중 기계적 재활용시설로 틀린 것은?

㉮ 연료화 시설 ㉯ 골재가공시설
㉰ 증발·농축 시설 ㉱ 유수 분리 시설

㉯ 골재가공시설은 기계적 재활용시설이 아니다.

69 환경부령으로 정하는 폐기물처리시설의 설치를 마친 자는 환경부령으로 정하는 검사기관으로부터 검사를 받아야 한다. 다음 중 소각시설의 검사기관으로 틀린 것은?

㉮ 한국환경공단
㉯ 한국건설기술연구원
㉰ 한국기계연구원
㉱ 한국산업기술시험원

소각시설의 검사기관은 한국환경공단, 한국기계연구원, 한국산업기술시험원이다.

70 다음은 특별자치도지사, 시장, 군수, 구청장이 생활폐기물 수집, 운반을 대행하게 할 경우의 준수사항이다. ( )안에 옳은 내용은?

> 생활폐기물 수집, 운반 대행 계약시 생활 폐기물 수집운반 대행과 관련하여 뇌물 등 비리혐의로 ( )이상의 벌금형을 선고받은 후 ( )이 지나지 아니한 자는 계약대상에서 제외하여야 한다.

㉮ 500만원, 3년 ㉯ 500만원, 5년
㉰ 300만원, 3년 ㉱ 300만원, 5년

정답 66 ㉰ 67 ㉰ 68 ㉯ 69 ㉯ 70 ㉰

71 기술관리인을 두어야 할 폐기물처리시설 기준으로 맞는 것은? (단, 폐기물처리업자가 운영하는 시설은 제외한다.)

㉮ 용해로(폐기물에서 비철금속을 추출하는 경우는 제외한다)로서 시간당 재활용능력이 200킬로그램 이상인 시설
㉯ 용해로(폐기물에서 비철금속을 추출하는 경우는 제외한다)로서 시간당 재활용능력이 600킬로그램 이상인 시설
㉰ 용해로(폐기물에서 비철금속을 추출하는 경우는 한정한다)로서 시간당 재활용능력이 200킬로그램 이상인 시설
㉱ 용해로(폐기물에서 비철금속을 추출하는 경우는 한정한다)로서 시간당 재활용능력이 600킬로그램 이상인 시설

72 사후관리 대상인 폐기물을 매립하는 시설의 사용이 종료되거나 그 시설이 폐쇄된 후 환경부장관이 토지이용을 제한 할 수 있는 기간에 대한 기준으로 맞는 것은?

㉮ 폐기물매립시설의 사용이 종료되거나 그 시설이 폐쇄된 날부터 20년 이내
㉯ 폐기물매립시설의 사용이 종료되거나 그 시설이 폐쇄된 날부터 25년 이내
㉰ 폐기물매립시설의 사용이 종료되거나 그 시설이 폐쇄된 날부터 30년 이내
㉱ 폐기물매립시설의 사용이 종료되거나 그 시설이 폐쇄된 날부터 35년 이내

73 다음은 매립시설의 사후관리기준 및 방법에 관한 내용 중 발생가스 관리방법(유기성 폐기물을 매립한 폐기물매립시설만 해당된다)에 관한 내용이다. ( )안에 공통으로 들어갈 내용으로 맞는 것은?

> 외기온도, 가스온도, 메탄, 이산화탄소, 암모니아, 황화수소 등의 조사항목을 매립종료 후 ( )까지는 분기 1회 이상 ( )이 지난 후에는 연 1회 이상 조사하여야 한다.

㉮ 1년   ㉯ 2년
㉰ 3년   ㉱ 5년

74 폐기물을 수탁하여 처리하는 자는 영업정지, 휴업, 폐업 또는 폐기물처리시설의 사용정지 등의 사유로 환경부령으로 정하는 사업장폐기물을 처리할 수 없는 경우에는 환경부령으로 정하는 바에 따라 지체 없이 그 사실을 사업장폐기물의 처리를 위탁한 배출자에게 통보하여야 한다. 이를 위반하여 통보하지 아니한 자에게 부과되는 과태료 기준으로 맞는 것은?

㉮ 100만원 이하의 과태료
㉯ 200만원 이하의 과태료
㉰ 300만원 이하의 과태료
㉱ 500만원 이하의 과태료

풀이 ㉰ 300만원 이하의 과태료에 해당한다.

정답 71 ㉱ 72 ㉰ 73 ㉱ 74 ㉰

75 폐기물 수입신고를 하려는 자가 신고서에 첨부하여야 하는 서류로 틀린 것은?

㉮ 수입가격이 본선 인도가격(F.O.B)으로 명시된 수입계약서
㉯ 수입폐기물의 처리계획서
㉰ 수입폐기물의 종류를 확인할 수 있는 사진
㉱ 수입폐기물의 분석결과서

[참고] 법규개정으로 문제 삭제

76 폐기물관리법에서 사용하는 용어의 정의로 가장 거리가 먼 것은?

㉮ 처분 : 폐기물의 소각, 중화, 파쇄, 고형화 등의 중간처분과 매립하거나 해역으로 배출하는 등의 최종처분을 말한다.
㉯ 폐기물감량화시설 : 생산 공정에서 발생하는 폐기물의 양을 줄이고, 사업장 내 재활용을 통하여 폐기물 배출을 최소화하는 시설로서 대통령령으로 정하는 시설을 말한다.
㉰ 처리 : 폐기물의 수집, 운반, 보관, 재활용, 처분을 말한다.
㉱ 폐기물 : 쓰레기, 연소재, 오니, 폐유, 폐산, 폐알칼리 및 동물의 사체 등으로 환경오염을 유발시킬 수 있는 물질로서 대통령령으로 정하는 물질을 말한다.

[풀이] ㉱ 폐기물 : 쓰레기, 연소재, 오니, 폐유, 폐산, 폐알칼리 및 동물의 사체 등으로서 사람의 생활이나 사업활동에 필요하지 아니하게 된 물질을 말한다.

77 주변지역 영향 조사대상 폐기물처리시설에 대한 기준으로 맞는 것은? (단, 폐기물처리업자가 설치, 운영함)

㉮ 매립용량 1만세제곱미터 이상의 사업장 지정폐기물 매립시설
㉯ 매립용량 3만세제곱미터 이상의 사업장 지정폐기물 매립시설
㉰ 매립면적 1만제곱미터 이상의 사업장 지정폐기물 매립시설
㉱ 매립면적 3만제곱미터 이상의 사업장 지정폐기물 매립시설

78 폐기물처리시설은 환경부령으로 정하는 기준에 맞게 설치하되, 환경부령으로 정하는 규모 미만의 폐기물 소각시설을 설치, 운영하여서는 아니 된다. 이를 위반하여 설치가 금지되는 폐기물 소각시설을 설치, 운영한 자에 대한 벌칙 기준으로 맞는 것은?

㉮ 1년 이하의 징역이나 5백만원 이하의 벌금
㉯ 2년 이하의 징역이나 1천만원 이하의 벌금
㉰ 3년 이하의 징역이나 2천만원 이하의 벌금
㉱ 5년 이하의 징역이나 3천만원 이하의 벌금

[풀이] ㉯ 2년 이하의 징역이나 1천만원 이하의 벌금에 해당한다.

정답 75 ㉮ 76 ㉱ 77 ㉰ 78 ㉯

79 다음의 지정폐기물 외의 사업장 폐기물의 분류번호로 맞는 것은?

㉮ 41 - 03 폐합성고분자화합물
㉯ 51 - 03 폐합성고분자화합물
㉰ 61 - 03 폐합성고분자화합물
㉱ 71 - 03 폐합성고분자화합물

80 다음은 지정폐기물인 폐석면에 관한 내용이다. ( )안에 알맞은 말은?

> 건조고형물의 함량을 기준으로 하여 석면이 ( )이상 함유된 제품, 설비(뿜칠로 사용된 것은 포함)등의 해체, 제거 시 발생되는 것

㉮ 1퍼센트   ㉯ 2퍼센트
㉰ 3퍼센트   ㉱ 5퍼센트

정답 79 ㉯ 80 ㉮

2014 제1회 폐기물처리산업기사
(2014년 3월 2일 시행)

제1과목 폐기물개론

01 폐기물을 수거하여 분석한 결과 함수율이 40%이고 총 휘발성 고형물은 총고형물의 80%, 유기탄소량은 총 휘발성 고형물의 90%이었다. 또한 총질소량은 총 고형물의 2%라 할 때 이 폐기물의 C/N(유기탄소량/총질소량)은 얼마인가?
(단, 비중은 1.0 이다.)

㉮ 26 ㉯ 36
㉰ 46 ㉱ 56

풀이 $C/N비 = \dfrac{탄소량}{질소량} = \dfrac{(1-0.4) \times 0.8 \times 0.9}{(1-0.4) \times 0.02} = 36$

02 어느 도시폐기물 중 비가연성분이 40%(W/W%)이다. 밀도가 300kg/m³인 폐기물 10m³ 중 가연성물질의 양은 얼마인가? (단, 비가연성분과 가연성분으로 구분 기준)

㉮ 1.2 ton ㉯ 1.4 ton
㉰ 1.6 ton ㉱ 1.8 ton

풀이 가연성 물질의 양(ton)
= 폐기물의 양(m³) × 밀도(ton/m³)
× $\dfrac{100 - 비가연성\ 성분(\%)}{100}$
= 10m³ × 0.3ton/m³ × (1−0.4)
= 1.8ton

Tip
① 중량(ton)
  = 폐기물의 양(m³) × 밀도(ton/m³)
② 가연성 성분(%)
  = 100 − 비가연성 성분(%)
③ 밀도
  300kg/m³ × 10⁻³ ton/kg = 0.3ton/m³

03 전단파쇄기에 관한 설명으로 틀린 것은 어느 것인가?

㉮ 대체로 충격파쇄기에 비해 파쇄속도가 빠르다.
㉯ 이물질의 혼입에 대하여 약하다.
㉰ 파쇄물의 크기를 고르게 할 수 있다.
㉱ 주로 목재류, 플라스틱류 및 종이류를 파쇄하는데 이용된다.

풀이 ㉮ 대체로 충격파쇄기에 비해 파쇄속도가 느리다.

정답 01 ㉯ 02 ㉱ 03 ㉮

04 적환장의 일반적인 설치 필요조건으로 틀린 것은 어느 것인가?
⑦ 작은 용량의 수집차량을 사용할 때
④ 슬러지 수송이나 공기수송 방식을 사용할 때
④ 불법 투기와 다량의 어질러진 쓰레기들이 발생할 때
④ 고밀도 거주지역이 존재할 때

풀이 저밀도 거주지역이 존재할 때

05 5 m³의 용적을 갖는 쓰레기를 압축하였더니 3 m³으로 감소되었다. 이때 압축비(CR)는 얼마인가?
⑦ 0.43
④ 0.60
④ 1.67
④ 2.50

풀이 압축비 $= \dfrac{V_1}{V_2}$

여기서 V_1 : 압축전의 부피(m³)
V_2 : 압축후의 부피(m³)

따라서 압축비 $= \dfrac{5m^3}{3m^3} = 1.67$

06 50ton/hr 규모의 시설에서 평균크기가 30.5cm인 혼합된 도시폐기물을 최종크기 5.1cm로 파쇄하기 위해 필요한 동력은 얼마인가? (단, 킥의 법칙 적용, $C = 13.6$, 에너지단위 : kW·hr/ton)
⑦ 약 1020kW
④ 약 1120kW
④ 약 1220kW
④ 약 1320kW

풀이 Kick의 법칙을 이용한다.

동력(E) $= C \ln\left(\dfrac{dp_1}{dp_2}\right)$

여기서 dp_1 : 평균크기
dp_2 : 최종크기

① 동력(E) $= 13.6 kw \cdot hr/ton \times \ln\left(\dfrac{30.5 cm}{5.1 cm}\right)$
$= 24.3234 kw \cdot hr/ton$

② 동력(kw) $= 24.3234 kw \cdot hr/ton \times 50 ton/hr$
$= 1216.17 kw$

07 인구 1,000,000명이고, 1인 1일 쓰레기 배출량은 1.4 kg/인·일 이라 한다. 쓰레기의 밀도가 650 kg/m³라고 하면 적재량 12 m³인 트럭(1대 기준)으로 1일 동안 배출된 쓰레기 전량을 운반하기 위한 횟수는 얼마인가?
⑦ 150회
④ 160회
④ 170회
④ 180회

풀이 운반횟수 $= \dfrac{쓰레기\ 배출량}{적재량}$

$= \dfrac{1.4 kg/인 \cdot 일 \times 1,000,000인 \times \dfrac{1}{650 kg/m^3}}{12 m^3/대 \times 1대/1회}$

$= 180회/일$

정답 04 ④ 05 ④ 06 ④ 07 ④

08 CH_3OH이 혐기성 반응으로 완전히 분해되었다. 발생한 CH_4의 양이 2.0L 였다면 투입한 CH_3OH의 양(g)은 얼마인가? (단, 표준상태 기준이고 최종생성물은 메탄, 이산화탄소, 물이다.)

㉮ 1.8 ㉯ 2.8
㉰ 3.8 ㉱ 4.7

풀이
CH_3OH : 0.75 CH_4
32g : 0.75 × 22.4L
X : 2.0L

∴ $X = \dfrac{32g \times 2.0L}{0.75 \times 22.4L} = 3.81g$

Tip
① CH_4 계수 구하는 식 : $\dfrac{4a+b-2c-3d}{8}$
② $CH_3OH = CH_4O$이므로 a = 1, b = 4, c = 1
③ CH_3OH = 메탄올 = 메틸알콜
④ CH_3OH의 분자량
   = 12 + 3 × 1 + 16 + 1 = 32g

09 어떤 쓰레기의 입도를 분석한 결과 입도 누적곡선상의 10%, 40%, 60%, 90%의 입경이 각각 1, 5, 10, 20mm 일 때 유효입경과 균등계수는 각각 얼마인가?

㉮ 5.0mm, 2 ㉯ 5.0mm, 4
㉰ 1.0mm, 8 ㉱ 1.0mm, 10

풀이
① 유효입경 = $D_{10\%}$
   따라서 유효입경은 1mm 이다.
② 균등계수 = $\dfrac{D_{60\%}}{D_{10\%}} = \dfrac{10mm}{1mm} = 10$

Tip
① 유효입경 = $D_{10\%}$
② 균등계수 = $\dfrac{D_{60\%}}{D_{10\%}}$
③ 곡률계수 = $\dfrac{(D_{30\%})^2}{(D_{10\%} \times D_{60\%})}$

10 다음의 폐기물의 성상분석의 절차 중 가장 먼저 시행하는 것은 어느 것인가?

㉮ 분류
㉯ 물리적 조성
㉰ 화학적 조성분석
㉱ 발열량측정

풀이 폐기물의 성상분석의 절차 순서는 시료→밀도측정→물리적 조성→건조→분류→전처리→조성분석 순이다.

11 폐기물발생량이 0.85 kg/인·일 인 지역의 인구가 10만이고, 적재량 8톤 트럭으로 이 폐기물을 모두 운반하고 있다면 1일 필요한 차량 수는 얼마인가? (단, 트럭은 1일 1회 운행하며 기타 조건은 고려하지 않는다.)

㉮ 9   ㉯ 11
㉰ 13 ㉱ 15

풀이
차량수
$= \dfrac{\text{폐기물 발생량}}{\text{적재용량}}$
$= \dfrac{0.85kg/\text{인}\cdot\text{일} \times 100,000\text{인} \times 10^{-3} ton/kg}{8ton/\text{회} \times 1\text{회}/\text{대}}$
= 11 대/일

정답 08 ㉰ 09 ㉱ 10 ㉯ 11 ㉯

12 청소상태를 평가하는 평가법 중 서비스를 받는 시민들의 만족도 설문조사하여 나타내어지는 사용자 만족도 지수는 어느 것인가?

㉮ CEI ㉯ USI
㉰ PPI ㉱ CPI

풀이 USI는 청소상태를 평가하는 방법 중 서비스를 받는 시민들의 만족도를 설문조사하여 나타내어지는 사용자 만족도 지수이며, CEI는 청소상태 만족도 평가를 위한 지역사회 효과지수이다.

13 적재량 15 m³인 수거차량으로 년 간 10만대분의 쓰레기가 인구 100만명인 도시에서 발생하고 있다. 이때 쓰레기의 밀도가 750 kg/m³라면 1인 1일 발생하는 무게는 얼마인가? (단, 1년 = 365일, 적재계수 1.0 이고 인구증가율 등은 고려하지 않음)

㉮ 약 3.082kg ㉯ 약 3.382kg
㉰ 약 3.582kg ㉱ 약 3.882kg

풀이 쓰레기 발생량(kg/인·일)
$= \dfrac{\text{쓰레기 발생량(kg/일)}}{\text{인구수}}$
$= \dfrac{15\text{m}^3 \times 100{,}000\text{대/년} \times 1\text{년}/365\text{일} \times 750\text{kg/m}^3}{1{,}000{,}000\text{인}}$
$= 3.082\text{kg}$

14 소각로에서 발생되는 재의 무게 감량비가 60%, 부피감소비가 90%라 할 때 소각 전 폐기물의 밀도가 0.55 t/m³이라면, 소각재의 밀도는 얼마인가?

㉮ 1.0 t/m³ ㉯ 1.2 t/m³
㉰ 2.0 t/m³ ㉱ 2.2 t/m³

풀이 소각재의 밀도(ton/m³)
$= \text{소각전 폐기물의 양}(\text{ton/m}^3) \times \left(\dfrac{100-\text{무게감량비}}{100-\text{부피감소비}}\right)$
$= 0.55\,\text{ton/m}^3 \times \left(\dfrac{100-60}{100-90}\right)$
$= 2.2\,\text{ton/m}^3$

15 쓰레기의 발생량 조사 방법인 물질수지법에 대한 설명으로 틀린 것은 어느 것인가?

㉮ 주로 산업폐기물 발생량을 추산할 때 이용 된다.
㉯ 비용이 저렴하고 정확한 조사가 가능하여 일반적으로 많이 활용된다.
㉰ 조사하고자 하는 계의 경계를 정확하게 설정하여야 한다.
㉱ 물질수지를 세울 수 있는 상세한 데이터가 있는 경우에 가능하다.

풀이 ㉯ 비용이 많이들고 작업량이 많아 널리 이용되지 않는다.

16 폐기물을 압축한 결과 다음과 같았다. 부피감소율은 얼마인가?

- 압축 전 부피 : 55 m³
- 압축 후 부피 : 33 m³

㉮ 30% ㉯ 40%
㉰ 50% ㉱ 60%

부피감소율(%) $= \left(1 - \dfrac{V_2}{V_1}\right) \times 100$

여기서 V_1 : 압축전 부피(m^3)
  V_2 : 압축후 부피(m^3)

따라서 부피감소율(%) $= \left(1 - \dfrac{33m^3}{55m^3}\right) \times 100$
  $= 40\%$

17 어느 도시의 1년간 쓰레기 수거량은 2,000,000ton 이었고, 수거대상 인구는 2,000,000인 이었으며, 수거인부는 3,500명이었다. 단위 톤당의 쓰레기 수거에 소요되는 맨 아워(man-hour)는 얼마인가? (단, 수거인부의 작업시간은 하루 8시간이고, 1년 작업일수는 300일임.)

㉮ 2.6 man-hour/ton
㉯ 3.4 man-hour/ton
㉰ 4.2 man-hour/ton
㉱ 5.1 man-hour/ton

$man \cdot hr/ton = \dfrac{수거인부수 \times 작업시간}{쓰레기\ 수거실적}$

$= \dfrac{3,500인 \times 8hr/day \times 300day/년}{2,000,000ton/년}$

$= 4.2\,man \cdot hr/ton$

18 함수율이 80%이며 건조고형물의 비중이 1.42인 슬러지의 비중은 얼마인가? (단, 물의 비중은 1.0 임.)

㉮ 1.021 ㉯ 1.063
㉰ 1.127 ㉱ 1.174

$\dfrac{1}{\rho_{SL}} = \dfrac{W_{TS}}{\rho_{TS}} + \dfrac{W_P}{\rho_P}$

여기서 ρ_{SL} : 슬러지의 비중
  ρ_{TS} : 고형물의 비중
  W_{TS} : 고형물의 함량
  ρ_P : 수분의 비중
  W_P : 수분의 함량

따라서 $\dfrac{1}{\rho_{SL}} = \dfrac{0.2}{1.42} + \dfrac{0.8}{1.0}$

$\therefore \dfrac{1}{\rho_{SL}} = 0.940845$

$\therefore \rho_{SL} = \dfrac{1}{0.940845} = 1.063$

19 쓰레기 발생량이 커지는 이유로 틀린 것은 어느 것인가?

㉮ 도시의 규모가 커진다.
㉯ 수집빈도가 낮아진다.
㉰ 쓰레기통이 커진다.
㉱ 생활수준이 높아진다.

㉯ 수집빈도가 높아진다.

20 70%의 함수율을 가진 폐기물을 탈수시켜 40%로 감량될 때 폐기물은 초기 무게에서 몇 % 감량되는가? (단, 폐기물의 비중은 1.0 임.)

㉮ 45% ㉯ 50%
㉰ 55% ㉱ 60%

풀이
$W_1 \times (100 - P_1) = W_2 \times (100 - P_2)$
$W_1 \times (100 - 70) = W_2 \times (100 - 40)$
$\dfrac{W_2}{W_1} = \dfrac{100-70}{100-40} = 0.5$

따라서 W_2는 W_1의 50%가 감량된다.

제2과목 폐기물처리기술

21 유기물(포도당, $C_6H_{12}O_6$) 1kg을 혐기성 소화시킬 때 이론적으로 발생되는 메탄량(kg)은 얼마인가?

㉮ 약 0.09 ㉯ 약 0.27
㉰ 약 0.73 ㉱ 약 0.93

풀이
$C_6H_{12}O_6 \rightarrow 3CH_4 + 3CO_2$
180kg : 3×16kg
1kg : X
∴ $X = \dfrac{1kg \times 3 \times 16kg}{180kg} = 0.27kg$

Tip
① $C_6H_{12}O_6$ = 포도당 = 글루코스
② $C_6H_{12}O_6$의 분자량
 $= 6 \times 12 + 12 \times 1 + 6 \times 16 = 180kg$
③ 중량(kg) = 계수 × 분자량(kg)
④ 체적(Sm^3) = 계수 × 22.4(Sm^3)

22 유해폐기물 고화처리시 흔히 사용하는 지표인 혼합율(MR)은 고화제 첨가량과 폐기물 양의 중량비로 정의된다. 고화처리 전 폐기물의 밀도가 $1.0g/cm^3$, 고화처리된 폐기물의 밀도가 $1.3g/cm^3$ 이라면 혼합율(MR)이 0.755 일 때 고화처리된 폐기물의 부피변화율(VCF)은 얼마인가?

㉮ 1.95 ㉯ 1.56
㉰ 1.35 ㉱ 1.15

풀이
부피감소율(VCF) $= (1 + MR) \times \dfrac{\rho_1}{\rho_2}$

여기서 MR : 혼합률

 ρ_1 : 고화처리전 폐기물의 밀도(g/cm^3)
 ρ_2 : 고화처리후 폐기물의 밀도(g/cm^3)

따라서
부피변화율(VCF) $= (1 + 0.755) \times \dfrac{1.0g/cm^3}{1.3g/cm^3}$
$= 1.35$

23 밀도가 $1.0t/m^3$인 지정폐기물 $20m^3$을 시멘트고화처리 방법에 의해 고화처리하여 매립하고자 한다. 고화제인 시멘트를 첨가하였다면 고화제의 혼합율(MR)은 얼마인가? (단, 고화제 밀도는 $1t/m^3$, 고화제 투입량은 폐기물 $1m^3$당 200kg이다.)

㉮ 0.05 ㉯ 0.10
㉰ 0.15 ㉱ 0.20

풀이
고화제의 혼합률(MR) $= \dfrac{첨가제의\ 질량}{폐기물의\ 질량}$
$= \dfrac{200kg/m^3 \times 20m^3}{1000kg/m^3 \times 20m^3}$
$= 0.2$

정답 20 ㉯ 21 ㉯ 22 ㉰ 23 ㉱

24 고형분 30%인 주방찌꺼기 10톤이 있다. 소각을 위하여 함수율이 50% 되게 건조시켰다면 이때의 무게는 얼마인가? (단, 비중은 1.0 기준이다.)

㉮ 2톤 ㉯ 3톤
㉰ 6톤 ㉱ 8톤

풀이
$W_1 \times TS_1 = W_2 \times (100 - P_2)$
$10\,ton \times 30\% = W_2 \times (100 - 50\%)$
$\therefore W_2 = \dfrac{10\,ton \times 30\%}{(100 - 50\%)} = 6\,ton$

Tip
① 고형물(TS) + 함수율(P) = 100%
② $TS_1 = 100 - P_1$

25 합성차수막 중 PVC에 관한 설명으로 잘못된 것은 어느 것인가?

㉮ 작업이 용이하다.
㉯ 접합이 용이하고 가격이 저렴하다.
㉰ 자외선, 오존, 기후에 약하다.
㉱ 대부분의 유기화학물질에 강하다.

풀이 ㉱ 대부분의 유기화학물질에 약하다.

26 고화처리법 중 열가소성 플라스틱법의 장단점으로 잘못된 것은 어느 것인가?

㉮ 고화처리된 폐기물성분을 훗날 회수하여 재활용 가능하다.
㉯ 크고 복잡한 장치와 숙련기술을 요한다.
㉰ 혼합율(MR)이 비교적 낮다.
㉱ 고온분해되는 물질에는 사용할 수 없다.

풀이 ㉰ 혼합율(MR)이 비교적 높다.

27 전처리에서의 SS 제거율은 60%, 1차 처리에서 SS 제거율이 90%일 때 방류수 수질기준 이내로 처리하기 위한 2차 처리 최소효율(%)은 얼마인가?

- 분뇨 SS : 20,000mg/L
- SS 방류수 수질기준 : 60mg/L

㉮ 92.5% ㉯ 94.5%
㉰ 96.5% ㉱ 98.5%

풀이
① 유입수의 SS농도
   $= 20,000\,mg/L \times (1 - 0.6) \times (1 - 0.9)$
   $= 800\,mg/L$
② 유출수의 SS농도 $= 60\,mg/L$
③ 2차 처리 최소효율(%)
   $= \left(1 - \dfrac{유출수\,SS농도}{유입수\,SS농도}\right) \times 100$
   $= \left(1 - \dfrac{60\,mg/L}{800\,mg/L}\right) \times 100$
   $= 92.5\%$

정답 24 ㉰ 25 ㉱ 26 ㉰ 27 ㉮

28 호기성처리로 200kL/d의 분뇨를 처리할 경우 처리장에 필요한 송풍량은 얼마인가?

- BOD 20,000ppm
- 제거율 80%
- 제거 BOD당 필요송풍량 100 m^3/BODkg
- 분뇨비중 1.0
- 24시간 연속 가동 기준

㉮ 약 3,333 m^3/hr
㉯ 약 13,333 m^3/hr
㉰ 약 320,000 m^3/hr
㉱ 약 400,000 m^3/hr

 ① 제거된 BOD 총량(kg/hr)
= BOD 농도(kg/m^3)×분뇨량(m^3/day)×제거율
= 20kg/m^3×200m^3/day×1day/24hr×0.8
= 133.33 kg/hr
② 필요한 송풍량(m^3/hr)
= 제거된 BOD 총량(kg/hr)×제거 BOD 당 필요 풍량(m^3/kg)
= 133.33kg/hr×100m^3/kg
= 13,333 m^3/hr

Tip
① BOD 20,000ppm = 20kg/m^3
② ppm = mg/L = g/m^3
③ mg/L×10^{-3} = g/m^3
④ 분뇨량 200kL/day = 200m^3/day

29 매립시 표면차수막(연직차수막과 비교)에 관한 내용으로 틀린 것은 어느 것인가?

㉮ 지하수 집배수시설이 필요하다.
㉯ 경제성에 있어서 차수막 단위면적당 공사비는 고가이나 총공사비는 싸다.
㉰ 보수 가능성면에 있어서는 매립전에는 용이하나 매립후에는 어렵다.
㉱ 차수성 확인에 있어서는 시공시에는 확인되지만 매립후에는 곤란하다.

 ㉯ 경제성에 있어서 차수막 단위면적당 공사비는 싸지만 총공사비는 비싸다.

30 1일 20톤 폐기물을 소각처리하기 위한 로의 용적(m^3)은 얼마인가?

- 저위발열량이 700kcal/kg
- 노내 열부하는 20,000 kcal/m^3·hr
- 1일 가동시간 14시간

㉮ 25 m^3 ㉯ 30 m^3
㉰ 45 m^3 ㉱ 50 m^3

노내 열부하(kcal/m^3·hr)
$= \dfrac{\text{저위발열량(kcal/kg)} \times \text{폐기물의 양(kg/hr)}}{\text{로의 용적}(m^3)}$

따라서

$20,000 \text{kcal}/m^3 \cdot hr = \dfrac{700\text{kcal/kg} \times 20,000\text{kg/day} \times 1\text{day}/24\text{hr}}{\text{로의 용적}(m^3)}$

$\text{kcal}/m^3 \cdot hr = \dfrac{700\text{kcal/kg} \times 20,000\text{kg/day} \times 1\text{day}/24\text{hr}}{\text{로의 용적}(m^3)}$

∴ 로의 용적 $= \dfrac{700\text{kcal/kg} \times 20,000\text{kg/day} \times 1\text{day}/14\text{hr}}{20,000 \text{kcal}/m^3 \cdot hr}$

$= 50 m^3$

 28 ㉯ 29 ㉯ 30 ㉱

31 어느 분뇨처리장에서 20kL/일의 분뇨를 처리하며 여기에서 발생하는 가스의 양은 투입분뇨량의 8배라고 한다면 이 중 CH_4 가스에 의해 생성되는 열량은 얼마인가? (단, 발생가스 중 CH_4 가스가 70%를 차지하며, 열량은 $6000\,kcal/m^3-CH_4$ 이다.)

㉮ 84,000kcal/일 ㉯ 120,000kcal/일
㉰ 672,000kcal/일 ㉱ 960,000kcal/일

  발생되는 열량(kcal/kg)
= 분뇨량(m^3/day)×발생가스 중 메탄량×메탄의 발열량(kcal/m^3)
= 20m^3/day×8배×0.7×6000kcal/m^3
= 672,000 kcal/일

Tip
분뇨량 20kL/일 = 20m^3/일

32 폐기물 매립지 표면적이 50,000 m^2이며 침출수량은 년간 강우량의 10%라면 1년간 침출수에 의한 BOD 누출량은 얼마인가? (단, 년간 평균 강우량은 1,300mm, 침출수 BOD 8,000mg/L 이다.)

㉮ 40,000 kg ㉯ 52,000 kg
㉰ 400,000 kg ㉱ 468,000 kg

침출수에 의한 BOD 유출량(kg/년)
= 침출수의 BOD 농도(kg/m^3)×침출수량(m^3/년)
① 침출수의 BOD 농도
 = 8,000mg/L×10^{-3} = 8kg/m^3
② 침출수량(m^3/년)
 = 50,000m^2×1,300mm/년×10^{-3}m/mm×0.1
 = 6,500m^3/년
③ 침출수에 의한 BOD 유출량
 = 8kg/m^3×6,500m^3/년 = 52,000kg/년

33 메탄올(CH_3OH) 8kg을 완전 연소하는 데 필요한 이론공기량(Sm^3)은 얼마인가? (단, 표준상태 기준)

㉮ 35 Sm^3 ㉯ 40 Sm^3
㉰ 45 Sm^3 ㉱ 50 Sm^3

① 이론산소량(Sm^3)을 계산한다.
$CH_3OH + 1.5O_2 \rightarrow CO_2 + 2H_2O$
32kg : 1.5×22.4Sm^3
8kg : O_o(이론산소량)

∴ $O_o = \dfrac{8kg \times 1.5 \times 22.4Sm^3}{32kg} = 8.4Sm^3$

② 이론공기량(Sm^3)을 계산한다.
이론공기량(Sm^3) = 이론산소량(Sm^3) × $\dfrac{1}{0.21}$
 = 8.4Sm^3 × $\dfrac{1}{0.21}$
 = 40 Sm^3

34 분뇨처리장의 방류수량이 1000 m^3/day일 때 15분간 염소소독을 할 경우 소독조의 크기(m^3)는 얼마인가?

㉮ 약 16.5 m^3 ㉯ 약 13.5 m^3
㉰ 약 10.5 m^3 ㉱ 약 8.5 m^3

소독조의 크기(m^3)
= 방류수량(m^3/day)×시간(day)
= 1000m^3/day×15min×1day/24hr×1hr/60min
= 10.42m^3

정답 31 ㉰ 32 ㉯ 33 ㉯ 34 ㉰

35 $C_4H_9O_3N$으로 표현되는 유기물 1몰이 혐기성 상태에서 다음 식과 같이 분해 될 때 발생하는 이산화탄소의 양은 얼마인가?

$$C_4H_9O_3N + (a)H_2O \rightarrow (b)CO_2 + (c)CH_4 + (d)NH_3$$

㉮ 1몰 ㉯ 2몰
㉰ 3몰 ㉱ 4몰

$C_aH_bO_cN_d + \left(\dfrac{4a-b-2c+3d}{4}\right)H_2O$
$\rightarrow \left(\dfrac{4a+b-2c-3d}{8}\right)CH_4 + \left(\dfrac{4a-b+2c+3d}{8}\right)CO_2 + dNH_3$
따라서
$C_4H_9O_3N + H_2O \rightarrow 2CH_4 + 2CO_2 + NH_3$
∴ $C_4H_9O_3N$ 1몰이 분해하면 CO_2는 2몰이 발생된다.

36 슬러지 $100 m^3$의 함수율이 98%이다. 탈수 후 슬러지의 체적을 1/10로 하면 슬러지 함수율(%)은 얼마인가? (단, 모든 슬러지의 비중은 1.0이다)

㉮ 20% ㉯ 40%
㉰ 60% ㉱ 80%

$V_1 \times (100-P_1) = V_2 \times (100-P_2)$
$100m^3 \times (100-98) = 100m^3 \times \dfrac{1}{10} \times (100-P_2)$
$(100-P_2) = \dfrac{100m^3 \times (100-98)}{100m^3 \times \dfrac{1}{10}} = 20$
∴ $P_2 = 100 - 20 = 80\%$

37 열분해공정이 소각에 비해 갖는 장점으로 틀린 것은 어느 것인가?

㉮ 황분, 중금속이 재(ash) 중에 고정되는 비율이 작다.
㉯ 환원성 분위기가 유지되므로 Cr^{+3}가 Cr^{+6}로 변화되기 어렵다.
㉰ 배기 가스량이 적다.
㉱ NO_X 발생량이 적다.

 ㉮ 황분, 중금속이 재(ash) 중에 고정되는 비율이 크다.

38 매립된 지 10년 이상인 매립지에서 발생되는 침출수를 처리하기 위한 공정으로 효율성이 가장 양호한 것은 어느 것인가?

- 침출수 특성 : COD/TOC < 2.0
- BOD/COD < 0.1
- COD < 500ppm

㉮ 역삼투 ㉯ 화학적 침전
㉰ 오존처리 ㉱ 생물학적 처리

㉮ 역삼투법 이용시 효율적인 조건이다.

정답 35 ㉯ 36 ㉱ 37 ㉮ 38 ㉮

39 소각로 중 다단로 방식의 장점으로 잘못된 것은 어느 것인가?

㉮ 체류시간이 길어 분진 발생율이 낮다.
㉯ 수분함량이 높은 폐기물의 연소가 가능하다.
㉰ 휘발성이 적은 폐기물 연소에 유리하다.
㉱ 많은 연소영역이 있으므로 연소효율을 높일 수 있다.

풀이 ㉮ 체류시간이 길어 분진 발생율이 높다.

40 1일 폐기물 발생량이 100 ton인 폐기물을 깊이 3m인 도랑식으로 매립하고자 한다. 발생 폐기물의 밀도는 $400 kg/m^3$, 매립에 따른 부피감소율은 20%일 경우, 1년간 필요한 매립지의 면적(m^2)은 얼마인가? (단, 기타조건은 고려하지 않는다.)

㉮ 약 16,083 ㉯ 약 24,333
㉰ 약 30,417 ㉱ 약 91,250

풀이 매립면적(m^2/년)
$$= \frac{폐기물 발생량(kg/년) \times (1-부피감소율)}{폐기물 밀도(kg/m^3) \times 길이(m)}$$
$$= \frac{100 \times 10^3 kg/일 \times (1-0.2) \times 365일/년}{400 kg/m^3 \times 3m}$$
$$= 24,333.33 m^2/년$$

Tip
100 ton $= 100 \times 10^3$ kg

제3과목 폐기물공정시험기준

41 자외선/가시선 분광법에 의해 크롬을 정량하기 위해서는 크롬이온 전체를 6가크롬으로 변화시켜야 하는데 이때 사용하는 시약은 어느 것인가?

㉮ 디페닐카르바지드
㉯ 질산암모늄
㉰ 과망간산칼륨
㉱ 염화제일주석

풀이 시약의 용도
① 과망간산칼륨 : 크롬이온 전체를 6가크롬으로 전환시키는 시약(산화제)
② 디페닐카르바지드 : 적자색으로 발색시키는 시약

42 폐기물시료 200g을 취하여 기름성분(중량법)을 시험한 결과, 시험 전·후의 증발용기의 무게차는 13.591g으로 나타났고, 바탕시험 전·후의 증발용기의 무게차는 13.557g으로 나타났다. 이때의 노말헥산 추출물질 추출물질 농도(%)는 얼마인가?

㉮ 0.013% ㉯ 0.017%
㉰ 0.023% ㉱ 0.034%

풀이 노말헥산 추출물질(%)
$$= (a-b) \times \frac{100}{V} = \frac{(a-b)g}{V(g)} \times 100$$
여기서 a : 실험전후의 증발용기의 무게 차(g)
 b : 바탕시험 전후의 증발용기의 무게 차(g)
 V : 시료의 양(g)
따라서 노말헥산 추출물질(%)
$$= \frac{(13.591-13.557)g}{200g} \times 100 = 0.017\%$$

43 용출 조작시 진탕 횟수 기준으로 알맞은 것은 어느 것인가? (단, 상온, 상압 조건, 진폭은 4~5cm)

㉮ 매분당 약 200회
㉯ 매분당 약 300회
㉰ 매분당 약 400회
㉱ 매분당 약 500회

> **Tip**
> **용출 시험방법**
> 1. 시료용액의 조제
> 시료의 조제방법에 따라 조제한 시료 100g 이상을 정확히 달아 정제수에 염산을 넣어 pH를 5.8~6.3으로 한 용매(mL)를 시료 : 용매 = 1 : 10(W : V)의 비로 2,000mL 삼각플라스크에 넣어 혼합한다.
> 2. 용출조작
> ① 시료용액의 조제가 끝난 혼합액을 상온 상압에서 진탕회수가 매분 당 약 200회, 진폭이 4~5cm의 진탕기를 사용하여 6시간 연속 진탕한다.
> ② 1.0 μm의 유리섬유 여과지로 여과하고 여과액을 적당량 취하여 용출실험용 시료용액으로 한다.
> ③ 여과가 어려운 경우에는 원심분리기를 사용하여 매분당 3,000회전 이상으로 20분 이상 원심분리한 다음 상징액을 적당량 취하여 용출실험용 시료용액으로 한다.

44 다음은 폐기물 시료의 채취에 관한 내용이다. ( )안에 알맞은 것은?

> 시료의 양은 1회에 100g 이상 채취한다. 다만 소각재의 경우에는 1회에 ( ) 이상을 채취한다.

㉮ 200g   ㉯ 300g
㉰ 500g   ㉱ 1000g

45 자외선/가시선 분광법을 이용한 시안분석방법으로 틀린 것은 어느 것인가?

㉮ 포집된 시안이온을 중화하고 클로라민 T와 피리딘 피라졸론 혼합액을 넣어 적자색 510nm에서 측정한다.
㉯ 시료를 pH 2 이하의 산성으로 조절한 후 에틸렌다이아민테트라아세트산이나 트륨을 넣고 가열 증류한다.
㉰ 잔류염소가 함유된 시료는 잔류염소 20mg당 L-아스코빈산(10W/V%) 0.6mL를 넣어 제거한다.
㉱ 황화합물이 함유된 시료는 아세트산아연용액(10W/V%) 2mL를 넣어 제거한다.

> **풀이** ㉮ 포집된 시안이온을 중화하고 클로라민 T와 피리딘 피라졸론 혼합액을 넣어 청색 620nm에서 측정한다.

46 대상폐기물의 양이 2000톤인 경우 채취 시료의 최소수는 얼마인가?

㉮ 24   ㉯ 36
㉰ 50   ㉱ 60

> **풀이** 대상폐기물의 양과 시료의 최소 수
>
> | 대상폐기물의 양 (단위 : ton) | 시료의 최소 수 | 대상폐기물의 양 (단위 : ton) | 시료의 최소 수 |
> |---|---|---|---|
> | ~1미만 | 6 | 100이상~500미만 | 30 |
> | 1이상~5미만 | 10 | 500이상~1000미만 | 36 |
> | 5이상~30미만 | 14 | 1000이상~5000미만 | 50 |
> | 30이상~100미만 | 20 | 5000이상 | 60 |

정답 43 ㉮ 44 ㉰ 45 ㉮ 46 ㉰

47 다음은 용출시험을 위한 시료 용액의 조제에 관한 내용이다. ( )에 알맞은 것은?

> 시료의 조제방법에 따라 조제한 시료 100g 이상을 정확히 달아 정제수에 염산을 넣어 pH를 (①)으로 한 용매 (mL)를 시료 : 용매 = 1 : 10(W : V)의 비로 (②)mL 삼각플라스크에 넣어 혼합한다.

㉮ ① : 5.3~6.8, ② : 1,000
㉯ ① : 5.3~6.8, ② : 2,000
㉰ ① : 5.8~6.3, ② : 1,000
㉱ ① : 5.8~6.3, ② : 2,000

48 유도결합플라스마-원자발광분광법으로 분석할 수 없는 물질은 어느 것인가? (단, 폐기물공정시험기준 기준)

㉮ 납 ㉯ 비소
㉰ 수은 ㉱ 6가크롬

● 항목별 분석방법
㉮ 납 : 원자흡수분광광도법, 유도결합플라스마-원자발광분광법, 자외선/가시선분광법
㉯ 비소 : 원자흡수분광광도법, 유도결합플라스마-원자발광분광법, 자외선/가시선분광법
㉰ 수은 : 원자흡수분광광도법(환원기화법), 자외선/가시선분광법(디티존법)
㉱ 6가크롬 : 원자흡수분광광도법, 유도결합플라스마-원자발광분광법, 자외선/가시선분광법(다이페닐카바자이드법)

49 다음 중 pH 표준액 중 pH 4에 가장 근접하는 용액은?

㉮ 수산염 표준액
㉯ 프탈산염 표준액
㉰ 인산염 표준액
㉱ 붕산염 표준액

● 표준액의 pH
㉮ 수산염 표준액 : 약 pH 2
㉯ 프탈산염 표준액 : 약 pH 4
㉰ 인산염 표준액 : 약 pH 7
㉱ 붕산염 표준액 : 약 pH 9

50 자외선/가시선 분광법에 의하여 구리를 정량하는 방법으로 알맞지 않은 것은 어느 것인가?

㉮ 정량한계는 0.002mg 이다.
㉯ 흡광도는 440nm에서 측정한다.
㉰ 비스무트가 구리의 양보다 2배 이상 존재하는 경우에는 황색을 나타내어 방해한다.
㉱ 시료 중 시안화합물이 존재하는 경우 과망간산칼륨(10W/V%)용액으로 완전 산화시켜야 한다.

● 시료중에 시안화합물이 함유되어 있으면 염산으로 산성 조건으로 만든 후 끓여 완전히 분해한다.

정답 47 ㉱ 48 ㉰ 49 ㉯ 50 ㉱

51 크롬(자외선/가시선 분광법) 측정시 첨가한 표준물질의 농도에 대한 측정 평균값의 상대 백분율로서 나타내는 정확도 값으로 알맞은 것은 어느 것인가?

㉮ 90~110% 이내
㉯ 85~115% 이내
㉰ 80~120% 이내
㉱ 75~125% 이내

풀이 정확도 및 정밀도
① 정확도는 첨가한 표준물질의 농도에 대한 측정 평균값의 상대 백분율로서 나타내며 그 값이 75~125% 이내이어야 한다.
② 정밀도는 측정값의 % 상대표준편차(RSD)로 계산하며 측정값이 25% 이내이어야 한다.

52 고형물 함량이 50%, 강열감량이 80%인 폐기물의 유기물 함량(%)은 얼마인가?

㉮ 30 ㉯ 40
㉰ 50 ㉱ 60

풀이
① 수분(%)=100-고형물 함량(%)=100-50%=50%
② 휘발성 고형물(유기물)=강열감량-수분(%) =80%-50%=30%
③ 고형물 함량=50%
④ 유기물함량(%)
$= \dfrac{\text{휘발성고형물(\%)}}{\text{고형물 함량(\%)}} = \dfrac{30\%}{50\%} \times 100(\%) = 60\%$

53 다음은 유리전극법에 의한 pH 측정시 정밀도에 관한 설명이다. ( )안에 적당한 것은 어느 것인가?

> pH 미터는 임의의 한 종류의 pH 표준용액에 대하여 검출부를 정제수로 잘 씻은 다음 5회 되풀이하여 pH를 측정하였을 때 그 재현성이 (   ) 이내이어야 한다.

㉮ ± 0.01 ㉯ ± 0.05
㉰ ± 0.1   ㉱ ± 0.5

54 총칙에서 규정하고 있는 내용으로 알맞은 것은 어느 것인가?

㉮ 진공이라 함은 15 mmH_2O 이하를 말한다.
㉯ 실온은 15~25℃이고 상온은 1~35℃로 한다.
㉰ 찬 곳은 따로 규정이 없는 한 0~15℃의 곳을 말한다.
㉱ 제반시험조작은 따로 규정이 없는 한 실온에서 실시한다.

풀이
㉮ 진공이라 함은 15 mmHg 이하를 말한다.
㉯ 실온은 1~35℃이고 상온은 15~25℃로 한다.
㉱ 제반시험조작은 따로 규정이 없는 한 표준온도에서 실시한다.

정답 51 ㉱ 52 ㉱ 53 ㉯ 54 ㉰

55 폐기물 시료 채취시 갈색경질 유리병을 사용하여야 하는 측정 대상 항목에 해당하지 않는 것은 어느 것인가?

㉮ 유기인
㉯ 휘발성 저급 염소화 탄화수소류
㉰ PCB$_S$
㉱ 수은

풀이) 노말헥산 추출물질, 유기인, 폴리클로리네이티드비페닐(PCBs), 휘발성 저급 염소화탄화수소류는 갈색경질 유리병만 사용한다.

56 자외선/가시선 분광법에 의한 카드뮴 분석 방법에 대한 내용으로 적당하지 않은 것은 어느 것인가?

㉮ 황갈색의 카드뮴착염을 사염화탄소로 추출하여 그 흡광도를 480nm에서 측정하는 방법이다.
㉯ 카드뮴의 정량범위는 0.001~0.03mg이고, 정량한계는 0.001mg 이다.
㉰ 시료 중 다량의 철과 망간을 함유하는 경우 디티존에 의한 카드뮴추출이 불완전하다.
㉱ 시료에 다량의 비스무트(Bi)가 공존하면 시안화칼륨 용액으로 수회 씻어도 무색이 되지 않는다.

풀이) ㉮ 적색의 카드뮴착염을 사염화탄소로 추출하여 그 흡광도를 520nm에서 측정하는 방법이다.

57 폐기물공정시험기준에서 용어의 정의로 잘못된 것은 어느 것인가?

㉮ 반고상폐기물은 고형물의 함량 5% 이상 15% 미만인 것을 말한다.
㉯ 방울수는 20℃에서 정제수 20방울을 적하할 때, 그 부피가 약 1mL 되는 것을 말한다.
㉰ "감압 또는 진공"은 따로 규정이 없는 한 15mmHg 이하를 뜻한다.
㉱ "항량으로 될 때까지 건조한다"는 같은 조건에서 1시간 더 건조할 때 전후 무게의 차가 g당 0.1mg 이하일 때를 말한다.

풀이) ㉱ "항량으로 될 때까지 건조한다"는 같은 조건에서 1시간 더 건조할 때 전후 무게의 차가 g당 0.3mg 이하일 때를 말한다.

58 함수율이 90%인 슬러지를 용출시험하여 구리의 농도를 측정하니 1.0mg/L로 나타났다. 수분함량을 보정한 용출시험 결과치는 얼마인가?

㉮ 0.6 mg/L
㉯ 0.9 mg/L
㉰ 1.1 mg/L
㉱ 1.5 mg/L

풀이) ① 용출실험의 결과는 시료중의 수분함량 보정을 위해 함수율 85% 이상에 시료에 한하여 $\dfrac{15}{100-시료의 함수율(\%)}$ 을 곱하여 계산된 값으로 한다.

따라서 $\dfrac{15}{100-90\%} = 1.5$

② $1.0\,\text{mg/L} \times 1.5 = 1.5\,\text{mg/L}$

정답) 55 ㉱ 56 ㉮ 57 ㉱ 58 ㉱

59 원자흡수분광광도법으로 비소를 측정할 때 사용되는 불꽃으로 알맞은 것은 어느 것인가?

㉮ 아르곤 - 수소
㉯ 아르곤 - 질소
㉰ 질소 - 수소
㉱ 질소 - 공기

풀이 비소의 원자흡수분광광도법
전처리한 시료 용액 중에 아연 또는 나트륨붕소 수화물을 넣어 생성된 수소화비소를 원자화시켜 193.7nm에서 흡광도를 측정하고 비소를 정량하는 방법이며, 정량한계는 0.005mg/L이다.

60 폐기물 중 시안을 측정(이온전극법)할 때 시료채취 및 관리에 관한 내용으로 알맞은 것은 어느 것인가?

㉮ 시료는 수산화나트륨용액을 가하여 pH 10 이상으로 조절하여 냉암소에서 보관한다. 최대 보관시간은 8시간이며 가능한 한 즉시 실험한다.
㉯ 시료는 수산화나트륨용액을 가하여 pH 10 이상으로 조절하여 냉암소에서 보관한다. 최대 보관시간은 24시간이며 가능한 한 즉시 실험한다.
㉰ 시료는 수산화나트륨용액을 가하여 pH 12 이상으로 조절하여 냉암소에서 보관한다. 최대 보관시간은 8시간이며 가능한 한 즉시 실험한다.
㉱ 시료는 수산화나트륨용액을 가하여 pH 12 이상으로 조절하여 냉암소에서 보관한다. 최대 보관시간은 24시간이며 가능한 한 즉시 실험한다.

제4과목 폐기물관계법규

61 폐기물 발생 억제 지침 준수의무 대상 배출자의 규모기준으로 알맞은 것은 어느 것인가?

㉮ 최근 3년간의 연평균 배출량을 기준으로 지정폐기물을 300톤 이상 배출하는 자
㉯ 최근 3년간의 연평균 배출량을 기준으로 지정폐기물을 500톤 이상 배출하는 자
㉰ 최근 3년간의 연평균 배출량을 기준으로 지정폐기물 외의 폐기물을 500톤 이상 배출하는 자
㉱ 최근 3년간의 연평균 배출량을 기준으로 지정폐기물 외의 폐기물을 1000톤 이상 배출하는 자

풀이 폐기물 발생 억제 지침 준수의무 대상 배출자의 규모기준
① 최근 3년간의 연평균 배출량을 기준으로 지정폐기물을 100톤 이상 배출하는 자
② 최근 3년간의 연평균 배출량을 기준으로 지정폐기물 외의 폐기물을 1천톤 이상 배출하는 자

62 폐기물 감량화시설의 종류가 아닌 것은 어느 것인가?

㉮ 폐기물 자원화 시설
㉯ 폐기물 재이용 시설
㉰ 폐기물 재활용 시설
㉱ 공정 개선 시설

풀이 폐기물 감량화시설의 종류에는 폐기물 재이용 시설, 폐기물 재활용 시설, 공정 개선시설이 있다.

정답 59 ㉮ 60 ㉱ 61 ㉱ 62 ㉮

63 다음은 폐기물처리업에 대한 과징금에 관한 내용이다. ( )안에 적당한 것은?

> 환경부장관이나 시·도지사는 사업장의 사업규모, 사업지역의 특수성, 위반행위의 정도 및 횟수 등을 고려하여 법의 규정에 따른 과징금 금액의 ( ) 범위에서 가중하거나 감경할 수 있다. 다만 가중하는 경우에는 과징금의 총액이 1억원을 초과할 수 없다.

㉮ 2분의 1   ㉯ 3분의 1
㉰ 4분의 1   ㉱ 5분의 1

64 음식물류 폐기물 발생억제 계획의 수립 주기는 얼마인가?

㉮ 1년   ㉯ 2년
㉰ 3년   ㉱ 5년

65 폐기물 처분시설 또는 재활용시설 중 음식물류 폐기물을 대상으로 하는 시설의 기술관리인 자격기준으로 잘못된 것은 어느 것인가?

㉮ 산업위생산업기사
㉯ 화공산업기사
㉰ 토목산업기사
㉱ 전기기사

🔹 음식물류 폐기물을 대상으로 하는 시설의 기술관리인 자격기준은 폐기물처리산업기사, 수질환경산업기사, 화공산업기사, 토목산업기사, 대기환경산업기사, 기계기사, 전기기사 중 1명 이상이다.

66 관리형 매립시설의 침출수의 배출 허용기준으로 알맞은 것은 어느 것인가?(단, 가 지역 기준이다.)

㉮ BOD(mg/L) - 50
㉯ BOD(mg/L) - 70
㉰ BOD(mg/L) - 90
㉱ BOD(mg/L) - 110

🔹 관리형 매립시설의 침출수의 배출 허용기준 (BOD 기준)
① 청정지역 : 30mg/L
② 가 지역 : 50mg/L
③ 나 지역 : 70mg/L

67 폐기물 처리시설의 종류 중 재활용시설 기준에 관한 내용으로 잘못된 것은 어느 것인가?

㉮ 용해로(폐기물에서 비철금속을 추출하는 경우로 한정)
㉯ 소성(시멘트 소성로는 제외)·탄화시설
㉰ 골재세척시설(동력 7.5kW 이상인 시설로 한정)
㉱ 의약품 제조시설

🔹 ㉰ 골재가공시설

68 폐기물처리시설의 사후관리기준 및 방법 중 침출수 관리방법으로 매립시설의 차수시설 상부에 모여 있는 침출수의 수위는 시설의 안정 등을 고려하여 얼마로 유지되도록 관리하여야 하는가?

㉮ 0.6 미터 이하   ㉯ 1.0 미터 이하
㉰ 1.5 미터 이하   ㉱ 2.0 미터 이하

정답 63 ㉮ 64 ㉱ 65 ㉮ 66 ㉮ 67 ㉰ 68 ㉱

69 법에서 사용하는 용어의 뜻으로 잘못된 것은 어느 것인가?

㉮ '처분'이란 폐기물의 소각, 중화, 파쇄, 고형화 등의 중간처분과 매립하거나 해역으로 배출하는 등의 최종 처분을 말한다.
㉯ '재활용'이란 에너지를 회수하거나 회수할 수 있는 상태로 만들거나 폐기물을 연료로 사용하는 활동으로서 대통령으로 정하는 활동을 말한다.
㉰ '폐기물처리시설'이란 폐기물의 중간처분시설, 최종처분시설 및 재활용시설로서 대통령령으로 정하는 시설을 말한다.
㉱ '처리'란 폐기물의 수집, 운반, 보관, 재활용, 처분을 말한다.

[풀이] ㉯ '재활용'이란 에너지를 회수하거나 회수할 수 있는 상태로 만들거나 폐기물을 연료로 사용하는 활동으로서 환경부령으로 정하는 활동을 말한다.

70 폐기물 처리업의 업종 구분과 영업내용의 범위를 벗어나는 영업을 한 자에 대한 벌칙기준으로 알맞은 것은 어느 것인가?

㉮ 1년 이하의 징역 또는 5백만원 이하의 벌금
㉯ 1년 이하의 징역 또는 1천만원 이하의 벌금
㉰ 2년 이하의 징역 또는 1천만원 이하의 벌금
㉱ 2년 이하의 징역 또는 2천만원 이하의 벌금

71 기술관리인을 두어야 할 폐기물처리시설 기준으로 알맞은 것은 어느 것인가?

(단, 폐기물처리업자가 운영하는 폐기물처리시설은 제외한다.)

㉮ 시멘트 소성로로서 시간당 처분능력이 600킬로그램 이상인 시설
㉯ 멸균분쇄시설로서 시간당 처분능력이 600킬로그램 이상인 시설
㉰ 사료화, 퇴비화 또는 연료화시설로서 1일 재활용능력인 1톤 이상인 시설
㉱ 압축, 파쇄, 분쇄 또는 절단시설로서 1일 처분능력 또는 재활용능력이 100톤 이상인 시설

[풀이] ㉮ 시멘트 소성로
㉯ 멸균분쇄시설로서 시간당 처분능력이 100킬로그램 이상인 시설
㉰ 사료화, 퇴비화 또는 연료화시설로서 1일 재활용능력인 5톤 이상인 시설

72 생활폐기물배출자는 특별자치시, 특별자치도, 시, 군, 구의 조례로 정하는 바에 따라 스스로 처리할 수 없는 생활폐기물을 종류별, 성질, 상태별로 분리하여 보관하여야 한다. 이를 위반한 자에 대한 과태료 부과 기준은 얼마인가?

㉮ 100만원 이하의 과태료
㉯ 200만원 이하의 과태료
㉰ 300만원 이하의 과태료
㉱ 500만원 이하의 과태료

정답 69 ㉯ 70 ㉱ 71 ㉱ 72 ㉮

73 주변지역 영향 조사대상 폐기물처리시설 (폐기물 처리업자가 설치, 운영하는 시설)기준으로 알맞은 것은 어느 것인가?

㉮ 매립면적 3만 제곱미터 이상의 사업장 일반폐기물 매립시설
㉯ 매립면적 5만 제곱미터 이상의 사업장 일반폐기물 매립시설
㉰ 매립면적 10만 제곱미터 이상의 사업장 일반폐기물 매립시설
㉱ 매립면적 15만 제곱미터 이상의 사업장 일반폐기물 매립시설

주변지역 영향 조사대상 폐기물처리시설 기준
① 1일 처분능력이 50톤 이상인 사업장폐기물 소각시설
② 매립면적 1만 제곱미터 이상의 사업장 지정폐기물 매립시설
③ 매립면적 15만 제곱미터 이상의 사업장 일반폐기물 매립시설
④ 시멘트 소성로(폐기물을 연료로 사용하는 경우로 한정)
⑤ 1일 재활용능력이 50톤 이상인 사업장폐기물 소각열회수시설

74 의료폐기물의 종류 중 일반 의료폐기물에 해당하지 않는 것은 어느 것인가?

㉮ 일회용 주사기
㉯ 수액세트
㉰ 혈액·체액·분비물·배설물이 함유되어 있는 탈지면
㉱ 파손된 유리재질의 시험기구

㉱ 파손된 유리재질의 시험기구는 손상성폐기물에 해당한다.

75 국가 폐기물 관리 종합계획에 포함되어야 할 사항으로 알맞지 않은 것은 어느 것인가?

㉮ 재원 조달 계획
㉯ 폐기물 관리 여건 및 전망
㉰ 종합계획의 기조
㉱ 폐기물 관리 정책의 평가

참고 법규개정으로 문제 삭제

76 폐기물 수집, 운반업의 변경허가를 받아야 할 중요사항으로 알맞지 않은 것은 어느 것인가?

㉮ 수집, 운반대상 폐기물의 변경
㉯ 영업구역의 변경
㉰ 처분시설 소재지의 변경
㉱ 운반차량(임시차량은 제외한다)의 증차

폐기물 수집·운반업의 변경허가를 받아야 할 중요사항
① 수집·운반대상 폐기물의 변경
② 영업구역의 변경
③ 주차장 소재지의 변경(지정폐기물을 대상으로 하는 수집·운반업만 해당)
④ 운반차량(임시차량은 제외)의 증차

정답 73 ㉱ 74 ㉱ 75 ㉱ 76 ㉰

77 폐기물처리 신고자의 준수사항 기준으로 알맞은 것은 어느 것인가?

㉮ 정당한 사유 없이 계속하여 6월 이상 휴업하여서는 아니 된다.
㉯ 정당한 사유 없이 계속하여 1년 이상 휴업하여서는 아니 된다.
㉰ 정당한 사유 없이 계속하여 2년 이상 휴업하여서는 아니 된다.
㉱ 정당한 사유 없이 계속하여 3년 이상 휴업하여서는 아니 된다.

78 다음은 폐기물처리업자 중 폐기물 재활용업자의 준수사항에 관한 내용이다. ( )안에 알맞은 것은?

> 유기성 오니를 화력발전소에서 연료로 사용하기 위해 가공하는 자는 유기성 오니 연료의 저위발열량, 수분 함유량, 회분 함유량, 황분 함유량, 길이 및 금속성분을 (   )이상 측정하여 그 결과를 시·도지사에게 제출하여야 한다.

㉮ 매 년당 1회   ㉯ 매 분기당 1회
㉰ 매 월당 1회   ㉱ 매 주당 1회

79 다음은 방치 폐기물의 처리기간에 대한 내용이다. ( )안에 알맞은 것은? (단, 연장 기간은 고려하지 않는다.)

> 환경부장관이나 시도지사는 폐기물처리공제조합에 방치폐기물의 처리를 명하려면 주변 환경의 오염우려정도와 방치폐기물의 처리량 등을 고려하여 (   ) 범위에서 그 처리기간을 정하여야 한다.

㉮ 3개월   ㉯ 2개월
㉰ 1개월   ㉱ 15일

80 폐기물매립시설의 사후관리 업무를 대행할 수 있는 자는 누구인가? (단, 그 밖에 환경부장관이 사후관리를 대행할 능력이 있다고 인정하여 고시하는 자의 경우 제외한다.)

㉮ 유역·지방 환경청
㉯ 국립환경과학원
㉰ 한국환경공단
㉱ 시·도 보건환경연구원

🔖 폐기물매립시설의 사후관리 업무를 대행할 수 있는 자는 한국환경공단이다.

정답 77 ㉯ 78 ㉯ 79 ㉰ 80 ㉰

2014 제2회 폐기물처리산업기사
(2014년 5월 25일 시행)

제1과목 폐기물개론

01 인구 3,800명인 어느 지역에서 발생되는 폐기물을 1주일에 1일 수거하기 위하여 용량 8m³인 청소차량이 5대, 1일 2회 수거, 1일 근무시간이 8시간인 환경미화원이 5명 동원된다. 쓰레기의 적재밀도가 0.4ton/m³일 때 1인 1일 폐기물 발생량(kg/인·일)은 얼마인가?

㉮ 0.9kg/인·일 ㉯ 1.0kg/인·일
㉰ 1.2kg/인·일 ㉱ 1.3kg/인·일

풀이 폐기물발생량(kg/인·일)
$= \dfrac{쓰레기\ 수거량(kg/day)}{인구수(인)}$
$= \dfrac{8m^3/대 \times 400kg/m^3 \times 5대/1회 \times 2회/1일 \times 1일/1주 \times 1주/7일}{3,800인}$
$= 1.20 kg/인·일$

Tip 적재밀도 $0.4 ton/m^3 = 400 kg/m^3$

02 쓰레기와 하수처리장에서 얻어진 슬러지를 함께 매립하려 한다. 쓰레기와 슬러지의 함수율을 각각 40%와 80%라 한다면 쓰레기와 슬러지를 중량비 7:3 비율로 섞을 때 혼합체의 함수율(%)은 얼마인가?

㉮ 32% ㉯ 42%
㉰ 52% ㉱ 62%

풀이 혼합체의 함수율(%) $= \dfrac{40\% \times 7 + 80\% \times 3}{7+3}$
$= 52\%$

03 수소의 함량(원소분석에 의한 수소의 조성비)이 22%이고 수분함량이 20%인 폐기물의 고위발열량이 3,000kcal/kg일 때 저위발열량(kcal/kg)은 얼마인가? (단, 원소분석법 기준이다.)

㉮ 1,397 kcal/kg ㉯ 1,438 kcal/kg
㉰ 1,582 kcal/kg ㉱ 1,692 kcal/kg

풀이 $Hl = Hh - 600 \times (9H + W) (kcal/kg)$
여기서, Hl : 저위발열량(kcal/kg)
Hh : 고위발열량(kcal/kg)
H : 수소함량
W : 수분함량
따라서
$Hl = 3,000 kcal/kg - 600 \times (9 \times 0.22 + 0.20)$
$= 1,692 kcal/kg$

정답 01 ㉰ 02 ㉰ 03 ㉱

04 부피감소율이 60%인 쓰레기의 압축비는 얼마인가?

㉮ 1.5 ㉯ 2.0
㉰ 2.5 ㉱ 3.0

[풀이] 압축비 = $\dfrac{100}{100 - 부피감소율(\%)}$
      = $\dfrac{100}{100 - 60\%}$ = 2.5

05 쓰레기발생량 조사방법이 아닌 것은 어느 것인가?

㉮ 직접계근법
㉯ 성상분석계근법
㉰ 적재차량계수분석
㉱ 물질수지법

[풀이] 쓰레기(폐기물) 발생량 예측방법과 조사방법의 종류
① 예측방법 : 다중회귀모델, 동적모사모델, 경향모델
② 조사방법 : 물질수지법, 직접계근법, 적재차량계수법, 통계조사법(표본조사, 전수조사)

06 물렁거리는 가벼운 물질로부터 딱딱한 물질을 선별하는데 사용되는 것으로 경사진 Conveyor를 통해 폐기물을 주입시켜 천천히 회전하는 드럼위에 떨어뜨려서 분류하는 선별장치는 어느 것인가?

㉮ Stoners
㉯ Ballistic Separator
㉰ Fluidized Bed Separators
㉱ Secators

07 인구 35만 도시의 쓰레기 발생량이 1.2kg/인·일 이고, 이 도시의 쓰레기 수거율은 90%이다. 적재정량이 10ton인 수거차량으로 수거한다면 아래의 조건으로 하루에 몇 대로 운반해야 하는가?

- 차량 당 하루 운전시간 : 6시간
- 처리장까지 왕복 운반시간 : 42분
- 차량 당 수거시간 : 20분
- 차량 당 하역시간 : 10분
- 단, 기타조건은 고려하지 않음

㉮ 8대 ㉯ 10대
㉰ 12대 ㉱ 14대

[풀이] 차량수
= $\dfrac{쓰레기\ 발생량(ton/day) \times 수거율}{적재용량(ton/대) \times 운전시간(hr/대·day) \times \dfrac{1대}{작업시간(min)} \times \dfrac{60min}{1hr}}$

= $\dfrac{1.2kg/인·일 \times 350,000인 \times 0.90 \times 10^{-3}ton/kg}{10ton/대 \times 6hr/대·일 \times \dfrac{1대}{(42+20+10)min} \times \dfrac{60min}{1hr}}$

= 7.56 ≒ 8대

08 매립시 쓰레기 파쇄로 인한 이점으로 알맞은 것은 어느 것인가?

㉮ 압축장비가 없어도 고밀도의 매립이 가능하다.
㉯ 매립시 복토 요구량이 증가된다.
㉰ 폐기물 입자의 표면적이 감소되어 미생물 작용이 촉진된다.
㉱ 매립시 폐기물이 잘 섞여 혐기성 조건을 유지한다.

[풀이] ㉯ 매립시 복토 요구량이 절감된다.
㉰ 폐기물 입자의 표면적이 증가되어 미생물 작용이 촉진된다.
㉱ 매립시 폐기물이 잘 섞여 호기성 조건을 유지한다.

정답 04 ㉰ 05 ㉯ 06 ㉱ 07 ㉮ 08 ㉮

09 와전류선별기로 주로 분리하는 비철금속에 대한 설명으로 알맞은 것은 어느 것인가?

㉮ 자성이며 전기전도성이 좋은 금속
㉯ 자성이며 전기전도성이 나쁜 금속
㉰ 비자성이며 전기전도성이 좋은 금속
㉱ 비자성이며 전기전도성이 나쁜 금속

풀이 와전류선별기는 비자성이며 전기전도성이 좋은 금속 분리에 이용된다.

10 A 도시에서 1주일 동안 쓰레기 수거상황을 조사한 다음, 결과를 적용한 1인당 1일 쓰레기 발생량(kg/인·일)은 얼마인가?

- 1일 수거대상 인구 : 800,000명
- 1주일 수거하여 적재한 쓰레기 용적 : 15,000 m³
- 적재한 쓰레기 밀도 : 0.3 t/m³

㉮ 약 0.6 ㉯ 약 0.7
㉰ 약 0.8 ㉱ 약 0.9

풀이 쓰레기발생량(kg/인·일)

$= \dfrac{\text{쓰레기 발생량(kg/일)}}{\text{인구수}}$

$= \dfrac{15{,}000\text{m}^3/\text{주} \times 1\text{주}/7\text{일} \times 300\text{kg/m}^3}{800{,}000\text{인}}$

$= 0.80\,\text{kg/인·일}$

Tip
쓰레기 밀도 $0.3\,\text{ton/m}^3 = 300\,\text{kg/m}^3$

11 폐기물 중 80%를 3cm보다 작게 파쇄하려 할 때 Rosin-Rammler 입자크기분포 모델을 이용한 특성입자의 크기는 얼마인가? (단, n = 1)

㉮ 1.36cm ㉯ 1.86cm
㉰ 2.36cm ㉱ 2.86cm

풀이

$Y = 1 - \exp\left[-\left(\dfrac{dp_1}{dp_2}\right)^n\right]$

여기서, Y : 체하분율
dp₁ : 폐기물입자의 크기
dp₂ : 특성입자의 크기
n : 상수

따라서 $0.80 = 1 - \exp\left[-\left(\dfrac{3\text{cm}}{dp_2}\right)^1\right]$

∴ $dp_2 = \dfrac{-3\text{cm}}{\text{LN}(1-0.80)} = 1.86\,\text{cm}$

12 수거노선 설정시 유의할 사항으로 잘못된 것은 어느 것인가?

㉮ 언덕길은 내려가면서 수거한다.
㉯ 발생량이 많은 곳은 하루 중 가장 먼저 수거한다.
㉰ U자형 회전을 피해 수거한다.
㉱ 가능한 한 반시계방향으로 수거노선을 정한다.

풀이 ㉱ 가능한 한 시계방향으로 수거노선을 정한다.

정답 09 ㉰ 10 ㉰ 11 ㉯ 12 ㉱

13 적환 및 적환장에 대한 내용으로 틀린 것은 어느 것인가?

㉮ 적환장은 수송차량의 적재용량에 따라 직접적환, 간접적환, 복합적환으로 구분된다.
㉯ 적환장은 소형수거를 대형수송으로 연결해주는 곳이며 효율적인 수송을 위하여 보조적인 역할을 수행한다.
㉰ 적환장의 설치장소는 수거하고자 하는 개별적 고형폐기물 발생지역의 하중중심에 되도록 가까운 곳이어야 한다.
㉱ 적환을 시행하는 이유는 종말처리장이 대형화하여 폐기물의 운반거리가 연장되었기 때문이다.

풀이 ㉮ 적환장은 적재방식에 따라 직접투하방식, 저장투하방식, 직접·저장 투하 결합방식으로 구분된다.

14 A도시의 폐기물 수거량이 2,000,000ton/year 이며, 수거인부는 1일 3,255명이고 수거 대상 인구는 5,000,000인이다. 수거인부의 일 평균작업 시간은 5시간이라고 할 때, MHT는 얼마인가? (단, 1년은 365일 기준이다.)

㉮ 1.83MHT ㉯ 2.97MHT
㉰ 3.65MHT ㉱ 4.21MHT

풀이 MHT = $\dfrac{수거인부수(인) \times 작업시간(hr)}{쓰레기 수거실적(ton)}$

= $\dfrac{3,255인 \times 5hr/day \times 365day/년}{2,000,000ton/년}$

= 2.97MHT

Tip
MHT = man·hr/ton

15 95%의 함수율을 가진 폐기물을 탈수시켜 함수율 60%로 한다면 폐기물은 초기 무게의 몇 %로 되겠는가? (단, 폐기물 비중은 1.0 기준이다.)

㉮ 18.5% ㉯ 17.5%
㉰ 12.5% ㉱ 10.5%

풀이 $W_1 \times (100-P_1) = W_2 \times (100-P_2)$

$\dfrac{W_2}{W_1} = \dfrac{(100-P_1)}{(100-P_2)} = \dfrac{(100-95)}{(100-60)} = 0.125$

따라서 W_2의 12.5% 이다.

16 채취한 쓰레기 시료 분석시 가장 먼저 진행하여야 하는 분석절차는 어느 것인가?

㉮ 절단 및 분쇄
㉯ 건조
㉰ 분류(가연성, 불연성)
㉱ 밀도측정

풀이 시료 → 밀도 측정 → 물리적 조성분석 → 건조 → 분류(가연성, 불연성) → 전처리(절단 및 분쇄) → 화학적 조성분석 순이다.

17 10,000명이 거주하는 지역에서 한 가구당 20L 종량제 봉투가 1주일에 2개씩 발생되고 있다. 한 가구당 2.5명이 거주할 때 지역에서 발생되는 쓰레기 발생량(L/인·주)은 얼마인가?

㉮ 15.0 L/인·주 ㉯ 16.0 L/인·주
㉰ 17.0 L/인·주 ㉱ 18.0 L/인·주

풀이 쓰레기 발생량(L/인·주)

= $\dfrac{쓰레기 발생량(L/주)}{인구수(인)}$

= $\dfrac{20L/가구 \times 2개/주}{2.5인/가구}$

= 16.0L/인·주

정답 13 ㉮ 14 ㉯ 15 ㉰ 16 ㉱ 17 ㉯

18 비가연성 성분이 90wt%이고 밀도가 900kg/m³인 쓰레기 20m³에 함유된 가연성 물질의 중량(kg)은 얼마인가?

㉮ 1,600kg ㉯ 1,700kg
㉰ 1,800kg ㉱ 1,900kg

풀이 가연성 물질의 중량(kg)
= 쓰레기의 양(m³) × 밀도(kg/m³) × $\frac{100-비가연성 성분(\%)}{100}$
= 20m³ × 900kg/m³ × (1 − 0.90)
= 1,800 kg

19 함수율 90%인 폐기물에서 수분을 제거하여 무게를 반으로 줄이고 싶다면 함수율(%)을 얼마로 감소시켜야 하는가? (단, 비중은 1.0 기준이다.)

㉮ 45% ㉯ 60%
㉰ 65% ㉱ 80%

풀이 $W_1 \times (100-P_1) = W_2 \times (100-P_2)$
$1 \times (100-90) = \frac{1}{2} \times (100-P_2)$
∴ $P_2 = 100 - \left\{\frac{1 \times (100-90)}{\frac{1}{2}}\right\} = 80\%$

20 폐기물은 단순히 버려져 못 쓰는 것이라는 인식을 바꾸어 폐기물 = 자원이라는 공감대를 확산시킴으로써 재활용 정책에 활력을 불어 넣은 생산자책임재활용제도를 나타낸 것은 어느 것인가?

㉮ RoHS ㉯ ESSD
㉰ EPR ㉱ WEE

풀이 ㉰ 생산자책임 재활용제도(EPR : Extended Producer Responsibility)에 대한 설명이다.

제2과목 폐기물처리기술

21 고형화 방법 중 자가시멘트법에 대한 내용으로 틀린 것은 어느 것인가?

㉮ 혼합율(MR)이 낮다.
㉯ 고농도 황화물 함유 폐기물에 적용된다.
㉰ 탈수 등 전처리가 필요 없다.
㉱ 보조에너지가 필요 없다.

풀이 ㉱ 보조에너지가 필요하다.

22 연소과정에서 열평형을 이해하기 위하여 필요한 등가비를 옳게 나타낸 것은 어느 것인가? (단, Φ : 등가비)

㉮ $\Phi = \frac{(실제의 연료량/산화제)}{(완전연소를 위한 이상적 연료량/산화제)}$

㉯ $\Phi = \frac{(완전연소를 위한 이상적 연료량/산화제)}{(실제의 연료량/산화제)}$

㉰ $\Phi = \frac{(실제의 공기량/산화제)}{(완전연소를 위한 이상적 공기량/산화제)}$

㉱ $\Phi = \frac{(완전연소를 위한 이상적 공기량/산화제)}{(실제의 공기량/산화제)}$

23 다음의 건조기준 연소가스 조성에서 공기과잉계수는 얼마인가?

[배출가스 조성]
CO_2 : 9%, O_2 : 6%, N_2 : 85%

㉮ 1.03 ㉯ 1.11
㉰ 1.28 ㉱ 1.36

풀이 공기비(m) = $\frac{N_2\%}{N_2\% - 3.76 \times O_2\%}$
= $\frac{85\%}{85\% - 3.76 \times 6\%}$ = 1.36

정답 18 ㉰ 19 ㉱ 20 ㉰ 21 ㉱ 22 ㉮ 23 ㉱

24 매립지의 차수막 중 연직차수막에 관한 내용으로 잘못된 것은 어느 것인가?

㉮ 지중에 수평방향의 차수층 존재시에 사용한다.
㉯ 지하수 집배수시설이 불필요하다.
㉰ 종류로는 어스 댐 코어, 강널말뚝 등이 있다.
㉱ 차수막 단위 면적당 공사비는 싸지만 매립지 전체를 시공하는 경우, 총공사비는 비싸다.

🅟 ㉱ 차수막 단위 면적당 공사비는 비싸지만 매립지 전체를 시공하는 경우, 총공사비는 싸다.

25 CSPE 합성차수막의 장·단점으로 틀린 것은 어느 것인가?

㉮ 접합이 용이하다.
㉯ 강도가 높다.
㉰ 산 및 알칼리에 강하다.
㉱ 기름, 탄화수소 및 용매류에 약하다.

🅟 ㉯ 강도가 낮다.

26 굴뚝에 설치되며 보일러 전열면을 통하여 연소가스의 여열로 보일러 급수를 예열함으로서 보일러의 효율을 높이는 장치는 어느 것인가?

㉮ 재열기   ㉯ 절탄기
㉰ 과열기   ㉱ 예열기

🅟 ㉯ 절탄기에 대한 설명이다.

27 부탄가스(C_4H_{10})을 이론공기량으로 연소시킬 때 건조가스 중 $(CO_2)_{max}$%는 얼마인가?

㉮ 약 10%   ㉯ 약 12%
㉰ 약 14%   ㉱ 약 16%

🅟 $CO_2\,max(\%) = \dfrac{CO_2 량}{God} \times 100$

① C_4H_{10}의 완전연소반응식
  $C_4H_{10} + 6.5O_2 \rightarrow 4CO_2 + 5H_2O$

② God(이론건조소가스량) 계산
  $God = (1-0.21)A_o + CO_2량(Sm^3/Sm^3)$
  $= (1-0.21) \times \dfrac{6.5}{0.21} + 4$
  $= 28.4524\,Sm^3/Sm^3$

③ $CO_2량 = CO_2$ 갯수 $= 4\,Sm^3/Sm^3$

④ $CO_2\,max(\%) = \dfrac{4\,Sm^3/Sm^3}{28.4524\,Sm^3/Sm^3} \times 100$
  $= 14.06\%$

28 생분뇨의 SS가 20,000mg/L이고, 1차 침전지에서 SS제거율은 90%이다. 1일 100kL 분뇨를 투입할 때 1차 침전지에서 1일 발생되는 슬러지량(ton/d)은 얼마인가? (단, 발생슬러지 함수율은 97%이고, 비중은 1.0 기준이다.)

㉮ 30 ton/d   ㉯ 54 ton/d
㉰ 60 ton/d   ㉱ 89 ton/d

🅟 슬러지발생량(ton/day)
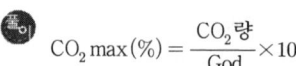
$= \{100m^3/day \times 20kg/m^3 \times 0.90\} \times \dfrac{100}{100-97\%}$
$= 60,000\,kg/day = 60\,ton/day$

29 인구가 50,000명인 도시에서 발생한 폐기물을 압축하여 도랑식 위생매립방법으로 처리하고자 한다. 1년 동안 매립에 필요한 매립지의 부지면적(m^2)은 얼마인가?

- 도랑깊이 : 3.5m
- 발생 폐기물의 밀도 : 500 kg/m^3
- 폐기물 발생량 : 1.5kg/인·일
- 쓰레기 부피감소율(압축) : 70%

㉮ 약 3,300 m^2 ㉯ 약 3,700 m^2
㉰ 약 4,300 m^2 ㉱ 약 4,700 m^2

풀이 매립지의 부지면적(m^2/년)

$= \dfrac{쓰레기 발생량(kg/년) \times (1 - 부피감소율)}{밀도(kg/m^3) \times 깊이(m)}$

$= \dfrac{1.5kg/인·일 \times 50,000인 \times 365일/년 \times (1-0.70)}{500kg/m^3 \times 3.5m}$

$= 4,692.86 m^2/년$

30 매립지에 매립된 쓰레기양이 1,000ton이고 이 중 유기물 함량이 40%이며, 유기물에서 가스로의 전환율이 70%이다. 만약 유기물 kg당 0.5 m^3의 가스가 생성되고 가스 중 메탄함량이 40%라면 발생되는 총 메탄의 부피(m^3)는 얼마인가? (단, 표준상태 가정)

㉮ 46,000 m^3 ㉯ 56,000 m^3
㉰ 66,000 m^3 ㉱ 76,000 m^3

풀이 CH_4 발생량(m^3)

$= 쓰레기의 양(kg) \times \dfrac{유기물 함량(\%)}{100} \times \dfrac{유기물의 가스전환율(\%)}{100} \times \dfrac{가스·m^3}{VS·kg} \times \dfrac{가스중 CH_4량(\%)}{100}$

$= 1,000 \times 10^3 kg \times 0.40 \times 0.70 \times 0.5 m^3/kg \times 0.40$

$= 56,000 m^3$

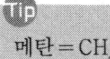

Tip 메탄 = CH_4

31 3%의 고형물을 함유하는 슬러지를 하루에 100 m^3씩 침전지로부터 제거하는 처리장에서 운영기술의 숙달로 8%의 고형물을 함유하는 슬러지로 제거할 수 있다면 제거되는 슬러지 양(m^3)은 얼마인가? (단, 제거되는 고형물의 무게는 같으며 비중은 1.0 기준이다.)

㉮ 약 38 m^3 ㉯ 약 43 m^3
㉰ 약 59 m^3 ㉱ 약 63 m^3

풀이 $V_1 \times TS_1 = V_2 \times TS_2$

$100 m^3 \times 3\% = V_2 \times 8\%$

$\therefore V_2 = 37.5 m^3$

32 다이옥신 저감방안에 대한 내용으로 틀린 것은 어느 것인가?

㉮ 소각로를 가동개시 할 때 온도를 빨리 승온시킨다.
㉯ 연소실의 형상을 클링커의 축적이 생기지 않는 구조로 한다.
㉰ 배출가스 중 산소와 일산화탄소를 측정하여 연소상태를 제어한다.
㉱ 소각 후 연소실 온도는 300℃를 유지하여 2차 발생을 억제한다.

풀이 ㉱ 소각 후 연소실 온도를 300℃로 유지하면 다이옥신이 재발생된다.

정답 29 ㉱ 30 ㉯ 31 ㉮ 32 ㉱

33 유동층소각로의 장·단점에 관한 내용으로 틀린 것은 어느 것인가?

㉮ 기계적 구동부분이 많아 고장율이 높다.
㉯ 가스의 온도가 낮고 과잉공기량이 낮다.
㉰ 반응시간이 빨라 소각시간이 짧고 로 부하율이 높다.
㉱ 상(床)으로부터 슬러지의 분리가 어렵다.

[풀이] ㉮ 기계적 구동부분이 적어 고장율이 낮다.

34 폐기물의 수분이 적고 저위발열량이 높을 때 일반적으로 적용되는 연소실 내의 연소가스와 폐기물의 흐름 형식은 어느 것인가?

㉮ 역류식 ㉯ 교류식
㉰ 복류식 ㉱ 병류식

[풀이] ㉱ 병류식에 대한 설명이다.

35 소각로의 화격자 연소율이 $340\,kg/m^2 \cdot hr$, 1일 처리할 쓰레기의 양이 20,000kg이다. 1일 10시간 소각하면 필요한 화상(화격자)의 면적(m^2)은 얼마인가?

㉮ 약 $4.7\,m^2$ ㉯ 약 $5.9\,m^2$
㉰ 약 $6.5\,m^2$ ㉱ 약 $7.8\,m^2$

[풀이] 화격자 연소율$(kg/m^2 \cdot hr)=\dfrac{쓰레기의\ 양(kg/hr)}{화상의\ 면적(m^2)}$

따라서

$340\,kg/m^2 \cdot hr = \dfrac{20{,}000kg/day \times 1day/10hr}{화상의\ 면적(m^2)}$

$\therefore\ 화상의\ 면적 = \dfrac{20{,}000kg/day \times 1day/10hr}{340kg/m^2 \cdot hr}$

$= 5.88\,m^2$

36 옥탄(C_8H_{18})이 완전 연소되는 경우에 공기연료비(AFR, 무게기준)는 얼마인가?

㉮ 13kg 공기/kg 연료
㉯ 15kg 공기/kg 연료
㉰ 17kg 공기/kg 연료
㉱ 19kg 공기/kg 연료

[풀이] $C_8H_{18} + 12.5O_2 \rightarrow 8CO_2 + 9H_2O$

$AFR(kg/kg) = \dfrac{산소갯수 \times 32kg \times \dfrac{1}{0.232}}{연료갯수 \times 연료의\ 분자량(kg)}$

$= \dfrac{12.5 \times 32kg \times \dfrac{1}{0.232}}{114kg} = 15.12$

Tip

① $AFR = 공연비 = \dfrac{공기량}{연료량}$

② 옥탄 $= C_8H_{18}$

③ C_8H_{18}의 분자량 $= 8 \times 12 + 18 \times 1 = 114$

④ $AFR(Sm^3/Sm^3) = \dfrac{산소갯수 \times 22.4Sm^3 \times \dfrac{1}{0.21}}{연료갯수 \times 22.4Sm^3}$

37 분뇨처리장 1차침전지에서 1일 슬러지 제거량이 $80m^3/day$이고, SS농도가 30,000mg/L이었다. 이 슬러지를 탈수했을 때 탈수된 슬러지의 함수율은 80% 이었다면 탈수된 슬러지량(ton/day)은 얼마인가? (단, 슬러지의 비중은 1.0 기준이다.)

㉮ 10ton/day ㉯ 12ton/day
㉰ 14ton/day ㉱ 16ton/day

[풀이] ① 탈수된 슬러지량(kg/day)

$= \{슬러지처리량(m^3/day) \times SS농도(kg/m^3)\} \times \dfrac{100}{100-함수율}$

$= (80m^3/day \times 30kg/m^3) \times \dfrac{100}{100-80\%}$

$= 12{,}000kg/day$

② $12{,}000kg/day \times 10^{-3}\,ton/kg = 12\,ton/day$

 정답 33 ㉮ 34 ㉱ 35 ㉯ 36 ㉯ 37 ㉯

38 분뇨를 혐기성 소화방식으로 처리하기 위하여 직경 10m, 높이 6m의 소화조를 시설하였다. 분뇨주입량을 1일 24㎥으로 할 때 소화조 내 체류시간(일)은 얼마인가?

㉮ 약 10일 ㉯ 약 15일
㉰ 약 20일 ㉱ 약 25일

풀이 체류시간(day)

$= \dfrac{\text{면적}(m^2) \times \text{높이}(m)}{\text{분뇨주입량}(m^3/day)}$

$= \dfrac{\dfrac{\pi D^2}{4}(m^2) \times \text{높이}(m)}{\text{분뇨주입량}(m^3/day)}$

$= \dfrac{\dfrac{\pi}{4} \times (10m)^2 \times 6m}{24m^3/day} = 19.64\ day$

39 세로, 가로, 높이가 각각 1.0m, 1.5m, 2.0m인 연소실에서 연소실 열발생율은 $3 \times 10^5 \text{kcal}/m^3 \cdot hr$으로 유지하려면 저위발열량이 25,000kcal/kg인 중유를 매시간 얼마나 연소시켜야 하는가? (단, 연속 연소 기준이다.)

㉮ 18kg ㉯ 24kg
㉰ 36kg ㉱ 42kg

풀이 연소실 열발생율(kcal/m³·hr)

$= \dfrac{\text{저위발열량}(kcal/kg) \times \text{중유량}(kg/hr)}{(\text{세로} \times \text{가로} \times \text{높이})m^3}$

$3 \times 10^5 kcal/m^3 \cdot hr = \dfrac{25,000 kcal/kg \times \text{중유량}(kg/hr)}{(1.0m \times 1.5m \times 2.0m)}$

∴ 중유량
$= \dfrac{3 \times 10^5 kcal/m^3 \cdot hr \times (1.0m \times 1.5m \times 2.0m)}{25,000 kcal/kg}$

$= 36 kg/hr$

40 호기성 퇴비화 설계 운영 고려인자인 C/N비에 대한 설명으로 알맞은 것은 어느 것인가?

㉮ 초기 C/N비 5~10이 적당하다.
㉯ 초기 C/N비 25~50이 적당하다.
㉰ 초기 C/N비 80~150이 적당하다.
㉱ 초기 C/N비 200~350이 적당하다.

풀이 호기성 퇴비화 설계 운영 고려인자 중 초기 C/N비는 25~50이 적당하다.

제3과목 폐기물공정시험기준

41 다음은 시료를 분할채취하여 균일화 하는 방법에 관한 설명이다. 어떤 방법에 해당하는가?

- 모아진 대시료를 네모꼴로 엷게 균일한 두께로 편다.
- 이것을 가로 4등분, 세로 5등분하여 20개의 덩어리로 나눈다.
- 20개의 각 부분에서 균등량 씩을 취하여 혼합하여 하나의 시료로 한다.

㉮ 교호삽법 ㉯ 구획법
㉰ 균등분할법 ㉱ 원추4분법

풀이 ㉯ 구획법에 대한 설명이다.

정답 38 ㉰ 39 ㉰ 40 ㉯ 41 ㉯

42 다음은 pH 측정의 정밀도에 대한 설명이다. ( )안에 알맞은 것은?

> 임의의 한 종류의 pH 표준용액에 대하여 검출부를 정제수로 잘 씻은 다음 (①) 되풀이하여 pH를 측정했을 때 그 재현성이 (②)이내 이어야 한다.

㉮ ① 3회 ② ±0.5
㉯ ① 3회 ② ±0.05
㉰ ① 5회 ② ±0.5
㉱ ① 5회 ② ±0.05

43 폐기물 중 6가크롬을 분석하는 방법으로 틀린 것은 어느 것인가? (단, 폐기물공정시험기준)

㉮ 원자흡수분광광도법
㉯ 기체크로마토그래피법
㉰ 자외선/가시선분광법
㉱ 유도결합플라스마-원자발광분광법

[풀이] 6가크롬의 분석방법에는 원자흡수분광광도법, 자외선/가시선분광법, 유도결합플라스마-원자발광분광법이 있다.

44 다음은 이온전극법을 활용한 시안 측정에 대한 설명이다. ( )안에 알맞은 것은?

> 이 시험기준은 폐기물 중 시안을 측정하는 방법으로 액상폐기물과 고상폐기물을 ( )으로 조절한 후 시안 이온전극과 비교전극을 사용하여 전위를 측정하고 그 전위차로부터 시안을 정량하는 방법이다.

㉮ pH 4 이하의 산성
㉯ pH 6~7의 중성
㉰ pH 10의 알칼리성
㉱ pH 12~13의 알칼리성

45 편광현미경과 입체현미경으로 고체 시료 중 석면의 특성을 관찰하여 정성과 정량 분석 할 때 입체현미경의 배율범위로 가장 알맞은 것은 어느 것인가?

㉮ 배율 2~4배 이상
㉯ 배율 4~8배 이상
㉰ 배율 10~45배 이상
㉱ 배율 50~200배 이상

46 폐기물 중 기름성분을 중량법으로 측정할 때 정량한계는 얼마인가?

㉮ 0.1% 이하 ㉯ 0.2% 이하
㉰ 0.3% 이하 ㉱ 0.5% 이하

정답 42 ㉱ 43 ㉯ 44 ㉱ 45 ㉰ 46 ㉮

47 폐기물공정시험기준의 적용범위에 대한 설명으로 잘못된 것은 어느 것인가?

㉮ 폐기물 관리법에 의한 오염실태 조사 중 폐기물에 대한 것은 따로 규정이 없는 한 공정시험기준의 규정에 의하여 시험한다.
㉯ 공정시험기준에서 규정하지 않은 사항에 대해서는 일반적인 화학적 상식에 따르도록 한다.
㉰ 공정시험기준에 기재한 방법 중 세부조작은 시험의 본질에 영향을 주지 않는다면 실험자가 일부를 변경할 수 있다.
㉱ 하나 이상의 공정시험기준으로 시험한 결과가 서로 달라 제반 기준의 적부 판정에 영향을 줄 경우에는 판정을 유보하고 재 실험하여야 한다.

㉱ 하나 이상의 공정시험기준으로 시험한 결과가 서로 달라 제반 기준의 적부 판정에 영향을 줄 경우에는 공정시험기준의 항목별 주시험법에 의한 분석 성적에 의하여 판정한다.

48 시료용기를 갈색경질의 유리병을 사용하여야 하는 경우로 틀린 것은 어느 것인가?

㉮ 노말헥산 추출물질 분석 실험을 위한 시료 채취시
㉯ 시안화물 분석 실험을 위한 시료 채취시
㉰ 유기인 분석 실험을 위한 시료 채취시
㉱ PCB$_S$ 및 휘발성 저급 염소화 탄화수소류 분석 실험을 위한 시료 채취시

노말헥산 추출물질, 유기인, 폴리클로리네이티드비페닐(PCBs) 및 휘발성 저급 염소화 탄화수소류는 갈색경질 유리병만 사용하여야 한다.

49 표준용액의 pH 값으로 틀린 것은? (단, 0℃ 기준)

㉮ 수산염 표준용액 : 1.67
㉯ 붕산염 표준용액 : 9.46
㉰ 프탈산염 표준용액 : 4.01
㉱ 수산화칼슘 표준용액 : 10.43

㉱ 수산화칼슘 표준용액 : 13.43

50 기체크로마토그래피로 유기인 측정시 사용되는 정제용 컬럼으로 잘못된 것은 어느 것인가?

㉮ 구데르나다니쉬 컬럼
㉯ 플로리실 컬럼
㉰ 실리카겔 컬럼
㉱ 활성탄 컬럼

기체크로마토그래피로 유기인 측정시 사용되는 정제용 컬럼으로는 플로리실 컬럼, 실리카겔 컬럼, 활성탄 컬럼이 있다.

51 시료의 전처리 방법 중 점토질 또는 규산염이 높은 비율로 함유된 시료에 적용하는 것은 어느 것인가?

㉮ 질산 - 과염소산 분해법
㉯ 질산 - 과염소산 - 불화수소산 분해법
㉰ 질산 - 과염소산 - 염화수소산 분해법
㉱ 질산 - 과염소산 - 황화수소산 분해법

정답 47 ㉱ 48 ㉯ 49 ㉱ 50 ㉮ 51 ㉯

52 다음은 회분식 연소방식의 소각재 반출설비에서의 시료채취에 관한 내용이다. ( ) 안에 알맞은 것은?

> 회분식 연소방식의 소각재 반출설비에서 채취하는 경우에는 하루 동안의 운전횟수에 따라 매 운전시간마다 2회 이상 채취하는 것을 원칙으로 하고, 시료의 양은 1회에 ( ) 이상으로 한다.

㉮ 100g ㉯ 200g
㉰ 300g ㉱ 500g

53 강열감량 및 유기물함량(중량법)의 분석을 위해 도가니 또는 접시에 취하는 시료 적당량에 대한 기준으로 가장 알맞은 것은 어느 것인가?

㉮ 10g 이상 ㉯ 20g 이상
㉰ 30g 이상 ㉱ 50g 이상

🔹 시료 적당량은 20g 이상을 기준으로 한다.

54 할로겐화 유기물질(기체크로마토그래피-질량분석법)의 정량한계로 알맞은 것은 어느 것인가?

㉮ 시험기준에 의해 시료중에 정량한계는 각 할로겐화 유기물질에 대하여 0.1mg/kg
㉯ 시험기준에 의해 시료중에 정량한계는 각 할로겐화 유기물질에 대하여 1.0mg/kg
㉰ 시험기준에 의해 시료중에 정량한계는 각 할로겐화 유기물질에 대하여 10mg/kg
㉱ 시험기준에 의해 시료중에 정량한계는 각 할로겐화 유기물질에 대하여 100mg/kg

55 시료용액의 조제를 위한 용출조작 중 진탕회수와 진폭으로 알맞은 것은 어느 것인가? (단, 상온, 상압 기준)

㉮ 분당 약 200회, 진폭 4~5cm
㉯ 분당 약 200회, 진폭 5~6cm
㉰ 분당 약 300회, 진폭 4~5cm
㉱ 분당 약 300회, 진폭 5~6cm

56 폐기물공정시험기준의 총칙에 관한 내용으로 알맞은 것은 어느 것인가?

㉮ 용액의 농도(1→10)으로 표시한 것은 고체성분 1mg을 용매에 녹여 전량을 10mL로 하는 것이다.
㉯ 염산(1+2)라 함은 물 1mL와 염산 2mL를 혼합한 것이다.
㉰ 감압 또는 진공이라 함은 따로 규정이 없는 한 15mmH$_2$O 이하를 말한다.
㉱ "정밀히 단다"라 함은 규정된 양의 시료를 취하여 화학저울 또는 미량저울로 칭량함을 말한다.

🔹 ㉮ 용액의 농도(1→10)으로 표시한 것은 고체성분 1g을 용매에 녹여 전량을 10mL로 하는 것이다.
㉯ 염산(1+2)라 함은 염산 1mL와 물 2mL를 혼합한 것이다.
㉰ 감압 또는 진공이라 함은 따로 규정이 없는 한 15mmHg 이하를 말한다.

정답 52 ㉱ 53 ㉯ 54 ㉰ 55 ㉮ 56 ㉱

57 폐기물 중에 구리를 분석하기 위한 방법인 원자흡수분광광도법에 대한 내용으로 잘못된 것은 어느 것인가?

㉮ 측정파장은 324.7nm이다.
㉯ 정확도는 상대표준편차(RSD) 결과치의 25% 이내이다.
㉰ 공기-아세틸렌 불꽃에 주입하여 분석한다.
㉱ 정량한계는 0.008mg/L 이다.

㉯ 정밀도는 상대표준편차(RSD) 결과치의 25% 이내이며, 정확도는 75 ~ 125%이다.

58 폐기물 공정시험기준에서 정의하고 있는 방울수에 대한 내용으로 알맞은 것은 어느 것인가?

㉮ 15℃에서 정제수 10방울을 적하할 때 그 부피가 약 1mL 되는 것을 뜻한다.
㉯ 15℃에서 정제수 20방울을 적하할 때 그 부피가 약 1mL 되는 것을 뜻한다.
㉰ 20℃에서 정제수 10방울을 적하할 때 그 부피가 약 1mL 되는 것을 뜻한다.
㉱ 20℃에서 정제수 20방울을 적하할 때 그 부피가 약 1mL 되는 것을 뜻한다.

59 폐기물 용출시험방법 중 시료용액 조제 시 용매의 pH 범위로 가장 알맞은 것은 어느 것인가?

㉮ pH 4.3~5.2   ㉯ pH 5.2~5.8
㉰ pH 5.8~6.3   ㉱ pH 6.3~7.2

60 대상 폐기물의 양이 600톤인 경우 시료의 최소수는 얼마인가?

㉮ 30   ㉯ 36
㉰ 50   ㉱ 60

대상폐기물의 양과 시료의 최소 수

대상폐기물의 양 (단위 : ton)	시료의 최소 수	대상폐기물의 양 (단위 : ton)	시료의 최소 수
~1미만	6	100이상~500미만	30
1이상~5미만	10	500이상~1000미만	36
5이상~30미만	14	1000이상~5000미만	50
30이상~100미만	20	5000이상	60

제4과목 폐기물관계법규

61 폐기물처리시설의 사후관리기준 및 방법에 규정된 사후관리 항목 및 방법에 따라 조사한 결과를 토대로 매립시설이 주변 환경에 미치는 영향에 대한 종합보고서를 매립시설의 사용종료신고 후 몇 년마다 작성하여야 하는가?

㉮ 1년   ㉯ 2년
㉰ 3년   ㉱ 5년

62 폐기물처리업자의 폐기물보관량 및 처리기한에 관한 내용으로 알맞은 것은 어느 것인가? (단, 폐기물 수집, 운반업자가 임시보관 장소에 폐기물을 보관하는 경우, 의료폐기물 외의 폐기물 기준이다.)

㉮ 중량 450톤 이하이고 용적이 300세제곱미터 이하, 5일 이내
㉯ 중량 500톤 이하이고 용적이 350세제곱미터 이하, 5일 이내
㉰ 중량 500톤 이하이고 용적이 400세제곱미터 이하, 5일 이내
㉱ 중량 550톤 이하이고 용적이 450세제곱미터 이하, 5일 이내

63 폐기물 처분시설 중 의료폐기물을 대상으로 하는 시설의 기술관리인의 자격으로 틀린 것은 어느 것인가?

㉮ 폐기물처리산업기사
㉯ 임상병리사
㉰ 보건위생관리사
㉱ 위생사

풀이) 의료폐기물을 대상으로 하는 시설의 기술관리인의 자격으로는 폐기물처리산업기사, 임상병리사, 위생사가 있다.

64 폐기물처리시설 주변지역 영향조사 기준 중 조사방법(조사지점)에 관한 기준으로 알맞은 것은 어느 것인가?

㉮ 미세먼지와 다이옥신 조사지점은 해당 시설에 인접한 주거지역 중 2개소 이상의 일정한 곳으로 한다.
㉯ 미세먼지와 다이옥신 조사지점은 해당 시설에 인접한 주거지역 중 3개소 이상의 일정한 곳으로 한다.
㉰ 미세먼지와 다이옥신 조사지점은 해당 시설에 인접한 주거지역 중 4개소 이상의 일정한 곳으로 한다.
㉱ 미세먼지와 다이옥신 조사지점은 해당 시설에 인접한 주거지역 중 5개소 이상의 일정한 곳으로 한다.

65 폐기물처리시설의 종류인 재활용시설 중 기계적 재활용시설 기준으로 잘못된 것은 어느 것인가?

㉮ 연료화 시설
㉯ 증발·농축시설(동력 7.5kW 이상인 시설로 한정한다.)
㉰ 세척시설(철도용 폐목재 침목을 재활용하는 경우로 한정한다)
㉱ 절단시설(동력 7.5kW 이상인 시설로 한정한다)

풀이) ㉯ 증발·농축시설

정답 62 ㉮ 63 ㉰ 64 ㉯ 65 ㉯

66 매립지의 사후관리 기준 및 방법에 관한 내용 중 토용조사 횟수 기준(토양조사방법)으로 알맞은 것은 어느 것인가?

㉮ 월 1회 이상 조사
㉯ 매분기 1회 이상 조사
㉰ 매반기 1회 이상 조사
㉱ 연 1회 이상 조사

67 누구든지 특별자치시장, 특별자치도지사, 시장, 군수, 구청장이나 공원·도로 등 시설의 관리자가 폐기물의 수집을 위하여 마련한 장소나 설비 외의 장소에 폐기물을 버려서는 아니 된다. 이를 위반하여 사업장 폐기물을 버린 자에 대한 벌칙 기준으로 알맞은 것은 어느 것인가?

㉮ 2년 이하의 징역 또는 2천만원 이하의 벌금에 처함
㉯ 3년 이하의 징역 또는 3천만원 이하의 벌금에 처함
㉰ 5년 이하의 징역 또는 5천만원 이하의 벌금에 처함
㉱ 7년 이하의 징역 또는 7천만원 이하의 벌금에 처함

 ㉱ 7년 이하의 징역 또는 7천만원 이하의 벌금에 해당한다.

68 폐기물처리시설을 설치·운영하는 자는 환경부령으로 정하는 기간마다 검사기관으로부터 정기검사를 받아야 한다. 환경부령으로 정하는 폐기물처리시설의 정기검사 기간 기준에 대한 설명으로 알맞은 것은 어느 것인가? (단, 폐기물처리시설 : 멸균분쇄시설 기준)

㉮ 최초 정기검사는 사용개시일부터 1개월, 2회 이후의 정기검사는 최종 정기검사일부터 3개월
㉯ 최초 정기검사는 사용개시일부터 3개월, 2회 이후의 정기검사는 최종 정기검사일부터 3개월
㉰ 최초 정기검사는 사용개시일부터 3개월, 2회 이후의 정기검사는 최종 정기검사일부터 6개월
㉱ 최초 정기검사는 사용개시일부터 6개월, 2회 이후의 정기검사는 최종 정기검사일부터 6개월

69 다음은 폐기물처분 또는 재활용시설 관리기준 중 공통기준에 관한 내용이다. ( )안에 알맞은 것은?

> 자동 계측장비에 사용한 기록지는 ( ) 보전하여야 한다. 다만 대기환경보전법에 따라 측정기기를 붙이고 같은 법 시행령에 따른 굴뚝자동측정관제센터와 연결하여 정상적으로 운영하면서 온도 데이터를 저장매체에 기록, 보관하는 경우는 그러하지 아니하다.

㉮ 1년 이상   ㉯ 2년 이상
㉰ 3년 이상   ㉱ 5년 이상

정답 66 ㉱ 67 ㉱ 68 ㉯ 69 ㉰

70 위해의료폐기물 중 생물·화학폐기물로 틀린 것은 어느 것인가?

㉮ 폐백신 ㉯ 폐혈액제
㉰ 폐항암제 ㉱ 폐화학치료제

[풀이] 생물·화학폐기물로는 폐백신, 폐항암제, 폐화학치료제가 있다.

71 에너지회수기준을 측정하는 기관으로 틀린 것은 어느 것인가?

㉮ 한국환경공단
㉯ 한국기계연구원
㉰ 한국산업기술시험원
㉱ 한국시설안전관리공단

[풀이] 에너지회수기준을 측정하는 기관
① 한국환경공단
② 한국기계연구원
③ 한국산업기술시험원
④ 한국에너지기술연구원

72 관리형 매립시설에서 발생하는 침출수의 배출허용기준으로 알맞은 것은 어느 것인가? (단, 청정지역, 단위 mg/L, 중크롬산칼륨법에 의한 화학적 산소요구량 기준이며 ( )안의 수치는 처리효율을 표시함.)

㉮ 200(90%) ㉯ 300(90%)
㉰ 400(90%) ㉱ 500(90%)

[참고] 법규개정으로 문제 삭제

73 다음 중 기술관리인을 두어야 할 "대통령령으로 정하는 폐기물처리시설"에 해당되지 않는 것은? (단, 폐기물처리업자가 운영하는 폐기물처리시설은 제외)

㉮ 지정폐기물 외의 폐기물을 매립하는 시설로서 면적이 12,000 m^2 인 시설
㉯ 멸균분쇄시설로서 시간당 처분능력이 150kg인 시설
㉰ 용해로로서 시간당 재활용능력이 300kg인 시설
㉱ 사료화·퇴비화 또는 연료화시설로서 1일 재활용능력이 10ton인 시설

[풀이] ㉰ 용해로로서 시간당 재활용능력이 600kg인 시설

74 폐기물처리시설 설치자는 해당 폐기물 처리시설의 사용 개시일 몇 일전까지 사용개시신고서를 시·도지사나 지방환경관서의 장에게 제출하여야 하는가?

㉮ 5일전까지 ㉯ 10일전까지
㉰ 15일전까지 ㉱ 20일전까지

75 폐기물 처리 기본계획에 포함되어야 할 사항으로 틀린 것은 어느 것인가?

㉮ 재원의 확보 계획
㉯ 폐기물 처리업 허가 현황 및 향후 계획
㉰ 폐기물의 수집·운반·보관 및 그 장비·용기 등의 개선에 관한 사항
㉱ 폐기물의 종류별 발생량과 장래의 발생 예상량

참고 법규개정으로 문제 삭제

76 매립시설 검사기관으로 잘못된 것은 어느 것인가?

㉮ 한국매립지관리공단
㉯ 한국환경공단
㉰ 한국건설기술연구원
㉱ 한국농어촌공사

풀이 매립시설 검사기관
① 한국환경공단
② 한국건설기술연구원
③ 한국농어촌공사
④ 수도권매립지관리공사매립시설 검사기관

77 주변 지역에 미치는 영향을 조사하여야 하는 폐기물처리업자가 설치·운영하는 폐기물처리시설 기준으로 잘못된 것은 어느 것인가?

㉮ 매립면적 1만 제곱미터 이상의 사업장 지정폐기물 매립시설
㉯ 매립면적 3만 제곱미터 이상의 사업장 일반폐기물 매립시설
㉰ 1일 처분능력이 50톤 이상인 사업장폐기물 소각시설(같은 사업장에 여러개의 소각시설이 있는 경우에는 각 소각시설의 1일 처분능력의 합계가 50톤 이상인 경우를 말한다.)
㉱ 시멘트 소성로(폐기물을 연료로 사용하는 경우로 한정한다.)

풀이 ㉯ 매립면적 15만 제곱미터 이상의 사업장 일반폐기물 매립시설

78 다음 중 폐기물처리업의 변경허가를 받아야 하는 중요사항으로 틀린 것은 어느 것인가? (단, 폐기물 중간처분업, 폐기물 최종처분업 및 폐기물종합처분업인 경우)

㉮ 주차장 소재지의 변경
㉯ 운반차량(임시차량은 제외한다)의 증차
㉰ 처분대상 폐기물의 변경
㉱ 폐기물 처분시설의 신설

풀이 폐기물 중간처분업, 폐기물 최종처분업 및 폐기물 종합처분업
① 처분대상 폐기물의 변경
② 폐기물 처분시설 소재지의 변경
③ 운반차량(임시차량은 제외)의 증차
④ 폐기물 처분시설의 신설
⑤ 처분용량의 100분의 30 이상의 변경
⑥ 매립시설 제방의 증·개축
⑦ 허용보관량의 변경

 75 ㉯ 76 ㉮ 77 ㉯ 78 ㉮

79 환경부령으로 정하는 가연성고형폐기물로부터 에너지를 회수하는 활동기준으로 잘못된 것은 어느 것인가?

㉮ 다른 물질과 혼합하지 아니하고 해당 폐기물의 고위발열량이 킬로그램당 3천 킬로칼로리 이상일 것
㉯ 에너지 회수효율(회수에너지 총량을 투입에너지 총량으로 나눈 비율을 말한다)이 75% 이상일 것
㉰ 회수열을 모두 열원으로 스스로 이용하거나 다른 사람에게 공급할 것
㉱ 환경부장관이 정하여 고시하는 경우에는 폐기물의 30%이상을 원료나 재료로 재활용하고 그 나머지 중에서 에너지의 회수에 이용할 것

㉮ 다른 물질과 혼합하지 아니하고 해당 폐기물의 저위발열량이 킬로그램당 3천 킬로칼로리 이상일 것

80 특별자치시장, 특별자치도지사, 시장, 군수, 구청장은 조례로 정하는 바에 따라 종량제 봉투 등의 제작, 유통, 판매를 대행하게 할 수 있다. 이를 위반하여 대행계약을 체결하지 않고 종량제 봉투 등을 제작, 유통한 자에 대한 벌칙기준으로 알맞은 것은 어느 것인가?

㉮ 2년 이하의 징역이나 2천만원 이하의 벌금에 처한다.
㉯ 3년 이하의 징역이나 3천만원 이하의 벌금에 처한다.
㉰ 5년 이하의 징역이나 5천만원 이하의 벌금에 처한다.
㉱ 7년 이하의 징역이나 7천만원 이하의 벌금에 처한다.

㉰ 5년 이하의 징역이나 5천만원 이하의 벌금에 해당한다.

정답 79 ㉮ 80 ㉰

2014 제4회 폐기물처리산업기사
(2014년 9월 20일 시행)

제1과목 폐기물개론

01 전단 파쇄기에 대한 내용으로 틀린 것은 어느 것인가?

㉮ 충격파쇄기에 비해 이물질의 혼입에 약하나 폐기물의 입도가 고르다.
㉯ 고정칼, 왕복 또는 회전칼과의 교합에 의하여 폐기물을 전단한다.
㉰ 주로 목재류, 플라스틱류 및 종이류를 파쇄 하는데 이용된다.
㉱ 충격파쇄기에 비해 대체적으로 파쇄속도가 빠르다.

[풀이] ㉱ 충격파쇄기에 비해 대체적으로 파쇄속도가 느리다.

02 청소상태 만족도 평가를 위한 지역사회 효과 지수인 CEI(Community Effects Index)에 대한 내용으로 알맞은 것은 어느 것인가?

㉮ 적환장 크기와 수거량의 관계로 결정한다.
㉯ 수거방법에 따른 MHT 변화로 측정한다.
㉰ 가로(街路) 청소상태를 기준으로 측정한다.
㉱ 일반대중들에 대한 설문조사를 통하여 결정한다.

[풀이] 청소상태의 평가법
① CEI(지역사회 효과지수) : 청소상태 만족도 평가를 위한 지역사회 효과지수
② USI(사용자 만족도 지수) : 청소상태를 평가하는 방법 중 서비스를 받는 시민들의 만족도를 설문조사하여 나타내어지는 사용자 만족도 지수이다.

03 폐기물을 분쇄하거나 파쇄하는 목적으로 틀린 것은 어느 것인가?

㉮ 겉보기 비중의 감소
㉯ 유가물의 분리
㉰ 비표면적의 증가
㉱ 입경분포의 균일화

[풀이] ㉮ 겉보기 비중의 증가

04 쓰레기 발생량 예측모델 중 쓰레기 발생량에 영향을 주는 모든 인자를 시간에 대한 함수로 하여 각 영향 인자들간의 상관관계를 수식화 하는 방법은 어느 것인가?

㉮ 시간경향모델   ㉯ 다중회귀모델
㉰ 동적모사모델   ㉱ 시간수지모델

[풀이] ㉰ 동적모사모델에 대한 설명이다.

정답 01 ㉱ 02 ㉰ 03 ㉮ 04 ㉰

05 폐기물 발생량의 조사방법 중 물질수지법에 대한 내용으로 틀린 것은 어느 것인가?

㉮ 물질수지를 세울 수 있는 상세한 데이터가 있는 경우에 가능하다.
㉯ 주로 생활폐기물의 종류별 발생량 추산에 사용된다.
㉰ 조사하고자 하는 계(system)의 경계를 명확하게 설정하여야 한다.
㉱ 계(system)로 유입되는 모든 물질들과 유출되는 물질들 간의 물질수지를 세움으로써 폐기물 발생량을 추정한다.

풀이 ㉯ 주로 산업폐기물의 발생량 추산에 사용된다.

06 다음 중 적환장의 형식으로 틀린 것은 어느 것인가?

㉮ direct discharge
㉯ storage discharge
㉰ compact discharge
㉱ direct and storage discharge

풀이 적환장의 형식
㉮ direct discharge (직접투하방식)
㉯ storage discharge (저장투하방식)
㉱ direct and storage discharge (직접·저장 투하 결합방식)

07 인구 1,200만인 도시에서 년간 배출된 총 쓰레기량이 970만 톤 이었다면 1인당 하루 배출량(kg/인·일)은 얼마인가?

㉮ 2.0 ㉯ 2.2
㉰ 2.4 ㉱ 2.6

풀이 쓰레기 배출량(kg/인·일)

$= \dfrac{쓰레기량(kg/일)}{인구수(인)}$

$= \dfrac{9{,}700{,}000\,ton/년 \times 10^3 kg/ton \times 1년/365일}{12{,}000{,}000\,인}$

$= 2.22\,kg/인 \cdot 일$

08 인구 35만 도시의 쓰레기 발생량이 1.5kg/인·일 이고, 이 도시의 쓰레기 수거율은 90%이다. 적재용량이 10ton인 수거차량으로 수거한다면 하루에 몇 대로 운반해야 하는가?

- 차량 당 하루 운전시간 : 6시간
- 처리장까지 왕복 운반시간 : 21분
- 차량 당 수거시간 : 10분
- 차량 당 하역시간 : 5분
  (단, 기타 조건은 고려하지 않음)

㉮ 3대 ㉯ 5대
㉰ 7대 ㉱ 9대

풀이 차량수

$= \dfrac{쓰레기발생량(kg/인·일) \times 인구수(인) \times 수거율 \times 10^{-3} ton/kg}{적재용량(ton/대) \times 운전시간(hr/대·day) \times \dfrac{1대}{작업시간(min)} \times \dfrac{60min}{1hr}}$

$= \dfrac{1.5\,kg/인·일 \times 350{,}000\,인 \times 0.90 \times 10^{-3}\,ton/kg}{10\,ton/대 \times 6hr/대·일 \times \dfrac{1대}{(21+10+5)min} \times \dfrac{60min}{1hr}}$

$= 4.725대 ≒ 5대$

09 고형분이 45%인 주방쓰레기 10톤을 소각하기 위해 함수율이 30% 되도록 건조시켰다. 이 건조 쓰레기의 중량(톤)은 얼마인가? (단, 비중은 1.0 기준이다.)

㉮ 4.3톤 ㉯ 5.5톤
㉰ 6.4톤 ㉱ 7.2톤

풀이) $W_1 \times TS_1 = W_2 \times (100 - P_2)$
$10톤 \times 45\% = W_2 \times (100 - 30\%)$
$\therefore W_2 = \dfrac{10톤 \times 45\%}{(100 - 30\%)} = 6.43톤$

10 쓰레기를 압축시켜 용적감소율(Volume reduction)이 61%인 경우 압축비(compactor ratio)는 얼마인가?

㉮ 2.1 ㉯ 2.6
㉰ 3.1 ㉱ 3.6

풀이) 압축비(compactor ratio)
$= \dfrac{100}{100 - 부피감소율(\%)}$
$= \dfrac{100}{100 - 61\%} = 2.56$

11 쓰레기의 발생량 조사방법인 직접계근법에 대한 설명으로 틀린 것은 어느 것인가?

㉮ 입구에서 쓰레기가 적재되어 있는 차량과 출구에서 쓰레기를 적하한 공차량을 각각 계근하여 그 차이로 쓰레기량을 산출한다.
㉯ 적재차량 계수분석에 비하여 작업량이 적고 간단하다.
㉰ 비교적 정확한 쓰레기 발생량을 파악할 수 있다.
㉱ 일정기간동안 특정지역의 쓰레기 수거, 운반차량을 중간적하장이나 중계처리장에서 직접 계근하는 방법이다.

풀이) ㉯ 적재차량 계수분석에 비하여 작업량이 많고 번거롭다.

12 다음 중 관거(pipe line) 수거에 관한 내용으로 틀린 것은 어느 것인가?

㉮ 쓰레기 발생밀도가 높은 인구밀집지역에서 현실성이 있다.
㉯ 가설 후에 관로변경 등 사후관리가 용이하다.
㉰ 조대폐기물은 파쇄 등의 전처리가 필요하다.
㉱ 장거리 이송에서는 이용이 곤란하다.

풀이) ㉯ 가설 후에 관로변경 등 사후관리가 용이하지 못하다.

정답 09 ㉰ 10 ㉯ 11 ㉯ 12 ㉯

13 쓰레기 발생량에 대한 설명으로 틀린 것은 어느 것인가?

㉮ 가정의 부엌에서 음식쓰레기를 분쇄하는 시설이 있으면 음식쓰레기의 발생량이 감소된다.
㉯ 일반적으로 수집빈도가 높을수록 쓰레기 발생량이 감소한다.
㉰ 일반적으로 쓰레기통이 클수록 쓰레기 발생량이 증가한다.
㉱ 대체로 생활수준이 증가되면 쓰레기의 발생량도 증가한다.

[풀이] ㉯ 일반적으로 수집빈도가 높을수록 쓰레기 발생량이 증가한다.

14 쓰레기의 압축 전 밀도가 $0.52 \text{ton}/\text{m}^3$이던 것을 압축기로 압축하여 $0.85 \text{ton}/\text{m}^3$로 되었다. 부피의 감소율(%)은 얼마인가?

㉮ 28% ㉯ 39%
㉰ 46% ㉱ 51%

[풀이] 부피감소율(%) $= \left(1 - \dfrac{V_2}{V_1}\right) \times 100$

여기서 V_1 : 압축 전 부피(m^3)
V_2 : 압축 후 부피(m^3)

① $V_1 = 1\text{ton} \times \dfrac{1}{0.52 \text{ton}/\text{m}^3} = 1.923 \text{m}^3$

② $V_2 = 1\text{ton} \times \dfrac{1}{0.85 \text{ton}/\text{m}^3} = 1.176 \text{m}^3$

③ 부피감소율(%) $= \left(1 - \dfrac{1.176 \text{m}^3}{1.923 \text{m}^3}\right) \times 100$
$= 38.85\%$

15 A, B, C 세 가지 물질로 구성된 쓰레기 시료를 채취하여 분석한 결과 함수율이 55%인 A 물질이 35% 발생되고, 함수율 5%인 B 물질이 60% 발생되었다. 나머지 C 물질은 함수율이 10%인 것으로 나타났다면 전체 쓰레기의 함수율(%)은 얼마인가?

㉮ 23% ㉯ 28%
㉰ 32% ㉱ 37%

[풀이] A 물질 : 구성비 35%, 함수율 55%
B 물질 : 구성비 60%, 함수율 5%
C 물질 : 구성비 5%, 함수율 10%
전체쓰레기의 함수율
$= 0.35 \times 55\% + 0.6 \times 5\% + 0.05 \times 10\%$
$= 22.75\%$

16 인구 1인당 1일 1.5kg의 쓰레기를 배출하는 4000명이 거주하는 지역의 쓰레기를 적재능력 10m^3, 압축비 2인 쓰레기차로 수거할 때 1일 필요한 차량 수는 얼마인가? (단, 발생 쓰레기 밀도는 $120 \text{kg}/\text{m}^3$ 이며, 쓰레기차는 1회 운행)

㉮ 2대 ㉯ 3대
㉰ 4대 ㉱ 5대

[풀이] 차량수 $= \dfrac{\text{쓰레기 배출량}(\text{m}^3/\text{day})}{\text{적재차량 용적}(\text{m}^3/\text{대})} \times \dfrac{1}{\text{압축비}}$

$= \dfrac{1.5\text{kg}/\text{인}\cdot\text{일} \times 4{,}000\text{인} \times \dfrac{1}{120 \text{kg}/\text{m}^3}}{10 \text{m}^3/\text{대}} \times \dfrac{1}{2}$

$= 2.5\text{대} = 3\text{대}$

17 가볍고 물렁거리는 물질로부터 무겁고 딱딱한 물질을 분리해 낼 때 사용하며, 주로 퇴비중의 유리조각을 추출할 때 사용하는 선별방법은 어느 것인가?

㉮ Tables ㉯ Secators
㉰ Jigs   ㉱ Stoners

풀이 ㉯ Secators에 대한 설명이다.

18 자력선별을 통해 철캔을 알루미늄캔으로부터 분리 회수한 결과가 다음과 같다면 Worrell 식에 의한 선별효율(%)은 얼마인가?

- 투입량 : 2톤
- 회수량 : 1.5톤
- 회수량 중 철캔 : 1.3톤
- 제거량 중 알루미늄캔 : 0.4톤

㉮ 69%   ㉯ 67%
㉰ 65%   ㉱ 62%

풀이 Worrell식에 의한 선별효율(%)
$= \left(\frac{X_c}{X_i} \times \frac{Y_o}{Y_i} \right) \times 100$

여기서 $X_i = 1.4$톤, $X_c = 1.3$톤, $X_o = 0.1$톤
$Y_i = 0.6$톤, $Y_c = 0.2$톤, $Y_o = 0.4$톤

따라서 선별효율(%) $= \left(\frac{1.3톤}{1.4톤} \times \frac{0.4톤}{0.6톤} \right) \times 100$
$= 61.91\%$

19 쓰레기 수거노선 선정 시 고려할 사항으로 틀린 것은 어느 것인가?

㉮ 출발점은 차고와 가까운 곳으로 한다.
㉯ 언덕지역은 올라가면서 수거한다.
㉰ 가능한 한 시계방향으로 수거한다.
㉱ 발생량이 많은 곳은 하루 중 가장 먼저 수거한다.

풀이 ㉯ 언덕지역은 내려가면서 수거한다.

20 건조된 고형분 비중이 1.54이고 건조 전 슬러지의 고형분 함량이 60%, 건조중량이 400kg 이라 할 때 건조 전 슬러지의 비중은 얼마인가?

㉮ 약 1.12   ㉯ 약 1.16
㉰ 약 1.21   ㉱ 약 1.27

풀이
$\frac{1}{\rho_{SL}} = \frac{W_{TS}}{\rho_{TS}} + \frac{W_P}{\rho_P}$
$= \frac{0.6}{1.54} + \frac{0.4}{1.0}$

∴ $\rho_{SL} = \frac{1}{0.7896} = 1.27$

제2과목 폐기물처리기술

21 분뇨를 호기성 소화방식으로 처리하고자 한다. 소화조의 처리용량이 $100\,m^3/day$인 처리장에 필요한 산기관 수는 얼마인가? (단, 분뇨의 BOD 20,000mg/L, BOD 처리효율 75%, 소모공기량 $100\,m^3/BODkg$, 산기관 1개당 통풍량 $0.2\,m^3/min$, 연속 산기 방식 기준이다.)

㉮ 약 420개 ㉯ 약 470개
㉰ 약 520개 ㉱ 약 570개

풀이 산기관 수

$= \dfrac{처리용량(m^3/day) \times BOD\ 농도(kg/m^3) \times 처리효율 \times 소모공기량(m^3/kg)}{산기관\ 1개당\ 통풍량(m^3/day \cdot 개)}$

$= \dfrac{100m^3/day \times 20kg/m^3 \times 0.75 \times 100m^3/kg}{0.2m^3/min \cdot 개 \times 60min/hr \times 24hr/day}$

$= 520.83개 = 521개$

22 고형물 중 VS 60%이고, 함수율 97%인 농축슬러지 $100\,m^3$를 소화시켰다. 소화율(VS 대상)이 50%이고, 소화 후 함수율이 95%라면 소화 후의 부피(m^3)는 얼마인가? (단, 모든 슬러지의 비중은 1.0 기준이다.)

㉮ $32\,m^3$ ㉯ $35\,m^3$
㉰ $42\,m^3$ ㉱ $48\,m^3$

풀이 소화 후 부피(m^3)

$= (VS + FS)(m^3) \times \dfrac{100}{100 - 함수율(\%)}$

여기서 VS : 잔류휘발성 고형물(m^3)
　　　 FS : 잔류성 고형물(m^3)

① VS = 슬러지량(m^3) × 고형물 × VS × (1 − VS 소화율)
　　　 = $100m^3 \times (1-0.97) \times 0.60 \times (1-0.50)$
　　　 = $0.90m^3$

② FS = 슬러지량(m^3) × 고형물 × FS
　　　 = $100m^3 \times (1-0.97) \times (1-0.60)$
　　　 = $1.2m^3$

③ 소화 후 부피(m^3)
　　　 = $(0.9 + 1.2)(m^3) \times \dfrac{100}{100-95\%}$
　　　 = $42m^3$

Tip
① 고형물 = (1 − 함수율) = (1 − 0.97)
② FS = (1 − VS) = (1 − 0.60)

23 처리용량이 20kL/day인 분뇨처리장에 가스저장 탱크를 설계하고자 한다. 가스 저류기간을 3hr으로 하고 생성가스량을 투입량의 8배로 가정한다면 가스탱크의 용량(m^3)은 얼마인가? (단, 비중은 1.0 기준이다.)

㉮ $20\,m^3$ ㉯ $60\,m^3$
㉰ $80\,m^3$ ㉱ $120\,m^3$

풀이 가스탱크의 용량(m^3)

= 생성가스량(m^3/day) × 저류시간(day)
= $20m^3/day \times 8배 \times \left(\dfrac{3hr}{24}\right)day$
= $20m^3$

Tip
처리용량 20kL/day = 20m^3/day

정답 21 ㉰ 22 ㉰ 23 ㉮

24 메탄올(CH_3OH) 5kg이 연소하는데 필요한 이론공기량(Sm^3)은 얼마인가?

㉮ 15 Sm^3 ㉯ 20 Sm^3
㉰ 25 Sm^3 ㉱ 30 Sm^3

풀이 ① 이론산소량(Sm^3)을 계산한다.
$CH_3OH + 1.5O_2 \rightarrow CO_2 + 2H_2O$
32kg : $1.5 \times 22.4 Sm^3$
5kg : 이론산소량

∴ 이론산소량 = $\dfrac{5kg \times 1.5 \times 22.4 Sm^3}{32kg}$ = 5.25 Sm^3

② 이론공기량(Sm^3)을 계산한다.
이론공기량(Sm^3) = $\dfrac{이론산소량(Sm^3)}{0.21}$
= $\dfrac{5.25 Sm^3}{0.21}$ = 25Sm^3

25 토양공기의 조성에 대한 내용으로 잘못된 것은 어느 것인가?

㉮ 토양성분과 식물양분에 산화적 변화를 일으키는 원인이 된다.
㉯ 대기에 비하여 토양공기 내 탄산가스의 함량이 낮다.
㉰ 대기에 비하여 토양공기 내 수증기의 함량이 높다.
㉱ 토양이 깊어질수록 토양공기 내 산소함량은 감소한다.

풀이 ㉯ 대기에 비하여 토양공기 내 탄산가스의 함량이 높다.

26 유기성 폐기물 퇴비화에 관한 내용으로 틀린 것은 어느 것인가?

㉮ 다른 폐기물처리 기술에 비하여 고도의 기술수준이 요구되지 않는다.
㉯ 퇴비화 과정에서 부피가 90% 이상 줄어 최종처리시 비용이 절감된다.
㉰ 다양한 재료를 이용하므로 퇴비제품의 품질표준화가 어렵다.
㉱ 초기 시설 투자가 적으며 운영시에 소요되는 에너지도 낮다.

풀이 ㉯ 유기성 폐기물 퇴비화 과정에서 부피감소율은 50% 이하이다.

27 합성차수막 중 CR에 대한 내용으로 틀린 것은 어느 것인가?

㉮ 가격이 싸다.
㉯ 대부분의 화학물질에 대한 저항성이 높다.
㉰ 마모 및 기계적 충격에 강하다.
㉱ 접합이 용이하지 못하다.

풀이 ㉮ 가격이 비싸다.

28 RDF(Refuse Derived Fuel)의 구비조건으로 틀린 것은 어느 것인가?

㉮ 재의 양이 적을 것
㉯ 대기오염이 적을 것
㉰ 함수율이 낮을 것
㉱ 균일한 조성을 피할 것

풀이 ㉱ 균일한 조성을 가질 것

29 다음과 같은 조건의 축분과 톱밥 쓰레기를 혼합한 후 퇴비화 하여 함수량 20%의 퇴비를 만들었다면 퇴비량(ton)은 얼마인가? (단, 퇴비화시 수분 감량만 고려하며, 비중은 1.0 기준이다.)

성 분	쓰레기량(ton)	함수량(%)
축 분	12.0	85.0
톱 밥	2.0	5.0

㉮ 4.63ton   ㉯ 5.23ton
㉰ 6.33ton   ㉱ 7.83ton

 $W_1 \times (100 - P_1) = W_2 \times (100 - P_2)$
① $W_1 = 12.0 \text{ton} + 2.0 \text{ton} = 14.0 \text{ton}$
② $P_1 = \dfrac{12.0 \text{ton} \times 85\% + 2.0 \text{ton} \times 5\%}{(12.0 + 2.0) \text{ton}} = 73.57\%$
③ $14.0 \text{ton} \times (100 - 73.57\%) = W_2 \times (100 - 20\%)$
∴ $W_2 = 4.63 \text{ton}$

Tip
① $\text{mg/L} \times 10^{-3} = \text{kg/m}^3$
② SS 20,000mg/L = SS 20kg/m³

31 용량 10^5 m^3의 매립지가 있다. 밀도 0.5 t/m³인 도시쓰레기가 400,000kg/일 율로 발생된다면 매립지 사용일수(일)는 얼마인가? (단, 매립지 내의 다짐에 의한 쓰레기 부피감소율은 고려하지 않는다.)

㉮ 125일   ㉯ 275일
㉰ 345일   ㉱ 445일

매립지 사용일수 $= \dfrac{\text{매립용량(m}^3)}{\text{쓰레기량(m}^3/\text{일)}}$

$= \dfrac{10^5 \text{ m}^3}{400,000\text{kg/일} \times \dfrac{1}{500\text{kg/m}^3}} = 125$일

30 분뇨처리장 1차 침전지에서 1일 슬러지의 제거량이 50 m³/day이고 SS농도가 20,000mg/L 이었으며 이를 원심분리기에 의하여 탈수시켰을 때 탈수 슬러지의 함수율이 80%이었다면 탈수된 슬러지 양(ton/day)은 얼마인가? (단, 원심분리기의 SS회수율은 100%, 슬러지 비중은 1.0 기준이다.)

㉮ 3ton/day   ㉯ 5ton/day
㉰ 8ton/day   ㉱ 10ton/day

탈수된 슬러지량(ton/day)
$= 슬러지량(\text{ton/day}) \times \dfrac{100}{100 - 함수율(\%)}$
$= 50\text{m}^3/\text{day} \times 20 \times 10^{-3} \text{ton/m}^3 \times \dfrac{100}{100 - 80\%}$
$= 5 \text{ton/day}$

32 어떤 액체 연료를 보일러에서 완전 연소시켜 그 배기가스를 분석한 결과 CO_2 13%, O_2 3%, N_2 84% 이었다. 이 때 공기비(m)는 얼마인가?

㉮ 1.16   ㉯ 1.26
㉰ 1.36   ㉱ 1.46

공기비(m) $= \dfrac{N_2\%}{N_2\% - 3.76 \times O_2\%}$
$= \dfrac{84\%}{84\% - 3.76 \times 3\%} = 1.16$

정답 29 ㉮ 30 ㉯ 31 ㉮ 32 ㉮

33 폐기물 고화처리방법 중 자가시멘트법의 장·단점으로 틀린 것은 어느 것인가?

㉮ 혼합률이 높은 단점이 있다.
㉯ 중금속 저지에 효과적인 장점이 있다.
㉰ 탈수 등 전처리가 필요 없는 장점이 있다.
㉱ 보조에너지가 필요한 단점이 있다.

풀이 ㉮ 혼합률이 낮은 장점이 있다.

34 점토가 매립지에서 차수막으로 적합하기 위한 액성한계 기준으로 가장 적절한 것은?

㉮ 10% 미만
㉯ 10% 이상 30% 미만
㉰ 20% 이하
㉱ 30% 이상

풀이 액성한계 기준은 30% 이상이다.

35 매립시 적용되는 연직차수막과 표면차수막에 대한 내용으로 틀린 것은 어느 것인가?

㉮ 연직차수막은 지중에 수평방향의 차수층 존재시 사용된다.
㉯ 연직차수막은 지하수 집배수시설이 불필요하다.
㉰ 연직차수막은 지하매설로써 차수성 확인이 어려우나 표면차수막은 시공시 확인이 가능하다.
㉱ 연직차수막은 단위면적당 공사비는 싸지만 총공사비는 비싸다.

풀이 ㉱ 연직차수막은 단위면적당 공사비는 비싸지만 총공사비는 싸다.

36 침출수를 혐기성 공정으로 처리하는 경우, 장점으로 틀린 것은 어느 것인가?

㉮ 고농도의 침출수를 희석 없이 처리할 수 있다.
㉯ 중금속에 의한 저해효과가 호기성 공정에 비해 적다.
㉰ 대부분의 염소계 화합물은 혐기성상태에서 분해가 잘 일어나므로 난분해성 물질을 함유한 침출수의 처리시 효과적이다.
㉱ 호기성 공정에 비해 낮은 영양물 요구량을 가지므로 인(P) 부족현상을 일으킬 가능성이 적다.

풀이 ㉯ 중금속에 의한 저해효과가 호기성 공정에 비해 크다.

37 어느 매립지의 쓰레기 수용량은 1,635,200 m^3 이고, 수거 대상인구는 100,000명, 1인 1일 쓰레기 발생량은 2.0kg, 매립시의 쓰레기 부피 감소율은 30% 라 할 때 매립지의 사용 년수는 얼마인가? (단, 쓰레기 밀도는 $500\,kg/m^3$ 으로 수거시의 밀도이다.)

㉮ 6년   ㉯ 8년
㉰ 12년   ㉱ 16년

풀이 매립지의 사용년수
$$= \frac{매립용적(m^3)}{쓰레기\;발생량(m^3/년) \times (1 - 부피감소율)}$$
$$= \frac{1,635,200\,m^3}{2.0\,kg/인\cdot일 \times 100,000인 \times 365일/년 \times \frac{1}{500\,kg/m^3} \times (1-0.30)}$$
$$= 16년$$

정답 33 ㉮ 34 ㉱ 35 ㉱ 36 ㉯ 37 ㉱

38 1차 반응속도에서 반감기(초기농도가 50% 줄어드는 시간)가 10분이다. 초기농도의 75%가 줄어드는데 걸리는 시간(분)은 얼마인가?

㉮ 20분 ㉯ 30분
㉰ 40분 ㉱ 50분

1차반응식 : $\ln\dfrac{C_o}{C_t} = -k \times t$

① $\ln\dfrac{1}{2} = -k \times 10\,\text{min}$

∴ $k = \dfrac{\ln\frac{1}{2}}{-10\,\text{min}} = 0.0693/\text{min}$

② $\ln\left(\dfrac{100-75}{100}\right) = -0.0693/\text{min} \times t$

∴ $t = \dfrac{\ln\left(\frac{100-75}{100}\right)}{-0.0693/\text{min}} = 20.0\,\text{min}$

39 Rotary Kiln 소각로의 장·단점으로 잘못된 것은 어느 것인가?

㉮ 습식가스 세정시스템과 함께 사용할 수 있는 장점이 있다.
㉯ 비교적 열효율이 낮은 단점이 있다.
㉰ 용융상태의 물질에 의하여 방해를 받는 단점이 있다.
㉱ 폐기물의 체류시간을 로의 회전속도 조절로 제어할 수 있는 장점이 있다.

㉰ 용융상태의 물질에 의하여 방해를 받지 않는다.

40 아래와 같이 운전되는 Batch Type 소각로의 쓰레기 kg 당 전체발열량(저위발열량+공기예열에 소모된 열량)은 얼마인가?

- 과잉공기비 : 2.4
- 이론공기량 : $1.8\,\text{Sm}^3/\text{kg}$ 쓰레기
- 공기예열온도 : 180℃
- 공기정압비열 : 0.32 $\text{kcal/Sm}^3 \cdot \text{℃}$
- 쓰레기 저위발열량 : 2,000 kcal/kg
- 공기온도 : 0℃

㉮ 약 2,050kcal/kg
㉯ 약 2,250kcal/kg
㉰ 약 2,450kcal/kg
㉱ 약 2,650kcal/kg

① 쓰레기의 발열량(kcal/kg) = $G \times C \times (t_2 - t_1)$

여기서 G : 실제공기량(mA_o)(Sm^3/kg)
C : 공기정압비열($\text{kcal/Sm}^3 \cdot \text{℃}$)
t_2 : 공기예열온도(℃)
t_1 : 공기온도(℃)

따라서 쓰레기의 발열량
$= 2.4 \times 1.8\,\text{Sm}^3/\text{kg} \times 0.32\,\text{kcal/Sm}^3 \cdot \text{℃} \times (180-0)\,\text{℃}$
$= 248.832\,\text{kcal/kg}$

② 전체 발열량(kcal/kg)
= 쓰레기의 발열량 + 쓰레기의 저위발열량
= 248.832 kcal/kg + 2,000 kcal/kg
= 2,248.83 kcal/kg

정답 38 ㉮ 39 ㉰ 40 ㉯

제3과목 폐기물공정시험기준

41 자외선/가시선 분광법으로 구리를 측정할 때 간섭물질에 관한 설명으로 알맞은 것은 어느 것인가?

㉮ 비스무트(Bi)가 구리의 양보다 2배 이상 존재할 경우에는 적자색을 나타내어 방해한다.
㉯ 비스무트(Bi)가 구리의 양보다 2배 이상 존재할 경우에는 청색을 나타내어 방해한다.
㉰ 비스무트(Bi)가 구리의 양보다 2배 이상 존재할 경우에는 적색을 나타내어 방해한다.
㉱ 비스무트(Bi)가 구리의 양보다 2배 이상 존재할 경우에는 황색을 나타내어 방해한다.

42 무게를 '정확히 단다' 라 함은 규정된 수치의 무게를 몇 mg 까지 다는 것을 말하는가?

㉮ 0.0001mg ㉯ 0.001mg
㉰ 0.01mg   ㉱ 0.1mg

43 기체크로마토그래프-질량분석법에 의한 유기인 분석방법으로 틀린 것은 어느 것인가?

㉮ 운반기체는 부피백분율 99.999% 이상의 헬륨을 사용한다.
㉯ 질량분석기는 자기장형, 사중극자형 및 이온트랩형 등의 성능을 가진 것을 사용한다.
㉰ 질량분석기의 이온화방식은 전자충격법(EI)을 사용하며 이온화에너지는 35~70eV을 사용한다.
㉱ 정성분석에는 메트릭스 검출법을 이용하는 것이 바람직하다.

㉱ 정량분석에는 선택이온검출법(SIM)을 이용하는 것이 바람직하다.

44 편광현미경법으로 석면을 측정할 때 석면의 정량범위는 얼마인가?

㉮ 1~25%   ㉯ 1~50%
㉰ 1~75%   ㉱ 1~100%

45 용출실험 결과 시료 중의 수분함량을 보정해 주기 위해 적용(곱)하는 식으로 알맞은 것은 어느 것인가? (단, 함수율 85% 이상인 시료에 한한다.)

㉮ $85/(100-함수율(\%))$
㉯ $(100-함수율(\%))/85$
㉰ $15/(100-함수율(\%))$
㉱ $(100-함수율(\%))/15$

정답 41 ㉱ 42 ㉱ 43 ㉱ 44 ㉱ 45 ㉰

46 총칙에서 규정하고 있는 내용으로 알맞은 것은 어느 것인가?

㉮ "약"이라 함은 기재된 양에 대하여 ±5% 이상의 차이가 있어서는 안 된다.
㉯ "감압 또는 진공"이라 함은 따로 규정이 없는 한 5mmHg 이하를 말한다.
㉰ "정확히 취하여"라 함은 규정한 양의 액체 또는 고체시료를 화학저울 또는 미량저울로 정확히 취하는 것을 말한다.
㉱ "정량적으로 씻는다"라 함은 어떤 조작으로부터 다음 조작으로 넘어갈 때 사용한 비커, 플라스크 등의 용기 및 여과막 등에 부착한 정량대상 성분을 사용한 용매로 씻어 그 씻어낸 용액을 합하고 먼저 사용한 같은 용매를 채워 일정용량으로 하는 것을 뜻한다.

풀이
㉮ "약"이라 함은 기재된 양에 대하여 ±10% 이상의 차이가 있어서는 안 된다.
㉯ "감압 또는 진공"이라 함은 따로 규정이 없는 한 15mmHg 이하를 말한다.
㉰ "정확히 취하여"라 함은 규정한 양의 액체를 홀피펫으로 눈금까지 취하는 것을 말한다.

47 유기물 함량이 비교적 높지 않고 금속의 수산화물, 산화물, 인산염 및 황화물을 함유하고 있는 시료에 적용되는 산분해법은 어느 것인가?

㉮ 질산-황산 분해법
㉯ 질산-염산 분해법
㉰ 질산-과염소산 분해법
㉱ 질산-불화수소산 분해법

풀이 산분해법
① 질산 분해법 : 유기물 함량이 낮은 시료에 적용
② 질산-염산 분해법 : 유기물 함량이 비교적 높지 않고 금속의 수산화물, 산화물, 인산염 및 황화물을 함유하고 있는 시료에 적용
③ 질산-황산 분해법 : 유기물 등을 많이 함유하고 있는 대부분의 시료에 적용
④ 질산-과염소산 분해법 : 유기물을 높은 비율로 함유하고 있으면서 산화분해가 어려운 시료에 적용
⑤ 질산-과염소산-불화수소산 분해법 : 점토질 또는 규산염이 높은 비율로 함유된 시료에 적용

48 폐기물공정시험기준 유도결합플라스마-원자발광분광법으로 측정할 수 있는 항목으로 틀린 것은 어느 것인가?

㉮ 6가 크롬   ㉯ 수은
㉰ 비소   ㉱ 크롬

풀이 항목별 분석방법
㉮ 6가 크롬 : 원자흡수분광광도법, 유도결합플라스마-원자발광분광법, 자외선/가시선분광법(다이페닐카바자이드법)
㉯ 수은 : 원자흡수분광광도법(환원기화법), 자외선/가시선 분광법(디티존법)
㉰ 비소 : 원자흡수분광광도법, 유도결합플라스마-원자발광분광법, 자외선/가시선 분광법
㉱ 크롬 : 원자흡수분광광도법, 유도결합플라스마-원자발광분광법, 자외선/가시선 분광법(다이페닐카바자이드법)

정답 46 ㉱   47 ㉯   48 ㉯

49 이온전극법을 이용한 시안측정에 대한 내용으로 틀린 것은 어느 것인가?

㉮ pH 4 이하의 산성으로 조절한 후 시안 이온전극과 비교전극을 사용하여 전위를 측정한다.
㉯ 시안화합물을 측정할 때 방해물질들은 증류하면 대부분 제거된다.
㉰ 다량의 지방성분을 함유한 시료는 아세트산 또는 수산화나트륨용액으로 pH 6~7로 조절한 후 시료의 약 2%에 해당하는 부피의 노말 헥산 또는 클로로폼을 넣어 추출하여 유기층은 버리고 수층을 분리하여 사용한다.
㉱ 시료는 미리 세척한 유리 또는 폴리에틸렌용기에 채취한다.

㉮ pH 12~13의 알칼리성으로 조절한 후 시안 이온전극과 비교전극을 사용하여 전위를 측정한다.

50 대상 폐기물의 양이 50 ton인 경우 시료는 최소 수는 얼마인가?

㉮ 6   ㉯ 10
㉰ 14   ㉱ 20

대상폐기물의 양과 시료의 최소 수

대상폐기물의 양 (단위 : ton)	시료의 최소 수	대상폐기물의 양 (단위 : ton)	시료의 최소 수
~1미만	6	100이상~500미만	30
1이상~5미만	10	500이상~1000미만	36
5이상~30미만	14	1000이상~5000미만	50
30이상~100미만	20	5000이상	60

51 원자흡수분광광도법(공기-아세틸렌 불꽃)으로 크롬을 분석할 때, 철, 니켈 등의 공존물질에 의한 방해영향이 크다. 이 때 어떤 시약을 넣어 측정하는가?

㉮ 질산나트륨   ㉯ 인산나트륨
㉰ 황산나트륨   ㉱ 염산나트륨

52 다음 설명하는 시료의 분할채취방법은 어느 것인가?

- 분쇄한 대시료를 단단하고 깨끗한 평면위에 원추형으로 쌓는다.
- 원추를 장소를 바꾸어 다시 쌓는다.
- 원추에서 일정량을 취하여 장방향으로 도포하고 계속해서 일정량을 취하여 그 위에 입체로 쌓는다.
- 육면체의 측면을 교대로 돌면서 균등량씩 취하여 두 개의 원추를 쌓는다.
- 하나의 원추는 버리고 나머지 원추를 앞의 조작을 반복하면서 적당한 크기까지 줄인다.

㉮ 구획법   ㉯ 교호삽법
㉰ 원추 4분법   ㉱ 원추 분할법

정답 49 ㉮ 50 ㉱ 51 ㉰ 52 ㉯

53 편광현미경법으로 석면 분석시 시료의 채취량에 대한 설명으로 알맞은 것은 어느 것인가?

㉮ 시료의 양은 1회에 최소한 면적단위로는 $1\,cm^2$, 부피단위로 $1\,cm^3$, 무게단위는 1g 이상 채취한다.
㉯ 시료의 양은 1회에 최소한 면적단위로는 $1\,cm^2$, 부피단위로 $1\,cm^3$, 무게단위는 2g 이상 채취한다.
㉰ 시료의 양은 1회에 최소한 면적단위로는 $1\,cm^2$, 부피단위로 $2\,cm^3$, 무게단위는 3g 이상 채취한다.
㉱ 시료의 양은 1회에 최소한 면적단위로는 $2\,cm^2$, 부피단위로 $2\,cm^3$, 무게단위는 3g 이상 채취한다.

54 유도결합플라스마 원자발광분광법으로 금속류를 분석할 때 잘못된 내용은 어느 것인가?

㉮ 대부분의 간섭 물질은 산 분해에 의해 제거된다.
㉯ 장비가 허용된다면 가능한 파장의 간섭을 알기 위해 전 파장 분석을 수행한다.
㉰ 플라스마 가스는 액화 또는 압축헬륨으로 순도는 99.99% 이상인 것을 사용한다.
㉱ 분석장치는 시료도입부, 고주파전원부, 광원부, 분광부, 연산처리부 및 기록부로 구성되어 있다.

[풀이] ㉰ 플라스마 가스는 액화 또는 압축 아르곤으로서 순도는 99.99 V/V% 이상인 것을 사용한다.

55 고상 또는 반고상 폐기물의 pH 측정법으로 알맞은 것은 어느 것인가?

㉮ 시료 10g을 100mL 비커에 취한 다음 정제수 50mL를 넣어 잘 교반하여 10분 이상 방치
㉯ 시료 10g을 100mL 비커에 취한 다음 정제수 50mL를 넣어 잘 교반하여 30분 이상 방치
㉰ 시료 10g을 50mL 비커에 취한 다음 정제수 25mL를 넣어 잘 교반하여 10분 이상 방치
㉱ 시료 10g을 50mL 비커에 취한 다음 정제수 25mL를 넣어 잘 교반하여 30분 이상 방치

56 폐기물 용출조작에 대한 내용으로 잘못된 것은 어느 것인가?

㉮ 상온, 상압에서 진탕회수가 매분 당 약 200회로 한다.
㉯ 진폭이 5~6cm의 진탕기를 사용한다.
㉰ 진탕기로 6시간 연속 진탕한다.
㉱ 여과가 어려운 경우 원심분리기를 사용하여 매분 당 3,000회전 이상으로 20분 이상 원심 분리한다.

[풀이] ㉯ 진폭이 5~5cm의 진탕기를 사용한다.

정답 53 ㉯ 54 ㉰ 55 ㉱ 56 ㉯

57 고형물의 함량이 50%, 수분함량이 50%, 강열감량이 85%인 폐기물이 있다. 이때 폐기물의 고형물 중 유기물 함량(%)은 얼마인가?

㉮ 50%   ㉯ 60%
㉰ 70%   ㉱ 80%

유기물 함량(%) = $\dfrac{휘발성\ 고형물(\%)}{고형물(\%)} \times 100$

① 휘발성 고형물(%) = 강열감량(%) − 수분(%)
   = 85% − 50% = 35%
② 고형물(%) = 50%
③ 유기물 함량(%) = $\dfrac{35\%}{50\%} \times 100 = 70\%$

58 다음은 유리전극법에 의한 pH 측정시에 정밀도에 대한 설명이다. ( )안에 알맞은 말은 어느 것인가?

> 임의의 한 종류의 pH 표준용액에 대하여 검출부를 정제수로 잘 씻은 다음 5회 되풀이하여 pH를 측정하였을 때 그 재현성이 (   ) 이내이어야 한다.

㉮ ±0.01   ㉯ ±0.05
㉰ ±0.1   ㉱ ±0.5

59 다음은 용출을 위한 시료용액의 조제에 대한 설명이다. ( )안에 알맞은 말은 어느 것인가?

> 시료의 조제방법에 따라 조제한 시료 (①) 이상을 정확히 달아 정제수에 염산을 넣어 pH를 (②)으로 한 용매 (mL)를 시료 : 용매 = 1 : 10(W/V)의 비로 2000mL 삼각플라스크에 넣어 혼합한다.

㉮ ① : 50g, ② : 5.8~6.3
㉯ ① : 100g, ② : 5.8~6.3
㉰ ① : 50g, ② : 4.3~5.8
㉱ ① : 100g, ② : 4.3~5.8

60 다음은 폐기물 소각시설의 소각재 시료 채취 방법 중 연속식 연소방식의 소각재 반출설비에서의 시료 채취에 대한 설명이다. ( )안에 알맞은 말은 어느 것인가?

> 야적더미에서 채취하는 경우는 야적더미를 (   ) 높이마다 각각의 층으로 나누고 각 층별로 적절한 지점에서 500g 이상의 시료를 채취한다.

㉮ 0.3m   ㉯ 0.5m
㉰ 1m   ㉱ 2m

제4과목 폐기물관계법규

61 의료폐기물 중 재활용하는 태반의 용기에 표시하는 도형의 색상은 어느 것인가?
㉮ 노란색   ㉯ 녹색
㉰ 붉은색   ㉱ 검정색

62 다음 중 설치를 마친 후 검사기관으로부터 정기검사를 받아야 하는 환경부령으로 정하는 폐기물처리시설만을 알맞게 연결한 것은 어느 것인가?
㉮ 소각시설-매립시설-멸균분쇄시설-소각열회수시설
㉯ 소각시설-매립시설-소각열분해시설-멸균분쇄시설
㉰ 소각시설-매립시설-분쇄·파쇄시설-열분해시설
㉱ 매립시설-증발·농축정제·반응시설-멸균분쇄시설-음식물류폐기물처리시설

풀이) 설치를 마친 후 검사기관으로부터 정기검사를 받아야 하는 시설은 소각시설, 소각열회수시설, 매립시설, 멸균분쇄시설, 음식물류 폐기물 처리시설, 시멘트 소성로가 있다.

63 다음은 사후관리이행보증금의 사전적립에 대한 내용이다. ( )안에 들어갈 알맞은 말은 어느 것인가?

> 사후관리이행보증금의 사전적립 대상이 되는 폐기물을 매립하는 시설은 면적이 (①)인 시설로 한다.
> 이에 따른 매립시설의 설치자는 그 시설의 사용을 시작한 날부터 (②)에 환경부령으로 정하는 바에 따라 사전적립금 적립계획서를 환경부장관에게 제출하여야 한다.

㉮ ① : 1만제곱미터 이상, ② : 1개월 이내
㉯ ① : 1만제곱미터 이상, ② : 15일 이내
㉰ ① : 3천300제곱미터 이상, ② : 1개월 이내
㉱ ① : 3천300제곱미터 이상, ② : 15일 이내

64 다음 중 폐기물처리업자에게 징수된 과징금의 사용용도로 틀린 것은 어느 것인가?
㉮ 광역폐기물처리시설(지정폐기물의 공공처리시설을 포함)의 확충
㉯ 폐기물처리기준에 적합하지 아니하게 처리한 폐기물 중 그 폐기물을 처리한 자 또는 그 폐기물의 처리를 위탁한 자를 확인할 수 없는 폐기물로 인하여 예상되는 환경상 위해의 제거를 위한 처리
㉰ 폐기물처리시설의 지도·점검에 필요한 시설·장비의 구입 및 운영
㉱ 폐기물처리 기술의 연구 개발을 위해 소요되는 비용

정답 61 ㉯ 62 ㉮ 63 ㉰ 64 ㉱

65 의료폐기물 전용용기 검사기관으로 알맞은 것은 어느 것인가?

㉮ 한국의료기기시험연구원
㉯ 한국환경보전원
㉰ 한국건설생활환경시험연구원
㉱ 한국화학시험원

> 풀이) 의료폐기물 전용용기 검사기관으로는 한국환경공단, 한국화학융합시험연구원, 한국건설생활환경시험연구원이 있다.

66 다음은 매립시설 및 소각시설의 주변지역 영향조사 횟수 기준에 대한 설명이다. ( ) 안에 들어갈 알맞은 것은 어느 것인가?

각 항목 당 계절을 달리하여 (①) 측정하되, 악취는 여름(6월부터 8월까지)에 (②) 측정하여야 한다.

㉮ ① : 2회 이상, ② : 1회 이상
㉯ ① : 1회 이상, ② : 2회 이상
㉰ ① : 2회 이상, ② : 4회 이상
㉱ ① : 1회 이상, ② : 3회 이상

67 지정 폐기물 중 유해물질함유 폐기물(환경부령으로 정하는 물질을 함유한 것으로 한정한다)에 관한 기준으로 틀린 것은 어느 것인가?

㉮ 광재(철광 원석의 사용으로 인한 고로슬래그는 제외한다)
㉯ 분진(대기오염 방지시설 및 소각시설에서 발생되는 것을 포함한다.)
㉰ 폐내화물 및 재벌구이 전에 유약을 바른 도자기 조각
㉱ 안정화 또는 고형화·고화 처리물

> 풀이) ㉯ 분진(대기오염 방지시설에서 포집된 것으로 한정하되, 소각시설에서 발생되는 것은 제외한다.)

68 폐기물 감량화 시설 종류에 해당되지 않는 것은 어느 것인가?(단, 환경부장관이 정하여 고시하는 시설 제외)

㉮ 공정 개선시설
㉯ 폐기물 파쇄·선별시설
㉰ 폐기물 재이용시설
㉱ 폐기물 재활용시설

> 풀이) 폐기물 감량화 시설의 종류에는 공정 개선시설, 폐기물 재이용시설, 폐기물 재활용시설이 있다.

정답 65 ㉰ 66 ㉮ 67 ㉯ 68 ㉯

69 사업장폐기물을 폐기물처리업자에게 위탁하여 처리하려는 사업장폐기물배출자는 환경부장관이 고시하는 폐기물처리 가격의 최저액보다 낮은 가격으로 폐기물을 위탁하여서는 아니 된다. 이를 위반하여 폐기물 처리 가격의 최저액보다 낮은 가격으로 폐기물 처리를 위탁한 자에 대한 벌칙 또는 과태료 처분 기준으로 알맞은 것은 어느 것인가?

㉮ 300만원 이하의 과태료
㉯ 500만원 이하의 과태료
㉰ 1000만원 이하의 과태료
㉱ 1년 이하의 징역 또는 5백만원 이하의 벌금

풀이 ㉮ 300만원이하의 과태료에 해당한다.

70 특별자치시장, 특별자치도지사, 시장·군수·구청장이 생활폐기물 수집·운반 대행자에게 영업의 정지를 명하려는 경우, 그 영업정지를 갈음하여 부과할 수 있는 최대 과징금은 얼마인가?

㉮ 2천만원   ㉯ 5천만원
㉰ 1억원   ㉱ 2억원

71 음식물류 폐기물 처리시설의 검사기관으로 알맞은 것은 어느 것인가?

㉮ 한국산업기술시험원
㉯ 한국환경자원공사
㉰ 시·도 보건환경연구원
㉱ 수도권매립지관리공사

풀이 음식물류 폐기물 처리시설의 검사기관으로는 한국환경공단, 한국산업기술시험원이 있다.

72 폐기물관리법에 적용되지 아니하는 물질에 대한 기준으로 잘못된 것은 어느 것인가?

㉮ 물환경보전법에 따른 수질오염 방지시설에 유입되거나 공공수역으로 배출되는 폐수
㉯ 원자력안전법에 따른 방사성 물질과 이로 인하여 오염된 물질
㉰ 용기에 들어 있는 기체상태의 물질
㉱ 하수도법에 따른 하수분뇨

풀이 ㉰ 용기에 들어 있지 아니한 기체상태의 물질

73 폐기물처리 기본계획에 포함되어야 하는 사항으로 틀린 것은 어느 것인가?

㉮ 재원의 확보 계획
㉯ 폐기물의 처리 현황과 향후 처리 계획
㉰ 폐기물의 감량화와 재활용 등 자원화에 관한 사항
㉱ 폐기물의 종류별 관리 여건 및 전망

참고 법규개정으로 문제 삭제

정답 69 ㉮ 70 ㉰ 71 ㉮ 72 ㉰ 73 ㉱

74 폐기물 처리 담당자 등은 3년마다 교육을 받아야 하는데 폐기물처분시설의 기술관리인이나 폐기물처분시설의 설치자로서 스스로 기술 관리를 하는 자에 대한 교육 기관으로 틀린 것은 어느 것인가?

㉮ 한국환경보전원
㉯ 한국폐기물협회
㉰ 국립환경인력개발원
㉱ 한국환경공단

풀이 폐기물처분시설의 기술관리인이나 폐기물처분시설의 설치자로서 스스로 기술 관리를 하는 자에 대한 교육기관으로는 국립환경인력개발원, 한국환경공단, 한국폐기물협회가 있다.

75 폐기물처리시설에 대한 기술관리대행계약에 포함될 점검항목이 아닌 것은 어느 것인가? (단, 중간처분시설 중 소각시설 및 고온열분해시설)

㉮ 안전설비의 정상가동 여부
㉯ 배출가스 중의 오염물질의 농도
㉰ 연도 등의 기밀유지상태
㉱ 유해가스처리시설의 정상가동 여부

76 다음은 폐기물처리업자 또는 폐기물처리신고자의 휴업·폐업 등의 신고에 관한 내용이다. ( )안에 들어갈 알맞은 말은 어느 것인가?

> 폐기물처리업자 또는 폐기물처리신고자의 휴업·폐업 또는 재개업을 한 경우에는 휴업·폐업 또는 재개업을 한 날부터 ( )에 신고서에 해당 서류를 첨부하여 시도지사나 지방환경관서의 장에게 제출하여야 한다.

㉮ 10일 이내 ㉯ 15일 이내
㉰ 20일 이내 ㉱ 30일 이내

77 관리형 매립시설에서 발생되는 침출수의 배출량이 1일 2,000세제곱미터 이상인 경우 오염물질 측정주기 기준으로 알맞은 것은 어느 것인가?

㉮ 화학적산소요구량 : 매일 2회 이상, 화학적산소요구량 외의 오염물질 : 주 1회 이상
㉯ 화학적산소요구량 : 매일 1회 이상, 화학적산소요구량 외의 오염물질 : 주 1회 이상
㉰ 화학적산소요구량 : 주 2회 이상, 화학적산소요구량 외의 오염물질 : 월 1회 이상
㉱ 화학적산소요구량 : 주 1회 이상, 화학적산소요구량 외의 오염물질 : 월 1회 이상

정답 74 ㉮ 75 ㉱ 76 ㉰ 77 ㉯

78 다음은 폐기물처리 신고자의 준수사항에 대한 설명이다. ( )안에 들어갈 알맞은 말은 어느 것인가?

> 폐기물 처리 신고자는 폐기물의 재활용을 위탁한 자와 폐기물 위탁재활용(운반) 계약서를 작성하고, 그 계약서를 ( )보관하여야 한다.

㉮ 1년간 ㉯ 2년간
㉰ 3년간 ㉱ 5년간

79 주변지역에 대한 영향 조사를 하여야 하는 '대통령령으로 정하는 폐기물처리시설' 기준으로 틀린 것은 어느 것인가? (단, 폐기물처리업자가 설치, 운영하는 경우 기준이다.)

㉮ 시멘트 소성로(폐기물을 연료로 사용하는 경우로 한정한다.)
㉯ 매립면적 3만 제곱미터 이상의 사업장 일반폐기물 매립시설
㉰ 매립면적 1만 제곱미터 이상의 사업장 지정폐기물 매립시설
㉱ 1일 처분능력이 50톤 이상인 사업장폐기물 소각시설(같은 사업장에 여러개의 소각시설이 있는 경우에는 각 소각시설의 1일 처분능력의 합계가 50톤 이상인 경우를 말한다.)

🔍 ㉯ 매립면적 15만 제곱미터 이상의 사업장 일반폐기물 매립시설

80 특별자치시장, 특별자치도지사, 시장·군수·구청장이 관할 구역의 음식물류 폐기물의 발생을 최대한 줄이고 발생한 음식물류 폐기물을 적절하게 처리하기 위하여 수립하는 음식물류 폐기물발생 억제계획에 포함되어야 하는 사항으로 틀린 것은 어느 것인가?

㉮ 음식물류 폐기물 재활용 및 재이용 방안
㉯ 음식물류 폐기물의 발생 억제 목표 및 달성 방안
㉰ 음식물류 폐기물의 발생 및 처리 현황
㉱ 음식물류 폐기물 처리시설의 설치 현황 및 향후 설치 계획

🔍 음식물류 폐기물 발생 억제 계획의 수립에 포함되어야 하는 사항
① 음식물류 폐기물의 발생 및 처리 현황
② 음식물류 폐기물의 향후 발생 예상량 및 적정 처리 계획
③ 음식물류 폐기물의 발생 억제 목표 및 목표 달성 방안
④ 음식물류 폐기물 처리시설의 설치 현황 및 향후 설치 계획
⑤ 음식물류 폐기물의 발생 억제 및 적정 처리를 위한 기술적·재정적 지원 방안
(재원의 확보계획을 포함)

정답 78 ㉰ 79 ㉯ 80 ㉮

2015 제1회 폐기물처리산업기사
(2015년 3월 8일 시행)

제1과목 폐기물개론

01 폐기물의 발생량 조사방법 중 전수조사의 장점으로 틀린 것은 어느 것인가?

㉮ 조사기간이 짧다.
㉯ 표본치의 보정역할이 가능하다.
㉰ 행정시책에 대한 이용도가 높다.
㉱ 표본오차가 작아 신뢰도가 높다.

㉮ 조사기간이 길다.

02 유해 폐기물을 소각할 때 발생하는 물질로서 광화학 스모그의 원인이 되는 주된 물질은 어느 것인가?

㉮ 일산화탄소(CO)
㉯ 염화수소(HCl)
㉰ 일산화질소(NO)
㉱ 이산화황(SO_2)

광화학스모그의 원인 물질 중 유해 폐기물의 소각 시 발생하는 물질은 일산화질소(NO)이다.

03 트롬멜 스크린에 관한 내용으로 틀린 것은 어느 것인가?

㉮ [원통형 임계속도×1.45 = 최적속도]로 나타낸다.
㉯ 원통의 경사도가 크면 부하율이 커진다.
㉰ 스크린 중에서 선별효율이 좋고 유지관리상의 문제가 적다.
㉱ 원통의 경사도가 크면 효율이 떨어진다.

㉮ [원통형 임계속도×0.45 = 최적속도]로 나타낸다.

04 폐기물의 80%를 5cm보다 작게 파쇄하고자 할 때 특성입자 크기(X_o)는 얼마인가? (단, Rosin-Rammler 모델 기준, n = 1이다.)

㉮ 약 3.1cm ㉯ 약 3.8cm
㉰ 약 4.2cm ㉱ 약 4.9cm

$$Y = 1 - \exp\left[-\left(\frac{X}{X_o}\right)^n\right]$$

여기서 Y : 체하분율
X : 폐기물 입자의 크기
X_o : 특성입자의 크기
n : 상수

따라서 $0.80 = 1 - \exp\left[-\left(\frac{5cm}{X_o}\right)^1\right]$

∴ $X_o = \dfrac{-5cm}{LN(1-0.80)} = 3.11cm$

정답 01 ㉮ 02 ㉰ 03 ㉮ 04 ㉮

05 쓰레기 발생량 조사방법 중 주로 산업폐기물 발생량을 추산할 때 이용하는 방법으로 조사하고자 하는 계의 경계가 정확하여야 하는 것은 어느 것인가?

㉮ 물질수지법
㉯ 직접계근법
㉰ 적재차량 계수분석법
㉱ 경향법

풀이 ㉮ 물질수지법에 대한 설명이다.

06 수소 15.0%, 수분 0.4%인 중유의 고위발열량이 12,000kcal/kg일 때, 저위발열량(kcal/kg)은 얼마인가?

㉮ 11,188kcal/kg   ㉯ 11,253kcal/kg
㉰ 11,324kcal/kg   ㉱ 11,496kcal/kg

풀이 Hl = Hh-600(9H+W)(kcal/kg)
여기서 Hl : 저위발열량(kcal/kg)
　　　 Hh : 고위발열량(kcal/kg)
　　　 H : 수소의 함량
　　　 W : 수분의 함량
따라서
Hl = 12,000kcal/kg-600×(9×0.15+0.004)
　 = 11,187.6kcal/kg

07 쓰레기의 발생량 예측 방법 중 최저 5년 이상의 과거 처리 실적을 바탕으로 예측하며 시간과 그에 따른 쓰레기의 발생량 간의 상관관계만을 고려하는 방법은 무엇인가?

㉮ WRAP 모델   ㉯ 경향법
㉰ 다중회귀모델   ㉱ 동적모사모델

풀이 ㉯ 경향법에 대한 설명이다.

08 다음 중 유해성이 있다고 판단할 수 있는 폐기물의 성질로 틀린 것은 어느 것인가?

㉮ 반응성   ㉯ 인화성
㉰ 부식성   ㉱ 부패성

풀이 유해성을 구분하는 분류기준으로는 폭발성, 반응성, 인화성, 부식성, EP독성, 유해가능성, 난분해성, 용출특성이 있다.

09 쓰레기와 슬러지를 혼합하여 퇴비화 할 때의 장점으로 틀린 것은 어느 것인가?

㉮ 쓰레기 단독으로 퇴비화 할 때보다 통기성이 좋다.
㉯ 수분을 슬러지가 보충해준다.
㉰ 미생물의 접종 효과가 있다.
㉱ 쓰레기는 슬러지의 Bulking Agent의 역할을 할 수 있다.

풀이 ㉮ 쓰레기 단독으로 퇴비화 할 때보다 통기성이 나쁘다.

10 쓰레기의 저위발열량을 추정하기 위한 쓰레기 3성분으로 틀린 것은 어느 것인가?

㉮ 수분   ㉯ 가연분
㉰ 고정탄소 ㉱ 회분

풀이 3성분에 의한 저위발열량 구하는 공식
저위발열량(Hl) = 4,500×가연분(VS) - 600×수분(W)(kcal/kg)

정답 05 ㉮ 06 ㉮ 07 ㉯ 08 ㉱ 09 ㉮ 10 ㉰

11 쓰레기 관리 체계에서 비용이 가장 많이 소요되는 단계는 어느 것인가?
㉮ 수거   ㉯ 처리
㉰ 저장   ㉱ 분석

풀이) 쓰레기 관리 체계에서 비용이 가장 많이 소요되는 단계는 수거단계이다.

12 폐기물선별방법 중 분쇄한 전기줄로부터 금속을 회수하거나 분쇄된 자동차나 연소재로부터 알루미늄, 구리 등을 회수하는 데 사용되는 선별장치는 어느 것인가?
㉮ Fluidized bed separators
㉯ Stoners
㉰ Optical sorting
㉱ Jigs

13 어떤 공장에 배출되는 폐기물의 성상을 분석한 결과 비가연성 물질의 함유율이 75%(무게기준)이었다. 이 폐기물의 밀도가 500kg/m³이라면 20m³에 포함되어 있는 가연성물질의 양(kg)은 얼마인가?
㉮ 1,500kg   ㉯ 2,500kg
㉰ 3,500kg   ㉱ 4,500kg

풀이) 가연성 물질의 양(kg)
= 폐기물의 양(m³)×폐기물의 밀도(kg/m³)
$\times \dfrac{100 - \text{비가연 성분}(\%)}{100}$
= $20\text{m}^3 \times 500\text{kg/m}^3 \times \dfrac{100-75\%}{100}$
= 2,500 kg

14 폐기물 수거를 위한 노선을 결정할 때 고려해야 할 사항으로 틀린 것은 어느 것인가?
㉮ 언덕지역에서는 언덕의 꼭대기에서부터 시작하여 적재하면서 차량이 아래로 진행하도록 한다.
㉯ 아주 많은 양의 쓰레기가 발생되는 발생원은 하루 중 가장 나중에 수거한다.
㉰ 적은 양의 쓰레기가 발생하나 동일한 수거빈도를 받기를 원하는 적재지점은 가능한 한 같은 날 왕복 내에서 수거하도록 한다.
㉱ 가능한 한 시계방향으로 수거노선을 결정한다.

풀이) ㉯ 아주 많은 양의 쓰레기가 발생되는 발생원은 하루 중 가장 먼저 수거한다.

15 다음 중 수거효율을 결정하기 위해서 흔히 사용되는 동적시간조사(time-motion study)를 통한 자료로 틀린 것은 어느 것인가?
㉮ 수거차량당 수거인부수
㉯ 수거인부의 시간당 수거 가옥수
㉰ 수거인부의 시간당 수거 톤수
㉱ 수거톤당 인력 소요시간

정답 11 ㉮ 12 ㉮ 13 ㉯ 14 ㉯ 15 ㉮

16 수거대상인구 5,252,000명, 쓰레기 수거량 4,412,000톤/년일 때 쓰레기 발생량은 얼마인가?

㉮ 1.8kg/인·일　　㉯ 2.3kg/인·일
㉰ 2.7kg/인·일　　㉱ 3.2kg/인·일

풀이) 쓰레기 발생량(kg/인·일)
= 쓰레기 수거량(kg/일) / 인구수(인)
= (4,412,000톤/년 × 10^3kg/톤 × 1년/365일) / 5,252,000인
= 2.30 kg/인·일

17 원소분석에 의한 이론적인 발열량을 산출할 수 있는 계산식으로 틀린 것은 어느 것인가?

㉮ Dulong식　　㉯ Steuer식
㉰ Rittinger식　　㉱ Scheure-Kestner식

풀이) ㉰ Rittinger식은 폐기물 파쇄에 대한 계산식이다.

18 어느 도시쓰레기의 조성이 탄소 48%, 수소 6.4%, 산소 37.6%, 질소 2.6%, 황 0.4% 그리고 회분 5%일 때 고위발열량(kcal/kg)은 얼마인가? (단, Dulong식을 적용하시오.)

㉮ 약 7,500kcal/kg　　㉯ 약 6,500kcal/kg
㉰ 약 5,500kcal/kg　　㉱ 약 4,500kcal/kg

풀이) Dulong식에서 고위발열량(Hh)
$Hh = 8,100C + 34,000(H - \frac{O}{8}) + 2,500S$ (kcal/kg)
$= 8,100 \times 0.48 + 34,000 \times (0.064 - \frac{0.376}{8}) + 2,500 \times 0.004$
$= 4,476$ kcal/kg

19 원료의 취득에서 연구개발, 제품의 생산과 포장, 수송·유통·판매 과정, 소비자 사용 및 최종 폐기에 이르는 제품의 전체 과정상에서 환경영향을 평가하고 최소화하기 위한 조직적인 방법론을 의미하는 것은 어느 것인가?

㉮ LCA　　㉯ ISO 14000
㉰ EMAS　　㉱ MEP

20 물렁거리는 가벼운 물질로부터 딱딱한 물질을 선별하는데 이용되며, 경사진 컨베이어를 통해 폐기물을 주입시켜 회전하는 드럼 위에 떨어뜨려 분류하는 선별 방식은 어느 것인가?

㉮ Stoners　　㉯ Jigs
㉰ Secators　　㉱ float Separtor

풀이) ㉰ 세카터(Secators)에 대한 설명이다.

제2과목 폐기물처리기술

21 메탄 1Sm³를 공기과잉계수 1.8로 연소시킬 경우, 실제 습윤 연소가스량(Sm³)은 얼마인가?

㉮ 약 18.1Sm³　　㉯ 약 19.1Sm³
㉰ 약 20.1Sm³　　㉱ 약 21.1Sm³

풀이) $CH_4 + 2O_2 \rightarrow CO_2 + 2H_2O$
실제 습윤연소가스량(Gw)
$= (m-0.21)A_o + CO_2량 + H_2O량 (Sm^3/Sm^3)$
$= (1.8-0.21) \times \frac{2}{0.21} + 1 + 2$
$= 18.14 (Sm^3/Sm^3)$

16 ㉯　17 ㉰　18 ㉱　19 ㉮　20 ㉰　21 ㉮

22 1일 쓰레기 발생량이 29.8t인 도시 쓰레기를 깊이 2.5m의 도랑식(trench)으로 매립하고자 한다. 쓰레기 밀도 500kg/m³, 도랑 점유율 60%, 부피감소율 40%일 경우 5년간 필요한 부지면적(m²)은 얼마인가?

㉮ 43,500m² ㉯ 56,400m²
㉰ 67,300m² ㉱ 78,700m²

풀이 필요한 부지면적(m²)

$= \dfrac{쓰레기\ 발생량(kg) \times (1 - 부피감소율)}{쓰레기\ 밀도(kg/m^3) \times 깊이(m)}$

$\times \dfrac{1}{도랑\ 점유율}$

$= \dfrac{29.8 \times 10^3 kg/일 \times 365일/년 \times 5년 \times (1-0.40)}{500 kg/m^3 \times 2.5m}$

$\times \dfrac{1}{0.60} = 43,508 m^2$

23 합성차수막 중 PVC의 장·단점으로 잘못된 것은 어느 것인가?

㉮ 접합이 용이하다.
㉯ 자외선, 오존, 기후에 약하다.
㉰ 대부분의 유기화학물질에 유리하다.
㉱ 강도가 약하다.

풀이 ㉱ 강도가 강하다.

24 해안매립공법 중 박층 뿌림공법에 대한 내용으로 잘못된 것은 어느 것인가?

㉮ 쓰레기만 안정화에 유리하다.
㉯ 매립효율이 떨어진다.
㉰ 매립부지의 조기이용에 유리하다.
㉱ 호안측에서부터 쓰레기를 투입하여 순차적으로 육지화한다.

풀이 ㉱번은 순차투입공법에 대한 설명이다.

25 위생매립(복토+침출수 처리)의 장·단점으로 잘못된 것은 어느 것인가?

㉮ 처분 대상 폐기물의 증가에 따른 추가인원 및 장비가 크다.
㉯ 인구밀집지역에서는 경제적 수송거리 내에서 부지확보가 어렵다.
㉰ 추가적인 처리과정이 요구되는 소각이나 퇴비화와는 달리 위생매립은 최종처분 방법이다.
㉱ 거의 모든 종류의 폐기물 처분이 가능하다.

26 5%의 고형물을 함유하는 500m³/일의 슬러지를 진공여과시켜 80%의 수분을 함유하는 슬러지 케이크를 만들 때 생산되는 슬러지 케이크의 양(m³/일)은 얼마인가? (단, 슬러지 비중은 모두 1.0이다.)

㉮ 100m³/일   ㉯ 125m³/일
㉰ 150m³/일   ㉱ 175m³/일

풀이 슬러지 케이크의 양(m³/일)

$= \dfrac{고형물의\ 농도(kg/m^3) \times 슬러지량(m^3/day)}{비중량(kg/m^3)}$

$\times \dfrac{100}{100 - 함수율(\%)}$

$= \dfrac{50 kg/m^3 \times 500 m^3/일}{1000 kg/m^3} \times \dfrac{100}{100-80\%}$

$= 125 m^3/일$

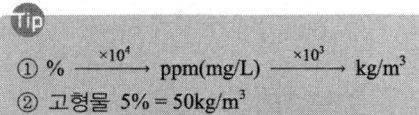
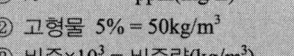

Tip
① % $\xrightarrow{\times 10^4}$ ppm(mg/L) $\xrightarrow{\times 10^3}$ kg/m³
② 고형물 5% = 50kg/m³
③ 비중×10³ = 비중량(kg/m³)

정답 22 ㉮ 23 ㉱ 24 ㉱ 25 ㉮ 26 ㉯

27 분뇨 처리과정 중 고형물 농도 10%, 유기물 함유율 70%인 농축슬러지는 소화과정을 통해 유기물의 100%가 분해되었다. 소화된 슬러지의 고형물 함량이 6.0%일 때 전체 슬러지량은 얼마가 감소되는가? (단, 비중은 1.0으로 가정한다.)

㉮ 1/4 　　㉯ 1/3
㉰ 1/2 　　㉱ 1/1.5

 슬러지의 비율 = $\dfrac{\text{소화슬러지}}{\text{농축슬러지}}$

① 소화슬러지량 계산
　소화 후 VS량 = 0.1×0.70×0 = 0
　∴ 소화 후 VS량 = 0%
　소화 후 FS량 = 0.1×(1-0.70) = 0.03
　∴ 소화 후 FS량 = 3%
　따라서 소화슬러지량
　= (소화 후 VS량+소화 후 FS량)× $\dfrac{100}{\text{소화 후 고형물 함량(\%)}}$
　= $(0\% + 3\%) \times \dfrac{100}{6.0\%}$ = 50%

② 슬러지의 비율 = $\dfrac{\text{소화슬러지}}{\text{농축슬러지}} = \dfrac{50\%}{100\%} = \dfrac{1}{2}$

28 슬러지의 유량이 50m³/day, 슬러지의 고형물농도가 10%, 소화조의 부피는 500m³, 슬러지의 고형물내 VS 함유도가 70%라면 소화조에 주입되는 TS (kg/m³·d)·VS(kg/m³·d) 부하는 각각 얼마인가? (단, 슬러지의 비중은 1.0으로 가정한다.)

㉮ TS : 5.0, VS : 0.35
㉯ TS : 5.0, VS : 0.70
㉰ TS : 10.0, VS : 3.50
㉱ TS : 10.0, VS : 7.0

① TS(kg/m³ · day)
$= \dfrac{\text{슬러지 유량(m}^3\text{/day)} \times \text{고형물 농도(kg/m}^3\text{)}}{\text{소화조 부피(m}^3\text{)}}$
$= \dfrac{50\text{m}^3/\text{day} \times 100\text{kg/m}^3}{500\text{m}^3}$
= 10kg/m³ · day

② VS(kg/m³ · day)
$= \dfrac{\text{슬러지 유량(m}^3\text{/day)} \times \text{고형물 농도(kg/m}^3\text{)} \times \text{VS 함량}}{\text{소화조 부피(m}^3\text{)}}$
$= \dfrac{50\text{m}^3/\text{day} \times 100\text{kg/m}^3 \times 0.70}{500\text{m}^3}$
= 7kg/m³ · day

29 분뇨를 소화 처리함에 있어 소화 대상 분뇨량이 100m³/일이고, 분뇨내 유기물 농도가 10,000mg/L라면 가스발생량(m³/일)은 얼마인가? (단, 유기물 소화에 따른 가스발생량은 500L/kg-유기물, 유기물전량 소화, 분뇨비중은 1.0으로 가정한다.)

㉮ 500m³/일 　　㉯ 1,000m³/일
㉰ 1,500m³/일 　　㉱ 2,000m³/일

 가스발생량(m³/day)
= 분뇨량(m³/일)×유기물 농도(kg/m³)
　×가스발생량(m³/kg)
= 100m³/일×10kg/m³×500L/kg×10⁻³m³/L
= 500m³/일

Tip
① ppm = mg/L×10⁻³ = kg/m³
② L×10⁻³ = m³

정답 27 ㉰　28 ㉱　29 ㉮

30 연직 차수막 공법의 종류로 틀린 것은 어느 것인가?

㉮ 강널말뚝
㉯ 어스 라이닝
㉰ 굴착에 의한 차수시트 매설법
㉱ 어스 댐 코아

풀이 ㉯ 그라우트 공법

31 어느 매립지의 침출수 농도가 반으로 감소하는데 4.4년이 걸린다면 이 침출수 농도가 90% 분해되는데 걸리는 시간(년)은 얼마인가? (단, 1차 반응기준이다.)

㉮ 10.2년   ㉯ 11.3년
㉰ 12.8년   ㉱ 14.6년

풀이 1차반응식 : $\ln\dfrac{C_t}{C_o} = -k \times t$

여기서 C_o : 초기농도(%)
　　　C_t : t시간 후 농도(%)
　　　k : 상수(/년)
　　　t : 시간(년)

① $\ln\dfrac{1}{2} = -k \times 4.4년$

∴ $k = \dfrac{\ln\dfrac{1}{2}}{-4.4년} = 0.1575년$

② $\ln\dfrac{(100-90)}{100\%} = -0.1575/년 \times t$

∴ $t = \dfrac{\ln\dfrac{(100-90)}{100\%}}{-0.1575/년} = 14.62년$

32 혐기성소화를 적용하여 분뇨를 처리하는 어느 처리장에서 발생 가스량이 200m³/day였다. 이 소화조가 정상적으로 운영되고 있다면 발생되는 CH₄가스의 양(m³/day)으로 알맞은 것은 어느 것인가?

㉮ 약 120m³/day   ㉯ 약 80m³/day
㉰ 약 60m³/day   ㉱ 약 40m³/day

풀이 소화조가 정상적으로 운영되는 경우 발생가스 중 메탄의 함량이 60% 이상이므로 발생되는 CH₄ 가스의 양은 200m³/day×0.60 = 120m³/day

33 분뇨 저류 포기조에 500kL의 분뇨를 유입시켜 5일 동안 연속 포기하였더니 BOD가 50% 제거되었다. BOD 제거 kg 당 공기공급량 50m³로 하였을 때 시간당 공기 공급량(m³/hr)은 얼마인가? (단, 분뇨의 BOD는 20,000mg/L, 비중 : 1.0이다.)

㉮ 약 1,892m³/hr   ㉯ 약 1,943m³/hr
㉰ 약 2,083m³/hr   ㉱ 약 2,161m³/hr

풀이 공급공기량(m³/day)
= 유입분뇨량(m³) × $\dfrac{1}{포기시간(day)}$
　× BOD 농도(kg/m³) × $\dfrac{BOD 제거율(\%)}{100}$
　× 공기공급량(m³/kg)
= 500m³ × $\dfrac{1}{5일}$ × 1일/24hr
　× 20kg/m³ × 0.50 × 50m³/kg
= 2,083.33m³/hr

① BOD 20,000mg/L = 20kg/m³
② 유입분뇨량 500kL = 500/m³

정답 30 ㉯ 31 ㉱ 32 ㉮ 33 ㉰

34 쓰레기 소각로에서 로의 열부하가 50,000 kcal/m³·hr 이며 쓰레기의 저위발열량 600kcal/kg, 쓰레기중량 20,000kg이다. 로의 용량(m³)은 얼마인가? (단, 8시간 가동한다.)

㉮ 15m³ ㉯ 20m³
㉰ 25m³ ㉱ 30m³

풀이 로의 열부하(kcal/m³·hr)
$= \dfrac{\text{저위발열량(kcal/kg)} \times \text{쓰레기의 양(kg/hr)}}{\text{로의 용량(m}^3\text{)}}$

따라서

$50,000\text{kcal/m}^3 \cdot \text{hr} = \dfrac{600\text{kcal/kg} \times \dfrac{20,000\text{kg}}{8\text{hr}}}{\text{로의 용량(m}^3\text{)}}$

∴ 로의 용량 $= \dfrac{600\text{kcal/kg} \times \dfrac{20,000\text{kg}}{8\text{hr}}}{50,000\text{kcal/m}^3 \cdot \text{hr}}$

$= 30\text{m}^3$

35 유해 폐기물을 고화 처리하는 방법 중 피막형성법에 대한 내용으로 틀린 것은 어느 것인가?

㉮ 낮은 혼합률(MR)을 가진다.
㉯ 에너지 소요가 작다.
㉰ 화재 위험성이 있다.
㉱ 침출성이 낮다.

풀이 ㉯ 에너지 소요가 크다.

36 탄소 85%, 수소 13%, 황 2%를 함유하는 중유 10kg 연소에 필요한 이론산소량(Sm^3)은 얼마인가?

㉮ 약 9.8Sm^3 ㉯ 약 16.7Sm^3
㉰ 약 23.3Sm^3 ㉱ 약 32.4Sm^3

풀이 ① 이론산소량(Sm^3/kg)
$= 1.867C + 5.6\left(H - \dfrac{O}{8}\right) + 0.7S$
$= 1.867 \times 0.85 + 5.6 \times 0.13 + 0.7 \times 0.02$
$= 2.329\,Sm^3/kg$

② $2.329\,Sm^3/kg \times 10\text{kg} = 23.29\,Sm^3/kg$

37 BOD 15,000mg/L, Cl^- 800mg/L인 분뇨를 희석하여 활성슬러지법으로 처리한 결과 BOD 100mg/L, Cl^- 50mg/L 이었을 때 활성슬러지법의 BOD 처리효율(%)은 얼마인가? (단, 염소는 활성슬러지법에 의해 처리되지 않는다.)

㉮ 83.5% ㉯ 89.3%
㉰ 91.4% ㉱ 95.1%

풀이 BOD 처리효율(%)
$= \left(1 - \dfrac{\text{유출수의 BOD} \times P}{\text{유입수의 BOD}}\right) \times 100$

① 희석배수치(P) $= \dfrac{\text{유입수의 } Cl^-}{\text{유출수의 } Cl^-}$
$= \dfrac{800\text{mg/L}}{50\text{mg/L}} = 16$

② BOD 처리효율(%)
$= \left(1 - \dfrac{100\text{mg/L} \times 16}{15,000\text{mg/L}}\right) \times 100 = 89.33\%$

정답 34 ㉱ 35 ㉯ 36 ㉰ 37 ㉯

38 함수율이 50%인 쓰레기를 건조시켜 함수율 10%인 쓰레기로 만들기 위한 쓰레기 1ton당 수분 증발량(kg)은 얼마인가? (단, 쓰레기 비중은 1.0으로 가정한다.)

㉮ 375kg ㉯ 415kg
㉰ 444kg ㉱ 455kg

풀이 ① W_2를 계산한다.
$W_1 \times (100 - P_1) = W_2 \times (100 - P_2)$
$1000kg \times (100 - 50\%) = W_2 \times (100 - 10\%)$
∴ $W_2 = \dfrac{1000kg \times (100 - 50\%)}{(100 - 10\%)} = 555.56kg$

② 수분증발량 = $W_1 - W_2$
= 1000kg − 555.56kg = 444.44kg

39 분뇨 100kL/day를 중온 소화하였다. 1일 동안 얻어지는 열량(kcal/day)은 얼마인가? (단, CH_4 발열량은 6,000kcal/m^3으로 하며 발생가스는 전량 메탄으로 가정하고 발생가스량은 분뇨투입량의 8배로 한다.)

㉮ 2.8×10^6 kcal/day ㉯ 3.4×10^7 kcal/day
㉰ 4.8×10^6 kcal/day ㉱ 5.2×10^7 kcal/day

풀이 발생되는 열량(kcal/day)
= 분뇨량(m^3/day)×발생되는 메탄량
　×메탄의 발열량(kcal/m^3)
= 100m^3/day × 8배 × 6,000kcal/m^3
= 4.8×10^6 kcal/day

40 유효공극율 0.2, 점토층 위의 침출수가 수두 1.5m인 점토 차수층 1.0m를 통과하는데 10년이 걸렸다면 점토 차수층의 투수계수(cm/sec)는 얼마인가?

㉮ 5.54×10^{-8} ㉯ 5.54×10^{-7}
㉰ 2.54×10^{-8} ㉱ 2.54×10^{-7}

풀이 $t = \dfrac{d^2 \cdot n}{k(d+h)}$

여기서 t : 침출수가 점토층을 통과하는 시간(년)
　　　d : 점토층의 두께(m)
　　　n : 유효공극율
　　　k : 투수계수(m/년)
　　　h : 침출수 수두(m)

① $k = \dfrac{d^2 \cdot n}{t(d+h)} = \dfrac{(1.0m)^2 \times 0.2}{10년 \times (1.0m + 1.5m)}$
= 0.008m/년

② k(cm/sec)
= $\dfrac{0.008m}{년} \left| \dfrac{10^2 cm}{1m} \right| \dfrac{1년}{365일} \left| \dfrac{1일}{24hr} \right| \dfrac{1hr}{3600sec}$
= 2.54×10^{-8} cm/sec

제3과목 폐기물공정시험기준

41 시료 중의 수은을 금속수은으로 환원시키는데 사용되는 환원제는 무엇인가? (단, 원자흡수분광광도법 기준이다.)

㉮ 염화제이철 ㉯ 아연분말
㉰ 이염화주석 ㉱ 과망간산칼륨

정답 38 ㉰ 39 ㉰ 40 ㉰ 41 ㉰

42 다음은 용출시험을 위한 시료 용액 조제에 대한 설명이다. ( )안에 알맞은 것은 어느 것인가?

> 시료의 조제방법에 따라 조제한 시료 100g 이상을 정확히 달아 정제수에 염산을 넣어 ( )(으)로 한 용매(mL)를 시료 : 용매 = 1 : 10(W : V)의 비로 2000 mL 삼각플라스크에 넣어 혼합한다.

㉮ pH 3.8 ~ 4.5 ㉯ pH 4.5 ~ 5.8
㉰ pH 5.8 ~ 6.3 ㉱ pH 6.3 ~ 7.2

43 취급 또는 저장하는 동안에 이물질이 들어가거나 또는 내용물이 손실되지 아니하도록 보호하는 용기는 어느 것인가?

㉮ 차광용기 ㉯ 기밀용기
㉰ 밀봉용기 ㉱ 밀폐용기

풀이 용기
㉮ 차광용기 : 광선
㉯ 기밀용기 : 공기
㉰ 밀봉용기 : 미생물
㉱ 밀폐용기 : 이물질

44 폐기물공정시험기준상 시료를 채취할 때 시료의 양은 1회에 최소 얼마 이상 채취하여야 하는가? (단, 소각재는 제외한다.)

㉮ 100g 이상 ㉯ 200g 이상
㉰ 500g 이상 ㉱ 1000g 이상

45 자외선/가시선 분광법에 의한 비소의 측정방법으로 알맞은 것은 어느 것인가?

㉮ 적자색의 흡광도를 430nm에서 측정
㉯ 적자색의 흡광도를 530nm에서 측정
㉰ 청색의 흡광도를 430nm에서 측정
㉱ 청색의 흡광도를 530nm에서 측정

46 다음은 시료의 분할채취방법 중 구획법에 대한 설명이다. ( )안에 들어갈 알맞은 것은 어느 것인가?

> ① 모아진 대시료를 네모꼴로 엷게 균일한 두께로 편다.
> ② ( )
> ③ 각 부분에서 균등량씩을 취하여 혼합하여 하나의 시료로 한다.

㉮ 이것을 가로 2등분 세로 3등분하여 6개의 덩어리로 나눈다.
㉯ 이것을 가로 3등분 세로 4등분하여 12개의 덩어리로 나눈다.
㉰ 이것을 가로 4등분 세로 5등분하여 20개의 덩어리로 나눈다.
㉱ 이것을 가로 5등분 세로 6등분하여 30개의 덩어리로 나눈다.

정답 42 ㉰ 43 ㉱ 44 ㉮ 45 ㉯ 46 ㉰

47 다음은 크롬을 원자흡수분광광도법으로 분석할 때 간섭물질에 대한 설명이다. ( )안에 들어갈 알맞은 것은 어느 것인가?

> 공기-아세틸렌 불꽃에서는 철, 니켈 등의 공존물질에 의한 방해영향이 크므로 이때는 ( ) 넣어서 측정한다.

㉮ 황산나트륨 1% 정도
㉯ 시안화칼륨 1% 정도
㉰ 수산화칼슘 1% 정도
㉱ 수산화칼륨 1% 정도

48 자외선/가시선 분광법으로 시안을 분석할 경우에 정량한계는 얼마인가?

㉮ 0.01mg/L ㉯ 0.02mg/L
㉰ 0.05mg/L ㉱ 0.1mg/L

49 시료채취 시 사용되는 용기로 갈색 경질의 유리병을 사용하여야 하는 경우가 아닌 것은 어느 것인가?

㉮ 휘발성 저급 염소화 탄화수소류 실험을 위한 시료채취 시
㉯ 유기인 실험을 위한 시료채취 시
㉰ PCBs 실험을 위한 시료채취 시
㉱ 시안 실험을 위한 시료채취 시

> 풀이) 갈색 경질의 유리병만 사용해야 하는 시료는 노말 헥산 추출물질, 유기인, 폴리클로리네이티드비페닐(PCBs), 휘발성 저급 염소화 탄화수소류이다.

50 시료채취 방법에 대한 설명으로 잘못된 것은 어느 것인가?

㉮ 시료채취는 일반적으로 폐기물이 생성되는 단위공정별로 구분하여 채취한다.
㉯ 액상혼합물의 경우는 원칙적으로 최종 지점의 낙하구에서 흐르는 도중에 채취한다.
㉰ 일반적으로 서로 다른 종류의 시료가 혼재되어 있을 경우는 잘 섞어서 채취한다.
㉱ 대형의 콘크리트 고형화물로써 분쇄가 어려운 경우, 임의의 5개소에서 채취하여 각각 파쇄하여 100g씩 균등양을 혼합하여 채취한다.

> 풀이) ㉰ 일반적으로 서로 다른 종류의 시료가 혼재되어 있을 경우는 혼재된 폐기물의 성분별로 각각에 대해 시료를 채취한다.

51 유기인의 기체크로마토그래프 분석시 간섭물질에 대한 설명으로 잘못된 것은 어느 것인가?

㉮ 추출 용매 안에 함유되어 있는 불순물이 분석을 방해할 수 있다.
㉯ 고순도의 시약이나 용매를 사용하면 방해물질을 최소화 할 수 있다.
㉰ 매트릭스로부터 추출되어 나오는 방해물질이 있을 수 있는데 이는 시료마다 다르다.
㉱ 유리기구류는 세정수로 닦아준 후 깨끗한 곳에서 건조하여 사용한다.

> 풀이) ㉱ 유리기구류는 세정제, 수돗물, 정제수 그리고 아세톤의 차례로 닦아준 후 400℃에서 15~30분 동안 가열한 후 식혀 알루미늄박으로 덮어 깨끗한 곳에 보관하여 사용한다.

정답 47 ㉮ 48 ㉮ 49 ㉱ 50 ㉰ 51 ㉱

52 다음 농도의 표시 방법에 대한 설명으로 잘못된 것은 어느 것인가?

㉮ 용액의 농도를 %로만 표시된 것은 W/W% 또는 V/V%를 말한다.
㉯ 백만분율(Parts Per Million)을 표시할 때는 mg/L, mg/kg의 기호를 쓴다.
㉰ 단위 면적(A, area) 중 성분의 면적(A)를 표시할 때는 A/A%(area)의 기호로 쓴다.
㉱ 기체 중의 농도는 표준상태(0℃, 1기압)로 환산 표시한다.

풀이 ㉮ 용액의 농도를 %로만 표시된 것은 W/V%를 말한다.

53 다량의 점토질 또는 규산염을 함유한 시료에 적용하는 산분해법은 어느 것인가?

㉮ 질산 - 염산 분해법
㉯ 질산 - 과염소산 분해법
㉰ 질산 - 염산 - 과염소산 분해법
㉱ 질산 - 과염소산 - 불화수소산 분해법

풀이 시료의 전처리방법(산분해법)
① 질산 분해법 : 유기물 함량이 낮은 시료
② 질산 - 염산 분해법 : 유기물 함량이 비교적 높지 않고 금속의 수산화물, 산화물, 인산염 및 황화물을 함유하고 있는 시료
③ 질산 - 황산 분해법 : 유기물 등을 많이 함유하고 있는 대부분의 시료
④ 질산 - 과염소산 분해법 : 유기물을 높은 비율로 함유하고 있으면서 산화분해가 어려운 시료
⑤ 질산 - 과염소산 - 불화수소산 분해법 : 점토질 또는 규산염이 높은 비율로 함유된 시료에 적용

54 다음은 감염성 미생물(멸균테이프 검사법) 분석시 시료채취 및 관리에 대한 설명이다. ( )안에 알맞은 것은 어느 것인가?

시료의 채취는 가능한 한 무균적으로 하고 멸균된 용기에 넣어 (①)에 실험실로 운반, 실험하여야 하며 그 이상의 시간이 소요될 경우에는 10℃ 이하로 냉장하여 (②)에 실험실로 운반하고 실험실에 도착한 후 (③)에 배양조작을 완료하여야 한다.

㉮ ① : 1시간 이내, ② : 4시간 이내, ③ : 1시간 이내
㉯ ① : 1시간 이내, ② : 6시간 이내, ③ : 2시간 이내
㉰ ① : 2시간 이내, ② : 6시간 이내, ③ : 1시간 이내
㉱ ① : 2시간 이내, ② : 8시간 이내, ③ : 2시간 이내

55 대상폐기물의 양이 150톤일 때 시료의 최소 수는 얼마인가?

㉮ 14 ㉯ 20
㉰ 30 ㉱ 36

풀이 대상폐기물의 양과 시료의 최소 수

대상폐기물의 양 (단위 : ton)	시료의 최소 수	대상폐기물의 양 (단위 : ton)	시료의 최소 수
~ 1 미만	6	100 이상 ~ 500 미만	30
1 이상 ~ 5 미만	10	500 이상 ~ 1000 미만	36
5 이상 ~ 30 미만	14	1000 이상 ~ 5000 미만	50
30 이상 ~ 100 미만	20	5000 이상	60

정답 52 ㉮ 53 ㉱ 54 ㉯ 55 ㉰

56
다음은 용출시험의 결과 산출시 시료 중의 수분함량 보정에 대한 내용이다. ( ) 안에 알맞은 것은 어느 것인가?

> 함수율 85% 이상인 시료에 한하여 ( )을 곱하여 계산된 값으로 한다.

㉮ 15 + {100 - 시료의 함수율(%)}
㉯ 15 - {100 - 시료의 함수율(%)}
㉰ 15 × {100 - 시료의 함수율(%)}
㉱ 15 ÷ {100 - 시료의 함수율(%)}

57
다음은 반고상 또는 고상폐기물의 유리전극법에 의한 pH 측정에 대한 내용이다. ( )안에 알맞은 것은 어느 것인가?

> 시료 (①)g을 (②)mL 비커에 취하여 정제수 (③)mL를 넣어 잘 교반하여 30분 이상 방치한 다음 이 현탁액을 시료용액으로 하여 pH를 측정한다.

㉮ ① : 10, ② : 50, ③ : 25
㉯ ① : 10, ② : 100, ③ : 50
㉰ ① : 50, ② : 250, ③ : 100
㉱ ① : 50, ② : 500, ③ : 200

58
다음은 자외선/가시선 분광법으로 구리를 분석할 때의 간섭물질에 대한 내용이다. ( ) 안에 알맞은 것은 어느 것인가?

> 비스무트(Bi)가 구리의 양보다 2배 이상 존재할 경우에는 ( )을 나타내어 방해한다.

㉮ 적자색 ㉯ 황색
㉰ 청색   ㉱ 황갈색

59
크롬을 자외선/가시선 분광법으로 측정하는 방법에서 적용되는 흡광도 파장(nm)으로 알맞은 것은 어느 것인가?

㉮ 340nm   ㉯ 440nm
㉰ 540nm   ㉱ 640nm

60
중량법에 의한 기름성분 분석 방법(절차)에 대한 설명으로 잘못된 것은 어느 것인가?

㉮ 시료 적당량을 분별깔때기에 넣고 메틸오렌지용액(0.1W/V%)을 2~3방울 넣고 황색이 적색으로 변할 때까지 염산(1+1)을 넣어 pH 4 이하로 조절한다.

㉯ 시료가 반고상 또는 고상폐기물인 경우에는 폐기물의 양에 약 2.5배에 해당하는 물을 넣어 잘 혼합한 다음 pH 4 이하로 조절한다.

㉰ 노말헥산 추출물질의 함량이 5mg/L 이하로 낮은 경우에는 5L 부피 시료병에 시료 4L를 채취하여 염화철(Ⅲ)용액 4mL를 넣고 자석교반기로 교반하면서 탄산나트륨 용액(20W/V%)을 넣어 pH 7~9로 조절한다.

㉱ 증발용기 외부의 습기를 깨끗이 닦고 실리카겔 데시케이터에 1시간 이상 수분 제거 후 무게를 단다.

풀이 ㉱ 증발용기 외부의 습기를 깨끗이 닦고 (80±5)℃의 건조기 중에 30분간 건조하고 실리카겔 데시케이터에 넣어 정확히 30분간 식힌 후 무게를 단다.

제4과목 폐기물관계법규

61 시·도지사가 10년마다 수립하는 폐기물 처리기본계획에 포함되어야 할 사항으로 틀린 것은 어느 것인가?

㉮ 폐기물의 종류별 발생량과 장래의 발생 예상량
㉯ 폐기물의 처리 현황과 향후 처리 계획
㉰ 폐기물의 감량화와 재활용 등 자원화에 관한 사항
㉱ 폐기물사업자 인가 현황 및 계획

[참고] 법규개정으로 문제 삭제

62 다음 중 위해의료폐기물인 손상성 폐기물이 아닌 것은 어느 것인가?

㉮ 봉합바늘   ㉯ 폐시험관
㉰ 한방침   ㉱ 수술용 칼날

[풀이] ㉯ 폐시험관은 병리계 폐기물이다.

63 지정폐기물배출자가 그의 사업장에서 발생되는 지정폐기물 중 폐산, 폐알칼리의 최대 보관일수는 얼마인가? (단, 보관개시일부터)

㉮ 120일   ㉯ 90일
㉰ 60일   ㉱ 45일

64 다음은 최종처리시설 중 폐기물매립시설의 설치기준에 관한 사항이다. ( )안에 들어갈 알맞은 것은 어느 것인가?

> 폐기물의 흘러 나감을 방지할 수 있는 축대벽 및 둑은 매립되는 폐기물의 무게, 매립단면 및 침출수위 등을 고려하여 안전하게 설치하여야 한다. 이 경우 축대벽은 저면활동에 대한 안전율이 (①) 이상, 쓰러짐에 대한 안전율이 (②) 이상, 지지력에 대한 안전율이 (③) 이상이어야 한다.

㉮ ① 1.5 ② 2.0 ③ 3.0
㉯ ① 2.0 ② 1.5 ③ 3.0
㉰ ① 2.0 ② 3.0 ③ 1.5
㉱ ① 3.0 ② 2.0 ③ 1.5

정답 61 ㉱ 62 ㉯ 63 ㉱ 64 ㉮

65 환경정책기본법에 따른 용어의 정의로 틀린 것은 어느 것인가?

㉮ "환경용량"이란 일정한 지역에서 환경오염 또는 환경훼손에 대하여 환경이 스스로 수용, 정화 및 복원하여 환경의 질을 유지할 수 있는 한계를 말한다.
㉯ "생활환경"이란 지상의 모든 생물과 이들을 둘러싸고 있는 비생물적인 것을 포함한 자연의 상태를 말한다.
㉰ "환경훼손"이란 야생동식물의 남획 및 그 서식지의 파괴, 생태계 질서의 교란, 자연경관의 훼손, 표토의 유실 등으로 자연환경의 본래적 기능에 중대한 손상을 주는 상태를 말한다.
㉱ "환경보전"이란 환경오염 및 환경훼손으로부터 환경을 보호하고 오염되거나 훼손된 환경을 개선함과 동시에 쾌적한 환경상태를 유지·조성하기 위한 행위를 말한다.

㉯ 생활환경이란 대기, 물, 토양, 폐기물, 소음·진동, 악취, 일조등 사람의 일상생활과 관계되는 환경을 말한다.

66 폐기물 중간처분시설 중 화학적 처분시설로 분류되는 시설은 어느 것인가?

㉮ 고형화시설 ㉯ 유수분리시설
㉰ 연료화시설 ㉱ 정제시설

중간처분시설
㉮ 고형화시설 : 화학적 처분시설
㉯ 유수분리시설 : 기계적 처분시설
㉰ 연료화시설 : 재활용시설 중 기계적 재활용시설
㉱ 정제시설 : 기계적 처분시설

67 폐기물처리시설 중 중간처분시설인 기계적 처분시설 기준에 대한 설명으로 틀린 것은 어느 것인가?

㉮ 압축시설(동력 7.5kW 이상 시설에 한정)
㉯ 파쇄·분쇄시설(동력 15kW 이상 시설에 한정)
㉰ 용융시설(동력 7.5kW 이상인 시설로 한정)
㉱ 절단시설(동력 15kW 이상인 시설로 한정)

㉱ 절단시설(동력 7.5kW 이상인 시설로 한정)

68 관리형 매립시설에서 발생하는 침출수의 배출허용기준 중 청정지역의 부유물질량에 대한 기준으로 알맞은 것은 어느 것인가?

㉮ 20mg/L ㉯ 30mg/L
㉰ 40mg/L ㉱ 50mg/L

관리형 매립시설에서 발생하는 침출수의 배출허용기준(부유물질량)
청정지역 : 30mg/L, 가지역 : 50mg/L,
나지역 : 70mg/L

69 다음은 폐기물 인계·인수 내용 등의 전산처리에 대한 설명이다. ( )안에 알맞은 것은 어느 것인가?

> 환경부장관은 전산기록이 입력된 날부터 ( )간 전산기록을 보존하여야 한다.

㉮ 1년 ㉯ 3년
㉰ 5년 ㉱ 10년

70 폐기물처리업의 변경신고를 하여야 할 사항으로 틀린 것은 어느 것인가?
㉮ 상호의 변경
㉯ 연락장소 또는 사무실 소재지의 변경
㉰ 임시차량의 증차 또는 운반차량의 감차
㉱ 처리용량 누계의 30% 이상 변경

풀이 ㉱ 대표자의 변경(권리·의무를 승계하는 경우는 제외)

71 폐기물발생억제지침 준수의무 대상 배출자의 규모 기준으로 알맞은 것은 어느 것인가?
㉮ 최근 2년간 연평균 배출량을 기준으로 지정폐기물을 100톤 이상 배출하는 자
㉯ 최근 2년간 연평균 배출량을 기준으로 지정폐기물을 200톤 이상 배출하는 자
㉰ 최근 3년간 연평균 배출량을 기준으로 지정폐기물을 100톤 이상 배출하는 자
㉱ 최근 3년간 연평균 배출량을 기준으로 지정폐기물을 200톤 이상 배출하는 자

72 폐기물처리업자는 장부를 갖추어 두고 폐기물의 발생·배출·처리상황 등을 기록하고, 보존하여야 한다. 장부를 보존해야 할 기간은 얼마인가?
㉮ 마지막으로 기록한 날부터 1년간 보존
㉯ 마지막으로 기록한 날부터 3년간 보존
㉰ 마지막으로 기록한 날부터 5년간 보존
㉱ 마지막으로 기록한 날부터 7년간 보존

73 설치신고대상 폐기물처리시설기준으로 틀린 것은 어느 것인가?
㉮ 지정폐기물소각시설로서 1일 처분능력이 10톤 미만인 시설
㉯ 열처리조합시설로서 시간당 처분능력이 100킬로그램 미만인 시설
㉰ 유수분리시설로서 1일 처분능력이 100톤 미만인 시설
㉱ 연료화시설로서 1일 처분능력이 100톤 미만인 시설

풀이 ㉰ 유수분리시설로서 시간당 처분능력이 125킬로그램 미만인 시설

74 매립시설의 경우 정기검사를 받기 위해 검사신청서에 첨부하여야 하는 서류로 틀린 것은 어느 것인가?
㉮ 시방서 및 재료시험성적서 사본
㉯ 설치 및 장비확보 명세서
㉰ 설계도서 및 구조계산서 사본
㉱ 유지관리계획서

풀이 매립시설의 경우
① 설계도서 및 구조계산서 사본
② 시방서 및 재료시험성적서 사본
③ 설치 및 장비확보 명세서
④ 환경부장관이 고시하는 사항을 포함한 시설설치의 환경성조사서(면적이 1만 제곱미터 이상이거나 매립용적이 3만 세제곱미터 이상인 매립시설의 경우만 제출)
⑤ 검사결과서(검사를 받은 경우만 제출)

정답 70 ㉱ 71 ㉰ 72 ㉯ 73 ㉰ 74 ㉱

75 다음 중 의료폐기물의 종류에 해당되지 않는 것은 어느 것인가?

㉮ 격리의료폐기물 ㉯ 위해의료폐기물
㉰ 특정의료폐기물 ㉱ 일반의료폐기물

[풀이] 의료폐기물의 종류에는 격리의료폐기물, 위해의료폐기물, 일반의료폐기물이 있다.

76 폐기물처리시설을 환경부령으로 정하는 기준에 맞게 설치하되, 환경부령으로 정하는 규모 미만의 폐기물 소각 시설을 설치, 운영하여서는 아니 된다. 이를 위반하여 설치가 금지되는 폐기물 소각시설을 설치, 운영한 자에 대한 벌칙 기준은 어느 것인가?

㉮ 1년 이하의 징역이나 5백만원 이하의 벌금
㉯ 1년 이하의 징역이나 1천만원 이하의 벌금
㉰ 2년 이하의 징역이나 1천만원 이하의 벌금
㉱ 2년 이하의 징역이나 2천만원 이하의 벌금

77 폐기물관리법에 따른 용어의 정의로 틀린 것은 어느 것인가?

㉮ 폐기물처리시설 : 폐기물의 중간처분시설, 최종처분시설 및 재활용시설로서 대통령령으로 정하는 시설을 말한다.
㉯ 폐기물감량화시설 : 생산 공정에서 발생하는 폐기물의 양을 줄이고 사업장 내 재활용을 통하여 폐기물 배출을 최소화하는 시설로서 대통령령으로 정하는 시설을 말한다.
㉰ 처분 : 폐기물의 소각, 중화, 파쇄, 고형화 등이 중간처분과 매립하거나 해역으로 배출하는 등의 최종처분을 말한다.
㉱ 재활용 : 폐기물을 재사용, 재생이용하거나 에너지를 회수할 수 있는 상태로 만드는 활동으로서 대통령령으로 정하는 활동을 말한다.

[풀이] ㉱ 재활용 : 폐기물을 재사용·재생이용할 수 있는 상태로 만드는 활동이다.

78 폐기물처리시설 중 기술관리인을 두어야 할 매립시설의 규모기준으로 알맞은 것은 어느 것인가?

㉮ 면적이 5,000m² 이상
㉯ 면적이 10,000m² 이상
㉰ 매립용적이 5,000m³ 이상
㉱ 매립용적이 10,000m³ 이상

[풀이] 지정폐기물 외의 폐기물을 매립하는 시설로서 면적이 10,000m² 이상이거나 매립용적이 30,000m³ 이상인 시설은 기술관리인을 두어야 한다.

79 폐기물처리시설 중 유기성폐기물을 매립한 폐기물매립시설의 발생가스에 대한 사후관리 방법 기준이다. ( )안에 알맞은 것은 어느 것인가?

> 외기온도, 가스온도, 메탄, 이산화탄소, 암모니아, 황화수소 등의 조사항목을 매립종료 후 5년까지는 (①) 이상, 5년이 지난 후에는 (②) 이상 조사하여야 한다.

㉮ ① 월 1회 ② 2월 1회
㉯ ① 월 1회 ② 분기 1회
㉰ ① 분기 1회 ② 반기 1회
㉱ ① 분기 1회 ② 연 1회

  75 ㉰ 76 ㉱ 77 ㉱ 78 ㉯ 79 ㉱

80 폐기물처리시설 주변지역 영향조사 기준 중 조사방법(조사지점)에 관한 기준으로 알맞은 것은 어느 것인가?

㉮ 토양 조사지점은 2개소 이상으로 하고, 토양정밀조사의 방법에 따라 폐기물 매립 및 재활용 지역의 시료채취 지점의 표토와 심토에서 각각 시료를 채취해야 하며, 시료채취 지점의 지형 및 하부토양의 특성을 고려하여 시료를 채취해야 한다.

㉯ 토양 조사지점은 3개소 이상으로 하고, 토양정밀조사의 방법에 따라 폐기물 매립 및 재활용 지역의 시료채취 지점의 표토와 심토에서 각각 시료를 채취해야 하며, 시료채취 지점의 지형 및 하부토양의 특성을 고려하여 시료를 채취해야 한다.

㉰ 토양 조사지점은 4개소 이상으로 하고, 토양정밀조사의 방법에 따라 폐기물 매립 및 재활용 지역의 시료채취 지점의 표토와 심토에서 각각 시료를 채취해야 하며, 시료채취 지점의 지형 및 하부토양의 특성을 고려하여 시료를 채취해야 한다.

㉱ 토양 조사지점은 5개소 이상으로 하고, 토양정밀조사의 방법에 따라 폐기물 매립 및 재활용 지역의 시료채취 지점의 표토와 심토에서 각각 시료를 채취해야 하며, 시료채취 지점의 지형 및 하부토양의 특성을 고려하여 시료를 채취해야 한다.

정답 80 ㉰

2015 제2회 폐기물처리산업기사
(2015년 5월 31일 시행)

제1과목 폐기물개론

01 선별방식 중 각 물질의 비중차를 이용하는 방법으로 약간 경사진 평판에 폐기물을 흐르게 한 후 좌우로 빠른 진동과 느린 진동을 주어 분류하는 방법은 어느 것인가?

㉮ Secators ㉯ Stoners
㉰ Table   ㉱ Jig

풀이) ㉰ Table에 대한 설명이다.

02 다음 중 폐기물이 가지고 있는 특성을 중심으로 위해성을 판단하는 인자로 틀린 것은 어느 것인가?

㉮ 부식성
㉯ 부패성
㉰ 반응성 또는 인화성
㉱ 용출특성

풀이) 위해성을 판단하는 인자로는 폭발성, 반응성, 인화성, 부식성, EP독성, 유해가능성, 난분해성, 용출특성이 있다.

03 1992년 리우데자네이로에서 가진 유엔환경 개발회의에서 대두된 용어(약자)로 [친환경적이면서 지속 가능한 개발]이란 뜻을 가진 것은 어느 것인가?

㉮ EPSS   ㉯ ESSK
㉰ ECCZ   ㉱ ESSD

풀이) ㉱ ESSD(Environmentally Sound and Sustainable Development)에 대한 내용이다.

04 폐기물 중 철금속(Fe)/비철금속(Al, Cu)/유리병의 3종류를 각각 분리할 수 있는 방법으로 가장 알맞은 것은 어느 것인가?

㉮ 자력선별법   ㉯ 정전기선별법
㉰ 와전류선별법   ㉱ 풍력선별법

풀이) ㉰ 와전류선별법에 대한 설명이다.

05 폐기물의 강열감량을 산출하는 식으로 알맞은 것은 어느 것인가?

㉮ 수분함량 + 가연분함량 + 회분함량
㉯ 가연분함량 + 회분함량
㉰ 수분함량 + 회분함량
㉱ 수분함량 + 가연분함량

풀이) 강열감량(%) = 수분함량(%) + 가연분함량(%)

정답 01 ㉰ 02 ㉯ 03 ㉱ 04 ㉰ 05 ㉱

06 폐기물 매립시 파쇄를 통해 얻을 수 있는 이점으로 틀린 것은 어느 것인가?

㉮ 매립작업만으로 고밀도 매립이 가능하다.
㉯ 표면적 감소로 미생물 작용이 촉진되어 매립지 조기안정화가 가능하다.
㉰ 곱게 파쇄하면 복토 요구량이 절감된다.
㉱ 폐기물의 밀도가 증가되어 바람에 멀리 날아갈 염려가 적다.

[풀이] ㉯ 표면적 증가로 미생물 작용이 촉진되어 매립지 조기안정화가 가능하다.

07 폐기물 1ton을 건조시켜 함수율을 50%에서 25%로 감소시켰다. 폐기물의 중량은 얼마로 되겠는가?

㉮ 0.33ton ㉯ 0.5ton
㉰ 0.67ton ㉱ 0.75ton

[풀이] $W_1 \times (100 - P_1) = W_2 \times (100 - P_2)$
여기서 W_1 : 건조 전 폐기물
P_1 : 건조 전 함수율
W_2 : 건조 후 폐기물
P_2 : 건조 후 함수율
따라서 $1ton \times (100 - 50) = W_2 \times (100 - 25)$
∴ $W_2 = \dfrac{1ton \times (100 - 50)}{(100 - 25)} = 0.67 ton$

08 쓰레기 발생량을 예측하는 방법 중 쓰레기 배출에 영향을 주는 모든 인자를 시간에 대한 함수로 나타낸 후 시간에 대한 함수로 표현된 각 영향인자들 간의 상관관계를 수식화한 모델은 어느 것인가?

㉮ 경향법 ㉯ 추정법
㉰ 동적모사모델 ㉱ 다중회귀모델

[풀이] ㉰ 동적모사모델에 대한 설명이다.

09 폐기물 성분 중 비가연성이 50wt%를 차지하고 있다. 밀도가 480kg/m³인 폐기물이 12m³있을 때 가연성 물질의 양(kg)은 얼마인가?

㉮ 2,240kg ㉯ 2,430kg
㉰ 2,880kg ㉱ 2,960kg

[풀이] 가연물질의 양(kg)
= 폐기물의 양(m^3)×밀도(kg/m^3)×(1-비가연성분)
= $12m^3 \times 480kg/m^3 \times (1 - 0.5)$
= 2,880 kg

10 하나의 수식으로 각 인자들의 효과를 총괄적으로 나타내어 복잡한 시스템의 분석에 유용하게 사용할 수 있는 쓰레기 발생량 예측방법으로 가장 적절한 것은?

㉮ 경향법 ㉯ 동적모사모델
㉰ 정적모사모델 ㉱ 다중회귀모델

[풀이] ㉱ 다중회귀모델에 대한 설명이다.

정답 06 ㉯ 07 ㉰ 08 ㉰ 09 ㉰ 10 ㉱

11 폐기물의 관리에 있어서 가장 우선적으로 고려하여야 할 사항은 어느 것인가?

㉮ 재회수 ㉯ 재활용
㉰ 감량화 ㉱ 소각

풀이 폐기물의 관리에 있어서 가장 우선적으로 고려하여야 할 사항은 감량화이다.

12 쓰레기 발생량 조사방법으로 틀린 것은 어느 것인가?

㉮ 물질수지법(material balance method)
㉯ 적재차량 계수분석법(load count analysis)
㉰ 수거트럭 수지법(collection truck balance method)
㉱ 직접계근법(direct weighting method)

풀이
① 폐기물 발생량 예측방법 : 다중회귀모델, 동적모사모델, 경향모델
② 쓰레기 발생량 조사방법 : 물질수지법, 직접계근법, 적재차량계수법, 통계조사법

13 쓰레기 수거능을 판별할 수 있는 MHT라는 용어에 대한 설명으로 알맞은 것은 어느 것인가?

㉮ 1톤의 쓰레기를 수거하는데 수거인부 1인이 소요하는 총 시간
㉯ 1톤의 쓰레기를 수거하는데 소요되는 인부수
㉰ 수거인부 1인이 시간당 수거하는 쓰레기 톤 수
㉱ 수거인부 1인이 수거하는 쓰레기 톤 수

14 도시쓰레기 중 연탄재 함량이 감소됨에 따라 나타난 현상으로 틀린 것은 어느 것인가?

㉮ 도시쓰레기를 구성성분으로 분류할 때 회분함량이 감소된다.
㉯ 도시쓰레기의 겉보기 밀도가 감소되었다.
㉰ RDF제조시 산술적 환산량(arithmetic equivalence)이 증가되었다.
㉱ 연탄재 감소로 매립시 복토재 사용량이 감소되었다.

풀이 ㉱ 연탄재 감소로 매립시 복토재 사용량이 증가되었다.

15 쓰레기 3성분의 조성비를 이용하여 쓰레기의 저위발열량을 측정하는 방법은 어느 것인가?

㉮ 원소분석에 의한 방법
㉯ 추정식에 의한 방법
㉰ 조성분석에 의한 방법
㉱ 단열열량계에 의한 방법

풀이 쓰레기 3성분의 조성비는 가연성분, 수분, 회분이다.

정답 11 ㉰ 12 ㉰ 13 ㉮ 14 ㉱ 15 ㉯

16 어느 도시의 쓰레기를 분류하여 다음 표와 같은 결과를 얻었다. 이 쓰레기의 함수율(%)은 얼마인가?

성 분	구성비(중량%)	함수율(%)
연탄재 및 기타	80	20
식품 폐기물	15	70
종이류	5	20

㉮ 20.7% ㉯ 27.5%
㉰ 33.3% ㉱ 38.5%

 쓰레기의 함수율(%)
$= \dfrac{\text{합}\{구성비(\%) \times 함수율(\%)\}}{\text{합}\{구성비(\%)\}}$
$= \dfrac{80\% \times 20\% + 15\% \times 70\% + 5\% \times 20\%}{80\% + 15\% + 5\%}$
$= 27.5\%$

17 삼성분이 다음과 같은 쓰레기의 저위발열량(kcal/kg)은 얼마인가?

[조건]
수분 : 60%, 가연분 : 30%, 회분 : 10%

㉮ 약 890kcal/kg ㉯ 약 990kcal/kg
㉰ 약 1,190kcal/kg ㉱ 약 1,290kcal/kg

Hl = 45×VS(%) - 6×W(%)
여기서 Hl : 저위발열량(kcal/kg)
　　　VS : 가연성분(%)
　　　W : 수분함량(%)
따라서 Hl = 45×30% - 6×60%
　　　　 = 990kcal/kg

18 어떤 폐기물의 밀도가 200kg/m³인 것을 500kg/m³으로 압축시킬 때 폐기물의 부피변화(%)는 얼마인가?

㉮ 60% 감소　㉯ 64% 감소
㉰ 67% 감소　㉱ 70% 감소

① 부피를 계산한다.
$V_1 = 1\text{kg} \times \dfrac{1}{200\text{kg/m}^3} = 0.005\text{m}^3$
$V_2 = 1\text{kg} \times \dfrac{1}{500\text{kg/m}^3} = 0.002\text{m}^3$

② 부피감소율(%) $= \left(1 - \dfrac{V_2}{V_1}\right) \times 100$
$= \left(1 - \dfrac{0.002\text{m}^3}{0.005\text{m}^3}\right) \times 100 = 60\%$

19 쓰레기 10ton을 소각했더니 재의 용적이 1.14m³ 발생되었다. 재의 밀도(kg/m³)는 얼마인가? (단, 재의 중량은 쓰레기 중량의 1/100이다.)

㉮ 55kg/m³　㉯ 67kg/m³
㉰ 88kg/m³　㉱ 92kg/m³

재의 밀도(kg/m³) $= \dfrac{\text{재의 무게(kg)}}{\text{재의 용적(m}^3)}$
$= \dfrac{10 \times 10^3\text{kg} \times \dfrac{1}{100}}{1.14\text{m}^3} = 87.72\text{kg/m}^3$

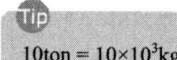
10ton = 10×10³kg

정답 16 ㉯ 17 ㉯ 18 ㉮ 19 ㉰

20 적환장에 관한 내용으로 틀린 것은 어느 것인가?
㉮ 최종처리장과 수거지역의 거리가 먼 경우 사용하는 것이 바람직하다.
㉯ 저밀도 거주지역이 존재할 때 설치한다.
㉰ 재사용 가능한 물질의 선별시설 설치가 가능하다.
㉱ 대용량의 수집차량을 사용할 때 설치한다.

[풀이] ㉱ 소용량의 수집차량을 사용할 때 설치한다.

제2과목 폐기물처리기술

21 유입수의 BOD가 250ppm이고 정화조의 BOD제거율이 80%라면 정화조를 거친 방류수의 BOD(ppm)는 얼마인가?
㉮ 50ppm ㉯ 60ppm
㉰ 70ppm ㉱ 80ppm

[풀이]
제거율(%) = $\left(1 - \dfrac{\text{유출수의 BOD}}{\text{유입수의 BOD}}\right) \times 100$

$80\% = \left(1 - \dfrac{\text{유출수의 BOD}}{250\text{ppm}}\right) \times 100$

∴ 유출수의 BOD = $250\text{ppm} \times (1 - 0.80)$
                 = 50ppm

22 내륙매립공법 중 도랑형공법에 관한 내용으로 틀린 것은 어느 것인가?
㉮ 전처리로 압축시 발생되는 수분처리가 필요하다.
㉯ 침출수 수집장치나 차수막 설치가 어렵다.
㉰ 사전 정비작업이 그다지 필요하지 않으나 매립용량이 낭비된다.
㉱ 파낸 흙을 복토재로 이용 가능한 경우 경제적이다.

[풀이] ㉮번의 설명은 압축매립공법이다.

23 다음 중 탄질비(C/N, 건조질량비)의 값이 가장 작은 것은 어느 것인가?
㉮ 소나무
㉯ 낙엽
㉰ 돼지 분뇨
㉱ 소화 전 활성슬러지

24 유효공극율 0.2, 점토층 위의 침출수 수두 1.5m인 점토차수층 1.0m를 통과하는데 10년이 걸렸다면 점토차수층의 투수계수(cm/sec)는 얼마인가?
㉮ 1.54×10^{-8} ㉯ 2.54×10^{-8}
㉰ 3.54×10^{-8} ㉱ 4.54×10^{-8}

[풀이]
① $t = \dfrac{d^2 \times n}{k \times (d+h)}$

여기서 t : 침출수가 점토층을 통과하는 시간(년)
      d : 점토층의 두께(m)
      n : 유효공극률
      k : 투수계수(m/년)
      h : 침출수 수두(m)

따라서 $10\text{년} = \dfrac{(1.0\text{m})^2 \times 0.2}{k \times (1.0\text{m} + 1.5\text{m})}$

∴ $k = \dfrac{(1.0\text{m})^2 \times 0.2}{10\text{년} \times (1.0\text{m} + 1.5\text{m})} = 0.008\text{m/년}$

② k(cm/sec)
$= \dfrac{0.008\text{m}}{\text{년}} \bigg| \dfrac{10^2\text{cm}}{1\text{m}} \bigg| \dfrac{1\text{년}}{365\text{일}} \bigg| \dfrac{1\text{일}}{24\text{hr}} \bigg| \dfrac{1\text{hr}}{3600\text{sec}}$
$= 2.54 \times 10^{-8}\text{cm/sec}$

정답 20 ㉱ 21 ㉮ 22 ㉮ 23 ㉱ 24 ㉯

25 소각시 다이옥신(Dioxin)의 발생억제(또는 제거) 방법으로 틀린 것은 어느 것인가?

㉮ 로내 온도를 300~350℃ 범위로 일정하게 운전하여 다이옥신성분 발생을 최소화 한다.
㉯ 배기가스 conditioning시 칼슘 및 활성탄분말 투입시설을 설치하여 다이옥신과 반응 후 집진함으로서 줄일 수 있다.
㉰ 유기 염소계 화합물(PVC 제품류) 반입을 제한한다.
㉱ 페인트가 칠해져 있거나 페인트로 처리된 목재, 가구류 반입을 억제, 제한한다.

[풀이] ㉮ 로내 온도를 1000℃ 범위로 일정하게 운전하여 다이옥신성분 발생을 최소화 한다.

26 폐기물의 고형화(고체화) 처리에 대한 내용으로 틀린 것은 어느 것인가?

㉮ 재이용 가능한 농도이어야 한다.
㉯ 고형화 시킨 후 침출수와는 관련이 없다.
㉰ 분해불가능하고, 연소 불가능한 것이어야 한다.
㉱ Equilibrium leaching test로써 유해물질의 침출 여부를 결정한다.

[풀이] ㉯ 고형화 시킨 후 침출수의 발생이 없어야 한다.

Tip
Equilibrium leaching test
= 평형상태의 거른 액 실험

27 다음과 같은 조성의 쓰레기를 소각처분하고자 할 때 이론적으로 필요한 공기의 양(m^3)은 표준상태에서 쓰레기 1kg당 얼마인가?

[조건] 쓰레기 조성(질량%)
탄소(C) : 9.5%, 수소(H) : 2.8%,
산소(O) : 10.5%, 불연소성분 : 77.2%

㉮ 약 $1.25m^3$ ㉯ 약 $2.25m^3$
㉰ 약 $3.25m^3$ ㉱ 약 $4.25m^3$

[풀이] 이론공기량(A_o)
$= 8.89C + 26.67\left(H - \dfrac{O}{8}\right) + 3.33S \ (Sm^3/kg)$
$= 8.89 \times 0.095 + 26.67 \times \left(0.028 - \dfrac{0.105}{8}\right)$
$= 1.24 \ Sm^3/kg$

28 대표적인 고형화 처리방법인 석회기초법에 대한 내용으로 틀린 것은 어느 것인가?

㉮ 가격이 매우 싸고 널리 이용되고 있다.
㉯ 석회-포졸란 화학반응이 간단하고 용이하다.
㉰ pH가 낮을 때 폐기물 성분의 용출가능성이 증가한다.
㉱ 탈수가 필요하다.

[풀이] ㉱ 탈수가 필요없다.

정답 25 ㉮ 26 ㉯ 27 ㉮ 28 ㉱

29 폐기물의 열분해에 대한 내용으로 틀린 것은 어느 것인가?

㉮ 열분해를 통하여 얻어지는 연료의 성질을 결정짓는 요소로는 운전온도, 가열속도, 폐기물의 성질 등으로 알려져 있다.
㉯ 열분해 방법은 저온법과 고온법이 있는데, 통상적으로 저온은 500~900℃, 고온은 1100~1500℃를 말한다.
㉰ 열분해 온도에 따르는 가스의 구성비는 고온이 될수록 CO_2함량이 늘고 수소함량은 줄어든다.
㉱ 열분해에 의해 생성되는 액체물질에는 식초산, 아세톤, 메탄올, 오일, 타르, 방향성 물질이 있다.

㉰ 열분해 온도에 따르는 가스의 구성비는 고온이 될수록 CO_2함량이 감소하고, 수소함량은 증가한다.

30 분뇨 100kL에서 SS 24,500mg/L을 제거하였다. SS의 함수율이 96%라고 하면 그 부피(m^3)는 얼마인가? (단, 비중은 1.0 기준이다.)

㉮ 25m^3 ㉯ 40m^3
㉰ 61m^3 ㉱ 83m^3

슬러지량(m^3)
$= \dfrac{제거SS량(kg/m^3) \times 분뇨량(m^3)}{비중량(kg/m^3)} \times \dfrac{100}{100-함수율(\%)}$
$= \dfrac{24.5kg/m^3 \times 100m^3}{1000kg/m^3} \times \dfrac{100}{100-96\%} = 61.25m^3$

Tip
① mg/L×10^{-3} = kg/m^3
② SS 24,500mg/L×10^{-3} = 24.5kg/m^3
③ kL = m^3이므로 100kL = 100m^3
④ 비중(g/cm^3)×10^3 = 비중량(kg/m^3)
⑤ 비중 1.0g/cm^3×10^3 = 1000kg/m^3

31 유기적 고형화에 대한 일반적인 내용으로 틀린 것은 어느 것인가?

㉮ 수밀성이 작고 적용 가능 폐기물이 적음
㉯ 처리비용이 고가
㉰ 방사선 폐기물처리에 적용함
㉱ 미생물 및 자외선에 대한 안정성이 약함

㉮ 수밀성이 크고 다양한 폐기물에 적용할 수 있다.

32 해안매립공법에 관한 내용으로 틀린 것은 어느 것인가?

㉮ 순차투입방법은 호안측으로부터 순차적으로 쓰레기를 투입하여 육지화하는 방법이다.
㉯ 수심이 깊은 처분장에서는 건설비 과다로 내수를 완전히 배제하기가 곤란한 경우가 많아 순차투입방법을 택하는 경우가 많다.
㉰ 처분장은 면적이 크고 1일 처분량이 많다.
㉱ 수중부에 쓰레기를 깔고 압축작업과 복토를 실시하므로 근본적으로 내륙매립과 같다.

㉱ 수중부에 쓰레기를 투여하고 압축작업과 복토를 실시하기 어려워 근본적으로 내륙매립과 다르다.

정답 29 ㉰ 30 ㉰ 31 ㉮ 32 ㉱

33 매립지에서 발생하는 침출수의 특성이 COD/TOC : 2.0 ~ 2.8, BOD/COD : 0.1 ~ 0.5, 매립연한 : 5년 ~ 10년, COD(mg/L) : 500~10,000일 때 효율성이 가장 양호한 처리공정은 어느 것인가?

㉮ 생물학적 처리 ㉯ 이온교환수지
㉰ 활성탄 흡착 ㉱ 역삼투

풀이 ㉱ 역삼투에 대한 설명이다.

34 일반적으로 열용량(kcal/kg)이 가장 높고 회분량(%)이 10 ~ 20%, 수분함량이 4% 이하인 RDF의 종류는 어느 것인가?

㉮ Bulk RDF ㉯ Powder RDF
㉰ Pellet RDF ㉱ Fluff RDF

풀이 ㉯ Powder RDF에 대한 설명이다.

35 매립지에서 발생되는 가스를 회수, 재활용하기 위하여 일반적으로 요구되는 매립폐기물 및 발생가스 조건으로 틀린 것은 어느 것인가?

㉮ 폐기물 중에는 약 50%의 분해 가능한 물질이 있어야 한다.
㉯ 폐기물 중 분해가능한 물질의 50% 이상이 실제 분해하여 기체를 발생시켜야 한다.
㉰ 발생기체의 50% 이상을 포집할 수 있어야 한다.
㉱ 기체의 발열량은 6,200kcal/Nm³ 이상이어야 한다.

풀이 ㉱ 기체의 발열량은 2,200kcal/Nm³ 이상이어야 한다.

36 쓰레기 소각로의 저온부식에서 부식속도가 가장 빠른 온도범위는 어느 것인가?

㉮ 100 ~ 150℃ ㉯ 150 ~ 200℃
㉰ 200 ~ 250℃ ㉱ 250 ~ 300℃

풀이 저온부식은 노점온도(150℃) 이하에서 발생한다.

37 매립후 경과기간에 따른 가스 구성성분의 변화단계 중 CH_4와 CO_2의 함량이 거의 일정한 정상상태의 단계는 어느 것인가?

㉮ Ⅰ단계 - 호기성 단계(초기조절단계)
㉯ Ⅱ단계 - 혐기성 단계(전이단계)
㉰ Ⅲ단계 - 혐기성 단계(산형성단계)
㉱ Ⅳ단계 - 혐기성 단계(메탄발효단계)

풀이 Ⅳ단계에 대한 설명이다.

38 다음 중 퇴비화를 위한 설비로 틀린 것은 어느 것인가?

㉮ 공기공급시설 ㉯ 수분조절시설
㉰ 교반시설 ㉱ 가온시설

풀이 퇴비화를 위한 설비로는 공기공급시설, 수분조절시설, 교반시설이 있다.

39 오염된 토양의 처리법 중 토양세척법으로 틀린 것은 어느 것인가?

㉮ Steam/고온수법
㉯ 전자수용체 주입법
㉰ 계면활성제법
㉱ 용제법

33 ㉱ 34 ㉯ 35 ㉱ 36 ㉮ 37 ㉱ 38 ㉱ 39 ㉯

40 메탄올(CH_3OH) 3kg을 완전연소하는데 필요한 이론공기량(Sm^3)은 얼마인가?

㉮ $10Sm^3$ ㉯ $15Sm^3$
㉰ $20Sm^3$ ㉱ $25Sm^3$

풀이 ① 이론산소량(Sm^3)을 계산한다.
$CH_3OH + 1.5O_2 \rightarrow CO_2 + 2H_2O$
$32kg : 1.5 \times 22.4 Sm^3$
$3kg : O_o(Sm^3)$

∴ 이론산소량(O_o) = $\dfrac{3kg \times 1.5 \times 22.4 Sm^3}{32kg}$
$= 3.15 Sm^3$

② 이론공기량(Sm^3)을 계산한다.
이론공기량(A_o) = 이론산소량(Sm^3) $\times \dfrac{1}{0.21}$
$= 3.15 Sm^3 \times \dfrac{1}{0.21} = 15 Sm^3$

제3과목 폐기물공정시험기준

41 기름성분(중량법)의 정량한계로 알맞은 것은 어느 것인가? (단, 폐기물공정시험기준)

㉮ 0.05% 이하 ㉯ 0.1% 이하
㉰ 0.3% 이하 ㉱ 0.5% 이하

풀이 기름성분(중량법)의 정량한계는 0.1%이다.

42 기체크로마토그래피로 휘발성 저급염소화 탄화수소류를 측정할 때 간섭물질에 대한 설명으로 틀린 것은 어느 것인가?

㉮ 추출용매에는 분석성분의 머무름 시간에서 피크가 나타나는 간섭물질이 있을 수 있다.
㉯ 디클로로메탄과 같이 머무름 시간이 긴 화합물은 용매나 용질의 피크와 겹쳐 분석을 방해할 수 있다.
㉰ 플루오르화탄소나 디클로로메탄과 같은 휘발성 유기물은 보관이나 운반 중에 격막을 통해 시료안으로 확산되어 시료를 오염시킬 수 있다.
㉱ 시료에 혼합표준액 일정량을 첨가하여 크로마토그램을 작성하고 미지의 다른 성분과 피크의 중복여부를 확인한다.

풀이 디클로로메탄과 같이 머무름 시간이 짧은 화합물은 용매의 피크와 겹쳐 분석을 방해할 수 있다.

43 다음 중 농도가 가장 낮은 것은?

㉮ 1mg/L ㉯ 100μg/L
㉰ 100ppb ㉱ 0.01ppm

풀이 ㉮ 1mg/L = 1ppm
㉯ 100μg/L = 0.1mg/L = 0.1ppm
㉰ 100ppb = 0.1ppm
㉱ 0.01ppm

44 원자흡수분광광도법에 의한 비소 측정시 사용하는 아연분말은 비소함량(ppm)이 얼마 이하의 것을 사용하여야 하는가?

㉮ 5ppm ㉯ 0.5ppm
㉰ 0.05ppm ㉱ 0.005ppm

45 기름성분을 분석하기 위한 노말헥산 추출시험법을 노말헥산을 증발시키기 위한 조작온도는 얼마인가?

㉮ 50℃ ㉯ 60℃
㉰ 70℃ ㉱ 80℃

46 시료용액의 조제에 대한 내용으로 알맞은 것은 어느 것인가?

㉮ 조제한 시료 100g 이상을 정밀히 달아 정제수에 염산을 넣어 pH 5.8～6.3으로 맞춘 용매(mL)를 1：10(W：V)의 비로 2000mL 삼각플라스크에 넣어 혼합한다.
㉯ 조제한 시료 100g 이상을 정밀히 달아 정제수에 황산을 넣어 pH 5.8～6.3으로 맞춘 용매(mL)를 1：10(W：V)의 비로 2000mL 삼각플라스크에 넣어 혼합한다.
㉰ 조제한 시료 100g 이상을 정밀히 달아 정제수에 질산을 넣어 pH 5.8～6.3으로 맞춘 용매(mL)를 1：10(W：V)의 비로 2000mL 삼각플라스크에 넣어 혼합한다.
㉱ 조제한 시료 100g 이상을 정밀히 달아 정제수에 탄산을 넣어 pH 5.8～6.3으로 맞춘 용매(mL)를 1：10(W：V)의 비로 2000mL 삼각플라스크에 넣어 혼합한다.

47 기체크로마토그래피 분석법으로 측정하여야 하는 항목은 어느 것인가?

㉮ 유기인 ㉯ 시안
㉰ 기름성분 ㉱ 비소

[풀이] 항목별 분석방법
㉮ 유기인 : 기체크로마토그래피
㉯ 시안 : 자외선/가시선분광법, 이온전극법, 연속흐름법
㉰ 기름성분 : 중량법
㉱ 비소 : 원자흡수분광광도법, 유도결합플라스마-원자발광분광법, 자외선/가시선 분광법

48 흡광도가 0.35인 시료의 투과도는 얼마인가?

㉮ 0.447 ㉯ 0.547
㉰ 0.647 ㉱ 0.747

[풀이] 흡광도(A) = $\log \dfrac{1}{투과도}$
투과도 = $10^{-A} = 10^{-0.35} = 0.447$

정답 44 ㉱ 45 ㉱ 46 ㉮ 47 ㉮ 48 ㉮

49 $K_2Cr_2O_7$을 사용하여 크롬 표준원액(100mg Cr/L) 100mL를 제조할 때 $K_2Cr_2O_7$은 얼마나 취해야 하는가? (단, 원자량 K = 39, Cr = 52, O = 16)

㉮ 14.1mg　　㉯ 28.3mg
㉰ 35.4mg　　㉱ 56.5mg

풀이) $K_2Cr_2O_7 : 2Cr^{3+}$
　　　294g　：2×52g
　　　X　　：100mg/L×0.1L
∴ $X = \dfrac{294g \times 100mg/L \times 0.1L}{2 \times 52g} = 28.27mg$

50 다음은 자외선/가시선 분광법으로 비소를 측정하는 내용이다. (　)안에 알맞은 것은?

> 시료 중의 비소를 3가 비소로 환원시킨 다음 아연을 넣어 발생되는 비화수소를 다이에틸다이티오카르바민산은의 피리딘용액에 흡수시켜 이때 나타나는 (　)에서 측정하는 방법이다.

㉮ 적자색의 흡광도를 430nm
㉯ 적자색의 흡광도를 530nm
㉰ 청색의 흡광도를 430nm
㉱ 청색의 흡광도를 530nm

51 구리를 정량하기 위해 사용하는 시약과 그 목적으로 틀린 것은 어느 것인가?

㉮ 구연산이암모늄용액 - 발색 보조제
㉯ 아세트산부틸 - 구리의 추출
㉰ 암모니아수 - pH 조절
㉱ 다이에틸다이티오카르바민산 나트륨 - 구리의 발색

52 원자흡수분광광도법에 의한 비소 정량에 대한 내용으로 틀린 것은 어느 것인가?

㉮ 과망간산칼륨으로 6가 비소로 산화시킨다.
㉯ 아연을 넣으면 비화수소가 발생한다.
㉰ 아르곤-수소 불꽃에 주입하여 분석한다.
㉱ 정량한계는 0.005mg/L이다.

풀이) 비소의 원자흡수분광광도법(수소화물생성 원자흡수분광광도법)는 전처리한 시료 용액중에 아연 또는 나트륨붕소수화물을 넣어 생성된 수소화비소를 원자화시켜 193.7nm에서 흡광도를 측정하고 비소를 정량하는 방법이며, 정량한계는 0.005mg/L이다.

53 시료의 전처리방법 중 회화에 의한 유기물 분해에 대한 설명으로 알맞은 것은 어느 것인가?

㉮ 목적성분이 600℃ 이상에서 휘산되어 쉽게 회화 가능한 시료에 적용된다.
㉯ 목적성분이 600℃ 이상에서 휘산되지 않고 쉽게 회화 가능한 시료에 적용된다.
㉰ 목적성분이 400℃ 이상에서 휘산되어 쉽게 회화 가능한 시료에 적용된다.
㉱ 목적성분이 400℃ 이상에서 휘산되지 않고 쉽게 회화 가능한 시료에 적용된다.

정답 49 ㉯ 50 ㉯ 51 ㉮ 52 ㉮ 53 ㉱

54 운반차량에서 시료를 채취할 경우, 5톤 미만의 차량에 폐기물이 적재되어 있을 때 평면상에서 몇 등분하여 각 등분마다 채취하는가?

㉮ 3등분   ㉯ 6등분
㉰ 9등분   ㉱ 12등분

풀이 ① 5톤 미만의 차량 : 6등분
② 5톤 이상의 차량 : 9등분

55 카드뮴을 정량분석하는 방법으로 틀린 것은 어느 것인가?

㉮ 유도결합플라스마 원자발광분광법
㉯ 원자흡수분광광도법
㉰ 디티존법
㉱ 이온크로마토그래피법

풀이 카드뮴을 정량분석하는 방법으로는 유도결합플라스마 - 원자발광분광법, 원자흡수분광광도법, 자외선/가시선 분광법(디티존법)이 있다.

56 유기인의 정제용 칼럼으로 틀린 것은 어느 것인가?

㉮ 실리카겔 칼럼   ㉯ 인산염 칼럼
㉰ 플로리실 칼럼   ㉱ 활성탄 칼럼

풀이 유기인의 정제용 칼럼으로는 실리카겔 칼럼, 플로리실 칼럼, 활성탄 칼럼이 있다.

57 자외선/가시선 분광법에 의한 구리의 정량에 관한 내용으로 틀린 것은 어느 것인가?

㉮ 추출용매는 아세트산부틸을 사용한다.
㉯ 정량한계는 0.002mg이다.
㉰ 비스무트(Bi)가 구리의 양보다 2배 이상 존재할 경우에는 청색을 나타내어 방해한다.
㉱ 시료의 전처리를 하지 않고 직접 시료를 사용하는 경우 시료 중에 시안화합물이 함유되어 있으면 염산으로 산성 조건을 만든 후 끓여 시안화물을 완전히 분해 제거한 다음 시험한다.

풀이 ㉰ 비스무트(Bi)가 구리의 양보다 2배 이상 존재할 경우에는 황색을 나타내어 방해한다.

58 폐기물 시료채취를 위한 채취도구 및 시료용기에 대한 내용으로 틀린 것은 어느 것인가?

㉮ 노말헥산 추출물질 실험을 위한 시료채취시는 갈색경질의 유리병을 사용하여야 한다.
㉯ 유기인 실험을 위한 시료채취시는 갈색경질의 유리병을 사용하여야 한다.
㉰ 시료 중에 다른 물질의 혼입이나 성분의 손실을 방지하기 위하여 코르크 마개를 사용하며, 다만 고무마개는 셀로판지를 씌워 사용할 수도 있다.
㉱ 시료용기에는 폐기물의 명칭, 대상 폐기물의 양, 채취장소, 채취시간 및 일기, 시료번호, 채취책임자 이름, 시료의 양, 채취방법, 기타 참고자료를 기재한다.

풀이 ㉰ 시료 중에 다른 물질의 혼입이나 성분의 손실을 방지하기 위하여 코르크 마개를 사용하여서는 안 된다. 다만 고무마개는 셀로판지를 씌워 사용할 수도 있다.

정답 54 ㉯ 55 ㉱ 56 ㉯ 57 ㉰ 58 ㉰

59 시안(자외선/가시선 분광법) 측정 시 정량한계로 알맞은 것은 어느 것인가?

㉮ 0.01mg/L ㉯ 0.001mg/L
㉰ 0.003mg/L ㉱ 0.0001mg/L

60 폐기물공정시험기준상 측정대상 물질 측정시 적용되는 시약으로 틀린 것은 어느 것인가? (단, 자외선/가시선 분광법 기준)

㉮ 구리 - 다이에틸다이티오카르바민산나트륨
㉯ 비소 - 다이에틸다이티오카르바민산은
㉰ 카드뮴 - 다이페닐카바자이드
㉱ 시안 - 피리딘·피리졸론 혼액

㉰ 카드뮴 - 사염화탄소

제4과목 폐기물관계법규

61 폐기물관리법에 적용되지 않은 물질의 기준으로 틀린 것은 어느 것인가?

㉮ 하수도법에 따른 하수
㉯ 용기에 들어 있지 아니한 기체상태의 물질
㉰ 원자력법에 따른 방사성물질과 이로 인하여 오염된 물질
㉱ 물환경보전법에 의한 오수·분뇨

㉱ 물환경보전법에 따른 수질오염 방지시설에 유입되거나 공공수역으로 배출되는 폐수

62 다음 중 폐기물처리업의 허가를 받을 수 없는 자에 대한 기준으로 잘못된 것은?

㉮ 미성년자
㉯ 파산선고를 받은 자로서 파산선고를 받은 날부터 5년이 지나지 아니한 자
㉰ 폐기물처리업의 허가가 취소된 자로서 그 허가가 취소된 날부터 10년이 지나지 아니한 자
㉱ 폐기물관리법을 위반하여 금고 이상의 형의 집행유예를 선고받고 그 집행유예 기간이 끝난 날부터 5년이 지나지 아니한 자

㉯ 파산선고를 받고 복권되지 아니한 자

63 지정폐기물 중 유해물질함유 폐기물(환경부령으로 정하는 물질을 함유한 것으로 한정한다)에 대한 기준으로 알맞은 것은 어느 것인가?

㉮ 분진(대기오염 방지시설에서 포집된 것으로 한정하되, 소각시설에서 발생되는 것은 제외한다.)
㉯ 분진(대기오염 방지시설에서 포집된 것으로 한정하되, 소각시설에서 발생되는 것은 포함한다.)
㉰ 분진(소각시설에서 포집된 것으로 한정하되, 대기오염방지시설에서 발생되는 것은 제외한다.)
㉱ 분진(소각시설과 대기오염방지시설에서 포집된 것은 제외한다.)

정답 59 ㉮ 60 ㉰ 61 ㉱ 62 ㉯ 63 ㉮

64 폐기물처리시설을 설치·운영하는 자는 그 폐기물처리시설의 설치·운영이 주변 지역에 미치는 영향을 몇 년마다 조사하여 그 결과를 누구에서 제출하여야 하는가?

㉮ 1년, 시·도지사   ㉯ 3년, 시·도지사
㉰ 1년, 환경부장관   ㉱ 3년, 환경부장관

풀이) 폐기물처리시설의 설치·운영이 주변 지역에 미치는 영향을 3년 마다 조사하여 그 결과를 환경부장관에서 제출하여야 한다.

65 폐기물처리 신고자와 광역폐기물처리시설 설치·운영자의 폐기물처리기간에 대한 설명이다. 다음 ( )안에 순서대로 알맞게 나열한 것은 어느 것인가? (단, 폐기물관리법 시행 규칙 기준에 따른다.)

> "환경부령으로 정하는 기간"이란 ( )을 말한다. 다만, 폐기물처리 신고자가 고철을 재활용하는 경우에는 ( )을 말한다.

㉮ 10일, 30일   ㉯ 15일, 30일
㉰ 30일, 60일   ㉱ 60일, 90일

66 폐기물처리시설 주변지역 영향조사 기준 중 결과보고에 관한 내용으로 조사완료 후 몇 일 이내에 시·도지사나 지방환경관서의 장에게 그 결과를 제출하여야 하는가?

㉮ 5일   ㉯ 10일
㉰ 15일   ㉱ 30일

67 의료폐기물 중 위해의료폐기물인 생물·화학폐기물에 해당되지 않는 것은 어느 것인가?

㉮ 폐백신   ㉯ 폐항암제
㉰ 폐생물치료제 ㉱ 폐화학치료제

풀이) 생물·화학폐기물에는 폐백신, 폐항암제, 폐화학치료제가 있다.

68 폐기물처리시설 중 매립시설의 기술관리인의 자격기준으로 틀린 것은 어느 것인가?

㉮ 화공기사   ㉯ 일반기계기사
㉰ 건설기계기사   ㉱ 전기공사기사

풀이) 매립시설의 기술관리인의 자격기준으로는 폐기물처리기사, 수질환경기사, 토목기사, 일반기계기사, 건설기계기사, 화공기사, 토양환경기사 중 1명 이상이다.

69 설치신고대상 폐기물처리시설 기준으로 틀린 것은 어느 것인가?

㉮ 일반소각시설로서 1일 처분능력이 100톤(지정폐기물의 경우에는 10톤) 미만인 시설
㉯ 생물학적 처분시설로서 1일 처분능력이 100톤 미만인 시설
㉰ 소각열회수시설로서 시간당 재활용능력이 100킬로그램 미만인 시설
㉱ 기계적 처분시설 또는 재활용시설 중 탈수·건조 시설, 멸균분쇄시설 및 화학적 처분시설 또는 재활용시설

풀이) ㉰ 소각열회수시설로서 1일 재활용능력이 100톤 미만인 시설

정답 64 ㉱ 65 ㉰ 66 ㉱ 67 ㉰ 68 ㉱ 69 ㉰

70 폐기물의 재활용을 위한 에너지 회수기준으로 알맞은 것은 어느 것인가?

㉮ 환경부장관이 정하여 고시하는 경우 외에는 폐기물의 30퍼센트 이상을 원료나 재료로 재활용하고 그 나머지 중에서 에너지의 회수에 이용할 것
㉯ 환경부장관이 정하여 고시하는 경우 외에는 폐기물의 50퍼센트 이상을 원료나 재료로 재활용하고 그 나머지 중에서 에너지의 회수에 이용할 것
㉰ 환경부장관이 정하여 고시하는 경우에는 폐기물의 30퍼센트 이상을 원료나 재료로 재활용하고 그 나머지 중에서 에너지의 회수에 이용할 것
㉱ 환경부장관이 정하여 고시하는 경우에는 폐기물의 50퍼센트 이상을 원료나 재료로 재활용하고 그 나머지 중에서 에너지의 회수에 이용할 것

71 폐기물처리업의 변경허가를 받아야 하는 중요사항으로 틀린 것은 어느 것인가?

㉮ 상호의 변경
㉯ 운반차량(임시차량 제외)의 증차
㉰ 매립시설 제방의 증, 개축
㉱ 주차장 소재지의 변경(지정폐기물을 대상으로 하는 수집, 운반업에 한한다)

㉯ 폐기물 중간 처분업, 폐기물 최종 처분업, 폐기물 종합 처분업에 해당
㉰ 폐기물 중간 처분업, 폐기물 최종 처분업, 폐기물 종합 처분업에 해당
㉱ 폐기물 수집·운반업에 해당

72 폐기물처리시설 설치승인 신청서에 첨부하여야 하는 서류로 틀린 것은 어느 것인가?

㉮ 처분후에 발생하는 폐기물의 처분계획서
㉯ 처분대상 폐기물 발생 저감 계획서
㉰ 폐기물처분시설의 설계도서
㉱ 폐기물처분시설의 설치 및 장비 확보 계획서

㉯ 처분대상 폐기물의 처분계획서

73 다음 중 폐기물처리시설 설치·운영자, 폐기물처리업자, 폐기물과 관련된 단체, 그 밖에 폐기물과 관련된 업무에 종사하는 자가 폐기물에 관한 조사연구·기술개발·정보보급 등 폐기물 분야의 발전을 도모하기 위하여 환경부장관의 허가를 받아 설립할 수 있는 단체는 어느 것인가?

㉮ 한국폐기물협회
㉯ 한국폐기물학회
㉰ 폐기물관리공단
㉱ 폐기물처리공제조합

㉮ 한국폐기물협회에 대한 설명이다.

74 설치신고대상 폐기물처리시설의 규모 기준으로 알맞은 것은 어느 것인가?

㉮ 소각열회수시설로서 1일 재활용능력이 10톤 미만인 시설
㉯ 기계적 처분시설 또는 재활용시설 중 탈수, 건조시설로 1일 처분능력 또는 재활용능력이 100톤 미만인 시설
㉰ 일반소각시설로서 1일 처분능력이 100톤(지정폐기물의 경우에는 5톤) 미만인 시설
㉱ 생물학적 처분시설 또는 재활용시설로서 1일 처분능력 또는 재활용능력이 100톤 미만인 시설

[풀이] ㉮ 소각열회수시설로서 1일 재활용능력이 100톤 미만인 시설
㉯ 기계적 처분시설 또는 재활용시설 중 탈수, 건조시설, 멸균분쇄시설 및 화학적 처분시설 또는 재활용시설
㉰ 일반소각시설로서 1일 처분능력이 100톤(지정폐기물의 경우에는 10톤) 미만인 시설

75 폐기물발생억제지침 준수의무대상 배출자의 규모기준으로 알맞은 것은 어느 것인가?

㉮ 최근 2년간의 연평균 배출량을 기준으로 지정폐기물을 100톤 이상 배출하는 자
㉯ 최근 2년간의 연평균 배출량을 기준으로 지정폐기물을 200톤 이상 배출하는 자
㉰ 최근 3년간의 연평균 배출량을 기준으로 지정폐기물을 100톤 이상 배출하는 자
㉱ 최근 3년간의 연평균 배출량을 기준으로 지정폐기물을 200톤 이상 배출하는 자

[풀이] 최근 3년간의 연평균 배출량을 기준으로 지정폐기물은 100톤 이상, 지정폐기물외의 폐기물은 1천톤 이상 배출하는 자

76 다음은 제출된 폐기물 처리사업계획서의 적합통보를 받은 자가 천재지변이나 그 밖의 부득이한 사유로 정해진 기간 내에 허가신청을 하지 못한 경우에 실시하는 연장기간에 대한 설명이다. ( )안에 기간이 옳게 나열된 것은 어느 것인가?

> 환경부장관 또는 시·도지사는 신청에 따라 폐기물 수집·운반업의 경우에는 총 연장기간 (①), 폐기물최종처리업과 폐기물종합처리업의 경우에는 총 연장기간 (②)의 범위에서 허가신청 기간을 연장할 수 있다.

㉮ ① 6개월, ② 1년
㉯ ① 6개월, ② 2년
㉰ ① 1년, ② 2년
㉱ ① 1년, ② 3년

77 관리형 매립시설 침출수의 생물화학적 산소요구량의 배출허용기준으로 알맞은 것은 어느 것인가? (단, 나 지역 기준)

㉮ 150mg/L   ㉯ 120mg/L
㉰ 90mg/L   ㉱ 70mg/L

[풀이] 생물화학적 산소요구량(나 지역 기준)
청정 지역 : 30mg/L, 가 지역 : 50mg/L
나 지역 : 70mg/L

정답 74 ㉱ 75 ㉰ 76 ㉯ 77 ㉱

78 지정폐기물의 종류 중 폐석면의 기준으로 알맞은 것은 어느 것인가?

㉮ 건조고형물의 함량을 기준으로 하여 석면이 1% 이상 함유된 제품, 설비(뿜칠로 사용된 것은 포함한다) 등의 해체, 제거시 발생되는 것
㉯ 건조고형물의 함량을 기준으로 하여 석면이 2% 이상 함유된 제품, 설비(뿜칠로 사용된 것은 포함한다) 등의 해체, 제거시 발생되는 것
㉰ 건조고형물의 함량을 기준으로 하여 석면이 5% 이상 함유된 제품, 설비(뿜칠로 사용된 것은 포함한다) 등의 해체, 제거시 발생되는 것
㉱ 건조고형물의 함량을 기준으로 하여 석면이 10% 이상 함유된 제품, 설비(뿜칠로 사용된 것은 포함한다) 등의 해체, 제거시 발생되는 것

79 생활폐기물을 버리거나 매립 또는 소각한 자에게 부과되는 과태료는 얼마인가? (단, 폐기물 관리법 기준)

㉮ 1000만원 이하 ㉯ 500만원 이하
㉰ 300만원 이하   ㉱ 100만원 이하

80 다음 중 폐기물처리시설로 틀린 것은 어느 것인가?

㉮ 소각시설   ㉯ 멸균분쇄시설
㉰ 소각열회수시설 ㉱ 용해시설

정답 78 ㉮ 79 ㉱ 80 ㉱

2015 제4회 폐기물처리산업기사
(2015년 9월 19일 시행)

제1과목 폐기물개론

01 어떤 쓰레기의 입도를 분석하였더니 입도누적곡선상의 10%(D_{10}), 30%(D_{30}), 60%(D_{60}), 90%(D_{90})의 입경이 각각 2, 6, 15, 25mm 라면 곡률계수는 얼마인가?

㉮ 15
㉯ 7.5
㉰ 2.0
㉱ 1.2

풀이) 곡률계수 $= \dfrac{(D_{30\%})^2}{(D_{10\%} \times D_{60\%})} = \dfrac{(6\,mm)^2}{(2\,mm \times 15\,mm)} = 1.2$

02 다음은 다양한 쓰레기 수집 시스템에 대한 내용이다. 각 시스템에 관한 설명으로 틀린 것은 어느 것인가?

㉮ 모노레일 수송은 쓰레기를 적환장에서 최종처분장까지 수송하는데 적용할 수 있다.
㉯ 콘베이어 수송은 지상에 설치한 콘베이어에 의해 수송하는 방법으로 신속 정확한 수송이 가능하나 악취와 경관에 문제가 있다.
㉰ 콘테이너 철도수송은 광대한 지역에서 적용할 수 있는 방법이며 콘테이너의 세정에 많은 물이 요구되어 폐수처리의 문제가 발생한다.
㉱ 관거를 이용한 수거는 자동화, 무공해화가 가능하나 조대쓰레기는 파쇄, 압축 등의 전처리가 필요하다.

풀이) ㉯ 콘베이어 수송은 지상에 설치한 콘베이어에 의해 수송하는 방법으로 신속 정확한 수송이 가능하며 악취와 경관보전이 가능하다.

03 반경이 2.5m인 트롬멜 스크린의 임계속도(rpm)는 얼마인가?

㉮ 약 19rpm
㉯ 약 27rpm
㉰ 약 32rpm
㉱ 약 38rpm

풀이) $N_C = \sqrt{\dfrac{g}{4\pi^2 r}} \times 60$

여기서 N_C : 임계속도(rpm = 회/min)
g : 중력가속도(9.8m/sec²)
r : 스크린 반경(m)

따라서 $N_C = \sqrt{\dfrac{9.8\,m/s^2}{4 \times \pi^2 \times 2.5\,m}} \times 60$
$= 18.90\,rpm$

정답 01 ㉱ 02 ㉯ 03 ㉮

04 폐기물의 발생량은 부피와 중량으로 표시 가능하다. 이 중 부피로 표시할 때 반드시 명시하여야 하는 사항은 어느 것인가?

㉮ 폐기물의 압축정도
㉯ 폐기물의 보관기간
㉰ 폐기물의 발생원
㉱ 폐기물의 조성

05 다음 중 원소 분석 결과를 이용한 발열량 산정식으로 틀린 것은 어느 것인가?

㉮ Steuer식
㉯ Dulong식
㉰ Scheurer-Kestner식
㉱ Lambert식

풀이 원소 분석 결과를 이용한 발열량 산정식으로는 Steuer(스튜어)식, Dulong(듀롱)식, Scheurer-Kestner(쉴레-케스트너)식이 있다.

06 분뇨에 포함되어 있는 협잡물의 양과 질은 도시, 농촌, 공장지대 등 발생지역에 따라서 그 차가 크며, 우리나라의 경우는 평균 4~7% 정도라고 보고 있다. 이러한 우리나라 분뇨의 물리·화학적 성질로서 틀린 것은 어느 것인가?

㉮ 외관상 황색-다갈색
㉯ 점도는 비점도로 1.2~2.2 정도
㉰ 비중은 1.02 정도
㉱ BOD는 8,000~13,500ppm 정도

07 다음 중 조대형폐기물에 속하지 않는 것은 어느 것인가?

㉮ 폐플라스틱   ㉯ 모포
㉰ 타이어   ㉱ 나무류

풀이 조대형폐기물에는 모포, 타이어, 나무류 등이 있다.

08 쓰레기를 압축시켜 용적감소율(Volume reduction)이 45%인 경우 압축비(compaction ratio)는 얼마인가?

㉮ 약 1.5   ㉯ 약 1.8
㉰ 약 2.2   ㉱ 약 2.8

풀이
$$압축비 = \frac{100}{100 - 부피감소율(\%)}$$
$$= \frac{100}{100 - 45\%} = 1.82$$

09 쓰레기 발생량 조사방법 중 물질수지법에 대한 내용으로 틀린 것은 어느 것인가?

㉮ 주로 산업폐기물 발생량을 추산할 때 이용된다.
㉯ 먼저 조사하고자 하는 계의 경계를 정확하게 설정한다.
㉰ 물질수지를 세울 수 있는 상세한 데이터가 있는 경우에 가능하다.
㉱ 모든 인자를 수식화하여 비교적 정확하며 비용이 저렴하다.

풀이 ㉱ 비용이 많이 들고 작업량이 많아 널리 이용되지 않는다.

정답 04 ㉮ 05 ㉱ 06 ㉱ 07 ㉮ 08 ㉯ 09 ㉱

10 함수율 40%인 슬러지를 건조시켜 함수율을 20%로 하였을 경우 1톤당 증발되는 수분의 양은?

㉮ 0.15ton ㉯ 0.20ton
㉰ 0.25ton ㉱ 0.30ton

풀이 ① $W_1 \times (100 - P_1) = W_2 \times (100 - P_2)$
여기서 W_1 : 건조 전 폐기물의 무게(ton)
P_1 : 건조 전 함수율(%)
W_2 : 건조 후 폐기물의 무게(ton)
P_2 : 건조 후 함수율(%)
$1 ton \times (100 - 40) = W_2 \times (100 - 20)$
∴ $W_2 = \dfrac{1 ton \times (100 - 40)}{(100 - 20)} = 0.75 ton$
② 증발되는 수분량 = $W_1 - W_2$
= $1 ton - 0.75 ton = 0.25 ton$

11 어떤 도시에서 발생되는 쓰레기를 인부 50명이 수거 운반할 때의 MHT는 얼마인가? (단, 1일 10시간 작업, 연간 수거실적은 1,220,000ton, 휴가일수 60일/년·인)

㉮ 약 1.05 ㉯ 약 0.81
㉰ 약 0.33 ㉱ 약 0.13

풀이 MHT(man·hr/ton)
$= \dfrac{수거인부수(man) \times 작업시간(hr)}{쓰레기 수거실적(ton)}$
$= \dfrac{50명 \times 10hr/day \times 305day/년}{1,220,000 ton/년} = 0.13 MHT$

12 적환장을 설치하는 경우로 틀린 것은 어느 것인가?

㉮ 슬러지 수송이나 공기 수송방식을 사용할 경우
㉯ 불법투기가 발생할 경우
㉰ 작은 용량의 수집차량을 사용할 경우
㉱ 고밀도 거주지역이 존재할 경우

풀이 ㉱ 저밀도 거주지역이 존재할 경우

13 3성분의 조성비에 의한 저위발열량 분석 시 3성분에 해당하지 않는 것은 어느 것인가?

㉮ 수분   ㉯ 고형분
㉰ 가연분   ㉱ 회분

풀이 3성분에는 가연분, 수분, 회분이 있다.

14 어느 주거지역에서 1일 1인당 1.2kg의 폐기물이 발생되고 1가구당 3인이 살며 이 지역의 총가구수는 3,000 가구일 때 5일간의 총폐기물 발생량(kg)은 얼마인가?

㉮ 58,000kg ㉯ 54,000kg
㉰ 31,600kg ㉱ 30,800kg

풀이 총발생량(kg)
= 1.2kg/인·일 × 3인/1가구 × 3,000가구 × 5일
= 54,000kg

15 쓰레기 발생량에 영향을 주는 인자에 대한 내용으로 알맞은 것은 어느 것인가?

㉮ 쓰레기통이 작을수록 쓰레기 발생량이 증가한다.
㉯ 수집빈도가 높을수록 쓰레기 발생량이 증가한다.
㉰ 생활수준이 높을수록 쓰레기 발생량이 감소한다.
㉱ 도시규모가 작을수록 쓰레기 발생량이 증가한다.

풀이) ㉮ 쓰레기통이 작을수록 쓰레기 발생량이 감소한다.
㉰ 생활수준이 높을수록 쓰레기 발생량이 증가한다.
㉱ 도시규모가 작을수록 쓰레기 발생량이 감소한다.

16 폐기물을 분석한 결과 수분 20%, 회분 15%, 고정탄소 25%, 휘발분이 40%이고, 휘발분을 원소 분석한 결과 수소 20%, 황 5%, 산소 25%, 탄소 50%이었다. 이때 이 폐기물의 고위발열량(kcal/kg)은 얼마인가? (단, Dulong식 적용하시오.)

㉮ 약 6,000kcal/kg ㉯ 약 7,000kcal/kg
㉰ 약 8,000kcal/kg ㉱ 약 9,000kcal/kg

풀이) $Hh = 8,100C + 34,000(H - \frac{O}{8}) + 2,500S$ (kcal/kg)
$= 8,100 \times (0.25 + 0.4 \times 0.5) + 34,000$
$\times \left(0.4 \times 0.2 - \frac{0.4 \times 0.25}{8}\right) + 2,500 \times 0.4 \times 0.05$
$= 5,990$ kcal/kg

17 MBT에 관한 내용으로 틀린 것은 어느 것인가?

㉮ MBT 시설에서 가연성물질을 고형연료로 가공하는 시설이 포함되어 있다.
㉯ MBT는 주로 생활폐기물 전처리 시스템으로서 재활용 가치가 있는 물질을 회수하는 시설이다.
㉰ MBT는 주로 생물학적, 화학적 처리를 통해 재활용 가치가 있는 물질을 회수하는 시설이다.
㉱ MBT는 생활폐기물을 소각 또는 매립하기 전에 재활용 물질을 회수하는 시설 중 한 종류이다.

풀이) ㉰ MBT는 주로 기계적 처리를 통해 재활용 가치가 있는 물질을 회수하는 시설이다.

18 어느 쓰레기 시료의 초기 무게가 70kg이었고 이것을 완전건조(함수율 0%) 시킨 후 무게를 측정한 결과 40kg이 되었다면 건조 전 시료의 함수율(%)은 얼마인가?

㉮ 35% ㉯ 43%
㉰ 57% ㉱ 60%

풀이) $W_1 \times (100 - P_1) = W_2 \times (100 - P_2)$
여기서 W_1 : 건조 전 폐기물의 무게(kg)
P_1 : 건조 전 함수율(%)
W_2 : 건조 후 폐기물의 무게(kg)
P_2 : 건조 후 함수율(%)
따라서 $70 \text{kg} \times (100 - P_1) = 40 \text{kg} \times (100 - 0)$
$\therefore P_1 = 100 - \frac{40 \text{kg} \times (100 - 0)}{70 \text{kg}} = 42.86\%$

정답) 15 ㉯ 16 ㉮ 17 ㉰ 18 ㉯

19 어느 도시에서 발생하는 쓰레기의 성분 중 가연성물질이 약 40%(중량비)를 차지하는 것으로 조사되었다. 밀도 500 kg/m³인 쓰레기 10m³ 중 가연성물질의 양(ton)은 얼마인가?

㉮ 1.2ton ㉯ 1.5ton
㉰ 2ton ㉱ 3ton

풀이 가연성 물질의 양(ton)
= 쓰레기의 양(m^3) × 밀도(kg/m^3)
  × $\dfrac{가연성물질의 함량(\%)}{100}$
= $10m^3 \times 500kg/m^3 \times 0.40 = 2,000kg = 2ton$

20 폐기물의 새로운 수송수단 중 Pipe line 수송에 관한 내용으로 틀린 것은 어느 것인가?

㉮ 가설 후에 경로변경이 곤란하다.
㉯ 자동화, 무공해화 등의 장점이 있다.
㉰ 조대쓰레기에 대한 파쇄, 압축 등의 전처리가 필요하다.
㉱ 쓰레기 발생밀도가 낮은 곳에서 주로 사용한다.

풀이 ㉱ 쓰레기 발생밀도가 높은 곳에서 주로 사용한다.

제2과목 폐기물처리기술

21 다음 중 우리나라 음식물 쓰레기를 퇴비로 재활용하는데 있어서 가장 큰 문제점으로 지적되는 사항으로 알맞은 것은 어느 것인가?

㉮ 염분함량 ㉯ 발열량
㉰ 유기물함량 ㉱ 밀도

풀이 우리나라 음식물 쓰레기를 퇴비로 재활용하는데 있어서 가장 큰 문제점은 염분함량이다.

22 유동층 소각로의 장점으로 틀린 것은 어느 것인가?

㉮ 기계적 구동부분이 적어 고장률이 낮다.
㉯ 가스의 온도가 낮고 과잉공기량이 적다.
㉰ 로 내 온도의 자동제어와 열회수가 용이하다.
㉱ 열용량이 커서 파쇄 등 전처리가 필요 없다.

풀이 ㉱ 로 내로 투입전 파쇄 등의 전처리가 필요하다.

정답 19 ㉰ 20 ㉱ 21 ㉮ 22 ㉱

23 물리학적으로 분류된 토양수분인 흡습수에 대한 설명으로 틀린 것은 어느 것인가?

㉮ 중력수 외부에 표면장력과 중력이 평형을 유지하며 존재하는 물을 말한다.
㉯ 흡습수는 pF 4.5 이상으로 강하게 흡착되어 있다.
㉰ 식물이 직접 이용할 수 없다.
㉱ 부식토에서의 흡습수의 양은 무게비로 70%에 달한다.

㉮번의 설명은 모세관수에 대한 설명이다.

24 500ton/day 규모의 폐기물 에너지 전환시설의 폐기물 에너지 함량을 2,400 kcal/kg로 가정할 때 이로부터 생성되는 열발생률(kcal/kWh)은 얼마인가? (단, 엔진에서 발생한 전기 에너지는 20,000kW이며, 전기 공급에 따른 손실은 10%라고 가정한다.)

㉮ 2,778 ㉯ 3,624
㉰ 4,342 ㉱ 5,198

열발생률(kcal/kWh)
$= \dfrac{2,400\,\text{kcal}}{\text{kg}} \Big| \dfrac{1}{20,000\,\text{kW}} \Big| \dfrac{500 \times 10^3\,\text{kg}}{\text{day}}$
$\Big| \dfrac{1\,\text{day}}{24\,\text{hr}} \Big| \dfrac{100}{(100-10)\%}$
$= 2,777.78\,\text{kcal/kWh}$

25 폐기물 매립 후 경과 기간에 따른 가스 구성성분의 변화에 관한 내용으로 틀린 것은 어느 것인가?

㉮ 1단계 : 호기성 단계로 폐기물 내의 수분이 많은 경우에는 반응이 가속화되고 용존산소가 쉽게 고갈된다.
㉯ 2단계 : 호기성 단계로 임의성 미생물에 의해서 SO_4^{-2}와 NO_3^-가 환원되는 단계이다.
㉰ 3단계 : 혐기성 단계로 CH_4가 생성되며 온도가 약 55℃까지는 증가한다.
㉱ 4단계 : 혐기성 단계로 가스 내의 CH_4와 CO_2의 함량이 거의 일정한 정상상태의 단계이다.

㉯ 2단계 : 혐기성 단계지만 CH_4가 형성되지 않고, H_2가 생성되기 시작하고 SO_4^{-2}와 NO_3^- 등이 환원되는 단계이다.

26 유기물의 산화공법으로 적용되는 Fenton 산화반응에 사용되는 것으로 알맞은 것은 어느 것인가?

㉮ 아연과 자외선
㉯ 마그네슘과 자외선
㉰ 철과 과산화수소
㉱ 아연과 과산화수소

Fenton 산화반응에서 Fenton 시약은 과산화수소이고 촉매는 철염이다.

27 고형물 중 유기물이 90%이고 함수율이 96%인 슬러지 500m³를 소화시킨 결과 유기물 중 2/3가 제거되고 함수율 92%인 슬러지로 변했다면 소화슬러지의 부피(m³)는 얼마인가? (단, 모든 슬러지의 비중은 1.0 기준이다.)

㉮ 100m³ ㉯ 150m³
㉰ 200m³ ㉱ 250m³

풀이 소화 후 슬러지량(m³)
= $(VS+FS) \times \frac{100}{100-P(\%)}$

① 소화 후 VS량(m³)
= $500m^3 \times (1-0.96) \times 0.9 \times (1-\frac{2}{3}) = 6m^3$

② 소화 후 FS량(m³)
= $500m^3 \times (1-0.96) \times (1-0.90) = 2m^3$

③ 소화 후 슬러지량(m³)
= $(6m^3 + 2m^3) \times \frac{100}{100-92\%} = 100m^3$

Tip
① 고형물(TS) = 100-함수율(%)
= 100-96% = 4%
② 휘발성고형물(유기물)
+잔류성고형물(무기물) = 100%
③ 잔류성고형물(무기물)
= 100 - 휘발성고형물(무기물)

28 밀도가 300kg/m³인 폐기물 중 비가연분이 무게비로 50%이다. 폐기물 10m³ 중 가연분의 양(kg)은 얼마인가?

㉮ 1,500kg ㉯ 2,100kg
㉰ 3,000kg ㉱ 3,500kg

풀이 가연분의 양(kg)
= 폐기물의 양(m³) × 밀도(kg/m³)
× $\frac{100-비가연분의 함량(\%)}{100}$
= $10m^3 \times 300kg/m^3 \times (1-0.50) = 1,500kg$

29 소각로 설계의 기준이 되고 있는 발열량은 어느 것인가?

㉮ 고위발열량 ㉯ 저위발열량
㉰ 평균발열량 ㉱ 최대발열량

풀이 소각로 설계의 기준이 되고 있는 발열량은 저위발열량이다.

30 매립지 발생가스 중 이산화탄소는 밀도가 커서 매립지 하부로 이동하여 지하수와 접촉하게 된다. 지하수에 용해된 이산화탄소에 의한 영향으로 틀린 것은 어느 것인가?

㉮ 지하수 중 광물의 함량을 증가시킨다.
㉯ 지하수의 경도를 높인다.
㉰ 지하수의 pH를 낮춘다.
㉱ 지하수의 SS농도를 감소시킨다.

31 다음 중 내륙매립공법으로 틀린 것은 어느 것인가?

㉮ 샌드위치공법 ㉯ 셀공법
㉰ 순차투입공법 ㉱ 압축매립공법

풀이 ㉰ 순차투입공법은 해안매립공법에 해당한다.

Tip
매립공법의 종류
(1) 내륙매립공법의 종류
① 샌드위치공법 ② 셀공법
③ 압축매립공법 ④ 도랑형공법
(2) 해안매립공법의 종류
① 박층뿌림공법 ② 순차투입공법
③ 내수배제 및 수중투기공법

정답 27 ㉮ 28 ㉮ 29 ㉯ 30 ㉱ 31 ㉰

32 함수율 98%인 슬러지를 농축하여 함수율 92%로 하였다면 슬러지의 부피변화율은 어떻게 변화하는가?

㉮ 1/2로 감소 ㉯ 1/3로 감소
㉰ 1/4로 감소 ㉱ 1/5로 감소

풀이 $V_1 \times (100 - P_1) = V_2 \times (100 - P_2)$
슬러지의 부피 변화율
$\left(\dfrac{V_2}{V_1}\right) = \left(\dfrac{100 - P_1}{100 - P_2}\right) = \left(\dfrac{100 - 98}{100 - 92}\right) = \dfrac{2}{8} = \dfrac{1}{4}$
따라서 $\dfrac{1}{4}$배로 감소한다.

33 유효공극율 0.2, 점토층 위의 침출수 수두 1.5m인 점토 차수층 1.0m를 통과하는데 10년이 걸렸다면 점토 차수층의 투수계수(cm/sec)는 얼마인가?

㉮ 2.54×10^{-7} ㉯ 3.54×10^{-7}
㉰ 2.54×10^{-8} ㉱ 3.54×10^{-8}

풀이 $t = \dfrac{d^2 n}{k(d+h)}$
여기서 t : 침출수가 점토층을 통과하는 시간(년)
d : 점토층의 두께(m)
n : 유효공극률
k : 투수계수(m/년)
h : 침출수 수두(m)

① $t = \dfrac{d^2 n}{k(d+h)}$

$10년 = \dfrac{(1.0m)^2 \times 0.2}{k \times (1.0m + 1.5m)}$

$\therefore k = \dfrac{(1.0m)^2 \times 0.2}{10년 \times (1.0m + 1.5m)} = 0.008 m/년$

② k(cm/sec)
$= \dfrac{0.008 m}{년} \left| \dfrac{10^2 cm}{1 m} \right| \dfrac{1년}{365 day} \left| \dfrac{1 day}{24 hr} \right| \dfrac{1 hr}{3600 sec}$
$= 2.54 \times 10^{-8} cm/sec$

34 어느 매립지역의 연평균 강수량과 증발산량이 각각 1,400mm와 800mm일 때, 유출량을 통제하여 발생 침출수량을 350mm 이하로 하고자 한다. 이 매립지역의 유출량(mm)은 얼마인가?

㉮ 150mm 이하 ㉯ 150mm 이상
㉰ 250mm 이하 ㉱ 250mm 이상

풀이 매립지의 유출량(mm)
= 강수량 - 증발산량 - 침출수량의 기준치
= 1,400mm - 800mm - 350mm
= 250mm

35 혐기성 소화와 호기성 소화를 비교한 내용으로 틀린 것은 어느 것인가?

㉮ 호기성 소화 시 상층액의 BOD 농도가 낮다.
㉯ 호기성 소화 시 슬러지 발생량이 많다.
㉰ 혐기성 소화 슬러지 탈수성이 불량하다.
㉱ 혐기성 소화 운전이 어렵고 반응시간도 길다.

풀이 ㉰ 혐기성 소화 슬러지 탈수성이 양호하다.

36 배연 탈황 시 발생된 슬러지 처리에 많이 쓰이는 고형화 처리법으로 알맞은 것은 어느 것인가?

㉮ 시멘트 기초법
㉯ 석회 기초법
㉰ 자가 시멘트법
㉱ 열가소성 플라스틱법

풀이 배연 탈황 시 발생된 슬러지 처리에 많이 쓰이는 고형화 처리법은 자가 시멘트법이다.

정답 32 ㉰ 33 ㉰ 34 ㉱ 35 ㉰ 36 ㉰

37 퇴비를 효과적으로 생산하기 위하여 퇴비화 공정 중에 주입하는 Bulking Agent에 관한 내용으로 틀린 것은 어느 것인가?

㉮ 처리대상물질의 수분함량을 조절한다.
㉯ 미생물의 지속적인 공급으로 퇴비의 완숙을 유도한다.
㉰ 퇴비의 질(C/N비)개선에 영향을 준다.
㉱ 처리대상물질 내의 공기가 원활히 유통될 수 있도록 한다.

38 다음 중 주로 이용되는 집진장치의 집진원리(기구)로 틀린 것은 어느 것인가?

㉮ 원심력을 이용
㉯ 반데르바알스힘을 이용
㉰ 필터를 이용
㉱ 코로나 방전을 이용

[풀이] ㉮ 원심력을 이용 : 원심력 집진장치
㉰ 필터를 이용 : 여과 집진장치
㉱ 코로나 방전을 이용 : 전기 집진장치

39 인간이 1인 1일당 평균 BOD 13g이고 분뇨평균 배출량이 1L라면 분뇨 BOD 농도(ppm) 는 얼마인가?

㉮ 13,000ppm ㉯ 15,000ppm
㉰ 17,000ppm ㉱ 20,000ppm

[풀이] 분뇨 BOD 농도(ppm = mg/L)
$= \frac{13g}{1L} \mid \frac{10^3 mg}{1g} = 13,000 mg/L$

40 아래의 폐기물 중간처리기술들에서 처리 후 잔류하는 고형물의 양이 적은 순서대로 나열된 것은 어느 것인가?

┌─────────────────────────┐
│ ㉠ 소각 ㉡ 용융 ㉢ 고화 │
└─────────────────────────┘

㉮ ㉠-㉡-㉢ ㉯ ㉢-㉡-㉠
㉰ ㉠-㉢-㉡ ㉱ ㉡-㉠-㉢

제3과목 폐기물공정시험기준

41 폐기물에 함유되어 있는 수분을 측정코자 한다. 증발접시에 시료를 넣고 물중탕 후 건조 시킬 때 건조기 안에서 건조시간 및 건조온도로 알맞은 것은 어느 것인가?

㉮ 2시간, 105~110℃
㉯ 2시간, 115~120℃
㉰ 4시간, 105~110℃
㉱ 4시간, 115~120℃

42 강도 I_o의 단색광이 정색액을 통과할 때 그 빛의 80%가 흡수되었다면 흡광도는 얼마인가?

㉮ 약 0.5 ㉯ 약 0.6
㉰ 약 0.7 ㉱ 약 0.8

[풀이] 흡광도(A) $= \log \frac{1}{투과도} = \log \frac{1}{0.20} = 0.70$

정답 37 ㉯ 38 ㉯ 39 ㉮ 40 ㉱ 41 ㉰ 42 ㉰

Tip
① 흡광도(A) = $\log\dfrac{1}{투과도}$
② 투과%+흡수% = 100%
③ 투과% = 100 - 흡수%

43 유도결합플라스마-원자발광분광법에 의한 금속류 분석방법에 대한 내용으로 틀린 것은 어느 것인가?

㉮ 시료를 고주파유도코일에 의하여 형성된 석영플라스마에 주입하여 1,000 ~ 2,000K에서 들뜬 원자가 바닥상태로 이동할 때 방출하는 발광선 및 발광강도를 측정한다.
㉯ 대부분의 간섭 물질은 산 분해에 의해 제거된다.
㉰ 물리적 간섭은 특히 시료 중에 산의 농도가 10v/v% 이상으로 높거나 용존 고형물질이 1,500mg/L 이상으로 높은 반면, 검정용 표준용액의 산의 농도는 5% 이하로 낮을 때에 발생한다.
㉱ 간섭효과가 의심되면 대부분의 경우가 시료의 매질로 인해 발생하므로 원자흡수분광광도법 또는 유도결합플라스마-질량분석법과 같은 대체방법과 비교하는 것도 간섭효과를 막는 방법이 될 수 있다.

㉮ 시료를 고주파유도코일에 의하여 형성된 아르곤플라스마에 주입하여 6,000 ~ 8,000K에서 들뜬 원자가 바닥상태로 이동할 때 방출하는 발광선 및 발광강도를 측정한다.

44 이온전극법에 의한 시안 측정에 대한 설명이다. ( )안에 알맞은 말은 어느 것인가?

액상폐기물과 고상폐기물을 pH ( )의 ( )으로 조절한 후 시안 이온전극과 비교전극을 사용하여 전위를 측정하고 그 전위차로부터 시안을 정량한다.

㉮ 4 이하, 산성
㉯ 6 ~ 8, 중성
㉰ 9 ~ 10, 알칼리성
㉱ 12 ~ 13, 알칼리성

45 원자흡수분광광도법을 이용하여 측정할 수 있는 물질은 어느 것인가?

㉮ 시안
㉯ 유기인
㉰ 수은
㉱ 할로겐화 유기물질

원자흡수분광광도법을 이용하여 측정할 수 있는 물질은 중금속인 수은이다.

46 다음 물질 중 다이에틸다이티오카르바민산은의 피리딘 용액에 흡수시켜 적자색의 흡광도를 측정하여 정량하는 물질은 어느 것인가?

㉮ 6가 크롬   ㉯ 구리
㉰ 수은   ㉱ 비소

㉱ 비소에 대한 설명이다.

정답 43 ㉮ 44 ㉱ 45 ㉰ 46 ㉱

47 다음 중 휘발성 저급 염소화 탄화수소류의 분석방법으로 알맞은 것은 어느 것인가? (단, 폐기물공정시험기준에 준한다.)

㉮ Atomic Absorption Spectrophotometry
㉯ UV/Visible Spectrometry
㉰ Inductively Coupled Plasma-Atomic Emission Spectrometry
㉱ Gas Chromatography

48 폐기물 중 기름성분을 측정하는 방법인 기름성분-중량법에 대한 설명으로 틀린 것은 어느 것인가?

㉮ 폐기물 중의 비교적 휘발되지 않는 탄화수소, 탄화수소 유도체, 그리스유상물질 중 노말헥산에 용해되는 성분에 적용한다.
㉯ 시료 적당량을 분별깔대기에 넣고 메틸오렌지용액(0.1W/V%)을 2~3방울 넣고 황색이 적색으로 변할 때까지 염산(1+1)을 넣어 pH 4 이하로 조절한다.
㉰ 노말헥산층에서 수분을 제거하기 위해서는 무수탄산나트륨을 넣고 흔들어 섞은 후 여과한다.
㉱ 이 시험기준의 정량한계는 0.1% 이하로 한다.

풀이 ㉰ 노말헥산층에서 수분을 제거하기 위해서는 무수황산나트륨을 3~5g을 넣어 흔들어 섞은 후 여과한다.

49 총칙에서 규정하고 있는 설명 중 알맞은 것은 어느 것인가?

㉮ '약'이라 함은 기재된 양에 대하여 ±5% 이상의 차가 있어서는 안 된다.
㉯ '방울수'라 함은 0℃에서 정제수 20방울을 적하할 때 그 부피가 약 1mL가 되는 것을 말한다.
㉰ '감압 또는 진공'이라 함은 5mmHg 이하를 말한다.
㉱ '냄새가 없다'라고 기재한 것은 냄새가 없거나, 또는 거의 없는 것을 표시하는 것이다.

풀이 ㉮ '약'이라 함은 기재된 양에 대하여 ±10% 이상의 차가 있어서는 안 된다.
㉯ '방울수'라 함은 20℃에서 정제수 20방울을 적하할 때 그 부피가 약 1mL가 되는 것을 말한다.
㉰ '감압 또는 진공'이라 함은 15mmHg 이하를 말한다.

50 폐기물의 노말헥산 추출물질의 양을 측정하기 위해 다음과 같은 결과를 얻었을 때 노말헥산 추출물질의 농도(mg/L)는 얼마인가?

- 시료의 양 : 500mL
- 시험 전 증발용기의 무게 : 25g
- 시험 후 증발용기의 무게 : 13g
- 바탕시험 전 증발용기의 무게 : 5g
- 바탕시험 후 증발용기의 무게 : 4.8g

㉮ 11,800mg/L　㉯ 23,600mg/L
㉰ 32,400mg/L　㉱ 53,800mg/L

정답 47 ㉱　48 ㉰　49 ㉱　50 ㉯

풀이 노말헥산 추출물질의 농도(mg/L)
$= \dfrac{\{(25-13)-(5-4.8)\}\,g \times 10^3\,mg/g}{500\,mL \times 10^{-3}\,L/mL}$
$= 23{,}600\,mg/L$

51 대상 폐기물의 양이 550톤이라면 시료의 최소수는 얼마인가?

㉮ 32 ㉯ 34
㉰ 36 ㉱ 38

풀이 대상폐기물의 양과 시료의 최소 수

대상폐기물의 양 (단위 : ton)	시료의 최소 수	대상폐기물의 양 (단위 : ton)	시료의 최소 수
~1 미만	6	100 이상 ~ 500 미만	30
1 이상 ~ 5 미만	10	500 이상 ~ 1000 미만	36
5 이상 ~ 30 미만	14	1000 이상 ~ 5000 미만	50
30 이상 ~ 100 미만	20	5000 이상	60

52 염화암모늄을 다량 함유한 시료를 회화법에 의한 유기물분해 하고자 할 경우 휘산되어 손실의 우려가 있는 금속으로 틀린 것은 어느 것인가?

㉮ 납   ㉯ 주석
㉰ 아연   ㉱ 마그네슘

풀이 시료 중에 염화암모늄, 염화마그네슘, 염화칼슘 등이 다량 함유된 경우에는 납, 철, 주석, 아연, 안티몬 등이 휘산되어 손실을 가져오므로 주의하여야 한다.

53 자외선/가시선 분광법에 의한 구리 분석방법에 대한 내용으로 알맞은 것은 어느 것인가?

㉮ 구리이온은 산성에서 다이에틸다이티오카르바민산나트륨과 반응하여 황갈색의 킬레이트 화합물을 생성한다.
㉯ 구리이온은 산성에서 다이에틸다이티오카르바민산나트륨과 반응하여 적자색의 킬레이트 화합물을 생성한다.
㉰ 구리이온은 알칼리성에서 다이에틸다이티오카르바민산나트륨과 반응하여 황갈색의 킬레이트 화합물을 생성한다.
㉱ 구리이온은 알칼리성에서 다이에틸다이티오카르바민산나트륨과 반응하여 적자색의 킬레이트 화합물을 생성한다.

54 $Pb(NO_3)_2$를 사용하여 0.5mg/mL의 납 표준원액(1,000mg/L) 1,000mL를 제조하려고 한다. $Pb(NO_3)_2$을 얼마나 취해야 하는가? (단, Pb의 원자량 : 207.2)

㉮ 약 200mg   ㉯ 약 400mg
㉰ 약 600mg   ㉱ 약 800mg

풀이 $Pb(NO_3)_2$: Pb^{2+}
331.2g : 207.2g
X : 0.5mg/mL×1,000mL
∴ $X = \dfrac{331.2\,g \times 0.5\,mg/mL \times 1{,}000\,mL}{207.2\,g}$
$= 799.23\,mg$

정답 51 ㉰ 52 ㉱ 53 ㉰ 54 ㉱

55 기체크로마토그래피로 유기인화합물을 분리하고자 할 때 사용되는 정제용 칼럼으로 틀린 것은 어느 것인가?

㉮ 규산 칼럼 ㉯ 플로리실 칼럼
㉰ 활성탄 칼럼 ㉱ 실리카겔 칼럼

[풀이] 기체크로마토그래피로 유기인화합물을 분리하고자 할 때 사용되는 정제용 칼럼으로는 플로리실 칼럼, 활성탄 칼럼, 실리카겔 칼럼이 있다.

56 시료의 조제방법 중 시료의 축소방법으로 틀린 것은 어느 것인가?

㉮ 구획법 ㉯ 구분축소법
㉰ 원추 4분법 ㉱ 교호삽법

[풀이] 시료의 축소방법으로는 구획법, 원추 4분법, 교호삽법이 있다.

57 유리전극법을 적용한 수소이온농도 측정 개요에 대한 내용으로 틀린 것은 어느 것인가?

㉮ pH를 0.01까지 측정한다.
㉯ 유리전극은 일반적으로 용액의 색도, 탁도, 콜로이드성 물질들에 의해 간섭을 받지 않는다.
㉰ 유리전극은 일반적으로 용액의 산화 및 환원성 물질들 그리고 염도에 의해 간섭을 받지 않는다.
㉱ pH 4 이하에서는 나트륨에 대한 오차가 발생할 수 있으므로 "낮은 나트륨 오차 전극"을 사용한다.

[풀이] ㉱ pH 10 이하에서는 나트륨에 대한 오차가 발생할 수 있으므로 "낮은 나트륨 오차 전극"을 사용한다.

58 원자흡수분광광도법에 의한 6가크롬의 측정원리에 관한 내용으로 알맞은 것은 어느 것인가?

㉮ 정량한계는 0.1mg/L이다.
㉯ 아세틸렌-일산화이질소는 철, 니켈의 방해는 많으나 감도가 높다.
㉰ 정량범위는 장치 및 조건에 따라 다르나 267.72nm에서 2.0~5mg/L 정도이다.
㉱ 공기, 아세틸렌으로는 아세틸렌 유량이 많은 쪽이 감도가 높다.

[풀이] ㉮ 정량한계는 0.01mg/L이다.
㉯ 아세틸렌-일산화이질소는 철, 니켈의 방해는 적으나 감도가 낮다.
㉰ 정량범위는 장치 및 조건에 따라 다르나 357.9nm에서 0.01~5mg/L 정도이다.

59 시안을 자외선/가시선 분광법으로 측정할 때 클로라민-T와 피리딘·피라졸론 혼합액을 넣어 나타나는 색으로 알맞은 것은 어느 것인가?

㉮ 적색 ㉯ 황갈색
㉰ 적자색 ㉱ 청색

60 자외선/가시선 분광광도계 광원부의 광원 중 가시부와 근적외부의 광원으로 알맞은 것은 어느 것인가?

㉮ 중수소방전관 ㉯ 광전자증배관
㉰ 텅스텐램프 ㉱ 석영방전관

[풀이] 광원부의 광원
① 가시부와 근적외부 : 텅스텐램프
② 자외부 : 중수소방전관

정답 55 ㉮ 56 ㉯ 57 ㉱ 58 ㉱ 59 ㉱ 60 ㉰

제4과목 폐기물관계법규

61 폐기물 처리시설 종류의 구분이 틀린 것은 어느 것인가?

㉮ 물리적 재활용 시설 : 증발·농축 시설
㉯ 화학적 재활용 시설 : 고형화·고화 시설
㉰ 생물학적 재활용 시설 : 버섯재배 시설
㉱ 화학적 재활용 시설 : 응집·침전 시설

[풀이] ㉮ 기계적 재활용 시설 : 증발·농축 시설

62 폐기물 관리 종합계획에 포함되어야 할 사항으로 틀린 것은 어느 것인가?

㉮ 종합계획의 기조
㉯ 폐기물관리 현황 및 평가
㉰ 부문별 폐기물 관리 정책
㉱ 재원 조달 계획

[참고] 법규개정으로 문제 삭제

63 의료폐기물(위해의료폐기물) 중 시험·검사 등에 사용된 배양액, 배양용기, 보관균주, 폐시험관, 슬라이드, 커버글라스, 폐배지, 폐장갑이 해당되는 것은?

㉮ 병리계 폐기물   ㉯ 손상성 폐기물
㉰ 위생계 폐기물   ㉱ 보건성 폐기물

[풀이] ㉮ 병리계 폐기물에 대한 설명이다.

64 방치폐기물의 처리기간에 대한 설명이다. ( )에 알맞은 말은 어느 것인가?

> 환경부장관이나 시·도지사는 폐기물 처리 공제조합에 방치폐기물의 처리를 명하려면 주변환경의 오염 우려 정도와 방치폐기물의 처리량 등을 고려하여 ( )의 범위에서 그 처리기간을 정하여야 한다.

㉮ 1개월   ㉯ 2개월
㉰ 4개월   ㉱ 6개월

65 용어의 정의로 잘못된 것은 어느 것인가?

㉮ 폐기물처리시설 : 폐기물의 중간처분시설, 최종처분시설 및 재활용시설로서 대통령령으로 정하는 시설을 말한다.
㉯ 처리 : 폐기물의 소각, 중화, 파쇄, 고형화 등의 중간처리와 매립하거나 해역으로 배출하는 등의 최종처리를 말한다.
㉰ 지정폐기물 : 사업장폐기물 중 폐유·폐산 등 주변환경을 오염시킬 수 있거나 의료폐기물 등 인체에 위해를 줄 수 있는 해로운 물질로서 대통령령으로 정하는 폐기물을 말한다.
㉱ 생활폐기물 : 사업장 폐기물 외의 폐기물을 말한다.

[풀이] ㉯ 처리 : 폐기물의 수집, 운반, 보관, 재활용, 처분을 말한다.

정답   61 ㉮   62 ㉯   63 ㉮   64 ㉯   65 ㉯

66 멸균분쇄시설의 검사기관으로 틀린 것은 어느 것인가?

㉮ 한국환경공단
㉯ 보건환경연구원
㉰ 한국건설기술연구원
㉱ 한국산업기술시험원

풀이 멸균분쇄시설의 검사기관으로는 한국환경공단, 보건환경연구원, 한국산업기술시험원이다.

67 관리형 매립시설에서 발생하는 침출수의 생물화학적 산소요구량, 화학적 산소요구량(중크롬산칼륨법에 따른 경우), 부유물질량의 배출허용기준으로 알맞은 것은 어느 것인가? (단, 청정지역에 해당하는 경우)

㉮ 30mg/L, 200mg/L, 30mg/L
㉯ 30mg/L, 200mg/L, 50mg/L
㉰ 30mg/L, 400mg/L, 30mg/L
㉱ 50mg/L, 600mg/L, 50mg/L

68 폐기물처리업자(폐기물 재활용업자)의 준수사항에 대한 설명이다. ( )안에 알맞은 말은 어느 것인가?

> 유기성 오니를 화력발전소에서 연료로 사용하기 위하여 가공하는 자는 유기성 오니 연료의 저위발열량, 수분 함유량, 회분 함유량, 황분 함유량, 길이 및 금속성분을 ( ) 측정하여 그 결과를 시·도지사에게 제출하여야 한다.

㉮ 매 월 1회 이상
㉯ 매 2월 1회 이상
㉰ 매 분기당 1회 이상
㉱ 매 반기당 1회 이상

69 환경부장관 등이 실시하는 폐기물 통계조사 중 폐기물 발생원 등에 관한 조사의 실시 주기는 얼마인가?

㉮ 매 2년 ㉯ 매 3년
㉰ 매 5년 ㉱ 매 10년

참고 법규개정으로 문제 삭제

70 폐기물 처리시설을 설치하고자 하는 자는 폐기물 처분시설 또는 재활용시설 설치승인신청서를 누구에게 제출하여야 하는가?

㉮ 환경부장관이나 지방환경관서의 장
㉯ 시·도지사나 지방환경관서의 장
㉰ 국립환경연구원장이나 지방자치단체의 장
㉱ 보건환경연구원장이나 지방자치단체의 장

71 토지 이용의 제한기간은 폐기물매립시설의 사용이 종료되거나 그 시설이 폐쇄된 날부터 몇 년 이내로 하는가?

㉮ 10년 이내 ㉯ 20년 이내
㉰ 30년 이내 ㉱ 40년 이내

72 의료폐기물의 수집·운반 차량의 차체는 어떤색으로 색칠하여야 하는가?

㉮ 청색   ㉯ 흰색
㉰ 황색   ㉱ 녹색

 66 ㉰ 67 ㉮ 68 ㉰ 69 ㉰ 70 ㉯ 71 ㉰ 72 ㉯

73 다음 중 폐기물처리시설의 유지·관리에 관한 기술관리를 대행할 수 있는 자는 누구인가?

㉮ 지정폐기물 최종처리업자
㉯ 한국환경보전원
㉰ 한국환경산업기술원
㉱ 한국환경공단

74 폐기물 관리의 기본원칙으로 틀린 것은 어느 것인가?

㉮ 폐기물은 중간처리보다는 소각 및 매립의 최종처리를 우선하여 비용과 유해성을 최소화하여야 한다.
㉯ 폐기물로 인하여 환경오염을 일으킨 자는 오염된 환경을 복원할 책임을 지며, 오염으로 인한 피해의 구제에 드는 비용을 부담하여야 한다.
㉰ 국내에서 발생한 폐기물은 가능하면 국내에서 처리되어야 하고, 폐기물의 수입은 되도록 억제되어야 한다.
㉱ 누구든지 폐기물을 배출하는 경우에는 주변환경이나 주민의 건강에 위해를 끼치지 아니하도록 사전에 적절한 조치를 하여야 한다.

㉮ 폐기물은 소각, 매립 등의 처분을 하기보다는 우선적으로 재활용함으로써 자원생산성의 향상에 이바지하도록 하여야 한다.

75 음식물류 폐기물 처리시설에서 기술관리인의 자격기준으로 틀린 것은 어느 것인가?

㉮ 화공산업기사
㉯ 전기기사
㉰ 산업위생관리기사
㉱ 토목산업기사

음식물류 폐기물 처리시설에서 기술관리인의 자격기준으로는 폐기물처리산업기사, 수질환경산업기사, 화공산업기사, 토목산업기사, 대기환경산업기사, 기계기사, 전기기사 중 1명 이상이다.

76 폐기물 처리업자가 폐업을 한 경우 폐업한 날부터 며칠 이내에 구비서류를 첨부하여 시·도지사 등에게 제출하여야 하는가?

㉮ 5일 이내   ㉯ 7일 이내
㉰ 15일 이내   ㉱ 20일 이내

77 다음 지정폐기물의 처리기준 및 방법이 틀린 것은 어느 것인가?

㉮ 폐석면 : 분진이나 부스러기는 고온용융처분하거나 고형화처분하여야 한다.
㉯ 폐페인트 및 폐락카 : 고온소각 또는 고온용융처분하여야 한다.
㉰ 폐농약 : 액체상태의 것은 고온소각 또는 고온용융처분하여야 한다.
㉱ 폴리클로리네이티드비페닐 함유폐기물 : 고온소각하거나 고온용융처분하여야 한다.

㉯ 고온소각하거나 유기용제 등 재활용 대상 물질을 회수한 후 그 잔재물은 고온소각하여야 한다.

정답   73 ㉱   74 ㉮   75 ㉰   76 ㉱   77 ㉯

78 폐기물처리시설의 유지·관리에 관한 기술업무를 담당할 기술관리인을 두어야 하는 폐기물처리시설 기준으로 틀린 것은 어느 것인가? (단, 폐기물처리업자가 운영하는 폐기물처리시설이 아닌 경우이다.)

㉮ 멸균분쇄시설로서 1일 처리능력이 5톤 이상인 시설
㉯ 퇴비화시설로서 1일 처리능력이 5톤 이상인 시설
㉰ 절단시설로서 1일 처리능력이 100톤 이상인 시설
㉱ 압축시설로서 1일 처리능력이 100톤 이상인 시설

🅟 ㉮ 멸균분쇄시설로서 시간당 처분능력이 100킬로그램 이상인 시설

79 폐기물 재활용업자가 시·도지사로부터 승인받은 임시보관시설에 태반을 보관하는 경우 시·도지사가 임시보관시설을 승인함에 있어 따라야 하는 기준으로 알맞은 것은 어느 것인가?

㉮ 임시보관시설에서의 태반 보관 허용량은 10톤 미만일 것
㉯ 임시보관시설에서의 태반 보관 허용량은 20톤 미만일 것
㉰ 태반의 배출장소와 그 태반 재활용시설이 있는 사업장과의 거리가 50킬로미터 이하일 것
㉱ 임시보관시설에서의 태반 보관 기간은 태반이 임시보관시설에 도착한 날부터 5일 이내일 것

80 생활폐기물의 처리대행자로 틀린 것은 어느 것인가?

㉮ 폐기물처리업자
㉯ 재활용센터를 운용하는 자
㉰ 한국환경공단
㉱ 한국자원재생공사

🅟 생활폐기물의 처리대행자로는 폐기물처리업자, 폐기물처리 신고자, 한국환경공단, 재활용센터를 운용하는 자 등이다.

정답 78 ㉮ 79 ㉱ 80 ㉱

2016 제1회 폐기물처리산업기사
(2016년 3월 6일 시행)

제1과목 폐기물개론

01 쓰레기를 4분법으로 축분도 중 2번째에서 모포가 걸렸다. 이후 4회 더 축분하였다면 추후 모포의 함 유율(%)은 얼마인가?

㉮ 25% ㉯ 12.5%
㉰ 6.25% ㉱ 3.13%

풀이 $\left(\dfrac{1}{2}\right)^4 = 0.0625$ 따라서 6.25%이다.

02 공원, 도로 등의 개방지역에서 배출되는 쓰레기의 조성을 크게 3가지로 구분하였을 경우, 가장 적합한 내용은 어느 것인가?

㉮ 토사, 음식물류, 종이(휴지)류
㉯ 음식물류, 종이(휴지)류, 비닐류
㉰ 포장재류, 목재류(나뭇잎), 비닐류
㉱ 토사, 목재류(나뭇잎), 포장재류

03 습량기준 회분율(A, %)을 구하는 식으로 알맞은 것은 어느 것인가?

㉮ 건조쓰레기 회분 × $\dfrac{100 - 시료중량}{100}$

㉯ 수분 × $\dfrac{100 - 회분함량}{100}$

㉰ 건조쓰레기 회분 × $\dfrac{100 - 수분함량}{100}$

㉱ 습량기준 중량비 × $\dfrac{건조전 시료중량 - 수분함량}{100}$

04 쓰레기 관리 체계에서 비용이 가장 많이 드는 단계는 무엇인가?

㉮ 수거 ㉯ 저장
㉰ 처리 ㉱ 처분

풀이 쓰레기 관리 체계에서 비용이 가장 많이 드는 단계는 수거이다.

정답 01 ㉰ 02 ㉱ 03 ㉰ 04 ㉮

05 수거 노선을 설정할 때 주의사항으로 틀린 것은 어느 것인가?

㉮ U자형 회전을 피하여 수거한다.
㉯ 아주 많은 양의 쓰레기가 발생되는 발생원은 가능한 한 같은 날 왕복내에서 수거한다.
㉰ 수거지점과 수거빈도를 정하는데 있어서 기존정책이나 규정을 참고한다.
㉱ 수거인원 및 차량형식이 같은 기존 시스템의 조건들을 서로 관련시킨다.

[풀이] ㉯ 아주 많은 양의 쓰레기가 발생되는 발생원은 하루 중 가장 먼저 수거한다.

06 다음은 폐기물 수거에 대한 효율을 결정하기 위한 자료이다. A도시의 수거효율은 얼마인가?

	A도시	B도시
폐기물 발생량(톤/일)	1,500	2,000
수거인력(인/일)	300	250
근무시간(시간/일)	8	12

㉮ B도시와 같다.
㉯ B도시보다 높다.
㉰ B도시보다 낮다.
㉱ 이 자료로는 알 수 없다.

[풀이] $MHT(man \cdot hr/ton) = \dfrac{수거인부수 \times 작업시간}{쓰레기 수거실적}$

① A도시 MHT
$= \dfrac{300인/day \times 1\,day/8\,hr}{1,500\,ton/day} = 0.025$

② B 도시 MHT
$= \dfrac{250인/day \times 1\,day/12\,hr}{2,000\,ton/day} = 0.01$

∴ A도시의 수거효율은 B도시보다 낮다.

07 폐기물의 분석방법은 개략분석(proximately analysis)과 극한분석(ultimately analysis)으로 구분된다. 다음 중 극한분석에 해당하는 것은 어느 것인가?

㉮ 원소 분석   ㉯ 삼성분 분석
㉰ 사성분 분석   ㉱ 발열량 분석

[풀이] 극한분석은 원소 분석이다.

08 연속적으로 변화하는 자장 속에 비자성이며, 전기전도성이 좋은 구리, 알루미늄, 아연 등을 넣어 금속 내에 소용돌이 전류를 발생시켜 생기는 반발력의 차를 이용하여 분리하는 선별장치는 어느 것인가?

㉮ 정전기선별장치   ㉯ 자력선별장치
㉰ 와전류선별장치   ㉱ 비중선별장치

[풀이] ㉰ 와전류선별장치에 해당한다.

09 일반폐기물과 지정폐기물의 분류기준은 어느 것인가?

㉮ 발생원   ㉯ 유해성
㉰ 용융성   ㉱ 발생량

[풀이] 일반폐기물과 지정폐기물의 분류기준은 유해성이다.

정답 05 ㉯ 06 ㉰ 07 ㉮ 08 ㉰ 09 ㉯

10 중금속을 함유한 슬러지를 시멘트 고형화 할 때 고형화 전의 슬러지 용적 대비 고형화 후의 슬러지 용적(%)은 얼마인가? (단, 고화처리 전 중금속 슬러지 비중은 1.1, 고화처리 후 폐기물의 비중은 1.2, 시멘트 첨가량을 슬러지 무게의 30%)

㉮ 약 100% ㉯ 약 110%
㉰ 약 120% ㉱ 약 130%

[풀이] 부피변화율(VCF) = $(1 + MR) \times \dfrac{\rho_1}{\rho_2}$

여기서, $MR(혼합율) = \dfrac{첨가제의\ 질량}{폐기물의\ 질량}$
$= \dfrac{30\%}{100\%} = 0.3$

ρ_1 : 고화처리 전 밀도(g/cm³)
ρ_2 : 고화처리 후 밀도(g/cm³)

따라서 $VCF = (1 + 0.3) \times \dfrac{1.1\,g/cm^3}{1.2\,g/cm^3}$
$= 1.191 = 119\%$

11 물질회수를 위한 선별방법 중 플라스틱에서 종이를 선별할 수 있는 방법으로 알맞은 것은 어느 것인가?

㉮ 와전류선별 ㉯ Jig 선별
㉰ 광학 선별   ㉱ 정전기적 선별

[풀이] ㉱ 정전기적 선별에 해당한다.

12 쓰레기의 발생량과 성상에 대한 내용으로 틀린 것은 어느 것인가?

㉮ 일반적으로 수집빈도가 높을수록 또는 쓰레기통이 클수록 쓰레기 발생량이 증가한다.
㉯ 도시의 규모가 커질수록 쓰레기 발생량이 증가한다.
㉰ 생활수준이 증가할수록 쓰레기의 종류는 다양화되고 발생량은 감소한다.
㉱ 재활용품의 회수 및 재이용률이 증가할수록 쓰레기발생량은 감소한다.

[풀이] ㉰ 생활수준이 증가할수록 쓰레기의 종류는 다양화되고 발생량은 증가한다.

13 폐기물의 성질을 조사하기 위해 시료 채취방법으로 원추 4분법을 이용하여 4회 실시한 후 시료를 얻었다. 만일 초기에 조대형 쓰레기를 선별하여 무게를 측정한 결과 60kg 이라면 이 중 몇 kg이 시료에 포함되어야 하는가? (단, 조대형쓰레기의 비중은 동일하다고 가정한다.)

㉮ 60kg   ㉯ 15kg
㉰ 7.5kg ㉱ 3.75kg

[풀이] 분석용 시료량(kg)
$= 전체\ 시료량(kg) \times \left(\dfrac{1}{2}\right)^n = 60\,kg \times \left(\dfrac{1}{2}\right)^4$
$= 3.75\,kg$

정답 10 ㉰ 11 ㉱ 12 ㉰ 13 ㉱

14 모든 인자를 시간에 따른 함수로 나타낸 후, 시간에 대한 함수로 표시된 각 인자간의 상호관계를 수식화하여 쓰레기 발생량을 예측하는 방법은 어느 것인가?

㉮ 동적모사모델 ㉯ 다중회귀모델
㉰ 시간인자모델 ㉱ 다중인자모델

풀이 ㉮ 동적모사모델에 대한 설명이다.

15 쓰레기 압축처리 방법 중 포장기(baler)에 대한 설명으로 틀린 것은 어느 것인가?

㉮ 압축 후 삼베나 가죽 또는 철끈으로 묶는다.
㉯ 관리에 용이한 크기나 무게로 포장한다.
㉰ 완전하게 건조되지 못한 폐기물은 취급하기 곤란하다.
㉱ 매립지에서는 포장을 해체하여 최종처분한다.

풀이 ㉱ 매립지에서는 특별한 경우를 제외하면 포장을 해체하지 않고 그대로 매립한다.

16 폐기물의 총 고정탄소량이 강열감량의 50%이다. 폐기물의 초기 함수율이 70%이고 강열감량분이 건조 고형물의 60%라면 총 고정탄소량의 무게(kg)는 얼마인가? (단, 초기폐기물의 무게 : 1,000kg, 고형물 비중 : 1.0)

㉮ 180kg ㉯ 120kg
㉰ 90kg   ㉱ 60kg

풀이 총 고정탄소량=강열감량×0.5
① 고형물=100−함수율=100−70%=30%
② 강열감량=고형물×0.6=0.3×0.6=0.18
∴ 총 고정탄소량=1,000kg×0.18×0.5=90kg

17 파쇄방법 중 취성도가 큰 물질에 가장 효과적인 방법은 어느 것인가?

㉮ 전단파쇄 ㉯ 인장파쇄
㉰ 압축파쇄 ㉱ 원심파쇄

풀이 취성도가 큰 물질에 가장 효과적인 방법은 압축파쇄이다.

18 폐기물 발생량 조사방법으로 틀린 것은 어느 것인가?

㉮ 적재차량 계수분석법
㉯ 정량조사법
㉰ 직접계근법
㉱ 물질수지법

풀이 폐기물 발생량 조사방법으로는 물질수지법, 직접계근법, 적재차량계수법, 통계조사법(표본조사, 전수조사)가 있다.

19 쓰레기 수송법 중 관거(pipe line) 방법에 대한 내용으로 틀린 것은 어느 것인가?

㉮ 초기 투자비용이 많이 소요된다.
㉯ 쓰레기 발생밀도가 상대적으로 높은 지역에서 사용 가능하다.
㉰ 장거리 수송이 경제적으로 현실성이 있다.
㉱ 관거 설치 후에 노선변경이 어렵다.

풀이 ㉰ 단거리 수송이 경제적으로 현실성이 있다.

정답 14 ㉮ 15 ㉱ 16 ㉰ 17 ㉰ 18 ㉯ 19 ㉰

20 쓰레기의 파쇄에 관한 내용으로 틀린 것은 어느 것인가?

㉮ 파쇄 후 부피가 감소하는 것이 대부분이나 때로는 파쇄 후의 부피가 파쇄전보다 커질 수도 있다.
㉯ 파쇄는 흔히 소각 및 매립의 전처리공정으로 이용된다.
㉰ 폐기물 입자의 표면적이 감소되어 미생물 작용이 촉진된다.
㉱ 압축시에 밀도증가율이 크므로 운반비가 감소된다.

풀이 ㉰ 폐기물 입자의 표면적이 증가되어 미생물 작용이 촉진된다.

제2과목 폐기물처리기술

21 슬러지를 개량(conditioning)하는 주된 목적은 무엇인가?

㉮ 농축 성질을 향상시킨다.
㉯ 탈수 성질을 향상시킨다.
㉰ 소화 성질을 향상시킨다.
㉱ 구성성분 성질을 개선, 향상시킨다.

풀이 슬러지를 개량하는 주된 목적은 탈수 성질을 향상시킨다.

22 분뇨의 혐기성 소화처리 방식의 단점으로 틀린 것은 어느 것인가?

㉮ 처리과정에서 취기가 발생하고 위생해충이 발생하기 쉬우므로 오니 등의 취급에 대해서는 위생상 특히 주의가 필요하다.
㉯ 유지관리시 특별한 기술을 요하지 않고 비교적 용이하며, 관리비가 적게 든다.
㉰ 호기성 산화방식에 비하여 소화속도가 늦다.
㉱ 소화조의 용적이 비교적 대용량이 되므로 처리시설의 건설에 넓은 부지를 필요로 한다.

풀이 ㉯ 유지관리시 특별한 기술을 요구하고, 운전이 어렵다.

23 함수율이 95%인 슬러지 2,000m³을 함수율 20%로 처리하여 매립하였다면 매립된 슬러지의 중량(톤)은 얼마인가? (단, 슬러지 비중 1.0이다.)

㉮ 110톤   ㉯ 125톤
㉰ 130톤   ㉱ 135톤

풀이 $W_1 \times (100 - P_1) = W_2 \times (100 - P_2)$
여기서, W_1 : 매립전 슬러지량(톤)
P_1 : 매립전 함수율(%)
W_2 : 매립후 슬러지량(톤)
P_2 : 매립후 함수율(%)
따라서 2,000톤 × (100 − 95) = W_2 × (100 − 20)
∴ $W_2 = \dfrac{1,000톤 \times (100 - 95)}{(100 - 20)} = 125톤$

Tip
① 비중의 단위
  g/cm³=g/mL=kg/L=ton/m³
② 2,000m³×1.0ton/m³=2,000ton

정답 20 ㉰ 21 ㉯ 22 ㉯ 23 ㉯

24 폐기물 열분해에 대한 내용으로 틀린 것은 어느 것인가?

㉮ 폐기물을 산소의 공급 없이 가열하여 가스, 액체, 고체의 3성분으로 분리한다.
㉯ 고도의 발열반응으로 폐열회수가 가능하다.
㉰ 고온 열분해에서 1,700℃까지 온도를 올리면 생산되는 모든 재는 slag로 배출된다.
㉱ 열분해에서 일반적으로 저온이라 함은 500~900℃, 고온은 1,100~1,500℃를 말한다.

풀이 ㉯ 흡열반응이다.

25 5%의 고형물을 함유하는 500m³/day의 슬러지를 진공 여과시켜 75%의 수분을 함유하는 슬러지 케이크를 만든다면 하루 생산되는 슬러지 케이크의 양(m³)은 얼마인가? (단, 비중은 1.0 기준이다.)

㉮ 100m³   ㉯ 90m³
㉰ 83m³   ㉱ 75m³

풀이 $V_1 \times (100 - P_1) = V_2 \times (100 - P_2)$
따라서 $500 m^3/day \times (100 - 95) = V_2 \times (100 - 75)$
∴ $V_2 = \dfrac{500 m^3/day \times (100 - 95)}{(100 - 75)} = 100 m^3/day$

Tip
① 고형분(%) + 함수율(%) = 100%
② 함수율(%) = 100% - 고형분(%)

26 슬러지의 퇴비화에 관한 내용으로 틀린 것은 어느 것인가?

㉮ 최적 수분함량은 50~60% 가량이다.
㉯ pH는 대체로 5.5~8.0이 좋다.
㉰ C/N비는 25~35정도가 좋다.
㉱ 온도는 70℃이상으로 유지시키면 좋다.

풀이 ㉱ 퇴비단의 온도는 초기 며칠간은 50~55℃를 유지하여야 하며 활발한 분해를 위해서는 55~60℃가 적당하다.

27 혐기성 소화시에 생성되는 유기산의 종류로 틀린 것은 어느 것인가?

㉮ Formic Acid   ㉯ Propionic Acid
㉰ Butyric Acid ㉱ Glutamic Acid

28 합성차수막인 PVC의 장·단점으로 틀린 것은 어느 것인가?

㉮ 강도가 높다.
㉯ 접합이 용이하다.
㉰ 자외선, 오존, 기후에 약하다.
㉱ 대부분의 유기화학물질에 강하다.

풀이 ㉱ 대부분의 유기화학물질에 약하다.

정답 24 ㉯ 25 ㉮ 26 ㉱ 27 ㉱ 28 ㉱

29 질소와 인을 제거하기 위한 생물학적 고도처리공법 중 호기조의 역할로 틀린 것은 어느 것인가?

㉮ 질산화　　㉯ 탈질화
㉰ 유기물의 산화　㉱ 인의 과잉섭취

30 처리장으로 유입되는 생분뇨의 BOD가 15,000ppm, 이때의 염소이온 농도가 6,000ppm이었다. 이 생분뇨를 희석한 후 활성슬러지법으로 처리한 처리수의 BOD는 60ppm, 염소이온은 200ppm 이었다면 활성슬러지법에서의 BOD 제거율(%)은 얼마인가?

㉮ 73%　　㉯ 78%
㉰ 82%　　㉱ 88%

BOD 제거효율(%) = $\left(1 - \dfrac{BOD_o \times P}{BOD_i}\right) \times 100$

① 희석배수치(P) = $\dfrac{\text{유입수의 염소이온농도}}{\text{유출수의 염소이온농도}}$
  = $\dfrac{6{,}000\,ppm}{200\,ppm} = 30$

② BOD 제거효율(%) = $\left(1 - \dfrac{60\,ppm \times 30}{15{,}000\,ppm}\right) \times 100$
  = 88%

31 매립지 설계시 침출수 집배수층의 조건으로 만족 여부를 판단하기 위해 D_{15}, d_{85}, d_{15}가 사용된다. 여기에서 D_{15}가 의미하는 것은 어느 것인가?

㉮ 여과층
㉯ 집배수층 주변물질
㉰ 집배수층과 폐기물사이의 토양층
㉱ 침출수 집배수층 재료의 입경

32 쓰레기를 소각할 경우 발생하는 기체로 틀린 것은 어느 것인가?

㉮ NO_x　　㉯ CH_4
㉰ CO_2　　㉱ CO

메탄(CH_4)은 유기물의 혐기성 분해시 발생하는 물질이다.

33 점토가 차수막으로 적합하기 위한 포괄적 조건으로 틀린 것은 어느 것인가?

㉮ 소성지수 : 10% 미만
㉯ 투수계수 : 10^{-7}cm/sec 미만
㉰ 점토 및 미사토 함유량 : 20% 이상
㉱ 액성한계 : 30% 이상

㉮ 소성지수 : 10% 이상 30% 미만

34 수거분뇨 중의 협잡물을 제거할 때 사용하는 것은 어느 것인가?

㉮ Decanter ㉯ Drum Screen
㉰ Filter Press ㉱ Vaccum Filter

🅟 협잡물을 제거할 때 사용하는 것은 Drum Screen 이다.

35 불포화토양층내에 산소를 공급함으로써 미생물의 분해를 통해 유기물질의 분해를 도모하는 토양정화방법은 어느 것인가?

㉮ 생물학적분해법(biodegradation)
㉯ 생물주입배출법(biobenting)
㉰ 토양경작법(landfarming)
㉱ 토양세정법(soil flushing)

🅟 생물주입배출법에 대한 설명이다.

36 RDF의 구비조건으로 틀린 것은 어느 것인가?

㉮ 대기오염이 적을 것
㉯ 함수량이 낮을 것
㉰ 발열량이 낮을 것
㉱ 재의 양이 적을 것

🅟 발열량이 높을 것

37 분뇨처리장의 제1소화조 슬러지량은 30%가 되어야 한다. 1일 100kL 투입에서 슬러지량(kL)은 얼마인가? (단, 제1소화조의 소화일수는 15일로 한다.)

㉮ 150kL ㉯ 250kL
㉰ 350kL ㉱ 450kL

🅟 슬러지량(kL) = 100kL/day × 15day × 0.3
       = 450kL

38 퇴비화 과정에서 팽화제로 이용되는 물질로 틀린 것은 어느 것인가?

㉮ 톱밥 ㉯ 왕겨
㉰ 볏집 ㉱ 하수슬러지

🅟 톱밥, 볏짚, 낙엽, 왕겨에 기존 퇴비를 혼합하여 퇴비화시키는 것을 팽화제라 한다.

39 슬러지나 폐기물을 토양에 주입할 때 발생할 수 있는 이익으로 틀린 것은 어느 것인가?

㉮ 토양의 침식이 감소한다.
㉯ 토양의 투수성이 증가한다.
㉰ 폐기물을 방치하는 것보다 농경지와 같은 비점원오염원으로부터의 오염물질 배출량이 감소된다.
㉱ 토양의 수분함량이 감소한다.

🅟 ㉱ 토양의 수분함량이 증가한다.

정답 34 ㉯ 35 ㉯ 36 ㉰ 37 ㉱ 38 ㉱ 39 ㉱

40 표면차수막과 연직차수막을 비교한 내용으로 틀린 것은 어느 것인가?

㉮ 차수성 확인 : 연직차수막은 지하에 매설하기 때문에 확인이 어렵다.
㉯ 경제성 : 표면차수막은 단위면적당 공사비가 비싼 반면 총 공사비는 싸다.
㉰ 보수 : 연직차수막은 차수막 보강시공이 가능하다.
㉱ 지하수집배수시설 : 표면차수막은 필요하다.

㉯ 경제성 : 표면차수막은 단위면적당 공사비가 싸지만 총공사비는 비싸다.

제3과목 폐기물공정시험기준

41 다음 기구 및 기기 중 기름성분 측정시험(중량법)에 필요한 것들만 나열한 것은 어느 것인가?

a. 80℃ 온도조절이 가능한 전기열판 또는 전기맨틀
b. 알루미늄박으로 만든 접시, 비커 또는 증류플라스크로써 용량이 50~250mL 인 것
c. ㅏ자형 연결관 및 리비히 냉각관 (증류플라스크를 사용할 경우)
d. 구데르나다니쉬 농축기
e. 아세틸렌 토오치

㉮ a, b, c   ㉯ b, c, d
㉰ c, d, e   ㉱ a, c, e

Tip
분석기기 및 기구
① 전기열판 또는 전기맨틀 : 80℃ 온도조절이 가능한 것을 사용한다.
② 증발접시 : 알루미늄박으로 만든 접시, 비커 또는 증류플라스크로써 부피는 50~250mL인 것을 사용한다.
③ ㅏ자형 연결관 및 리비히 냉각관 : 증류플라스크를 사용할 경우 사용한다.

42 폐기물 중에 함유된 기름성분 측정에 사용되는 추출 용매는 어느 것인가?

㉮ 메틸오렌지
㉯ 노말헥산
㉰ 알코올
㉱ 디에틸디티오카르바민산

기름성분의 중량법은 시료를 직접 사용하거나, 시료에 적당한 응집제 또는 흡착제 등을 넣어 노말헥산 추출물질을 포집한 다음 노말헥산으로 추출하고 잔류물의 무게로부터 구하는 방법이다.

43 유도결합플라스마-원자발광분광법에서 일어날 수 있는 간섭 중 화학적 간섭이 발생할 수 있는 경우에 해당하는 것은 어느 것인가?

㉮ 분석에 사용하는 스펙트럼선이 다른 인접선과 완전히 분리되지 않은 경우
㉯ 시료용액의 점도가 높아져 분무 능률이 저하하는 경우
㉰ 불꽃 중에서 원자가 이온화하는 경우
㉱ 분석에 사용하는 스펙트럼선이 불꽃 중에서 생성되는 목적원소의 원자증기 이외의 물질에 의하여 흡수되는 경우

화학적 간섭이 발생할 수 있는 경우에는 분자 생성, 이온화 효과, 열화학 효과 등이 시료 분무와 원자화 과정에서 방해요인으로 나타난다.

44 실험실에서 폐기물의 수분을 측정하기 위해 다음과 같은 결과를 얻었다. 폐기물의 수분함량(%)은 얼마인가?

- 건조 전 시료무게 : 20g
- 증발접시 무게 : 2.345g
- 증발접시 및 시료의 건조 후 무게 : 17.287g

㉮ 25.3%　　㉯ 28.3%
㉰ 34.3%　　㉱ 38.6%

풀이 수분(%) = $\dfrac{(W_2 - W_3)}{(W_2 - W_1)} \times 100$

여기서, W_1 : 증발접시의 무게(g)
　　　　W_2 : 건조 전 증발접시와 시료의 무게(g)
　　　　W_3 : 건조 후 증발접시와 시료의 무게(g)

따라서, 수분(%)
$= \dfrac{(2.345g + 20g) - 17.287g}{(2.345g + 20g) - 2.345g} \times 100$
$= 25.29\%$

45 4℃의 물 500mL에 순도가 75%인 시약용 납을 5mg을 녹였다. 이 용액의 납 농도(ppm)는 얼마인가?

㉮ 2.5ppm　　㉯ 5.0ppm
㉰ 7.5ppm　　㉱ 10.0ppm

풀이 ppm의 단위는 mg/L, mg/kg이다.

납 농도(ppm) = mg/L × $\dfrac{순도(\%)}{100}$

$= \dfrac{5mg}{(500mL \times 10^{-3})L} \times \dfrac{75\%}{100}$

$= 7.5ppm$

46 자외선/가시선 분광법에 의한 비소의 측정방법으로 알맞은 것은 어느 것인가?

㉮ 적자색의 흡광도를 430nm에서 측정
㉯ 적자색의 흡광도를 530nm에서 측정
㉰ 청색의 흡광도를 430nm에서 측정
㉱ 청색의 흡광도를 530nm에서 측정

47 중량법에 관한 내용으로 틀린 것은 어느 것인가?

㉮ 수분 시험 시 물중탕 후 105~110℃의 건조기 안에서 4시간 건조한다.
㉯ 고형물 시험 시 물중탕 후 105~110℃의 건조기 안에서 4시간 건조한다.
㉰ 강열감량 시험 시 600±25℃에서 1시간 강열한다.
㉱ 강열감량 시험 시 25% 질산암모늄용액을 사용한다.

풀이 ㉰ 강열감량 시험 시 600±25℃에서 3시간 강열한다.

48 자외선/가시선 분광법에 의한 시안 측정 시 사용하는 시약 중 잔류염소를 제거하기 위한 시약은 어느 것인가?

㉮ 질산(1+4)
㉯ 클로라민 T
㉰ L-아스코빈산
㉱ 아세트산아연 용액

풀이 잔류염소가 함유된 시료는 잔류염소 20mg당 L-아스코빈산(10W/V%) 0.6mL 또는 이산화비소산나트륨용액(10W/V%) 0.7mL를 넣어 제거한다.

정답 44 ㉮　45 ㉰　46 ㉯　47 ㉱　48 ㉰

49 폐기물 중에 함유되어 있는 시안을 자외선/가시선 분광법으로 측정코자 한다. 폐기물공정시험 기준상 규정된 시안측정법은 어느 것인가?

㉮ 피리딘피라졸론법
㉯ 디에틸디티오카르바민산법
㉰ 디티존법
㉱ 디페닐카르바지드법

풀이) 시안의 측정법에는 자외선/가시선 분광법(피리딘피라졸론법)과 이온전극법이 있다.

50 폐기물공정시험기준에 규정된 시료의 축소방법으로 틀린 것은 어느 것인가?

㉮ 원추이분법   ㉯ 원추사분법
㉰ 교호삽법   ㉱ 구획법

풀이) 시료의 축소방법으로는 원추사분법, 교호삽법, 구획법이 있다.

51 기체크로마토그래피법으로 휘발성 저급 염소화탄화수소류를 측정하는데 사용되는 검출기로 알맞은 것은 어느 것인가?

㉮ ECD   ㉯ FID
㉰ FPD   ㉱ TCD

풀이) 휘발성 저급염소화탄화수소류를 측정하는데 사용되는 검출기는 전자포획형검출기(ECD)이다.

52 총칙에서 규정하고 있는 용어 정의로 틀린 것은 어느 것인가?

㉮ 무게를 "정확히 단다"라 함은 규정된 수치의 무게를 0.1mg까지 다는 것을 말한다.
㉯ "정확히 취하여"라 하는 것은 규정한 양의 액체를 홀피펫으로 눈금까지 취하는 것을 말한다.
㉰ "정밀히 단다"라 함은 규정된 양의 시료를 취하여 화학저울 또는 미량저울로 칭량함을 말한다.
㉱ "용기"라 함은 물질을 취급 또는 저장하기 위한 것으로 일정 기준 이상의 것으로 한다.

풀이) ㉱ "용기"라 함은 시험용액 또는 시험에 관계된 물질을 보존, 운반 또는 조작하기 위하여 넣어두는 것으로 시험에 지장을 주지 않도록 깨끗한 것을 뜻한다.

정답 49 ㉮ 50 ㉮ 51 ㉮ 52 ㉱

53 조제된 pH 표준액 중 가장 높은 pH를 갖는 표준용액은 어느 것인가?

㉮ 수산염 표준액 ㉯ 프탈산염 표준액
㉰ 탄산염 표준액 ㉱ 인산염 표준액

풀이 표준액의 pH값 순서
수산염 표준액 < 프탈산염 표준액 < 인산염 표준액 < 붕산염 표준액 < 탄산염 표준액 < 수산화칼슘 표준액 순이다.

54 폐기물의 수소이온농도 측정시 적용되는 정밀도에 관한 기준으로 알맞은 것은 어느 것인가?

㉮ 임의의 한 종류의 pH 표준용액에 대해 검출부를 정제수로 잘 씻은 다음 5회 되풀이 하여 pH를 측정하였을 때 그 재현성이 ±0.05이내이어야 한다.
㉯ 임의의 한 종류의 pH 표준용액에 대해 검출부를 정제수로 잘 씻은 다음 5회 되풀이 하여 pH를 측정하였을 때 그 재현성이 ±0.1이내이어야 한다.
㉰ 임의의 한 종류의 pH 표준용액에 대해 검출부를 정제수로 잘 씻은 다음 10회 되풀이 하여 pH를 측정하였을 때 그 재현성이 ±0.05이내이어야 한다.
㉱ 임의의 한 종류의 pH 표준용액에 대해 검출부를 정제수로 잘 씻은 다음 10회 되풀이 하여 pH를 측정하였을 때 그 재현성이 ±0.1이내이어야 한다.

55 마이크로파 및 마이크로파를 이용한 시료의 전처리(유기물 분해)에 대한 설명으로 틀린 것은 어느 것인가?

㉮ 가열속도가 빠르고 재현성이 좋다.
㉯ 마이크로파는 금속과 같은 반사물질과 매질이 없는 진공에서는 투과하지 않는다.
㉰ 마이크로파는 전자파 에너지의 일종으로 빛의 속도로 이동하는 교류와 자기장으로 구성되어 있다.
㉱ 마이크로파영역에서 극성분자나 이온이 쌍극자 모멘트와 이온전도를 일으켜 온도가 상승하는 원리를 이용한다.

56 원자흡수분광광도계에서 불꽃을 만들기 위해 사용되는 가연성가스와 조연성가스 중 내화성 산화물을 만들기 쉬운 원소의 분석에 적당한 것은 어느 것인가?

㉮ 수소 - 공기
㉯ 아세틸렌 - 공기
㉰ 아세틸렌 - 일산화이질소
㉱ 프로판 - 공기

풀이 ㉰ 아세틸렌 - 일산화이질소에 대한 설명이다.

57 카드뮴 측정을 위한 자외선/가시선 분광법의 측정원리에 관한 내용으로 (　)에 알맞은 말은 어느 것인가?

> 카드뮴 이온을 시안화칼륨이 존재하는 알칼리성에서 디티존과 반응시켜 생성하는 카드뮴착염을 사염화탄소로 추출하고, 추출한 카드뮴착염을 타타르산 용액으로 역추출한 다음 수산화나트륨과 시안화칼륨을 넣어 디티존과 반응하여 생성하는 (　)의 카드뮴착염을 사염화탄소로 추출하여 그 흡광도를 520nm에서 측정하는 방법이다.

㉮ 청색　　㉯ 남색
㉰ 적색　　㉱ 황갈색

58 감염성미생물에 대한 검사방법으로 틀린 것은 어느 것인가?

㉮ 아포균 검사법
㉯ 세균배양 검사법
㉰ 멸균테이프 검사법
㉱ 일반세균 검사법

◈ 감염성 미생물 검사법으로는 아포균 검사법, 세균배양 검사법, 멸균테이프 검사법이 있다.

59 기체크로마토그래피법을 이용하여 '유기인'을 분석하는 원리로 틀린 것은 어느 것인가?

㉮ 유기인 화합물 중 이피엔, 파라티온, 메틸디메톤, 다이아지논 및 펜토에이트의 측정에 적용된다.
㉯ 농축장치는 구데루나다니쉬 농축기를 사용한다.
㉰ 컬럼충전제는 2종 이상을 사용하여 그 중 1종 이상에서 확인된 성분은 정량한다.
㉱ 유효측정농도는 0.0005mg/L 이상으로 한다.

◈ ㉰번은 해당사항이 없다.

60 순수한 물 500mL에 HCl(비중 1.18) 100mL를 혼합할 때 이 용액의 염산농도(W/W)는 얼마인가?

㉮ 14.24%　　㉯ 17.4%
㉰ 19.1%　　㉱ 23.6%

◈ 염산농도(W/W%) $= \dfrac{용질}{용질+용매} \times 100$

$= \dfrac{100\,mL \times 1.18\,g/mL}{100\,mL \times 1.18\,g/mL + 500\,mL \times 1.0\,g/mL} \times 100$

$= 19.1\%$

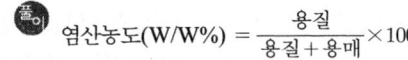

정답　57 ㉰　58 ㉱　59 ㉰　60 ㉰

제4과목 폐기물관계법규

61 방치폐기물의 처리를 폐기물처리 공제조합에 명할 수 있는 방치폐기물의 처리량 기준으로 알맞은 것은 어느 것인가? (단, 폐기물처리업자가 방치한 폐기물의 경우)

㉮ 그 폐기물처리업자의 폐기물 허용보관량의 1배 이내
㉯ 그 폐기물처리업자의 폐기물 허용보관량의 1.5배 이내
㉰ 그 폐기물처리업자의 폐기물 허용보관량의 2배 이내
㉱ 그 폐기물처리업자의 폐기물 허용보관량의 3배 이내

62 환경부장관이나 시·도지사가 폐기물처리업자에게 영업의 정지를 명령하고자 할 때 천재지변이나 그 밖의 부득이한 사유로 해당 영업을 계속하도록 할 필요가 있다고 인정되는 경우, 그 영업의 정지를 갈음하여 (①)대통령령으로 정하는 매출액에 (②)를 곱한 금액을 초과하지 아니하는 범위에서 과징금을 부과할 수 있다. ( )안에 알맞은 말은?

㉮ ① 대통령령, ② 100분의 1
㉯ ① 대통령령, ② 100분의 5
㉰ ① 환경부령, ② 100분의 1
㉱ ① 환경부령, ② 100분의 5

63 폐기물 처리 담당자 등이 이수하여야 하는 교육과정명으로 틀린 것은 어느 것인가?

㉮ 폐기물 처분시설 기술담당자 과정
㉯ 사업장폐기물배출자 과정
㉰ 폐기물재활용 담당자과정
㉱ 폐기물처리업 기술요원 과정

[풀이] 폐기물 처리 담당자 등이 받아야 할 교육과정
① 사업장폐기물배출자 과정
② 폐기물처리업 기술요원 과정
③ 폐기물처리 신고자 과정
④ 폐기물 처분시설 또는 재활용시설 기술담당자 과정

64 폐기물 처리업의 업종 구분으로 틀린 것은 어느 것인가?

㉮ 폐기물 종합처분업
㉯ 폐기물 중간처분업
㉰ 폐기물 재활용업
㉱ 폐기물 수집·운반업

[풀이] 폐기물 처리업의 업종 구분으로는 폐기물 수집·운반업, 폐기물 중간처분업, 폐기물 최종처분업, 폐기물 종합처분업, 폐기물 중간재활용업, 폐기물 최종재활용업, 폐기물 종합재활용업이 있다.

정답 61 ㉰ 62 ㉯ 63 ㉰ 64 ㉰

65 폐기물처리시설 중 멸균분쇄시설의 검사기관으로 틀린 것은 어느 것인가?

㉮ 한국환경공단
㉯ 한국기계연구원
㉰ 보건환경연구원
㉱ 한국산업기술시험원

[풀이] 멸균분쇄시설의 검사기관
① 한국환경공단
② 보건환경연구원
③ 한국산업기술시험원

66 환경상태의 조사·평가에서 국가 및 지방자치단체가 상시 조사·평가하여야 하는 내용으로 틀린 것은 어느 것인가?

㉮ 환경의 질의 변화
㉯ 환경오염 및 환경훼손 실태
㉰ 환경오염지역의 원상회복 실태
㉱ 자연환경 및 생활환경 현황

67 시·도지사는 관할 구역의 폐기물을 적정하게 처리하기 위하여 환경부장관이 정하는 지침에 따라 몇 년마다 폐기물 처리에 관한 기본계획을 세워 환경부장관에게 승인을 받아야 하는가?

㉮ 3년   ㉯ 5년
㉰ 7년   ㉱ 10년

[참고] 법규개정으로 문제 삭제

68 관리형 매립시설에서 발생되는 침출수의 생물화학적 산소요구량의 배출허용기준(mg/L)으로 알맞은 것은 어느 것인가? (단, 청정지역 기준)

㉮ 10mg/L   ㉯ 30mg/L
㉰ 50mg/L   ㉱ 70mg/L

69 폐기물 처리 기본계획에 포함되어야 하는 사항으로 틀린 것은 어느 것인가?

㉮ 폐기물의 기본관리여건 및 전망
㉯ 폐기물처리시설의 설치 현황과 향후 설치 계획
㉰ 재원의 확보 계획
㉱ 폐기물의 감량화와 재활용 등 자원화에 관한 사항

[참고] 법규개정으로 문제 삭제

70 기술관리인을 두어야 할 폐기물처리시설 기준으로 알맞은 것은 어느 것인가? (단, 폐기물처리업자가 운영하는 폐기물처리시설은 제외)

㉮ 멸균분쇄시설로서 1일 처리능력이 5톤 이상인 시설
㉯ 사료화, 퇴비화 또는 소멸화시설로서 1일 처리능력이 10톤 이상인 시설
㉰ 압축, 파쇄, 분쇄 또는 절단시설로서 1일 처리능력이 100톤 이상인 시설
㉱ 연료화 시설로서 1일 처리능력이 50톤 이상인 시설

[풀이] ㉮ 멸균분쇄시설로 시간당 처리능력이 100킬로그램 이상인 시설
㉯ 사료화, 퇴비화시설로서 1일 재활용능력이 5톤 이상인 시설
㉱ 연료화 시설로서 1일 재활용능력이 5톤 이상인 시설

정답 65 ㉯ 66 ㉰ 67 ㉱ 68 ㉯ 69 ㉮ 70 ㉰

71 폐기물 재활용시 적용되는 에너지 회수기준으로 알맞은 것은 어느 것인가?

㉮ 다른 물질과 혼합하지 아니하고 해당 폐기물의 저위발열량이 킬로그램당 3천 킬로칼로리 이상일 것
㉯ 다른 물질과 혼합하지 아니하고 해당 폐기물의 저위발열량이 킬로그램당 3천 5백 킬로칼로리 이상일 것
㉰ 다른 물질과 혼합하지 아니하고 해당 폐기물의 저위발열량이 킬로그램당 4천 킬로칼로리 이상일 것
㉱ 다른 물질과 혼합하지 아니하고 해당 폐기물의 저위발열량이 킬로그램당 4천 5백 킬로칼로리 이상일 것

72 폐기물관리법상 "재활용"에 해당하는 활동으로 틀린 것은 어느 것인가?

㉮ 폐기물을 재사용·재생이용하는 활동
㉯ 폐기물을 재사용·재생이용할 수 있는 상태로 만드는 활동
㉰ 폐기물로부터 에너지를 회수하는 활동
㉱ 재사용·재생이용 폐기물 회수 활동

> **Tip**
> 재활용
> ① 폐기물을 재사용·재생이용하거나 재사용·재생이용할 수 있는 상태로 만드는 활동
> ② 폐기물로부터 「에너지법」에 따른 에너지를 회수하거나 회수할 수 있는 상태로 만들거나 폐기물을 연료로 사용하는 활동으로서 환경부령으로 정하는 활동

73 폐기물 처분시설 또는 재활용시설 중 의료폐기물을 대상으로 하는 시설의 기술관리인 자격으로 틀린 것은 어느 것인가?

㉮ 폐기물처리산업기사
㉯ 임상병리사
㉰ 위생사
㉱ 산업위생지도사

> 풀이 의료폐기물을 대상으로 하는 시설의 기술관리인 자격은 폐기물처리산업기사, 임상병리사, 위생사 중 1명 이상이다.

74 폐기물감량화시설에 관한 정의로 ( )에 알맞은 말은 어느 것인가?

> 생산 공정에서 발생하는 폐기물의 양을 줄이고, 사업장 내 재활용을 통하여 폐기물 배출을 최소화하는 시설로서 ( )으로 정하는 시설을 말한다.

㉮ 대통령령   ㉯ 국무총리령
㉰ 환경부령   ㉱ 시·도지사령

75 폐기물처리시설사후관리계획서(매립시설인 경우에 한함)에 포함될 사항으로 틀린 것은 어느 것인가?

㉮ 빗물배제계획
㉯ 지하수 수질조사계획
㉰ 사후영향평가 조사서
㉱ 구조물과 지반 등의 안정도유지계획

> 풀이 폐기물 매립시설 사후관리계획서에 포함되어야 하는 사항
> ① 폐기물처리시설 설치·사용내용
> ② 사후관리 추진일정
> ③ 빗물배제계획

 71 ㉮ 72 ㉱ 73 ㉱ 74 ㉮ 75 ㉰

④ 침출수 관리계획(차단형 매립시설은 제외)
⑤ 지하수 수질조사계획
⑥ 발생가스 관리계획(유기성폐기물을 매립하는 시설만 해당)
⑦ 구조물과 지반 등의 안정도유지계획

76 폐기물 처리시설 중 중간처분시설인 기계적 처분시설에 해당하는 것은 어느 것인가?

㉮ 열 분해시설(가스화시설을 포함한다.)
㉯ 응집 · 침전 시설
㉰ 용융시설(동력 7.5kW 이상인 시설로 한정한다.)
㉱ 고형화 시설

 ㉮ 열 분해시설(가스화시설을 포함한다.) : 소각시설
㉯ 응집 · 침전 시설 : 화학적 처분시설
㉱ 고형화 시설 : 화학적 처분시설

77 폐기물 발생 억제 지침 준수의무 대상 배출자의 업종으로 틀린 것은 어느 것인가?

㉮ 금속가공제품 제조업(기계 및 가구 제외)
㉯ 연료제품 제조업(핵연료 제조업은 제외)
㉰ 자동차 및 트레일러 제조업
㉱ 전기장비 제조업

78 사업장폐기물배출자는 사업장폐기물의 종류와 발생량 등을 환경부령으로 정하는 바에 따라 신고하여야 한다. 이를 위반하여 신고를 하지 아니하거나 거짓으로 신고를 한 자에 대한 과태료 처분 기준은 어느 것인가?

㉮ 200만원 이하   ㉯ 300만원 이하
㉰ 500만원 이하   ㉱ 1천만원 이하

 ㉱ 1천만원 이하에 해당한다.

79 폐기물처리업의 시설 · 장비 · 기술능력의 기준 중 폐기물수집 · 운반업의 기준으로, 생활폐기물 또는 사업장생활계폐기물을 수집 · 운반하는 경우의 장비기준으로 틀린 것은 어느 것인가?

㉮ 밀폐형 압축 압착차량 1대(특별시, 광역시는 2대) 이상
㉯ 개방식 운반차량 1대 이상(적재 능력합계 8톤 이상)
㉰ 밀폐형 차량 1대 이상(적재능력 합계 4.5톤 이상)
㉱ 밀폐형 덮게 설치차량 1대 이상(적재능력 합계 4.5톤 이상)

80 생활폐기물 수집 · 운반 대행자에 대한 대행실적 평가결과가 대행실적평가 기준에 미달한 경우 생활폐기물 수집 · 운반 대행자에 대한 과징금액 기준은 얼마인가? (단, 영업정지 3개월을 갈음하여 부과할 경우)

㉮ 1천만원   ㉯ 2천만원
㉰ 3천만원   ㉱ 5천만원

제1과목 폐기물개론

01 인구 200만명의 도시에서 발생되는 폐기물의 가연성분을 이용하여 RDF를 생산하고자 할 때 최대생산량(ton/일)은 얼마인가? (단, 폐기물 중 가연성분 80%(무게기준), 가연성분 회수율 50% (무게기준), 폐기물 발생량은 1.3kg/인·일이다.)

㉮ 4,180ton/일 ㉯ 3,210ton/일
㉰ 2,350ton/일 ㉱ 1,040ton/일

풀이 RDF 생산량(ton/일)
=폐기물 발생량(ton/일)×$\frac{가연성분(\%)}{100}$
×$\frac{가연성분 회수율(\%)}{100}$
= 1.3kg/인·일×10^{-3}ton/kg×2,000,000인
×0.8×0.5
= 1,040ton/일

02 함수율 70%인 고형폐기물이 건조되어 함수율 10%로 되었다면 건조 후 중량은 처음의 몇 %인가? (단, 비중은 1.0 기준)

㉮ 23.3% ㉯ 33.3%
㉰ 43.3% ㉱ 53.3%

풀이 $W_1 \times (100-P_1) = W_2 \times (100-P_2)$
여기서 W_1 : 처음 쓰레기량
P_1 : 처음 함수율
W_2 : 감소후 쓰레기량
P_2 : 감소후 함수율
따라서 $W_1 \times (100-70) = W_2 \times (100-10)$
∴ $\frac{W_2}{W_1} = \frac{(100-70)}{(100-10)} = 0.3333$
∴ $W_2 = 0.3333 W_1$ 이므로 처음의 33.33%가 된다.

03 함수율 40%인 3kg의 쓰레기를 건조시켜 함수율 15%로 하였을 때 건조 쓰레기의 무게(kg)는 얼마인가? (단, 비중은 1.0 기준)

㉮ 1.12kg ㉯ 1.41kg
㉰ 2.12kg ㉱ 2.41kg

풀이 $W_1 \times (100-P_1) = W_2 \times (100-P_2)$
여기서 W_1 : 건조전 슬러지량(kg)
P_1 : 건조전 함수율(%)
W_2 : 건조후 슬러지량(kg)
P_2 : 건조후 함수율(%)
따라서 $3kg \times (100-40) = W_2 \times (100-15)$
∴ $W_2 = \frac{3kg \times (100-40)}{(100-15)} = 2.12kg$

정답 01 ㉱ 02 ㉯ 03 ㉰

04 약간 경사진 판에 진동을 줄 때 무거운 것이 빨리 판의 경사면 위로 올라가는 원리를 이용한 것으로 Pneumatic Table이라고도 하는 것은 어느 것인가?
㉮ Stoners   ㉯ Flotation
㉰ Separators ㉱ Secators

풀이 ㉮ Stoners에 대한 설명이다.

05 폐기물 발생량 예측방법 중 모든 인자를 시간에 대한 함수로 나타낸 후 시간에 대한 함수로 표현된 각 영향 인자들 간의 상관관계를 수식화하는 방법은 어느 것인가?
㉮ CORAP
㉯ Trend Method
㉰ Dynamic Simulation Model
㉱ Multiple Regression Model

풀이 ㉰ 동적모사모델(Dynamic Simulation Model)에 대한 설명이다.

06 폐기물 관리시 비용이 가장 많이 드는 단계는 어느 것인가?
㉮ 수거 및 운반   ㉯ 중간처리
㉰ 저장   ㉱ 최종처리

풀이 폐기물 관리시 비용이 가장 많이 드는 단계는 ㉮ 수거 및 운반 단계이다.

07 어느 도시의 인구가 50,000명이고 분뇨의 1인 1일당 발생량은 1.1L이다. 수거된 분뇨의 BOD 농도를 측정하였더니 60,000mg/L이었고, 분뇨의 수거율이 30%라고 할 때 수거된 분뇨의 1일 발생 BOD량(kg)은 얼마인가? (단, 분뇨의 비중은 1.0 기준이다.)
㉮ 790kg   ㉯ 890kg
㉰ 990kg   ㉱ 1,190kg

풀이 BOD 발생량(kg/일)
$= \dfrac{1.1L}{인 \cdot 일} \Big| \dfrac{m^3}{10^3 L} \Big| 50,000인 \Big| \dfrac{60kg}{m^3} \Big| 0.30 = 990 kg/일$

08 다음의 폐기물의 성상분석의 절차 중 가장 먼저 시행하는 것은 어느 것인가?
㉮ 분류
㉯ 물리적 조성
㉰ 화학적 조성분석
㉱ 발열량 측정

풀이 폐기물의 성상분석의 절차는 시료 → 밀도 측정 → 물리적 조성 → 분류 → 전처리 → 조성 분석 순이다.

09 다음 중 LCA(Life Cycle Assessment)의 구성요소로 틀린 것은 어느 것인가?
㉮ 개선평가   ㉯ 목록분석
㉰ 영향평가   ㉱ 수행평가

풀이 전과정 평가의 순서는 목적 및 범위의 설정 → 목록분석 → 영향평가 → 개선평가 및 해석 순이다.

10 밀도가 1.5t/m³인 쓰레기 300ton을 유효적재가능 용적이 5m³인 트럭 1대를 이용하여 적환장에 운반하려고 한다면 적환장까지 몇 회를 운반하여야 하는가? (단, 기타 조건은 고려하지 않는다.)

㉮ 30회　　㉯ 40회
㉰ 50회　　㉱ 60회

[풀이] 차량 운행 회수 = $\dfrac{\text{쓰레기 배출량}}{\text{차량의 1회 수거량}}$

$= \dfrac{300\,\text{ton}}{5\,\text{m}^3/\text{대} \times 1.5\,\text{ton/m}^3 \times 1\text{대}/1\text{회}} = 40\text{회}$

11 함수율 60%인 쓰레기와 함수율 90%인 하수슬러지를 5 : 1의 비율로 혼합하면 함수율(%)은 얼마인가? (단, 비중은 1.0 기준)

㉮ 60%　　㉯ 65%
㉰ 70%　　㉱ 75%

[풀이] 함수율(%) = $\dfrac{60\% \times 5 + 90\% \times 1}{5+1} = 65\%$

12 수거 대상 인구가 200,000명인 지역에서 1주일 동안 생활폐기물 수거상태를 조사한 결과 다음과 같다. 이 지역의 1인당 1일 폐기물 발생량(kg/인·일)은 얼마인가?

- 트럭수 : 50대/회
- 쓰레기 수거 횟수 : 7회/주
- 트럭용적 : 8m³/대
- 적재시 쓰레기 밀도 : 700kg/m³

㉮ 1.4kg/인·일　　㉯ 1.6kg/인·일
㉰ 1.8kg/인·일　　㉱ 2.0kg/인·일

[풀이] 폐기물 발생량(kg/인·일)
$= \dfrac{\text{폐기물 수거량(kg/일)}}{\text{인구수(인)}}$
$= \dfrac{8\,\text{m}^3/\text{대} \times 50\text{대}/\text{회} \times 7\text{회}/\text{주} \times 1\text{주}/7\text{일} \times 700\,\text{kg/m}^3}{200,000\text{인}}$
$= 1.4\,\text{kg/인·일}$

13 폐기물의 효과적인 수거를 위한 수거노선을 결정할 때, 유의할 사항으로 틀린 것은 어느 것인가?

㉮ 기존 정책이나 규정을 참조한다.
㉯ 가능한 한 시계방향으로 수거노선을 정한다.
㉰ U자형 회전은 가능한 피하도록 한다.
㉱ 적은 양의 쓰레기가 발생하는 곳부터 수거한다.

[풀이] ㉱ 많은 양의 쓰레기가 발생하는 곳부터 수거한다.

정답 10 ㉯　11 ㉯　12 ㉮　13 ㉱

14 도시 생활쓰레기를 분류하여 다음과 같은 결과를 얻었을 때 이 쓰레기의 함수율(%)은 얼마인가?

성분	중량(%)	함수율(%)
플라스틱류	30	15
음식물류	40	40
종이류	30	20

㉮ 21.5　　㉯ 26.5
㉰ 32.5　　㉱ 34.5

풀이 함수율(%) = $\dfrac{합(중량비 \times 함수율)}{합(중량비)}$

$= \dfrac{30\% \times 15\% + 40\% \times 40\% + 30\% \times 20\%}{30\% + 40\% + 30\%}$

$= 26.5\%$

15 평균 입경이 20cm인 폐기물을 입경 1cm가 되도록 파쇄할 때 소요되는 에너지는 입경을 4cm로 파쇄할 때 소요되는 에너지의 몇 배인가? (단, Kick의 법칙 적용, n=1)

㉮ 1.86배　　㉯ 2.64배
㉰ 3.72배　　㉱ 4.12배

풀이 Kick의 법칙

동력(E) = $C \ln\left(\dfrac{dp_1}{dp_2}\right)$

여기서 dp_1 : 평균 크기
　　　　dp_2 : 최종 크기

① $E_1 = C \ln\left(\dfrac{20cm}{1cm}\right) = C \ln 20$

② $E_2 = C \ln\left(\dfrac{20cm}{4cm}\right) = C \ln 5$

③ 소요에너지의 변화 = $\dfrac{E_1}{E_2} = \dfrac{C \ln 20}{C \ln 5} = 1.86배$

16 산업폐기물 및 광산폐기물에 흔히 함유되어 있으며, 만성중독에 의해 이타이이타이병을 유발시키는 물질은 어느 것인가?

㉮ Hg　　㉯ Cr
㉰ As　　㉱ Cd

풀이 이타이이타이병을 유발시키는 물질은 카드뮴(Cd)이다.

17 다음 경우의 쓰레기 수거 노동력(MHT)은 얼마인가? (단, 기타 사항은 고려하지 않는다.)

일일발생량 : 50톤, 수거인원 : 20명,
일일수거시간 : 10시간/일

㉮ 1　　㉯ 2
㉰ 3　　㉱ 4

풀이 MHT = $\dfrac{수거인부수 \times 작업시간}{쓰레기 수거실적}$

$= \dfrac{20인 \times 10hr/day}{50ton/day} = 4.0 MHT$

18 슬러지 탈수 시 가장 탈수되기 어려운 슬러지 내 수분은 어느 것인가?

㉮ 간극모관결합수　　㉯ 모관결합수
㉰ 표면부착수　　㉱ 내부수

풀이 슬러지내의 탈수성 순서는 모관결합수 > 간극모관결합수 > 쐐기상모관결합수 > 표면부착수 > 내부수 순이다.

정답 14 ㉯　15 ㉮　16 ㉱　17 ㉱　18 ㉱

19 폐기물의 입도 분석결과 입도 누적곡선상의 10%, 30%, 60%, 90%의 입경이 각각 1, 5, 10, 20mm였다. 이때 균등계수와 곡률계수는 얼마인가?

㉮ 균등계수 10, 곡률계수 1.0
㉯ 균등계수 10, 곡률계수 2.5
㉰ 균등계수 1, 곡률계수 1.0
㉱ 균등계수 1, 곡률계수 2.5

풀이
① 균등계수 $= \dfrac{D_{60\%}}{D_{10\%}} = \dfrac{10mm}{1mm} = 10$
② 곡률계수 $= \dfrac{(D_{30\%})^2}{(D_{10\%} \times D_{60\%})}$
$= \dfrac{(5mm)^2}{(1mm \times 10mm)} = 2.5$

20 폐기물 1톤의 초기 겉보기 비중이 0.1, 압축 후 겉보기 비중이 0.6인 경우 부피감소율(VR, %)과 압축비(CR)는 각각 얼마인가?

㉮ 81.1%, 3   ㉯ 83.3%, 3
㉰ 81.1%, 6   ㉱ 83.3%, 6

풀이
① 부피감소율(%) $= \left(1 - \dfrac{V_2}{V_1}\right) \times 100$

여기서 V_1 : 압축전 부피(m^3)
V_2 : 압축후 부피(m^3)

$V_1 = 1 ton \times \dfrac{1}{0.1 ton/m^3} = 10m^3$
$V_2 = 1 ton \times \dfrac{1}{0.6 ton/m^3} = 1.67m^3$

따라서 부피 감소율(%) $= \left(1 - \dfrac{1.67m^3}{10m^3}\right) \times 100$
$= 83.3\%$

② 압축비 $= \dfrac{100}{100 - VR}$

여기서 VR : 용적감소율(%)

따라서 압축비 $= \dfrac{100}{100 - 83.3} = 5.99$

제2과목 폐기물처리기술

21 오염된 농경지의 정화를 위해 다른 장소로부터 비오염 토양을 운반하여 넣는 정화기술은 무엇인가?

㉮ 객토   ㉯ 반전
㉰ 희석   ㉱ 배토

22 소각로에서 NO_x 배출농도가 270ppm, 산소 배출농도가 12%일 때 표준산소(6%)로 환산한 NO_x 농도(ppm)는 얼마인가?

㉮ 120ppm   ㉯ 135ppm
㉰ 162ppm   ㉱ 450ppm

풀이
$C = Ca \times \dfrac{21 - Os}{21 - Oa} = 270\,ppm \times \dfrac{21 - 6\%}{21 - 12\%}$
$= 450\,ppm$

23 도시폐기물 유기성분 중 가장 생분해가 느린 성분은 어느 것인가?

㉮ 단백질   ㉯ 지방
㉰ 셀룰로우스   ㉱ 리그닌

정답 19 ㉯   20 ㉱   21 ㉮   22 ㉱   23 ㉱

24 슬러지 100m³의 함수율이 98%이다. 탈수 후 슬러지의 체적을 1/10로 하면 슬러지 함수율(%)은 얼마인가? (단, 모든 슬러지의 비중은 1이다.)

㉮ 20% ㉯ 40%
㉰ 60% ㉱ 80%

풀이 $V_1 \times (100 - P_1) = V_2 \times (100 - P_2)$
여기서 V_1 : 건조 전 슬러지량(m³)
        P_1 : 건조 전 함수율(%)
        V_2 : 건조 후 슬러지량(m³)
        P_2 : 건조 후 함수율(%)
따라서 $100m^3 \times (100 - 98)$
     $= 100m^3 \times \frac{1}{10} \times (100 - P_2)$
$\therefore P_2 = 100 - \frac{100m^3 \times (100 - 98)}{100m^3 \times \frac{1}{10}} = 80\%$

25 퇴비화 숙성도의 지표로 이용할 수 없는 것은 어느 것인가?

㉮ 탄질비
㉯ CO_2 발생량
㉰ 식물생육 억제정도
㉱ 수분함량

26 폐기물 처리시에는 각종 분진이 다량 배출되며 분진의 제거시에는 집진장치가 이용된다. 분진의 특성 중 집진성능에 영향을 미치지 않는 것은 어느 것인가?

㉮ 입경   ㉯ 비저항
㉰ 밀도   ㉱ 중력가속도

27 분뇨의 처리방식 중 습식 산화방식의 특징으로 틀린 것은 어느 것인가?

㉮ 완전 살균이 가능하다.
㉯ 슬러지는 반응탑에서 연소된다.
㉰ COD가 높은 슬러지처리에 적용될 수 있다.
㉱ 건설비, 유지보수비, 전기료가 적게 든다.

풀이 ㉱ 건설비, 유지보수비, 전기료가 많이 든다.

28 퇴비화 공정의 운영인자 중 C/N 비에 대한 내용으로 틀린 것은 어느 것인가?

㉮ C는 퇴비화 미생물의 에너지원이며 N은 미생물을 구성하는 인자가 된다.
㉯ C/N이 높을 때(80 이상) 질소과잉 현상으로 퇴비화반응이 느려진다.
㉰ 퇴비화 초기 C/N비는 25~40 정도가 적당하다.
㉱ C/N이 낮을 때 (20이하) 유기질소가 암모니아화하여 악취가 발생될 가능성이 높다.

풀이 ㉯ C/N이 높을 때(80 이상) 질소부족 현상으로 퇴비화반응이 느려진다.

29 탄소, 수소 및 황의 중량비가 83%, 14%, 3%인 폐유 3kg/hr을 소각시키는 경우 배기가스의 분석치가 CO_2 12.5%, O_2 3.5%, N_2 84% 이었다면 매시 필요한 공기량(Sm³/hr)은 얼마인가?

㉮ 35Sm³/hr   ㉯ 40Sm³/hr
㉰ 45Sm³/hr   ㉱ 50Sm³/hr

정답 24 ㉱ 25 ㉱ 26 ㉱ 27 ㉱ 28 ㉯ 29 ㉯

풀이 공급공기량(Sm³/hr)
= 공기비(m) × 이론공기량(A_o) × 연료량(kg/hr)

① 공기비(m) = $\dfrac{N_2\%}{N_2\% - 3.76 \times O_2\%}$

= $\dfrac{84\%}{84\% - 3.76 \times 3.5\%}$ = 1.1858

② 이론공기량(A_o)
= $8.89C + 26.67\left(H - \dfrac{O}{8}\right) + 3.33S$ (Sm³/kg)
= $8.89 \times 0.83 + 26.67 \times 0.14 + 3.33 \times 0.03$
= 11.2124 Sm³/kg

③ 공급공기량
= 1.1858×11.2124 Sm³/kg × 3kg/hr
= 39.89 Sm³/hr

Tip
배출가스 분석치 $CO_2\%$, $O_2\%$, $N_2\%$
공기비(m) = $\dfrac{N_2\%}{N_2\% - 3.76 \times O_2\%}$

30 RDF에 대한 내용으로 틀린 것은 어느 것인가?

㉮ RDF의 조성은 주로 유기물질이므로 수분함량에 따라 부패되기 쉽다.
㉯ RDF 중에 Cl 함량이 크면 다이옥신 발생 위험성이 높다.
㉰ Pellet RDF의 수분함량은 4% 이하를 유지한다.
㉱ Fluff RDF의 발열량은 약 2,500~3,500 kcal/kg 정도의 범위이다.

풀이 ㉰ Pellet RDF의 수분함량은 12~18% 정도이다.

31 호기성 퇴비화 공정의 설계 운영고려 인자에 관한 내용으로 틀린 것은 어느 것인가?

㉮ C/N비 : 초기 C/N비가 낮은 경우는 암모니아 가스가 발생하며 생물학적 활성이 떨어진다.
㉯ 입자 크기 : 폐기물의 적정입자크기는 5~10mm 정도이다.
㉰ pH : 적당한 분해작용을 위해서 pH 7~7.5범위를 유지한다.
㉱ 공기공급 : 공간부피는 30~36%가 적합하다.

풀이 ㉯ 입자 크기 : 폐기물의 적정입자크기는 100~200mm 정도이다.

32 일일복토로 사용하는데 가장 적합한 토양은 어느 것인가?

㉮ 통기성이 나쁜 점성토계의 토양
㉯ 투수성, 통기성이 좋은 사질토계의 토양
㉰ 부식물질을 적절히 함유한 양토계 토양
㉱ 적당한 규격에 맞춘 slag

33 매립물의 조성이 $C_{40}H_{83}O_{30}N$인 경우 이 매립물 1mol당 발생하는 메탄(mol)은 얼마인가? (단, 혐기성 반응이다.)

㉮ 22.5   ㉯ 28.5
㉰ 32.5   ㉱ 38.5

풀이 $C_{40}H_{83}O_{30}N$: 22.5CH_4
1mol : 22.5mol

정답 30 ㉰ 31 ㉯ 32 ㉯ 33 ㉮

> **Tip**
> 혐기성 반응에서 CH_4의 계수 구하는 공식
> $$C_{40}H_{83}O_{30}N \rightarrow \left(\frac{4a+b-2c-3d}{8}\right)CH_4$$
> 여기서 a=40, b=83, c=30, d=1이므로
> $$\frac{(4\times40)+83-(2\times30)-(3\times1)}{8}=22.5$$

> **Tip**
> ① 체적(Sm^3)=계수×22.4(Sm^3)
> ② 중량(kg)=계수×분자량(kg)

34 매립된 지 10년 이상인 매립지에서 발생되는 침출수를 처리하기 위한 공정으로 효율성이 가장 양호한 방법은 어느 것인가? (단, 침출수 특성 : COD/TOC < 2.0, BOD/COD < 0.1, COD < 500ppm)

㉮ 역삼투 ㉯ 화학적 침전
㉰ 오존처리 ㉱ 생물학적 처리

35 프로판(C_3H_8) $5Sm^3$의 연소에 필요한 이론공기량(Sm^3)은 얼마인가?

㉮ $94Sm^3$ ㉯ $106Sm^3$
㉰ $119Sm^3$ ㉱ $124Sm^3$

풀이 ① $C_3H_8+5O_2 \rightarrow 3CO_2+4H_2O$
  $22.4Sm^3 : 5\times22.4m^3$
  $5Sm^3 :$ 이론산소량(Sm^3)
  ∴ 이론산소량 $=\frac{5\times22.4Sm^3\times5Sm^3}{22.4Sm^3}$
    $=25Sm^3$
② 이론공기량(Sm^3)$=\frac{이론산소량(Sm^3)}{0.21}$
  $=\frac{25Sm^3}{0.21}=119.05Sm^3$

36 도시쓰레기 자원화의 목적으로 틀린 것은 어느 것인가?

㉮ 쓰레기의 감량화
㉯ 자연보호
㉰ 노동력 창출
㉱ 매립지의 수명 연장

37 HDPE&LDPE 합성차수막의 장점으로 틀린 것은 어느 것인가?

㉮ 대부분의 화학물질에 대한 저항성이 높다.
㉯ 유연하여 손상의 우려가 적다.
㉰ 접합상태가 양호하다.
㉱ 온도에 대한 저항성이 높다.

풀이 ㉯ 유연하지 못하여 손상의 우려가 높다.

38 폐기물 소각의 장점으로 틀린 것은 어느 것인가?

㉮ 부피감소가 가능하다.
㉯ 위생적 처리가 가능하다.
㉰ 폐열이용이 가능하다.
㉱ 2차 대기오염이 적다.

풀이 ㉱ 2차 대기오염이 많다.

정답 34 ㉮ 35 ㉰ 36 ㉰ 37 ㉯ 38 ㉱

39 매립지의 최종복토설비의 주요기능으로 틀린 것은 어느 것인가?

㉮ 침출수발생량 감소 기능
㉯ 생분해가능 조건 형성
㉰ 식물성장 토양층 제공
㉱ 병원균 매개체 서식 방지

40 비정상적으로 작동하는 소화조에 석회를 주입하는 이유는 무엇인가?

㉮ 유기산균을 증가시키기 위해
㉯ 효소의 농도를 증가시키기 위해
㉰ 칼슘 농도를 증가시키기 위해
㉱ pH를 높이기 위해

[풀이] 비정상적으로 작동하는 소화조에 석회를 주입하는 이유는 pH를 높이기 위해서이다.

제3과목 폐기물공정시험기준

41 수분 40%, 고형물 60%, 휘발성고형물 30%인 쓰레기의 유기물 함량(%)은 얼마인가?

㉮ 35%   ㉯ 40%
㉰ 45%   ㉱ 50%

[풀이] 유기물 함량(%) = $\dfrac{휘발성\ 고형물(\%)}{고형물(\%)} \times 100$
= $\dfrac{30\%}{60\%} \times 100 = 50\%$

42 자외선/가시선 분광법으로 분석되는 '항목-측정방법-측정파장-발색'의 순서대로 연결된 것은 어느 것인가?

㉮ 카드뮴 - 디티존법 - 460nm - 청색
㉯ 시안 - 디페닐카바지드법 - 540nm - 적자색
㉰ 구리 - 다이에틸다이티오카르바민산법 - 440nm - 황갈색
㉱ 비소 - 비화수소증류법 - 510nm - 적자색

43 가스크로마토그래프 분석에 사용하는 검출기 중에서 방사선 동위원소로부터 방출되는 β선을 이용하며 유기할로겐화합물, 니트로화합물, 유기금속화합물을 선택적으로 검출할 수 있는 검출기는 어느 것인가?

㉮ 열전도도 검출기(TCD)
㉯ 수소염이온화 검출기(FID)
㉰ 전자포획 검출기(ECD)
㉱ 불꽃광도 검출기(FPD)

[풀이] ㉰ 전자포획 검출기(ECD)에 대한 설명이다.

44 6톤 운반차량에 적재되어 있는 폐기물의 시료채취방법으로 알맞은 것은 어느 것인가?

㉮ 적재 폐기물을 평면상에서 6등분한 후 각 등분마다 시료를 채취한다.
㉯ 적재 폐기물을 평면상에서 9등분한 후 각 등분마다 시료를 채취한다.
㉰ 적재 폐기물을 평면상에서 10등분한 후 각 등분마다 시료를 채취한다.
㉱ 적재 폐기물을 평면상에서 14등분한 후 각 등분마다 시료를 채취한다.

정답 39 ㉯ 40 ㉱ 41 ㉱ 42 ㉰ 43 ㉰ 44 ㉯

45 폐기물시료 200g을 취하여 기름성분(중량법)을 시험한 결과, 시험 전·후의 증발용기의 무게차가 13.591g으로 나타났고, 바탕시험 전·후의 증발용기의 무게차는 13.557g으로 나타났다. 이 때의 노말헥산 추출물질 농도(%)는 얼마인가?

㉮ 0.013% ㉯ 0.017%
㉰ 0.023% ㉱ 0.034%

풀이 노말헥산 추출물질 농도(%) = $\dfrac{(a-b)}{V} \times 100$

$= \dfrac{(13.591g - 13.557g)}{200g} \times 100 = 0.017\%$

46 유도결합플라즈마-원자발광분광기 장치의 구성으로 알맞은 것은 어느 것인가?

㉮ 시료도입부 - 고주파전원부 - 광원부 - 분광부 - 연산처리부 - 기록부
㉯ 전개부(용리액조+펌프) - 분리부 - 검출부(써프레서+검출기) - 지시부
㉰ 가스유로계 - 시료도입부 - 분리관 - 검출기 - 기록계
㉱ 광원부 - 파장선택부 - 시료부 - 측광부

47 전자포획형 검출기(ECD)의 운반가스로 사용 가능한 가스는 어느 것인가?

㉮ 99.9% He   ㉯ 99.9% H_2
㉰ 99.99% N_2 ㉱ 99.99% H_2

48 유도결합플라즈마-원자발광분광법에서 정량법으로 사용되는 방법으로 틀린 것은 어느 것인가?

㉮ 검량선법   ㉯ 내표준법
㉰ 표준첨가법 ㉱ 넓이백분율법

49 감염성미생물(아포균 검사법) 측정에 적용되는 '지표생물포자'에 대한 내용으로 알맞은 것은 어느 것인가?

㉮ 감염성 폐기물의 멸균 잔류물에 대한 멸균 여부의 판정은 병원성미생물보다 열저항성이 약하고 비병원성인 아포형성 미생물을 이용하는데 이를 지표생물포자라 한다.
㉯ 감염성 폐기물의 멸균 잔류물에 대한 멸균 여부의 판정은 병원성미생물보다 열저항성이 강하고 비병원성인 아포형성 미생물을 이용하는데 이를 지표생물포자라 한다.
㉰ 감염성 폐기물의 멸균 잔류물에 대한 멸균여부의 판정은 비병원성미생물보다 열저항성이 약하고 병원성인 아포형성 미생물을 이용하는데 이를 지표생물포자라 한다.
㉱ 감염성 폐기물의 멸균 잔류물에 대한 멸균 여부의 판정은 비병원성미생물보다 열저항성이 강하고 병원성인 아포형성 미생물을 이용하는데 이를 지표생물포자라 한다.

정답 45 ㉯ 46 ㉮ 47 ㉰ 48 ㉱ 49 ㉯

50 폐기물공정시험기준 중 성상에 따른 시료 채취방법으로 틀린 것은 어느 것인가?

㉮ 폐기물 소각시설 소각재란 연소실 바닥을 통해 배출되는 바닥재와 폐열 보일러 및 대기오염 방지시설을 통해 배출되는 비산재를 말한다.
㉯ 공정상 소각재에 물을 분사하는 경우를 제외하고는 가급적 물을 분사한 후에 시료를 채취한다.
㉰ 비산재 저장조의 경우 낙하구 밑에서 채취하고, 운반차량에 적재된 소각재는 적재차량에서 채취하는 것을 원칙으로 한다.
㉱ 회분식 연소방식 반출 설비에서 채취하는 소각재는 하루 동안의 운전 횟수에 따라 매 운전시마다 2회 이상 채취하는 것을 원칙으로 한다.

풀이 ㉯ 공정상 소각재에 물을 분사하는 경우를 제외하고는 가급적 물을 분사하기 전에 시료를 채취한다.

51 중량법에 의한 기름성분 분석방법에 대한 내용으로 틀린 것은 어느 것인가?

㉮ 시료 적당량을 분별깔때기에 넣고 메틸오렌지용액(0.1 W/V%)을 2~3방울 넣고 황색이 적색으로 변할 때까지 염산(1+1)을 넣어 pH 4 이하로 조절한다.
㉯ 시료가 반고상 또는 고상 폐기물인 경우에는 폐기물의 양에 약 2.5배에 해당하는 물을 넣어 잘 혼합한 다음 pH 4 이하로 조절한다.
㉰ 노말헥산 추출물질의 함량이 5mg/L 이하로 낮은 경우에는 5L 부피 시료병에 시료 4L를 채취하여 염화철(Ⅲ)용액 4mL

를 넣고 자석교반기로 교반하면서 탄산나트륨용액 (20W/V%)을 넣어 pH 7~9로 조절한다.
㉱ 증발용기 외부의 습기를 깨끗이 닦고 (80±5)℃의 건조기 중에 2시간 건조하고 황산 데시케이터에 넣어 정확히 1시간 식힌 후 무게를 단다.

풀이 ㉱ 증발용기 외부의 습기를 깨끗이 닦고 (80±5)℃의 건조기 중에 30분간 건조하고 실리카겔 데시케이터에 넣어 정확히 30분간 식힌 후 무게를 단다.

52 용매추출법에 의한 GC분석 시 트리클로로에틸렌의 추출용매로 알맞은 것은 어느 것인가?

㉮ 디티존   ㉯ 노말헥산
㉰ 아세톤   ㉱ 사염화탄소

53 유기물 함량이 낮은 시료에 적용하는 산분해법은 어느 것인가?

㉮ 염산 분해법   ㉯ 황산 분해법
㉰ 질산 분해법   ㉱ 염산-질산 분해법

54 수소이온농도가 2.8×10^{-5} mole/L인 수용액의 pH는 얼마인가?

㉮ 2.8   ㉯ 3.4
㉰ 4.6   ㉱ 5.4

풀이 $pH = -\log[H^+] = -\log[2.8 \times 10^{-5}] = 4.55$

정답 50 ㉯ 51 ㉱ 52 ㉯ 53 ㉰ 54 ㉰

55. 원자흡수분광광도법으로 크롬을 정량할 때 전처리조작으로 KMnO₄를 사용하는 목적은 무엇인가?
    ㉮ 철이나 니켈금속 등 방해물질을 제거하기 위하여
    ㉯ 시료중의 6가 크롬을 3가 크롬으로 환원하기 위하여
    ㉰ 시료중의 3가 크롬을 6가 크롬으로 산화하기 위하여
    ㉱ 디페닐카르바지드와 반응성을 높이기 위하여

56. 용출 조작 시 진탕 회수 기준으로 알맞은 것은 어느 것인가? (단, 상온, 상압 조건, 진폭은 4~5cm)
    ㉮ 매분당 약 200회 ㉯ 매분당 약 300회
    ㉰ 매분당 약 400회 ㉱ 매분당 약 500회

57. 원자흡수분광광도법을 이용한 6가크롬 측정에 대한 내용으로 틀린 것은 어느 것인가?
    ㉮ 정량범위는 사용하는 장치 및 측정조건 등에 따라 다르나 357.9nm에서 최종용액 중에서 0.01~5mg/L이다.
    ㉯ 공기-아세틸렌 불꽃에서는 철, 니켈 등의 공존물질에 의한 방해영향이 크므로 이때는 황산나트륨을 1% 정도 넣어서 측정한다.
    ㉰ 시료 중에 칼륨, 나트륨, 리튬, 세슘과 같이 이온화가 어려운 원소가 100mg/L 이상의 농도로 존재할 때에는 측정을 간섭한다.
    ㉱ 염이 많은 시료를 분석하면 버너 헤드 부분에 고체가 생성되어 불꽃이 자주 꺼지고 버너 헤드를 청소해야 하는데 이를 방지하기 위해서는 시료를 묽혀 분석하거나, 메틸아이소부틸케톤 등을 사용하여 추출하여 분석한다.

풀이 ㉰ 시료 중에 칼륨, 나트륨, 리튬, 세슘과 같이 쉽게 이온화가 되는 원소가 1,000mg/L 이상의 농도로 존재할 때에는 측정을 간섭한다.

58. 자외선/가시선 분광법으로 6가크롬을 측정할 때 흡수셀 세척 시 사용되는 시약으로 틀린 것은 어느 것인가?
    ㉮ 탄산나트륨   ㉯ 질산
    ㉰ 과망간산칼륨   ㉱ 에틸알코올

59. 휘발성 유기물질 중에서 트리할로메탄(THMs) 분석시에 (1+1) HCl을 가하는 이유는 무엇인가?
    ㉮ THMs이 환원성물질에 의해 환원되는 것을 막기 위하여
    ㉯ THMs이 산화성물질에 의해 산화되는 것을 막기 위하여
    ㉰ THMs이 알칼리성 쪽에서 생성되는 것을 막기 위하여
    ㉱ THMs이 산성쪽에서 생성되는 것을 막기 위하여

정답 55 ㉰ 56 ㉮ 57 ㉰ 58 ㉰ 59 ㉰

60 반고상 또는 고상폐기물의 pH 측정 시 시료 10g에 정제수 몇 mL를 넣어 잘 교반하여야 하는가?

㉮ 10mL ㉯ 25mL
㉰ 50mL ㉱ 100mL

제4과목 폐기물관계법규

61 기술관리인을 두어야 할 폐기물처리시설 기준으로 틀린 것은 어느 것인가? (단, 폐기물처리업자가 운영하는 폐기물처리시설 제외)

㉮ 용해로(폐기물에서 비철금속을 추출하는 경우로 한정한다)로서 시간당 재활용능력이 600킬로그램 이상인 시설
㉯ 멸균분쇄시설로서 시간당 처분능력이 200킬로그램 이상인 시설
㉰ 소각열회수시설로서 시간당 재활용능력이 600킬로그램 이상인 시설
㉱ 사료화·퇴비화 또는 연료화시설로서 1일 재활용능력이 5톤 이상인 시설

㉯ 멸균분쇄시설로서 시간당 처분능력이 100킬로그램 이상인 시설

62 생활폐기물배출자는 특별자치시, 특별자치도, 시·군·구의 조례로 정하는 바에 따라 스스로 처리할 수 없는 생활폐기물을 종류별, 성질·상태별로 분리하여 보관하여야 한다. 이를 위반한 자에 대한 과태료 부과 기준은 얼마인가?

㉮ 100만원 이하의 과태료
㉯ 200만원 이하의 과태료
㉰ 300만원 이하의 과태료
㉱ 500만원 이하의 과태료

63 사업장 폐기물을 폐기물처리업자에게 위탁하여 처리하려는 사업장 폐기물 배출자가 환경부장관이 고시하는 폐기물 처리가격의 최저액보다 낮은 가격으로 폐기물처리를 위탁하였을 경우에 과태료 부과기준은 얼마인가?

㉮ 300만원 이하의 과태료
㉯ 500만원 이하의 과태료
㉰ 1천만원 이하의 과태료
㉱ 2천만원 이하의 과태료

64 폐기물처리업자, 폐기물처리시설을 설치, 운영하는 자 등이 환경부령이 정하는 바에 따라 장부를 갖추어 두고 폐기물의 발생·배출·처리상황 등을 기록하여 최종기재한 날부터 얼마동안 보존하여야 하는가?

㉮ 6개월 ㉯ 1년
㉰ 3년   ㉱ 5년

정답 60 ㉯ 61 ㉯ 62 ㉮ 63 ㉮ 64 ㉰

65 지정폐기물로 볼 수 없는 것은 어느 것인가?

㉮ 할로겐족(환경부령으로 정하는 물질 또는 이를 함유한 물질로 한정한다) 폐유기용제
㉯ 폐석면
㉰ 기름성분을 5% 이상 함유한 폐유
㉱ 수소이온 농도지수가 3.0인 폐산

풀이 ㉱ 수소이온 농도지수가 2.0 이하인 폐산

66 영업정지 기간에 영업을 한 자에 대한 벌칙기준은 어느 것인가?

㉮ 1년 이하의 징역이나 1천만원 이하의 벌금
㉯ 2년 이하의 징역이나 2천만원 이하의 벌금
㉰ 3년 이하의 징역이나 3천만원 이하의 벌금
㉱ 5년 이하의 징역이나 5천만원 이하의 벌금

67 '대통령령으로 정하는 폐기물처리시설'을 설치·운영하는 자는 그 폐기물 처리시설의 설치·운영이 주변지역에 미치는 영향을 3년 마다 조사하여 그 결과를 환경부장관에게 제출하여야 한다. 다음 중 대통령령으로 정하는 폐기물처리시설 기준으로 틀린 것은 어느 것인가?

㉮ 매립면적 1만 제곱미터 이상의 사업장 지정폐기물 매립시설
㉯ 매립면적 15만 제곱미터 이상의 사업장 일반폐기물 매립시설
㉰ 시멘트 소성로(폐기물을 연료로 하는 경우로 한정한다)
㉱ 1일 처분능력이 10톤 이상인 사업장폐기물 소각시설

풀이 ㉱ 1일 처분능력이 50톤 이상인 사업장폐기물 소각시설

68 폐기물 처리업의 변경허가를 받아야 할 중요사항으로 틀린 것은 어느 것인가?

㉮ 운반차량(임시차량 제외)의 증차
㉯ 폐기물 처분시설의 신설
㉰ 수집·운반대상 폐기물의 변경
㉱ 매립시설 제방 신축

풀이 ㉱ 매립시설 제방의 증·개축

69 설치신고대상 폐기물처리시설 규모기준으로 틀린 것은 어느 것인가?

㉮ 기계적 처분시설 중 연료화시설로서 1일 처분능력이 100kg미만인 시설
㉯ 기계적 처분시설 또는 재활용시설 중 증발·농축·정제 또는 유수분리시설로서 시간당 처분능력 또는 재활용능력이 125kg미만인 시설
㉰ 소각열회수시설로서 1일 재활용능력이 100톤 미만인 시설
㉱ 생물학적 처분시설 또는 재활용시설로서 1일 처분능력 또는 재활용 능력이 100톤 미만인 시설

풀이 ㉮ 기계적 처분시설 중 연료화시설로서 1일 처분능력이 100톤 미만인 시설

정답 65 ㉱ 66 ㉰ 67 ㉱ 68 ㉱ 69 ㉮

70 폐기물처리업의 업종구분과 영업에 대한 설명으로 틀린 것은 어느 것인가?

㉮ 폐기물 수집·운반업 : 폐기물을 수집·운반시설을 갖추고 재활용 또는 처분장소로 수집·운반하는 영업
㉯ 폐기물 최종 처분업 : 폐기물최종처분시설을 갖추고 폐기물을 매립 등(해역 배출은 제외한다.)의 방법으로 최종 처분하는 영업
㉰ 폐기물 종합 처분업 : 폐기물 중간처분시설 및 최종 처분 시설을 갖추고 폐기물의 중간처분과 최종처분을 함께 하는 영업
㉱ 폐기물 종합 재활용업 : 폐기물 재활용시설을 갖추고 중간재활용업과 최종재활용업을 함께 하는 영업

풀이 ㉮ 폐기물 수집·운반업 : 폐기물을 수집하여 재활용 또는 처분 장소로 운반하거나 폐기물을 수출하기 위하여 수집·운반하는 영업

71 폐기물의 재활용 시 에너지의 회수기준으로 틀린 것은 어느 것인가?

㉮ 에너지의 회수효율(회수에너지 총량을 투입에너지 총량으로 나눈 비율)이 75% 이상일 것
㉯ 다른 물질과 혼합하지 아니하고 해당 폐기물의 저위발열량이 3,000kcal/kg 이상일 것
㉰ 회수열의 50% 이상을 열원으로 이용하거나 다른 사람에게 공급할 것
㉱ 환경부장관이 정하여 고시하는 경우에는 폐기물의 30% 이상을 원료나 재료로 재활용하고 그 나머지 중에서 에너지의 회수에 이용할 것

풀이 ㉰ 회수열은 열원으로 스스로 이용하거나 다른 사람에게 공급할 것

72 폐기물처리시설의 종류 중 기계적 처리시설에 해당되지 않는 것은 어느 것인가?

㉮ 연료화 시설
㉯ 유수분리 시설
㉰ 응집·침전 시설
㉱ 증발·농축 시설

풀이 ㉰ 응집·침전 시설은 화학적 처분시설에 해당한다.

73 관리형 매립시설에서 침출수 배출량이 1일 2,000m³ 이상인 경우, BOD의 측정 주기 기준은 얼마인가?

㉮ 매일 1회 이상   ㉯ 주 1회 이상
㉰ 월 2회 이상   ㉱ 월 1회 이상

74 폐기물 수집·운반증을 부착한 차량으로 운반해야 될 경우가 아닌 것은 어느 것인가?

㉮ 사업장폐기물배출자가 그 사업장에서 발생된 폐기물을 사업장 밖으로 운반하는 경우
㉯ 폐기물처리 신고자가 재활용 대상폐기물을 수집·운반하는 경우
㉰ 폐기물처리업자가 폐기물을 수집·운반하는 경우
㉱ 광역 폐기물처리시설의 설치·운영자가 생활폐기물을 수집·운반하는 경우

정답 70 ㉮ 71 ㉰ 72 ㉰ 73 ㉯ 74 ㉱

75 폐기물처리시설 중 소각시설의 기술관리인으로 틀린 것은 어느 것인가?

㉮ 대기환경기사   ㉯ 수질환경기사
㉰ 전기기사   ㉱ 전기공사기사

풀이 폐기물처리시설 중 소각시설의 기술관리인으로는 폐기물처리기사, 대기환경기사, 토목기사, 일반기계기사, 건설기계기사, 화공기사, 전기기사, 전기공사기사 중 1명 이상이다.

76 폐기물 처리업자가 폐기물의 발생, 배출, 처리상황 등을 기록한 장부의 보존기간은 얼마인가? (단, 최종 기재일을 기준한다.)

㉮ 6개월간   ㉯ 1년간
㉰ 2년간   ㉱ 3년간

77 폐기물 관리 종합계획에 포함되어야 할 사항으로 틀린 것은 어느 것인가?

㉮ 재원 조달 계획
㉯ 폐기물별 관리 현황
㉰ 종합계획의 기조
㉱ 종전의 종합계획에 대한 평가

참고 법규개정으로 문제 삭제

78 관련법을 위반한 폐기물처리업자로부터 과징금으로 징수한 금액의 사용용도로서 틀린 것은 어느 것인가?

㉮ 광역 폐기물처리시설의 확충
㉯ 폐기물처리 관리인의 교육
㉰ 폐기물처리시설의 지도·점검에 필요한 시설·장비의 구입 및 운영
㉱ 폐기물의 처리를 위탁한 자를 확인할 수 없는 폐기물로 인하여 예상되는 환경상 위해를 제거하기 위한 처리

79 시·도지사, 시장·군수·구청장 또는 지방환경서의 장은 관계공무원이 사업장 등에 출입하여 검사할 때에 배출되는 폐기물이나 재활용한 제품의 성분, 유해물질 함유 여부의 검사를 위한 시험분석이 필요하면 시험분석기관으로 하여금 시험분석하게 할 수 있다. 다음 중 시험분석기관으로 틀린 것은 어느 것인가? (단, 그 밖에 환경부장관이 인정, 고시하는 기관은 고려하지 않는다.)

㉮ 한국환경시험원
㉯ 한국환경공단
㉰ 유역환경청 또는 지방환경청
㉱ 수도권매립지관리공사

풀이 시험 분석 기관으로는 국립환경과학원, 보건환경연구원, 유역환경청 또는 지방환경청, 한국환경공단, 석유 및 석유대체연료 사업법에 따른 한국석유관리원 및 산업통상자원부장관이 지정하는 기관, 비료관리법 시행규칙에 따른 시험기관, 수도권매립지관리 공사 등이 있다.

정답 75 ㉯   76 ㉱   77 ㉯   78 ㉯   79 ㉮

80 매립시설에서 발생되는 침출수의 배출허용 기준으로 알맞은 것은 어느 것인가? (단, 나지역, COD는 중크롬산칼륨법을 기준, 단위는 mg/L, COD에서 (　)는 처리효율)

　　　　BOD - COD - SS
㉮　70 - 200 - 70
㉯　70 - 300 - 70
㉰　70 - 400 - 70
㉱　70 - 500 - 70

정답 80 ㉰

2016 제4회 폐기물처리산업기사
(2016년 10월 1일 시행)

제1과목 폐기물개론

01 도시쓰레기의 특성으로 틀린 것은 어느 것인가?

㉮ 배출량은 생활수준의 향상, 생활양식, 수집형태 등에 따라 좌우된다.
㉯ 쓰레기의 질은 지역, 기후 등에 따라 달라진다.
㉰ 도시쓰레기의 처리는 성상에 크게 지배된다.
㉱ 쓰레기 발생량은 계절에 따라 일정하다.

풀이 ㉱ 쓰레기 발생량은 계절에 따라 달라진다.

02 수거대상 인구가 1,200명인 지역에서 1주 동안의 쓰레기 수거상태를 조사하여 다음 표와 같은 결과를 얻었다. 이 지역의 1일당 1인 쓰레기 발생량(kg)은 얼마인가?

- 트럭수 : 1대
- 쓰레기 수거회수 : 4회/주
- 트럭용적 : 11m³
- 적재 시 쓰레기밀도 : 0.5ton/m³

㉮ 1.21 ㉯ 1.82
㉰ 2.38 ㉱ 2.62

풀이 쓰레기 발생량(kg/인·일)
= 쓰레기 발생량(kg/일) / 인구수(인)
= (11m³ × 0.5 × 10³kg/m³ × 4회/주 × 1대 × 1회 × 1주/7일) / 1,200인
= 2.62kg/인·일

03 10m³의 폐기물을 압축비 8로 압축하였을 때 압축 후의 부피(m³)는 얼마인가?

㉮ 0.85m³ ㉯ 0.95m³
㉰ 1.15m³ ㉱ 1.25m³

풀이 압축비 = 압축전 부피 / 압축후 부피

$8 = \dfrac{10\,m^3}{압축후\,부피}$

따라서 압축후 부피 = $\dfrac{10\,m^3}{8} = 1.25$

정답 01 ㉱ 02 ㉱ 03 ㉱

04 밀도가 550kg/m³인 쓰레기 3m³ 중 가연성 쓰레기가 30wt%일 때, 가연성 물질의 중량(kg)은 얼마인가?
- ㉮ 약 415kg
- ㉯ 약 435kg
- ㉰ 약 455kg
- ㉱ 약 495kg

풀이 가연성 물질(kg)
= 쓰레기의 양(m³) × 밀도(kg/m³) × $\frac{가연성분(\%)}{100}$
= 3m³ × 550kg/m³ × 0.30
= 495 kg

05 다음 중 지정폐기물인 것은 어느 것인가?
- ㉮ 수소이온(H⁺) 농도지수가 1.5인 폐산
- ㉯ 수소이온(H⁺) 농도지수가 12.0인 폐알칼리
- ㉰ 광재로서 철금속이 함유된 제철소 발생 고로슬래그
- ㉱ 폐유로서 튀김 후 폐기되는 폐식용유

풀이 폐산(액체의 폐기물로서 수소이온 농도지수가 2.0 이하인 것으로 한정한다)

06 석면 폐기물 발생원이 아닌 것은 어느 것인가?
- ㉮ 보일러 공장
- ㉯ 발전소
- ㉰ 자동차 공장
- ㉱ 피혁 공장

풀이 ㉱ 피혁 공장에서는 크롬이 배출된다.

07 정원 쓰레기의 재활용 용도로 가장 부적절한 것은 어느 것인가?
- ㉮ 퇴비의 생산
- ㉯ 바이오매스 연료로의 이용
- ㉰ 매립지 최종 복토재
- ㉱ 조경용 멀취(mulch) 생산

08 폐기물의 소각처리에 중요한 연료특성인 발열량에 관한 내용으로 알맞은 것은 어느 것인가?
- ㉮ 저위발열량은 연소에 의해 생성된 수분이 응축하였을 경우의 발열량이다.
- ㉯ 고위발열량은 소각로의 설계기준이 되는 발열량으로 진발열량이라고도 한다.
- ㉰ 단열열량계로 측정한 발열량은 고위발열량이다.
- ㉱ 발열량은 플라스틱의 혼입률이 많으면 증가하지만 계절적 변동과 상관없이 일정하다.

풀이
- ㉮ 고위발열량은 연소에 의해 생성된 수분이 응축하였을 경우의 발열량이다.
- ㉯ 저위발열량은 소각로의 설계기준이 되는 발열량으로 진발열량이라고도 한다.
- ㉱ 발열량은 플라스틱의 혼입률이 많으면 감소한다.

정답 04 ㉱ 05 ㉮ 06 ㉱ 07 ㉰ 08 ㉰

09 쓰레기의 발생량 예측에 사용되는 방법으로 틀린 것은 어느 것인가?

㉮ 경향법(Trend method)
㉯ 물질수지법(Material balance method)
㉰ 다중회귀모델(Multiple regression model)
㉱ 동적모사모델(Dynamic simulation model)

㉯ 물질수지법은 쓰레기 발생량 조사방법이다.

10 폐기물의 성상 분석을 위해 일반적으로 분석하는 항목이 아닌 것은 어느 것인가?

㉮ 진비중   ㉯ 저위발열량
㉰ 원소분석치   ㉱ 물리적 조성

11 폐기물의 고위발열량 계산에 기초로 활용되는 것은 어느 것인가?

㉮ 물리적 조성   ㉯ 수분량
㉰ 화학적 조성   ㉱ 산성분

고위발열량 계산에 기초로 활용되는 것은 화학적 조성이다.

12 쓰레기의 수거방법 중 수거시간이 가장 많이 소요되는 형태는 어느 것인가?

㉮ Alley   ㉯ Curb
㉰ Setout-setback ㉱ Back Yard Carry

13 pH가 8과 pH가 10인 폐알칼리액을 동일량으로 혼합하였을 경우 이 용액의 pH는 얼마인가?

㉮ 8.3   ㉯ 9.0
㉰ 9.7   ㉱ 10.0

① $C_m = \dfrac{Q_1C_1 + Q_2C_2}{Q_1 + Q_2}$
 $= \dfrac{10^{-6} \, mol/L + 10^{-4} \, mol/L}{1+1}$
 $= 5.05 \times 10^{-5} \, mol/L$

② $pH = 14 + \log[OH^-]$
 $= 14 + \log[5.05 \times 10^{-5} \, mol/L] = 9.70$

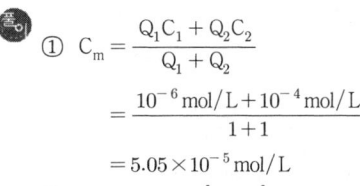

Tip
① pH 8 ⇒ pOH=14−8=6
② pH 10 ⇒ pOH=14−10=4
③ $[OH^-] = 10^{-pOH} \, mol/L$
④ 알칼리성 물질에서 $pH = 14 + \log[OH^-]$

14 물질의 전기전도성을 이용하여 도체물질과 부도체물질로 분리하는 선별법은 어느 것인가?

㉮ 자력선별법   ㉯ 트롬멜선별법
㉰ 와전류선별법   ㉱ 정전기선별법

㉱ 정전기선별법에 대한 설명이다.

15 목재, 고무, 플라스틱 등의 폐기물을 파쇄하는데 적당한 형식의 파쇄장치가 아닌 것은 어느 것인가?

㉮ Von Roll   ㉯ Hazemag
㉰ Lindemann   ㉱ Tollemacshe

16 인구 3만인 중소도시에서 쓰레기 발생량 100m³/day(밀도는 650kg/m³)를 적재중량 4ton 트럭으로 운반하려면 1일 소요될 트럭 운반대수는 얼마인가? (단, 트럭의 1일 운반횟수는 1회 기준)

㉮ 11대   ㉯ 13대
㉰ 15대   ㉱ 17대

[풀이] 운반대수 = $\dfrac{쓰레기\ 발생량}{적재중량}$

$= \dfrac{100m^3/day \times 650kg/m^3 \times 10^{-3} ton/kg}{4ton/대 \times 1회/1일}$

$= 17대/회$

17 폐기물 발생량 저감 차원에서 중요시 되고 있는 폐기물관리의 3R 중에 포함되지 않는 것은 어느 것인가?

㉮ Refuse   ㉯ Reduce
㉰ Reuse   ㉱ Recycle

[풀이] Reduce(감량화), Reuse(재이용), Recycle(재활용), Recovery(회수이용)이 있다.

18 전단파쇄기에 대한 내용으로 틀린 것은 어느 것인가?

㉮ 대체로 충격파쇄기에 비해 파쇄속도가 빠르다.
㉯ 이물질의 혼입에 대하여 약하다.
㉰ 파쇄물의 크기를 고르게 할 수 있다.
㉱ 주로 목재류, 플라스틱류 및 종이류를 파쇄하는데 이용된다.

[풀이] ㉮ 대체로 충격파쇄기에 비해 파쇄속도가 느리다.

19 폐수처리장에서 발생되는 액상폐기물을 관리할 때 최우선으로 고려할 사항은 어느 것인가?

㉮ 소독   ㉯ 탈수
㉰ 운반   ㉱ 소각

[풀이] 액상폐기물을 관리할 때 최우선으로 고려할 사항은 탈수이다.

20 고로슬래그의 입도분석 결과 입도누적 곡선상의 10%, 60%, 입경이 각각 0.5mm, 1.0mm이라면 유효입경(mm)은?

㉮ 0.1   ㉯ 0.5
㉰ 1.0   ㉱ 2.0

[풀이] 유효입경은 입도누적곡선상의 10%에 해당하는 입경($D_{10\%}$)이므로 0.5mm가 정답이다.

Tip
① 유효입경 = $D_{10\%}$
② 균등계수 = $\dfrac{D_{60\%}}{D_{10\%}}$
③ 곡률계수 = $\dfrac{(D_{30\%})^2}{(D_{10\%} \times D_{60\%})}$

정답 16 ㉱ 17 ㉮ 18 ㉮ 19 ㉯ 20 ㉯

제2과목 폐기물처리기술

21 매립 후 정상상태의 단계에서 발생하는 가스 중 두 번째로 큰 부분을 차지하는 가스는 어느 것인가? (단, 가스구성비 %, 부피 기준)

㉮ 이산화탄소(CO_2)
㉯ 메탄(CH_4)
㉰ 황화수소(H_2S)
㉱ 수소(H_2)

풀이: 가장 많은 가스가 메탄(CH_4)이고 다음이 이산화탄소(CO_2)이다.

22 합성차수막 중 PVC에 대한 내용으로 틀린 것은 어느 것인가?

㉮ 작업이 용이하다.
㉯ 접합이 용이하고 가격이 저렴하다.
㉰ 자외선, 오존, 기후에 약하다.
㉱ 대부분의 유기화학물질에 강하다.

풀이: ㉱ 대부분의 유기화학물질에 약하다.

23 매립지 위치선정 시 적당한 곳은 어디인가?

㉮ 홍수범람지역   ㉯ 습지대
㉰ 단층지역   ㉱ 지하수위 낮은 곳

풀이: 매립지 위치선정 시 적당한 곳은 지하수위가 낮은 곳이다.

24 고형화 처리된 폐기물 검사항목으로 가장 거리가 먼 것은 어느 것인가?

㉮ 투수율   ㉯ 함수율
㉰ 압축강도   ㉱ 용출시험

풀이: 고형화 처리된 폐기물 검사항목은 투수율, 압축강도, 용출시험이다.

25 내륙매립공법 중 도랑형공법에 대한 내용으로 틀린 것은 어느 것인가?

㉮ 침출수 수집장치나 차수막 설치가 용이
㉯ 사전 정비작업이 그다지 필요하지 않으나 매립 용량 낭비
㉰ 파낸 흙을 복토재로 이용 가능한 경우 경제적
㉱ 대개 폭 5~8m 및 깊이 1~2m 정도의 소규모 도랑을 판 후 매립

풀이: ㉮ 침출수 수집장치나 차수막 설치가 용이하지 못하다.

26 소각로 중 회전로에 관한 내용으로 틀린 것은 어느 것인가?

㉮ 폐기물의 소각에 방해됨이 없이 연속적으로 재를 배출할 수 있다.
㉯ 용융상태의 물질에 의하여 방해받지 않는다.
㉰ 습식 가스세정시스템과 함께 사용할 수 있다.
㉱ 대기오염제어시스템에 대한 분진부하율 및 열효율이 낮은 편이다.

풀이: ㉱ 대기오염제어시스템에 대한 분진부하율은 높고 열효율은 낮은 편이다.

정답 21 ㉮ 22 ㉱ 23 ㉱ 24 ㉯ 25 ㉮ 26 ㉱

27 분뇨처리장에서 생물학적 처리를 함에 있어 보통 희석수는 원수의 얼마 정도인가?

㉮ 약 20배 정도 ㉯ 약 50배 정도
㉰ 약 100배 정도 ㉱ 약 200배 정도

🔑 분뇨처리장에서 생물학적 처리를 할 경우 희석수는 원수의 약 20배 정도이다.

28 소화된 슬러지를 토양에 이용하여 얻어지는 토양의 물리적 개량에 관한 내용으로 틀린 것은 어느 것인가?

㉮ 수분보유력이 증가하며 경작이 수월해진다.
㉯ 살충제가 스며드는 양이 커져 살충효과가 지속된다.
㉰ 유기물 함량이 증가되어 토양미생물 성장이 활성화된다.
㉱ 토양속의 통기성 및 공극률이 증가된다.

🔑 ㉯ 살충제가 스며드는 양이 작아 살충효과가 낮다.

29 오염된 토양의 현지 생물학적 복원에 관한 내용으로 틀린 것은 어느 것인가?

㉮ 저농도의 오염물도 처리가 가능하다.
㉯ 물리화학적 방법에 비하여 처리면적이 작다.
㉰ 포화 대수층뿐만 아니라 불포화대수층의 처리도 가능하다.
㉱ 원래 오염물질보다 독성이 더 큰 중간생성물이 생성될 수 있다.

🔑 ㉯ 물리화학적 방법에 비하여 처리면적이 크다.

30 열분해기술에 대한 내용이 아닌 것은?

㉮ 무산소, 저산소 상태로 가열한다.
㉯ 폐기물 중의 가스, 기름 등을 회수할 수 있는 자원화 기술이다.
㉰ 환원성 분위기가 유지되므로 Cr^3가 Cr^6로 변할 수 있다.
㉱ 배기 가스량이 적다.

🔑 ㉰ 환원성 분위기가 유지되므로 Cr^3가 Cr^6로 전환되기가 어렵다.

31 퇴비화 과정 중에 출현하는 미생물과 분해작용에 관한 내용으로 틀린 것은 어느 것인가?

㉮ 퇴비화는 중온균과 고온균이 주된 역할을 한다.
㉯ 고온영역에서는 세균과 방선균이 분해에 주된 역할을 한다.
㉰ 숙성단계에서는 사상균(곰팡이)이 분해에 주된 역할을 한다.
㉱ 초기에는 중온성 진균과 세균이 주로 분해에 주된 역할을 한다.

32 슬러지 함수율을 99%에서 92%로 낮출 경우 감소하는 슬러지 부피는 얼마인가?
(단, 슬러지 비중=1.0)

㉮ 1/5 ㉯ 1/6
㉰ 1/7 ㉱ 1/8

🔑 $V_1 \times (100-P_1) = V_2 \times (100-P_2)$

$\therefore \dfrac{V_2}{V_1} = \dfrac{100-P_1}{100-P_2} = \dfrac{100-99\%}{100-92\%} = \dfrac{1}{8}$

정답 27 ㉮ 28 ㉯ 29 ㉯ 30 ㉰ 31 ㉰ 32 ㉱

33 매립지 표면차수막에 대한 내용으로 틀린 것은 어느 것인가?

㉮ 매립지 바닥의 투수계수가 큰 경우에 사용하는 방법이다.
㉯ 매립 전이라면 보수가 용이하지만 매립 후는 어렵다.
㉰ 지하수 집배수시설이 불필요하다.
㉱ 차수막 단위면적당 공사비는 싸지만 매립지 전체를 시공하는 경우가 많아 총 공사비는 비싸다.

풀이 ㉰ 지하수 집배수시설이 필요하다.

34 안정화방법 중 습식산화에 대한 내용으로 틀린 것은 어느 것인가?

㉮ 액상슬러지에 열과 압력을 작용시켜 용존산소에 의하여 화학적으로 슬러지 내의 유기물을 산화시킨다.
㉯ 반응탑, 고압펌프, 공기압축기, 열교환기 등으로 구성되어 있다.
㉰ 산화범위에 융통성이 있고 슬러지의 질에 영향을 받지 않으나 냄새가 나고 건설비가 많이 요구된다.
㉱ 고도의 운전기술이 필요하며 처리된 슬러지의 탈수가 잘 되지 않는 단점이 있다.

풀이 ㉱ 고도의 운전기술이 필요없고 처리된 슬러지의 탈수가 용이하다.

35 인공 복토재의 조건으로 틀린 것은 어느 것인가?

㉮ 투수계수가 높아야 한다.
㉯ 연소가 잘 되지 않아야 한다.
㉰ 생분해가 가능하여야 한다.
㉱ 살포가 용이해야 한다.

풀이 ㉮ 투수계수가 낮아야 한다.

36 분뇨처리 과정에서 포기조의 상태를 검사하기 위하여 임호프콘으로 측정한 결과, 유입수의 침전물이 5mL이고 유출수의 침전물이 0.3mL일 때의 제거율(%)은 얼마인가?

㉮ 85% ㉯ 90%
㉰ 94% ㉱ 98%

풀이 제거율(%) $= \left(1 - \dfrac{\text{유출수의 침전물}}{\text{유입수의 침전물}}\right) \times 100$
$= \left(1 - \dfrac{0.3\,\text{mL}}{5\,\text{mL}}\right) \times 100 = 94\%$

37 분뇨의 총고형물(TS)이 40,000mg/L이고, 그 중 휘발성고형물(VS)은 60%이며, CH_4의 발생량은 VS 1kg당 $0.6m^3$이라면 분뇨 $1m^3$당의 CH_4 가스발생량(m^3)은 얼마인가?

㉮ $16.4m^3$ ㉯ $14.4m^3$
㉰ $12.4m^3$ ㉱ $10.4m^3$

풀이 CH_4의 가스발생량
$= 1\,m^3 \times 40\,kg/m^3 \times 0.60 \times 0.6\,m^3/kg$
$= 14.4\,m^3$

정답 33 ㉰ 34 ㉱ 35 ㉮ 36 ㉰ 37 ㉯

Tip
① $mg/L \times 10^{-3} = kg/m^3$
② $40,000 mg/L = 40 kg/m^3$

38 유기물(포도당, $C_6H_{12}O_6$) 1kg을 혐기성 소화 시킬 때 이론적으로 발생되는 메탄량(kg)은 얼마인가?

㉮ 약 0.09kg   ㉯ 약 0.27kg
㉰ 약 0.73kg   ㉱ 약 0.93kg

 $C_6H_{12}O_6 \rightarrow 3CH_4 + 3CO_2$
180kg   :   3×16kg
1kg   :   X
∴ $X = \dfrac{1kg \times 3 \times 16kg}{180kg} = 0.27 kg$

39 일반적인 슬러지처리 순서로 가장 거리가 먼 것은?

㉮ 농축 - 개량 - 탈수 - 최종처분
㉯ 농축 - 안정화 - 개량 - 건조
㉰ 농축 - 탈수 - 건조 - 최종처분
㉱ 농축 - 개량 - 안정화 - 탈수

 일반적인 슬러지처리 순서는 농축 - 안정화 - 개량 - 탈수 - 건조 - 최종처분 이다.

40 바닥 상에서 연소재의 분리가 어렵고, 투입 시 파쇄가 필요하며, 내부에 매체를 간헐적으로 보충해야 하는 단점을 가진 소각로는 어느 것인가?

㉮ 화격자식 소각로
㉯ 회전원통형 소각로
㉰ 유동층식 소각로
㉱ 다단로상식 소각로

㉰ 유동층식 소각로에 대한 설명이다.

제3과목 폐기물공정시험기준

41 5g 증발접시에 적당량의 시료를 취하여 증발접시와 무게를 달았더니 20g이었다. 105~110℃ 건조기 안에서 4시간 건조 시킨 후 항량으로 무게를 달았더니 10g이었다. 수분과 고형물의 함유율(%)은 얼마인가?

㉮ 수분 : 50%, 고형물 : 50%
㉯ 수분 : 67%, 고형물 : 33%
㉰ 수분 : 33%, 고형물 : 67%
㉱ 수분 : 30%, 고형물 : 70%

 ① 수분(%) = $\dfrac{W_2 - W_3}{W_2 - W_1} \times 100$
= $\dfrac{20g - 10g}{20g - 5g} \times 100 = 66.67\%$

② 고형물(%) = $\dfrac{W_3 - W_1}{W_2 - W_1} \times 100$
= $\dfrac{10g - 5g}{20g - 5g} \times 100 = 33.33\%$

정답 38 ㉯ 39 ㉱ 40 ㉰ 41 ㉯

42 기체크로마토그래피법으로 PCBs 측정 시 시료의 전처리과정에서 유분의 제거를 위한 알칼리 분해제는 어느 것인가?

㉮ 수산화나트륨 ㉯ 수산화칼륨
㉰ 염화나트륨   ㉱ 수산화칼슘

43 카드뮴의 분석방법으로 알맞은 것은 어느 것인가?

㉮ 디페닐카르바지드법
㉯ 디에틸디티오카르바민산법
㉰ 디티존법
㉱ 환원기화법

> 카드뮴의 분석방법으로는 원자흡수분광광도법, 유도결합플라스마-원자발광분광법, 자외선/가시선 분광법(디티존법)이 있다.

44 폐기물공정시험기준에서 가스크로마토그래피법을 이용해 분석하는 항목으로 틀린 것은 어느 것인가?

㉮ PCB
㉯ 유기인
㉰ 수은
㉱ 휘발성 저급 염소화 탄화수소류

> 수은의 분석방법으로는 원자흡수분광광도법(환원기화법), 자외선/가시선 분광법(디티존법)이 있다.

45 폐기물 중 시안을 측정(이온전극법)할 때 시료채취 및 관리에 대한 설명이다. ( ) 에 들어갈 알맞은 말은 어느 것인가?

> 시료는 수산화나트륨용액을 가하여 (①) 으로 조절하여 냉암소에서 보관한다. 최대 보관시간은 (②)이며 가능한 한 즉시 실험한다.

㉮ ① pH 10 이상, ② 8시간
㉯ ① pH 10 이상, ② 24시간
㉰ ① pH 12 이상, ② 8시간
㉱ ① pH 12 이상, ② 24시간

46 폐기물 중의 기름성분의 추출에 사용되는 물질은 어느 것인가?

㉮ 클로로폼   ㉯ 사염화탄소
㉰ 벤젠   ㉱ 노말헥산

47 잔류염소가 함유된 시안측정 시료에서 잔류염소를 제거하기 위해 첨가하는 시약은 어느 것인가?

㉮ 초산아연용액(10W/V%)
㉯ L-아스코르빈산용액(10W/V%)
㉰ 10% 황산제일철 암모늄 용액
㉱ 5% 피로인산나트륨 용액

> 잔류염소를 제거하기 위해 첨가하는 시약은 L-아스코르빈산용액(10W/V%), 이산화비소산나트륨용액(10W/V%)이다.

정답 42 ㉯ 43 ㉰ 44 ㉰ 45 ㉱ 46 ㉱ 47 ㉯

48 폐기물 용출조작에 대한 내용으로 틀린 것은 어느 것인가?
- ㉮ 상온, 상압에서 진탕회수를 매분 당 약 200회로 한다.
- ㉯ 진폭 6~8cm의 진탕기를 사용한다.
- ㉰ 진탕기로 6시간 연속 진탕한다.
- ㉱ 여과가 어려운 경우 원심분리기를 사용하여 매 분당 3,000회전 이상으로 20분 이상 원심 분리한다.

풀이 ㉯ 진폭 4~5cm의 진탕기를 사용한다.

49 Lambert-Beer의 법칙에 대한 설명으로 틀린 것은 어느 것인가?
- ㉮ 투광도는 용액의 농도에 반비례한다.
- ㉯ 투광도는 층장의 두께에 비례한다.
- ㉰ 흡광도는 층장의 두께에 비례한다.
- ㉱ 흡광도는 용액의 농도에 비례한다.

풀이 ㉯ 투광도는 층장의 두께에 반비례한다.

50 크롬(자외선/가시선 분광법) 측정 시 첨가한 표준물질의 농도에 대한 측정 평균값의 상대 백분율로 나타내는 정확도 값은 얼마인가?
- ㉮ 90~110% 이내
- ㉯ 85~115% 이내
- ㉰ 80~120% 이내
- ㉱ 75~125% 이내

51 폐기물의 pH(유리전극법)측정 시 사용되는 표준용액으로 틀린 것은 어느 것인가?
- ㉮ 수산염 표준용액
- ㉯ 수산화칼슘 표준용액
- ㉰ 황산염 표준용액
- ㉱ 프탈산염 표준용액

풀이 표준물질의 종류로는 수산염표준액, 프탈산염표준액, 인산염표준액, 붕산염표준액, 탄산염표준액, 수산화칼슘표준액이 있다.

52 자외선/가시선 분광법으로 수은을 측정하는 방법이다. ( )에 들어갈 말은 어느 것인가?

수은을 황산산성에서 디티존사염화탄소로 일차 추출하고, 브롬화칼륨 존재하에 황산산성에서 역추출하여 방해성분과 분리한 다음, 알칼리성에서 디티존사염화탄소로 수은을 추출하여 ( )에서 흡광도 측정

- ㉮ 340nm
- ㉯ 490nm
- ㉰ 540nm
- ㉱ 580nm

정답 48 ㉯ 49 ㉯ 50 ㉱ 51 ㉰ 52 ㉯

53 시료의 전처리 방법 중 점토질 또는 규산염이 높은 비율로 함유된 시료에 적용하는 것은 어느 것인가?

㉮ 질산 - 과염소산 분해법
㉯ 질산 - 과염소산 - 불화수소산 분해법
㉰ 질산 - 과염소산 - 염화수소산 분해법
㉱ 질산 - 과염소산 - 황화수소산 분해법

㉯ 질산 - 과염소산 - 불화수소산 분해법에 대한 설명이다.

54 폐기물공정시험법의 시약 및 용액의 조제 방법에 대한 내용이다. ( )에 들어갈 말은 어느 것인가?

> 수산화나트륨용액(1M)을 조제할 때 수산화나트륨 42g을 물 950mL에 넣어 녹이고, 새로 만든 ( )용액을 침전이 생기지 않을 때까지 한 방울씩 떨어뜨려 잘 섞고, 마개를 하여 24시간 방치한 다음 여과하여 사용한다.

㉮ 시안화칼륨   ㉯ 산화칼슘
㉰ 수산화바륨   ㉱ 에틸알콜

55 성상에 따른 시료의 채취 방법으로 틀린 것은 어느 것인가?

㉮ 고상혼합물의 경우 적당한 채취 도구를 사용하며 한 번에 일정량씩 채취한다.
㉯ 액상혼합물의 경우 원칙적으로 최종지점의 낙하구에서 흐르는 도중에 채취한다.
㉰ 액상혼합물이 용기에 들어 있는 경우 잘 혼합하여 균일한 상태로 하여 채취한다.
㉱ 대형 콘크리트 고형화물로서 분쇄가 어려울 경우에는 임의 5개소에서 채취하여 각각 파쇄하여 50g씩 균등량을 혼합하여 채취한다.

㉱ 대형 콘크리트 고형화물로서 분쇄가 어려울 경우에는 임의 5개소에서 채취하여 각각 파쇄하여 100g씩 균등량을 혼합하여 채취한다.

56 5g의 NaCN를 정제수 4L에 녹이면 이 수용액 중 CN의 농도(mg/L)는 얼마인가?
(단, Na 원자량=23)

㉮ 433mg/L   ㉯ 523mg/L
㉰ 663mg/L   ㉱ 783mg/L

NaCN : CN⁻
49g : 26g
$\dfrac{5 \times 10^3 \text{ mg}}{4\text{L}}$: X

∴ $X = \dfrac{\dfrac{5 \times 10^3 \text{ mg}}{4\text{L}} \times 26\text{g}}{49\text{g}} = 663.27 \text{ mg/L}$

57 수소이온농도(pH)가 10이라면 [OH]의 농도(mol/L)는 얼마인가?

㉮ 10^{-9} ㉯ 10^{-8}
㉰ 10^{-6} ㉱ 10^{-4}

풀이 pH 10일 때 pOH=14−10=4
[OH⁻]=10^{-pOH}mol/L=10^{-4}mol/L

Tip
① pH=-log[H⁺] ⇒ [H⁺]=10^{-pH}mol/L
② pOH=- log[OH⁻] ⇒ [OH⁻]=10^{-pOH}mol/L

58 폐기물공정시험방법의 총칙에 명시된 용어 설명으로 틀린 것은 어느 것인가?

㉮ "항량으로 될 때까지 건조한다."라 함은 같은 조건에서 1시간 더 건조할 때 전후 무게차가 g당 0.3mg이하일 때를 말한다.
㉯ "약"이라 함은 기재된 양에 대하여 ±10% 이상의 차가 있어서는 안된다.
㉰ "정확히 단다."라 함은 규정된 양의 검체를 취하여 분석용 저울로 0.1mg까지 다는 것을 말한다.
㉱ "감압 또는 진공"이라 함은 따로 규정이 없는 한 15mmH₂O 이하를 말한다.

풀이 ㉱ "감압 또는 진공"이라 함은 따로 규정이 없는 한 15mmHg 이하를 말한다.

59 폐기물공정시험방법에서 원자흡수분광광도법에 의한 비소의 측정시 연소가스는 어느 것인가?

㉮ 아세틸렌-공기 ㉯ 수소-공기
㉰ 아르곤-수소   ㉱ 아세틸렌-수소

60 수산화나트륨(NaOH) 10g을 정제수 500 mL에 용해시킨 용액의 농도(N)는 얼마인가? (단, 나트륨 원자량은 23)

㉮ 0.5N ㉯ 0.4N
㉰ 0.3N ㉱ 0.2N

풀이 N = $\frac{질량(g)}{부피(L)} \times \frac{1\,eq}{1당량\,g} = \frac{10g}{0.5L} \times \frac{1\,eq}{40g} = 0.5N$

Tip
① N농도=eq/L
② NaOH는 1가이므로 1eq=40g

제4과목 폐기물관계법규

61 국가 폐기물 관리 종합계획에 포함되어야 하는 사항으로 틀린 것은 어느 것인가?

㉮ 재원 조달 계획
㉯ 부문별 폐기물 관리 정책
㉰ 폐기물 관리계획의 검토 및 평가
㉱ 종합 계획의 기조

참고 법규개정으로 문제 삭제

정답 57 ㉱ 58 ㉱ 59 ㉰ 60 ㉮ 61 ㉰

62 폐기물처리시설의 설치기준 중 고온용융 시설의 개별기준으로 틀린 것은 어느 것인가?

㉮ 시설에서 배출되는 잔재물의 강열감량은 5% 이하가 될 수 있는 성능을 갖추어야 한다.
㉯ 연소가스의 체류시간은 1초 이상이어야 하고, 충분하게 혼합될 수 있는 구조이어야 한다.
㉰ 연소가스의 체류시간은 섭씨 1,200도에서의 부피로 환산한 연소가스의 체적으로 계산한다.
㉱ 시설의 출구온도는 섭씨 1,200도 이상이 되어야 한다.

㉮ 시설에서 배출되는 잔재물의 강열감량은 1% 이하가 될 수 있는 성능을 갖추어야 한다.

63 대통령령으로 정하는 폐기물처리시설을 설치 운영하는 자 중에 기술관리인을 임명하지 아니하고 기술관리 대행 계약을 체결하지 아니한 자에 대한 과태료 처분 기준으로 알맞은 것은 어느 것인가?

㉮ 1천만원 이하   ㉯ 5백만원 이하
㉰ 3백만원 이하   ㉱ 2백만원 이하

㉮ 1천만원 이하의 과태료에 해당한다.

64 폐기물처리업자가 환경부령이 정하는 양과 기간을 초과하여 폐기물을 보관하였을 경우 벌칙기준으로 알맞은 것은 어느 것인가?

㉮ 7년 이하의 징역 또는 7천만원 이하의 벌금
㉯ 5년 이하의 징역 또는 5천만원 이하의 벌금
㉰ 3년 이하의 징역 또는 3천만원 이하의 벌금
㉱ 2년 이하의 징역 또는 2천만원 이하의 벌금

㉱ 2년 이하의 징역 또는 2천만원 이하의 벌금에 해당한다.

65 폐기물관리법의 적용 범위에 해당하는 물질은 어느 것인가?

㉮ 폐기되는 탄약   ㉯ 가축의 사체
㉰ 가축분뇨   ㉱ 광재

66 환경부령으로 정하는 폐기물처리시설의 설치를 마친 자는 환경부령으로 정하는 검사기관으로부터 검사를 받아야 한다. 다음 중 음식물류 폐기물 처리시설의 검사기관으로 알맞은 것은 어느 것인가? (단, 그 밖에 환경부장관이 정하여 고시하는 기관제외)

㉮ 한국산업연구원   ㉯ 보건환경연구원
㉰ 한국농어촌농사   ㉱ 한국환경공단

음식물류 폐기물 처리시설의 검사기관으로는 한국환경공단, 한국산업기술시험원이 있다.

정답 62 ㉮ 63 ㉮ 64 ㉱ 65 ㉱ 66 ㉱

67 폐기물발생억제지침 준수의무대상 배출자의 규모기준이다. ( )에 들어갈 알맞은 말은 어느 것인가?

> 최근 (①) 연평균 배출량을 기준으로 지정폐기물 외의 폐기물을 (②) 배출하는 자

㉮ ① 2년간, ② 200톤 이상
㉯ ① 2년간, ② 1천톤 이상
㉰ ① 3년간, ② 200톤 이상
㉱ ① 3년간, ② 1천톤 이상

68 폐기물 수출신고를 하려는 자가 폐기물의 발생지를 관할하는 지방환경관서의 장에게 제출하는 신고서에 첨부하여야 하는 서류로 틀린 것은 어느 것인가?

㉮ 수출폐기물의 운반계획서
㉯ 수출가격이 본선 인도가격(F.O.B)으로 명시된 수출계약서나 주문서 사본
㉰ 수출폐기물 처리계획 확인서
㉱ 수출폐기물의 운반계획서 사본(위탁운반하는 경우에만 첨부한다.)

[참고] 법규개정으로 문제 삭제

69 주변지역 영향 조사대상 폐기물 처리시설 기준으로 알맞은 것은 어느 것인가? (단, 대통령령으로 정하며 폐기물처리업자 설치, 운영)

㉮ 매립면적 1만 제곱미터 이상의 사업장 지정폐기물 매립시설
㉯ 매립면적 2만 제곱미터 이상의 사업장 지정폐기물 매립시설
㉰ 매립면적 3만 제곱미터 이상의 사업장 지정폐기물 매립시설
㉱ 매립면적 5만 제곱미터 이상의 사업장 지정폐기물 매립시설

70 지정폐기물의 수집·운반·보관기준에 대한 내용으로 알맞은 것은 어느 것인가?

㉮ 폐농약·폐촉매는 보관개시일부터 30일을 초과하여 보관하여서는 아니 된다.
㉯ 수집·운반차량은 녹색도색을 하여야 한다.
㉰ 지정폐기물과 지정폐기물 외의 폐기물을 구분없이 보관하여야 한다.
㉱ 폐유기용제는 휘발되지 아니하도록 밀폐된 용기에 보관하여야 한다.

[풀이] ㉮ 폐농약·폐촉매는 보관개시일부터 45일을 초과하여 보관하여서는 아니 된다.
㉯ 수집·운반차량은 노란색 도색을 하여야 한다.
㉰ 지정폐기물과 지정폐기물 외의 폐기물은 구분하여 보관하여야 한다.

정답 67 ㉱ 68 ㉰ 69 ㉮ 70 ㉱

71 시·도지사나 지방환경관서의 장이 폐기물처리 시설의 개선명령을 명할 때 개선 등에 필요한 조치의 내용, 시설의 종류 등을 고려하여 정하여야 하는 기간은 얼마인가? (단, 연장기간은 고려하지 않음)

㉮ 3개월　　㉯ 6개월
㉰ 1년　　㉱ 1년 6개월

풀이) 개선기간 1년, 기간연장 6개월이다.

72 다음 중 폐기물처리업의 허가를 받을 수 없는 자에 대한 기준으로 잘못된 것은?

㉮ 미성년자
㉯ 파산선고를 받은 자로서 파산선고를 받은 날부터 5년이 지나지 아니한 자
㉰ 폐기물처리업의 허가가 취소된 자로서 그 허가가 취소된 날부터 10년이 지나지 아니한 자
㉱ 폐기물관리법을 위반하여 금고 이상의 형의 집행유예를 선고받고 그 집행유예 기간이 끝난 날부터 5년이 지나지 아니한 자

풀이) ㉯ 파산선고를 받고 복권되지 아니한 자

73 지정폐기물(의료폐기물은 제외) 보관창고에 설치해야 하는 지정폐기물의 종류, 보관가능 용량, 취급 시 주의사항 및 관리책임자 등을 기재한 표지판 표지의 규격 기준으로 알맞은 것은 어느 것인가? (단, 드럼 등 소형용기에 붙이는 경우 제외)

㉮ 가로 60센티미터 이상×세로 40센티미터 이상
㉯ 가로 80센티미터 이상×세로 60센티미터 이상
㉰ 가로 100센티미터 이상×세로 80센티미터 이상
㉱ 가로 120센티미터 이상×세로 100센티미터 이상

74 폐기물 발생 억제 지침 준수의무 대상 배출자의 규모기준이다. ( )에 들어갈 알맞은 말은 어느 것인가?

> 최근 3년간 연평균 배출량을 기준으로 지정폐기물 외의 폐기물을 (　　) 배출하는 자

㉮ 1톤 이상　　㉯ 10톤 이상
㉰ 100톤 이상　　㉱ 1,000톤 이상

정답　71 ㉰　72 ㉯　73 ㉮　74 ㉱

75 폐기물처리담당자 등이 이수하여야 하는 교육과정으로 틀린 것은 어느 것인가?

㉮ 사업장폐기물배출자 과정
㉯ 폐기물처리업 기술요원 과정
㉰ 폐기물 재활용시설 기술요원 과정
㉱ 폐기물 처분시설 기술담당자 과정

풀이 폐기물처리담당자 등이 이수하여야 하는 교육과정
① 사업장폐기물배출자 과정
② 폐기물처리업 기술요원 과정
③ 폐기물처리 신고자 과정
④ 폐기물 처분시설 또는 재활용시설 기술담당자 과정

76 지정폐기물에 함유된 유해물질로 틀린 것은 어느 것인가?

㉮ 기름성분   ㉯ 납
㉰ 구리   ㉱ 니켈

77 의료폐기물 중 일반의료폐기물에 해당되는 것은 어느 것인가?

㉮ 시험·검사 등에 사용된 배양액
㉯ 파손된 유리재질의 시험기구
㉰ 혈액·체액·분비물·배설물이 함유되어 있는 탈지면
㉱ 한방침

풀이 ㉮ 병리계폐기물
㉯ 손상성폐기물
㉰ 일반의료폐기물
㉱ 손상성폐기물

78 중간처분시설 중 기계적 처분시설에 해당하는 것은 어느 것인가?

㉮ 고형화·고화·안정화 시설
㉯ 반응시설
㉰ 소멸화 시설
㉱ 용융시설

풀이 ㉮ 화학적 처분시설
㉯ 화학적 처분시설
㉰ 생물학적 처분시설
㉱ 기계적 처분시설

79 폐기물처리시설 중 멸균분쇄시설의 정기검사 검사항목이 아닌 것은 어느 것인가?

㉮ 자동투입장치와 투입량 자동계측장치의 작동상태
㉯ 자동기록장치의 작동상태
㉰ 폭발사고와 화재 등에 대비한 구조의 적절유지
㉱ 멸균조건의 적정유지 여부(멸균검사 포함)

풀이 ㉮번은 설치검사에 해당한다.

80 '폐기물처리시설의 유지, 관리에 관한 기술관리의 대행을 할 수 있는 자'로 알맞은 것은 어느 것인가?

㉮ 한국환경공단
㉯ 국립환경연구원
㉰ 시·도보건환경연구원
㉱ 지방환경관리청

풀이 ㉮ 한국환경공단에 대한 설명이다.

정답 75 ㉰ 76 ㉱ 77 ㉰ 78 ㉱ 79 ㉮ 80 ㉮

2017 제1회 폐기물처리산업기사
(2017년 3월 5일 시행)

제1과목 | 폐기물개론

01 쓰레기의 입도를 분석하였더니 입도누적 곡선상의 10%, 30%, 60%, 90%의 입경이 각각 2, 5, 10, 20mm일 때 곡률계수는 얼마인가?

㉮ 2.75 ㉯ 2.25
㉰ 1.75 ㉱ 1.25

풀이) 곡률계수 = $\dfrac{(D_{30\%})^2}{(D_{10\%} \times D_{60\%})} = \dfrac{(5\text{mm})^2}{(2\text{mm} \times 10\text{mm})}$
= 1.25

Tip
① 유효입경 = $D_{10\%}$
② 균등계수 = $\dfrac{D_{60\%}}{D_{10\%}}$

02 RCRA 분류체계와 관계없는 것은 어느 것인가?

㉮ 부식성 ㉯ 인화성
㉰ 독성   ㉱ 오염성

풀이) 지정폐기물의 유해성 분류기준으로는 폭발성, 반응성, 인화성, 부식성, EP독성, 유해가능성, 난분해성, 용출특성이 있다.

03 생활폐기물의 발생량을 나타내는 발생원 단위로 알맞은 것은 어느 것인가?

㉮ kg/capita·day
㉯ ppm/capita·day
㉰ m^3/capita·day
㉱ L/capita·day

풀이) kg/capita·day = kg/인·day

04 폐기물을 분쇄하거나 파쇄하는 목적으로 틀린 것은 어느 것인가?

㉮ 겉보기 비중의 감소
㉯ 유가물의 분리
㉰ 비표면적의 증가
㉱ 입경분포의 균일화

풀이) ㉮ 겉보기 비중의 증가

정답 01 ㉱ 02 ㉱ 03 ㉮ 04 ㉮

05 슬러지의 함유수분 중 가장 많은 수분함유도를 유지하고 있는 물은 어느 것인가?

㉮ 표면부착수
㉯ 모관결합수
㉰ 간극수
㉱ 내부수

[풀이]
① 가장 많은 수분함유도를 유지하고 있는 물은 간극수
② 슬러지내의 탈수성이 가장 양호한 물은 모관결합수
③ 슬러지내의 탈수성이 가장 어려운 물은 내부수

06 채취한 쓰레기 시료에 대한 성상분석을 위한 절차 중 가장 먼저 실시하는 단계는 어느 것인가?

㉮ 건조
㉯ 분류
㉰ 전처리
㉱ 밀도측정

[풀이] 시료에 대한 성상분석 순서는 시료 → 밀도측정 → 물리적조성 → 건조 → 분류 → 전처리 → 조성분석 순이다.

07 도시의 폐기물 수거량이 2,000,000 ton/year이며, 수거인부는 1일 3,255명이고, 수거 대상 인구는 5,000,000인이다. 수거인부의 일 평균작업 시간은 5시간이라고 할 때, MHT는 얼마인가? (단, 1년은 365일 기준)

㉮ 1.83
㉯ 2.97
㉰ 3.65
㉱ 4.21

[풀이]
$$MHT = \frac{수거인부수 \times 작업시간}{쓰레기\ 수거\ 실적}$$
$$= \frac{3,255인 \times 5hr/day \times 365day/년}{2,000,000 ton/년}$$
$$= 2.97 MHT$$

Tip
① MHT = man · hr/ton
② 1ton의 쓰레기를 수거하는데 수거인부 1인이 소요하는 총 시간

08 한 가구 평균가족수가 4인으로 구성된 75,000세대 아파트 단지에서 쓰레기 수거상황을 조사한 결과가 다음과 같은 조건일 때 1인 1일 쓰레기 발생량(kg/인·일)은 얼마인가? (단, 수거용적 3,500 m^3/주, 적재시 밀도 700kg/m^3)

㉮ 약 0.6
㉯ 약 0.8
㉰ 약 1.2
㉱ 약 1.6

[풀이]
쓰레기 발생량(kg/인·일)
$$= \frac{쓰레기\ 수거량(kg/day)}{인구수(인)}$$
$$= \frac{3,500m^3/주 \times 1주/7일 \times 700kg/m^3}{75,000세대 \times 4인/세대}$$
$$= 1.16 kg/인·일$$

정답 05 ㉰ 06 ㉱ 07 ㉯ 08 ㉰

09 발열량과 발열량 분석에 대한 내용으로 틀린 것은 어느 것인가?

㉮ 발열량은 쓰레기 1kg을 완전연소시킬 때 발생하는 열량(kcal)을 말한다.
㉯ 고위발열량(H_h)은 발열량계에서 측정한 값에서 물의 증발잠열을 뺀 값을 말한다.
㉰ 발열량 분석은 원소분석 결과를 이용하는 방법으로 고위발열량과 저위발열량을 추정할 수 있다.
㉱ 저위발열량(H_l, kcal/kg)을 산정하는 방법은 $H_h = 600(9H+W)$을 사용한다.

㉯ 고위발열량(H_h)은 발열량계에서 측정한 값에서 물의 증발잠열을 포함한 값을 말한다.

10 적환장에서 폐기물을 차량에 적재하는데 사용하는 방법으로 틀린 것은 어느 것인가?

㉮ 직접투하(direct discharge)
㉯ 저장투하(storage discharge)
㉰ 압축투하(compact discharge)
㉱ 직접·저장투하(direct and storage discharge)

적환장에서 폐기물을 차량에 적재하는데 사용하는 방법으로는 직접투하, 저장투하, 직접·저장투하방식이 있다.

11 밀도 680kg/m³인 쓰레기 200kg이 압축되어 밀도가 960kg/m³으로 되었다면 압축비는 얼마인가?

㉮ 약 1.1 ㉯ 약 1.4
㉰ 약 1.7 ㉱ 약 2.1

압축비 = $\dfrac{V_1}{V_2}$

여기서 V_1 : 압축전의 부피
V_2 : 압축후의 부피

$V_1 = 200\,kg \times \dfrac{1}{680\,kg/m^3} = 0.29\,m^3$

$V_2 = 200\,kg \times \dfrac{1}{960\,kg/m^3} = 0.208\,m^3$

따라서 압축비 = $\dfrac{V_1}{V_2} = \dfrac{0.29\,m^3}{0.208\,m^3} = 1.39$

12 파쇄시 발생하는 분진을 제거하기 위한 집진시설에서는 가연성 위험물과 충돌, 마찰에 의해서 분진 폭발이 일어날 수 있다. 이에 대한 일반적인 대책으로 틀린 것은 어느 것인가?

㉮ 집진 유속을 낮춘다.
㉯ 폭풍유도구를 설치한다.
㉰ 살수노즐을 설치한다.
㉱ 산소 농도를 20% 이하로 유지한다.

㉮ 집진 유속을 높인다.

정답 09 ㉯ 10 ㉰ 11 ㉯ 12 ㉮

13 쓰레기의 발생량 조사 방법으로 틀린 것은 어느 것인가?

㉮ 경향법
㉯ 적재차량 계수분석법
㉰ 직접 계근법
㉱ 물질 수지법

풀이
① 쓰레기 발생량 예측방법 : 다중회귀모델, 동적 모사모델, 경향모델
② 쓰레기 발생량 조사방법 : 물질수지법, 직접계근법, 적재차량계수법, 통계조사법

14 고형분이 50%인 음식쓰레기 10ton을 소각하기 위해 수분 함량을 20%가 되도록 건조시켰다. 건조된 쓰레기의 최종중량(ton)은 얼마인가? (단, 비중은 1.0 기준)

㉮ 약 3.0ton ㉯ 약 4.1ton
㉰ 약 5.2ton ㉱ 약 6.3ton

풀이
$W_1 \times (100 - P_1) = W_2 \times (100 - P_2)$

여기서 W_1 : 건조 전 음식방쓰레기(톤)
P_1 : 건조 전 수분량(%)
W_2 : 건조 후 음식쓰레기(톤)
P_2 : 건조 후 수분량(%)

따라서 10톤 × (100 - 50) = W_2 × (100 - 20)

∴ $W_2 = \dfrac{10톤 \times (100 - 50)}{(100 - 20)} = 6.25톤$

Tip
수분량(%) = 100 - 고형분(%)
= 100 - 50% = 50%

15 폐기물의 퇴비화 조건으로 틀린 것은 어느 것인가?

㉮ 퇴비화하기 쉬운 물질을 선정한다.
㉯ 분뇨, 슬러지 등 수분이 많을 경우 Bulking Agent를 혼합한다.
㉰ 미생물 식종을 위해 부숙 중인 퇴비의 일부를 반송하여 첨가한다.
㉱ pH가 5.5 이하인 경우 인위적인 pH 조절을 위해 탄산칼슘을 첨가한다.

16 폐기물 재활용 정책 중 EPR의 의미로 알맞은 것은 어느 것인가?

㉮ 폐기물 자원화 기술개발 제도
㉯ 생산자 책임 재활용 제도
㉰ 재활용 제품 소비 촉진 제도
㉱ 고부가 자원화 사업 지원 제도

풀이 EPR은 Extended Producer Responsibility의 약자로 생산자 책임 재활용 제도를 의미한다.

17 폐기물처리 대책의 기본방향으로 틀린 것은 어느 것인가?

㉮ 무해화   ㉯ 발생억제
㉰ 재생이용 ㉱ 다량소비

풀이 ㉱ 감량화

정답 13 ㉮ 14 ㉱ 15 ㉰ 16 ㉯ 17 ㉱

18 폐기물 선별법 중 와전류 분리법으로 선별하기 어려운 물질은 어느 것인가?

㉮ 구리 ㉯ 철
㉰ 아연 ㉱ 알루미늄

풀이) 와전류 분리법은 비자성이며, 전기전도성이 좋은 구리, 알루미늄, 아연 등을 선별하는 방법이다.

19 폐기물 수거의 효율성을 향상시키기 위해 적환장 설치 위치를 선정할 때, 고려사항으로 틀린 것은 어느 것인가?

㉮ 쉽게 간선도로에 연결되며, 2차 보조 수송수단으로 연결이 쉬운 곳
㉯ 건설비와 운영비가 적게 들고 경제적인 곳
㉰ 수거 쓰레기 발생지역의 무게중심에서 가능한 한 먼 곳
㉱ 주민의 반대가 적고, 환경적 영향이 최소인 곳

풀이) ㉰ 수거 쓰레기 발생지역의 무게중심에서 가능한 한 가까운 곳

20 건설재료로 재이용이 불가능한 폐기물 형태는 어느 것인가?

㉮ 슬래그
㉯ 소각재
㉰ 탈수된 하수슬러지
㉱ 무기성 슬러지

풀이) 탈수된 하수슬러지는 주성분이 유기물이므로 건설재료로 재이용이 불가능하다.

제2과목 폐기물처리기술

21 일시적으로 다량의 분뇨가 소화조에 투입되었을 경우에 발생하는 장애현상으로 틀린 것은 어느 것인가?

㉮ 소화조 내의 부하가 불균등하게 되어 안정된 처리조건을 유지하기 어렵다.
㉯ 소화조 내의 가스압이 저하한다.
㉰ 소화조 내의 온도가 저하한다.
㉱ 탈리액의 인출이 불균등하게 된다.

풀이) ㉯ 소화조 내의 가스압이 증가한다.

22 CO 10kg을 완전 연소시킬 때 필요한 이론적산소량(Sm^3)은 얼마인가?

㉮ $4Sm^3$ ㉯ $6Sm^3$
㉰ $8Sm^3$ ㉱ $10Sm^3$

풀이) $CO + 0.5O_2 \rightarrow CO_2$
28kg : $0.5 \times 22.4 Sm^3$
10kg : O_o(이론적 산소량)

∴ O_o(이론적 산소량) = $\dfrac{10\,kg \times 0.5 \times 22.4\,Sm^3}{28\,kg}$
= $4Sm^3$

Tip
① 중량(kg) = 계수×분자량(kg)
② 체적(Sm^3) = 계수×22.4(Sm^3)
③ CO의 분자량(kg) = 12+16 = 28kg

23 폐기물 고화처리방법 중 자가시멘트법의 장·단점으로 틀린 것은 어느 것인가?

㉮ 혼합률이 높은 단점이 있다.
㉯ 중금속 저지에 효과적인 장점이 있다.
㉰ 탈수 등 전처리가 필요 없는 장점이 있다.
㉱ 보조에너지가 필요한 단점이 있다.

[풀이] ㉮ 혼합률이 낮은 장점이 있다.

24 다음 물질 중 표면연소가 되는 물질은 어느 것인가?

㉮ 플라스틱 ㉯ 나무
㉰ 석유   ㉱ 무연탄

[풀이] 표면연소는 코크스나 석탄등이 고온 연소시 고체 표면이 빨갛게 빛을 내면서 반응하는 연소로 화염이 없는 연소형태이다.

25 분뇨처리 중 토사트랩에 걸린 침사를 제거하는데 쓰이는 장치로 틀린 것은 어느 것인가?

㉮ 진공펌프
㉯ 그래뉼펌프
㉰ Sand펌프
㉱ basket형 운반장치

26 도시 생활쓰레기를 처리하는데 가장 부적합한 소각로는 어느 것인가?

㉮ 화격자식
㉯ 습식산화식
㉰ 유동상식
㉱ 회전로식

[풀이] ㉯ 습식산화법(짐머만공법)은 액상 슬러지에 열과 압력을 작용시켜 용존산소에 의하여 화학적으로 슬러지내의 유기물을 산화시키는 방법이다.

27 분뇨 저장탱크내에 악취발생 공간 체적이 100m³이고, 이를 시간당 2차례씩 교환하고자 한다. 발생된 악취공기를 퇴비여과 방식을 채용하여, 투과속도 15m/hr으로 처리하고자 한다면 필요한 퇴비여과상의 면적(m²)은 얼마인가?

㉮ 약 8m²   ㉯ 약 10m²
㉰ 약 13m²   ㉱ 약 18m²

[풀이] 퇴비 여과상의 면적(m²)
$= \dfrac{100\,m^3}{15\,m} \bigg| \dfrac{hr}{hr} \bigg| \dfrac{2회}{hr} = 13.33\,m^2$

28 건조된 슬러지 고형분의 비중이 1.28이며, 건조 이전의 슬러지 내 고형분 함량이 35%일 때 건조 전 슬러지의 비중은 얼마인가?

㉮ 약 1.038   ㉯ 약 1.083
㉰ 약 1.118   ㉱ 약 1.127

 $\dfrac{1}{\rho_{SL}} = \dfrac{W_{TS}}{\rho_{TS}} + \dfrac{W_P}{\rho_P}$

여기서 ρ_{SL} : 슬러지 비중
ρ_{TS} : 고형물의 비중
W_{TS} : 고형물의 함량
ρ_P : 수분의 비중
W_P : 수분의 함량

따라서 $\dfrac{1}{\rho_{SL}} = \dfrac{0.35}{1.28} + \dfrac{0.65}{1.0}$

∴ $\rho_{SL} = \dfrac{1}{0.9234} = 1.083$

Tip
① 고형물(%)+수분(%) = 100%
② 수분(%) = 100-고형물(%)
③ 수분(물)의 비중 = 1.0

29 폐기물 매립지의 침출수 처리방법 중 혐기성 공정의 장점으로 틀린 것은 어느 것인가?

㉮ 고농도의 침출수를 희석없이 처리할 수 있다.
㉯ 미생물의 낮은 증식으로 인하여 슬러지 처리비용이 감소된다.
㉰ 호기성 공정에 비하여 낮은 영양물 요구량을 갖는다.
㉱ 호기성 공정에 비하여 온도에 대한 영향이 적다.

 ㉱ 호기성 공정에 비하여 온도에 대한 영향이 크다.

30 소각시 탈취방법인 촉매연소법의 장점으로 틀린 것은 어느 것인가?

㉮ 제거효율이 좋다.
㉯ 처리경비가 저렴하다.
㉰ 저농도 유해물질 처리도 가능하다.
㉱ 처리대상 가스의 제한이 없다.

 ㉱ 처리대상 가스의 제한이 있다.

31 수분을 증발시키는데 소요되는 기화잠열(kcal/L)은 얼마인가?

㉮ 539   ㉯ 459
㉰ 359   ㉱ 80

32 $C_{70}H_{130}O_{40}N_5$의 분자식을 가진 물질 100kg이 완전히 혐기분해 될 때 생성되는 이론적 암모니아의 부피(Sm^3)를 아래 식을 이용하여 계산하면 얼마인가?

$C_{70}H_{130}O_{40}N_5$+(가) H_2O
→ (나) CH_4+(다) CO_2+(라) NH_3

㉮ $3.7Sm^3$ ㉯ $4.7Sm^3$
㉰ $5.7Sm^3$ ㉱ $6.7Sm^3$

 $C_{70}H_{130}O_{40}N_5$: $5NH_3$
1680kg : $5 \times 22.4Sm^3$
100kg : X

∴ $X = \dfrac{100kg \times 5 \times 22.4Sm^3}{1680kg} = 6.67Sm^3$

Tip

$C_{70}H_{130}O_{40}N_5$의 분자량
= $70 \times 12 + 130 \times 1 + 40 \times 16 + 5 \times 14$
= 1680kg

33 굴뚝에 설치되며 보일러 전열면을 통하여 연소가스의 여열로 보일러 급수를 예열함으로서 보일러의 효율을 높이는 장치는 어느 것인가?

㉮ 재열기   ㉯ 절탄기
㉰ 과열기   ㉱ 공기예열기

풀이 ㉯ 절탄기에 대한 설명이다.

34 매립지에서의 분해반응과 가장 관련이 적은 것은 어느 것인가?

㉮ C/N   ㉯ 수분량
㉰ 폐기물밀도   ㉱ 폐기물조성

풀이 폐기물밀도는 매립지에서 분해반응과 관계없다.

35 쓰레기와 슬러지를 합성하여 퇴비화 할 경우에 대한 내용으로 틀린 것은 어느 것인가?

㉮ 미생물의 접종 효과가 있다.
㉯ Bulking Agent 역할을 쓰레기가 할 수 있다.
㉰ 슬러지에 함유될 수 있는 유독물질 여부의 점검이 필요하다.
㉱ 쓰레기 단독으로 퇴비화할 때 보다 통기성이 좋다.

풀이 ㉱ 쓰레기 단독으로 퇴비화할 때 보다 통기성이 나빠진다.

36 빈용기보증금제도 하에서 주류용기의 미회수율이 16%라고 할 때 주류용기의 재사용 횟수로 알맞은 것은 어느 것인가?

㉮ 4회   ㉯ 7회
㉰ 10회   ㉱ 13회

37 생활폐기물 매립장에서 발생하는 침출수의 특성에 대한 내용으로 틀린 것은 어느 것인가?

㉮ 매립초기에는 침출수의 pH가 약알칼리성이며, 매립연한이 오래된 경우에는 약산성을 나타낸다.
㉯ 매립초기에는 생분해성이 높은 유기물 함량이 높은 반면 매립연한이 오래된 경우에는 난분해성 유기물 함량이 높다.
㉰ 침출수의 수질은 연차별, 계절별로 변화한다.
㉱ 통상 침출수의 암모니아성 질소 농도는 상당기간 동안 높은 값을 보인다.

풀이 ㉮ 매립초기에는 침출수의 pH가 약산성이며, 매립연한이 오래된 경우에는 약알칼리성을 나타낸다.

정답 33 ㉯ 34 ㉰ 35 ㉱ 36 ㉯ 37 ㉮

38 축분과 톱밥 쓰레기를 혼합한 후 퇴비화하여 함수량 20%의 퇴비를 만들었다면 퇴비량(ton)은 얼마인가? (단, 퇴비화시 수분 감량만 고려, 비중 = 1.0)

성분	쓰레기양(ton)	함수량(%)
축분	12.0	85.0
톱밥	2.0	5.0

㉮ 4.63ton ㉯ 5.23ton
㉰ 6.33ton ㉱ 7.83ton

풀이 ① 축분과 톱밥 쓰레기의 혼합 후 함수율 계산

$$함수율(\%) = \frac{12톤 \times 85\% + 2톤 \times 5\%}{12톤 + 2톤}$$
$$= 73.57\%$$

② 퇴비량 계산
$W_1 \times (100 - P_1) = W_2 \times (100 - P_2)$
$14톤 \times (100 - 73.57\%) = W_2 \times (100 - 20\%)$
∴ $W_2 = 4.63$톤

Tip
W_1 = 축분+톱밥 = 12ton+2ton = 14ton

39 매립지로부터 가스가 발생될 것이 예상되면 발생가스에 대한 적절한 대책이 수립되어야 한다. 이 중 최소한의 환기설비 또는 가스대책 설비를 계획하여야 하는 경우로 틀린 것은 어느 것인가?

㉮ 발생가스의 축적으로 덮개설비에 손상이 갈 우려가 있는 경우
㉯ 식물 식생의 과다로 지중 가스 축적이 가중되는 경우
㉰ 유독가스가 방출될 우려가 있는 경우
㉱ 매립지 위치가 주변개발지역과 인접한 경우

40 호기성 퇴비화 설계 운영고려 인자 중 C/N비로 알맞은 것은 어느 것인가?

㉮ 초기 C/N비 5~10이 적당하다.
㉯ 초기 C/N비 25~50이 적당하다.
㉰ 초기 C/N비 80~150이 적당하다.
㉱ 초기 C/N비 200~350이 적당하다.

풀이 ㉯ 호기성 퇴비화 설계 운영고려 인자 중 C/N비는 30전후가 적당하다.

제3과목 폐기물 공정시험기준

41 원자흡수분광광도법으로 수은을 분석할 경우 시료채취 및 관리에 대한 내용이다. ( )에 들어갈 알맞은 말은?

시료가 액상 폐기물의 경우는 진한질산으로 pH (①) 이하로 조절하고 채취시료는 수분, 유기물 등 함유성분의 변화가 일어나지 않도록 0~4℃이하의 냉암소에 보관하여야 하며 가급적 빠른 시간내에 분석하여야 하나 최대 (②)일 안에 분석한다.

㉮ ① 2, ② 14   ㉯ ① 3, ② 24
㉰ ① 2, ② 28   ㉱ ① 3, ② 32

정답 38 ㉮ 39 ㉯ 40 ㉯ 41 ㉰

42 노말헥산 추출시험방법에 의한 기름성분 함량 측정시 증발용기를 실리카겔 데시케이터에 넣고 정확히 얼마동안 방냉 후 무게를 측정하는가?

㉮ 30분   ㉯ 1시간
㉰ 2시간   ㉱ 4시간

풀이) 방냉 시간은 30분이다.

43 아포균 검사법에 의한 감염성 미생물의 분석방법으로 틀린 것은 어느 것인가?

㉮ 표준 지표생물포자가 10^4개 이상 감소하면 멸균된 것으로 본다.
㉯ 온도가 (32±1)℃ 또는 (55±)℃ 이상 유지되는 항온배양기를 사용한다.
㉰ 표준 지표생물의 아포밀도는 세균현탁액 1mL에 1×10^4개 이상의 아포를 함유하여야 한다.
㉱ 시료의 채취는 가능한 한 무균적으로 하고 멸균된 용기에 넣어 2시간 이내에 실험실로 운반·실험하여야 하며, 그 이상의 시간이 소요될 경우에는 10℃이하로 냉장하여 4시간 이내에 실험실로 운반하고 실험실에 도착한 후 2시간 이내에 배양조작을 완료하여야 한다.

풀이) ㉱ 시료의 채취는 가능한 한 무균적으로 하고 멸균된 용기에 넣어 1시간 이내에 실험실로 운반·실험하여야 하며, 그 이상의 시간이 소요될 경우에는 10℃ 이하로 냉장하여 6시간 이내에 실험실로 운반하고 실험실에 도착한 후 2시간 이내에 배양조작을 완료하여야 한다.

44 강도 I_o의 단색광이 정색용액을 통과할 때 그 빛의 80%가 흡수된다면 흡광도는 얼마인가?

㉮ 0.6   ㉯ 0.7
㉰ 0.8   ㉱ 0.9

풀이) 투과도 = 100-흡수율(%) = 100-80% = 20%
흡광도(A) = $\log \dfrac{1}{투과도}$ = $\log \dfrac{1}{0.2}$ = 0.70

45 시료의 전처리 방법 중 유기물 함량이 비교적 높지 않고 금속의 수산화물, 산화물, 인산염 및 황화물을 함유하고 있는 시료에 적용되는 방법은 어느 것인가?

㉮ 질산 - 아세트산법
㉯ 질산 - 황산법
㉰ 질산 - 염산법
㉱ 질산 - 과염소산법

풀이) ㉰ 질산 - 염산법에 대한 설명이다.

46 자외선/가시선 분광법에 의한 시안시험방법에서 방해물 제거방법으로 사용되지 않는 것은?

㉮ 유지류는 pH 6~7로 조절하여 클로로폼으로 추출
㉯ 유지류는 pH 6~7로 조절하여 노말헥산으로 추출
㉰ 잔류염소는 질산은을 첨가하여 제거
㉱ 황화물은 아세트산아연용액을 첨가하여 제거

풀이) ㉰ 잔류염소는 L-아스코빈산을 첨가하여 제거

47 편광현미경과 입체현미경으로 고체 시료 중 석면의 특징을 관찰하여 정성과 정량 분석 할 때 입체현미경의 배율범위로 알맞은 것은 어느 것인가?

㉮ 배율 2~4배 이상
㉯ 배율 4~8배 이상
㉰ 배율 10~45배 이상
㉱ 배율 50~200배 이상

48 자외선/가시선 분광법으로 크롬 측정시 크롬이온 전체를 6가 크롬으로 산화시키기 위해 가하는 산화제는 어느 것인가?

㉮ 과산화수소
㉯ 과망간산칼륨
㉰ 중크롬산칼륨
㉱ 염화제일주석

풀이 크롬이온 전체를 6가 크롬으로 산화시키기 위해 가하는 산화제는 과망간산칼륨이다.

49 수소이온농도-유리전극법에 대한 내용으로 틀린 것은 어느 것인가?

㉮ 시료의 온도는 pH 표준액의 온도와 동일한 것이 좋다.
㉯ 반고상폐기물 5g을 100mL 비커에 취한 다음 정제수 50mL를 넣어 30분 이상 교반, 침전 후 사용한다.
㉰ 고상폐기물 10g을 50mL 비커에 취한 다음 정제수 25mL를 넣어 잘 교반하여 30분 이상 방치한 후 이 현탁액을 시료용액으로 한다.
㉱ pH 미터는 전원을 넣은 후 5분 이상 경과 후에 사용한다.

풀이 반고상폐기물 10g을 50mL 비커에 취한 다음 정제수 25mL를 넣어 30분 이상 교반, 침전 후 사용한다.

50 중량법으로 폐기물의 강열감량 및 유기물 함량을 측정방법이다. ( )에 들어갈 알맞은 말은?

> 시료를 질산암모늄 용액(25%)을 넣고 가열하여 탄화시킨 다음 (①)℃의 전기로 안에서 (②)시간 강열한 다음 데시케이터에서 식힌 후 무게를 달아 증발접시의 무게차로부터 강열감량 및 유기물함량의 양(%)을 구한다.

㉮ ① 500±25, ② 2
㉯ ① 600±25, ② 3
㉰ ① 700±30, ② 4
㉱ ① 800±30, ② 5

51 다음 중 농도가 가장 낮은 것은 어느 것인가?

㉮ 1mg/L
㉯ 1,000μg/L
㉰ 100ppb
㉱ 0.01ppm

풀이
㉮ 1mg/L
㉯ 1,000×10⁻³mg/L = 1mg/L
㉰ 100×10⁻³mg/L = 1mg/L
㉱ 0.01mg/L

정답 47 ㉰ 48 ㉯ 49 ㉯ 50 ㉯ 51 ㉱

52 반고상 또는 고상폐기물내의 기름성분을 분석하기 위해 노말헥산 추출시험방법에 의해 폐기물 양에 약 2.5배에 해당하는 물을 넣고 잘 혼합한 후 pH를 조절한다. 이 때 pH 범위는 얼마인가?

㉮ pH 4 이하 ㉯ pH 4~7
㉰ pH 7~9 ㉱ pH 9 이상

53 정도보증/정도관리(QA/QC)에서 검정곡선을 그리는 방법으로 틀린 것은 어느 것인가?

㉮ 절대검정곡선법 ㉯ 검출한계작성법
㉰ 표준물질첨가법 ㉱ 상대검정곡선법

▣ 검정곡선을 그리는 방법에는 절대검정곡선법, 표준물질첨가법, 상대검정곡선법이 있다.

54 폐기물용출시험방법에 대한 내용으로 틀린 것은 어느 것인가?

㉮ 진탕회수는 매분당 약 200회로 한다.
㉯ 진탕 후 1.0μm 유리섬유 여과지로 여과한다.
㉰ 진폭이 4~5cm의 진탕기로 4시간 연속 진탕한다.
㉱ 여과가 어려운 경우에는 매분당 3,000회전 이상으로 20분 이상 원심분리한다.

▣ ㉰ 진폭이 4~5cm의 진탕기로 6시간 연속 진탕한다.

55 기체크로마토그래피법에 의한 PCBs 시험 시 실리카겔 칼럼을 사용하는 주 목적은 무엇인가?

㉮ 시료중의 수용성 염류분리
㉯ 시료중의 수분 흡수
㉰ PCBs의 흡착
㉱ PCBs 이외의 불순물 분리

▣ 실리카겔 칼럼을 사용하는 주 목적은 불순물 분리이다.

56 대상폐기물의 양이 2,000톤인 경우 채취할 현장 시료의 최소수는 얼마인가?

㉮ 24 ㉯ 36
㉰ 50 ㉱ 60

▣ 대상폐기물의 양과 시료의 최소 수

대상폐기물의 양 (단위 : ton)	시료의 최소 수	대상폐기물의 양 (단위 : ton)	시료의 최소 수
~1미만	6	100이상~500미만	30
1이상~5미만	10	500이상~1000미만	36
5이상~30미만	14	1000이상~5000미만	50
30이상~100미만	20	5000이상	60

정답 52 ㉮ 53 ㉯ 54 ㉰ 55 ㉱ 56 ㉰

57 다음 설명에 해당하는 시료의 분할 채취 방법은 어느 것인가?

> - 모아진 대시료를 네모꼴로 엷게 균일한 두께로 편다.
> - 이것을 가로 4등분, 세로 5등분하여 20개의 덩어리로 나눈다.
> - 20개의 각 부분에서 균등한 양을 취한 후 혼합하여 하나의 시료로 한다.

㉮ 교호삽법 ㉯ 구획법
㉰ 균등분할법 ㉱ 원추4분법

풀이 ㉯ 구획법에 대한 설명이다.

58 기체크로마토그래피-질량분석법에 따른 유기인 분석방법으로 틀린 것은 어느 것인가?

㉮ 운반기체는 부피백분율 99.999% 이상의 헬륨을 사용한다.
㉯ 질량분석기는 자기장형, 사중극자형 및 이온트랩형 등의 성능을 가진 것을 사용한다.
㉰ 질량분석기의 이온화방식은 전자충격법(EI)을 사용하며 이온화에너지는 35~50eV을 사용한다.
㉱ 질량분석기의 정량분석에는 메트릭스 검출법을 이용하는 것이 바람직하다.

풀이 ㉱ 질량분석기의 정량분석에는 선택이온 검출법을 이용하는 것이 바람직하다.

59 ICP 분석에서 시료가 도입되는 플라스마의 온도범위는 얼마인가?

㉮ 1,000~3,000K
㉯ 3,000~6,000K
㉰ 6,000~8,000K
㉱ 15,000~20,000K

60 수은을 원자흡수분광광도법으로 측정하는 방법이다. ( )에 들어갈 알맞은 말은?

> 시료 중 수은을 ( )을 넣어 금속수은으로 환원시킨 다음 이 용액에 통기하여 발생하는 수은증기를 원자흡수분광광도법으로 정량한다.

㉮ 아연분말
㉯ 이염화주석
㉰ 염산히드록실아민
㉱ 과망간산칼륨

정답 57 ㉯ 58 ㉱ 59 ㉰ 60 ㉯

제4과목 폐기물 관계법규

61 폐기물 감량화 시설의 종류로 틀린 것은 어느 것인가?

㉮ 폐기물 재활용시설
㉯ 폐기물 소각시설
㉰ 공정 개선시설
㉱ 폐기물 재이용시설

풀이 폐기물 감량화 시설의 종류로는 폐기물 재활용시설, 공정 개선시설, 폐기물 재이용시설이 있다.

62 의료폐기물 전용용기 검사기관으로 틀린 것은 어느 것인가?

㉮ 한국화학융합시험연구원
㉯ 한국환경공단
㉰ 한국의료기기시험연구원
㉱ 한국건설생활환경시험연구원

풀이 의료폐기물 전용용기 검사기관에는 한국화학융합시험연구원, 한국환경공단, 한국건설생활환경시험연구원이 있다.

63 매립시설의 사후관리이행보증금의 산출 기준 항목으로 틀린 것은 어느 것인가?

㉮ 침출수 처리시설의 가동 및 유지·관리에 드는 비용
㉯ 매립시설 제방 등의 유실 방지에 드는 비용
㉰ 매립시설 주변의 환경오염조사에 드는 비용
㉱ 매립시설에 대한 민원 처리에 드는 비용

풀이 매립시설의 사후관리이행보증금의 산출기준 항목
① 침출수 처리시설의 가동과 유지·관리에 드는 비용
② 매립시설 제방, 매립가스 처리시설, 지하수 검사정 등의 유지·관리에 드는 비용
③ 매립시설 주변의 환경오염조사에 드는 비용
④ 정기검사에 드는 비용
⑤ 사용종료 검사에 드는 비용
⑥ 최종복토에 드는 비용

64 폐기물처리 신고자가 고철을 재활용하는 경우 환경부령으로 정하는 폐기물처리기간은 얼마인가?

㉮ 15일   ㉯ 30일
㉰ 60일   ㉱ 90일

풀이 폐기물처리 신고자가 고철을 재활용하는 경우 환경부령으로 정하는 폐기물처리기간은 60일이다.

정답 61 ㉯ 62 ㉰ 63 ㉱ 64 ㉰

65 지정폐기물 보관 표지판에 기재되는 내용으로 틀린 것은 어느 것인가?

㉮ 보관방법
㉯ 관리책임자
㉰ 취급시 주의사항
㉱ 운반(처리)예정장소

66 매립지의 사후관리 기준 및 방법에 관한 내용 중 토양 조사 횟수 기준(토양조사방법)으로 알맞은 것은 어느 것인가?

㉮ 월 1회 이상 조사
㉯ 매분기 1회 이상 조사
㉰ 매반기 1회 이상 조사
㉱ 연 1회 이상 조사

[풀이] 토양조사방법은 연 1회 이상 조사하고 조사지점은 4개소 이상으로 한다.

67 생활폐기물의 처리대행자에 해당되지 않는 자는 누구인가?

㉮ 폐기물처리업자
㉯ 폐기물처리 신고자
㉰ 한국환경공단
㉱ 한국자원재생공사법에 의하여 음식물류 폐기물을 수거하여 재활용하는 자

68 의료폐기물을 제외한 지정폐기물의 보관에 관한 기준 및 방법으로 틀린 것은 어느 것인가?

㉮ 지정폐기물은 지정폐기물 외의 폐기물과 구분하여 보관하여야 한다.
㉯ 폐유는 휘발되지 아니하도록 밀봉된 용기에 보관하여야 한다.
㉰ 흩날릴 우려가 있는 폐석면은 습도 조절 등의 조치 후 고밀도 내수성재질의 포대로 2중포장하거나 견고한 용기에 밀봉하여 흩날리지 아니하도록 보관하여야 한다.
㉱ 지정폐기물은 지정폐기물에 의하여 부식되거나 파손되지 아니하는 재질로 된 보관시설 또는 보관용기를 사용하여 보관하여야 한다.

69 대통령령으로 정하는 폐기물처리시설을 설치·운영하는 자가 그 폐기물처리시설의 설치·운영이 주변지역에 미치는 영향을 조사하여야 하는 기간은 얼마인가?

㉮ 1년마다
㉯ 3년마다
㉰ 5년마다
㉱ 10년마다

[풀이] 대통령령으로 정하는 폐기물처리시설을 설치·운영하는 자가 그 폐기물처리시설의 설치·운영이 주변지역에 미치는 영향을 3년마다 조사하여야 한다.

정답 65 ㉮ 66 ㉱ 67 ㉱ 68 ㉯ 69 ㉯

70 특별자치시장, 특별자치도지사, 시장·군수·구청장이 수립하는 음식물류 폐기물 발생 억제 계획의 수립주기는 얼마인가?

㉮ 1년   ㉯ 2년
㉰ 3년   ㉱ 5년

🔍 음식물류 폐기물 발생억제 계획의 수립주기는 5년이다.

71 폐기물처리시설인 매립시설(관리형 매립시설)의 설치검사시 검사항목으로 틀린 것은 어느 것인가?

㉮ 내부진입도로 설치내용
㉯ 차수시설의 재질·두께·투수계수
㉰ 바닥 및 외벽의 압축강도·두께
㉱ 매끄러운 고밀도폴리에틸렌라이너의 기준 적합 여부

🔍 ㉰번은 차단형 매립시설의 설치검사에 해당한다.

72 폐기물관리법에서 사용하는 용어로 틀린 것은 어느 것인가?

㉮ '처리'란 폐기물의 소각·중화·파쇄·고형화 등의 중간처분과 매립하거나 해역으로 배출하는 등의 최종처분을 말한다.
㉯ '생활폐기물'이란 사업장폐기물 외의 폐기물을 말한다.
㉰ '폐기물처리시설'이란 폐기물의 중간처분시설, 최종처분시설 및 재활용시설로서 대통령으로 정하는 시설을 말한다.
㉱ '폐기물감량화시설'이란 생산 공정에서 발생하는 폐기물의 양을 줄이고, 사업장 내 재활용을 통하여 폐기물 배출을 최소화하는 시설로서 대통령으로 정하는 시설을 말한다.

🔍 ㉮ '처리'란 폐기물의 수집, 운반, 보관, 재활용, 처분을 말한다.

73 폐기물관리법상 가연성 고형폐기물의 에너지 회수기준으로 알맞은 것은 어느 것인가?

> 에너지의 회수효율(회수에너지 총량을 투입에너지 총량으로 나눈 비율을 말한다.)이 (   ) 이상일 것

㉮ 65%   ㉯ 75%
㉰ 85%   ㉱ 95%

정답 70 ㉱ 71 ㉰ 72 ㉮ 73 ㉯

74 다음은 지정폐기물인 폐페인트 및 폐래커에 관한 기준이다. ( )에 들어갈 알맞은 말은?

> 페인트 및 래커와 유기용제가 혼합된 것으로서 페인트 및 래커 제조업, 용적 (①) 이상 또는 동력 (②) 이상의 도장시설, 폐기물을 재활용하는 시설에서 발생되는 것

㉮ ① 10세제곱미터, ② 3마력
㉯ ① 10세제곱미터, ② 5마력
㉰ ① 5세제곱미터, ② 3마력
㉱ ① 5세제곱미터, ② 5마력

75 설치신고대상 폐기물처리시설의 규모 기준이다. ( )에 들어갈 알맞은 말은?

> 일반소각시설로서 1일 처분능력이 (①) (지정폐기물의 경우에는 (②)미만인 시설)

㉮ ① 50톤, ② 5톤
㉯ ① 50톤, ② 10톤
㉰ ① 100톤, ② 5톤
㉱ ① 100톤, ② 10톤

 일반소각시설로서 1일 처분능력이 100톤(지정폐기물의 경우에는 10톤 미만인 시설이다.

76 폐기물처리시설 주변지역 영향조사 기준 중 조사지점에 관한 기준으로 틀린 것은 어느 것인가?

㉮ 미세먼지와 다이옥신 조사지점은 해당 시설에 인접한 주거지역 중 3개소 이상 지역의 일정한 곳으로 한다.
㉯ 악취 조사지점은 매립시설에 가장 인접한 주거지역에서 냄새가 가장 심한 곳으로 한다.
㉰ 토양 조사지점은 4개소 이상으로 하고, 토양정밀조사의 방법에 따라 폐기물 매립 및 재활용 지역의 시료채취 지점의 표토와 심토에서 각각 시료를 채취해야 하며, 시료채취 지점의 지형 및 하부토양의 특성을 고려하여 시료를 채취해야 한다.
㉱ 지하수 조사지점은 매립시설에 설치된 2개소 이상의 지하수 검사정으로 한다.

㉱ 지하수 조사지점은 매립시설에 설치된 3개소 이상의 지하수 검사정으로 한다.

77 폐기물처리업자 또는 폐기물처리신고자의 휴업·폐업 등의 신고에 관한 내용이다. ( )안에 들어갈 알맞은 말은?

> 폐기물처리업자나 폐기물처리 신고자가 휴업·폐업 또는 재개업을 한 경우에는 휴업·폐업 또는 재개업을 한 날부터 ( )에 신고서에 해당 서류를 첨부하여 시·도지사나 지방환경관서의 장에게 제출하여야 한다.

㉮ 10일 이내   ㉯ 15일 이내
㉰ 20일 이내   ㉱ 30일 이내

정답 74 ㉰ 75 ㉱ 76 ㉱ 77 ㉰

78 폐기물처리 신고자의 준수사항 기준이다. ( )에 들어갈 알맞은 말은?

> 정당한 사유 없이 계속하여 ( )이상 휴업하여서는 아니 된다.

㉮ 6월 ㉯ 1년
㉰ 2년 ㉱ 3년

79 관계 서류나 시설 또는 장비 등을 검사하기 위하여 관계공무원의 사무소 또는 사업장의 출입·검사를 거부·방해 또는 기피한 자에 대한 과태료 처분 기준은 어느 것인가?

㉮ 100만원 이하의 과태료
㉯ 200만원 이하의 과태료
㉰ 300만원 이하의 과태료
㉱ 1,000만원 이하의 과태료

㉮ 100만원 이하의 과태료에 해당한다.

80 폐기물 처리시설 중 차단형 매립시설의 정기검사 항목으로 틀린 것은 어느 것인가?

㉮ 소화장비 설치·관리실태
㉯ 축대벽의 안정성
㉰ 사용종료매립지 밀폐상태
㉱ 침출수집배수시설의 기능

㉱번은 관리형 매립시설의 정기검사에 해당한다.

Tip
차단형 매립시설의 정기검사 항목
① 소화장비 설치·관리실태
② 축대벽의 안정성
③ 사용종료매립지 밀폐상태
④ 빗물·지하수 유입방지 조치

2017 제2회 폐기물처리산업기사
(2017년 5월 7일 시행)

제1과목 폐기물개론

01 매립시 쓰레기 파쇄로 인한 이점으로 알맞은 것은 어느 것인가?

㉮ 압축장비가 없어도 고밀도의 매립이 가능하다.
㉯ 매립시 복토 요구량이 증가된다.
㉰ 폐기물 입자의 표면적이 감소되어 미생물작용이 촉진된다.
㉱ 매립시 밀도가 감소하여 폐기물의 비산이 증가한다.

풀이 ㉯ 매립시 복토 요구량이 감소된다.
㉰ 폐기물 입자의 표면적이 증가되어 미생물작용이 촉진된다.
㉱ 매립시 밀도가 증가하여 폐기물의 비산이 감소한다.

> **Tip**
> 파쇄처리의 효과
> ① 겉보기비중의 증가
> ② 비표면적 증가
> ③ 폐기물 소각시 연소효율 증가
> ④ 고가금속 회수가능
> ⑤ 운반비의 절감
> ⑥ 입경분포의 균일화
> ⑦ 유가물의 분리

02 난분해성 유기화합물의 생물학적 반응으로 틀린 것은 어느 것인가?

㉮ 탈수소반응(가수분해반응)
㉯ 고리분할
㉰ 탈알킬화
㉱ 탈할로겐화

풀이 ㉮ 탈수소반응(가수분해반응)은 분해성 유기화합물의 생물학적 반응이다.

03 유해폐기물을 소각할 때 발생하는 물질로서 광화학스모그의 원인이 되는 주된 물질은 어느 것인가?

㉮ 일산화탄소(CO)
㉯ 염화수소(HCl)
㉰ 일산화질소(NO)
㉱ 이산화황(SO_2)

풀이 광화학스모그의 원인이 되는 주된 물질은 질소산화물(NO_X)이다.

정답 01 ㉮ 02 ㉮ 03 ㉰

04 쓰레기의 운송기술 중 관거를 이용한 공기수송에 대한 내용으로 틀린 것은 어느 것인가?

㉮ 진공수송의 경제적인 수송거리는 약 2km 정도이다.
㉯ 진공수송에 있어서 진공도는 최대 0.5kg/cm² Vac 정도이다.
㉰ 가압수송으로 연속수송을 하고자 할 경우에는 크기가 불균일해서 부착되기 쉽고 유동성이 나쁜 쓰레기를 정압으로 연속정량 공급하는 것이 곤란하다.
㉱ 가압수송은 진공수송에 비하여 경제적이나 수송거리가 약 1km 내외로 짧은 것이 단점이다.

[풀이] ㉱ 가압수송은 진공수송에 비하여 경제적이며, 수송거리는 약 5km 정도로 긴 것이 장점이다.

05 채취한 쓰레기 시료에 대한 성상분석 절차는 알맞은 것은 어느 것인가?

㉮ 밀도 측정 → 물리적 조성 → 건조 → 분류
㉯ 밀도 측정 → 물리적 조성 → 분류 → 건조
㉰ 물리적 조성 → 밀도 측정 → 건조 → 분류
㉱ 물리적 조성 → 밀도 측정 → 분류 → 건조

[풀이] 시료에 대한 성상분석 순서는 시료 → 밀도측정 → 물리적조성 → 건조 → 분류 → 전처리 → 조성분석 순이다.

06 폐기물 파쇄기에 관한 내용으로 틀린 것은 어느 것인가?

㉮ 전단파쇄기는 주로 목재류, 플라스틱류 및 종이류를 파쇄하는데 이용된다.
㉯ 전단파쇄기는 대체로 충격파쇄기에 비해 파쇄속도가 느리고 이물질의 혼입에 대하여 약하다.
㉰ 충격파쇄기는 기계의 압착력을 이용하는 것으로 주로 왕복식을 적용한다.
㉱ 압축파쇄기는 파쇄기의 마모가 적고 비용이 적게 소요되는 장점이 있다.

[풀이] ㉰ 충격파쇄기는 주로 회전식을 적용한다.

07 도시폐기물 최종 분석 결과를 Dulong공식으로 발열량을 계산하고자 할 때 필요하지 않은 성분은 어느 것인가?

㉮ H   ㉯ C
㉰ S   ㉱ Cl

[풀이] 듀롱(Dulong) 공식
$$Hh = 8100C + 34000\left(H - \frac{O}{8}\right) + 2500S \text{(kcal/kg)}$$

08 지정폐기물 중 부식성폐기물에 속하는 것은 어느 것인가?

㉮ 폐산   ㉯ 광재
㉰ 소각재   ㉱ 폐촉매

[풀이] 지정폐기물 중 부식성폐기물은 폐산과 폐알칼리이다.

정답 04 ㉱ 05 ㉮ 06 ㉰ 07 ㉱ 08 ㉮

09 수분이 75%인 젖은 쓰레기를 풍건시켜서 수분이 60%로 되었다면, 건조 전 쓰레기에 비하여 감소된 중량(%)은 얼마인가? (단, 쓰레기 비중은 1.0으로 가정)

㉮ 27.5% ㉯ 37.5%
㉰ 57.5% ㉱ 67.5%

풀이 ① $W_1 \times (100 - P_1) = W_2 \times (100 - P_2)$
여기서 W_1 : 건조 전 쓰레기량
P_1 : 건조 전 함수율
W_2 : 건조 후 쓰레기량
P_2 : 건조 후 함수율
따라서 $W_1 \times (100 - 75\%)$
$= W_2 \times (100 - 60\%)$
∴ $\dfrac{W_2}{W_1} = \dfrac{(100-75\%)}{(100-60\%)} = 0.625$ 따라서 62.5%
② 감소된 중량(%) = $100 - 62.5\% = 37.5\%$

10 폐기물의 밀도 측정에 대한 내용으로 알맞은 것은 어느 것인가?

㉮ 미리 부피를 알고 있는 용기를 측정에 사용한다.
㉯ 밀도 측정시 용기내 쓰레기를 다지기 위해서는 50 cm 높이에서 낙하시킨다.
㉰ 밀도 측정을 위해서는 재빨리 과잉의 수분을 제거한다.
㉱ 측정되는 쓰레기의 밀도는 진밀도이다.

풀이 ㉯ 밀도 측정시 용기내 쓰레기를 다지기 위해서는 30 cm 높이에서 3회 낙하시킨다.
㉰ 눈금이 감소하면 감소된 분량만큼 시료를 추가하며, 이 작업은 눈금이 감소하지 않을 때까지 반복한다.
㉱ 측정되는 쓰레기의 밀도는 겉보기 밀도이다.

11 슬러지내 존재하는 물의 형태 중 아주 많은 양을 차지하며 고형물질과 직접 결합해 있지 않기 때문에 농축 등의 방법으로 용이하게 분리할 수 있는 물은 어느 것인가?

㉮ 부착수
㉯ 모관결합수
㉰ 간극수
㉱ 내부수

풀이 ㉰ 간극수에 대한 설명이다.

12 폐기물의 관리에 있어서 중점을 두어야 하는 우선순위가 가장 높은 것은 어느 것인가?

㉮ 재이용
㉯ 재활용
㉰ 퇴비화
㉱ 감량화

풀이 폐기물 관리의 최우선 순위는 감량화이다.

13 Worrell의 제안식을 적용한 선별결과가 다음과 같을 때, 선별효율(%)은 얼마인가? (단, 투입량 = 10톤/일, 회수량 = 7톤/일(회수대상물질 5톤/일), 제거대상물질 = 3톤/일(회수대상물질 0.5톤/일))

㉮ 약 50% ㉯ 약 60%
㉰ 약 70% ㉱ 약 80%

풀이

Worrell 선별효율(E) = $\left(\dfrac{X_C}{X_i} \times \dfrac{Y_o}{Y_i}\right) \times 100$

여기서 X_C : 회수량 중 회수대상물질
 X_i : 투입량 중 회수대상물질
 Y_o : 제거량 중 비회수대상물질
 Y_i : 투입량 중 비회수대상물질

따라서 $E = \left(\dfrac{5톤/일}{5.5톤/일} \times \dfrac{2.5톤/일}{4.5톤/일}\right) \times 100$
 = 50.50%

Tip

① Rietema의 선별효율 공식
 $E = \left|\dfrac{X_C}{X_i} - \dfrac{Y_C}{Y_i}\right| \times 100$

② 문제조건에서
 X_i = 5.5톤/일, X_o = 0.5톤/일, X_C = 5톤/일
 Y_i = 4.5톤/일, Y_o = 2.5톤/일, Y_C = 2톤/일

14 폐기물 발생량 조사방법 중 물질수지법에 대한 내용으로 틀린 것은 어느 것인가?

㉮ 물질수지를 세울 수 있는 상세한 데이터가 있는 경우에 가능하다.
㉯ 주로 생활폐기물의 종류별 발생량 추산에 사용된다.
㉰ 조사하고자 하는 계(system)의 경계를 명확하게 설정하여야 한다.
㉱ 계(system)로 유입되는 모든 물질들과 유출되는 물질들 간의 물질수지를 세움으로써 폐기물 발생량을 추정한다.

풀이 ㉯ 주로 산업폐기물의 발생량 추산에 사용된다.

15 함수율 80%인 음식쓰레기와 함수율 50%인 퇴비를 3 : 1의 무게비로 혼합하면 함수율(%)은 얼마인가? (단, 비중은 1.0 기준)

㉮ 66.5% ㉯ 68.5%
㉰ 72.5% ㉱ 74.5%

풀이 혼합 함수율 = $\dfrac{80\% \times 3 + 50\% \times 1}{3+1}$ = 72.5%

정답 13 ㉮ 14 ㉯ 15 ㉰

16 청소상태를 평가하는 평가법 중 서비스를 받는 시민들의 만족도를 설문조사하여 계산되는 사용자 만족도 지수는 어느 것인가?

㉮ CEI ㉯ USI
㉰ PPI ㉱ CPI

풀이) 청소상태 평가법
① CEI : 지역사회 효과지수
② USI : 사용자 만족도 지수

17 쓰레기 발생량이 증가하는 이유로 틀린 것은 어느 것인가?

㉮ 도시의 규모가 커진다.
㉯ 수집빈도가 낮아진다.
㉰ 쓰레기통이 커진다.
㉱ 생활수준이 높아진다.

풀이) ㉯ 수집빈도가 높아진다.

18 쓰레기를 소각했을 때 남은 재의 중량은 쓰레기 중량의 약 1/5이다. 쓰레기 95ton을 소각했을 때 재의 용적이 7m³라고 하면 재의 밀도(ton/m³)는 얼마인가?

㉮ 약 2.31ton/m³ ㉯ 약 2.51ton/m³
㉰ 약 2.71ton/m³ ㉱ 약 2.91ton/m³

풀이) 재의 밀도(ton/m³)
$= \dfrac{재의\ 중량(ton)}{재의\ 용적(m^3)} = \dfrac{95ton \times \dfrac{1}{5}}{7m^3}$
$= 2.71 ton/m^3$

19 폐기물 수거노선을 결정할 때 고려사항으로 틀린 것은 어느 것인가?

㉮ 가능한 한 시계방향으로 수거노선을 정한다.
㉯ 유턴(U-turn) 운행은 피한다.
㉰ 수거의 시작은 차고와 가까운 곳에서 한다.
㉱ 저지대에서 고지대로 상향식으로 운행한다.

풀이) ㉱ 고지대에서 저지대로 하향식으로 운행한다.

20 폐기물 압축을 위한 장치는 압력의 강도에 의해 분류할 수 있다. 저압력 압축기의 기준으로 알맞은 것은 어느 것인가?

㉮ 5기압 이하 ㉯ 7기압 이하
㉰ 10기압 이하 ㉱ 12기압 이하

풀이) 저압력 압축기의 기준은 7기압 이하이다.

제2과목 폐기물처리기술

21 연소가스 탈황시 발생된 슬러지(FGD Sludge)처리에 많이 사용되는 고형화 방법으로 알맞은 것은 어느 것인가?

㉮ 자가시멘트법 ㉯ 시멘트기초법
㉰ 피막시멘트법 ㉱ 석회기초법

풀이) ㉮ 자가시멘트법에 대한 설명이다.

 16 ㉯ 17 ㉯ 18 ㉰ 19 ㉱ 20 ㉯ 21 ㉮

22 3,785m³/day 규모의 하수처리장 유입수의 BOD와 SS 농도가 각각 200mg/L라고 하고 1차 침전에 의하여 SS는 50%, BOD는 30%(SS제거에 따른 감소)가 제거된다고 할 때 1차 슬러지의 양(kg/day)은 얼마인가? (단, 비중은 1.0, 고형물 기준)

㉮ 378.5kg/day ㉯ 400.1kg/day
㉰ 512.4kg/day ㉱ 605.6kg/day

풀이 1차 슬러지의 양(kg/day)
= SS농도(kg/m³)×유량(m³/day)×(1-제거율)
= 0.2kg/m³×3,785m³/day×(1-0.5)
= 378.5kg/day

23 폐기물 소각로의 폐열회수시설 중 가장 낮은 온도에서 열회수가 이루어지는 장치는 어느 것인가?

㉮ 과열기 ㉯ 재열기
㉰ 절탄기 ㉱ 공기예열기

풀이 ㉱ 공기예열기에 대한 설명이다.

24 Humus(부식질)의 특징으로 틀린 것은 어느 것인가?

㉮ 악취가 거의 없으며 흙냄새가 난다.
㉯ 물 보유력과 양이온교환능력이 좋다.
㉰ 탄질비(C/N)가 거의 1에 가깝다.
㉱ 짙은 갈색을 띤다.

풀이 ㉰ 탄질비(C/N)가 10 내외이다.

25 침출수의 수질 특성으로 틀린 것은 어느 것인가?

㉮ 암모니아성 질소의 농도가 질산성 질소 농도보다 높다.
㉯ 침출수의 pH는 6~8 사이이며, 침출수에 접촉하는 매립가스 중 CO_2 분압에 의해서도 변한다.
㉰ COD의 경우, 매립초기는 BOD값보다 약간 높으나 시간이 흐름에 따라 BOD값보다 낮아진다.
㉱ 침출수 중 중금속 농도는 산생성 단계에서는 상대적으로 높고, 메탄발효 단계에서는 상대적으로 낮다.

풀이 ㉰ BOD의 경우, 매립초기는 COD값보다 약간 높으나 시간이 흐름에 따라 COD값보다 낮아진다.

26 매립시 표면 차수막에 대한 내용으로 틀린 것은 어느 것인가?

㉮ 지중에 수평방향의 차수층이 존재하는 경우에 적용한다.
㉯ 시공시에는 눈으로 차수성 확인이 가능하나 매립후에는 곤란하다.
㉰ 지하수 집배수시설이 필요하다.
㉱ 차수막 단위면적당 공사비는 싸지만 매립지 전체를 시공하는 경우가 많아 총 공사비는 비싸다.

풀이 ㉮번은 연직차수막에 대한 설명이다.

정답 22 ㉮ 23 ㉱ 24 ㉰ 25 ㉰ 26 ㉮

27 밀도 0.5ton/m³인 도시쓰레기가 400,000 kg/일로 발생된다면 매립지 사용일수(day)는 얼마인가? (단, 매립지 용량은 10^5m³, 다짐에 의한 쓰레기 부피감소율은 50%이다.)

㉮ 125일   ㉯ 250일
㉰ 312일   ㉱ 421일

풀이) 매립지 사용일수

$= \dfrac{\text{매립용적(m}^3)}{\text{쓰레기 발생량(m}^3) \times (1 - \text{부피감소율})}$

$= \dfrac{10^5 \text{ m}^3}{400{,}000 \text{kg/day} \times \dfrac{1}{500\text{kg/m}^3} \times (1-0.5)}$

$= 250$일

28 수분함량이 97%인 슬러지의 비중은 얼마인가? (단, 고형물의 비중은 1.35)

㉮ 약 1.062   ㉯ 약 1.042
㉰ 약 1.028   ㉱ 약 1.008

풀이) $\dfrac{1}{\rho_{SL}} = \dfrac{W_{TS}}{\rho_{TS}} + \dfrac{W_P}{\rho_P}$

여기서 ρ_{SL} : 슬러지의 비중
ρ_{TS} : 고형물의 비중
W_{TS} : 고형물의 함량
ρ_P : 수분의 비중
W_P : 수분의 함량

따라서 $\dfrac{1}{\rho_{SL}} = \dfrac{0.03}{1.35} + \dfrac{0.97}{1.0}$

∴ $\rho_{SL} = \dfrac{1}{0.9922} = 1.008$

29 유기성 폐기물 퇴비화의 단점으로 틀린 것은 어느 것인가?

㉮ 낮은 비료가치
㉯ 부지선정의 어려움
㉰ 퇴비화 과정 중 외부 가온 필요
㉱ 악취발생 가능성

풀이) ㉰ 퇴비화 과정 중 외부 가온 불필요하다.

30 슬러지 처분을 위한 고형화의 목적으로 틀린 것은 어느 것인가?

㉮ 슬러지의 취급이 용이
㉯ 부피의 감소에 따른 운반비용 절감효과
㉰ 슬러지 내의 각종 유해물질의 용출방지
㉱ 고형화에 의하여 토목 및 건축재료로 자원화 가능

풀이) ㉯ 슬러지를 고형화하면 부피는 증가한다.

정답 27 ㉯ 28 ㉱ 29 ㉰ 30 ㉯

31 슬러지를 낙엽과 혼합하여 퇴비화하려 한다. 퇴비화 대상 혼합물의 C/N비를 30으로 할 때, 낙엽 1kg당 필요한 슬러지의 양(kg)은 얼마인가? (단, 고형물 건조중량 기준, 비중 = 1.0 기준)

	슬러지	낙엽
C/N비	9	50
수분함량	80%	40%
질소함량	건조고형물 중 6%	건조고형물 중 1%

㉮ 0.48 ㉯ 0.58
㉰ 0.68 ㉱ 0.78

풀이 슬러지량을 Q, 낙엽량을 $(1-Q)$

$$30 = \frac{9 \times Q + 50 \times (1-Q)}{Q + (1-Q)}$$

∴ Q(슬러지량) = 0.4878
낙엽량 = $1-Q$ = 1-0.4878 = 0.5122

32 소각을 위한 연소기 중 화격자 연소기에 관한 내용으로 틀린 것은 어느 것인가?

㉮ 기계적 작동으로 교반력이 강하다.
㉯ 연속적인 소각과 배출이 가능하다.
㉰ 체류시간이 길다.
㉱ 국부가열이 발생할 염려가 있다.

풀이 ㉮ 화격자연소기는 교반력이 약하다.

33 매립지 내에서 분해단계(4단계) 중 호기성 단계에 대한 내용으로 틀린 것은 어느 것인가?

㉮ N_2의 발생이 급격히 증가된다.
㉯ O_2가 소모된다.
㉰ 주요 생성기체는 CO_2이다.
㉱ 매립물의 분해속도에 따라 수 일에서 수 개월동안 지속된다.

풀이 ㉮ 질소(N_2)가 감소한다.

34 오염된 농경지의 정화를 위해 다른 장소로부터 비오염 토양을 운반하여 혼합하는 정화기술은 무엇인가?

㉮ 객토 ㉯ 반전
㉰ 희석 ㉱ 배토

풀이 ㉮ 객토에 대한 설명이다.

35 쓰레기 열분해시 열분해 온도(열공급 속도)가 상승함에 따라 발생량이 감소하는 가스는?

㉮ H_2 ㉯ CH_4
㉰ CO ㉱ CO_2

풀이 열분해 공정이 연료를 생산하는 공정이므로 가연성 물질은 증가하고 불연성 물질은 감소한다.

정답 31 ㉮ 32 ㉮ 33 ㉮ 34 ㉮ 35 ㉱

36 매립장에서 적용되는 점토와 합성수지계 차수막에 대한 내용으로 틀린 것은 어느 것인가?

㉮ 점토는 벤토나이트 첨가시 차수성이 더 좋아진다.
㉯ 점토는 바닥처리가 나쁘면 부등침하 및 균열위험이 있다.
㉰ 합성수지계 차수막은 점토에 비하여 내구성이 높으나 열화 위험이 있다.
㉱ 합성수지계 차수막은 점토에 비하여 가격은 저렴하나 시공이 어렵다.

㉱ 합성수지계 차수막은 점토에 비하여 가격은 비싸지만 시공이 용이하다.

37 유동층 소각로의 장점으로 틀린 것은 어느 것인가?

㉮ 폐기물의 크기가 50mm 이상인 조대폐기물의 소각에 용이하다.
㉯ 반응시간이 빨라 소각시간이 짧다.
㉰ 기계의 구동부분이 적어 고장율이 적다.
㉱ 단기간 정지 후 가동시에 보조연료 없이 정상가동이 가능하다.

㉮ 조대쓰레기는 파쇄 등의 전처리가 필요하다.

38 침출수를 혐기성 여상으로 처리할 때 유입유량 3,000m³/day이고 BOD가 600 mg/L이며 처리효율이 95%일 때 발생되는 메탄가스의 양(Sm³/day)은 얼마인가? (단, 1.5m³ 가스/kgBOD, 가스 중 메탄 함량 60%, 표준상태 기준)

㉮ 약 1,270
㉯ 약 1,367
㉰ 약 1,420
㉱ 약 1,539

메탄가스 발생량(Sm³/day)
$= \dfrac{3,000\,m^3}{day} \left| \dfrac{0.6\,kg}{m^3} \right| \dfrac{0.95}{} \left| \dfrac{1.5\,m^3\,가스}{kg\,BOD} \right| \dfrac{0.6}{}$
$= 1,539\,Sm^3/day$

39 소각시 다이옥신이 생성될 수 있는 가능성이 가장 큰 물질은 어느 것인가?

㉮ 노르말헥산
㉯ 에탄올
㉰ PVC
㉱ 오존

유기염소계화합물인 PVC 소각시 다이옥신이 많이 배출된다.

40 측정한 소화조 가스의 열량이 5,400 kcal/m³일 때 메탄가스의 함유량(%)은 얼마인가? (단, 메탄가스 열량은 9,000 kcal/m³, 메탄이외의 가스는 불연소성이라 가정)

㉮ 55% ㉯ 60%
㉰ 65% ㉱ 70%

풀이) 메탄가스 함유량(%)
$= \dfrac{\text{소화조 가스의 열량(kcal/m}^3\text{)}}{\text{메탄가스의 열량(kcal/m}^3\text{)}} \times 100$
$= \dfrac{5{,}400\,\text{kcal/m}^3}{9{,}000\,\text{kcal/m}^3} \times 100$
$= 60\%$

제3과목 폐기물 공정시험기준

41 납을 자외선/가시선분광법으로 측정하는 방법이다. ( )에 들어갈 알맞은 말은?

> 납이온이 시안화칼륨의 공존하에 알칼리성에서 (①)과(와) 반응하여 생성하는 착염을 (②)(으)로 추출하고 (중략) 흡광도를 520nm에서 측정하는 방법이다.

㉮ ① 디티존, ② 사염화탄소
㉯ ① 디티존, ② 클로로포름
㉰ ① DDTC-MIBK, ② 노말헥산
㉱ ① DDTC-MIBK, ② 아세톤

42 pH 표준액 중 pH 4에 가장 근접한 용액은 어느 것인가?

㉮ 수산염 표준액
㉯ 프탈산염 표준액
㉰ 인산염 표준액
㉱ 붕산염 표준액

풀이) pH 4에 가장 근접한 표준액은 프탈산염 표준액이다.

43 대상폐기물의 양이 600톤인 경우 현장시료의 최소수는 얼마인가?

㉮ 30 ㉯ 36
㉰ 50 ㉱ 60

풀이) 대상폐기물의 양과 시료의 최소 수

대상폐기물의 양 (단위 : ton)	시료의 최소 수	대상폐기물의 양 (단위 : ton)	시료의 최소 수
~1미만	6	100이상 ~ 500미만	30
1이상 ~ 5미만	10	500이상 ~ 1000미만	36
5이상 ~ 30미만	14	1000이상 ~ 5000미만	50
30이상 ~ 100미만	20	5000이상	60

정답) 40 ㉯ 41 ㉮ 42 ㉯ 43 ㉯

44 원자흡수분광광도법으로 크롬을 정량할 때 전처리 조작으로 KMnO₄를 사용하는 목적은 무엇인가?

㉮ 철이나 니켈금속 등 방해물질을 제거하기 위해서이다.
㉯ 시료중의 6가크롬을 3가크롬으로 환원시키기 위해서이다.
㉰ 시료중의 3가크롬을 6가크롬으로 산화시키기 위해서이다.
㉱ 디페닐카르바지드와 반응을 쉽게 하기 위해서이다.

＊ 과망간산칼륨(KMnO₄)은 산화제이다.

45 유도결합플라스마-원자발광분광법에 의한 카드뮴 분석방법으로 틀린 것은 어느 것인가?

㉮ 정량범위는 사용하는 장치 및 측정조건에 따라 다르지만 330nm에서 0.004~0.3mg/L 정도이다.
㉯ 아르곤가스는 액화 또는 압축 아르곤으로서 99.99V/V% 이상의 순도를 갖는 것이어야 한다.
㉰ 시료용액의 발광강도를 측정하고 미리 작성한 검정곡선으로부터 카드뮴의 양을 구하여 농도를 산출한다.
㉱ 검정곡선 작성시 카드뮴 표준용액과 질산, 염산, 정제수가 사용된다.

＊ ㉮ 정량범위는 사용하는 장치 및 측정조건에 따라 다르지만 226.50nm에서 0.004~50mg/L 정도이다.

46 용출실험 결과 시료중의 수분함량을 보정해주기 위해 적용(곱)하는 식으로 알맞은 것은 어느 것인가? (단, 함수율 85% 이상인 시료에 한함)

㉮ 85/{100-함수율(%)}
㉯ {100-함수율(%)}/85
㉰ 15/{100-함수율(%)}
㉱ {100-함수율(%)}/15

47 폐기물공정시험기준상의 용어로 ( )에 들어갈 수치 중 가장 작은 것은 어느 것인가?

㉮ "방울수"는 ( )℃에서 정제수 20방울을 적하시켰을 때 부피가 약 1mL가 된다.
㉯ "냉수"는 ( )℃ 이하를 말한다.
㉰ "약"이라 함은 기재된 양에 대해서 ±( )% 이상의 차가 있어서는 안 된다.
㉱ "진공"이라 함은 ( )mmHg 이하의 압력을 말한다.

＊ ㉮ "방울수"는 20℃에서 정제수 20방울을 적하시켰을 때 부피가 약 1mL가 된다.
㉯ "냉수"는 15℃ 이하를 말한다.
㉰ "약"이라 함은 기재된 양에 대해서 ±10% 이상의 차가 있어서는 안 된다.
㉱ "진공"이라 함은 15mmHg 이하의 압력을 말한다.

정답 44 ㉰ 45 ㉮ 46 ㉰ 47 ㉰

48 수분 40%, 고형물 60%인 쓰레기의 강열감량 및 유기물 함량을 분석한 결과가 다음과 같았다. 이 쓰레기의 유기물 함량(%)은 얼마인가?

- 도가니의 무게(W_1) = 22.5g
- 탄화전의 도가니와 시료의 무게(W_2) = 65.8g
- 탄화후의 도가니와 시료의 무게(W_3) = 38.8g

㉮ 약 27% ㉯ 약 37%
㉰ 약 47% ㉱ 약 57%

 ① 강열감량(%) = $\left(\dfrac{W_2 - W_3}{W_2 - W_1}\right) \times 100$

여기서 W_1 : 도가니의 무게(22.5g)
W_2 : 탄화전의 도가니와 시료의 무게 (65.8g)
W_3 : 탄화후의 도가니와 시료의 무게 (38.8g)

따라서 강열감량(%) = $\left(\dfrac{65.8g - 38.8g}{65.8g - 22.5g}\right) \times 100$
= 62.36%

② 휘발성 고형물(%) = 강열감량(%) − 수분(%)
= 62.36% − 40%
= 22.36%

③ 유기물 함량(%) = $\dfrac{\text{휘발성 고형물(\%)}}{\text{고형물(\%)}} \times 100$
= $\dfrac{22.36\%}{60\%} \times 100$ = 37.27%

49 자외선/가시선 분광법에 의한 비소의 측정방법으로 알맞은 것은 어느 것인가?

㉮ 적자색의 흡광도를 430nm에서 측정
㉯ 적자색의 흡광도를 530nm에서 측정
㉰ 청색의 흡광도를 430nm에서 측정
㉱ 청색의 흡광도를 530nm에서 측정

50 폐기물공정시험기준에 의한 온도의 기준이 틀린 것은 어느 것인가?

㉮ 표준온도 : 0℃ 이하
㉯ 상온 : 15~25℃
㉰ 실온 : 25~45℃
㉱ 찬 곳 : 0~15℃의 곳(따로 규정이 없는 경우)

㉰ 실온 : 1~35℃

51 자외부 파장범위에서 일반적으로 사용하는 흡수셀의 재질은 어느 것인가?

㉮ 유리   ㉯ 석영
㉰ 플라스틱 ㉱ 백금

파장에 따른 흡수셀의 재질
① 유리제 : 가시 및 근적외부
② 석영제 : 자외부

정답 48 ㉯ 49 ㉯ 50 ㉰ 51 ㉯

52 0.1N 수산화나트륨용액 20mL를 중화시키려고 할 때 가장 적합한 용액은?

㉮ 0.1M 황산 20mL
㉯ 0.1M 염산 10mL
㉰ 0.1M 황산 10mL
㉱ 0.1M 염산 40mL

황산은 2당량이므로 0.1M은 0.2N이 되므로 중화에 필요한 양은 10mL이다.

53 시료의 전처리방법에서 회화에 의한 유기물 분해시 증발접시의 재질로 틀린 것은 어느 것인가?

㉮ 백금
㉯ 실리카
㉰ 사기제
㉱ 알루미늄

54 폐기물 소각시설의 소각재 시료 채취 방법 중 연속식 연소방식의 소각재 반출 설비에서의 시료채취에 관한 내용이다. ( )에 들어갈 알맞은 말은?

> 야적더미에서 채취하는 경우는 야적더미를 ( ) 높이마다 각각의 층으로 나누고 각 층별로 적절한 지점에서 500g 이상의 시료를 채취한다.

㉮ 0.3m
㉯ 0.5m
㉰ 1m
㉱ 2m

55 폐기물의 용출시험방법에 대한 설명으로 틀린 것은 어느 것인가?

㉮ 상온, 상압에서 진탕회수가 매분당 약 200회, 진폭이 4~5cm의 진탕기를 사용, 6시간 연속 진탕한다.
㉯ 진탕이 어려운 경우 원심분리기를 사용하여 매분당 2,000회전 이상으로 30분 이상 원심분리한다.
㉰ 용출시험시 용매는 염산으로 pH를 5.8~6.3으로 한다.
㉱ 용출시험시 폐기물시료와 용출용매를 1 : 10(W : V)의 비로 혼합한다.

㉯ 진탕이 어려운 경우 원심분리기를 사용하여 매분당 3,000회전 이상으로 20분 이상 원심분리한다.

56 취급 또는 저장하는 동안에 이물질이 들어가거나 또는 내용물이 손실되지 아니하도록 보호하는 용기는 어느 것인가?

㉮ 기밀용기
㉯ 밀폐용기
㉰ 밀봉용기
㉱ 차광용기

㉯ 밀폐용기에 대한 설명이다.

정답 52 ㉰ 53 ㉱ 54 ㉱ 55 ㉯ 56 ㉯

57 시료 채취방법에 대한 설명으로 틀린 것은 어느 것인가?

㉮ 시료의 양은 1회에 100g 이상 채취한다.
㉯ 채취된 시료는 0~4℃ 이하의 냉암소에서 보관하여야 한다.
㉰ 폐기물이 적재되어 있는 운반차량에서 현장시료를 채취할 경우에는 적재 폐기물의 성상이 균일하다고 판단되는 깊이에서 현장시료를 채취한다.
㉱ 대형의 콘크리트 고형화물로써 분쇄가 어려운 경우 같은 성분의 물질로 대체할 수 있다.

풀이) 대형의 콘크리트 고형화물로써 분쇄가 어려운 경우임의 5개소에서 채취하여 각 각 파쇄하여 100g씩 균등 양 혼합하여 사용한다.

58 시안(CN)을 자외선/가시선분광법으로 분석할 때 시안(CN)이온을 염화시안으로 하기 위해 사용하는 시약은 어느 것인가?

㉮ 염산
㉯ 클로라민-T
㉰ 염화나트륨
㉱ 염화제2철

59 일반적인 자외선/가시선 분광광도계의 구성으로 알맞은 것은 어느 것인가?

㉮ 광원부 - 시료부 - 측광부 - 파장선택부
㉯ 광원부 - 파장선택부 - 측광부 - 시료부
㉰ 광원부 - 파장선택부 - 시료부 - 측광부
㉱ 광원부 - 시료부 - 파장선택부 - 측광부

60 폐기물에 포함된 구리를 분석하기 위한 방법인 원자흡수분광광도법에 대한 내용으로 틀린 것은 어느 것인가?

㉮ 측정파장은 324.7nm이다.
㉯ 정확도는 상대표준편차(RSD) 결과치의 20% 이내이다.
㉰ 공기-아세틸렌 불꽃에 주입하여 분석한다.
㉱ 정량한계는 0.008mg/L이다.

풀이) 정밀도는 상대표준편차(RSD)가 ±25% 이내이고, 정확도는 75~125%이다.

정답 57 ㉱ 58 ㉯ 59 ㉰ 60 ㉯

제4과목 폐기물 관계법규

61 관할 구역의 폐기물처리에 관한 기본계획을 세울 때 기본계획에 포함되어야 하는 사항으로 틀린 것은 어느 것인가?

㉮ 재원의 확보 계획
㉯ 폐기물 관리 여건 및 전망
㉰ 폐기물의 처리 현황과 향후 처리 계획
㉱ 폐기물의 종류별 발생량과 장래의 발생 예상량

[참고] 법규개정으로 문제 삭제

62 열분해시설의 설치기준에 대한 설명으로 틀린 것은 어느 것인가? (단, 시간당 처리능력은 500킬로그램인 경우)

㉮ 열분해가스를 연소시키는 경우, 가스연소실은 가스가 2초 이상 체류할 수 있는 구조이어야 한다.
㉯ 열분해가스를 연소시키는 경우, 가스연소실의 출구온도는 섭씨 850도 이상이어야 한다.
㉰ 열분해시설에서 배출되는 바닥재의 강열감량이 5% 이하가 될 수 있는 성능을 갖추어야 한다.
㉱ 폐기물투입장치, 열분해실, 가스연소실 및 열회수장치가 설치되어야 한다.

[풀이] ㉰ 열분해시설에서 배출되는 바닥재의 강열감량이 10% 이하가 될 수 있는 성능을 갖추어야 한다.

63 폐기물 중간처분시설인 기계적 처분시설 기준으로 틀린 것은 어느 것인가?

㉮ 용융시설(동력 7.5kW 이상인 시설로 한정한다.)
㉯ 압축시설(동력 7.5kW 이상인 시설로 한정한다.)
㉰ 파쇄·분쇄 시설(동력 7.5kW 이상인 시설로 한정한다.)
㉱ 절단시설(동력 7.5kW 이상인 시설로 한정한다.)

[풀이] ㉰ 파쇄·분쇄 시설(동력 15kW 이상인 시설로 한정한다.)

64 특별자치시장, 특별자치도지사, 시장·군수·구청장은 조례로 정하는 바에 따라 종량제 봉투 등의 제작·유통·판매를 대행하게 할 수 있다. 이러한 대행 계약을 체결하지 아니하고 종량제 봉투 등을 판매한 자에 대한 과태료 부과기준은 어느 것인가?

㉮ 200만원 이하   ㉯ 300만원 이하
㉰ 500만원 이하   ㉱ 1,000만원 이하

[풀이] ㉯ 300만원 이하의 과태료에 해당한다.

정답 61 ㉯ 62 ㉰ 63 ㉰ 64 ㉯

65 사용 종료되거나 폐쇄된 매립시설이 소재한 토지의 소유권 또는 소유권 외의 권리를 가지고 있는 자가 그 토지를 이용하기 위해 토지이용계획서에 첨부하여야 하는 서류에 해당하지 않는 것은 어느 것인가?

㉮ 주변 지역 환경영향평가서
㉯ 이용하려는 토지의 도면
㉰ 매립폐기물의 종류·양 및 복토상태를 적은 서류
㉱ 지적도

66 폐기물처리업의 업종구분과 그에 따른 영업 내용으로 틀린 것은 어느 것인가?

㉮ 폐기물 중간재활용업 : 폐기물 재활용시설을 갖추고 중간가공 폐기물을 만드는 영업
㉯ 폐기물 최종처분업 : 폐기물 최종처분시설을 갖추고 폐기물을 매립 등(해역배출은 제외)의 방법으로 최종처분 하는 영업
㉰ 폐기물 수집·운반업 : 폐기물을 수집하여 재활용 또는 처분장소로 운반하거나 폐기물을 수출하기 위하여 수집·운반하는 영업
㉱ 폐기물 종합처분업 : 폐기물처분시설을 갖추고 폐기물을 수집·운반하여 폐기물의 중간처리와 최종처리를 종합적으로 하는 영업

[풀이] ㉱ 폐기물 종합처분업 : 폐기물 중간처분시설 및 최종처분시설을 갖추고 폐기물의 중간처분과 최종처분을 함께하는 영업

67 폐기물처리업의 변경허가를 받아야 할 중요사항으로 틀린 것은 어느 것인가? (단, 폐기물 수집·운반업에 해당하는 경우)

㉮ 수집·운반대상 폐기물의 변경
㉯ 영업구역의 변경
㉰ 연락장소 또는 사무실 소재지의 변경
㉱ 운반차량(임시차량은 제외한다.)의 증차

[풀이] ㉰ 주차장 소재지의 변경(지정폐기물을 대상으로 하는 수집·운반업만 해당)

68 에너지 회수기준을 측정하는 기관으로 틀린 것은 어느 것인가? (단, 국가표준기본법에 따라 인정받은 시험·검사기관 중 환경부장관이 지정하는 기관은 고려하지 않음)

㉮ 한국에너지기술연구원
㉯ 한국환경기술개발원
㉰ 한국환경공단
㉱ 한국산업기술시험원

[풀이] ㉯ 한국기계연구원

정답 65 ㉮ 66 ㉱ 67 ㉰ 68 ㉯

69 환경부령으로 정하는 폐기물처리시설의 설치를 마친 자는 환경부령으로 정하는 검사기관으로부터 검사를 받아야 한다. 검사를 받으려는 자가 검사를 받기 위해 검사기관에 제출하는 검사신청서에 첨부하여야 하는 서류가 아닌 것은 어느 것인가? (단, 음식물류 폐기물 처리시설의 경우)

㉮ 설계도면
㉯ 폐기물 성질, 상태, 양, 조성비 내용
㉰ 재활용제품의 사용 또는 공급계획서(재활용의 경우만 제출한다.)
㉱ 운전 및 유지관리계획서(물질수지도를 포함한다.)

> 음식물류 폐기물 처리시설의 경우 검사를 받기위해 검사기관에 제출하는 검사신청서에 첨부하여야 하는 서류는 ㉮, ㉯, ㉱이다.

70 폐기물처리시설인 매립시설의 기술관리인의 자격기준으로 틀린 것은 어느 것인가?

㉮ 수질환경기사
㉯ 건설공사기사
㉰ 화공기사
㉱ 일반기계기사

> 매립시설의 기술관리인 자격기준으로는 폐기물처리기사, 수질환경기사, 토목기사, 일반기계기사, 건설기계설비기사, 화공기사, 토양환경기사 중 1명이상이다.

71 폐기물 처분시설 중 관리형 매립시설에서 발생하는 침출수의 배출허용기준 중 '나 지역'의 생물화학적 산소요구량의 기준(mg/L 이하)은?

㉮ 60mg/L 이하   ㉯ 70mg/L 이하
㉰ 80mg/L 이하   ㉱ 90mg/L 이하

> 나지역의 생물화학적산소요구량은 70mg/L, 부유물질량은 70mg/L이다.

72 환경부장관 또는 시·도지사가 영업구역을 제한하는 조건을 붙일 수 있는 폐기물 처리업 대상은 어느 것인가?

㉮ 생활폐기물 수집·운반업
㉯ 폐기물 재생 처리업
㉰ 지정폐기물 처리업
㉱ 사업장 폐기물 처리업

73 관리형 매립시설에서 발생하는 침출수의 수소이온농도(pH) 배출허용기준은 얼마인가? (단, 청정지역 기준)

㉮ 6.3~8.0   ㉯ 6.3~8.3
㉰ 5.8~8.0   ㉱ 5.8~8.3

> 청정지역, 가지역, 나지역에서 침출수의 수소이온농도(pH) 배출허용기준은 5.8~8.0이다.

정답 69 ㉯ 70 ㉯ 71 ㉯ 72 ㉮ 73 ㉰

74 폐기물처리시설의 설치승인 신청시 환경부장관이 고시하는 사항을 포함한 시설 설치의 환경성조사서를 첨부하여야 하는 시설기준이다. (   )에 들어갈 알맞은 말은?

> 면적이 (①)이상이거나 매립용적이 (②) 이상인 매립시설, 1일 처리능력이 (③)이상(지정폐기물의 경우에는 10톤 이상)인 소각시설

㉮ ① 3,000m², ② 10,000m³, ③ 100톤
㉯ ① 3,000m², ② 10,000m³, ③ 200톤
㉰ ① 10,000m², ② 30,000m³, ③ 100톤
㉱ ① 10,000m², ② 30,000m³, ③ 200톤

75 주변지역 영향 조사대상 폐기물처리시설 기준으로 알맞은 것은 어느 것인가?

㉮ 매립용적 3,300세제곱미터 이상의 사업장 일반폐기물 매립시설
㉯ 매립면적 1만 제곱미터 이상의 사업장 지정폐기물 매립시설
㉰ 1일 처분능력 200톤 이상인 사업장 폐기물 소각시설
㉱ 시멘트 소성로(폐기물을 연료로 사용하는 경우는 제외한다.)

[풀이] ㉮ 매립면적 15만 제곱미터 이상의 사업장 일반폐기물 매립시설
㉰ 1일 처분능력 50톤 이상인 사업장 폐기물 소각시설
㉱ 시멘트 소성로(폐기물을 연료로 사용하는 경우로 한정)

76 대통령령으로 정하는 사항으로 틀린 것은 어느 것인가?

㉮ 폐기물관리법상의 폐기물감량화시설 지정
㉯ 폐기물처리시설의 사후관리이행보증금의 납부시기·절차 등에 필요한 사항
㉰ 폐기물관리법에 따른 명령을 위반한 행위에 대한 행정처분의 기준
㉱ 과징금을 부과하는 위반행위의 종류와 정도에 따른 과징금의 금액 등에 필요한 사항

77 기술관리인을 두어야 하는 폐기물처리시설에 해당되지 않는 것은?

㉮ 시간당 처분능력이 150킬로그램인 멸균분쇄시설
㉯ 1일 처분능력이 8톤인 연료화 시설
㉰ 1일 처분능력이 50톤인 절단시설
㉱ 시간당 처분능력이 220킬로그램인 감염성폐기물대상 소각시설

[풀이] ㉰ 1일 처분능력이 100톤인 절단시설

78 폐기물의 매립이 종료된 폐기물 매립시설의 사후관리기준 및 방법 (사후관리 항목 및 방법) 중 발생가스 관리방법에 대한 설명이다. (   )에 들어갈 알맞은 말은? (단, 유기성폐기물을 매립한 폐기물매립시설)

> 외기온도, 가스온도, 메탄, 이산화탄소, 암모니아, 황화수소 등의 조사항목을 매립종료 후 (   ) 조사하여야 한다.

㉮ 3년까지는 분기 1회 이상, 3년이 지난 후에는 연 1회 이상
㉯ 3년까지는 반기 1회 이상, 3년이 지난 후에는 연 1회 이상
㉰ 5년까지는 분기 1회 이상, 5년이 지난 후에는 연 1회 이상
㉱ 5년까지는 반기 1회 이상, 5년이 지난 후에는 연 1회 이상

79 폐기물관리종합계획에 포함되어야 하는 사항으로 틀린 것은 어느 것인가?

㉮ 재원 조달 계획
㉯ 폐기물 관리 여건 및 전망
㉰ 부분별 폐기물 관리 현황
㉱ 종전의 종합계획에 대한 평가

참고 법규개정으로 문제 삭제

80 멸균분쇄시설의 검사기관으로 틀린 것은 어느 것인가?

㉮ 한국건설기술연구원
㉯ 한국산업기술시험원
㉰ 한국환경공단
㉱ 보건환경연구원

풀이 멸균분쇄시설의 검사기관으로는 한국산업기술시험원, 한국환경공단, 보건환경연구원이 있다.

정답 78 ㉰ 79 ㉰ 80 ㉮

2017 제4회 폐기물처리산업기사
(2017년 9월 23일 시행)

제1과목 폐기물개론

01 와전류선별기로 주로 분리하는 비철금속에 대한 설명으로 알맞은 것은 어느 것인가?

㉮ 자성이며 전기전도성이 좋은 금속
㉯ 자성이며 전기전도성이 나쁜 금속
㉰ 비자성이며 전기전도성이 좋은 금속
㉱ 비자성이며 전기전도성이 나쁜 금속

[풀이] 와전류 선별기는 비자성이며, 전기전도성이 좋은 구리, 알루미늄, 아연 등의 금속을 선별하는데 이용된다.

02 폐기물을 파쇄하여 균일화 및 세립화하였을 때의 장점으로 틀린 것은 어느 것인가?

㉮ 불균일한 조성을 가진 폐기물을 서로 혼합할 때 균일화가 용이하게 되어 연소효율을 높이고 변동이 비교적 적은 연소효율을 높이고 변동이 비교적 적은 성상연료를 가능하게 한다.
㉯ 거칠고 큰 폐기물을 파쇄하여 소각하면 조대쓰레기에 의한 소각로의 손상을 방지한다.
㉰ 파쇄하면 Bulk되어 용적이 늘어나므로 운반비는 상승하나, 고밀도 매립이 가능하여 결국 경제적이다.
㉱ 파쇄물질 속에 함유된 고가금속 등을 자선기 등을 사용하여 회수할 수 있다.

[풀이] ㉰ 파쇄하면 용적이 줄어들어 운반비가 감소하며, 고밀도 매립이 가능하여 경제적이다.

03 청소상태 만족도 평가를 위한 지역사회 효과 지수인 CEI(Community Effects Index)에 대한 내용으로 알맞은 것은 어느 것인가?

㉮ 적환장 크기와 수거량의 관계로 결정한다.
㉯ 수거방법에 따른 MHT 변화로 측정한다.
㉰ 가로 청소상태를 기준으로 측정한다.
㉱ 일반대중들에 대한 설문조사를 통하여 결정한다.

[풀이] 지역사회 효과 지수인 CEI는 가로 청소상태를 기준으로 측정한다.

정답 01 ㉰ 02 ㉰ 03 ㉰

04
10,000명이 거주하는 지역에서 한 가구당 20L 종량제봉투가 1주일에 2개씩 발생되고 있다. 한 가구당 2.5명이 거주할 때 지역에서 발생 되는 쓰레기 발생량(L/인·주)은 얼마인가?

㉮ 15.0 ㉯ 16.0
㉰ 17.0 ㉱ 18.0

풀이 쓰레기 발생량(L/인·주)

$= \dfrac{\text{쓰레기 발생량(L/주)}}{\text{인구수(인)}}$

$= \dfrac{20\text{L/가구} \times 2\text{개/주}}{2.5\text{인/가구}} = 16\text{L/인·주}$

05
폐기물의 70%를 5cm보다 작게 파쇄하고자 할 때 특성 입자 크기(X_o, cm)는 얼마인가? (단, Rosin-Rammler 모델 기준, $n=1$)

㉮ 약 3.1cm ㉯ 약 3.8cm
㉰ 약 4.2cm ㉱ 약 4.9cm

풀이 $Y = 1 - \exp\left[-\left(\dfrac{X}{X_o}\right)^n\right]$

여기서 Y : 체하분율(%)
　　　X : 폐기물 입자의 크기
　　　X_o : 특성입자의 크기
　　　n : 상수

따라서 $70\% = 1 - \exp\left[-\left(\dfrac{5\text{cm}}{X_o}\right)^1\right]$

$\exp\left[-\left(\dfrac{5\text{cm}}{X_o}\right)^1\right] = 1 - 0.70$

$-\left(\dfrac{5\text{cm}}{X_o}\right) = \text{LN}(1-0.70)$

$X_o = \dfrac{-5\text{cm}}{\text{LN}(1-0.70)} = 4.15\text{cm}$

06
생활쓰레기 수거형태 중 효율이 가장 좋은 방식은 어느 것인가?

㉮ 문전수거 ㉯ 집안이동수거
㉰ 타종수거 ㉱ 노변수거

풀이 생활쓰레기 수거형태 중 효율이 가장 좋은 방식은 타종수거이다.

07
도시 쓰레기 성분 및 혼합물 밀도의 대표값으로 틀린 것은 어느 것인가?

㉮ 종이 : 85 kg/m^3
㉯ 플라스틱 : 150 kg/m^3
㉰ 고무 : 130 kg/m^3
㉱ 유리 : 195 kg/m^3

08
폐기물의 성상분석 절차로 알맞은 것은 어느 것인가?

㉮ 건조 → 전처리 → 물리적 조성 → 밀도 측정 → 분류
㉯ 밀도측정 → 건조 → 전처리 → 분류 → 물리적 조성
㉰ 전처리 → 건조 → 전처리 → 분류 → 물리적 조성
㉱ 밀도측정 → 물리적 조성 → 건조 → 분류 → 전처리

풀이 시료에 대한 성상분석 순서는 시료 → 밀도측정 → 물리적조성 → 건조 → 분류 → 전처리 → 조성분석 순이다.

09 폐기물 발생량이 2,000m³/일, 밀도 840kg/m³일 때, 5톤 트럭으로 운반하려면 1일 필요한 차량수(대)는 얼마인가? (단, 예비차량 2대 포함, 기타 조건은 고려하지 않음)

㉮ 334 ㉯ 336
㉰ 338 ㉱ 340

 차량수 = 쓰레기의 총 발생량(톤/일) / 차량의 적재용량(톤/일) + 예비차량

$= \dfrac{2{,}000m^3/일 \times 0.84톤/m^3}{5톤/대} + 2$

= 338대

Tip
① 체적(m^3) = 중량(kg) × $\dfrac{1}{밀도(kg/m^3)}$
② 중량(kg) = 체적(m^3) · 밀도(kg/m^3)

10 폐기물 처리계획의 기본요소로 틀린 것은 어느 것인가?

㉮ 간편화 ㉯ 안정화
㉰ 무해화 ㉱ 감량화

풀이 ㉮ 안전화

11 다음의 경우 Worrell식에 의한 선별효율(%)은 얼마인가?

- 총 투입 폐기물 : 100톤
- 회수량 : 85톤
- 회수량 중 회수대상 물질 : 75톤
- 제거량 중 회수대상 물질 : 10톤

㉮ 29.4% ㉯ 53.8%
㉰ 62.5% ㉱ 71.4%

 Worrell 선별효율(E) = $\left(\dfrac{X_c}{X_i} \times \dfrac{Y_o}{Y_i}\right) \times 100$

여기서 X_c : 회수량 중 회수대상물질
X_i : 투입량 중 회수대상물질
Y_o : 제거량 중 비회수대상물질
Y_i : 투입량 중 비회수대상물질

따라서 $E = \left(\dfrac{75톤}{85톤} \times \dfrac{5톤}{15톤}\right) \times 100 = 29.41\%$

Tip
① Rietema의 선별효율 공식
$E = \left|\dfrac{X_c}{X_i} - \dfrac{Y_c}{Y_i}\right| \times 100(\%)$
② 문제 조건에서
X_i = 85톤, X_o = 10톤, X_c = 75톤
Y_i = 15톤, Y_o = 5톤, Y_c = 10톤

12 쓰레기 소각로 설계의 기준이 되고 있는 발열량은 어느 것인가?

㉮ 고위 발열량 ㉯ 저위 발열량
㉰ 총 발열량 ㉱ 건식 발열량

 쓰레기 소각로 설계의 기준은 저위 발열량이다.

정답 09 ㉰ 10 ㉮ 11 ㉮ 12 ㉯

13. 쓰레기를 압축할 때 통상적인 경제적 압축 밀도(kg/m³)로 알맞은 것은 어느 것인가?
    ㉮ 1000kg/m³
    ㉯ 2000kg/m³
    ㉰ 3000kg/m³
    ㉱ 4000kg/m³

14. 폐기물 발생량 예측방법 중 모든 인자를 시간에 함수로 나타낸 후 시간에 대한 함수로 표현된 각 영향인자간의 상관계수를 수식화 한 모델은 어느 것인가?
    ㉮ 상관모사모델
    ㉯ 시간추정모델
    ㉰ 동적모사모델
    ㉱ 다중회귀모델

    풀이 ㉰ 동적모사모델에 대한 설명이다.

15. 유해폐기물의 평가기준으로 틀린 것은 어느 것인가?
    ㉮ 인화성   ㉯ 부식성
    ㉰ 반응성   ㉱ 다발성

    풀이 지정폐기물의 유해성 분류기준으로는 폭발성, 반응성, 인화성, 부식성, EP독성, 유해가능성, 난분해성, 용출특성이 있다.

16. 폐플라스틱의 재생방법으로 틀린 것은 어느 것인가?
    ㉮ 용융재생   ㉯ 용해재생
    ㉰ 파쇄재생   ㉱ 산화재생

    풀이 폐플라스틱의 재생방법으로는 용융재생, 용해재생, 파쇄재생이 있다.

17. 국내 폐기물은 1990년대 말의 쓰레기 배출을 조사해보면, 초기의 연탄재에서 말기의 종이류로 질적인 변화가 뚜렷하다. 이에 대한 설명으로 틀린 것은 어느 것인가?
    ㉮ 전체적인 배출량은 감소하였다.
    ㉯ 발열량이 높아졌다.
    ㉰ 쓰레기의 배출밀도가 커졌다.
    ㉱ 재활용 가능성이 높아졌다.

    풀이 ㉰ 쓰레기의 배출밀도가 작아졌다.

18. 쓰레기 발생량 조사방법으로 틀린 것은 어느 것인가?
    ㉮ 물질수지법 (material balance method)
    ㉯ 적재차량 계수분석법(load count analysis)
    ㉰ 수거트럭 수지법(collection truck balance method)
    ㉱ 직접계근법(direct weighting method)

    풀이 ① 쓰레기 발생량 예측방법 : 다중회귀모델, 동적모사모델, 경향모델
    ② 쓰레기 발생량 조사방법 : 물질수지법, 직접계근법, 적재차량계수법, 통계조사법

정답 13 ㉮ 14 ㉰ 15 ㉱ 16 ㉱ 17 ㉰ 18 ㉰

19 폐기물의 물리적 조성을 측정하는 방법 중 수분함량을 측정하는 방법으로 알맞은 것은 어느 것인가?

㉮ 습량기준으로 시료를 비례 채취하여 수분함량을 측정한다.
㉯ 건량기준으로 시료를 비례 채취하여 수분함량을 측정한다.
㉰ 재질의 수분흡수능력에 따라 몇 개의 군으로 나누어 수분함량을 각각 측정한 후 건량 기준으로 가중평균한다.
㉱ 재질의 수분흡수능력에 따라 몇 개의 군으로 나누어 건량기준으로 가중평균한다.

20 자동화, 무공해화, 안전화 등의 장점은 있으나 장거리 수송이 곤란하거나 잘못 투입된 물건의 회수가 곤란하다는 점 등 때문에 보다 많은 연구가 필요한 새로운 쓰레기 수집·수송 수단으로 알맞은 것은 어느 것인가?

㉮ Mono-rail 수송   ㉯ Conveyor 수송
㉰ Container 수송   ㉱ Pipe-line 수송

풀이) ㉱ 관거(Pipe-line) 수송 방법에 대한 설명이다.

제2과목 폐기물처리기술

21 pH가 10에서 $Ca(OH)_2$가 침전을 하려면 Cd^{2+}의 농도(M)는 얼마 이상이어야 하는가? (단, $Cd(OH)_2$의 Ksp = $10^{-13.6}$)

㉮ $10^{-3.6}$M   ㉯ $10^{-5.6}$M
㉰ $10^{-9.5}$M   ㉱ $10^{-13.6}$M

풀이) $Ca(OH)_2 \rightarrow Cd^{2+} + 2OH^-$
Ksp = $[Cd^{2+}][OH^-]^2$
$[Cd^{2+}] = \dfrac{Ksp}{[OH^-]^2} = \dfrac{10^{-13.6}}{[10^{-4}M]^2} = 2.5 \times 10^{-6}$M

22 소각처리에 있어서 생성된 다이옥신의 배출을 최소화할 수 있는 기술로써 보편적으로 활성탄 주입시설과 함께 가장 많이 사용되는 집진 설비는 어느 것인가?

㉮ 원심력 집진기   ㉯ 전기 집진기
㉰ 세정식 집진기   ㉱ 백필터 집진기

풀이) ㉱ 백필터 집진기에 대한 설명이다.

23 슬러지를 건조상으로 탈수할 때 나타나는 장점으로 틀린 것은 어느 것인가?

㉮ 특별한 기술이 필요치 않다.
㉯ 운전비용이 적게 소요된다.
㉰ 소요부지가 좁다.
㉱ 생산된 cake에 수분이 적다.

풀이) ㉰ 소요부지가 넓다.

정답 19 ㉰ 20 ㉱ 21 ㉯ 22 ㉱ 23 ㉰

24 오염된 지하수의 복원 방법에 대한 내용으로 틀린 것은 어느 것인가?

㉮ 유해폐기물의 펌프-처리복원 방법은 규제기준이 달성되어 펌핑을 멈출 때 탈착 현상이 발생한다.
㉯ 토양증기추출 시 공기는 지하수면 위에 주입되고, 배출정에서 휘발성화합물질을 수집한다.
㉰ 토양증기추출 시 하나의 추출정으로 반지름 10피트 이상의 넓은 영역에 걸쳐 적용 가능하다.
㉱ 생물학적 복원은 굴착, 드럼으로 폐기 등과 비교하여 낮은 비용으로 적용가능하다.

㉰ 토양증기추출법은 넓은 영역에 걸쳐 적용이 어렵다.

25 매립공법에 의한 분류 중 육상매립 방법으로 틀린 것은 어느 것인가?

㉮ 도랑형공법(Trench system)
㉯ 셀공법(Cell system)
㉰ 박층공법(Thin layer system)
㉱ 압축매립공법(Baling system)

㉰ 박층공법은 해안매립공법이다.

26 분뇨를 소화처리 시 유기물 농도 V_s = 30,000mg/L, 유기물 (분뇨)량 Q = 100m³/일, 유기물 부하치 L_{VS} = 5kg/m³·일이라면 소화탱크 용량 V (m³)은 얼마인가?

㉮ 60,000m³　　㉯ 6,000m³
㉰ 600m³　　　㉱ 60m³

유기물의 용적부하(kg/m³·day)
$= \dfrac{유기물농도(kg/m^3) \times 유기물량(m^3/day)}{용량(m^3)}$

따라서 $5kg/m^3 \cdot day = \dfrac{30kg/m^3 \times 100m^3/day}{용량(m^3)}$

∴ 용량 = 600m³

27 매립층 바닥층이 두껍고 복토로 적합한 지역에 이용하는 매립방법은 어느 것인가?

㉮ 도랑법
㉯ 지역법
㉰ 경사법
㉱ 계곡매립법

매립층 바닥층이 두껍고 복토로 적합한 지역에는 도랑법이 적합하다.

정답　24 ㉰　25 ㉰　26 ㉰　27 ㉮

28 호기성처리로 200kL/d의 분뇨를 처리할 경우 처리장에 필요한 송풍량(m^3/hr)은 얼마인가? (단, BOD : 20,000ppm, 제거율 : 80%, 제거 BOD당 필요송풍량 : 100m^3/BODkg, 분뇨비중 : 1.0, 24시간 연속 가동 기준)

㉮ 약 3,333m^3/hr
㉯ 약 13,333m^3/hr
㉰ 약 320,000m^3/hr
㉱ 약 400,000m^3/hr

풀이 ① 제거된 BOD 총량(kg/hr)
= BOD 농도(kg/m^3)×분뇨량(m^3/day)×제거율
= 20kg/m^3×200m^3/day×1day/24hr×0.80
= 133.33kg/hr
② 필요한 송풍량(m^3/hr)
= 제거된 BOD 총량(kg/hr)×제거 BOD당 필요풍량(m^3/kg)
= 133.33kg/hr×100m^3/kg
= 13,333m^3/hr

Tip
① KL/day = m^3/day
② 200KL/day = 200m^3/day

29 유기성폐기물의 자원화방법으로 틀린 것은 어느 것인가?

㉮ 퇴비화   ㉯ 유가금속 회수
㉰ 연료화   ㉱ 건설자재화

풀이 ㉯번은 파쇄의 효과이다.

30 옥탄(C_8H_{18})이 완전 연소되는 경우에 공기연료비(AFR, 무게기준)는 얼마인가?

㉮ 13kg 공기/kg 연료
㉯ 15kg 공기/kg 연료
㉰ 17kg 공기/kg 연료
㉱ 19kg 공기/kg 연료

풀이 $C_8H_{18}+12.5O_2 \to 8CO_2+9H_2O$

$$AFR(kg/kg) = \frac{산소\ 개수 \times 32kg \times \frac{1}{0.232}}{연료\ 개수 \times 연료의\ 분자량(kg)}$$

$$= \frac{12.5 \times 32kg \times \frac{1}{0.232}}{114kg}$$

$$= 15.12$$

Tip
① 완전연소 반응식
$C_mH_n + \left(m+\frac{n}{4}\right)O_2 \to mCO_2 + \frac{n}{2}H_2O$
② 체적(Sm^3) = 계수×22.4(Sm^3)
③ 중량(kg) = 계수×분자량(kg)
④ 공기량(kg) = 산소량(kg)×$\frac{1}{0.232}$
⑤ C_8H_{18}의 분자량 = (8×12)+(18×1) = 114kg

31 도시쓰레기 매립장에서 생산되는 가스 중 초기 (호기성상태)에 가장 많이 발생하는 가스는 어느 것인가?

㉮ CO_2 ㉯ CH_4
㉰ NH_3 ㉱ H_2S

풀이 초기 (호기성상태)에 가장 많이 발생하는 가스는 이산화탄소(CO_2)이다.

정답 28 ㉯ 29 ㉯ 30 ㉯ 31 ㉮

32 토양의 현장처리기법인 토양세척법과 관련된 주요인자로 틀린 것은 어느 것인가?

㉮ 헨리상수
㉯ 지하수 차단벽의 유무
㉰ 투수계수
㉱ 분배계수

풀이 ㉮ 헨리상수는 토양증기추출법과 관계가 있다.

33 합성차수막 중 PVC의 장·단점으로 틀린 것은 어느 것인가?

㉮ 접합이 용이하다.
㉯ 자외선, 오존, 기후에 약하다.
㉰ 대부분의 유기화학물질에 약하다.
㉱ 강도가 낮다.

풀이 ㉱ 강도가 크다.

34 메탄 $1Sm^3$를 공기과잉계수 1.8로 연소시킬 경우, 실제 습윤 연소 가스량(Sm^3)은 얼마인가?

㉮ 약 $18.1Sm^3$ ㉯ 약 $19.1Sm^3$
㉰ 약 $20.1Sm^3$ ㉱ 약 $21.1Sm^3$

풀이 $CH_4 + 2O_2 \rightarrow CO_2 + 2H_2O$
$Gw = (m-0.21)A_o + CO_2량 + H_2O량(Sm^3/Sm^3)$
$= (1.8-0.21) \times \dfrac{2}{0.21} + 1 + 2$
$= 18.14 Sm^3/Sm^3$

Tip
① Gw : 실제습윤 연소가스량
② m : 공기비(과잉공기계수)
③ A_o(이론공기량) $= \dfrac{이론산소량}{0.21}$
④ Sm^3/Sm^3 = 체적비 = 개수비

35 Rotary Kiln 소각로의 장단점으로 틀린 것은 어느 것인가?

㉮ 습식가스 세정시스템과 함께 사용할 수 있는 장점이 있다.
㉯ 비교적 열효율이 낮은 단점이 있다.
㉰ 용융상태의 물질에 의하여 방해를 받는 단점이 있다.
㉱ 폐기물의 체류시간을 로의 회전속도 조절로 제어할 수 있는 장점이 있다.

풀이 ㉰ 용융상태의 물질에 의하여 방해를 받지 않는 장점이 있다.

36 유해폐기물의 고화처리방법 중 열가소성 플라스틱법의 장·단점으로 틀린 것은 어느 것인가?

㉮ 용출손실률이 시멘트 기초법보다 낮다.
㉯ 폐기물을 건조시켜야 한다.
㉰ 고온분해되는 물질에는 사용할 수 없다.
㉱ 혼합율이 비교적 낮다.

풀이 ㉱ 혼합율이 비교적 높다.

정답 32 ㉮ 33 ㉱ 34 ㉮ 35 ㉰ 36 ㉱

37 분뇨처리장에서 분뇨를 소화 후 소화된 슬러지를 탈수하고 있다. 소화된 슬러지의 발생량은 1일 분뇨투입량의 10%이며 소화된 슬러지의 함수량이 95%라면 1일 탈수된 슬러지의 양(m^3)은 얼마인가? (단, 슬러지의 비중 = 1.0, 분뇨투입량 = 200kL/day, 탈수된 슬러지의 함수율 = 75%)

㉮ $7m^3$ ㉯ $6m^3$
㉰ $5m^3$ ㉱ $4m^3$

풀이
$V_1 \times (100 - P_1) = V_2 \times (100 - P_2)$
$200m^3/day \times 0.1 \times (100-95\%) = V_2 \times (100-75\%)$
$V_2 = 4m^3/day$

Tip
① KL/day = m^3/day
② 200KL/day = $200m^3$/day

38 유해폐기물 고화처리방법인 자가시멘트법에 대한 설명으로 틀린 것은 어느 것인가?

㉮ 연소가스 탈황 시 발생된 슬러지 처리에 사용됨
㉯ 폐기물이 스스로 고형화되는 성질을 이용하여 개발됨
㉰ 중금속 저지에 효과적이며 혼합률이 낮음
㉱ 숙련된 기술과 보조에너지가 필요 없음

풀이 ㉱ 숙련된 기술과 보조에너지가 필요하다.

39 매립 후 2년이 경과하여 혐기성 단계로 발생되는 가스의 구성비가 거의 일정한 정상상태가 되었을 때의 가스구성비(메탄 : 이산화탄소)로 알맞은 것은 어느 것인가?

㉮ 55% : 45%   ㉯ 65% : 35%
㉰ 75% : 25%   ㉱ 85% : 15%

40 호기성 퇴비화공정의 설계 운영고려 인자에 대한 내용으로 틀린 것은 어느 것인가?

㉮ C/N비가 낮으면 암모니아 가스가 발생하며 생물학적 활성이 떨어진다.
㉯ 하수슬러지는 폐기물과 함께 퇴비화가 가능하며 슬러지를 첨가할 경우 최종 수분함량이 중요한 인자로 작용한다.
㉰ 퇴비내 공기는 채널링 효과를 유지하기 위해 반응기간 동안 규칙적으로 교반하거나 뒤집어 주어야 한다.
㉱ 암모니아 가스에 의한 질소 손실을 줄이기 위해서 pH가 8.5이상 올라가지 않도록 주의한다.

풀이 ㉰ 퇴비내 공기의 채널링 현상을 방지하기 위해 반응기간 동안 규칙적으로 교반하거나 뒤집어 주어야 한다.

정답 37 ㉱ 38 ㉱ 39 ㉮ 40 ㉰

제3과목 폐기물 공정시험기준

41 원자흡수분광광도법에서 불꽃의 온도가 높기 때문에 불꽃 중에서 해리하기 어렵고, 내화성 산화물을 만들기 쉬운 원소를 분석하는 데 사용되는 것은 어느 것인가?

㉮ 수소-공기
㉯ 아세틸렌-아산화질소
㉰ 프로판-공기
㉱ 아세틸렌-공기

풀이) ㉯ 아세틸렌(C_2H_2) - 아산화질소(N_2O)에 대한 설명이다.

42 폐기물공정시험기준상 시료를 채취할 때 시료의 양은 1회에 최소 얼마 이상 채취하여야 하는가? (단, 소각재 제외)

㉮ 100g 이상
㉯ 200g 이상
㉰ 500g 이상
㉱ 1000g 이상

풀이) 시료의 양은 1회에 100g 이상 채취한다. 다만, 소각재의 경우에는 1회에 500g 이상을 채취한다.

43 황산산성에서 디티존사염화탄소로 1차 추출하고 브롬화칼륨 존재하에 황산산성에서 역추출하여 방해성분과 분리한 다음 알칼리성에서 디티존사염화탄소로 추출하는 중금속 항목은 어느 것인가?

㉮ Cd
㉯ Cu
㉰ Pb
㉱ Hg

풀이) ㉱ 수은(Hg)에 대한 설명이다.

44 액상폐기물에서 트리클로로에틸렌을 용매추출법으로 추출하고자 할 때 사용되는 추출용매의 종류는 어느 것인가?

㉮ 아세톤
㉯ 디티존
㉰ 사염화탄소
㉱ 노르말헥산

풀이) 추출용매는 노르말헥산이다.

45 폐기물공정시험기준의 궁극적인 목적은 무엇인가?

㉮ 국민의 보건향상을 위하여
㉯ 분석의 정확과 통일을 기하기 위하여
㉰ 오염실태를 파악하기 위하여
㉱ 폐기물의 성상을 분석하기 위하여

46 시료의 전처리 방법인 마이크로파에 의한 유기물분해에 대한 내용으로 틀린 것은 어느 것인가?

㉮ 산과 함께 시료를 용기에 넣고 마이크로파를 가한다.
㉯ 재현성이 떨어지는 단점이 있다.
㉰ 가열속도가 빠른 장점이 있다.
㉱ 유기물이 다량 함유된 시료의 전처리에 이용된다.

풀이) ㉯ 재현성이 높다.

47 회분식 연소방식에 소각재 반출설비에서의 시료채취에 대한 설명이다. ( )에 들어갈 알맞은 말은?

> 회분식 연소방식의 소각재 반출설비에서 채취하는 경우에는 하루 동안의 운전횟수에 따라 매 운전 시마다 2회 이상 채취하는 것을 원칙으로 하고, 시료의 양은 1회에 ( ) 이상으로 한다.

㉮ 100g ㉯ 200g
㉰ 300g ㉱ 500g

🅟 시료의 양은 1회에 100g 이상 채취한다. 다만, 소각재의 경우에는 1회에 500g 이상을 채취한다.

48 기체크로마토그래피 분석법으로 휘발성 저급염소화 탄화수소류를 측정할 때 사용하는 운반가스는 무엇인가?

㉮ 질소 ㉯ 산소
㉰ 수소 ㉱ 아르곤

🅟 질소(N_2)에 대한 설명이다.

49 시료용기에 대한 내용으로 틀린 것은 어느 것인가?

㉮ 노말헥산 추출물질, 유기인 시험을 위한 시료 채취 시는 갈색경질유리병을 사용한다.
㉯ PCB 및 휘발성저급염소화탄화수소류 시험을 위한 시료 채취 시는 갈색경질유리병을 사용한다.
㉰ 채취용기는 기밀하고 누수나 흡습성이 없어야 한다.
㉱ 시료의 부패를 막기 위해 공기가 통할 수 있는 코르크마개를 사용한다.

🅟 ㉱ 시료중에 다른 물질의 혼입이나 성분의 손실을 방지하기 위하여 밀봉할 수 있는 마개를 사용하며, 코르크마개를 사용하여서는 안된다. 다만, 고무나 코르크 마개에 파라핀지, 유지 또는 셀로판지를 씌워 사용할 수도 있다.

50 기체-크로마토그래피법에서 사용하는 담체로 틀린 것은 어느 것인가?

㉮ 내화벽돌 ㉯ 알루미나
㉰ 합성수지 ㉱ 규조토

🅟 사용되는 담체로는 규조토, 내화벽돌, 유리, 석영, 합성수지 등을 사용한다.

정답 47 ㉱ 48 ㉮ 49 ㉱ 50 ㉯

51. 용출시험 방법에서 사용되는 용출시험 결과에 대한 수분함량 보정식은 어느 것인가? (단, 시료의 함수율 85% 이상이다.)

㉮ $\dfrac{15}{100-함수율(\%)}$
㉯ $\dfrac{100}{함수율(\%)-15}$
㉰ $\dfrac{함수율(\%)}{100}$
㉱ $\dfrac{함수율(\%)-15}{100}$

52. 다음 중 온도에 대한 규정으로 틀린 것은 어느 것인가?

㉮ 표준온도는 0℃ ㉯ 상온은 15~25℃
㉰ 실온은 4~25℃ ㉱ 찬곳은 0~15℃

풀이 ㉰ 실온은 1~35℃

53. 흡광도가 0.35인 시료의 투과도는 얼마인가?

㉮ 0.447   ㉯ 0.547
㉰ 0.647   ㉱ 0.747

풀이 흡광도(A) = $\log \dfrac{1}{투과도}$
∴ 투과도 = $10^{-A} = 10^{-0.35} = 0.447$

54. 자외선/가시선 분광법에 의한 구리의 정량에 대한 설명으로 틀린 것은 어느 것인가?

㉮ 추출용매는 아세트산부틸을 사용한다.
㉯ 정량한계는 0.002mg이다.
㉰ 비스무트(Bi)가 구리의 양보다 2배 이상 존재할 경우에는 청색을 나타내어 방해한다.
㉱ 시료의 전처리를 하지 않고 직접 시료를 사용하는 경우 시료 중에 시안화합물이 함유 되어 있으면 염산으로 산성 조건을 만든 후 끓여 시안화물을 완전히 분해 제거한 다음 시험한다.

풀이 ㉰ 비스무트(Bi)가 구리의 양보다 2배 이상 존재할 경우에는 황색을 나타내어 방해한다.

55. 기름성분을 분석하는 노말헥산 추출시험법에서 노말헥산을 증발시키기 위한 조작온도는 얼마인가?

㉮ 50℃   ㉯ 60℃
㉰ 70℃   ㉱ 80℃

56. 표준용액의 pH 값으로 틀린 것은 어느 것인가? (단, 0℃ 기준)

㉮ 수산염 표준용액 : 1.67
㉯ 붕산염 표준용액 : 9.46
㉰ 프탈산염 표준용액 : 4.01
㉱ 수산화칼슘 표준용액 : 10.43

풀이 ㉱ 수산화칼슘 표준용액 : 13.43

57 이온전극법을 이용한 시안 측정에 대한 설명이다. ( )에 들어갈 알맞은 말은?

> 이 시험기준은 폐기물 중 시안을 측정하는 방법으로 액상 폐기물과 고상 폐기물을 ( )으로 조절한 후 시안 이온전극과 비교전극을 사용하여 전위를 측정하고 그 전위차로부터 시안을 정량하는 방법이다.

㉮ pH 4 이하의 산성
㉯ pH 6~7의 중성
㉰ pH 10의 알칼리성
㉱ pH 12~13의 알칼리성

58 용액의 정의에 대한 설명에서 10w/v%가 의미하는 것은 어느 것인가?

㉮ 용질 1g을 물에 녹여 10mL로 한 것이다.
㉯ 용질 10g을 물 90mL에 녹인 것이다.
㉰ 용질 10g을 물에 녹여 100mL로 한 것이다.
㉱ 용질 10mL를 물에 녹여 100mL로 한 것이다.

59 유기인의 기체크로마토그래피 분석 시 간섭물질에 대한 설명으로 틀린 것은 어느 것인가?

㉮ 추출 용매 안에 함유되어 있는 불순물이 분석을 방해할 수 있다.
㉯ 고순도의 시약이나 용매를 사용하면 방해물질을 최소화할 수 있다.
㉰ 매트릭스로부터 추출되어 나오는 방해물질이 있을 수 있는데 이는 시료마다 다르다.
㉱ 유리기구류는 세정수로만 닦아준 후 깨끗한 곳에서 건조하여 사용한다.

풀이 ㉱ 유리기구류는 세정제, 수돗물, 정제수 그리고 아세톤으로 차례로 닦아준 후 400℃에서 15~30분 동안 가열한 후 식혀 알루미늄포일로 덮어 깨끗한 곳에 보관하여 사용한다.

60 카드뮴을 원자흡수분광광도법으로 분석하는 경우 측정 파장(nm)은 얼마인가?

㉮ 228.8   ㉯ 283.3
㉰ 324.7   ㉱ 357.9

정답 57 ㉱ 58 ㉮ 59 ㉱ 60 ㉮

제4과목 폐기물 관계법규

61 폐기물관리법의 적용범위에 대한 내용으로 틀린 것은 어느 것인가?
- ㉮ 원자력안전법에 따른 방사성물질과 이로 인하여 오염된 물질에 대하여는 적용하지 아니한다.
- ㉯ 하수도법에 의한 하수는 적용하지 아니한다.
- ㉰ 용기에 들어 있는 기체상의 물질은 적용치 않는다.
- ㉱ 폐기물관리법에 따른 해역배출은 해양환경관리법으로 정하는 바에 따른다.

풀이 ㉰ 용기에 들어 있지 아니한 기체상태의 물질은 적용치 않는다.

62 법에서 사용하는 용어의 뜻으로 틀린 것은 어느 것인가?
- ㉮ '처분'이란 폐기물의 소각·중화·파쇄·고형화 등의 중간처분과 매립하거나 해역으로 배출하는 등의 최종처분을 말한다.
- ㉯ '재활용'이란 폐기물을 연료로 변환하는 활동으로서 대통령령으로 정하는 활동을 말한다.
- ㉰ '폐기물처리시설'이란 폐기물의 중간처분시설, 최종처분시설 및 재활용으로서 대통령령으로 정하는 시설을 말한다.
- ㉱ '처리'란 폐기물의 수집, 운반, 보관, 재활용, 처분을 말한다.

풀이 ㉯ '재활용'이란 폐기물을 연료로 사용하는 활동으로서 환경부령으로 정하는 활동을 말한다.

63 폐기물처리 담당자로서 교육대상자에 포함되지 않는 사람은 누구인가?
- ㉮ 폐기물처리시설의 설치·운영자나 그가 고용한 기술담당자
- ㉯ 지정폐기물을 배출하는 사업자나 그가 고용한 기술담당자
- ㉰ 자치단체장이 정하는 자나 그가 고용한 기술담당자
- ㉱ 폐기물수집·운반업의 허가를 받은 자나 그가 고용한 기술담당자

64 시·도지사는 폐기물 재활용 신고를 한 자에게 재활용사업의 정지를 명령하여야 하는 경우 대통령령으로 정하는 바에 따라 그 재활용 사업의 정지를 갈음하여 2천만원 이하의 과징금을 부과할 수 있는데 이에 해당하는 경우가 아닌 것은?
- ㉮ 해당 처리금지로 인하여 그 폐기물처리의 이용자가 폐기물을 위탁거래하지 못하여 폐기물이 사업장 안에 적체됨으로써 이용자의 사업활동에 막대한 지장을 줄 우려가 있는 경우
- ㉯ 해당 폐기물처리 신고자가 보관 중인 폐기물 또는 그 폐기물처리의 이용자가 보관중인 폐기물의 적체에 따른 환경오염으로 인하여 인근지역 주민의 건강에 위해가 발생되거나 발생될 우려가 있는 경우
- ㉰ 영업정지 명령으로 해당 재활용사업체의 도산이 발생될 우려가 있는 경우
- ㉱ 천재지변이나 그 밖의 부득이한 사유로 해당 폐기물처리를 계속하도록 할 필요가 있다고 인정되는 경우

정답 61 ㉰ 62 ㉯ 63 ㉰ 64 ㉰

65 에너지 회수기준으로 틀린 것은 어느 것인가?

㉮ 다른 물질과 혼합하지 아니하고 해당 폐기물의 저위발열량이 킬로그램당 3천 킬로칼로리 이상일 것
㉯ 에너지의 회수효율(회수에너지 총량을 투입에너지 총량으로 나눈 비율을 말한다)이 60퍼센트 이상일 것
㉰ 회수열을 모든 열원(熱源)으로 스스로 이용하거나 다른 사람에게 공급할 것
㉱ 환경부장관이 정하여 고시하는 경우에는 폐기물의 30퍼센트 이상을 원료나 재료로 재활용하고 그 나머지 중에서 에너지의 회수에 이용할 것

[풀이] ㉯ 에너지의 회수효율(회수에너지 총량을 투입에너지 총량으로 나눈 비율을 말한다)이 75퍼센트 이상일 것

66 환경부장관, 시·도지사나 또는 시장·군수·구청장은 관계 공무원에게 사무소나 사업장 등에 출입하여 관계서류나 시설 또는 장비들을 검사하게 할 수 있다. 이를 거부·방해 또는 기피한 자에 대한 과태료 기준은 어느 것인가?

㉮ 100만원 이하   ㉯ 200만원 이하
㉰ 300만원 이하   ㉱ 500만원 이하

[풀이] ㉮ 100만원 이하의 과태료에 해당한다.

67 시·도지사가 10년마다 수립하는 폐기물 처리 기본계획에 포함되어야 할 사항으로 틀린 것은 어느 것인가?

㉮ 폐기물을 종류별 발생량과 장래의 발생 예상량
㉯ 폐기물을 처리 현황과 향후 처리 계획
㉰ 폐기물의 감량화와 재활용 등 자원화에 관한 사항
㉱ 폐기물사업자 인가 현황 및 계획

[참고] 법규개정으로 문제 삭제

68 폐기물처분시설인 소각시설의 정기검사 항목으로 틀린 것은 어느 것인가?

㉮ 보조연소장치의 작동상태
㉯ 배기가스온도 적절 여부
㉰ 표지판 부착 여부 및 기재사항
㉱ 소방장치 설치 및 관리실태

[풀이] ㉰번은 설치검사에 해당한다.

정답 65 ㉯ 66 ㉮ 67 ㉱ 68 ㉰

69 폐기물 처리업의 업종 구분과 영업내용의 범위를 벗어나는 영업을 한 자에 대한 벌칙 기준은 어느 것인가?

㉮ 3년 이하의 징역이나 3천만원 이하의 벌금
㉯ 2년 이하의 징역이나 2천만원 이하의 벌금
㉰ 1년 이하의 징역이나 1천만원 이하의 벌금
㉱ 6개월 이하의 징역이나 5백만원 이하의 벌금

㉯ 2년 이하의 징역이나 2천만원 이하의 벌금에 해당한다.

70 폐기물처리시설을 운영·설치하는 자가 그 시설의 유지·관리에 관한 기술업무를 담당할 기술관리인을 임명하지 아니하고 기술관리대행 계약을 체결하지 아니할 경우에 대한 처분기준은 어느 것인가?

㉮ 1천만원 이하의 과태료
㉯ 2년 이하의 징역 또는 2천만원 이하의 벌금
㉰ 3년 이하의 징역 또는 3천만원 이하의 벌금
㉱ 5년 이하의 징역 또는 5천만원 이하의 벌금

㉮ 1천만원 이하의 과태료에 해당한다.

71 폐기물 처리업자가 폐업을 한 경우 폐업한 날부터 며칠 이내에 신고서와 구비서류를 첨부하여 시·도지사 등에게 제출하여야 하는가?

㉮ 10일 이내　㉯ 15일 이내
㉰ 20일 이내　㉱ 30일 이내

폐기물 처리업자가 폐업을 한 경우 폐업한 날부터 20일 이내 시·도지사 등에게 제출 하여야 한다.

72 폐기물 처리시설 중 관리형 매립시설에서 발생하는 침출수의 배출허용기준 중 가지역의 생물화학적산소요구량의 기준(mg/L 이하)은 얼마인가?

㉮ 50mg/L 이하　㉯ 40mg/L 이하
㉰ 30mg/L 이하　㉱ 20mg/L 이하

가지역의 생물화학적산소요구량은 50mg/L, 부유물질량은 50mg/L이다.

73 폐기물 중간처분시설 기준에 대한 설명으로 틀린 것은 어느 것인가?

㉮ 소멸화시설 : 1일 처분능력 100킬로그램 이상인 시설
㉯ 용융시설 : 동력 7.5kW 이상인 시설
㉰ 압축시설 : 동력 15kW 이상인 시설
㉱ 파쇄시설 : 동력 15kW 이상인 시설

㉰ 압축시설 : 동력 7.5kW 이상인 시설

74 의료폐기물 중 재활용하는 태반의 용기에 표시하는 도형의 색상은 어느 것인가?

㉮ 노란색 ㉯ 녹색
㉰ 붉은색 ㉱ 검정색

풀이 의료폐기물 중 재활용하는 태반의 용기에 표시하는 도형의 색상은 녹색이다.

75 환경부장관이나 시·도지사가 폐기물처리업자에게 영업의 정지를 명령하고자 할 때 천재지변이나 그 밖의 부득이한 사유로 해당 영업을 계속하도록 할 필요가 있다고 인정되는 경우, 그 영업의 정지를 갈음하여 대통령령으로 정하는 매출액에 ( )를 곱한 금액을 초과하지 아니하는 범위에서 과징금을 부과할 수 있다. ( )안에 알맞은 말은?

㉮ 100분의 1 ㉯ 100분의 5
㉰ 100분의 10 ㉱ 100분의 20

76 폐기물 처리업자의 폐기물보관량 및 처리기한에 관한 기준이다. ( )에 들어갈 알맞은 말은? (단, 폐기물 수집, 운반업자가 임시보관장소에 폐기물을 보관하는 경우)

> 의료 폐기물 외의 폐기물 : 중량 (㉠)이하 이고 용적이(㉡) 이하. (㉢)이내

㉮ ㉠ 450톤, ㉡ 300세제곱미터, ㉢ 3일
㉯ ㉠ 350톤, ㉡ 200세제곱미터, ㉢ 3일
㉰ ㉠ 450톤, ㉡ 300세제곱미터, ㉢ 5일
㉱ ㉠ 350톤, ㉡ 200세제곱미터, ㉢ 5일

풀이 의료 폐기물 외의 폐기물은 중량 450톤 이하이고, 용적은 300세제곱미터 이하, 5일 이내이다.

77 폐기물처리시설인 매립시설의 기술관리인 자격기준으로 틀린 것은 어느 것인가?

㉮ 화공기사
㉯ 전기공사기사
㉰ 건설기계설비기사
㉱ 일반기계기사

풀이 매립시설의 기술관리인 자격기준으로는 폐기물처리기사, 수질환경기사, 토목기사, 일반기계기사, 건설기계설비기사, 화공기사, 토양환경기사 중 1명이상이다.

78 환경정책기본법에 의한 한국환경보전원에서 교육을 받아야 하는 대상자로 틀린 것은 어느 것인가?

㉮ 폐기물 처분시설의 설치자로서 스스로 기술관리를 하는 자
㉯ 폐기물처리업자(폐기물 수집·운반업자는 제외한다.)가 고용한 기술요원
㉰ 폐기물 수집·운반업자 또는 그가 고용한 기술담당자
㉱ 폐기물처리 신고자 또는 그가 고용한 기술담당자

풀이 ㉯·㉰·㉱ 외에 사업장폐기물배출자 신고를 한 자 및 서류를 제출한자 또는 그가 고용한 기술담당자, 폐기물처리시설의 설치·운영자 또는 그가 고용한 기술담당자

정답 74 ㉯ 75 ㉯ 76 ㉰ 77 ㉯ 78 ㉮

79 음식물류 폐기물 배출자는 음식물류 폐기물의 발생억제 및 처리계획을 환경부령으로 정하는 바에 따라 특별자치시장·특별자치도지사·시장·군수·구청장에게 신고하여야 한다. 이를 위반하여 음식물류 폐기물의 발생 억제 및 처리계획을 신고하지 아니한 자에 대한 과태료 부과 기준은 어느 것인가?

㉮ 100만원 이하 ㉯ 300만원 이하
㉰ 500만원 이하 ㉱ 1000만원 이하

㉮ 100만원 이하의 과태료에 해당한다.

80 사업장폐기물을 발생하는 사업장 중 기타 대통령이 정하는 사업자로 틀린 것은 어느 것인가?

㉮ 폐기물을 1일 평균 300킬로그램 이상 배출하는 사업장
㉯ 하수도법에 따른 공공하수처리시설을 설치·운영하는 사업장
㉰ 가축분뇨의 관리 및 이용에 관한 법률에 따른 공공처리시설
㉱ 건설산업기본법에 따른 건설공사로 폐기물을 2톤 이상 배출하는 사업장

㉱ 건설산업기본법에 따른 건설공사로 폐기물을 5톤 이상 배출하는 사업장ㅋ

정답 79 ㉮ 80 ㉱

2018 제1회 폐기물처리산업기사
(2018년 3월 4일 시행)

제1과목 폐기물개론

01 쓰레기 수집 시스템에 관한 설명으로 틀린 것은?

㉮ 모노레일 수송은 쓰레기를 적환장에서 최종처분장까지 수송하는데 적용할 수 있다.
㉯ 콘베이어 수송은 지상에 설치한 콘베이어에 의해 수송하는 방법으로 신속 정확한 수송이 가능하나 악취와 경관에 문제가 있다.
㉰ 콘테이너 철도수송은 광대한 지역에서 적용할 수 있는 방법이며 콘테이너의 세정에 많은 물이 요구되어 폐수처리의 문제가 발생한다.
㉱ 관거를 이용한 수거는 자동화, 무공해화가 가능하나 조대쓰레기는 파쇄, 압축 등이 전처리가 필요하다.

㉯ 콘베이어 수송은 지하에 설치한 콘베이어에 의해 수송하는 방법으로 신속 정확한 수송이 가능하고 악취와 경관에 문제가 없다.

02 쓰레기 재활용의 장점에 관한 설명 중 틀린 것은?

㉮ 자원 절약이 가능하다.
㉯ 최종 처분할 쓰레기양이 감소된다.
㉰ 쓰레기 종류에 관계없이 경제성이 있다.
㉱ 2차 환경오염을 줄일 수 있다.

㉰ 경제성은 쓰레기 종류에 관계가 있다.

03 쓰레기발생량예측방법으로 틀린 것은?

㉮ 경향법
㉯ 계수분석모델
㉰ 다중회귀모델
㉱ 동적모사모델

쓰레기 발생량
① 예측방법 : 다중회귀모델, 동적모사모델, 경향모델
② 조사방법 : 물질수지법, 직접계근법, 적재차량계수법, 통계조사법

정답 01 ㉯ 02 ㉰ 03 ㉯

04 수분이 96%이고 무게 100kg인 폐수슬러지를 탈수시켜 수분이 70%인 폐수슬러지로 만들었다. 탈수된 후 폐수슬러지의 무게(kg)는? (단, 슬러지 비중 = 1.0)

㉮ 11.3kg ㉯ 13.3kg
㉰ 16.3kg ㉱ 18.3kg

풀이) $W_1 \times (100 - P_1) = W_2 \times (100 - P_2)$
$100kg \times (100 - 96) = W_2 \times (100 - 70)$
$\therefore W_2 = \dfrac{100kg \times (100 - 96)}{(100 - 70)} = 13.33 kg$

05 폐기물관리법 제도하에서 관리하는 폐기물은 어느 것인가?

㉮ 인분뇨
㉯ 병원폐기물(적출물)
㉰ 방사성 폐기물
㉱ 가축분뇨

풀이) 폐기물관리법 제도하에서 관리하는 폐기물은 병원폐기물(적출물)이다.

06 함수율 85%인 슬러지 100m³과 함수율 40%인 1,000m³의 슬러지를 혼합했을 때 함수율(%)은 얼마인가? (단, 모든 슬러지의 비중 = 1)

㉮ 약 41.3% ㉯ 약 44.1%
㉰ 약 46.0% ㉱ 약 49.3%

풀이) 함수율(%) = $\dfrac{100m^3 \times 85\% + 1,000m^3 \times 40\%}{100m^3 + 1,000m^3}$
= 44.09%

07 국내에서 재활용율이 가장 낮은 것은?

㉮ 유리병 ㉯ 고철
㉰ 폐지 ㉱ 형광등

풀이) 국내에서 재활용율이 가장 낮은 것은 보기중 ㉱ 형광등이다.

08 파쇄에 관한 설명으로 틀린 것은?

㉮ 파쇄를 통해 폐기물의 크기가 보다 균일해 진다.
㉯ 파쇄 후 폐기물의 부피는 감소할 수도, 증가할 수도 있다.
㉰ 파쇄된 입자의 무게기준으로 63.2%가 통과할 수 있는 체의 눈의 크기를 평균특성입자라고 한다.
㉱ Rosin-Rammler Model은 파쇄된 입자 크기 분포에 대한 수식적 모델이다.

풀이) 파쇄된 입자의 무게기준으로 64.2%가 통과할 수 있는 체의 눈의 크기를 평균특성입자라고 한다.

09 수분이 적당히 있는 상태에서 플라스틱으로부터 종이를 선별할 수 있는 방법으로 가장 적절한 것은?

㉮ 자력선별 ㉯ 정전기선별
㉰ 와전류선별 ㉱ 광학선별

풀이) ㉯ 정전기선별에 대한 설명이다.

정답 04 ㉯ 05 ㉯ 06 ㉯ 07 ㉱ 08 ㉰ 09 ㉯

10 쓰레기 성상분석을 위한 시료의 조정방법으로 틀린 것은?
㉮ 원추 4분법 ㉯ 단열계법
㉰ 교호삽법 ㉱ 구획법

🔑 시료의 분할채취방법
① 원추 4분법
② 교호삽법
③ 구획법

11 다음의 쓰레기 성상분석 과정 중에서 일반적으로 가장 먼저 이루어지는 절차는?
㉮ 분류
㉯ 절단 및 분쇄
㉰ 건조
㉱ 화학적 조성 분석

🔑 쓰레기 시료의 분석절차는 시료 → 밀도 측정 → 물리적 조성 → 건조 → 분류 → 전처리(절단 및 분쇄) → 화학적 조성 분석 순서이다.

12 폐기물의 분쇄에 대한 이론이 아닌 것은?
㉮ Nernst 이론 ㉯ Rittinger 이론
㉰ Kick 이론 ㉱ Bond 이론

🔑 폐기물의 분쇄에 대한 이론
① Rittinger 이론
② Kick 이론
③ Bond 이론

13 분리수거의 장점으로 적합하지 않은 사항은?
㉮ 지하수 및 토양오염은 불가피하다.
㉯ 폐기물의 자원화가 이루어진다.
㉰ 최종 처분장의 면적이 줄어든다.
㉱ 쓰레기 처리의 효율성이 증대된다.

🔑 ㉮ 지하수 및 토양오염을 방지할 수 있다.

14 국내에서 실시하고 있는 쓰레기 종량제에 대한 개념을 설명한 것으로 틀린 것은?
㉮ 쓰레기 배출량에 따라 수거처리 비용을 부담하는 원인자 부담원칙을 적용하는 제도이다.
㉯ 가정생활 쓰레기 및 상가, 시장, 업소, 사업장에서 발생하는 대형 쓰레기도 적용대상이다.
㉰ 재활용품, 연탄재쓰레기 등은 종량제 대상에서 제외된다.
㉱ 관급 규격봉투에 쓰레기를 담아 배출하여야 한다.

🔑 ㉯ 가정생활 쓰레기 및 상가, 시장, 업소, 사업장에서 발생하는 대형 쓰레기는 적용대상이 아니다.

정답 10 ㉯ 11 ㉰ 12 ㉮ 13 ㉮ 14 ㉯

15 쓰레기 성상분석에 대한 올바른 설명은?

㉮ 쓰레기 채취는 신속하게 작업하되 축소 작업 개시부터 60분 이내에 완료해야 된다.
㉯ 수집운반차로부터 시료를 채취하되 무작위 채취방식으로 하고 수거차마다 배출지역이 다를 경우 층별채취법은 바람직하지 않다.
㉰ 1대의 차량으로부터 대표되는 시료를 10kg 이상 채취하고 원시료의 총량을 200kg 이하가 되도록 한다.
㉱ 쓰레기 성상조사는 적어도 1년에 4회 측정하되 수분의 평균치를 알기 위해서 비오는 날 수집은 피하는 것이 바람직하다.

16 폐기물의 초기함수율이 65%이고, 건조시킨 후의 함수율이 45%로 감소되었다면 증발된 물의 양(kg)은? (단, 초기폐기물의 무게 = 100kg, 폐기물의 비중 = 1)

㉮ 약 31.2   ㉯ 약 32.6
㉰ 약 34.5   ㉱ 약 36.4

풀이 ① $W_1 \times (100 - P_1) = W_2 \times (100 - P_2)$
여기서 W_1 : 건조 전 폐기물 무게(kg)
P_1 : 건조 전 함수율(%)
W_2 : 건조 후 폐기물 무게(kg)
P_2 : 건조 후 함수율(%)
따라서 $100\text{kg} \times (100-65) = W_2 \times (100-45)$
∴ $W_2 = \dfrac{100\text{kg} \times (100-65)}{(100-45)} = 63.64\text{kg}$
② 수분의 증발량(kg) $= W_1 - W_2$
$= 100\text{kg} - 63.64\text{kg}$
$= 36.36\text{kg}$

17 폐기물 발생량에 영향을 미치는 인자로 틀린 것은?

㉮ 가구당 인원수
㉯ 생활수준
㉰ 쓰레기통의 크기
㉱ 처리방법

풀이 폐기물 발생량에 영향을 미치는 인자
① 가구당 인원수
② 생활수준
③ 쓰레기통의 크기
④ 수거빈도
⑤ 계절

18 우리나라에서 효율적인 쓰레기의 수거노선을 결정하기 위한 방법으로 적당한 것은?

㉮ 가능한 U자형 회전을 하여 수거한다.
㉯ 급경사지역은 하단에서 상단으로 이동하면서 수거한다.
㉰ 가능한 한 시계방향으로 수거노선을 정한다.
㉱ 쓰레기 수거는 소량 발생지역부터 실시한다.

풀이 ㉮ 가능한 U자형 회전을 피하여 수거한다.
㉯ 급경사지역은 상단에서 하단으로 이동하면서 수거한다.
㉱ 쓰레기 수거는 대량 발생지역부터 실시한다.

정답 15 ㉱ 16 ㉱ 17 ㉱ 18 ㉰

19 열분해에 의한 에너지회수법과 소각에 의한 에너지회수법을 비교하였을 때 열분해에 의한 에너지회수법의 장점으로 틀린 것은?

㉮ 저장 및 수송이 가능한 연료를 회수할 수 있다.
㉯ NOx의 발생량이 적다.
㉰ 감량비가 크며, 잔사가 안정화된다.
㉱ 발생되는 배출가스량이 적어 가스처리 장치가 소형이어도 된다.

풀이 ㉰ 감량비가 작으며, 잔사가 안정화 되어있지 않다.

20 불완전 연소를 가정하여 O의 반은 H_2O로, 남은 반은 CO의 형태로 있는 것으로 가정하여 발열량을 구하는 식은?

㉮ Dulong ㉯ Steuer
㉰ Scheuer-Kester ㉱ Kunle

풀이 ㉯ 스튜어(Steuer)식에 대한 설명이다.

Tip
스튜어(Steuer)식
$Hh = 8,100 \times (C - \frac{3}{8} \times O) + 5,700 \times \frac{3}{8} \times O + 34,500 \times (H - \frac{O}{16}) + 2,500 \times S$

제2과목 폐기물처리기술

21 함수율 98%인 슬러지를 농축하여 함수율 92%로 하였다면 슬러지의 부피 변화율은? (단, 비중 = 1.0)

㉮ 1/2로 감소 ㉯ 1/3로 감소
㉰ 1/4로 감소 ㉱ 1/5로 감소

풀이
$V_1 \times (100 - P_1) = V_2 \times (100 - P_2)$
여기서 V_1 : 농축 전 슬러지량
P_1 : 농축 전 함수율
V_2 : 농축 후 슬러지량
P_2 : 농축 후 함수율
따라서 $V_1 \times (100 - 98) = V_2 \times (100 - 92)$
$\therefore \frac{V_2}{V_1} = \frac{(100-98)}{(100-92)} = \frac{2}{8} = \frac{1}{4}$

22 폐기물 고형화처리의 목적으로 틀린 것은?

㉮ 폐기물의 독성이 감소한다.
㉯ 폐기물의 취급을 용이하게 한다.
㉰ 폐기물내 오염물질의 용해도가 감소한다.
㉱ 폐기물의 부피를 감소시켜 매립용적을 감소시킨다.

풀이 폐기물을 고형화를 하면 폐기물의 부피가 증가되어 매립용적이 증가 하므로 고형화처리의 목적은 아니다.

정답 19 ㉰ 20 ㉯ 21 ㉰ 22 ㉱

23 분뇨처리장에서 악취의 원인이 되는 가스가 아닌 것은?

㉮ NH_3 ㉯ H_2S
㉰ CO_2 ㉱ 메르캅탄

풀이) 이산화탄소(CO_2)는 무색, 무취의 기체이다.

24 다음 조건과 같은 매립지내 침출수가 차수층을 통과하는데 소요되는 시간(년)은 얼마인가? (단, 점토층 두께 = 1.0m, 유효공극률 = 0.2, 투수계수 = 10^{-7}cm/sec, 상부침출수 수두 = 0.4m)

㉮ 약 7.83 ㉯ 약 6.53
㉰ 약 5.33 ㉱ 약 4.53

풀이) $t = \dfrac{d^2 \cdot n}{k(d+h)}$

여기서 t : 침출수가 점토층을 통과하는 시간(년)
  d : 점토층의 두께(m)
  n : 유효공극률
  k : 투수계수(m/년)
  h : 침출수 수두(m)

① k(m/년)
  = $\dfrac{10^{-7}\,cm}{sec} \left| \dfrac{1\,m}{10^2\,cm} \right| \dfrac{3600\,sec}{1\,hr} \left| \dfrac{24\,hr}{1\,day} \right| \dfrac{365\,day}{1\,년}$
  = 3.15×10^{-2} m/년

② $t = \dfrac{(1.0m)^2 \times 0.2}{3.15 \times 10^{-2}\,m/년 \times (1.0m + 0.4m)}$
  = 4.54년

25 토양의 양이온 교환능력은 침출수가 누출될 경우 오염물질의 이동에 영향을 미친다. 침출수의 pH가 높아지면 토양의 양이온 교환능력의 변화는?

㉮ 낮아진다. ㉯ 변화없다.
㉰ 높아진다. ㉱ 알 수 없다.

풀이) 침출수의 pH가 높아지면 알칼리성(OH^-이온이 증가)이므로 토양의 양이온 교환능력의 변화는 높아진다.

26 물리학적으로 분류된 토양수분인 흡습수에 관한 내용으로 틀린 것은?

㉮ 중력수 외부에 표면장력과 중력이 평형을 유지하며 존재하는 물을 말한다.
㉯ 흡습수는 pF 4.5 이상으로 강하게 흡착되어 있다.
㉰ 식물이 직접 이용할 수 없다.
㉱ 부식토에서의 흡습수의 양은 무게비로 70%에 달한다.

풀이) ㉮번에 대한 설명은 모세관수이다.

27 폐기물 소각 시 발생되는 황산화물 처리법 중 건식법인 것은?

㉮ 암모니아법 ㉯ 아황산칼륨법
㉰ 석회흡수법 ㉱ 접촉산화법

풀이) 황산화물 처리법 중 건식법에는 건식석회석주입법(석회흡수법), 활성산화망간법, 알칼리성 알루미나흡수법, 활성탄흡수법이 있다.

정답 23 ㉰ 24 ㉱ 25 ㉰ 26 ㉮ 27 ㉰

28 분뇨의 혐기성 소화처리방식의 장점으로 틀린 것은?

㉮ 소화가스를 열원으로 이용
㉯ 병원균이나 기생충란 사멸
㉰ 호기성 처리방법에 비해 유지관리비가 적음
㉱ 호기성 처리방법에 비해 소화속도 빠름

풀이 ㉱ 호기성 처리방법에 비해 소화속도 느림

29 다음 중 지정폐기물의 최종처리시설로 가장 적합한 것은?

㉮ 소각시설
㉯ 해양투기
㉰ 위생형 매립시설
㉱ 차단형 매립시설

풀이 지정폐기물의 최종처리시설은 차단형 매립시설이다.

30 쓰레기의 퇴비화를 고려할 때 가장 적당한 탄소와 질소의 비(C/N)는 얼마인가?

㉮ 70~80   ㉯ 35~50
㉰ 15~25   ㉱ 10~15

풀이 쓰레기의 퇴비화 고려인자
① 수분함량 : 50~60%
② pH : 6~8
③ C/N비 : 35~50
④ 적정입경 : 100~200mm
⑤ 온도 : 60~70℃

31 도시 분뇨 농도는 TS가 6%이고, TS의 65%가 VS이다. 이 분뇨를 혐기성 소화 처리 한다면 분뇨 $10m^3$당 발생하는 CH_4가스의 양(m^3)은 얼마인가? (단, 비중 = $1.0m$, 분뇨의 VS 1kg당 $0.4m^3$의 CH_4가스 발생)

㉮ 122   ㉯ 131
㉰ 142   ㉱ 156

풀이 CH_4 가스의 발생량(m^3)

= 분뇨량(m^3)×고형물량(kg/m^3)×유기물의 함량×

= $10m^3 \times 60kg/m^3 \times 0.65 \times 0.4m^3/kg$
= $156m^3$

Tip
① $\% \times 10^4 = ppm$
② $ppm = mg/L$
③ $mg/L \times 10^{-3} = kg/m^3$
④ TS 6% = $6 \times 10^4 mg/L = 60kg/m^3$

32 일반적으로 탈수에 이용되지 않는 방법은?

㉮ 부상원리   ㉯ 진공여과
㉰ 원심분리   ㉱ 가압여과

풀이 ㉮ 부상원리는 부유고형물이나 유분을 제거하는 방법이다.

정답 28 ㉱ 29 ㉱ 30 ㉯ 31 ㉱ 32 ㉮

33 투입분뇨의 토사, 협잡물 등을 분리시키기 위하여 설치하는 것은?

㉮ 토사트랩(sand trap)
㉯ 파쇄기
㉰ Sand 펌프
㉱ Basket형 운반장치

풀이) 투입분뇨의 토사, 협잡물 등을 분리시키기 위하여 설치하는 것은 토사트랩이다.

34 토양 중에서 액체의 밀도가 2배 증가하면 투수계수(K)는 얼마인가?

㉮ 처음의 1/2로 된다.
㉯ 변함없다.
㉰ 2배 증가한다.
㉱ 4배 증가한다.

풀이) 밀도와 투수계수는 반비례관계이므로 밀도가 2배가 되면 투수계수는 1/2배가 된다.

35 매립장의 연평균 강우량이 1,200mm이고, 매립장 면적이 30,000m²이다. 합리식으로 계산 하였을 때 일평균침출수 발생량(m³/일)은 얼마인가? (단, 침출계수(유출계수) = 0.4 적용)

㉮ 약 40   ㉯ 약 72
㉰ 약 100   ㉱ 약 144

풀이) $Q = \frac{1}{1000} \times C \times I \times A$

여기서 C(유출계수) = 0.4
I(강우강도) = $\frac{1,200\,mm}{365\,day}$ = 3.29 mm/day
A(면적) = 30,000 m²

따라서
$Q = \frac{1}{1000} \times 0.4 \times 3.29\,mm/day \times 30,000\,m^2$
$= 39.48\,m^3/day$

36 기계식 퇴비공법의 장점이 아닌 것은?

㉮ 안정된 퇴비가 생성된다.
㉯ 기후의 영향을 받지 않는다.
㉰ 악취통제가 쉽다.
㉱ 좁은 공간을 활용할 수 있다.

풀이) ㉮ 안정적으로 퇴비가 생성되지 않는다.

37 폐기물 소각방법 중 다단로상식 소각로의 장점으로 틀린 것은?

㉮ 분진발생율이 낮다.
㉯ 다양한 질의 폐기물에 대하여 혼소가 가능하다.
㉰ 체류시간이 길어서 연소효율이 높다.
㉱ 다량의 수분이 증발되므로 다습 폐기물의 처리에 유효하다.

풀이) ㉮ 분진발생율이 높다.

정답 33 ㉮ 34 ㉮ 35 ㉮ 36 ㉮ 37 ㉮

38 슬러지를 비료로 이용하고자 한다. 이에 대한 설명으로 틀린 것은?

㉮ 분뇨 및 도시하수처리장에서 생성되는 슬러지는 일반적으로 유기물이 많고 식물에 유해한 성분이 적으므로 토양개량제로 이용에 지장이 없다.
㉯ 산업폐수처리에서 발생한 슬러지는 발생원칙에 따라 사전에 충분한 조사를 필요로 한다.
㉰ 슬러지의 비료가치를 판단하는데 있어서 증식이 되는 영양소(N, P_2O_5, K_2O)만을 중시하는 것은 오히려 불균형한 토양조성이 될 수 있다.
㉱ 슬러지는 영양소가 충분하고 유해물질이 없어 식물에 대한 재배 실험이 필요하지 않다.

풀이 ㉱ 슬러지는 영양소가 충분하지만 유해물질이 존재하므로 식물에 대한 재배 실험이 필요하다.

39 퇴비화 공정설계 및 조작인자에 관한 설명으로 틀린 것은?

㉮ 함수율은 50~70% 정도이다.
㉯ 포기혼합, 온도조절 등이 필요하다.
㉰ 수분함량에 관계없이 blulking agent를 주입해야 한다.
㉱ 유기물이 가장 빠른 속도로 분해하는 온도범위는 60~80℃이다.

풀이 ㉰ 수분함량을 고려하여 팽화제(blulking agent)를 주입해야 한다.

40 폐기물 소각의 가장 주된 목적은 무엇인가?

㉮ 부피감소 ㉯ 위생처리
㉰ 고도처리 ㉱ 폐열회수

풀이 폐기물 소각의 가장 주된 목적은 부피감소이다.

제3과목 폐기물 공정시험기준

41 시료 채취에 관한 설명으로 옳지 않은 것은?

㉮ 5톤 미만인 차량에 적재되어 있는 폐기물은 평면상에서 9등분한 후 각 등분마다 채취한다.
㉯ 시료의 양은 1회에 100g 이상 채취한다.
㉰ 액상혼합물의 경우 원칙적으로는 최종지점의 낙하구에서 흐르는 도중에 채취한다.
㉱ 고상혼합물의 경우 한 번에 일정량씩 채취한다.

풀이 ㉮ 5톤 미만인 차량에 적재되어 있는 폐기물은 평면상에서 6등분한 후 각 등분마다 채취한다.

42 자외선/가시선분광법으로 구리를 분석할 때의 간섭물질에 관한 설명으로 ( )에 들어갈 알맞은 말은?

> 비스무트(Bi)가 구리의 양보다 2배 이상 존재할 경우에는 ( )을 나타내어 방해한다.

㉮ 적자색 ㉯ 황색
㉰ 청색   ㉱ 황갈색

풀이 비스무트(Bi)가 구리의 양보다 2배 이상 존재할 경우에는 황색을 나타내어 방해한다.

43 유도결합플라즈마-원자발광분광법을 분석에 사용하지 않는 측정 항목은?

㉮ 납   ㉯ 비소
㉰ 수은 ㉱ 6가크롬

풀이 분석방법
㉮ 납 : 원자흡수분광광도법, 유도결합플라즈마-원자발광분광법, 자외선/가시선 분광법
㉯ 비소 : 원자흡수분광광도법, 유도결합플라즈마-원자발광분광법, 자외선/가시선 분광법
㉰ 수은 : 원자흡수분광광도법, 자외선/가시선 분광법
㉱ 6가크롬 : 원자흡수분광광도법, 유도결합플라즈마-원자발광분광법, 자외선/가시선 분광법

44 폐기물 용출시험방법 중 시료용액 조제 시 용매의 pH범위로 가장 옳은 것은?

㉮ pH 4.3~5.2 ㉯ pH 5.2~5.8
㉰ pH 5.8~6.3 ㉱ pH 6.3~7.2

풀이 폐기물 용출시험방법
① 시료량 : 100g 이상
② pH범위 : pH 5.8~6.3
③ 시료 : 용매의 비 : 1 : 10(W/V)

45 원자흡수분광광도법에 의한 카드뮴 정량 시 가장 오차를 크게 유발하는 물질은?

㉮ NaCl   ㉯ Pb(OH)$_2$
㉰ FeSO$_4$ ㉱ KMnO$_4$

풀이 원자흡수분광광도법에 의한 카드뮴 정량 시 가장 오차를 크게 유발하는 물질은 염화나트륨(NaCl)이다.

46 십억분율(Parts Per Billion)을 올바르게 표시한 것은?

㉮ ng/kg   ㉯ mg/kg
㉰ μg/L   ㉱ ppm

풀이 단위
① ppm = 백만분율 = mg/L
② ppb = 10억분율 = μg/L

47 유기물 함량이 비교적 높지 않고 금속의 수산화물, 산화물, 인산염 및 황화물을 함유하고 있는 시료에 적용되는 산분해법은 어느 것인가?

㉮ 질산-황산 분해법
㉯ 질산-염산 분해법
㉰ 질산-과염소산 분해법
㉱ 질산-불화수소산 분해법

정답 42 ㉯ 43 ㉰ 44 ㉰ 45 ㉮ 46 ㉰ 47 ㉯

산분해법
㉮ 질산-황산 분해법 : 유기물등을 많이 함유하고 있는 대부분의 시료
㉯ 질산-염산 분해법 : 유기물 함량이 비교적 높지 않고 금속의 수산화물, 산화물, 인산염 및 황화물을 함유하고 있는 시료
㉰ 질산-과염소산 분해법 : 유기물을 높은 비율로 함유하고 있으면서 산화분해가 어려운 시료
㉱ 질산-과염소산-불화수소산 분해법 : 점토질 또는 규산염이 높은 비율로 함유된 시료

48 폐기물의 유분 분석 과정에서 추출된 노말헥산 층에 무수황산나트륨을 넣은 이유는?

㉮ 분해율 향상 ㉯ 추출율 향상
㉰ 수분제거   ㉱ 유기물 산화

추출된 노말헥산 층에 무수황산나트륨을 넣은 이유는 수분제거이다.

49 감염성미생물(멸균테이프 검사법) 분석 시 분석절차에 관한 설명으로 (　)에 들어갈 알맞은 말은?

> 멸균취약지점을 포함하여 멸균기 안의 정상 운전조건을 대표할 수 있는 적절한 위치에 멸균테이프를 (㉠) 이상 부착한다. 감염성 폐기물을 멸균기의 (㉡) 또는 그 이하를 투입한다.

㉮ ㉠ 3개, ㉡ 최소 부하량
㉯ ㉠ 5개, ㉡ 허용 부하량
㉰ ㉠ 7개, ㉡ 최소 부하량
㉱ ㉠ 10개, ㉡ 허용 부하량

50 원자흡수분광광도계의 광원으로 주로 사용되는 램프는?

㉮ 속빈음극램프
㉯ 열음극램프
㉰ 방전램프
㉱ 텅스텐램프

원자흡수분광광도계의 광원은 속빈음극램프이다.

51 용출용액 중의 PCBs 분석(기체크로마토그래피법)에 관한 내용으로 틀린 것은?

㉮ 용출용액 중의 PCBs를 헥산으로 추출한다.
㉯ 액상 폐기물의 정량한계는 0.0005mg/L 이다.
㉰ 전자포획 검출기를 사용한다.
㉱ 검출기의 온도는 270~320℃ 범위이다.

㉯ 액상 폐기물의 정량한계는 0.05mg/L이다.

52 방울수에 대한 설명으로 (　)에 들어갈 알맞은 말은?

> (㉠)에서 정제수 (㉡)을 적하할 때 그 부피가 약 1mL 되는 것을 뜻한다.

㉮ ㉠ 15℃, ㉡ 10방울
㉯ ㉠ 15℃, ㉡ 20방울
㉰ ㉠ 20℃, ㉡ 10방울
㉱ ㉠ 20℃, ㉡ 20방울

정답 48 ㉰ 49 ㉱ 50 ㉮ 51 ㉯ 52 ㉱

53
유기질소 화합물 및 유기인 화합물을 선택적으로 검출할 수 있는 기체크로마토그래피의 검출기는 어느 것인가?

㉮ 알칼리열 이온화 검출기
㉯ 열전도도 검출기
㉰ 수소염이온화 검출기
㉱ 염광광도형 검출기

〔풀이〕 ㉮ 알칼리열 이온화 검출기에 대한 설명이다.

54
고형물의 함량이 50%, 수분함량이 50%, 강열감량이 85%인 폐기물이 있다. 이 때 폐기물의 고형물 중 유기물 함량(%)은 얼마인가?

㉮ 50%
㉯ 60%
㉰ 70%
㉱ 80%

〔풀이〕
유기물 함량(%) = $\dfrac{휘발성 고형물(\%)}{고형물(\%)} \times 100$

휘발성 고형물(%) = 강열감량(%) − 수분(%)
= 85% − 50% = 35%

따라서 유기물 함량(%) = $\dfrac{35\%}{50\%} \times 100 = 70\%$

55
취급 또는 저장하는 동안에 밖으로부터의 공기 또는 다른 가스가 침입하지 아니하도록 내용물을 보호하는 용기는 어느 것인가?

㉮ 기밀용기
㉯ 밀폐용기
㉰ 밀봉용기
㉱ 차광용기

〔풀이〕 ㉮ 기밀용기에 대한 설명이다.

Tip
용기
① 밀폐용기 : 이물질
② 밀봉용기 : 기체 또는 미생물
③ 기밀용기 : 공기 또는 다른 가스
④ 차광용기 : 광선

56
시안을 이온전극으로 측정하고자 할 때 조절하여야 할 시료의 pH범위는?

㉮ pH 3~4
㉯ pH 6~7
㉰ pH 10~12
㉱ pH 12~13

〔풀이〕 시안의 pH범위
① 자외선/가시선 분광법 : pH 2이하의 산성
② 이온전극법 : pH 12~13의 알칼리성

57
20 ppm은 몇 %인가?

㉮ 0.2%
㉯ 0.02%
㉰ 0.002%
㉱ 0.0002%

〔풀이〕 ppm $\times 10^{-4}$ = % 이므로
20 ppm $\times 10^{-4}$ = 0.002%

Tip
단위환산
① ppm $\times 10^{-4}$ = %
② % $\times 10^4$ = ppm

정답 53 ㉮ 54 ㉰ 55 ㉮ 56 ㉱ 57 ㉰

58 강도 I_0의 단색광이 정색액을 통과할 때 그 빛이 80%가 흡수되었다면 흡광도는 얼마인가?

㉮ 0.823 ㉯ 0.768
㉰ 0.699 ㉱ 0.597

풀이 흡광도(A) = $\log \dfrac{1}{투과율}$

$= \log \dfrac{1}{0.20} = 0.699$

Tip
① 흡광도(A) = $\log \dfrac{1}{투과율}$
② 투과율+흡수율 = 100%
③ 투과율 = 100-흡수율

59 중금속 원자 중 시료에 이염화주석을 넣고 금속원소로 환원시킨 다음 이 용액에 통기하여 발생되는 원자증기를 원자흡수분광광도법으로 정량하는 것은?

㉮ 카드뮴 ㉯ 수은
㉰ 납 ㉱ 아연

풀이 ㉯ 수은의 원자흡수분광광도법에 대한 설명이다.

60 2N 황산용액을 만들고자 할 때 가장 적절한 방법은? (단, 황산은 95% 이상)

㉮ 물 1L 중에 황산 49mL를 가한다.
㉯ 물에 황산 60mL를 가하고, 최종액량을 1L로 한다.
㉰ 황산 60mL를 물 1L 중에 섞으면서 천천히 넣어 식힌다.
㉱ 물에 황산 30mL를 가하고, 최종액량을 1L로 한다.

풀이 공정시험기준에 따른 조제방법
① 0.1N 황산 : 물 1L에 황산 3mL를 서서히 가해서 조제
② 2N 황산 : 물 1L에 황산 60mL를 서서히 가해서 조제

제4과목 폐기물관계법규

61 폐기물 인계·인수 내용 등의 전산처리에 관한 내용으로 ( )에 들어갈 알맞은 말은?

환경부장관은 전산기록이 입력된 날부터 ( )간 전산기록을 보존하여야 한다.

㉮ 1년 ㉯ 3년
㉰ 5년 ㉱ 10년

풀이 환경부장관은 전산기록이 입력된 날부터 3년간 전산기록을 보존하여야 한다.

62 폐기물관리법상 재활용으로 인정되는 에너지 회수기준으로 틀린 것은?

㉮ 다른 물질과 혼합하지 아니하고 해당 폐기물의 고위발열량이 킬로그램당 1천 킬로칼로리 이상일 것
㉯ 에너지의 회수효율(회수에너지 총량을 투입에너지 총량으로 나눈 비율을 말한다)이 75퍼센트 이상일 것
㉰ 환경부장관이 정하여 고시한 경우에는 폐기물의 30% 이상을 원료나 재료로

정답 58 ㉰ 59 ㉯ 60 ㉰ 61 ㉯ 62 ㉮

재활용하고 그 나머지 중에서 에너지의 회수에 이용할 것
㉣ 회수열을 모두 열원으로 스스로 이용하거나 다른 사람에게 공급할 것

풀이 ㉮ 다른 물질과 혼합하지 아니하고 해당 폐기물의 고위발열량이 킬로그램당 3천 킬로칼로리 이상일 것

63 폐기물관리법의 제정 목적이 아닌 것은?

㉮ 폐기물 발생을 최대한 억제
㉯ 발생한 폐기물을 친환경적으로 처리
㉰ 환경보전과 국민생활의 질적 향상에 이바지
㉱ 발생 폐기물의 신속한 수거·이송처리

풀이 폐기물관리법의 제정 목적
① 폐기물 발생을 최대한 억제
② 발생한 폐기물을 친환경적으로 처리
③ 환경보전과 국민생활의 질적 향상에 이바지

64 환경정책기본법에 따른 용어의 정의로 틀린 것은?

㉮ "환경용량"이란 일정한 지역에서 환경오염 또는 환경 훼손에 대하여 환경이 스스로 수용, 정화 및 복원하여 환경의 질을 유지할 수 있는 한계를 말한다.
㉯ "생활환경"이란 지상의 모든 생물과 이들을 둘러싸고 있는 비생물적인 것을 포함한 자연의 상태를 말한다.
㉰ "환경훼손"이란 야생동식물의 남획 및 그 서식지의 파괴, 생태계질서의 교란, 자연경관의 훼손, 표토의 유실 등으로 자연환경의 본래적 기능에 중대한 손상을 주는 상태를 말한다.
㉱ "환경보전"이란 환경오염 및 환경훼손으로부터 환경을 보호하고 오염되거나 훼손된 환경을 개선함과 동시에 쾌적한 환경 상태를 유지·조성하기 위한 행위를 말한다.

풀이 ㉯ 생활환경이란 대기, 물, 토양, 폐기물, 소음·진동, 악취, 일조 등 사람의 일상생활과 관계되는 환경을 말한다.

65 폐기물처리시설의 설치자는 해당 시설의 사용 개시일 며칠 전까지 사용개시신고서를 시·도지사나 지방환경관서의 장에게 제출하여야 하는가?

㉮ 5일 전까지　㉯ 10일 전까지
㉰ 15일 전까지　㉱ 20일 전까지

풀이 폐기물처리시설의 설치자는 해당 시설의 사용 개시일 10일 전까지 사용개시신고서를 시·도지사나 지방환경관서의 장에게 제출하여야 한다.

66 폐기물관리법 벌칙 중 3년 이하의 징역 또는 3천만원 이하의 벌금에 처할 수 있는 경우에 해당하지 않는 것은?

㉮ 사후관리(매립시설)를 적합하게 하도록 한 시정명령을 이행하지 아니한 자
㉯ 영업정지 기간 중에 영업을 한 자
㉰ 검사를 받지 아니하거나 적합 판정을 받지 아니하고 폐기물처리시설을 사용한 자
㉱ 업종 구분과 영업 내용의 범위를 벗어나는 영업을 한 자

정답 63 ㉱ 64 ㉯ 65 ㉯ 66 ㉱

🔍 ㉯번은 2년 이하의 징역 또는 2천만원 이하의 벌금에 해당한다.

67 폐기물처리시설(매립시설인 경우)을 폐쇄하고자 하는 자는 당해 시설의 폐쇄 예정일 몇 개월 이전에 폐쇄신고서를 제출하여야 하는가?

㉮ 1개월　　㉯ 2개월
㉰ 3개월　　㉱ 6개월

🔍 폐기물처리시설(매립시설인 경우)을 폐쇄하고자 하는 자는 당해 시설의 폐쇄 예정일 3개월 이전에 폐쇄신고서를 제출하여야 한다.

68 폐기물처리시설별 정기검사 시기가 틀린 것은? (단, 최초 정기검사임)

㉮ 소각시설 : 사용개시일부터 2년
㉯ 매립시설 : 사용개시일부터 1년
㉰ 멸균분쇄시설 : 사용개시일부터 3개월
㉱ 음식물류 폐기물 처리시설 : 사용개시일부터 1년

🔍 ㉮ 소각시설 : 사용개시일부터 3년

69 기술관리인을 임명하지 아니하고 기술관리 대행 계약을 체결하지 아니한 자에 대한 과태료 처분 기준은?

㉮ 2백만원 이하의 과태료
㉯ 3백만원 이하의 과태료
㉰ 5백만원 이하의 과태료
㉱ 1천만원 이하의 과태료

🔍 ㉱ 1천만원 이하의 과태료에 해당한다.

70 폐기물 처리시설의 중간처리시설 중 소각시설에 해당 되지 않는 것은?

㉮ 열 분해시설(가스화시설을 포함한다.)
㉯ 탈수·건조 시설
㉰ 일반 소각시설
㉱ 고온 소각시설

🔍 중간처리시설 중 소각시설
① 일반 소각시설
② 고온 소각시설
③ 열분해시설(가스화시설 포함)
④ 고온 용융시설
⑤ 열처리 조합시설

정답 67 ㉰　68 ㉮　69 ㉱　70 ㉯

71 주변지역 영향 조사대상 폐기물처리시설에 해당하는 것은?

㉮ 1일 처리능력 30톤인 사업장폐기물 소각시설
㉯ 1일 처리능력 15톤인 사업장폐기물 소각시설이 사업장 부지 내에 3개 있는 경우
㉰ 매립면적 1만5천 제곱미터인 사업장 지정폐기물 매립시설
㉱ 매립면적 11만 제곱미터인 사업장 일반폐기물 매립시설

[풀이] ㉮ 1일 처리능력 50톤 이상인 사업장폐기물 소각시설
㉯ 1일 처리능력의 합계가 50톤 이상인 사업장폐기물 소각시설(같은 사업장에 여러개의 소각시설이 있는 경우)
㉱ 매립면적 15만 제곱미터인 사업장 일반폐기물 매립시설

72 에너지회수기준을 측정하는 기관으로 틀린 것은? (단, 국가표준기본법에 따라 환경부 장관이 지정하는 시험·검사기관은 고려하지 않음)

㉮ 한국화학시험연구원
㉯ 한국에너지기술연구원
㉰ 한국환경공단
㉱ 한국산업기술시험원

[풀이] 에너지회수기준을 측정하는 기관
① 한국환경공단
② 한국기계연구원
③ 한국에너지기술연구원
④ 한국산업기술시험원

73 관리형 매립시설에서 발생되는 침출수내 오염물질의 배출허용기준이 청정지역기준으로 불검출인 오염물질은? (단, 단위 mg/L)

㉮ 수은   ㉯ 시안
㉰ 카드뮴   ㉱ 납

[풀이] 청정지역 배출허용기준
㉮ 수은 : 불검출
㉯ 시안 : 0.2mg/L 이하
㉰ 카드뮴 : 0.02mg/L 이하
㉱ 납 : 0.2mg/L 이하

74 폐기물발생억제지침 준수의무대상 배출자의 규모기준으로 옳은 것은?

최근(㉠)간의 연평균 배출량을 기준으로 지정폐기물을 (㉡) 이상 배출하는 자

㉮ ㉠ 2년, ㉡ 100톤
㉯ ㉠ 2년, ㉡ 200톤
㉰ ㉠ 3년, ㉡ 100톤
㉱ ㉠ 3년, ㉡ 200톤

[풀이] 최근 3년간의 연평균 배출량 기준
① 지정폐기물 : 100톤 이상
② 지정폐기물 이외의 폐기물 : 1천톤 이상

75 폐기물처리업에 종사하는 기술요원이 환경부령이 정하는 교육기관에서 실시하는 교육을 받지 아니하였을 경우, 처벌기준은 어느 것인가?

㉮ 100만원 이하의 과태료
㉯ 200만원 이하의 과태료
㉰ 300만원 이하의 과태료
㉱ 500만원 이하의 과태료

풀이 ㉮ 100만원 이하의 과태료에 해당한다.

76 방치폐기물의 처리기간에 관한 내용으로 ( )에 들어갈 알맞은 말은? (단, 연장기간 제외)

> 환경부장관이나 시·도지사는 폐기물처리 공제조합에 방치폐기물의 처리를 명하려면 주변환경의 오염 우려 정도와 방치 폐기물의 처리량 등을 고려하여 ( )의 범위에서 그 처리기간을 정하여야 한다.

㉮ 1개월 ㉯ 2개월
㉰ 3개월 ㉱ 6개월

풀이 방치폐기물의 처리기간
① 처리기간 : 2개월
② 기간연장 : 1개월

77 폐기물처리업의 변경허가를 받아야 하는 중요사항으로 틀린 것은? (단, 폐기물 수집·운반업의 경우)

㉮ 상호의 변경
㉯ 운반차량(임시차량은 제외한다)의 증차
㉰ 영업구역의 변경
㉱ 주차장 소재지의 변경(지정폐기물을 대상으로 하는 수집·운반업만 해당한다.)

78 폐기물 처분시설 또는 재활용시설 중 의료폐기물을 대상으로 하는 시설의 기술관리인 자격기준에 해당하지 않는 자격은?

㉮ 수질환경산업기사
㉯ 폐기물처리산업기사
㉰ 임상병리사
㉱ 위생사

풀이 의료폐기물을 대상으로 하는 시설의 자격기준
① 폐기물처리산업기사
② 임상병리사
③ 위생사

 75 ㉮ 76 ㉯ 77 ㉮ 78 ㉮

79 폐기물발생억제지침 준수의무대상 배출자의 업종이 아닌 것은?

㉮ 자동차 및 트레일러 제조업
㉯ 1차 금속 제조업
㉰ 의료, 정밀, 광학기기 및 시계 제조업
㉱ 봉제의복제품 제조업

[풀이] ㉱ 의복, 의복액세서리 및 모피제품 제조업

80 매립시설의 침출수를 측정하는 기관으로 틀린 것은?

㉮ 한국환경공단
㉯ 국립환경과학원
㉰ 수도권매립지관리공사
㉱ 수질오염물질 측정대행업의 등록을 한 자

[풀이] 매립시설의 침출수를 측정기관
① 보건환경연구원
② 한국환경공단
③ 수도권매립지관리공사
④ 수질오염물질 측정대행업의 등록을 한 자

정답 79 ㉱   80 ㉯

2018 제2회 폐기물처리산업기사
(2018년 4월 28일 시행)

제1과목 폐기물개론

01 지정폐기물에 대한 설명으로 틀린 것은?

㉮ pH가 2이하인 폐산은 지정폐기물이다.
㉯ pOH가 1.5이하인 폐알카리는 지정폐기물이다.
㉰ 농촌에서 농부가 사용하고 남은 폐농약은 지정폐기물이다.
㉱ 샌드블라스트 폐사에서 0.3mg/L이상의 카드뮴이 용출되어 나오면 지정폐기물에 해당된다.

▶ ㉰ 폐농약(농약의 제조·판매업소에서 발생되는 것으로 한정)

02 우리나라 인구 1인당 1일 생활쓰레기 평균 발생량(kg)으로 가장 알맞은 것은?

㉮ 약 0.2 ㉯ 약 1.0
㉰ 약 2.2 ㉱ 약 3.2

▶ 우리나라 인구 1인당 1일 생활쓰레기 평균 발생량은 약 1.0kg이다.

03 쓰레기 발생량 조사방법 중 물질수지법에 관한 설명으로 틀린 것은?

㉮ 시스템에 유입되는 대표적 물질을 설정하여 발생량을 추산하여야 한다.
㉯ 주로 산업폐기물의 발생량 추산에 이용된다.
㉰ 물질수지를 세울 수 있는 상세한 데이터가 있는 경우에 가능하다.
㉱ 우선적으로 조사하고자 하는 계의 경계를 정확하게 설정하여야 한다.

▶ ㉮ 시스템에 유입되는 쓰레기 양과 유출되는 쓰레기 양에 대해서 물질수지를 세워 발생되는 쓰레기의 양을 추정하는 방법이다.

04 도시 일반폐기물의 조성성분 중 가장 적게 차지하는 성분이라고 생각되는 것은?

㉮ 수분 ㉯ 황
㉰ 탄소 ㉱ 산소

▶ 도시 일반폐기물의 조성성분은 수분, 탄소, 수소, 산소 등으로 구성되어 있다.

정답 01 ㉰ 02 ㉯ 03 ㉮ 04 ㉯

05 폐기물의 밀도가 200kg/m³인 것을 500kg/m³으로 압축시킬 때 폐기물의 부피변화는?

㉮ 60% 감소   ㉯ 64% 감소
㉰ 67% 감소   ㉱ 70% 감소

【풀이】 부피 감소율(%) = $(1 - \dfrac{압축\ 전\ 밀도}{압축\ 후\ 밀도}) \times 100$
= $(1 - \dfrac{200\,kg/m^3}{500\,kg/m^3}) \times 100$
= 60%

06 쓰레기 재활용 측면에서 가장 효과적인 수거 방법은 어느 것인가?

㉮ 집단수거   ㉯ 타종수거
㉰ 분리수거   ㉱ 혼합수거

【풀이】 쓰레기 재활용 측면에서 가장 효과적인 수거 방법은 분리수거이다.

07 pH가 3인 폐산 용액은 pH가 5인 폐산 용액에 비하여 수소이온이 몇 배 더 함유되어 있는가?

㉮ 2배   ㉯ 15배
㉰ 20배   ㉱ 100배

【풀이】 pH = 3 ⇒ [H⁺] = 10^{-3} mol/L
pH = 5 ⇒ [H⁺] = 10^{-5} mol/L
따라서 $\dfrac{pH\,3}{pH\,5} = \dfrac{10^{-3}\,mol/L}{10^{-5}\,mol/L} = 100$배

Tip
pH = -log[H⁺] ⇒ [H⁺] = 10^{-pH} mol/L
pOH = -log[OH⁻] ⇒ [OH⁻] = 10^{-pOH} mol/L

08 쓰레기 수거 시 물과 섞어 잘게 분쇄한 뒤 용적을 감소시켜 수거하며, 반드시 폐수 처리시설이 있어야만 사용할 수 있는 장치는 어느 것인가?

㉮ Pulverizer
㉯ Stationary Compactors
㉰ Baler
㉱ Rotary Compactors

【풀이】 ㉮ 펄브라이저(Pulverizer)에 대한 설명이다.

09 쓰레기 발생량에 영향을 주는 모든 인자를 시간에 대한 함수로 나타낸 후, 시간에 대한 함수로 표현된 각 영향인자들간의 상관관계를 수식화하는 쓰레기 발생량 예측 모델은?

㉮ 시간인지회귀모델
㉯ 다중회귀모델
㉰ 정적모사모델
㉱ 동적모사모델

【풀이】 ㉱ 동적모사모델에 대한 설명이다.

정답 05 ㉮ 06 ㉰ 07 ㉱ 08 ㉮ 09 ㉱

10 쓰레기의 물리적 성상분석에 관한 설명으로 틀린 것은?

㉮ 수분함량을 측정하기 위해서는 105~110℃에서 4시간 건조시킨다.
㉯ 회분함량 측정을 위해 가열하는 온도는 600±25℃이어야 한다.
㉰ 종류별 성상분석은 일반적으로 손선별로 한다.
㉱ 쓰레기 밀도는 겉보기밀도가 아닌 진밀도를 측정하여야 한다.

(풀이) ㉱ 쓰레기 밀도는 진밀도가 아닌 겉보기밀도를 측정하여야 한다.

11 수거노선 설정 시 유의사항으로 틀린 것은?

㉮ 고지대에서 저지대로 차량을 운행한다.
㉯ 다량 발생되는 배출원은 하루 중 가장 나중에 수거한다.
㉰ 반복운행, U자 회전을 피한다.
㉱ 가능한 한 시계방향으로 수거노선을 정한다.

(풀이) ㉯ 다량 발생되는 배출원은 하루 중 가장 먼저 수거한다.

12 다음 중 특정 물질의 연소계산에 있어 그 값이 가장 적은 값은?

㉮ 실제 공기량
㉯ 이론 연소가스량
㉰ 이론 산소량
㉱ 이론 공기량

(풀이) 보기 중에서 값이 가장 작은 것은 이론 산소량이다.

13 인구가 6,000,000명이 사는 도시에서 1년에 3,000,000ton의 폐기물이 발생된다. 이 폐기물을 4,500명의 인부가 수거할 때 MHT는 얼마인가? (단, 수거인부의 1일 작업시간 = 8시간, 1년 작업일수 = 300일)

㉮ 2.3 ㉯ 3.6
㉰ 4.7 ㉱ 8.8

(풀이) $MHT = \dfrac{수거인부수 \times 작업시간}{쓰레기\ 수거실적}$

$= \dfrac{4{,}500인 \times 8hr/day \times 300day/년}{3{,}000{,}000 ton/년}$

$= 3.6 MHT$

Tip
① $MHT = man \cdot hr/ton$
② MHT : 1ton의 쓰레기를 수거하는데 수거인부 1인이 소요되는 총시간
③ MHT가 클수록 수거효율이 낮다.

14 중유 1kg을 완전연소시킬 때의 저위발열량(kcal/kg)은 얼마인가? (단, Hh = 12,000kcal/kg, 원소 분석에 의한 수소 분석비 = 20%, 수분함량 = 20%)

㉮ 10,800 ㉯ 11,988
㉰ 20,988 ㉱ 21,988

(풀이) $Hl = Hh - 600(9H + W)(kcal/kg)$
여기서 H1 : 저위 발열량(kcal/kg)
Hh : 고위 발열량(kcal/kg)
H : 수소의 함량
W : 수분의 함량

따라서 $H1 = 12{,}000 kcal/kg - 600 \times (9 \times 0.2 + 0.2)$
$= 10{,}800 kcal/kg$

정답 10 ㉱ 11 ㉯ 12 ㉰ 13 ㉯ 14 ㉮

15 제품의 원료채취, 제조, 유통, 소비, 폐기의 전단계에서 발생하는 환경부하를 전과정평가(LCA)를 통해 정량적인 수치로 표시하는 우리나라의 환경 라벨링 제도는 무엇인가?

㉮ 환경마크제도(EM)
㉯ 환경성적표지제도(EDP)
㉰ 우수재활용마크제도(GR)
㉱ 에너지절약마크제도(ES)

🔵풀이 ㉯ 환경성적표지제도(EDP)에 대한 설명이다.

16 쓰레기를 압축시켜 용적감소율(VR)이 33%인 경우 압축비(CR)는 얼마인가?

㉮ 1.29
㉯ 1.31
㉰ 1.49
㉱ 1.57

🔵풀이 압축비 = $\dfrac{100}{100 - 용적 감소율(\%)}$
= $\dfrac{100}{100 - 33\%}$ = 1.49

17 적환장을 설치하였을 경우 나타나는 현상으로 틀린 것은?

㉮ 폐기물 처리시설과의 거리가 멀어질수록 경제적이다.
㉯ 쓰레기 차량의 출입이 빈번해진다.
㉰ 소음 및 비산먼지, 악취 등이 발생한다.
㉱ 재활용품이 회수되지 않는다.

🔵풀이 ㉱ 재활용품을 회수 할 수 있다.

18 파쇄 메카니즘과 가장 거리가 먼 것은?

㉮ 압축작용
㉯ 전단작용
㉰ 회전작용
㉱ 충격작용

🔵풀이 파쇄 메카니즘
① 압축작용
② 전단작용
③ 충격작용

19 폐기물 압축기를 형태에 따라 구별한 것이라 볼 수 없는 것은?

㉮ 왕복식 압축기
㉯ 백(bag) 압축기
㉰ 수직식 압축기
㉱ 회전식 압축기

🔵풀이 ㉮ 고정식 압축기

20 쓰레기의 발생량 예측 방법 중 최저 5년 이상의 과거 처리 실적을 바탕으로 예측하며 시간과 그에 따른 쓰레기 발생량 간의 상관관계만을 고려하는 방법은 어느 것인가?

㉮ 직접계근법
㉯ 경향법
㉰ 다중회귀모델
㉱ 동적모사모델

🔵풀이 ㉯ 경향법에 대한 설명이다.

정답 15 ㉯ 16 ㉰ 17 ㉱ 18 ㉰ 19 ㉮ 20 ㉯

제2과목 폐기물처리기술

21 매립장의 사용년한을 더 연장하기 위하여 압축매립 시 사용하는 압축기로 적합한 것은?

㉮ 고정식 압축기
㉯ 백 압축기
㉰ 회전식 압축기
㉱ 베일러(baler)

풀이 ㉱ 베일러(baler)에 대한 설명이다.

22 유기성 폐기물 자원화 기술 중 퇴비화의 장·단점으로 틀린 것은?

㉮ 운영 시 에너지 소모가 비교적 적다.
㉯ 퇴비가 완성되어도 부피가 크게 감소(50% 이하) 되지 않는다.
㉰ 생산된 퇴비는 비료가치가 높다.
㉱ 다양한 재료를 이용하므로 퇴비제품의 품질표준화가 어렵다.

풀이 ㉰ 생산된 퇴비는 비료가치가 낮다.

23 토양 중에서 1분 동안 12m를 침출수가 이동(겉보기 속도)하였다면, 이때 토양공극내의 침출수 속도(m/s)는 얼마인가? (단, 유효공극률 = 0.4)

㉮ 0.08 ㉯ 0.2
㉰ 0.5   ㉱ 0.8

풀이 침출수 속도(m/s) = $\frac{12\,\text{m/min} \times 1\,\text{min}/60\,\text{sec}}{0.4}$
= 0.5 m/sec

24 퇴비화공정의 운전척도에 대한 설명으로 틀린 것은?

㉮ 수분함량이 너무 크면 퇴비화가 지연되므로 적정 수분함량은 30~40% 정도가 적절하다.
㉯ 온도가 서서히 내려가 40~45℃에서는 퇴비화가 거의 완성된 상태로 간주한다.
㉰ 퇴비가 되면 진한 회색을 띠며 약간의 갈색을 나타낸다.
㉱ pH는 변동이 크지 않다.

풀이 ㉮ 적정 수분함량은 50~60% 정도가 적절하다.

25 매립지의 침출수 농도가 반으로 감소하는데 4년이 걸린다면, 이 침출수 농도가 90% 분해되는데 걸리는 시간(년)은 얼마인가? (단, 1차 반응기준)

㉮ 약 11.3 ㉯ 약 13.3
㉰ 약 15.3 ㉱ 약 17.3

풀이

1차 반응식 : $\ln \frac{C_t}{C_o} = -k \times t$

여기서 C_o : 초기농도
C_t : t시간후의 농도
k : 상수
t : 시간

① $\ln \frac{1}{2} = -k \times 4$년

∴ $k = \frac{\ln \frac{1}{2}}{-4년} = 0.1733/년$

② $\ln \frac{10\%}{100\%} = -0.1733/년 \times t$

∴ $t = \frac{\ln \frac{10\%}{100\%}}{-0.1733/년} = 13.29년$

정답 21 ㉱ 22 ㉰ 23 ㉰ 24 ㉮ 25 ㉯

> **Tip**
> $C_t = 100-90\% = 10\%$

26 분뇨 정화조(PVC 원형 정화조)의 처리순서가 가장 올바르게 연결된 것은?

㉮ 부패조 - 여과조 - 산화조 - 소독조
㉯ 산화조 - 부패조 - 여과조 - 소독조
㉰ 부패조 - 산화조 - 소독조 - 여과조
㉱ 산화조 - 여과조 - 부패조 - 소독조

> 분뇨 정화조(PVC 원형 정화조)의 처리순서는 부패조 - 여과조 - 산화조 - 소독조 순이다.

27 분뇨의 활성슬러지법에 대한 설명으로 틀린 것은?

㉮ 2단계 활성슬러지 처리 방식에는 2개의 폭기조가 필요하다.
㉯ 1단계 활성슬러지 처리 방식은 분뇨의 희석 없이, 예비 폭기 후 희석수를 가하여 활성슬러지 방법으로 처리하는 것이다.
㉰ 1단계 활성슬러지 처리 방식에서 예비폭기 기간은 8시간이다.
㉱ 희석폭기처리 방식의 특징은 희석포기 하여 폭기조의 유출수를 침전시킨 후에 슬러지를 폭기조로 반송시키지 않는다는 것이다.

28 하루에 45ton을 처리하는 폐기물에너지 전환 시설로부터 생성되는 열발생률(kcal/kwh)은 얼마인가? (단, 폐기물의 에너지 함량 = 2800kcal/kg, 발전된 순수 전기에너지 = 800kW)

㉮ 약 4,563 ㉯ 약 5,563
㉰ 약 6,563 ㉱ 약 7,563

> 열발생률(kcal/kwh)
> $= \dfrac{2{,}800\,\text{kcal/kg} \times 45 \times 10^3\,\text{kg/day} \times 1\,\text{day}/24\,\text{hr}}{800\,\text{kw}}$
> $= 6{,}562.5\,\text{kcal/kwh}$

29 하수슬러지를 토양에 주입 시 부하율 결정인자로 틀린 것은?

㉮ 토양의 종류
㉯ 냄새 유발 여부
㉰ 중금속
㉱ 생태보전지역 여부

> 하수슬러지를 토양에 주입 시 부하율 결정인자
> ① 토양의 종류
> ② 냄새유발 물질
> ③ 중금속

정답 26 ㉮ 27 ㉰ 28 ㉰ 29 ㉱

30 매립지 내에서 일어나는 물리·화학적 및 생물학적 변화로 중요도가 가장 낮은 것은?

㉮ 유기물질의 호기성 또는 혐기성 반응에 의한 분해
㉯ 가스의 이동 및 방출
㉰ 분해물질의 농도구배 및 삼투압에 의한 이동
㉱ 무기물질의 용출 및 분해

[풀이] 물리·화학적 및 생물학적 변화가 거의 일어나지 않는 것은 무기물질이므로 중요도가 가장 낮게 된다.

31 다음과 같은 조성의 쓰레기를 소각처분 하고자 할 때 이론적으로 필요한 공기의 양(m^3)은 표준상태에서 쓰레기 1kg당 얼마인가?

> 쓰레기 조성(질량%)
> 탄소(C) = 9.5%, 수소(H) = 2.8%,
> 산소(O) = 10.5%, 불연소성분 = 77.2%

㉮ 약 1.25 ㉯ 약 2.25
㉰ 약 3.25 ㉱ 약 4.25

[풀이] 이론공기량(A_o)
$= 8.89C + 26.67 \times (H - \frac{O}{8}) + 3.33 \times S \, (Sm^3/kg)$
$= 8.89 \times 0.095 + 26.67 \times (0.028 - \frac{0.105}{8})$
$= 1.24 \, Sm^3/kg$

32 발열량을 측정하는 방법으로 알맞지 않은 것은?

㉮ 원소 분석에 의한 방법
㉯ 오르자트(orsat) 분석에 의한 방법
㉰ 추정식에 의한 방법
㉱ 물리조성 분석치에 의한 방법

[풀이] ㉯번은 농도를 구하는 방법이다.

33 분뇨를 혐기성 소화법으로 처리하고 있다. 정상적인 작동 여부를 확인하려고 할 때 조사항목으로 틀린 것은?

㉮ 소화가스량
㉯ 소화가스 중 메탄과 이산화탄소 함량
㉰ 유기산 농도
㉱ 투입 분뇨의 비중

[풀이] ㉮, ㉯, ㉰외에 체류시간, pH, 온도, 소화시간 등이 있다.

34 매립지를 선정하고자 할 때 고려되는 사항으로 가장 관련이 적은 것은?

㉮ 장래토지이용계획
㉯ 접근난이도
㉰ 주위경관
㉱ 지하수위

정답 30 ㉱ 31 ㉮ 32 ㉯ 33 ㉱ 34 ㉰

35 토양 및 지하수 오염 복원 기술 중 포화토양층 내에 존재하는 휘발성 유기오염물질을 원위치에서 처리하는 기술은 어느 것인가?

㉮ pump and treat 기술
㉯ air sparging 기술
㉰ bioventing 기술
㉱ 토양세척법(soil washing)

㉯ 공기살포(air sparging)기술에 대한 설명이다.

36 알칼리도를 감소하기 위해 희석수를 사용하여 슬러지를 개량시키는 방법은?

㉮ 동결융해(Freeze-Thaw)
㉯ 세정(Elutriation)
㉰ 농축(Thickening)
㉱ 용매추출(Solvent Extraction)

알칼리도를 감소하기 위해 희석수를 사용하여 슬러지를 개량시키는 방법은 세정이다.

37 슬러지의 탈수 가능성을 표현하는 용어로 가장 적합한 것은?

㉮ 균등계수(Uniformity coefficient)
㉯ 투수계수(Coefficient of permeability)
㉰ 유효입경(Effective diameter)
㉱ 비저항계수(Specific resistance coefficient)

슬러지의 탈수 가능성을 표현하는 용어는 비저항계수이다.

38 함수율이 98%인 슬러지를 함수율 80%의 슬러지로 탈수시켰을 때 탈수 후/전의 슬러지체적비(탈수 후/전)는 얼마인가? (단, 비중 = 1.0 기준)

㉮ 1/9 ㉯ 1/10
㉰ 1/15 ㉱ 1/20

$V_1 \times (100 - P_1) = V_2 \times (100 - P_2)$
$V_1 \times (100 - 98\%) = V_2 \times (100 - 80\%)$
$\therefore \frac{V_2}{V_1} = \frac{(100 - 98\%)}{(100 - 80\%)} = \frac{2}{20} = \frac{1}{10}$

39 화격자식(stoker) 소각로에 대한 설명으로 틀린 것은?

㉮ 연속적인 소각과 배출이 가능하다.
㉯ 체류시간이 짧고 교반력이 강하여 국부가열 발생이 적다.
㉰ 고온 중에서 기계적으로 구동하기 때문에 금속부의 마모손실이 심하다.
㉱ 플라스틱 등과 같이 열에 쉽게 용해되는 물질은 화격자가 막힐 염려가 있다.

㉯ 체류시간이 길고 교반력이 약하여 국부가열이 발생할 염려가 크다.

40 분뇨의 혐기성 분해 시 가장 많이 발생하는 가스는 어느 것인가?

㉮ NH_3 ㉯ CO_2
㉰ H_2S ㉱ CH_4

분뇨의 혐기성 분해 시 가장 많이 발생하는 가스는 메탄(CH_4)이다.

제3과목 폐기물 공정시험기준

41 공정시험법의 내용에 속하지 않은 것은?
- ㉮ 함량시험법
- ㉯ 총칙
- ㉰ 일반시험법
- ㉱ 기기분석법

42 이온전극법에서 사용하는 이온전극의 종류가 아닌 것은?
- ㉮ 유리막 전극
- ㉯ 고체막 전극
- ㉰ 격막형 전극
- ㉱ 액막형 전극

풀이) 이온전극의 종류
① 유리막 전극
② 고체막 전극
③ 격막형 전극

43 자외선/가시선 분광법에 의한 구리 분석 방법에 관한 설명으로 옳은 것은?

구리이온은 (㉠)에서 다이에틸다이티오카르바민산나트륨과 반응하여 (㉡)의 킬레이트 화합물을 생성한다.

- ㉮ ㉠ 산성, ㉡ 황갈색
- ㉯ ㉠ 산성, ㉡ 적자색
- ㉰ ㉠ 알칼리성, ㉡ 황갈색
- ㉱ ㉠ 알칼리성, ㉡ 적자색

풀이) 구리의 자외선/가시선 분광법
구리이온은 알칼리성에서 다이에틸다이티오카르바민산나트륨과 반응하여 황갈색의 킬레이트 화합물을 생성한다.

44 기체크로마토그래프용 검출기 중 전자포획형 검출기(ECD)로 검출할 수 있는 물질이 아닌 것은?
- ㉮ 유기할로겐화합물
- ㉯ 니트로 화합물
- ㉰ 유황화합물
- ㉱ 유기금속화합물

풀이) 전자포획형 검출기(ECD)로 검출할 수 있는 물질은 유기할로겐화합물, 니트로 화합물, 유기금속화합물이다.

45 채취대상 폐기물 양과 최소 시료수에 대한 내용으로 틀린 것은?
- ㉮ 대상 폐기물양이 300톤이면, 최소 시료수는 30이다.
- ㉯ 대상 폐기물양이 1000톤이면, 최소 시료수는 40이다.
- ㉰ 대상 폐기물양이 2500톤이면, 최소 시료수는 50이다.
- ㉱ 대상 폐기물양이 5000톤이면, 최소 시료수는 60이다.

풀이) 대상폐기물의 양과 시료의 최소 수

대상폐기물의 양 (단위 : ton)	시료의 최소 수	대상폐기물의 양 (단위 : ton)	시료의 최소 수
~1미만	6	100이상~500미만	30
1이상~5미만	10	500이상~1000미만	36
5이상~30미만	14	1,000이상~5,000미만	50
30이상~100미만	20	5,000이상	60

정답 41 ㉮ 42 ㉱ 43 ㉰ 44 ㉰ 45 ㉯

46 원자흡광 광도법에서 내화성 산화물을 만들기 쉬운 원소분석 시 사용하는 가연성 가스와 조연성가스로 적합한 것은?

㉮ 수소 - 공기
㉯ 아세틸렌 - 공기
㉰ 프로판 - 공기
㉱ 아세틸렌 - 일산화이질소

㉱ 아세틸렌(C_2H_2) - 일산화이질소(N_2O)에 대한 설명이다.

47 구리를 정량하기 위해 사용하는 시약과 그 목적이 잘못 연결된 것은?

㉮ 구연산이암모늄용액 - 발색 보조제
㉯ 초산부틸 - 구리의 추출
㉰ 암모니아수 - pH 조절
㉱ 디에틸디티오카르바민산 나트륨 - 구리의 발색

48 유리전극법에 의한 pH 측정 시 정밀도에 관한 설명으로 ( )에 들어갈 알맞은 말은?

> pH미터는 임의의 한 종류의 pH표준용액에 대하여 검출부를 정제수로 잘 씻은 다음 5회 되풀이하여 pH를 측정하였을 때 그 재현성이 ( )이내 이어야 한다.

㉮ ±0.01   ㉯ ±0.05
㉰ ±0.1   ㉱ ±0.5

5회 되풀이하여 pH를 측정하였을 때 그 재현성이 ±0.05이내 이어야 한다.

49 순수한 물 500mL에 HCl(비중 1.2) 99mL를 혼합하였을 때 용액의 염산농도(중량%)는 얼마인가?

㉮ 약 16.1%   ㉯ 약 19.2%
㉰ 약 23.8%   ㉱ 약 26.9%

염산농도(wt%)
$= \dfrac{용질}{용질+용매} \times 100$
$= \dfrac{99mL \times 1.2g/mL}{99mL \times 1.2g/mL + 500mL \times 1.0g/mL} \times 100$
$= 19.20\%$

Tip
① 중량(g) = 부피(mL)×비중(g/mL)
② 물의 비중은 1.0g/mL 이다.

50 pH값 크기순으로 pH 표준액을 바르게 나열한 것은? (단, 20℃ 기준)

㉮ 수산염표준액 < 프탈산염표준액 < 붕산염표준액 < 수산화칼슘표준액
㉯ 프탈산염표준액 < 인산염표준액 < 탄산염 표준액 < 수산염표준액
㉰ 탄산염표준액 < 붕산염표준액 < 수산화칼슘표준액 < 수산염표준액
㉱ 인산염표준액 < 수산염표준액 < 붕산염표준액 < 탄산염표준액

pH값 크기 순서는 수산염표준액 < 프탈산염표준액 < 인산염표준액 < 붕산염표준액 < 탄산염표준액 < 수산화칼슘표준액 순이다.

정답 46 ㉱ 47 ㉮ 48 ㉯ 49 ㉯ 50 ㉮

51 폐기물시료 축소단계에서 원추꼭지를 수직으로 눌러 평평하게 한 후 부채꼴로 4등분 하여 일정 부분을 취하고 적당한 크기까지 줄이는 방법은 무엇인가?

㉮ 원추구획법 ㉯ 교호삽법
㉰ 원추사분법 ㉱ 사면축소법

풀이 ㉰ 원추사분법에 대한 설명이다.

52 온도의 영향이 없는 고체상태 시료의 시험조작은 어느 상태에서 실시하는가?

㉮ 상온   ㉯ 실온
㉰ 표준온도 ㉱ 측정온도

풀이 온도의 영향이 없는 고체상태 시료의 시험조작은 상온상태에서 실시한다.

53 시안을 자외선/가시선 분광법으로 측정할 때 클로라민-T와 피리딘·피라졸론 혼합액을 넣어 나타나는 색으로 옳은 것은?

㉮ 적색   ㉯ 황갈색
㉰ 적자색   ㉱ 청색

풀이 시안의 자외선/가시선 분광법
시료를 pH 2 이하의 산성으로 조절한 후에 에틸렌다이아민테트라아세트산이나트륨을 넣고 가열증류하여 시안화합물을 시안화수소로 유출시켜 수산화나트륨용액에 포집한 다음 중화하고 클로라민-T와 피리딘·피라졸론 혼합액을 넣어 나타나는 청색을 620nm에서 측정하는 방법이다.

54 우리나라의 용출시험 기준 항목 내용으로 틀린 것은?

㉮ 6가크롬 및 그 화합물 : 0.5mg/L
㉯ 카드뮴 및 그 화합물 : 0.3mg/L
㉰ 수은 및 그 화합물 : 0.005mg/L
㉱ 비소 및 그 화합물 : 1.5mg/L

55 유기인 및 PCBs의 실험에 사용되는 증발농축장치의 종류는 어느 것인가?

㉮ 추출형 냉각기형
㉯ 환류형 냉각기형
㉰ 구데르나다니쉬형
㉱ 리비히 냉각기형

풀이 증발농축장치
① 유기인 : 구데르나다니쉬형
② PCBs : 구데르나다니쉬형, 회전증발농축기

56 액체시약의 농도에 있어서 황산(1+10)이라고 되어 있을 경우 옳은 것은?

㉮ 물 1mL와 황산 10mL를 혼합하여 조제할 것
㉯ 물 1mL와 황산 9mL를 혼합하여 조제할 것
㉰ 황산 1mL와 물 9mL를 혼합하여 조제할 것
㉱ 황산 1mL와 물 10mL를 혼합하여 조제할 것

풀이 황산(1+10)은 황산 1mL와 물 10mL를 혼합하여 조제한다.

정답 51 ㉰ 52 ㉮ 53 ㉱ 54 ㉮ 55 ㉰ 56 ㉱

57 투사광의 강도 I_t가 입사광 강도 I_o의 10%라면 흡광도(A)는 얼마인가?

㉮ 0.5
㉯ 1.0
㉰ 2.0
㉱ 5.0

흡광도(A) $= \log \dfrac{1}{투과율}$
$= \log \dfrac{1}{0.10} = 1.0$

Tip
① 흡광도(A) $= \log \dfrac{1}{투과율}$
② 투과율+흡수율 = 100%
③ 투과율 = 100-흡수율

58 용출시험의 결과 산출 시 시료 중의 수분 함량 보정에 관한 설명으로 (　)에 들어갈 알맞은 말은?

> 함수율 85% 이상인 시료에 한하여 (　)을 곱하여 계산된 값으로 한다.

㉮ 15×{100-시료의 함수율(%)}
㉯ 15-{100-시료의 함수율(%)}
㉰ 15/{100-시료의 함수율(%)}
㉱ 15+{100-시료의 함수율(%)}

보정계수 $= \dfrac{15}{100 - 시료의\ 함수율(\%)}$

59 GC법에서 인화합물 및 황화합물에 대하여 선택적으로 검출하는 고감도 검출기는?

㉮ 열전도도 검출기(TCD)
㉯ 불꽃이온화 검출기(FID)
㉰ 불꽃광도형 검출기(FPD)
㉱ 불꽃열이온화 검출기(FTD)

기체크로마토그래피(GC)에서 인 화합물 및 황화합물을 검출하는 검출기는 불꽃광도형 검출기(FPD)이다.

60 폐기물공정시험방법에서 정의하고 있는 용어의 설명으로 맞는 것은?

㉮ 고상폐기물이라 함은 고형물의 함량이 5% 미만인 것을 말한다.
㉯ 상온은 15~20℃이고, 실온은 4~25℃이다.
㉰ 감압 또는 진공이라 함은 따로 규정이 없는 한 15mmH₂O 이하를 말한다.
㉱ 항량으로 될 때까지 강열한다 함은 같은 조건에서 1시간 더 강열할 때 전후 무게의 차가 g당 0.3mg 이하일 때를 말한다.

㉮ 고상폐기물이라 함은 고형물의 함량이 15% 이상인 것을 말한다.
㉯ 상온은 15~25℃이고, 실온은 1~35℃이다.
㉰ 감압 또는 진공이라 함은 따로 규정이 없는 한 15mmHg 이하를 말한다.

제4과목 　폐기물관계법규

61 폐기물처리시설의 최종처리시설 중 차단형 매립시설의 경우 사후관리이행보증금 산출 시 합산되는 소요 비용에 포함되는 것은?

㉮ 지하수의 오염검사에 소요되는 비용
㉯ 매립시설에서 배출되는 가스의 처리에 소요되는 비용
㉰ 침출수 처리시설의 가동과 유지·관리에 소요되는 비용
㉱ 매립시설 제방 등의 유실방지에 소요되는 비용

62 폐기물처분 또는 재활용시설 관리기준 중 공동기준에 관한 내용으로 (　)에 들어갈 알맞은 말은?

> 자동 계측장비에 사용한 기록지는 (　) 보전하여야 한다. 다만 대기환경보전법에 따라 측정기기를 붙이고 같은 법 시행령에 따른 굴뚝자동측정관제센터와 연결하여 정상적으로 운영하면서 온도 데이터를 저장매체에 기록, 보관하는 경우는 그러하지 아니하다.

㉮ 1년 이상　㉯ 2년 이상
㉰ 3년 이상　㉱ 5년 이상

🅟 자동 계측장비에 사용한 기록지는 3년 이상 보전하여야 한다.

63 의료폐기물 중 일반의료폐기물이 아닌 것은?

㉮ 일회용 주사기
㉯ 수액세트
㉰ 혈액·체액·분비물·배설물이 함유되어 있는 탈지면
㉱ 파손된 유리재질의 시험기구

🅟 일반의료폐기물은 혈액·체액·분비물·배설물이 함유되어 있는 탈지면, 붕대, 거즈, 일회용 기저귀, 생리대, 일회용 주사기, 수액세트이다.

64 관리형 매립시설에서 발생되는 침출수의 배출량이 1일 2000세제곱미터 이상인 경우 오염물질 측정주기 기준은?

> 화학적산소요구량 : (㉠) 이상
> 화학적산소요구량 외의 오염물질 : (㉡) 이상

㉮ ㉠ 매일 2회, ㉡ 주 1회
㉯ ㉠ 매일 1회, ㉡ 주 1회
㉰ ㉠ 주 2회, ㉡ 월 1회
㉱ ㉠ 주 1회, ㉡ 월 1회

🅟 (1) 침출수의 배출량이 1일 2000세제곱미터 이상
　① 화학적산소요구량 : 매일 1회 이상
　② 화학적산소요구량 외의 오염물질 : 주 1회 이상
(2) 침출수의 배출량이 1일 2000세제곱미터 미만 : 월 1회 이상

정답　61 ㉮　62 ㉰　63 ㉱　64 ㉯

65 폐기물처리업자의 변경허가 사항으로 틀린 것은? (단, 폐기물 중간처분업, 폐기물 최종처분업 및 폐기물 종합처분업인 경우)

㉮ 처분대상 폐기물의 변경
㉯ 주차장 소재지의 변경
㉰ 운반차량(임시차량은 제외한다.)의 증차
㉱ 폐기물 처분시설의 신설

㉯ 폐기물 처분시설 소재지의 변경

66 폐기물처리시설의 폐쇄명령을 이행하지 아니한 자에 대한 벌칙기준은 어느 것인가?

㉮ 1년 이하의 징역 또는 1천만원이하의 벌금
㉯ 2년 이하의 징역 또는 2천만원이하의 벌금
㉰ 3년 이하의 징역 또는 3천만원이하의 벌금
㉱ 5년 이하의 징역 또는 5천만원이하의 벌금

㉱ 5년 이하의 징역 또는 5천만원이하의 벌금에 해당한다.

67 폐기물처리시설의 유지·관리에 관한 기술관리를 대행할 수 있는 자는?

㉮ 지정 폐기물 최종처리업자
㉯ 한국환경보전원
㉰ 한국환경산업기술원
㉱ 한국환경공단

㉱ 폐기물처리시설의 유지·관리에 관한 기술관리를 대행할 수 있는 자는 한국환경공단이다.

68 폐기물의 에너지 회수기준으로 ( )에 들어갈 알맞은 말은?

> 다른 물질과 혼합하지 아니하고 해당 폐기물의 저위발열량이 킬로그램당 ( )킬로칼로리 이상일 것

㉮ 3천   ㉯ 4천5백
㉰ 5천5백   ㉱ 7천

폐기물의 에너지 회수기준
① 다른 물질과 혼합하지 아니하고 해당 폐기물의 저위발열량이 킬로그램당 3천 킬로칼로리 이상일 것
② 에너지의 회수효율(회수에너지 총량을 투입에너지 총량으로 나눈 비율)이 75퍼센트 이상일 것
③ 회수열을 모두 열원으로 스스로 이용하거나 다른 사람에게 공급할 것
④ 환경부장관이 정하여 고시하는 경우에는 폐기물의 30퍼센트 이상을 원료나 재료로 재활용하고 그 나머지 중에서 에너지의 회수에 이용할 것

정답 65 ㉯ 66 ㉱ 67 ㉱ 68 ㉮

69 폐기물재활용신고에 관한 내용으로 옳지 않은 것은?

㉮ 재활용 신고를 한 자가 환경부령으로 정하는 사항을 변경하려면 시·도지사에게 신고하여야 한다.
㉯ 재활용 신고를 한 자는 신고한 재활용 용도 및 방법에 따라 재활용하는 등 환경부령으로 정하는 준수사항을 지켜야 한다.
㉰ 시·도지사는 법에서 정한 폐기물의 수집·운반·보관·처리의 기준과 방법을 지키지 아니한 경우 재활용시설의 폐쇄를 명령하거나 6개월 이내의 기간을 정하여 재활용사업의 전부 또는 일부의 정지나 재활용 금지를 명령할 수 있다.
㉱ 관련규정을 위반하여 재활용시설의 폐쇄 처분을 받은 자는 그 처분을 받은 날부터 6개월간 다시 재활용신고를 할 수 없다.

70 폐기물처리업의 허가를 받을 수 없는 자에 대한 기준으로 틀린 것은 어느 것인가?

㉮ 폐기물관리법을 위반하여 금고 이상의 형의 집행유예를 선고받고 그 집행유예 기간이 끝나지 아니한 자
㉯ 폐기물처리업의 허가가 취소된 자로서 그 허가가 취소된 날부터 10년이 지나지 아니한 자
㉰ 파산선고를 받고 복권되지 아니한 자
㉱ 미성년자

⊙ ㉮ 폐기물관리법을 위반하여 금고 이상의 형의 집행유예를 선고받고 그 집행유예 기간이 끝난 날부터 5년이 지나지 아니한 자

71 폐기물처리시설은 환경부령으로 정하는 기준에 맞게 설치하되 환경부령으로 정하는 규모 미만의 폐기물 소각 시설을 설치, 운영하여서는 아니 된다. "환경부령으로 정하는 규모 미만의 폐기물 소각시설"기준으로 옳은 것은?

㉮ 시간당 폐기물 소각능력이 15킬로그램 미만인 폐기물 소각시설
㉯ 시간당 폐기물 소각능력이 25킬로그램 미만인 폐기물 소각시설
㉰ 시간당 폐기물 소각능력이 50킬로그램 미만인 폐기물 소각시설
㉱ 시간당 폐기물 소각능력이 100킬로그램 미만인 폐기물 소각시설

⊙ 환경부령으로 정하는 규모 미만의 폐기물 소각시설의 기준은 시간당 폐기물 소각능력이 25킬로그램 미만인 폐기물 소각시설이다.

72 폐기물관리법에서 사용하는 용어의 정의 중 틀린 것은?

㉮ 생활폐기물이란 사업장 폐기물 외의 폐기물을 말한다.
㉯ 처리란 폐기물의 중화, 파쇄, 고형화 등에 의한 중간처리와 소각, 매립(해역배출 제외)등에 의한 최종처리를 말한다.
㉰ 폐기물처리시설이란 폐기물의 중간처리시설과 최종처리시설로서 대통령령이 정하는 시설을 말한다.
㉱ 사업장폐기물이란 대기환경보전법, 물환경보전법 또는 소음, 진동규제법의 규정에 의하여 배출시설을 설치, 운영하는 사업장 기타 대통령령이 정하는

정답 69 ㉱ 70 ㉱ 71 ㉯ 72 ㉯

사업장에서 발생 되는 폐기물을 말한다.
- ㉯ 처리란 폐기물의 수집, 운반, 보관, 재활용, 처분을 말한다.

73 폐기물을 처리시설을 설치, 운영하는 자는 환경부령으로 정하는 관리기준에 따라 그 시설을 유지, 관리하여야 함에도 불구하고 관리기준에 적합하지 아니하게 폐기물처리 시설을 유지, 관리하여 주변 환경을 오염시킨 경우에 대한 벌칙기준으로 적절한 것은?

㉮ 3년 이하의 징역 또는 3천만원 이하의 벌금
㉯ 2년 이하의 징역 또는 2천만원 이하의 벌금
㉰ 1년 이하의 징역 또는 1천만원 이하의 벌금
㉱ 500만원 이하의 벌금

- ㉯ 2년 이하의 징역 또는 2천만원 이하의 벌금에 해당한다.

74 주변지역에 대한 영향 조사를 하여야 하는 '대통령령으로 정하는 폐기물처리시설' 기준으로 틀린 것은? (단, 폐기물처리업자가 설치, 운영)

㉮ 시멘트 소성로(폐기물을 연료로 사용하는 경우로 한정한다.)
㉯ 매립면적 3만 제곱미터 이상의 사업장 일반폐기물 매립시설
㉰ 매립면적 1만 제곱미터 이상의 사업장 지정폐기물 매립시설
㉱ 1일 처분능력이 50톤 이상인 사업장폐기물 소각시설(같은 사업장에 여러 개의 소각시설이 있는 경우에는 각 소각시설의 1일 처분 능력의 합계가 50톤 이상인 경우를 말한다.)

- ㉯ 매립면적 15만 제곱미터 이상의 사업장 일반폐기물 매립시설

75 폐기물관리의 기본원칙으로 틀린 것은?

㉮ 폐기물은 소각, 매립 등의 처분을 하기보다는 우선적으로 재활용함으로써 자원생산성의 향상에 이바지하도록 하여야 한다.
㉯ 국내에서 발생한 폐기물은 가능하면 국내에서 처리되어야 하고, 폐기물은 수입할 수 없다.
㉰ 누구든지 폐기물을 배출하는 경우에는 주변 환경이나 주민의 건강에 위해를 끼치지 아니하도록 사전에 적절한 조치를 하여야 한다.
㉱ 사업자는 제품의 생산방식 등을 개선하여 폐기물의 발생을 최대한 억제하고, 발생한 폐기물을 스스로 재활용함으로써 폐기물의 배출을 최소화하여야 한다.

- ㉯ 국내에서 발생한 폐기물은 가능하면 국내에서 처리되어야 하고, 폐기물의 수입은 되도록 억제되어야 한다.

76 시·도지사가 폐기물처리 신고자에게 처리금지 명령을 하여야 하는 경우, 그 처리금지를 갈음하여 부과할 수 있는 최대 과징금은 얼마인가?

㉮ 1천만원   ㉯ 2천만원
㉰ 3천만원   ㉱ 5천만원

풀이) 시·도지사가 폐기물처리 신고자에게 처리금지 명령을 하여야 하는 경우, 그 처리금지를 갈음하여 부과할 수 있는 최대 과징금은 2천만원이다.

77 특별자치도지사, 시장·군수·구청장이나 공원·도로 등 시설의 관리자가 폐기물의 수집을 위하여 마련한 장소나 설비 외의 장소에 사업장폐기물을 버리거나 매립한 자에게 부과되는 벌칙기준으로 옳은 것은?

㉮ 5년 이하의 징역 또는 5천만원 이하의 벌금
㉯ 7년 이하의 징역 또는 7천만원 이하의 벌금
㉰ 5년 이하의 징역 또는 7천만원 이하의 벌금
㉱ 7년 이하의 징역 또는 9천만원 이하의 벌금

풀이) ㉯ 7년 이하의 징역 또는 7천만원 이하의 벌금에 해당한다.

78 기술관리인을 두어야 할 폐기물처리시설로 틀린 것은?

㉮ 시간당 처분능력이 300킬로그램 이상을 처리하는 소각시설
㉯ 멸균분쇄시설로서 시간당 처분능력이 100킬로그램 이상인 시설
㉰ 지정폐기물을 매립하는 시설로서 면적이 3300제곱미터 이상인 시설
㉱ 시료화, 퇴비화 또는 연료화시설로서 1일 재활용능력이 5톤 이상인 시설

풀이) ㉮ 시간당 처분능력이 600킬로그램 이상을 처리하는 소각시설

79 음식물류 폐기물처리시설인 사료화 시설의 설치검사 항목으로 틀린 것은?

㉮ 혼합시설의 적절여부
㉯ 가열·건조시설의 적절여부
㉰ 발효시설의 적절여부
㉱ 사료화 제품의 적절성

풀이) ㉰ 사료 저장시설의 적절 여부

정답 76 ㉯ 77 ㉯ 78 ㉮ 79 ㉰

80 폐기물처리시설 중 중간처분시설인 기계적 처분시설과 그 동력기준으로 틀린 것은?

㉠ 용융시설(동력 7.5kW 이상인 시설로 한정한다.)
㉡ 압축시설(동력 7.5kW 이상인 시설로 한정한다.)
㉢ 절단시설(동력 7.5kW 이상인 시설로 한정한다.)
㉣ 응집·침전시설(동력 15kW 이상인 시설로 한정한다.)

㉣ 응집·침전시설은 화학적 처분시설이다.

2018 제4회 폐기물처리산업기사
(2018년 9월 15일 시행)

제1과목 폐기물개론

01 도시쓰레기의 조성이 탄소 48%, 수소 6.4%, 산소 37.6%, 질소 2.6%, 황 0.4% 그리고 회분 5%일 때 고위 발열량(kcal/kg)은 얼마인가? (단, Dulong 식을 적용할 것)

㉮ 약 7,500 ㉯ 약 6,500
㉰ 약 5,500 ㉱ 약 4,500

풀이 고위 발열량(Hh)
$= 8100C + 34000\left(H - \dfrac{O}{8}\right) + 2500S \,(\text{kcal/kg})$
$= 8100 \times 0.48 + 34000 \times \left(0.064 - \dfrac{0.376}{8}\right) + 2500 \times 0.004$
$= 4,476 \,\text{kcal/kg}$

02 다음 중 산성이 가장 강한 수용액상 폐액은 어느 것인가?

㉮ pOH = 11인 수용액상 폐액
㉯ pOH = 1인 수용액상 폐액
㉰ pH = 2인 수용액상 폐액
㉱ pH = 4인 수용액상 폐액

풀이 pH+pOH = 14이며, pH값이 작을수록 강산성 물질이므로 ㉰번이 정답이다.

03 쓰레기 발생량 예측모델 중 쓰레기 발생량에 영향을 주는 모든 인자를 시간에 대한 함수로 하여 각 영향 인자들 간의 상관관계를 수식화 하는 방법은 어느 것인가?

㉮ 시간경향모델
㉯ 다중회귀모델
㉰ 동적모사모델
㉱ 시간수지모델

풀이 ㉰ 동적모사모델에 대한 설명이다.

04 쓰레기 3성분을 조사하기 위한 실험 결과가 다음과 같을 때 가연분의 함량(%)은 얼마인가? (단, 원시료 무게 = 5.40kg, 건조 후 무게 = 3.67kg, 강열 후 무게 = 1.07kg)

㉮ 약 20 ㉯ 약 32
㉰ 약 48 ㉱ 약 68

풀이 가연분의 함량(%) $= \dfrac{3.67\,\text{kg} - 1.07\,\text{kg}}{5.40\,\text{kg}} \times 100$
$= 48.15\%$

정답 01 ㉱ 02 ㉰ 03 ㉰ 04 ㉰

05 사용한 자원 및 에너지, 환경으로 배출되는 환경오염물질을 규명하고 정량화함으로써 한 제품이나 공정에 관련된 환경 부담을 평가하고 그 에너지와 자원, 환경부하 영향을 평가하여, 환경을 개선시킬 수 있는 기회를 규명하는 과정으로 정의되는 것은?

㉮ ESSA ㉯ LCA
㉰ EPA   ㉱ TRA

㉯ 전과정평가(LCA)에 대한 설명이다.

06 탄소 12kg을 연소시킬 때 필요한 산소량(kg)과 발생하는 이산화탄소량(kg)은 얼마인가?

㉮ 8, 20   ㉯ 16, 28
㉰ 32, 44 ㉱ 48, 60

C + O_2 → CO_2
12kg : 32kg : 44kg
12kg : X : Y

∴ X = $\frac{12kg \times 32kg}{12kg}$ = 32 kg

∴ Y = $\frac{12kg \times 44kg}{12kg}$ = 44 kg

07 다음 조건에서 폐기물의 발생가능시점과 재활용가능시점을 순서대로 나열한 것은?

1) 주관적인 가치가 0인 지점 : A
2) 객관적인 가치가 0인 지점 : B
3) 주관적 가치 ≥ 객관적 가치인 교점 : C
4) 객관적 가치 ≥ 주관적 가치인 교점 : D

㉮ A지점 이후, D지점 이후
㉯ A지점 이후, C지점 이후
㉰ B지점 이후, D지점 이후
㉱ B지점 이후, C지점 이후

08 분쇄된 폐기물을 가벼운 것(유기물)과 무거운 것(무기물)으로 분리하기 위하여 탄도학을 이용하는 선별법은 어느 것인가?

㉮ 중액선별   ㉯ 스크린선별
㉰ 부상선별   ㉱ 관성선별법

㉱ 관성선별법에 대한 설명이다.

09 $5m^3$의 용적을 갖는 쓰레기를 압축하였더니 $3m^3$으로 감소되었을 때 압축비(CR)는 얼마인가?

㉮ 0.43   ㉯ 0.60
㉰ 1.67   ㉱ 2.50

압축비 = $\frac{V_1}{V_2}$

여기서 V_1 : 압축전의 부피
      V_2 : 압축후의 부피

따라서 압축비 = $\frac{5m^3}{3m^3}$ = 1.67

10 폐기물 발생량에 영향을 미치는 인자들에 대한 설명으로 맞는 것은?

㉮ 대도시보다는 문화수준이 열악한 중소도시의 주민이 쓰레기를 더 많이 발생시킨다.
㉯ 쓰레기 발생량은 주방쓰레기량에 영향을 많이 받으므로, 엥겔지수가 높은 서민층의 쓰레기가 부유층 보다 많다.

정답 05 ㉯ 06 ㉰ 07 ㉯ 08 ㉱ 09 ㉰ 10 ㉰

㉰ 쓰레기를 자주 수거해가면 쓰레기발생량이 증가한다.
㉱ 쓰레기통이 클수록 유효용적이 증가하여 발생량이 감소한다.

🔍 ㉮ 대도시보다는 문화수준이 열악한 중소도시의 주민이 쓰레기를 적게 발생시킨다.
㉯ 쓰레기 발생량은 주방쓰레기량에 영향을 많이 받으므로, 엥겔지수가 높은 서민층의 쓰레기가 부유층 보다 적다.
㉱ 쓰레기통이 클수록 유효용적이 증가하여 발생량이 증가한다.

11 폐기물 조성별 재활용 기술로 적절치 못한 것은?

㉮ 부패성 쓰레기 - 퇴비화
㉯ 가연성 폐기물 - 열회수
㉰ 난연성 쓰레기 - 열분해
㉱ 연탄재 - 물질회수

🔍 ㉱ 연탄재 - 복토재

12 다음 고-액 분리 장치가 아닌 것은?

㉮ 관성분리기   ㉯ 원심분리기
㉰ filter press   ㉱ belt press

🔍 ㉮ 관성분리기는 고체 분리장치이다.

13 적환장에 대한 설명 중 틀린 것은?

㉮ 적환장은 폐기물 처분지가 멀리 위치할수록 필요성이 더 높다.
㉯ 고밀도 거주지역이 존재할수록 적환장의 필요성이 더 높다.
㉰ 공기를 이용한 관로수송시스템 방식을 이용할수록 적환장의 필요성이 더 높다.
㉱ 작은 용량의 수집차량을 사용할수록 적환장의 필요성이 더 높다.

🔍 ㉯ 저밀도 거주지역이 존재할수록 적환장의 필요성이 더 높다.

14 파쇄기에 관한 설명으로 틀린 것은?

㉮ 압축파쇄기로 금속, 고무, 연질플라스틱류의 파쇄는 어렵다.
㉯ 충격파쇄기는 대개 왕복식을 사용하며 유리나 목질류 등을 파쇄하는데 이용된다.
㉰ 전단파쇄기는 충격파쇄기에 비해 파쇄 속도가 느리고 이물질의 혼입에 대하여 약하다.
㉱ 압축파쇄기는 파쇄기의 마모가 적고 비용이 적게 소요되는 장점이 있다.

🔍 ㉯ 충격파쇄기는 대개 회전식을 사용하며, 유리나 목질류 등을 파쇄하는데 이용된다.

15 산업폐기물의 종류와 처리방법을 서로 연결한 것 중 가장 부적절한 것은?

㉮ 유해성 슬러지 - 고형화법
㉯ 폐알칼리 - 중화법
㉰ 폐유류 - 이온교환법
㉱ 폐용제류 - 증류회수법

16 인구 1,200만인 도시에서 년간 배출된 총 쓰레기량이 970만 톤이었다면 1인당 하루 배출량(kg/인·일)은 얼마인가? (단, 1년은 365일 임)

㉮ 약 2.0   ㉯ 약 2.2
㉰ 약 2.4   ㉱ 약 2.6

🔍 쓰레기 발생량(kg/인·일)

정답 11 ㉱ 12 ㉮ 13 ㉯ 14 ㉯㉮ 15 ㉰ 16 ㉯

$$= \frac{쓰레기\ 발생량(kg/일)}{인구수(인)}$$
$$= \frac{9,700,000 ton/년 \times 10^3 kg/ton \times 1년/365일}{12,000,000인}$$
$$= 2.22 kg/인 \cdot 일$$

17 발열량을 측정하는 방법 중에서 원소분석과 관련이 없는 것은?

㉮ Dulong의 식   ㉯ Bomb의 식
㉰ Kunle의 식   ㉱ Gumz의 식

㉯ Bomb의 식은 기체연료의 발열량 측정방법이다.

18 폐기물의 자원화 및 재생이용을 위한 선별 방법으로 체의 눈 크기, 폐기물의 부하특성, 기울기, 회전속도 등의 공정인자에 의해 영향 받는 방법은 어느 것인가?

㉮ 부상선별   ㉯ 풍력선별
㉰ 스크린선별 ㉱ 관성선별

㉰ 스크린선별에 대한 설명이다.

19 인구 1,000,000명이고 1인 1일 쓰레기 배출량은 1.4kg/인·일이라 한다. 쓰레기의 밀도가 650kg/m³라고 하면 적재량 12m³인 트럭(1대 기준)으로 1일 동안 배출된 쓰레기 전량을 운반하기 위한 횟수(회)는 얼마인가?

㉮ 150   ㉯ 160
㉰ 170   ㉱ 180

차량 운행 회수
$$= \frac{쓰레기\ 배출량}{차량의\ 1회\ 수거량}$$
$$= \frac{1.4kg/인 \cdot 일 \times 1,000,000인}{12m^3/1회 \times 650kg/m^3} = 180회$$

20 쓰레기의 겉보기 비중을 구하는 방법에 대한 설명 중 옳지 않은 것은?

㉮ 30cm 높이에서 3회 낙하시킨다.
㉯ 용적을 알고 있는 용기에 시료를 넣는다.
㉰ 낙하시켜 감소된 양을 측정한다.
㉱ 단위는 kg/m³ 또는 ton/m³으로 한다.

㉰ 낙하시켜 눈금이 감소하면 감소된 분량만큼 시료를 추가한다.

제2과목 폐기물처리기술

21 혐기성 소화와 호기성 소화를 비교한 내용으로 틀린 것은?

㉮ 호기성 소화 시 상층액의 BOD 농도가 낮다.
㉯ 호기성 소화 시 슬러지 발생량이 많다.
㉰ 혐기성 소화 슬러지 탈수성이 불량하다.
㉱ 혐기성 소화 운전이 어렵고 반응시간도 길다.

㉰ 혐기성 소화 슬러지 탈수성이 양호하다.

22 매립 시 표면차수막(연직차수막과 비교)에 관한 설명으로 틀린 것은?

㉮ 지하수 집배수시설이 필요하다.
㉯ 경제성에 있어서 차수막 단위면적당 공사비는 고가이나 총공사비는 싸다.
㉰ 보수 가능성면에 있어서는 매립 전에는 용이하나 매립 후에는 어렵다.
㉱ 차수성 확인에 있어서는 시공시에는 확

인되지만 매립 후에는 곤란하다.

풀이 ㉰ 경제성에 있어서 차수막 단위면적당 공사비는 싸지만 총공사비는 비싸다.

23 불포화토양층 내에 산소를 공급함으로써 미생물의 분해를 통해 유기물질의 분해를 도모하는 토양정화방법은 어느 것인가?

㉮ 생물학적분해법(biodegradation)
㉯ 생물주입배출법(biobenting)
㉰ 토양경작법(landfarming)
㉱ 토양세정법(soil flushing)

풀이 ㉯ 생물주입배출법에 대한 설명이다.

24 1일 쓰레기 발생량이 29.8ton인 도시 쓰레기를 깊이 2.5m의 도랑식(trench)으로 매립하고자 한다. 쓰레기 밀도 500kg/m³, 도랑 점유율 60%, 부피 감소율 40%일 경우 5년간 필요한 부지면적(m²)은 얼마인가?

㉮ 43,500 ㉯ 56,400
㉰ 67,300 ㉱ 78,700

풀이 필요한 부지면적(m²)
$= \dfrac{쓰레기\ 발생량(kg/년) \times (1-부피감소율)}{쓰레기\ 밀도(kg/m^3) \times 깊이(m) \times 점유율}$
$= \dfrac{29.8 \times 10^3 kg/일 \times 365일/년 \times 5년 \times (1-0.4)}{500 kg/m^3 \times 2.5m \times 0.6}$
$= 43,508 m^2$

25 밀도가 300kg/m³인 폐기물 중 비가연분이 무게비로 50%일 때 폐기물 10m³ 중 가연분의 양(kg)은 얼마인가?

㉮ 1,500 ㉯ 2,100
㉰ 3,000 ㉱ 3,500

풀이 가연성물질의 중량(kg)
$=$ 쓰레기량(m^3) $\times$ 밀도(kg/m^3) $\times$ 가연성 쓰레기 함량
$= 10m^3 \times 300kg/m^3 \times (1-0.5)$
$= 1,500 kg$

26 유동층 소각로의 총 물질의 특성에 대한 설명으로 틀린 것은?

㉮ 활성일 것
㉯ 내마모성이 있을 것
㉰ 비중이 작을 것
㉱ 입도 분포가 균일할 것

풀이 ㉮ 비활성일 것

27 슬러지를 개량(conditioning)하는 주된 목적은 무엇인가?

㉮ 농축 성질을 향상시킨다.
㉯ 탈수 성질을 향상시킨다.
㉰ 소화 성질을 향상시킨다.
㉱ 구성성분 성질을 개선, 향상시킨다.

풀이 슬러지를 개량하는 목적은 탈수성 향상이다.

28 오염된 농경지의 정화를 위해 다른 장소로부터 비오염 토양을 운반하여 넣는 정화기술은 어느 것인가?

㉮ 객토 ㉯ 반전
㉰ 희석 ㉱ 배토

풀이 ㉮ 객토에 대한 설명이다.

정답 23 ㉯ 24 ㉮ 25 ㉮ 26 ㉮ 27 ㉯ 28 ㉮

29 혐기성 분해 시 메탄균의 최적 pH는 얼마인가?

㉮ 5.2~5.4　　㉯ 6.2~6.4
㉰ 7.2~7.4　　㉱ 8.2~8.4

혐기성 분해 시 메탄균의 최적 pH는 7.2~7.4이다.

30 분뇨 100kL/day를 중온 소화하였다. 1일 동안 얻어지는 열량(kcal/day)은 얼마인가? (단, CH_4 발열량은 $6,000 kcal/m^3$으로 하며 발생 가스는 전량 메탄으로 가정하고 발생가스량은 분뇨투입량의 8배로 한다.)

㉮ 2.8×10^6　　㉯ 3.4×10^7
㉰ 4.8×10^6　　㉱ 5.2×10^7

메탄가스 생성열량(kcal/일)
= 분뇨처리량(m^3/day) × CH_4 가스량 × CH_4의 열량(kcal/m^3)
= 100m^3/일 × 8배 × 6,000 kcal/m^3
= 4,800,000 kcal/day
= 4.8×10^6 kcal/day

> Tip
> 100kL/day = 100m^3/day

31 슬러지 등 유기물의 토지주입에 대한 설명으로 틀린 것은?

㉮ 슬러지를 투지주입 시 중금속의 흡수량 감소를 위해 토양의 pH는 6.5 또는 그 이상이어야 한다.
㉯ 용수슬러지에는 다량의 lime이 포함되어 있어 pH는 6.5 또는 그 이상이어야 한다.
㉰ 각종 중금속의 허용범위 내에서 주입시켜야 할 슬러지 양은 하수슬러지가 용수슬러지보다 적다.
㉱ 토양의 산도를 중화시키기 위한 lime의 소요량은 토양 pH가 5.5이하일 때가 5.5이상일 때보다 많다.

㉰ 각종 중금속의 허용범위 내에서 주입시켜야 할 슬러지 양은 하수슬러지가 용수슬러지 보다 크다.

32 도시폐기물 유기성분 중 가장 생분해가 느린 성분은 어느 것인가?

㉮ 단백질　　㉯ 지방
㉰ 셀룰로우스　　㉱ 리그닌

도시폐기물 유기성분 중 가장 생분해가 느린 성분은 리그닌이다.

> Tip
> 리그닌은 세포벽에서 많이 볼 수 있는 고분자 화합물이다.

33 도시 쓰레기를 퇴비화 할 경우 적정 수분함량에 가장 가까운 것은?

㉮ 15%　　㉯ 35%
㉰ 55%　　㉱ 75%

적정한 수분함량은 50~60%이다.

34 1일 20톤 폐기물을 소각처리하기 위한 로의 용적(m^3)은 얼마인가? (단, 저위발열량 = 700kcal/kg, 로내 열부하 = 20,000kcal/m^3·hr, 1일 가동시간 = 14시간)

㉮ 25　　㉯ 30
㉰ 45　　㉱ 50

노내 열부하(kcal/m^3·hr)

정답 29 ㉰ 30 ㉰ 31 ㉰ 32 ㉱ 33 ㉰ 34 ㉱

$$= \frac{\text{저위발열량}(kcal/kg) \times \text{폐기물의 양}(kg/hr)}{\text{로의 용적}(m^3)}$$

따라서

$$20,000 kcal/m^3 \cdot hr = \frac{700 kcal/kg \times 20,000 kg/day \times 1 day/14 hr}{\text{로의 용적}(m^3)}$$

∴ 로의 용적

$$= \frac{700 kcal/kg \times 20,000 kg/day \times 1 day/14 hr}{20,000 kcal/m^3 \cdot hr}$$

$$= 50 m^3$$

35 탄소 85%, 수소 13%, 황 2%를 함유하는 중유 10kg 연소에 필요한 이론산소량(Sm^3)은 얼마인가?

㉮ 약 9.8 ㉯ 약 16.7
㉰ 약 23.3 ㉱ 약 32.4

① 이론산소량(Sm^3/kg)

$$= 1.867 C + 5.6 \left(H - \frac{O}{8} \right) + 0.7 S$$

$$= 1.867 \times 0.85 + 5.6 \times 0.13 + 0.7 \times 0.02$$

$$= 2.33 \, Sm^3/kg$$

② $2.33 \, Sm^3/kg \times 10 kg = 23.3 \, Sm^3$

36 여타 매립구조에 비해 운전비가 높은 단점이 있으나 안정화가 가장 빠른 매립구조는 어느 것인가?

㉮ 혐기성매립
㉯ 호기성매립
㉰ 준호기성매립
㉱ 개량형 혐기성매립

㉯ 호기성매립에 대한 설명이다.

37 유해폐기물 고화처리 시 흔히 사용하는 지표인 혼합률(MR)은 고화제 첨가량과 폐기물양의 중량비로 정의된다. 고화처리 전 폐기물의 밀도가 $1.0 g/cm^3$, 고화처리된 폐기물의 밀도가 $1.3 g/cm^3$이라면 혼합율(MR)이 0.755일 때 고화처리된 폐기물의 부피변화율(VCF)은 얼마인가?

㉮ 1.95 ㉯ 1.56
㉰ 1.35 ㉱ 1.15

부피변화율(VCF) $= (1 + MR) \times \dfrac{\rho_1}{\rho_2}$

여기서 MR : 혼합율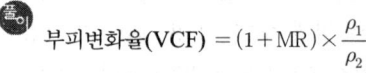

ρ_1 : 고화처리 전 폐기물의 밀도
ρ_2 : 고화처리 후 폐기물의 밀도

따라서

부피변화율(VCF) $= (1 + 0.755) \times \dfrac{1.0 g/cm^3}{1.3 g/cm^3}$

$= 1.35$

38 분뇨를 소화 처리함에 있어 소화 대상 분뇨량이 $100 m^3/day$이고, 분뇨 내 유기물 농도가 10,000 mg/L라면 가스 발생량(m^3/day)은 얼마인가? (단, 유기물 소화에 따른 가스발생량은 500 L/kg-유기물, 유기물전량 소화, 분뇨비중 = 1.0)

㉮ 500 ㉯ 1,000
㉰ 1,500 ㉱ 2,000

가스발생량($m^3/$일)

$= $ 분뇨량($m^3/$일) $\times$ 유기물 농도(kg/m^3)
 $\times$ 가스발생량(m^3/kg)

$= 100 m^3/day \times 10 kg/m^3 \times 0.5 m^3/kg$

$= 500 m^3/$일

정답 35 ㉰ 36 ㉯ 37 ㉰ 38 ㉮

> **Tip**
> ① 10,000mg/L = 10,000ppm
> ② mg/L × 10^{-3} = kg/m³
> ③ 10,000mg/L = 10kg/m³
> ④ 500L/kg-유기물 = 0.5m³/kg-유기물

39 인구 200,000명인 도시에 매립지를 조성하고자 한다. 1인1일 쓰레기 발생량은 1.3kg이고 쓰레기 밀도는 0.5ton/m³이며 이 쓰레기를 압축하면 그 용적이 2/3로 줄어든다. 압축한 쓰레기를 매립할 경우, 년간 필요한 매립면적(m²)은 얼마인가? (단, 매립지 깊이 = 2m, 기타 조건은 고려하지 않음)

㉮ 약 42,500   ㉯ 약 51,800
㉰ 약 63,300   ㉱ 약 76,200

풀이 매립면적(m²/년)
$= \dfrac{쓰레기\ 발생량(kg/년)}{쓰레기밀도(kg/m^3) \times 매립지\ 깊이(m)} \times (1- 용적감소율)$

$= \dfrac{1.3kg/인 \cdot 일 \times 200,000인 \times 365일/년}{500kg/m^3 \times 2m} \times \dfrac{2}{3}$

$= 63,266.67 m^2/년$

40 위생매립(복토+침출수 처리)의 장·단점으로 틀린 것은?

㉮ 처분 대상 폐기물의 증가에 따른 추가 인원 및 장비가 크다.
㉯ 인구밀집지역에서는 경제적 수송거리 내에서 부지확보가 어렵다.
㉰ 추가적인 처리과정이 요구되는 소각이나 퇴비화와는 달리 위생매립은 최종처분 방법이다.
㉱ 거의 모든 종류의 폐기물 처분이 가능하다.

풀이 ㉮ 처분 대상 폐기물의 증가에 따른 추가인원 및 장비가 크지 않다.

제3과목 폐기물 공정시험기준

41 5톤 이상의 차량에 적재되어 있을 때에는 적재폐기물을 평면상에 몇 등분한 후 각 등분마다 시료를 채취해야 하는가?

㉮ 3   ㉯ 6
㉰ 9   ㉱ 12

풀이 시료채취
① 5톤 미만의 차량 : 6등분
② 5톤 이상의 차량 : 9등분

42 시료용액의 조제를 위한 용출조작 중 진탕회수와 진폭으로 옳은 것은? (단, 상온, 상압 기준)

㉮ 분당 약 200회, 진폭 4~5cm
㉯ 분당 약 200회, 진폭 5~6cm
㉰ 분당 약 300회, 진폭 4~5cm
㉱ 분당 약 300회, 진폭 5~6cm

풀이 시료용액의 조제가 끝난 혼합액을 매 분당 200회, 진폭이 4~5cm의 진탕기를 사용하여 6시간 연속 진탕한 다음 1.0 μm의 유리 섬유여지로 여과한 것을 검액으로 한다.

정답 39 ㉰ 40 ㉮ 41 ㉰ 42 ㉮

43
염산(1+2)용액 1000mL의 염산농도(% W/V)는 얼마인가? (단, 염산 비중 = 1.18)

㉮ 약 11.8   ㉯ 약 33.33
㉰ 약 39.33 ㉱ 약 66.67

풀이 염산농도(% W/V)
$= \dfrac{333.33\,mL \times 1.18\,g/mL}{1000\,mL} \times 100$
$= 39.33\%$

Tip
① 염산(1+2)용액 1000mL
 = 염산 333.33mL + 물 666.66mL
② 염산비중 1.18 = 1.18g/mL

44
유도결합플라즈마-원자발광분광기(ICP)에 대한 설명으로 틀린 것은?

㉮ ICP는 분석장치에서 에어로졸 상태로 분무된 시료는 가장 안쪽의 관을 통하여 도너츠모양의 플라즈마의 중심부에 도달한다.
㉯ 플라즈마의 온도는 최고 15,000K의 고온에 도달한다.
㉰ ICP는 아르곤 가스를 플라즈마 가스로 사용하여 수정발진식 고주파발생기로부터 발생된 주파수 27.13MHz 영역에서 유도코일에 의하여 플라즈마를 발생시킨다.
㉱ 플라즈마는 그 자체가 광원으로 이용되기 때문에 매우 좁은 농도범위의 시료를 측정하는데 주로 활용된다.

풀이 ㉱ 플라즈마는 그 자체가 광원으로 이용되기 때문에 매우 넓은 농도범위의 시료를 측정하는데 주로 활용된다.

45
폐기물 중 기름성분을 중량법으로 측정할 때 정량한계는 얼마인가?

㉮ 0.1% 이하   ㉯ 0.2% 이하
㉰ 0.3% 이하   ㉱ 0.5% 이하

풀이 기름성분을 중량법으로 측정할 때 정량한계는 0.1% 이하이다.

46
이온전극법을 이용한 시안측정에 관한 설명으로 틀린 것은?

㉮ pH 4 이하의 산성으로 조절한 후 시안 이온전극과 비교전극을 사용하여 전위를 측정한다.
㉯ 시안화합물을 측정할 때 방해물질들은 증류하면 대부분 제거된다.
㉰ 다량의 지방성분을 함유한 시료는 아세트산 또는 수산화나트륨용액으로 pH 6~7로 조절한 후 시료의 약 2%에 해당하는 부피의 노말 헥산 또는 클로로포름을 넣어 추출하여 유기층은 버리고 수층을 분리하여 사용한다.
㉱ 시료는 미리 세척한 유리 또는 폴리에틸렌용기에 채취한다.

풀이 ㉮ pH 12~13 이상의 알칼리성으로 조절한 후 시안 이온전극과 비교전극을 사용하여 전위를 측정한다.

47
고형물 함량이 50%, 강열감량이 80%인 폐기물의 유기물 함량(%)은 얼마인가?

㉮ 30   ㉯ 40
㉰ 50   ㉱ 60

풀이 유기물 함량(%)
$= \dfrac{\text{휘발성 고형물(\%)}}{\text{고형물(\%)}} \times 100$

 정답 43 ㉰ 44 ㉱ 45 ㉮ 46 ㉮ 47 ㉱

$$= \frac{고형물의\ 함량(\%) - 강열감량(\%)}{고형물(\%)} \times 100$$
$$= \frac{30\%}{50\%} \times 100$$
$$= 60\%$$

48. 원자흡수분광광도법 분석에 사용되는 연료 중 불꽃의 온도가 가장 높은 것은?

㉮ 공기-프로판
㉯ 공기-수소
㉰ 공기-아세틸렌
㉱ 일산화이질소-아세틸렌

49. 4°C의 물 0.55L는 몇 cc가 되는가?

㉮ 5.5
㉯ 55
㉰ 550
㉱ 5500

풀이 cc = mL이므로 0.55L = 0.55×10^3 mL = 550mL 이다.

50. 자외선/가시선 분광법으로 크롬을 측정할 때 시료 중에 총 크롬을 6가크롬으로 산화 시키는데 사용되는 시약은 어느 것인가?

㉮ 아황산나트륨
㉯ 염화제일주석
㉰ 티오황산나트륨
㉱ 과망간산칼륨

풀이 총 크롬을 6가크롬으로 산화 시키는데 사용되는 시약은 과망간산칼륨이다.

51. 함수율 90%인 하수오니의 폐기물 명칭은 어느 것인가?

㉮ 액상폐기물
㉯ 반고상폐기물
㉰ 고상폐기물
㉱ 폐기물은 상(相, phase)을 구분하지 않음

풀이 함수율이 90%이면 고형물은 10%이므로 반고상폐기물이다.

> **Tip**
> **폐기물의 종류**
> ① 액상폐기물 : 고형물의 함량이 5% 미만
> ② 반고상폐기물 : 고형물의 함량이 5% 이상 15% 미만
> ③ 고상폐기물 : 고형물의 함량이 15% 이상

52. 폐기물공정시험기준(방법)의 총칙에 관한 내용 중 옳은 것은?

㉮ 용액의 농도를 (1→10)으로 표시한 것은 고체성분 1mg을 용매에 녹여 전량을 10mL로 하는 것이다.
㉯ 염산(1+2)라 함은 물 1mL와 염산 2mL를 혼합한 것이다.
㉰ 감압 또는 진공이라 함은 따로 규정이 없는 한 15mmH$_2$O 이하를 말한다.
㉱ '정밀히 단다'라 함은 규정된 양의 시료를 취하여 화학저울 또는 미량저울로 칭량함을 말한다.

풀이 ㉮ 용액의 농도를 (1→10)으로 표시한 것은 고체성분 1g을 용매에 녹여 전량을 10mL로 하는 것이다.
㉯ 염산(1+2)라 함은 물 2mL와 염산 1mL를 혼합한 것이다.
㉰ 감압 또는 진공이라 함은 따로 규정이 없는 한 15mmHg 이하를 말한다.

48 ㉱ 49 ㉰ 50 ㉱ 51 ㉯ 52 ㉱

53 기체크로마토그래피의 검출기 중 불꽃이온화 검출기(FID)에 알칼리 또는 알칼리토류 금속염의 튜브를 부착한 것으로 유기질소 화합물 및 유기인화합물을 선택적으로 검출할 수 있는 것은?

㉮ 열전도도 검출기(Thermal Conductivity Detector, TCD)
㉯ 전자포획 검출기(Electron Capture Detector, ECD)
㉰ 불꽃광도 검출기(Flame Photometric Detector, FPD)
㉱ 불꽃열이온 검출기(Flame Thermionic Deterctor, FTD)

풀이 ㉱ 불꽃열이온 검출기(FTD)에 대한 설명이다.

54 용출시험의 결과 산출 시 시료 중의 수분함량 보정에 관한 설명으로 ( )에 알맞은 것은?

> 함수율 85% 이상인 시료에 한하여 (   )을 곱하여 계산된 값으로 한다.

㉮ 15+{100-시료의 함수율(%)}
㉯ 15-{100-시료의 함수율(%)}
㉰ 15×{100-시료의 함수율(%)}
㉱ 15÷{100-시료의 함수율(%)}

55 용액 100g 중의 성분 부피(mL)를 표시하는 것은?

㉮ W/W%   ㉯ W/V%
㉰ V/W%   ㉱ V/V%

풀이 $\dfrac{mL}{100\,g} = \dfrac{V}{W}$

56 폐기물공정시험기준에서 유기물질을 함유한 시료의 전처리방법이 아닌 것은?

㉮ 산화-환원에 의한 유기물분해
㉯ 회화에 의한 유기물분해
㉰ 질산-염산에 의한 유기물분해
㉱ 질산-황산에 의한 유기물분해

풀이 시료의 전처리방법
① 질산 분해법
② 질산-염산 분해법
③ 질산-황산 분해법
④ 질산-과염소산 분해법
⑤ 질산-과염소산-불화수소산 분해법
⑥ 회화법
⑦ 마이크로파 산분해법

57 대상 폐기물의 양이 550톤이라면 시료의 최소 수(개)는 얼마인가?

㉮ 32   ㉯ 34
㉰ 36   ㉱ 38

풀이 대상폐기물의 양이 550톤일 경우 시료의 최소수는 36이다.

Tip 대상폐기물의 양과 시료의 최소수

대상폐기물의 양 (단위 : ton)	시료의 최소 수	대상폐기물의 양 (단위 : ton)	시료의 최소 수
~1미만	6	100이상~500미만	30
1이상~5미만	10	500이상~1000미만	36
5이상~30미만	14	1000이상~5000미만	50
30이상~100미만	20	5000이상	60

정답 53 ㉱ 54 ㉱ 55 ㉰ 56 ㉮ 57 ㉰

58 시료의 채취방법으로 옳은 것은?

㉮ 액상혼합물은 원칙적으로 최종지점의 낙하구에서 흐르는 도중에 채취한다.
㉯ 콘크리트 고형화물의 경우 대형의 고형화물로 분쇄가 어려울 경우에는 임의의 10개소에서 채취하여 각각 파쇄하여 100g씩 균등량 혼합하여 채취한다.
㉰ 유기인 시험을 위한 시료채취는 폴리에틸렌병을 사용한다.
㉱ 시료의 양은 1회에 1kg 이상 채취한다.

 ㉯ 콘크리트 고형화물의 경우 대형의 고형화물로 분쇄가 어려울 경우에는 임의 5개소에서 채취하여 각각 파쇄하여 100g씩 균등량 혼합하여 채취한다.
㉰ 유기인 시험을 위한 시료채취는 갈색경질유리병를 사용한다.
㉱ 시료의 양은 1회에 100g 이상 채취한다.

59 '곧은 섬유와 섬유 다발'형태가 아닌 석면의 종류는 어느 것인가? (단, 편광현미경법 기준)

㉮ 직섬석   ㉯ 청석면
㉰ 갈석면   ㉱ 백석면

㉱ 백석면은 꼬인 물결모양의 섬유이다.

60 유리전극법에 의한 pH 측정 시 정밀도에 관한 내용으로 ( )에 들어갈 내용으로 옳은 것은?

> 임의의 한 종류의 pH 표준용액에 대하여 검출부를 정제수로 잘 씻은 다음 5회 되풀이하여 pH를 측정 하였을 때 그 재현성이 ( )이내이어야 한다.

㉮ ± 0.01   ㉯ ± 0.05
㉰ ± 0.1   ㉱ ± 0.5

제4과목 폐기물관계법규

61 기술관리인을 두어야 할 폐기물처리시설은 어느 것인가?

㉮ 지정폐기물을 매립하는 면적이 3000m² 의 매립지
㉯ 일반폐기물을 매립하는 용적이 10000m³ 이상의 매립지
㉰ 150kg/hr의 감염성폐기물 소각로
㉱ 5ton/day 이상인 퇴비화시설

㉮ 지정폐기물을 매립하는 면적이 3,300m² 이상
㉯ 일반폐기물을 매립하는 용적이 30,000m³ 이상의 매립지
㉰ 100kg/hr의 감염성폐기물 소각로

정답 58 ㉮ 59 ㉱ 60 ㉯ 61 ㉱

62 폐기물처리업자, 폐기물처리시설을 설치, 운영하는 자 등은 환경부령이 정하는 바에 따라 장부를 갖추어 두고, 폐기물의 발생·배출·처리상황 등을 기록하여 최종 기재한 날부터 얼마 동안 보존하여야 하는가?

㉮ 6개월 ㉯ 1년
㉰ 3년 ㉱ 5년

63 폐기물처리 신고자의 준수사항으로 ( )에 옳은 것은?

> 정당한 사유 없이 계속하여 ( ) 이상 휴업하여서는 아니 된다.

㉮ 1년 ㉯ 2년
㉰ 3년 ㉱ 5년

64 사후관리 대상인 폐기물을 매립하는 시설이 사용종료 또는 폐쇄 후 침출수의 누출 등으로 주민의 건강 또는 재산이나 주변 환경에 심각한 위해를 가져올 우려가 있다고 인정하면 시설을 설치할 자가 예치하여야 할 비용은 어느 것인가?

㉮ 경제적부담원칙
㉯ 폐기물처리비용
㉰ 수수료
㉱ 사후관리이행보증금

풀이 ㉱ 사후관리이행보증금에 대한 설명이다.

65 주변지역 영향 조사대상 폐기물 처리시설의 기준으로 알맞은 것은?

㉮ 1일 재활용능력이 100톤 이상인 사업장 폐기물 소각열회수시설
㉯ 매립면적 1만 제곱미터 이상의 사업장 지정 폐기물 매립시설
㉰ 매립면적 3만 제곱미터 이상의 사업장 지정 폐기물 매립시설
㉱ 매립면적 10만 제곱미터 이상의 사업장 지정 폐기물 매립시설

풀이 주변지역 영향 조사대상 폐기물 처리시설의 기준
① 1일 처분능력이 50톤 이상인 사업장폐기물 소각시설
② 매립면적 1만 제곱미터 이상의 사업장 지정폐기물 매립시설
③ 매립면적 15만 제곱미터 이상의 사업장 일반 폐기물 매립시설
④ 시멘트 소성로(폐기물을 연료로 사용하는 경우로 한정)
⑤ 1일 재활용능력이 50톤 이상인 사업장폐기물 소각열회수시설

66 특별자치시장, 특별자치도지사, 시장, 군수, 구청장은 조례로 정하는 바에 따라 종량제봉투 등의 제작, 유통, 판매를 대행하게 할 수 있다. 이를 위반하여 대행계약을 체결하지 않고 종량제 봉투 등을 제작, 유통한 자에 대한 벌칙기준은 어느 것인가?

㉮ 2년 이하의 징역이나 2천만원 이하의 벌금에 처한다.
㉯ 3년 이하의 징역이나 3천만원 이하의 벌금에 처한다.
㉰ 5년 이하의 징역이나 5천만원 이하의 벌금에 처한다.
㉱ 7년 이하의 징역이나 7천만원 이하의

정답 62 ㉰ 63 ㉮ 64 ㉱ 65 ㉯ 66 ㉰

벌금에 처한다.

📖 ㉰ 5년 이하의 징역이나 5천만원 이하의 벌금에 해당한다.

67 재활용에 해당되는 활동에는 폐기물로부터 에너지를 회수하거나 회수할 수 있는 상태로 만들거나 폐기물을 연료로 사용하는 환경부령으로 정하는 활동이 있다. 시멘트 소성로 및 환경부 장관이 정하여 고시하는 시설에서 연료로 사용하는 폐기물(지정 폐기물 제외)과 가장 거리가 먼 것은? (단, 그 밖에 환경부장관이 고시하는 폐기물 제외)

㉮ 폐타이어   ㉯ 폐유
㉰ 폐섬유   ㉱ 폐합성고무

📖 ㉯ 폐유는 지정폐기물이다.

68 위해의료폐기물 중 생물·화학폐기물이 아닌 것은?

㉮ 폐백신   ㉯ 폐혈액제
㉰ 폐항암제   ㉱ 폐화학치료제

📖 ㉯ 폐혈액제는 혈액오염폐기물에 해당한다.

69 시장·군수·구청장(지방자치단체인 구의 구청장)의 책무가 아닌 것은?

㉮ 지정폐기물의 적정처리를 위한 조치강구
㉯ 폐기물처리시설 설치·운영
㉰ 주민과 사업자의 청소의식 함양
㉱ 폐기물의 수집·운반·처리방법의 개선 및 관계인의 자질향상

70 매립시설의 기술관리인 자격기준으로 틀린 것은?

㉮ 수질환경기사   ㉯ 대기환경기사
㉰ 토양환경기사   ㉱ 토목기사

📖 매립시설의 기술관리인 자격기준은 폐기물처리기사, 수질환경기사, 토목기사, 일반기계기사, 건설기계기사, 화공기사, 토양환경기사 중 1인 이상이다.

71 지정폐기물의 종류를 설명한 것으로 틀린 것은?

㉮ 액체상태의 폴리클로리네이티드비페닐 함유 폐기물은 1리터당 2밀리그램 이상 함유한 것에 한한다.
㉯ 액체상태 외의 폴리클로리네이티드비페닐 함유 폐기물은 용출액 1리터당 0.3밀리그램 이상 함유한 것에 한한다.
㉰ 폐석면은 석면의 제거작업에 사용된 비닐시트, 방진마스크, 작업복 등을 포함한다.
㉱ 폐석면은 슬레이트 등 고형화된 석면 제품 등의 연마·절단·가공 공정에서 발생된 부스러기 및 연마·절단·가공 시설의 집진기에서 모아진 분진을 포함한다.

📖 ㉯ 액체상태 외의 폴리클로리네이티드비페닐 함유 폐기물은 용출액 1리터당 0.003밀리그램 이상 함유한 것에 한한다.

72 관리형 매립시설 침출수의 BOD(mg/L) 배출허용기준으로 옳은 것은? (단, 가 지역 기준)

㉮ 50   ㉯ 70
㉰ 90   ㉱ 110

정답 67 ㉯ 68 ㉯ 69 ㉮ 70 ㉯ 71 ㉯ 72 ㉮

[풀이] BOD(mg/L) 배출허용기준
① 청정지역 : 30mg/L
② 가지역 : 50mg/L
③ 나지역 : 70mg/L

73 폐기물관리법상 사업장일반폐기물의 종류별 처리기준 및 방법에 대하여 틀리게 연결된 것은?

㉮ 소각재 - 매립, 안정화, 고형화처리
㉯ 폐지류·폐목재류 및 폐섬유류 - 소각처리
㉰ 분진 - 매립, 소각, 안정화
㉱ 폐촉매·폐흡착제 및 폐흡수제 - 소각, 매립

74 폐기물처리시설의 사후관리기준 및 방법 중 침출수 관리방법으로 매립시설의 차수시설상부에 모여 있는 침출수의 수위는 시설의 안정 등을 고려하여 얼마로 유지되도록 관리하여야 하는가?

㉮ 0.6미터 이하 ㉯ 1.0미터 이하
㉰ 1.5미터 이하 ㉱ 2.0미터 이하

75 폐기물관리법상 벌칙기준 중 7년 이하의 징역이나 7천만원 이하의 벌금에 처하는 행위를 한 자는 어느 것인가?

㉮ 대행계약을 체결하지 아니하고 종량제 봉투를 제작·유통한 자
㉯ 폐기물처리시설의 사후관리를 제대로 하지 않아 받은 시정명령을 이행하지 않은 자
㉰ 지정된 장소 외에 사업장폐기물을 매립하거나 소각한 자
㉱ 거짓이나 그 밖의 부정한 방법으로 폐기물처리업 허가를 받은 자

[풀이] ㉮ 5년이하의 징역이나 5천만원이하의 벌금
㉯ 3년이하의 징역이나 3천만원이하의 벌금
㉰ 7년이하의 징역이나 7천만원이하의 벌금
㉱ 5년이하의 징역이나 5천만원이하의 벌금

76 폐기물처리 담당자 등에 대한 교육과 관련된 설명 중 틀린 것은?

㉮ 교육기관의 장은 교육과정 종료 후 5일 이내에 교육결과를 교육대상자에게 알려야 한다.
㉯ 환경부장관은 교육계획을 매년 1월 31일까지 시·도지사나 지방환경관서의 장에게 알려야 한다.
㉰ 교육기관의 장은 매 분기 교육실적을 그 분기가 끝낸 후 15일 이내에 환경부장관에게 보고하여야 한다.
㉱ 시·도지사나 지방환경관서의 장은 교육대상자를 선발하여 해당 교육과정이 시작되기 15일 전까지 교육기관의 장에게 알려야 한다.

77 폐기물처리시설 주변지역 영향조사 기준 중 조사지점에 관한 내용으로 틀린 것은?

㉮ 미세먼지와 다이옥신 조사지점은 해당 시설에 인접한 주거지역 중 3개소 이상 지역의 일정한 곳으로 한다.
㉯ 악취 조사지점은 해당시설에 인접한 주거지역 중 냄새가 심한 곳 3개소 이상의 일정한 곳으로 한다.
㉰ 지표수 조사지점은 해당 시설에 인접하여 폐수, 침출수 등이 흘러들 것으로 우려되는 지역의 상, 하류 각 1개소 이상

정답 73 ㉰ 74 ㉱ 75 ㉰ 76 ㉮ 77 ㉯

의 일정한 곳으로 한다.
㉣ 토양 조사지점은 4개소 이상으로 하고, 토양정밀조사의 방법에 따라 폐기물 매립 및 재활용 지역의 시료채취 지점의 표토와 심토에서 각각 시료를 채취해야 하며, 시료채취 지점의 지형 및 하부토양의 특성을 고려하여 시료를 채취해야 한다.

【풀이】 조사지점
① 미세먼지와 다이옥신 : 3개소 이상
② 악취 : 냄새가 가장 심한 곳
③ 지표수 : 상, 하류 각 1개소 이상
④ 지하수 : 3개의 지하수 검사정
⑤ 토양 : 4개소 이상

78 매립시설의 검사기관으로 틀린 것은?
㉮ 한국환경공단
㉯ 한국건설기술연구원
㉰ 한국산업기술시험원
㉱ 한국농어촌공사

【풀이】 매립시설의 검사기관
① 한국환경공단
② 한국건설기술연구원
③ 한국농어촌공사
④ 수도권매립지관리공사

79 폐기물처리시설(매립시설)의 사용을 끝내거나 폐쇄하려할 때 시·도지사나 지방환경관서의 장에게 제출하는 폐기물 매립시설 사후관리계획서에 포함되어야 하는 사항과 가장 거리가 먼 것은?
㉮ 빗물배제계획
㉯ 지하수 수질조사계획
㉰ 구조물과 지반 등의 안정도유지계획
㉱ 침출수 관리계획(관리형 매립시설은 제외한다.)

【풀이】 ㉱ 침출수 관리계획(차단형 매립시설은 제외한다.)

80 폐기물관리법의 적용을 받지 않는 물질은?
㉮ 원자력안전법에 따른 방사성 물질과 이로 인하여 오염된 물질
㉯ 하수도법에 의한 하수·분뇨
㉰ 가축분뇨의 관리 및 이용에 관한 법률에 따른 가축분뇨
㉱ 용기에 들어있는 기체상태의 물질

【풀이】 ㉱ 용기에 들어있지 아니한 기체상태의 물질

정답 78 ㉰ 79 ㉱ 80 ㉱

2019 제1회 폐기물처리산업기사
(2019년 3월 3일 시행)

제1과목 폐기물개론

01 다음 중 수거 분뇨의 성질에 영향을 주는 요소로 틀린 것은?

㉮ 배출지역의 기후
㉯ 분뇨 저장기간
㉰ 저장탱크의 구조와 크기
㉱ 종말처리방식

풀이 수거 분뇨의 성질에 영향 요소
① 배출지역의 기후
② 분뇨 저장기간
③ 저장탱크의 구조와 크기

02 적환장의 일반적인 설치 필요조건으로 틀린 것은?

㉮ 작은 용량의 수집차량을 사용할 때
㉯ 슬러지 수송이나 공기수송 방식을 사용할 때
㉰ 불법 투기와 다량의 어질러진 쓰레기들이 발생할 때
㉱ 고밀도 거주지역이 존재할 때

풀이 ㉱ 저밀도 거주지역이 존재할 때

03 유기성 폐기물의 퇴비화과정에 대한 설명으로 틀린 것은?

㉮ 암모니아 냄새가 유발될 경우 건조된 낙엽과 같은 탄소원을 첨가해야 한다.
㉯ 발효초기 원료의 온도가 40~60℃까지 증가하면 효모나 질산화균이 우점한다.
㉰ C/N비가 너무 낮으면 질소가 암모니아로 변하여 pH를 증가시킨다.
㉱ 염분함량이 높은 원료를 퇴비화하여 토양에 시비하면 토양경화의 원인이 된다.

풀이 ㉯ 발효초기 원료의 온도가 40~60℃까지 증가하면 고온성 세균과 방선균이 우점한다.

04 압축기에 관한 설명으로 틀린 것은?

㉮ 회전식 압축기는 회전력을 이용하여 압축한다.
㉯ 고정식 압축기는 압축 방법에 따라 수평식과 수직식이 있다.
㉰ 백(bag) 압축기는 연속식과 회분식으로 구분할 수 있다.
㉱ 압축결속기는 압축이 끝난 폐기물을 끈으로 묶는 장치이다.

풀이 ㉮ 회전식 압축기는 수압을 이용하여 압축한다.

정답 01 ㉱ 02 ㉱ 03 ㉯ 04 ㉮

05 폐기물 파쇄 시 작용하는 힘과 가장 거리가 먼 것은?

㉮ 충격력 ㉯ 압축력
㉰ 인장력 ㉱ 전단력

🔍 파쇄 시 작용하는 힘
① 충격력
② 압축력
③ 전단력

06 유해물질, 배출원, 그에 따른 인체의 영향으로 틀린 것은?

㉮ 수은-온도계 제조시설-미나마따병
㉯ 카드뮴-도금시설-이따이이따이병
㉰ 납-농약 제조시설-헤모글로빈 생성 촉진
㉱ PCB-트렌스유 제조시설-카네미유증

🔍 ㉰ 납-축전지, 인쇄공업-헤모글로빈 생성 저해

07 우리나라 폐기물 중 가장 큰 구성비율을 차지하는 것은?

㉮ 생활폐기물
㉯ 사업장 폐기물 중 처리시설 폐기물
㉰ 사업장 폐기물 중 건설폐기물
㉱ 사업장 폐기물 중 지정폐기물

🔍 우리나라 폐기물 중 가장 큰 구성비율을 차지하는 것은 ㉰ 사업장 폐기물 중 건설폐기물이다.

08 삼성분의 조성비를 이용하여 발열량을 분석할 때 이용되는 추정식에 대한 설명으로 맞는 것은?

$$Q(kcal/kg) = (4500 \times V/100) - (600 \times W/100)$$

㉮ 600은 물의 포화수증기압을 의미한다.
㉯ V는 쓰레기 가연분의 조성비(%)이다.
㉰ W는 회분의 조성비(%)이다.
㉱ 이 식은 고위발열량을 나타낸다.

🔍 ㉮ 600은 물의 증발잠열(응축열)을 의미한다.
㉰ W는 수분의 조성비(%)이다.
㉱ 이 식은 저위발열량을 나타낸다.

09 습량기준 회분율(A, %)을 구하는 식으로 맞는 것은?

㉮ 건조쓰레기 회분(%) × $\dfrac{100 + 수분함량(\%)}{100}$

㉯ 수분함량 (%) × $\dfrac{100 - 건조쓰레기회분(\%)}{100}$

㉰ 건조쓰레기 회분(%) × $\dfrac{100 - 수분함량(\%)}{100}$

㉱ 수분함량(%) × $\dfrac{수분함량(\%)}{100}$

정답 05 ㉰ 06 ㉰ 07 ㉰ 08 ㉯ 09 ㉰

10 매립 시 파쇄를 통해 얻는 이점을 설명한 것으로 틀린 것은?

㉮ 압축장비가 없어도 고밀도의 매립이 가능하다.
㉯ 곱게 파쇄하면 매립 시 복토가 필요 없거나 복토요구량이 절감된다.
㉰ 폐기물과 잘 섞여서 혐기성 조건을 유지하므로 메탄 등의 재회수가 용이하다.
㉱ 폐기물 입자의 표면적이 증가되어 미생물작용이 촉진된다.

 ㉰ 폐기물과 잘 혼합되며 호기성 조건을 유지한다.

11 폐기물의 80% 3cm 보다 작게 파쇄하려 할 때 Rosin-Rammler 입자크기 분포모델을 이용한 특성입자의 크기(cm)는? (단, n = 1)

㉮ 1.36 ㉯ 1.86
㉰ 2.36 ㉱ 2.86

$$Y = 1 - \exp\left[-\left(\frac{dp_1}{dp_2}\right)^n\right]$$

여기서 dp_1 : 폐기물 입자의 크기
dp_2 : 특성입자의 크기
n : 상수

따라서 $0.80 = 1 - \exp\left[-\left(\frac{3\,cm}{dp_2}\right)^1\right]$

∴ $dp_2 = \dfrac{-3\,cm}{LN(1-0.80)}$
$= 1.86\,cm$

Tip
Rosin-Rammler 입자크기 분포모델식
$$Y = 1 - \exp\left[-\left(\frac{dp_1}{dp_2}\right)^n\right]$$

특성입자 크기$(dp_2) = \dfrac{-dp_1}{LN(1-Y)}$

12 쓰레기의 발생량 조사방법인 직접계근법에 관한 내용으로 틀린 것은?

㉮ 입구에서 쓰레기가 적재되어 있는 차량과 출구에서 쓰레기를 적하한 공차량을 각각 계근하여 그 차이로 쓰레기량을 산출한다.
㉯ 적재차량 계수분석에 비하여 작업량이 적고 간단하다.
㉰ 비교적 정확한 쓰레기 발생량을 파악할 수 있다.
㉱ 일정기간동안 특정지역의 쓰레기를 수거한 운반차량을 중간적하장이나 중계처리장에서 직접 계근하는 방법이다.

㉯ 적재차량 계수분석에 비하여 작업량이 많고 번거롭다.

13 채취한 쓰레기 시료 분석 시 가장 먼저 진행하여야 하는 분석 절차는?

㉮ 절단 및 분쇄
㉯ 건조
㉰ 분류(가연성, 불연성)
㉱ 밀도측정

쓰레기 시료 분석절차는 시료 → 밀도 측정 → 물리적 조성 → 분류 → 전처리 → 화학적조성 분석 순서이다.

14 수분이 60%, 수소가 10%인 폐기물의 고위발열량이 4,500 kcal/kg이라면 저위발열량(kcal/kg)은?

㉮ 약 4,010 ㉯ 약 3,930
㉰ 약 3,820 ㉱ 약 3,600

풀이
$Hl = Hh - 600(9H + W)\,(kcal/kg)$
여기서 Hl : 저위 발열량(kcal/kg)
Hh : 고위 발열량(kcal/kg)
H : 수소의 함량
W : 수분의 함량
따라서 $Hl = 4,500\,kcal/kg - 600 \times (9 \times 0.1 + 0.6)$
$= 3,600\,kcal/kg$

15 종량제에 대한 설명으로 틀린 것은?

㉮ 처리비용을 배출자가 부담하는 원인자 부담원칙을 확대한 제도이다.
㉯ 시장, 군수, 구청장이 수거체제의 관리 책임을 가진다.
㉰ 가전제품, 가구 등 대형폐기물을 우선으로 수거한다.
㉱ 수수료 부과기준을 현실화하여 폐기물 감량화를 도모하고, 처리재원을 확보한다.

풀이 ㉰ 일상생활에서 발생하는 소형폐기물을 우선으로 수거한다.

16 선별방법 중 주로 물렁거리는 가벼운 물질에서부터 딱딱한 물질을 선별하는 데 사용되는 것은?

㉮ Flotation
㉯ Heavy media separator
㉰ Stoners
㉱ Secators

풀이 ㉱ 세카터(Secators)에 대한 설명이다.

17 대상가구 3,000세대, 세대당 평균인구수 2.5인, 쓰레기 발생량 1.05kg/인·일, 1주일에 2회 수거하는 지역에서 한 번에 수거되는 쓰레기양(톤)은?

㉮ 약 25 ㉯ 약 28
㉰ 약 30 ㉱ 약 32

풀이 수거되는 쓰레기량
$= \dfrac{1.05\,kg}{인\cdot일} \times \dfrac{1톤}{10^3\,kg} \times \dfrac{2.5인}{1세대} \times 3,000세대 \times \dfrac{7일}{1주} \times \dfrac{1주}{2회}$
$= 27.56톤$

Tip
①
② 단위 환산 문제입니다.

18 함수율이 80%이며 건조고형물의 비중이 1.42인 슬러지의 비중은? (단, 물의 비중 = 1.0)

㉮ 1.021 ㉯ 1.063
㉰ 1.127 ㉱ 1.174

풀이
$\dfrac{1}{\rho_{SL}} = \dfrac{W_{TS}}{\rho_{TS}} + \dfrac{W_P}{\rho_P}$
여기서 ρ_{SL} : 슬러지의 비중
W_{TS} : 고형물의 함량
ρ_{TS} : 고형물의 비중
W_P : 수분의 함량
ρ_P : 수분의 비중
따라서 $\dfrac{1}{\rho_{SL}} = \dfrac{0.2}{1.42} + \dfrac{0.8}{1.0}$

정답 14 ㉱ 15 ㉰ 16 ㉱ 17 ㉯ 18 ㉯

$$\therefore \frac{1}{\rho_{SL}} = 0.940845$$

$$\therefore \rho_{SL} = \frac{1}{0.940845} = 1.0629$$

> **Tip**
> ① 물의 비중은 1.0 이다.
> ② 고형물(TS)+수분(P) = 100%
> ③ 고형물의 함량(TS) = 100%−수분의 함량(%)

19 폐기물발생량 측정방법이 아닌 것은?

㉮ 적재차량계수분석법
㉯ 직접계근법
㉰ 물질수지법
㉱ 물리적조성법

풀이 폐기물 발생량
① 예측방법 : 다중회귀모델, 동적모사모델, 경향모델
② 조사방법 : 물질수지법, 직접계근법, 적재차량계수법, 통계조사법

20 폐기물 재활용 촉진을 위한 정책 중 국내에서 가장 먼저 시행된 제도는?

㉮ 주류공병 보증금제도
㉯ 합성수지제품 부과금제도
㉰ 농약빈병 시상금제도
㉱ 고철 보조금제도

풀이 폐기물 재활용 촉진을 위한 정책 중 국내에서 가장 먼저 시행된 제도는 합성수지제품 부과금제도이다.

제2과목 폐기물처리기술

21 퇴비화 반응의 분해정도를 판단하기 위해 제안된 방법으로 가장 거리가 먼 것은?

㉮ 온도 감소
㉯ 공기공급량 증가
㉰ 퇴비의 발열능력 감소
㉱ 산화·환원전위의 증가

풀이 ㉯ 공기공급량 감소

22 합성차수막 중 PVC에 관한 설명으로 틀린 것은?

㉮ 작업이 용이하다.
㉯ 접합이 용이하고 가격이 저렴하다.
㉰ 자외선, 오존, 기후에 약하다.
㉱ 대부분의 유기화학물질에 강하다.

풀이 ㉱ 대부분의 유기화학물질에 약하다.

23 토양수분장력이 5기압에 해당되는 경우 pF의 값은? (단, log2 = 0.301)

㉮ 약 0.3   ㉯ 약 0.7
㉰ 약 3.7   ㉱ 약 4.0

풀이 1atm = 1033cmH$_2$O 이므로
H = 5atm = 5×1033cmH$_2$O = 5×10^{3}cmH$_2$O
따라서 pF = log [H]
     = log[5×10^3 cmH$_2$O] = 3.70

> **Tip**
> ① pF = log[H]

 19 ㉱ 20 ㉯ 21 ㉯ 22 ㉱ 23 ㉰

② pF = [H cmH₂O]
③ 1atm = 760mmHg
     = 10332mmH₂O
     = 1033cmH₂O

24 폐산 또는 폐알칼리를 재활용하는 기술을 설명한 것 중 틀린 것은?

㉮ 폐염산, 염화 제2철 폐액을 이용한 폐수처리계, 전자회로 부식제 생산
㉯ 폐황산, 폐염산을 이용한 수처리 응집제 생산
㉰ 구리 에칭액을 이용한 황산구리 생산
㉱ 폐 IPA를 이용한 액체 세제 생산

25 폐기물 중간처리기술 중 처리 후 잔류하는 고형물의 양이 적은 것부터 큰 것까지 순서대로 나열된 것은?

㉠ 소각 ㉡ 용융 ㉢ 고화

㉮ ㉠-㉡-㉢   ㉯ ㉢-㉡-㉠
㉰ ㉠-㉢-㉡   ㉱ ㉡-㉠-㉢

풀이) 잔류 고형물의 양은 용융 → 소각 → 고화 순으로 많아진다.

26 분뇨를 혐기성 소화법으로 처리하고 있다. 정상적인 작동 여부를 확인하려고 할 때 조사항목으로 틀린 것은?

㉮ 소화가스량
㉯ 소화가스 중 메탄과 이산화탄소 함량
㉰ 유기산 농도
㉱ 투입 분뇨의 비중

풀이) 정상적인 작동 여부 확인 조사항목
① 소화가스량
② 소화가스 중 메탄과 이산화탄소 함량
③ 유기산 농도

27 매립가스의 이동현상에 대한 설명으로 틀린 것은?

㉮ 토양 내에 발생된 가스는 분자확산에 의해 대기로 방출된다.
㉯ 대류에 의한 이동은 가스 발생량이 많은 경우에 주로 나타난다.
㉰ 매립가스는 수평보다 수직 방향으로의 이동 속도가 높다.
㉱ 미량가스는 확산보다 대류에 의한 이동 속도가 높다.

풀이) ㉱ 미량가스는 대류보다 확산에 의한 이동 속도가 높다.

28 8kL/day 용량의 분뇨처리장에서 발생하는 메탄의 양(m³/day)은? (단, 가스생성량 = 8m³/kL, 가스 중 CH₄ 함량 = 75%)

㉮ 22   ㉯ 32
㉰ 48   ㉱ 56

풀이 메탄의 양$(m^3/day) = \dfrac{8kL}{day} \times \dfrac{8m^3}{kL} \times \dfrac{75\%}{100}$
$= 48\,m^3/day$

29 다음의 특징을 가진 소각로의 형식은?

- 전처리가 거의 필요없다.
- 소각로의 구조는 회전 연속 구동 방식이다.
- 소각에 방해됨이 없이 연속적인 재배출이 가능하다.
- 1400℃ 이상에서 가동할 수 있어서 독성물질의 파괴에 좋다.

㉮ 다단 소각로
㉯ 유동층 소각로
㉰ 로타리킬른 소각로
㉱ 건식 소각로

풀이 ㉰ 로타리킬른 소각로에 대한 설명이다.

30 PCB와 같은 난연성의 유해폐기물의 소각에 가장 적합한 소각로 방식은?

㉮ 스토커 소각로
㉯ 유동층 소각로
㉰ 회전식 소각로
㉱ 다단 소각로

풀이 ㉯ 유동층 소각로에 대한 설명이다.

31 생물학적 복원기술의 특징으로 옳은 것은?

㉮ 상온, 상압 상태의 조건에서 이용하기 때문에 많은 에너지가 필요하지 않다.
㉯ 2차 오염 발생률이 높다.
㉰ 원위치에서도 오염정화가 가능하다.
㉱ 유해한 중간물질을 만드는 경우가 있어 분해생성물의 유무를 미리 조사하여야 한다.

풀이 ㉮ 상온, 상압 상태의 조건에서 이용하기 때문에 많은 에너지가 필요하다.
㉰ 원위치에서는 오염정화가 불가능하다.
㉱ 유해한 중간물질을 만드는 경우에도 분해생성물의 유무를 미리 조사해야 할 필요는 없다.

32 오염된 지하수의 Darcy 속도(유출속도)가 0.15m/day이고, 유효 공극률이 0.4일 때 오염원으로부터 1000m 떨어진 지점에 도달하는데 걸리는 기간(년)은? (단, 유출속도 : 단위시간에 흙의 전체 단면적을 통하여 흐르는 물의 속도)

㉮ 약 6.5 ㉯ 약 7.3
㉰ 약 7.9 ㉱ 약 8.5

풀이 도달시간(년) $= \dfrac{\text{이동거리(m)} \times \text{유효공극률}}{\text{유출속도(m/년)}}$
$= \dfrac{1{,}000m \times 0.4}{0.15m/day \times 365day/년} = 7.31년$

정답 29 ㉰ 30 ㉯ 31 ㉯ 32 ㉯

33 슬러지 100m³의 함수율이 98%이다. 탈수 후 슬러지의 체적을 1/10로 하면 슬러지 함수율(%)은? (단, 모든 슬러지의 비중 = 1)

㉮ 20 ㉯ 40
㉰ 60 ㉱ 80

풀이) $V_1 \times (100 - P_1) = V_2 \times (100 - P_2)$

여기서 V_1 : 탈수 전 슬러지량(m³)
P_1 : 탈수 전 함수율(%)
V_2 : 탈수 후 슬러지량(m³)
P_2 : 탈수 후 함수율(%)

따라서

$100m^3 \times (100-98) = 100m^3 \times \frac{1}{10} \times (100 - P_2)$

$\therefore P_2 = 100 - \left(\frac{100m^3 \times (100-98)}{100m^3 \times \frac{1}{10}} \right)$

$= 80\%$

34 다음 설명에 해당하는 분뇨 처리 방법은?

- 부지 소요면적이 적다.
- 고온반응이므로 무균상태로 유출되어 위생적이다.
- 슬러지 탈수성이 좋아서 탈수 후 토양개량제로 이용된다.
- 기액분리시 기체 발생량이 많아 탈기 해야 한다.

㉮ 혐기성소화법
㉯ 호기성소화법
㉰ 질산화 - 탈질산화법
㉱ 습식산화법

풀이) ㉱ 습식산화법에 대한 설명이다.

35 유기물의 산화공법으로 적용되는 Fenton 산화반응에 사용되는 것으로 가장 적절한 것은?

㉮ 아연과 자외선
㉯ 마그네슘과 자외선
㉰ 철과 과산화수소
㉱ 아연과 과산화수소

풀이) Fenton 산화반응에 사용되는 시약은 과산화수소와 촉매는 철염(황산제1철)이다.

36 회전판에 놓인 종이 백(bag)에 폐기물을 충전 · 압축하여 포장하는 소형 압축기는?

㉮ 회전식 압축기(Rotary Compactor)
㉯ 소용돌이식 압축기(Console Compactor)
㉰ 백 압축기(Bag Compactor)
㉱ 고정식 압축기(Stationary Compactor)

풀이) ㉮ 회전식 압축기에 대한 설명이다.

37 1차 반응속도에서 반감기(농도가 50% 줄어드는 시간)가 10분이다. 초기농도의 75%가 줄어드는데 걸리는 시간(분)은?

㉮ 30 ㉯ 25
㉰ 20 ㉱ 15

풀이) ① 반감기 반응식

$\ln \frac{1}{2} = -k \times t$

여기서 k : 상수
t : 시간

따라서 $\ln \frac{1}{2} = -k \times 10min$

정답) 33 ㉱ 34 ㉱ 35 ㉰ 36 ㉮ 37 ㉰

$$\therefore k = \frac{\ln\frac{1}{2}}{-10\min} = 0.0693/\min$$

② 1차 반응식 : $\ln\frac{C_t}{C_o} = -k \times t$

여기서 C_o : 초기농도
C_t : t시간 후 농도
k : 상수
t : 시간

따라서 $\ln\frac{25}{100} = -0.0693/\min \times t$

$$\therefore t = \frac{\ln\frac{25}{100}}{-0.0693/\min} = 20\min$$

Tip
$C_t = 100\% - 75\% = 25\%$

38 분뇨처리장의 방류수량이 1000m³/day일 때 15분간 염소소독을 할 경우 소독조의 크기(m³)는?

㉮ 약 16.5 ㉯ 약 13.5
㉰ 약 10.5 ㉱ 약 8.5

풀이 소독조의 크기
$= \frac{1000\,m^3}{day} \times 15\min \times \frac{1\,day}{24\,hr} \times \frac{1\,hr}{60\min}$
$= 10.42\,m^3$

39 소각로에서 NO_x 배출농도가 270ppm, 산소 배출농도가 12%일 때 표준산소(6%)로 환산한 NO_x 농도(ppm)는?

㉮ 120 ㉯ 135
㉰ 162 ㉱ 450

풀이
$C = C_a \times \frac{21 - O_s}{21 - O_a}$
$= 270\,ppm \times \frac{21 - 6\%}{21 - 12\%} = 450\,ppm$

Tip
① 오염물질 농도 보정식
$C = C_a \times \frac{21 - O_s}{21 - O_a}$
② 배출가스 유량 보정식
$Q = Q_a \div \frac{21 - O_s}{21 - O_a}$

40 매립지 설계 시 침출수 집배수층의 조건으로 옳은 것은?

㉮ 투수계수 : 최대 1cm/sec
㉯ 두께 : 최대 30cm
㉰ 집배수층 재료 입경 : 10~13cm 또는 16~32cm
㉱ 바닥경사 : 2~4%

풀이 ㉮ 투수계수 : 최소 1cm/sec
㉯ 두께 : 최소 30cm
㉰ 집배수층 재료 입경 : 10~13mm 또는 16~32mm

정답 38 ㉰ 39 ㉱ 40 ㉱

제3과목 폐기물공정시험기준

41 pH가 2인 용액 2L와 pH가 1인 용액 2L를 혼합하였을 때 혼합용액의 pH는?

㉮ 1.0 ㉯ 1.3
㉰ 1.5 ㉱ 2.0

풀이
$pH = 2 \Rightarrow [H^+] = 10^{-2}\,mol/L$
$pH = 1 \Rightarrow [H^+] = 10^{-1}\,mol/L$
혼합용액의 농도
$= \dfrac{10^{-2}\,mol/L \times 2L + 10^{-1}\,mol/L \times 2L}{2L + 2L}$
$= 0.055\,mol/L$
혼합용액의 $pH = -\log[H^+]$
$= -\log[0.055\,mol/L]$
$= 1.26$

Tip
① $pH = -\log[H^+] \Rightarrow$
   $[H^+] = 10^{-pH}\,mol/L$
② $pOH = -\log[OH^-] \Rightarrow$
   $[OH^-] = 10^{-pOH}\,mol/L$
③ 산성 물질에서 $pH = -\log[H^+]$
④ 알칼리성 물질에서 $pH = 14 + \log[OH^-]$

42 시험분석 대상물질을 기기가 검출할 수 있는 최소한의 농도 또는 양을 나타내는 기기검출한계에 관한 내용으로 ( )에 옳은 것은?

> 바탕시료를 반복 측정 분석한 결과의 표준편차에 ( )한 값

㉮ 2배 ㉯ 3배
㉰ 5배 ㉱ 10배

풀이 기기검출한계 = 표준편차 × 3

43 폐기물의 노말헥산 추출물질의 양을 측정하기 위해 다음과 같은 결과를 얻었을 때 노말헥산 추출물질의 농도(mg/L)는?

> • 시료의 양 : 500mL
> • 시험 전 증발용기의 무게 : 25g
> • 시험 후 증발용기의 무게 : 13g
> • 바탕시험 전 증발용기의 무게 : 5g
> • 바탕시험 후 증발용기의 무게 : 4.8g

㉮ 11,800 ㉯ 23,600
㉰ 32,400 ㉱ 53,800

풀이 노말헥산 추출물질의 농도(mg/L)
$= \dfrac{(25-13)\,g - (5-4.8)\,g}{0.5L}$
$= 23.6\,g/L = 23,600\,mg/L$

44 유기물 등을 많이 함유하고 있는 대부분 시료의 전처리에 적용되는 분해방법으로 가장 적절한 것은?

㉮ 질산 분해법
㉯ 질산-염산분해법
㉰ 질산-불화수소산 분해법
㉱ 질산-황산 분해법

풀이
㉮ 질산 분해법 : 유기물의 함량이 낮은 시료에 적용
㉯ 질산-염산분해법 : 유기물 함량이 비교적 높지 않고 금속의 수산화물, 산화물, 인산염 및 황화물을 함유하고 있는 시료에 적용
㉰ 질산-과염소산-불화수소산 분해법 : 점토질 또는 규산염이 높은 비율로 함유된 시료

41 ㉯ 42 ㉯ 43 ㉯ 44 ㉱

45. 1 ppm이란 몇 ppb를 말하는가?
㉮ 10ppb ㉯ 100ppb
㉰ 1000ppb ㉱ 10000ppb

풀이 $1\,ppm \times 10^3 = 1000\,ppb$

Tip
① $ppm \xrightarrow{\times 10^3} ppb$
② $ppb \xrightarrow{\times 10^{-3}} ppm$

46. 할로겐화 유기물질(기체크로마토그래피–질량분석법)의 정량한계는?
㉮ 0.1mg/kg ㉯ 1.0mg/kg
㉰ 10mg/kg ㉱ 100mg/kg

풀이 할로겐화 유기물질의 정량한계
① 기체크로마토그래피–질량분석법 : 10mg/kg
② 기체크로마토그래피 : 10mg/kg

47. 폐기물 시료 채취에 관한 설명으로 틀린 것은?
㉮ 대상폐기물의 양이 500톤 이상~1000톤 미만인 경우 시료의 최소 수는 30이다.
㉯ 5톤 미만의 차량에 적재되어 있을 경우에는 적재폐기물을 평면상에서 6등분한 후 각 등분마다 시료를 채취한다.
㉰ 5톤 이상의 차량에 적재되어 있을 경우에는 적재폐기물을 평면상에서 9등분한 후 각 등분마다 시료를 채취한다.
㉱ 채취 시료는 수분, 유기물 등 함유성분의 변화가 일어나지 않도록 0~4℃ 이하의 냉암소에 보관하여야 한다.

풀이 ㉮ 대상폐기물의 양이 500톤 이상~1000톤 미만인 경우 시료의 최소 수는 36이다.

48. 함수율 83%인 폐기물이 해당되는 것은?
㉮ 유기성 폐기물 ㉯ 액상폐기물
㉰ 반고상폐기물 ㉱ 고상폐기물

풀이 함수율 83%인 폐기물의 고형물은 17%이다. 따라서 고상폐기물에 해당한다.

Tip
폐기물의 종류
① 액상폐기물 : 고형물의 함량이 5% 미만
② 반고상폐기물 : 고형물의 함량이 5% 이상 15% 미만
③ 고상폐기물 : 고형물의 함량이 15% 이상

49. 자외선/가시선 분광법으로 크롬을 정량하기 위해 크롬이온 전체를 6가크롬으로 변화시킬 때 사용하는 시약은?
㉮ 다페닐카르바지드
㉯ 질산암모늄
㉰ 과망간산칼륨
㉱ 염화제일주석

풀이 산화제인 과망간산칼륨($KMnO_4$)을 사용한다.

Tip
크롬의 자외선/가시선 분광법
시료중에 총크롬을 과망간산칼륨을 사용하여 6가크롬으로 산화시킨 다음 산성에서 다이페닐카바자이드와 반응하여 생성되는 적자색 착화합물의 흡광도를 540nm에서 측정하여 총크롬을 정량하는 방법이다.

정답 45 ㉰ 46 ㉰ 47 ㉮ 48 ㉱ 49 ㉰

50 기체크로마토그래피에서 운반가스로 사용할 수 있는 기체로 틀린 것은?

㉮ 수소 ㉯ 질소
㉰ 산소 ㉱ 헬륨

▣ 운반기체에는 수소(H_2), 질소(N_2), 헬륨(He)이 있다.

51 시료채취 방법으로 옳은 것은?

㉮ 시료는 일반적으로 폐기물이 생성되는 단위 공정별로 구분하여 채취하여야 한다.
㉯ 시료 채취도구는 녹이 생기는 재질의 것을 사용해도 된다.
㉰ PCB 시료는 반드시 폴리에틸렌 백을 사용하여 시료를 채취한다.
㉱ 시료가 채취된 병은 코르크 마개를 사용하여 밀봉한다.

▣ ㉯ 시료 채취도구는 녹이 생기지 않는 재질의 것을 사용해야 한다.
㉰ PCB 시료는 반드시 갈색경질유리병을 사용하여 시료를 채취한다.
㉱ 시료가 채취된 병은 코르크 마개를 사용하여서는 안된다.

52 천분율 농도를 표시할 때 그 기호로 알맞은 것은?

㉮ mg/L ㉯ mg/kg
㉰ μg/kg ㉱ ‰

▣ 천분율을 나타내는 기호는 ‰, g/L, g/kg이다.

53 자외선/가시선 분광광도계의 구성으로 옳은 것은?

㉮ 광원부 - 파장선택부 - 측광부 - 시료부
㉯ 광원부 - 가시부 - 측광부 - 시료부
㉰ 광원부 - 가시부 - 시료부 - 측광부
㉱ 광원부 - 파장선택부 - 시료부 - 측광부

▣ 자외선/가시선 분광광도계는 광원부 - 파장선택부 - 시료부 - 측광부로 구성되어 있다.

54 기체크로마토그래피로 측정할 수 없는 항목은?

㉮ 유기인
㉯ PCBs
㉰ 휘발성저급염소화탄화수소류
㉱ 시안

▣ ㉱ 시안의 분석법에는 자외선/가시선분광법, 이온전극법, 연속흐름법이 있다.

55 폐기물공정시험기준의 총칙에 관한 설명으로 틀린 것은?

㉮ "여과한다"란 거름종이 5종 A 또는 이하 동등한 여지를 사용하여 여과하는 것을 말한다.
㉯ 온도의 영향이 있는 것의 판정은 표준온도를 기준온도로 한다.
㉰ 염산(1+2)이라고 하는 것은 염산 1mL에 물 1mL을 배합 조제하여 전체 2mL가 되는 것을 말한다.
㉱ 시험에 쓰는 물은 따로 규정이 없는 한 정제수를 말한다.

 50 ㉰ 51 ㉮ 52 ㉱ 53 ㉱ 54 ㉱ 55 ㉰

[풀이] ㉰ 염산(1+2)이라고 하는 것은 염산 1mL에 물 2mL을 배합 조제하여 전체 3mL이 되는 것을 말한다.

56 폐기물공정시험기준의 적용범위에 관한 내용으로 틀린 것은?

㉮ 폐기물관리법에 의한 오염실태 조사 중 폐기물에 대한 것은 따로 규정이 없는 한 공정시험기준의 규정에 의하여 시험한다.
㉯ 공정시험기준에서 규정하지 않은 사항에 대해서는 일반적인 화학적 상식에 따르도록 한다.
㉰ 공정시험기준에 기재한 방법 중 세부조작은 시험의 본질에 영향을 주지 않는다면 실험자가 일부를 변경할 수 있다.
㉱ 하나 이상의 공정시험기준으로 시험한 결과가 서로 달라 제반 기준의 적부 판정에 영향을 줄 경우에는 판정을 유보하고 재실험하여야 한다.

[풀이] ㉱ 하나 이상의 공정시험기준으로 시험한 결과가 서로 달라 제반 기준의 적부 판정에 영향을 줄 경우에는 공정시험기준의 항목별 주시험법에 의한 분석성적에 의하여 판정한다.

57 원자흡수분광광도법에 의한 비소 정량에 관한 설명으로 틀린 것은?

㉮ 과망간산칼륨으로 6가 비소로 산화시킨다.
㉯ 아연을 넣으면 수소화 비소가 발생한다.
㉰ 아르곤-수소 불꽃에 주입하여 분석한다.
㉱ 정량한계는 0.005mg/L이다.

[풀이] 비소의 원자흡수분광광도법(수소화물생성 원자흡수분광광도법)는 전처리한 시료 용액중에 아연 또는 나트륨붕수소화물을 넣어 생성된 수소화비소를 원자화시켜 193.7nm에서 흡광도를 측정하고 비소를 정량하는 방법이며, 정량한계는 0.005mg/L이다.

58 PCB 분석 시 기체크로마토그래피법의 다음 항목이 틀리게 연결된 것은?

㉮ 검출기 : 전자포획 검출기(ECD)
㉯ 운반기체 : 부피백분율 99.999% 이상의 질소
㉰ 컬럼 : 활성탄 컬럼
㉱ 농축장치 : 구데르나다니쉬농축기

[풀이] ㉰ 컬럼 : 플로리실컬럼, 실리카겔컬럼

59 $K_2Cr_2O_7$을 사용하여 크롬 표준원액(100mg Cr/L) 100mL를 제조할 때 취해야 하는 $K_2Cr_2O_7$의 양(mg)은? (단, 원자량 K = 39, Cr = 52, O = 16)

㉮ 14.1   ㉯ 28.3
㉰ 35.4   ㉱ 56.5

[풀이]
$K_2Cr_2O_7$: $2Cr^{3+}$
294g : 2×52g
X : 100mg/L×0.1L

∴ $X = \dfrac{294g \times 100mg/L \times 0.1L}{2 \times 52g} = 28.27mg$

정답 56 ㉱ 57 ㉮ 58 ㉰ 59 ㉯

60 기름성분을 중량법으로 측정하고자 할 때 시험기준의 정량한계는?

㉮ 1% 이하 ㉯ 0.1% 이하
㉰ 0.01% 이하 ㉱ 0.0011% 이하

▸ 기름성분을 중량법으로 측정하고자 할 때 시험기준의 정량한계는 0.1%이하이다.

제4과목 폐기물 관계법규

61 폐기물처리업종별 영업 내용에 대한 설명 중 틀린 것은?

㉮ 폐기물중간재활용업 : 중간가공 폐기물을 만드는 영업
㉯ 폐기물 종합재활용업 : 중간재활용업과 최종재활용업을 함께 하는 영업
㉰ 폐기물 최종처분업 : 폐기물 매립(해역 배출도 포함한다.) 등의 방법으로 최종처분하는영업
㉱ 폐기물 수집·운반업 : 폐기물을 수집하여 재활용 또는 처분장소로 운반하거나 수출하기 위하여 수집·운반하는 영업

▸ ㉰ 폐기물 최종처분업 : 폐기물 최종처분시설을 갖추고 폐기물을 매립 등(해역 배출은 제외한다.)의 방법으로 최종처분하는 영업

62 폐기물 처리시설의 종류 중 재활용시설(기계적 재활용 시설)의 기준으로 틀린 것은?

㉮ 용융시설(동력 7.5kW 이상인 시설로 한정)
㉯ 응집·침전시설(동력 7.5kW 이상인 시설로 한정)
㉰ 압축시설(동력 7.5kW 이상인 시설로 한정)
㉱ 파쇄·분쇄시설(동력 15kW 이상인 시설로 한정)

▸ ㉯ 응집·침전시설은 화학적 재활용시설에 해당한다.

63 폐기물매립시설의 사후관리 업무를 대행할 수 있는 자는? (단, 환경부장관이 사후관리를 대행할 능력이 있다고 인정하여 고시하는 자는 고려하지 않음)

㉮ 한국환경보전원
㉯ 한국환경공단
㉰ 폐기물처리협회
㉱ 한국환경자원공사

▸ 폐기물매립시설의 사후관리 업무를 대행할 수 있는 자는 한국환경공단이다.

64 폐기물 수집·운반업자가 임시보관장소에 보관할 수 있는 폐기물(의료폐기물 제외)의 허용량 기준은?

㉮ 중량 450톤 이하이고, 용적이 300세제곱미터 이하인 폐기물
㉯ 중량 400톤 이하이고, 용적이 2500세제곱미터 이하인 폐기물
㉰ 중량 350톤 이하이고, 용적이 200세제곱미터 이하인 폐기물
㉱ 중량 300톤 이하이고, 용적이 150세제곱미터 이하인 폐기물

풀이 폐기물 수집·운반업자가 임시보관장소에 보관할 수 있는 폐기물(의료폐기물 제외)허용량 기준
① 중량 450톤 이하
② 용적이 300세제곱미터 이하

65 폐기물처리업자(폐기물 재활용업자)의 준수 사항에 관한 내용으로 ( )에 알맞은 것은?

> 유기성 오니를 화력발전소에서 연료로 사용하기 위하여 가공하는 자는 유기성 오니 연료의 저위발열량, 수분 함유량, 회분 함유량, 황분 함유량, 길이 및 금속성분을 ( ) 측정하여 그 결과를 시·도지사에게 제출하여야 한다.

㉮ 매 월 1회 이상
㉯ 매 2월 1회 이상
㉰ 매 분기당 1회 이상
㉱ 매 반기당 1회 이상

풀이 유기성 오니를 연료사용 목적으로 가공하는 자의 준수사항
① 측정항목 : 저위발열량, 수분 함유량, 회분 함유량, 황분 함유량, 길이 및 금속성분
② 측정주기 : 매 분기당 1회

66 100만원 이하의 과태료가 부과되는 경우에 해당되는 것은?

㉮ 폐기물처리 가격의 최저액보다 낮은 가격으로 폐기물처리를 위탁한 자
㉯ 폐기물운반자가 규정에 의한 서류를 지니지 아니하거나 내보이지 아니한 자
㉰ 장부를 기록 또는 보존하지 아니하거나 거짓으로 기록한 자
㉱ 처리이행보증보험의 계약을 갱신하지 아니하거나 처리이행보증금의 증액 조정을 신청하지 아니한 자

풀이 ㉰번이 100만원 이하의 과태료에 해당한다.

67 다음 용어의 정의로 옳지 않은 것은?

㉮ 재활용이란 폐기물을 재사용·재생이용하거나 재사용·재생 이용할 수 있는 상태로 만드는 활동을 말한다.
㉯ 생활폐기물이란 사업장폐기물 외의 폐기물을 말한다.
㉰ 폐기물감량화시설이란 생산 공정에서 발생하는 폐기물 배출을 최소화(재활용은 제외함)하는 시설로서 환경부령으로 정하는 시설을 말한다.
㉱ 폐기물처리시설이란 폐기물의 중간처분시설, 최종처분시설 및 재활용시설로서 대통령령으로 정하는 시설을 말한다.

풀이 ㉰ 폐기물감량화시설이란 생산 공정에서 발생하는 폐기물의 양을 줄이고, 사업장내 재활용을

정답 64 ㉮ 65 ㉰ 66 ㉰ 67 ㉰

통하여 폐기물 배출을 최소화하는 시설로서 대통령령으로 정하는 시설을 말한다.

68 폐기물중간재활용업, 폐기물최종재활용업 및 폐기물 종합재활용업의 변경허가를 받아야하는 중요사항으로 틀린 것은?

㉮ 운반차량(임시차량 포함)의 감차
㉯ 폐기물 재활용시설의 신설
㉰ 허가 또는 변경허가를 받은 재활용 용량의 100분의 30이상(금속을 회수하는 최종 재활용업 또는 종합재활용업의 경우에는 100분의 50이상)의 변경(허가 또는 변경허가를 받은 후 변경되는 누계를 말한다.)
㉱ 폐기물 재활용시설 소재지의 변경

🔹 ㉮ 운반차량(임시차량은 제외)의 증차

69 폐기물처분시설 또는 재활용시설 중 음식물류 폐기물을 대상으로 하는 시설의 기술관리인 자격기준으로 틀린 것은?

㉮ 토양환경산업기사
㉯ 수질환경산업기사
㉰ 대기환경산업기사
㉱ 토목산업기사

🔹 음식물류 폐기물을 대상으로 하는 시설의 기술관리인 자격기준
① 폐기물처리산업기사
② 수질환경산업기사
③ 화공산업기사
④ 토목산업기사
⑤ 대기환경산업기사
⑥ 일반기계기사
⑦ 전기기사

70 과징금의 사용용도로 적정치 않은 것은?

㉮ 광역 폐기물처리시설의 확충
㉯ 폐기물로 인하여 예상되는 환경상 위해를 제거하기 위한 처리
㉰ 폐기물처리시설의 지도·점검에 필요한 시설·장비의 구입 및 운영
㉱ 폐기물처리기술의 개발 및 장비개선에 소요되는 비용

🔹 과징금의 사용용도
① 광역 폐기물처리시설의 확충
② 폐기물로 인하여 예상되는 환경상 위해를 제거하기 위한 처리
③ 폐기물처리시설의 지도·점검에 필요한 시설·장비의 구입 및 운영
④ 공공 재활용기반시설의 확충

71 주변지역 영향 조사대상 폐기물 처리시설 기준으로 옳은 것은?

매립면적 (   ) 제곱미터 이상의 사업장 일반폐기물 매립시설

㉮ 1만   ㉯ 3만
㉰ 5만   ㉱ 15만

🔹 ① 일반폐기물 매립시설의 면적 : 15만 제곱미터
② 지정폐기물 매립시설의 면적 : 1만 제곱미터

정답   68 ㉮   69 ㉮   70 ㉱   71 ㉱

72 매립시설 및 소각시설의 주변지역 영향조사 횟수 기준에 관한 내용으로 ( )에 옳은 것은?

> 각 항목 당 계절을 달리하여 (㉠) 측정하되, 악취는 여름(6월부터 8월까지)에 (㉡) 측정하여야 한다.

㉮ ㉠ 2회 이상, ㉡ 1회 이상
㉯ ㉠ 3회 이상, ㉡ 2회 이상
㉰ ㉠ 1회 이상, ㉡ 2회 이상
㉱ ㉠ 4회 이상, ㉡ 3회 이상

Tip
조사지점
① 미세먼지와 다이옥신 : 3개소 이상
② 악취 : 냄새가 가장 심한 곳
③ 지표수 : 상, 하류 각 1개소 이상
④ 지하수 : 3개의 지하수 검사정
⑤ 토양 : 4개소 이상

73 폐기물처리시설의 설치, 운영을 위탁받을 수 있는 자의 기준에 관한 내용 중 소각시설의 경우 보유하여야 하는 기술인력 기준으로 틀린 것은?

㉮ 일반기계기사 1급 1명
㉯ 폐기물처리기술사 1명
㉰ 시공분야에서 3년 이상 근무한 자 1명
㉱ 폐기물처리기사 또는 대기환경기사 1명

㉰ 시공분야에서 2년 이상 근무한 자 1명

74 폐기물 처리시설 종류의 구분이 틀린 것은?

㉮ 기계적 재활용시설 : 유수 분리 시설
㉯ 화학적 재활용시설 : 연료화 시설
㉰ 생물학적 재활용시설 : 버섯재배시설
㉱ 생물학적 재활용시설 : 호기성·혐기성 분해시설

㉯ 기계적 재활용시설 : 연료화 시설

75 폐기물처리사업 계획의 적합통보를 받은 자 중 소각시설의 설치가 필요한 경우에는 환경부 장관이 요구하는 시설·장비·기술능력을 갖추어 허가를 받아야 한다. 허가신청서에 추가 서류를 첨부하여 적합통보를 받은 날부터 언제까지 시·도지사에게 제출하여야 하는가?

㉮ 6개월 이내   ㉯ 1년 이내
㉰ 2년 이내   ㉱ 3년 이내

허가신청서에 추가 서류를 첨부하여 적합통보를 받은 날부터 3년 이내에 시·도지사에게 제출하여야 한다.

76 폐기물 관리의 기본원칙으로 틀린 것은?

㉮ 누구든지 폐기물을 배출하는 경우에는 주변 환경이나 주민의 건강에 위해를 끼치지 아니하도록 사전에 적절한 조치를 하여야 한다.
㉯ 환경오염을 일으킨 자는 오염된 환경을 복원하기 보다 오염으로 인한 피해의 구제에 드는 비용만 부담하여야 한다.
㉰ 국내에서 발생한 폐기물은 가능하면 국내에서 처리되어야 하고, 폐기물의 수입은 되도록 억제되어야 한다.

 72 ㉮ 73 ㉰ 74 ㉯ 75 ㉱ 76 ㉯

㉣ 폐기물은 그 처리과정에서 양과 유해성을 줄이도록 하는 등 환경보전과 국민 건강 보호에 적합하게 처리되어야 한다.

풀이 ㉰ 환경오염을 일으킨 자는 오염된 환경을 복원할 책임을 지며, 오염으로 인한 피해의 구제에 드는 비용을 부담하여야 한다.

77 휴업·폐업 등의 신고에 관한 설명으로 ( )에 알맞은 것은?

> 폐기물처리업자 또는 폐기물처리 신고자가 휴업·폐업 또는 재개업을 한 경우에는 휴업·폐업 또는 재개업을 한 날부터 (   )이내에 시·도지사나 지방환경관서의 장에게 신고서를 제출하여야 한다.

㉮ 5일   ㉯ 10일
㉰ 20일 ㉱ 30일

풀이 휴업·폐업 또는 재개업을 한 날부터 20일이내에 시·도지사나 지방환경관서의 장에게 신고서를 제출하여야 한다.

78 매립시설 검사기관으로 틀린 것은?

㉮ 한국매립지관리공단
㉯ 한국환경공단
㉰ 한국건설기술연구원
㉱ 한국농어촌공사

풀이 ㉮ 수도권매립지관리공사

79 폐기물처리업자가 방치한 폐기물의 경우, 폐기물처리 공제조합에 처리를 명할 수 있는 방치폐기물의 처리량은 그 폐기물처리업자의 폐기물 허용보관량의 몇 배 이내인가?

㉮ 1.5배 이내   ㉯ 2.0배 이내
㉰ 2.5배 이내   ㉱ 3.0배 이내

풀이 방치폐기물의 처리량
① 폐기물처리업자가 방치한 폐기물 : 허용보관량의 2배 이내
② 폐기물처리 신고자가 방치한 폐기물 : 허용보관량의 2배 이내

80 에너지 회수기준으로 틀린 것은?

㉮ 다른 물질과 혼합하지 아니하고 해당 폐기물의 저위발열량이 킬로그램당 3천킬로칼로리 이상일 것
㉯ 환경부장관이 정하여 고시하는 경우에는 폐기물의 30퍼센트 이상을 원료나 재료로 재활용하고 그 나머지 중에서 에너지의 회수에 이용할 것
㉰ 회수열을 50퍼센트 이상 열원으로 스스로 이용하거나 다른 사람에게 공급할 것
㉱ 에너지의 회수효율(회수에너지 총량을 투입에너지 총량으로 나눈 비율을 말한다.)이 75퍼센트 이상일 것

풀이 ㉰ 회수열을 모두 열원으로 스스로 이용하거나 다른 사람에게 공급할 것

2019 제2회 폐기물처리산업기사
(2019년 4월 27일 시행)

제1과목 폐기물개론

01 쓰레기 발생원과 발생 쓰레기 종류의 연결로 가장 거리가 먼 것은?

㉮ 주택지역 - 조대폐기물
㉯ 개방지역 - 건축폐기물
㉰ 농업지역 - 유해폐기물
㉱ 상업지역 - 합성수지류

풀이 ㉯ 개방지역 - 생활폐기물

02 쓰레기를 압축시켜 용적 감소율(volume reduction)이 61%인 경우 압축비(compactor ratio)는?

㉮ 2.1 ㉯ 2.6
㉰ 3.1 ㉱ 3.6

풀이 압축비 $= \dfrac{100}{100 - \text{용적 감소율}(\%)}$
$= \dfrac{100}{100 - 61\%} = 2.56$

03 함수율이 각각 90%, 70%인 하수슬러지를 무게비 3 : 1로 혼합하였다면 혼합 하수 슬러지의 함수율(%)은? (단, 하수 슬러지 비중 = 1.0)

㉮ 81 ㉯ 83
㉰ 85 ㉱ 87

풀이 혼합 하수 슬러지의 함수율(%)
$= \dfrac{90\% \times 3 + 70\% \times 1}{3+1}$
$= 85\%$

04 물렁거리는 가벼운 물질로부터 딱딱한 물질을 선별하는 데 이용되며, 경사진 컨베이어를 통해 폐기물을 주입시켜 회전하는 드럼 위에 떨어뜨려 분류하는 선별 방식은?

㉮ Stoners   ㉯ Jigs
㉰ Secators ㉱ Float Separator

풀이 ㉰ 세카터(Secators)에 대한 설명이다.

05 제품 및 제품에 의해 발생된 폐기물에 대하여 포괄적인 생산자의 책임을 원칙으로 하는 제도는?

㉮ 종량제
㉯ 부담금제도
㉰ EPR제도
㉱ 전표제도

㉰ 생산자책임재활용제도(EPR)에 대한 설명이다.

06 폐기물의 퇴비화 조건이 아닌 것은?

㉮ 퇴비화하기 쉬운 물질을 선정한다.
㉯ 분뇨, 슬러지 등 수분이 많을 경우 Bulking Agent를 혼합한다.
㉰ 미생물 식종을 위해 부숙 중인 퇴비의 일부를 반송하여 첨가한다.
㉱ pH가 5.5 이하인 경우 인위적인 pH 조절을 위해 탄산칼슘을 첨가한다.

㉰ 미생물 식종을 위해 숙성퇴비의 일부를 반송하여 첨가한다.

07 발열량과 발열량 분석에 관한 설명으로 틀린 것은?

㉮ 발열량은 쓰레기 1kg을 완전연소시킬 때 발생하는 열량(kcal)을 말한다.
㉯ 고위발열량(Hh)은 발열량계에서 측정한 값에서 물의 증발잠열을 뺀 값을 말한다.
㉰ 발열량 분석은 원소분석 결과를 이용하는 방법으로 고위발열량과 저위발열량을 추정할 수 있다.
㉱ 저위발열량(Hl, kcal/kg)을 산정하는 방법은 Hh-600(9H+W)을 사용한다.

㉯ 저위발열량(Hh)은 발열량계에서 측정한 고위발열량값에서 물의 증발잠열을 뺀 값을 말한다.

08 쓰레기 수거능을 판별할 수 있는 MHT에 대한 설명으로 가장 적절한 것은?

㉮ 1톤의 쓰레기를 수거하는 데 수거인부 1인이 소요하는 총 시간
㉯ 1톤의 쓰레기를 수거하는 데 소요되는 인부 수
㉰ 수거인부 1인이 시간당 수거하는 쓰레기 톤수
㉱ 수거인부 1인이 수거하는 쓰레기 톤 수

MHT(man·hr/ton)은 1톤의 쓰레기를 수거하는 데 수거인부 1인이 소요하는 총 시간을 의미한다.

09 쓰레기의 발생량 조사 방법이 아닌 것은?

㉮ 경향법
㉯ 적재차량 계수분석법
㉰ 직접 계근법
㉱ 물질 수지법

쓰레기 발생량
① 예측방법 : 다중회귀모델, 동적모사모델, 경향모델
② 조사방법 : 물질수지법, 직접계근법, 적재차량 계수법, 통계조사법

10 선별에 관한 설명으로 맞는 것은?
㉮ 회전스크린은 회전자를 이용한 탄도식 선별장치이다.
㉯ 와전류 선별기는 철로부터 알루미늄과 구리의 2가지를 모두 분리할 수 있다.
㉰ 경사 컨베이어 분리기는 부상선별기의 한 종류이다.
㉱ Zigzag 공기선별기는 column의 난류를 줄여줌으로써 선별 효율은 높일 수 있다.

11 폐기물에 함유된 유용 성분을 분리해 내기 위해 1000kg의 폐기물을 처리하여 700kg과 300kg으로 분류하였다. 이들 각 폐기물에 함유된 유용성분의 함량을 조사 하였더니 각각의 무게의 30%와 0.15%를 차지하고 있음을 알았다. 그러면 전체 폐기물에 함유되어 있는 유용성분의 함량(%)은 얼마인가? (단, 무게 기준)
㉮ 21%   ㉯ 27%
㉰ 31%   ㉱ 34%

 유용성분의 함량(%)
  $= \dfrac{\text{유용성분 함유 폐기물(kg)}}{\text{폐기물의 양(kg)}} \times 100$
① 유용성분 함유 폐기물(kg)
  $= 700\text{kg} \times 0.3 + 300\text{kg} \times 0.0015$
  $= 210.45\text{kg}$
② 유용성분의 함량(%) $= \dfrac{210.45\text{kg}}{1000\text{kg}} \times 100$
  $= 21.05\%$

12 쓰레기의 발생량 조사 방법인 물질수집법에 관한 설명으로 옳지 않은 것은?
㉮ 주로 산업폐기물 발생량을 추산할 때 이용된다.
㉯ 비용이 저렴하고 정확한 조사가 가능하여 일반적으로 많이 활용된다.
㉰ 조사하고자 하는 계의 경계를 정확하게 설정하여야 한다.
㉱ 물질수지를 세울 수 있는 상세한 데이터가 있는 경우에 가능하다.

㉯ 비용이 많이 들고 정확한 조사가 어려워 많이 활용되지 않는다.

13 슬러지의 함유수분 중 가장 많은 수분함유도를 유지하고 있는 것은?
㉮ 표면부착수   ㉯ 모관결합수
㉰ 간극수   ㉱ 내부수

㉰ 간극수에 대한 설명이다.

> **Tip**
> **수분의 함유형태**
> ① 간극수 : 슬러지내의 수분 중 일반적으로 가장 많은 양을 차지하며 고형물질과 직접 결합해 있지 않기 때문에 농축 등의 방법으로 용이하게 분리할 수 있는 수분이다.
> ② 모관결합수 : 미세한 슬러지 고형물의 입자사이의 얇은 틈에 존재하는 수분으로 모세관압으로 결합되어 있는 수분이며, 원심력, 진공압 등 기계적 압착으로 분리시킨다.
> ③ 부착수 : 콜로이드상 결합수로 수분제거가 용이하지 못하다.
> ④ 내부수 : 세포내부에 강하게 결합된 수분이다.

 10 ㉯ 11 ㉮ 12 ㉯ 13 ㉰

14 폐기물관리법의 적용을 받는 폐기물은?

㉮ 방사능 폐기물
㉯ 용기에 들어 있지 않은 기체상 물질
㉰ 분뇨
㉱ 폐유독물

풀이 ㉱ 폐기물관리법의 적용을 받는 폐기물은 폐유독물이다.

15 연간 폐기물 발생량이 8,000,000톤인 지역에서 1일 평균 수거인부가 3,000명이 소요되었으며, 1일 작업시간이 평균 8시간일 경우 MHT는? (단, 1년 = 365일로 산정)

㉮ 1.0   ㉯ 1.1
㉰ 1.2   ㉱ 1.3

풀이
$$MHT = \frac{수거인부수 \times 작업시간}{쓰레기 수거 실적}$$
$$= \frac{3,000인 \times 8hr/day \times 365day/년}{8,000,000ton/년}$$
$$= 1.10\,MHT$$

Tip
① MHT = man·hr/ton
② 1ton의 쓰레기를 수거하는데 수거인부 1인이 소요하는 총 시간

16 적환장에 대한 설명으로 옳지 않은 것은?

㉮ 최종처리장과 수거지역의 거리가 먼 경우 사용하는 것이 바람직하다.
㉯ 저밀도 거주지역이 존재할 때 설치한다.
㉰ 재사용 가능한 물질의 선별시설 설치가 가능하다.
㉱ 대용량의 수집차량을 사용할 때 설치한다.

풀이 ㉱ 소용량의 수집차량을 사용할 때 설치한다.

17 고형분이 50%인 음식물쓰레기 10ton을 소각하기 위해 수분 함량을 20%가 되도록 건조 시켰다. 건조된 쓰레기의 최종 중량(ton)은? (단, 비중은 1.0 기준)

㉮ 약 3.0   ㉯ 약 4.1
㉰ 약 5.2   ㉱ 약 6.3

풀이
$W_1 \times Ts_1 = W_2 \times (100 - P_2)$
여기서 W_1 : 소각 전 쓰레기량(kg)
Ts_1 : 소각 전 고형물량(%)
W_2 : 소각 후 쓰레기량(kg)
P_2 : 소각 후 함수율(%)
따라서 $10ton \times 50\% = W_2 \times (100 - 20\%)$
$$\therefore W_2 = \frac{10ton \times 50\%}{(100-20\%)}$$
$$= 6.25\,ton$$

18 LCA(전과정 평가, Life Cycle Assessment)의 구성요소에 해당하지 않는 것은?

㉮ 목적 및 범위의 설정
㉯ 분석평가
㉰ 영향평가
㉱ 개선평가

풀이 ㉯ 목록분석

정답 14 ㉱ 15 ㉯ 16 ㉱ 17 ㉱ 18 ㉯

19 생활폐기물의 발생량을 나타내는 발생 원단위로 가장 적합한 것은?

㉮ kg/capita·day ㉯ ppm/capita·day
㉰ m³/capita·day ㉱ L/capita·day

풀이) 발생 원단위 : kg/capita·day = kg/인·day

20 폐기물의 열분해(Pyrolysis)에 관한 설명으로 틀린 것은?

㉮ 무산소 또는 저산소 상태에서 반응한다.
㉯ 분해와 응축반응이 일어난다.
㉰ 발열반응이다.
㉱ 반응 시 생성되는 Gas는 주로 메탄, 일산화탄소, 수소가스이다.

풀이) ㉰ 흡열반응이다.

제2과목 폐기물처리기술

21 혐기성 소화의 장·단점이라 할 수 없는 것은?

㉮ 동력시설을 거의 필요로 하지 않으므로 운전비용이 저렴하다.
㉯ 소화 슬러지의 탈수 및 건조가 어렵다.
㉰ 반응이 더디고 소화기간이 비교적 오래 걸린다.
㉱ 소화가스는 냄새가 나며 부식성이 높은 편이다.

풀이) 소화 슬러지의 탈수 및 건조가 용이하다.

22 함수율이 99%인 잉여슬러지 40m³를 농축하여 96%로 했을 때 잉여슬러지의 부피는(m³)?

㉮ 5   ㉯ 10
㉰ 15 ㉱ 20

풀이) $V_1 \times (100 - P_1) = V_2 \times (100 - P_2)$

여기서 V_1 : 농축 전 잉여슬러지량(m³)
P_1 : 농축 전 함수율(%)
V_2 : 농축 후 잉여슬러지량(m³)
P_2 : 농축 후 함수율(%)

따라서 $40m^3 \times (100 - 99) = V_2 \times (100 - 96)$

$\therefore V_2 = \dfrac{40m^3 \times (100 - 99)}{(100 - 96)}$

$= 10 m^3$

23 사업장폐기물의 퇴비화에 대한 내용으로 틀린 것은?

㉮ 퇴비화 이용이 불가능하다.
㉯ 토양오염에 대한 평가가 필요하다.
㉰ 독성물질의 함유농도에 따라 결정하여야 한다.
㉱ 중금속 물질의 전처리가 필요하다.

풀이) ㉮ 퇴비화 이용이 가능하다.

24 일반폐기물의 소각처리에서 통상적인 폐기물의 원소 분석치를 이용하여 얻을 수 있는 항목으로 가장 거리가 먼 것은?

㉮ 연소의 공기량
㉯ 배기가스양 및 조성
㉰ 유해가스의 종류 및 양
㉱ 소각재의 성분

정답) 19 ㉮ 20 ㉰ 21 ㉯ 22 ㉯ 23 ㉮ 24 ㉱

풀이 폐기물의 원소 분석치를 이용하여 얻을 수 있는 항목
① 연소의 공기량
② 배기가스양 및 조성
③ 유해가스의 종류 및 양

25 해안 매립공법에 대한 설명으로 옳지 않은 것은?

㉮ 순차투입방법은 호안측에서부터 순차적으로 쓰레기를 투입하여 육지화하는 방법이다.
㉯ 수심이 깊은 처분장에서는 건설비 과다로 내수를 완전히 배제하기가 곤란한 경우가 많아 순차투입방법을 택하는 경우가 많다.
㉰ 처분장은 면적이 크고 1일 처분량이 많다.
㉱ 수중부에 쓰레기를 깔고 압축작업과 복토를 실시하므로 근본적으로 내륙매립과 같다.

풀이 ㉱ 수중부에 쓰레기를 깔고 압축작업과 복토를 실시 하기가 불가능하므로 근본적으로 내륙매립과 다르다.

26 쓰레기 소각로의 열부하가 50,000kcal/m³·hr이며 쓰레기의 저위발열량 1,800kcal/kg, 쓰레기 중량 20,000kg 일 때 소각로의 용량(m³)은? (단, 소각로는 8시간 가동)

㉮ 15 ㉯ 30
㉰ 60 ㉱ 90

풀이 소각로내의 열부하(kcal/m³·hr)
$$= \frac{\text{발열량(kcal/kg)} \times \text{쓰레기의 양(kg/hr)}}{\text{로의 부피(m}^3\text{)}}$$

따라서 50,000kcal/m³·hr
$$= \frac{1,800\text{kcal/kg} \times 20,000\text{kg/day} \times 1\text{day/8hr}}{\text{로의 부피(m}^3\text{)}}$$
∴ 로의 부피
$$= \frac{1,800\text{kcal/kg} \times 20,000\text{kg/day} \times 1\text{day/8hr}}{50,000\text{kcal/m}^3 \cdot \text{hr}}$$
$$= 90\text{m}^3$$

27 매립된 쓰레기양이 1,000ton이고, 유기물 함량이 40%이며, 유기물에서 가스로 전환율이 70%이다. 유기물 kg당 0.5m³의 가스가 생성되고 가스 중 메탄함량이 40%일 때 발생되는 총 메탄의 부피(m³)는? (단, 표준상태로 가정)

㉮ 46,000 ㉯ 56,000
㉰ 66,000 ㉱ 76,000

풀이 CH_4 발생량(m³)
= 쓰레기량(kg) × 유기물의 함량 × 가스전환율 × 가스 발생량(m³/kg) × 메탄의 함량
$= 1,000 \times 10^3 \text{kg} \times 0.4 \times 0.7 \times 0.5\text{m}^3/\text{kg} \times 0.4$
$= 56,000 \text{m}^3$

28 폐타이어의 재활용 기술로 가장 거리가 먼 것은?

㉮ 열분해를 이용한 연료 회수
㉯ 분쇄 후 유동층 소각로의 유동매체로 재활용
㉰ 열병합 발전의 연료로 이용
㉱ 고무 분말 제조

풀이 ㉯ 유동층 소각로의 유동매체로는 주로 모래가 이용됨

정답 25 ㉱ 26 ㉱ 27 ㉯ 28 ㉯

29 오염된 농경지의 정화를 위해 다른 장소로부터 비오염 토양을 운반하여 넣는 정화기술은?

㉮ 객토 ㉯ 반전
㉰ 희석 ㉱ 배토

풀이 오염된 농경지의 정화를 위해 다른 장소로부터 비오염 토양을 운반하여 넣는 정화기술은 객토이다.

30 일반적으로 매립지 내 분해속도가 가장 느린 구성물질은?

㉮ 지방 ㉯ 단백질
㉰ 탄수화물 ㉱ 섬유질

풀이
① 매립지 내 분해속도가 가장 느린 구성물질은 섬유질이다.
② 매립지 내 분해속도가 가장 **빠른** 구성물질은 탄수화물이다.

31 매립장 침출수의 차단방법 중 표면차수막에 관한 설명으로 가장 거리가 먼 것은?

㉮ 보수는 매립 전이라면 용이하지만 매립 후는 어렵다.
㉯ 시공 시에는 눈으로 차수성 확인이 가능하지만 매립이 이루어지면 어렵다.
㉰ 지하수 집배수시설이 필요하지 않다.
㉱ 차수막의 단위면적당 공사비는 비교적 싸지만 총공사비는 비싸다.

풀이 지하수 집배수시설이 필요하다.

Tip
연직차수막과 표면차수막의 비교

	연직차수막	표면차수막
차수성 확인	지하에 매설하기 때문에 확인이 어렵다.	시공시에는 가능하다. 매립후에는 곤란하다.
경제성	단위면적당 공사비가 비싼 반면 총공사비는 싸다.	단위면적당 공사비는 싸지만 매립지 전체를 시공하는 경우가 많아 총공사비는 비싸다.
보수성	차수막 보강시공이 가능	매립전에는 가능하나 매립후에는 어렵다.
지하수 집배수 시설	필요없다.	필요하다.

32 일반적인 슬러지 처리 계통도가 가장 올바르게 나열된 것은?

㉮ 농축 → 안정화 → 개량 → 탈수 → 소각
㉯ 탈수 → 개량 → 건조 → 안정화 → 소각
㉰ 개량 → 안정화 → 농축 → 탈수 → 소각
㉱ 탈수 → 건조 → 안정화 → 개량 → 소각

풀이 슬러지 처리 계통도 순서는 농축 → 안정화 → 개량 → 탈수 → 소각 순이다.

33 내륙매립공법 중 도랑형공법에 대한 설명으로 옳지 않은 것은?

㉮ 전처리로 압축 시 발생되는 수분처리가 필요하다.
㉯ 침출수 수집장치나 차수막 설치가 어렵다.
㉰ 사전 정비작업이 그다지 필요하지 않으나 매립용량이 낭비된다.

정답 29 ㉮ 30 ㉱ 31 ㉰ 32 ㉮ 33 ㉮

㉣ 파낸 흙을 복토제로 이용 가능한 경우에 경제적이다.

풀이 ㉮ 전처리로 압축 시 발생되는 수분처리는 불필요하다.

34 쓰레기 퇴비장(야적)의 세균 이용법에 해당하는 것은?

㉮ 대장균 이용
㉯ 혐기성 세균의 이용
㉰ 호기성 세균의 이용
㉱ 녹조류의 이용

풀이 ㉰ 쓰레기 퇴비장(야적)의 세균 이용법은 호기성 세균을 이용하는 방법이다.

35 폐기물 고화처리 시 고화재의 종류에 따라 무기적 방법과 유기적 방법으로 나눌 수 있다. 유기적 고형화에 관한 설명으로 틀린 것은?

㉮ 수밀성이 크며 다양한 폐기물에 적용할 수 있다.
㉯ 최종 고화체의 체적 증가가 거의 균일하다.
㉰ 미생물, 자외선에 대한 안정성이 약하다.
㉱ 상업화된 처리법의 현장자료가 빈약하다.

풀이 ㉯ 최종 고화체의 체적 증가가 다양하다.

36 고형화 처리의 목적에 해당하지 않는 것은?

㉮ 취급이 용이하다.
㉯ 폐기물 내 독성이 감소한다.
㉰ 폐기물 내 오염물질의 용해도가 감소한다.
㉱ 폐기물 내 손실성분이 증가한다.

풀이 ㉱ 폐기물 내 손실성분이 감소한다.

37 매립지에서 흔히 사용되는 합성차수막이 아닌 것은?

㉮ LFG   ㉯ HDPE
㉰ CR   ㉱ PVC

풀이 ㉮ LFG는 매립장에서 발생하는 가스이다.

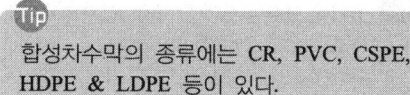
합성차수막의 종류에는 CR, PVC, CSPE, HDPE & LDPE 등이 있다.

38 소화 슬러지의 발생량은 투입량(200kL)의 10%이며, 함수율이 95%이다. 탈수기에서 함수율을 80%로 낮추면 탈수된 cake의 부피(m^3)는? (단, 슬러지의 비중 = 1.0)

㉮ 2.0   ㉯ 3.0
㉰ 4.0   ㉱ 5.0

풀이 $V_1 \times (100-P_1) = V_2 \times (100-P_2)$
여기서 V_1 : 탈수 전 슬러지량(m^3)
       P_1 : 탈수 전 함수율(%)
       V_2 : 탈수 후 슬러지량(m^3)
       P_2 : 탈수 후 함수율(%)

정답 34 ㉰ 35 ㉯ 36 ㉱ 37 ㉮ 38 ㉱

따라서
$200\,m^3 \times 0.1 \times (100-95) = V_2 \times (100-80)$

$\therefore V_2 = \dfrac{200\,m^3 \times 0.1 \times (100-95)}{(100-80)}$
$= 5\,m^3$

Tip
① $KL = m^3$
② V_1은 200m³의 10%이므로
 $V_1 = 200\,m^3 \times 0.1$

39 혐기성 분해에 영향을 주는 인자로서 가장 거리가 먼 것은?

㉮ 탄질비 ㉯ pH
㉰ 유기산농도 ㉱ 온도

풀이) 혐기성 분해에 영향을 주는 인자로서 pH, 유기산농도, 온도 등이다.

40 다양한 종류의 호기성미생물과 효소를 이용하여 단기간에 유기물을 발효시켜 사료를 생산하는 습식방식에 의한 사료화의 특징이 아닌 것은?

㉮ 처리 후 수분함량이 30% 정도로 감소한다.
㉯ 종균제 투입 후 30~60℃에서 24시간 발효와 350℃에서 고온 멸균처리한다.
㉰ 비용이 적게 소요된다.
㉱ 수분함량이 높아 통기성이 나쁘고 변질 우려가 있다.

풀이) ㉮ 처리 후 수분함량이 70~80% 정도로 하여 가축에게 공급한다.

제3과목 폐기물공정시험기준

41 다음에 제시된 온도의 최대 범위 중 가장 높은 온도를 나타내는 것은?

㉮ 실온
㉯ 상온
㉰ 온수
㉱ 추출된 노말헥산의 증류온도

풀이) 온도
㉮ 실온 : 1~35℃
㉯ 상온 : 15~25℃
㉰ 온수 : 60~70℃
㉱ 추출된 노말헥산의 증류온도 : 80℃

42 다음 설명에서 ( )에 알맞은 것은?

어떤 용액에 산 또는 알칼리를 가해도 그 수소이온농도가 변화하기 어려운 경우에, 그 용액을 ( )이라 한다.

㉮ 규정액 ㉯ 표준액
㉰ 완충액 ㉱ 중성액

풀이) ㉰ 완충액에 대한 설명이다.

정답 39 ㉮ 40 ㉮ 41 ㉱ 42 ㉰

43 pH 측정의 정밀도에 관한 내용으로 ( )에 옳은 내용은?

> 임의의 한 종류의 pH 표준용액에 대하여 검출부를 정제수로 잘 씻은 다음 (㉠) 되풀이하여 pH를 측정했을 때 그 재현성이 (㉡)이내 이어야 한다.

- ㉮ ㉠ 3회, ㉡ ±0.5
- ㉯ ㉠ 3회, ㉡ ±0.05
- ㉰ ㉠ 5회, ㉡ ±0.5
- ㉱ ㉠ 5회, ㉡ ±0.05

풀이 pH 측정의 정밀도는 임의의 한 종류의 pH 표준용액에 대하여 검출부를 정제수로 잘 씻은 다음 5회 되풀이하여 pH를 측정했을 때 그 재현성이 ±0.05이내 이어야 한다.

44 폐기물의 고형물 함량을 측정하였더니 18%로 측정되었다. 고형물 함량으로 분류할 때 해당되는 것은?

- ㉮ 고상폐기물
- ㉯ 액상폐기물
- ㉰ 반고상폐기물
- ㉱ 알 수 없음

풀이 폐기물의 분류
① 액상폐기물 : 고형물의 함량이 5% 미만
② 반고상폐기물 : 고형물의 함량이 5% 이상 15% 미만
③ 고상폐기물 : 고형물의 함량이 15% 이상

45 유도결합플라즈마-원자발광분광법에 대한 설명으로 틀린 것은?

- ㉮ 플라즈마가스로는 순도 99.99%(V/V%) 이상의 압축아르곤가스가 사용된다.
- ㉯ 플라즈마 상태에서 원자가 여기상태로 올라갈 때 방출하는 발광선으로 정량분석을 수행한다.
- ㉰ 플라즈마는 그 자체가 광원으로 이용되기 때문에 매우 넓은 농도 범위에서 시료를 측정할 수 있다.
- ㉱ 많은 원소를 동시에 분석이 가능하다.

풀이 ㉯ 플라즈마 상태에서 원자가 기저상태(바닥상태)로 이동할 때 방출하는 발광선으로 정량분석을 수행한다.

46 폐기물 용출조작에 관한 설명으로 틀린 것은?

- ㉮ 상온, 상압에서 진탕회수를 매분 당 약 200회로 한다.
- ㉯ 진폭 6~8cm의 진탕기를 사용한다.
- ㉰ 진탕기로 6시간 연속 진탕한다.
- ㉱ 여과가 어려운 경우 원심분리기를 사용하여 매 분당 3000회전 이상으로 20분 이상 원심 분리한다.

풀이 ㉯ 진폭 4~5cm의 진탕기를 사용한다.

> **Tip**
> **용출 시험방법**
> (1) 시료용액의 조제
> 시료의 조제방법에 따라 조제한 시료 100g 이상을 정확히 달아 정제수에 염산을 넣어 pH를 5.8~6.3으로 한 용매 (mL)를 시료 : 용매 = 1 : 10(W : V)의 비로 2,000mL 삼각플라스크에 넣어 혼

합한다.

(2) 용출조작
① 시료용액의 조제가 끝난 혼합액을 상온 상압에서 진탕회수가 매분 당 약 200회, 진폭이 4~5cm의 진탕기를 사용하여 6시간 연속 진탕한다.
② 1.0μm의 유리섬유 여과지로 여과하고 여과액을 적당량 취하여 용출실험용 시료용액으로 한다.
③ 여과가 어려운 경우에는 원심분리기를 사용하여 매분당 3,000회전 이상으로 20분 이상 원심분리한 다음 상징액을 적당량 취하여 용출실험용 시료용액으로 한다.

47 반고상 또는 고상 폐기물의 pH 측정법으로 ( )에 옳은 것은?

시료 10g을 (㉠) 비커에 취한 다음 정제수 (㉡)를 넣어 잘 교반하여 (㉢) 이상 방치

㉮ ㉠ 100mL, ㉡ 50mL, ㉢ 10분
㉯ ㉠ 100mL, ㉡ 50mL, ㉢ 30분
㉰ ㉠ 50mL, ㉡ 25mL, ㉢ 10분
㉱ ㉠ 50mL, ㉡ 25mL, ㉢ 30분

🖊 반고상 또는 고상 폐기물의 pH 측정법
시료 10g을 50mL 비커에 취한 다음 정제수 25mL를 넣어 잘 교반하여 30분 이상 방치한 후 이 현탁액을 시료용액으로 하거나 원심분리한 후 상층액을 시료용액으로 사용한다.

48 함수율이 90%인 슬러지를 용출시험하여 구리의 농도를 측정하니 1.0mg/L로 나타났다. 수분함량을 보정한 용출시험 결과치(mg/L)는?

㉮ 0.6　　㉯ 0.9
㉰ 1.1　　㉱ 1.5

🖊 ① 시료중의 함수율이 85%이상인
시료의 보정계수는 $\dfrac{15}{100 - 시료의\ 함유율(\%)}$

따라서 보정계수 = $\dfrac{15}{100-90} = 1.5$

② 1.0mg/L × 1.5 = 1.5mg/L

49 폐기물 중 시안을 측정(이온전극법)할 때 시료채취 및 관리에 관한 내용으로 ( )에 알맞은 것은?

시료는 수산화나트륨용액을 가하여 (㉠)으로 조절하여 냉암소에서 보관한다. 최대 보관시간은 (㉡)이며 가능한 한 즉시 실험한다.

㉮ ㉠ pH 10 이상, ㉡ 8시간
㉯ ㉠ pH 10 이상, ㉡ 24시간
㉰ ㉠ pH 12 이상, ㉡ 8시간
㉱ ㉠ pH 12 이상, ㉡ 24시간

🖊 시안을 측정(이온전극법)할 때 시료채취 및 관리
시료는 수산화나트륨용액을 가하여 pH 12 이상으로 조절하여 냉암소에서 보관하며, 최대 보관시간은 24시간이며 가능한 한 즉시 실험한다.

정답　47 ㉱　48 ㉱　49 ㉱

50 pH가 2인 용액 2L와 pH가 1인 용액 2L를 혼합하면 pH는?

㉮ 1.0 ㉯ 1.3
㉰ 2.0 ㉱ 2.3

풀이 ① 혼합용액의 농도
$$= \frac{10^{-2}\,mol/L \times 2L + 10^{-1}\,mol/L \times 2L}{2L + 2L}$$
$$= 0.055\,mol/L$$
② $pH = -\log[H^+]$
$$= -\log[0.055\,mol/L]$$
$$= 1.26$$

Tip
① pH 2의 농도는
 $[H^+] = 10^{-pH}\,mol/L = 10^{-2}\,mol/L$
② pH 1의 농도는
 $[H^+] = 10^{-pH}\,mol/L = 10^{-1}\,mol/L$
③ 산성물질에서 $pH = -\log[H^+]$
④ 알칼리성물질에서 $pH = 14 + \log[OH^-]$

51 기체크로마토그래피에 사용되는 분리용 컬럼의 McReynold 상수가 작다는 것이 의미하는 것은?

㉮ 비극성컬럼이다.
㉯ 이론단수가 작다.
㉰ 체류시간이 짧다.
㉱ 분리효율이 떨어진다.

풀이 분리용 컬럼의 McReynold 상수가 작다는 것은 비극성컬럼을 의미한다.

52 자외선/가시선분광법을 이용한 시안 분석을 위해 시료를 증류할 때 증기로 유출되는 시안의 형태는?

㉮ 시안산 ㉯ 시안화수소
㉰ 염화시안 ㉱ 시아나이드

풀이 자외선/가시선분광법을 이용한 시안 분석을 위해 시료를 증류할 때 증기로 유출되는 시안의 형태는 시안화수소이다.

53 폐기물 시료채취를 위한 채취도구 및 시료 용기에 관한 설명으로 틀린 것은?

㉮ 노말헥산 추출물질 시험을 위한 시료 채취 시는 갈색경질의 유리병을 사용하여야 한다.
㉯ 유기인 실험을 위한 시료 채취 시는 갈색경질의 유리병을 사용하여야 한다.
㉰ 시료 중에 다른 물질의 혼입이나 성분의 손실을 방지하기 위하여 코르크 마개를 사용하며, 다만 고무마개는 셀로판지를 씌워 사용할 수도 있다.
㉱ 시료용기에는 폐기물의 명칭, 대상 폐기물의 양, 채취장소, 채취시간 및 일기, 시료번호, 채취책임자 이름, 시료의 양, 채취방법, 기타 참고자료를 기재한다.

풀이 ㉰ 시료 중에 다른 물질의 혼입이나 성분의 손실을 방지하기 위하여 밀봉할 수 있는 마개를 사용하며 코르크 마개를 사용하여서는 안 된다. 다만, 고무나 코르크 마개에 파라핀지, 유지 또는 셀로판지를 씌워 사용할 수도 있다.

54 원자흡수분광광도법(공기-아세틸렌 불꽃)으로 크롬을 분석할 때 철, 니켈 등의 공존물질에 의한 방해를 방지하기 위해 넣어 주는 시약은?

㉮ 질산나트륨 ㉯ 인산나트륨
㉰ 황산나트륨 ㉱ 염산나트륨

풀이) 원자흡수분광광도법으로 크롬을 분석할 때 철, 니켈 등의 공존물질에 의한 방해를 방지하기 위해 넣어 주는 시약은 황산나트륨이다.

① 질산분해법 : 유기물 함량이 낮은 시료
② 질산-황산 분해법 : 유기물 등을 많이 함유하고 있는 대부분의 시료
③ 질산-염산 분해법 : 유기물 함량이 비교적 높지 않고 금속의 수산화물, 산화물, 인산염 및 황화물을 함유하고 있는 시료
④ 질산-과염소산 분해법 : 유기물을 높은 비율로 함유하고 있으면서 산화분해가 어려운 시료
⑤ 질산-과염소산-불화수소산 분해법 : 점토질 또는 규산염이 높은 비율로 함유된 시료

55 시료의 전처리 방법 중 점토질 또는 규산염이 높은 비율로 함유된 시료에 적용하는 것은?

㉮ 질산-과염소산 분해법
㉯ 질산-과염소산-불화수소산 분해법
㉰ 질산-과염소산-염화수소산 분해법
㉱ 질산-과염소산-황화수소산 분해법

풀이) ㉯ 질산-과염소산-불화수소산 분해법에 대한 설명이다.

56 시료의 전처리방법에서 유기물을 높은 비율로 함유하고 있으면서 산화 분해가 어려운 시료에 적용되는 방법은?

㉮ 질산-황산 분해법
㉯ 질산-과염소산 분해법
㉰ 질산-과염소산-불화수소 분해법
㉱ 질산-염산 분해법

풀이) ㉯ 질산-과염소산 분해법에 대한 설명이다.

Tip
산분해법

57 기체크로마토그래피법에서 유기인 화합물의 분석에 사용되는 검출기와 가장 거리가 먼 것은?

㉮ 전자포획형 검출기
㉯ 알칼리열이온화 검출기
㉰ 불꽃광도 검출기
㉱ 열전도도 검출기

풀이) 유기인 화합물의 분석에 사용되는 검출기는 전자포획형 검출기, 알칼리열이온화 검출기, 불꽃광도 검출기이다.

58 자외선/가시선 분광법으로 6가크롬을 측정할 때 흡수셀 세척에 사용되는 시약이 아닌 것은?

㉮ 탄산나트륨 ㉯ 질산(1+5)
㉰ 과망간산나트륨 ㉱ 에틸알코올

풀이) 흡수셀 세척에 사용되는 시약은 탄산나트륨, 질산(1+5), 에틸알코올, 과산화수소, 에틸에테르 등이다.

정답 54 ㉰ 55 ㉯ 56 ㉯ 57 ㉱ 58 ㉰

59 원자흡수분광광도법으로 측정할 수 없는 것은?

㉮ 시안, 유기인 ㉯ 구리, 납
㉰ 비소, 수은   ㉱ 철, 니켈

풀이) 원자흡수분광광도법은 중금속을 측정하는 방법이므로 보기 중에서 중금속이 아닌 물질이 정답이다.

Tip
① 시안의 분석방법 : 자외선/가시선분광법, 이온전극법, 연속흐름법
② 유기인의 분석방법 : 기체크로마토그래피

60 편광현미경법으로 석면을 측정할 때 석면의 정량범위는?

㉮ 1~25%   ㉯ 1~50%
㉰ 1~75%   ㉱ 1~100%

풀이) 석면의 측정방법
① 편광현미경법 : 정량범위는 1~100%
② X-선 회절기법 : 정량범위는 0.1~100.0wt%

제4과목 폐기물관계법규

61 환경부령이 정하는 폐기물처리담당자로서 교육기관에서 실시하는 교육을 받아야 하는 자로 알맞은 것은?

㉮ 폐기물재활용신고자
㉯ 폐기물처리시설의 기술관리인
㉰ 폐기물처리업에 종사하는 기술요원
㉱ 폐기물분석전문기관의 기술요원

풀이) 환경부령이 정하는 폐기물처리담당자로서 교육기관에서 실시하는 교육을 받아야 하는 자는 폐기물재활용신고자이다.

62 폐기물처리시설 주변지역 영향 조사 기준 중 조사방법(조사지점)에 관한 내용으로 ( )에 옳은 것은?

미세먼지와 다이옥신 조사지점은 해당 시설에 인접한 주거지역 중 (   )이상 지역의 일정한 곳으로 한다.

㉮ 2개소   ㉯ 3개소
㉰ 4개소   ㉱ 5개소

Tip
조사지점
① 미세먼지와 다이옥신 : 3개소 이상
② 악취 : 냄새가 가장 심한 곳
③ 지표수 : 상, 하류 각 1개소 이상
④ 지하수 : 3개의 지하수 검사정
⑤ 토양 : 4개소 이상

63 폐기물 처리업자가 폐기물의 발생, 배출, 처리상황 등을 기록한 장부의 보존기간은? (단, 최종 기재일 기준)

㉮ 6개월간 ㉯ 1년간
㉰ 3년간   ㉱ 5년간

풀이) 장부의 보존기간은 최종 기재한 날로부터 3년간이다.

정답 59 ㉮ 60 ㉱ 61 ㉮ 62 ㉯ 63 ㉰

64 의료폐기물의 종류 중 위해의료폐기물의 종류와 가장 거리가 먼 것은?

㉮ 전염성류 폐기물
㉯ 병리계 폐기물
㉰ 손상성 폐기물
㉱ 생물·화학폐기물

> **Tip**
> **위해의료폐기물**
> ① 조직물류폐기물 : 인체 또는 동물의 조직·장기·기관·신체의 일부, 동물의 사체, 혈액·고름 및 혈액생성물(혈청, 혈장, 혈액제제)
> ② 병리계폐기물 : 시험·검사 등에 사용된 배양액, 배양용기, 보관균주, 폐시험관, 슬라이드, 커버글라스, 폐배지, 폐장갑
> ③ 손상성폐기물 : 주사바늘, 봉합바늘, 수술용 칼날, 한방침, 치과용침, 파손된 유리재질의 시험기구
> ④ 생물·화학폐기물 : 폐백신, 폐항암제, 폐화학치료제
> ⑤ 혈액오염폐기물 : 폐혈액백, 혈액투석 시 사용된 폐기물, 그 밖에 혈액이 유출될 정도로 포함되어 있어 특별한 관리가 필요한 폐기물

65 지정폐기물 처리시설 중 기술관리인을 두어야 할 차단형 매립시설의 면적규모 기준은?

㉮ 330m² 이상   ㉯ 1,000m² 이상
㉰ 3,300m² 이상 ㉱ 10,000m² 이상

> **Tip**
> **기술관리인을 두어야 할 폐기물처리시설 중 매립시설의 경우**
> ① 지정폐기물을 매립하는 시설로서 면적이 3천 300제곱미터 이상인 시설. 다만 최종 처분시설 중 차단형 매립시설에서는 면적이 330제곱미터 이상이거나 매립용적이 1천세제곱미터 이상인 시설.
> ② 지정폐기물 외의 폐기물을 매립하는 시설로서 면적이 1만제곱미터 이상이거나 매립용적이 3만세제곱미터 이상인 시설.

66 사업장폐기물의 종류별 세부분류번호로 옳은 것은? (단, 사업장일반폐기물의 세부분류 및 분류번호)

㉮ 유기성오니류 31-01
㉯ 유기성오니류 41-01
㉰ 유기성오니류 51-01
㉱ 유기성오니류 61-01

 ① 유기성오니류 51-01
② 무기성오니류 51-02

67 폐기물처리업의 변경신고를 하여야 할 사항으로 틀린 것은?

㉮ 상호의 변경
㉯ 연락장소나 사무실 소재지의 변경
㉰ 임시차량의 증차 또는 운반차량의 감차
㉱ 처리용량 누계의 30% 이상 변경

 폐기물처리업의 변경신고를 하여야 할 사항
① 상호의 변경
② 대표자의 변경(권리·의무를 승계하는 경우는 제외)
③ 연락장소나 사무실 소재지의 변경
④ 임시차량의 증차 또는 운반차량의 감차
⑤ 재활용 대상 부지의 변경
⑥ 재활용 대상 폐기물의 변경
⑦ 폐기물 재활용 유형의 변경

정답 64 ㉮ 65 ㉮ 66 ㉰ 67 ㉱

68 폐기물처리시설에 대한 환경부령으로 정하는 검사기관이 잘못 연결된 것은?

㉮ 소각시설의 검사기관 : 한국기계연구원
㉯ 음식물류 폐기물 처리시설의 검사기관 : 보건환경연구원
㉰ 멸균분쇄시설의 검사기관 : 한국산업기술시험원
㉱ 매립시설의 검사기관 : 한국환경공단

풀이 음식물류 폐기물 처리시설의 검사기관
① 한국환경공단
② 한국산업기술시험원

Tip
환경부령으로 정하는 검사기관
(1) 소각시설의 검사기관
  ① 한국환경공단
  ② 한국기계연구원
  ③ 한국산업기술시험원
(2) 매립시설의 검사기관
  ① 한국환경공단
  ② 한국건설기술연구원
  ③ 한국농어촌공사
  ④ 수도권매립지관리공사
(3) 멸균분쇄시설의 검사기관
  ① 한국환경공단
  ② 보건환경연구원
  ③ 한국산업기술시험원
(4) 시멘트 소성로의 검사기관
  ① 한국환경공단
  ② 한국기계연구원
  ③ 한국산업기술시험원

69 지정폐기물배출자는 사업장에서 발생되는 지정폐기물인 폐산을 보관개시일 부터 최소 며칠을 초과하여 보관하여서는 안 되는가?

㉮ 90일   ㉯ 70일
㉰ 60일   ㉱ 45일

풀이 지정폐기물인 폐산을 보관개시일부터 최소 45일을 초과하여 보관하여서는 안된다.

70 2년 이하의 징역이나 2천만원 이하의 벌금에 처하는 경우가 아닌 것은?

㉮ 폐기물의 재활용 용도 또는 방법을 위반하여 폐기물을 처리하여 주변 환경을 오염시킨 자
㉯ 폐기물의 수출입 신고 의무를 위반하여 신고를 하지 아니하거나 허위로 신고한 자
㉰ 폐기물 처리업의 업종 구분과 영업내용의 범위를 벗어나는 영업을 한 자
㉱ 폐기물 회수 조치 명령을 이행하지 아니한 자

풀이 ㉱번은 3년이하의 징역이나 3천만원이하의 벌금에 해당한다.

71 폐기물의 수집·운반·보관·처리에 관한 기준 및 방법에 대한 설명으로 틀린 것은?

㉮ 해당 폐기물을 적정하게 처분, 재활용 또는 보관할 수 있는 장소 외의 장소로 운반하지 아니할 것
㉯ 폐기물의 종류와 성질·상태별 재활용 가능성 여부, 가연성이나 불연성 여부 등에 따라 구분하여 수집·운반·보관할 것
㉰ 폐기물을 처분 또는 재활용하는 자가 폐기물을 보관하는 경우에는 그 폐기물 처분시설 또는 재활용시설과 다른 사업장에 있는 보관시설에 보관할 것
㉱ 수집·운반·보관의 과정에서 침출수가

생기는 경우에는 환경부령으로 정하는 바에 따라 처리할 것

- ㉰ 폐기물을 처분 또는 재활용하는 자가 폐기물을 보관하는 경우에는 그 폐기물 처분시설 또는 재활용시설과 같은 사업장에 있는 보관시설에 보관할 것

72 폐기물처리업자 또는 폐기물처리신고자의 휴업·폐업 등의 신고에 관한 내용으로 ( )에 옳은 것은?

> 폐기물처리업자나 폐기물처리신고자가 휴업·폐업 또는 재개업을 한 경우에는 휴업·폐업 또는 재개업을 한 날부터 ( )에 신고서에 해당 서류를 첨부하여 시·도지사나 지방환경관서의 장에게 제출하여야 한다.

- ㉮ 10일 이내
- ㉯ 15일 이내
- ㉰ 20일 이내
- ㉱ 30일 이내

휴업·폐업 또는 재개업을 한 경우에는 휴업·폐업 또는 재개업을 한 날부터 20일 이내에 신고한다.

73 폐기물처리시설을 환경부령으로 정하는 기준에 맞게 설치하되, 환경부령으로 정하는 규모 미만의 폐기물 소각 시설을 설치, 운영하여서는 아니 된다. 이를 위반하여 설치가 금지되는 폐기물 소각시설을 설치, 운영한 자에 대한 벌칙 기준은?

- ㉮ 6개월 이하의 징역이나 5백만원 이하의 벌금
- ㉯ 1년 이하의 징역이나 1천만원 이하의 벌금
- ㉰ 2년 이하의 징역이나 2천만원 이하의 벌금
- ㉱ 3년 이하의 징역이나 3천만원 이하의 벌금

2년 이하의 징역이나 2천만원 이하의 벌금에 해당한다.

74 3년 이하의 징역이나 3천만원 이하의 벌금에 처하는 경우가 아닌 것은?

- ㉮ 거짓이나 그 밖의 부정한 방법으로 폐기물분석전문기관으로 지정을 받거나 변경지정을 받은 자
- ㉯ 다른 자의 명의나 상호를 사용하여 재활용 환경성평가를 하거나 재활용환경성평가기관지정서를 빌린 자
- ㉰ 유해성기준에 적합하지 아니하게 폐기물을 재활용한 제품 또는 물질을 제조하거나 유통한 자
- ㉱ 고의로 사실과 다른 내용의 폐기물분석결과서를 발급한 폐기물분석전문기관

㉰번은 1천만원 이하의 과태료에 해당한다.

75 폐기물처리 신고자의 준수사항 기준으로 ( )에 옳은 것은?

> 정당한 사유 없이 계속하여 ( ) 이상 휴업하여서는 아니 된다.

㉮ 6개월 ㉯ 1년
㉰ 2년   ㉱ 3년

풀이 폐기물처리 신고자는 정당한 사유 없이 계속하여 1년 이상 휴업하여서는 아니 된다.

76 음식물류 폐기물처리시설의 검사기관으로 옳은 것은?

㉮ 한국산업기술시험원
㉯ 한국환경자원공사
㉰ 시·도 보건환경연구원
㉱ 수도권매립지관리공사

풀이 음식물류 폐기물 처리시설의 검사기관
① 한국환경공단
② 한국산업기술시험원

77 폐기물처리담당자에 대한 교육을 실시하는 기관이 아닌 것은?

㉮ 국립환경인력개발원
㉯ 환경관리공단
㉰ 한국환경자원공사
㉱ 한국환경보전원

풀이 폐기물처리담당자에 대한 교육을 실시하는 기관
① 국립환경인력개발원
② 한국환경공단(환경관리공단)
③ 한국폐기물협회

④ 한국환경보전원
⑤ 한국환경산업기술원

78 폐기물처리시설의 사후관리기준 및 방법에 규정된 사후관리 항목 및 방법에 따라 조사한 결과를 토대로 매립시설이 주변 환경에 미치는 영향에 대한 종합보고서를 매립시설의 사용 종료 신고 후 몇 년 마다 작성하여야 하는가?

㉮ 1년 ㉯ 2년
㉰ 3년 ㉱ 5년

풀이 매립시설이 주변 환경에 미치는 영향에 대한 종합보고서를 매립시설의 사용 종료 신고 후 5년 마다 작성한다.

79 폐기물 처분시설 또는 재활용시설 중 음식물류 폐기물을 대상으로 하는 시설의 기술관리인 자격기준으로 틀린 것은?

㉮ 산업위생산업기사
㉯ 화공산업기사
㉰ 토목산업기사
㉱ 전기기사

풀이 음식물류 폐기물시설의 자격기준
① 폐기물처리산업기사
② 수질환경산업기사
③ 화공산업기사
④ 토목산업기사
⑤ 대기환경산업기사
⑥ 일반기계기사
⑦ 전기기사

정답 75 ㉯ 76 ㉮ 77 ㉰ 78 ㉱ 79 ㉮

80 사후관리 대상인 폐기물 매립시설은 사용이 종료되거나 그 시설이 폐쇄된 날로부터 몇 년 이내로 토지이용을 제한하는가?

㉮ 10년 ㉯ 20년
㉰ 30년 ㉱ 40년

풀이 사후관리 대상인 폐기물 매립시설은 사용이 종료되거나 그 시설이 폐쇄된 날로부터 30년 이내로 토지이용을 제한한다.

정답 80 ㉰

2019 제4회 폐기물처리산업기사
(2019년 9월 21일 시행)

제1과목 폐기물개론

01 함수율 80%인 슬러지 500g을 완전건조 시켰을 때 건조된 슬러지의 중량(g)은? (단, 슬러지의 비중 = 1.0)

㉮ 100 ㉯ 200
㉰ 300 ㉱ 400

풀이
$W_1 \times (100 - P_1) = W_2 \times (100 - P_2)$
여기서 W_1 : 건조 전 슬러지량(g)
P_1 : 건조 전 함수율(%)
W_2 : 건조 후 슬러지량(g)
P_2 : 건조 후 함수율(%)
따라서 $500g \times (100 - 80) = W_2 \times (100 - 0)$
∴ $W_2 = \dfrac{500g \times (100 - 80)}{(100 - 0)} = 100g$

Tip
건조후의 함수율이 주어지지 않다면 P = 0%이다.

02 우리나라에서 가장 많이 발생하는 사업장 폐기물(지정폐기물)은?

㉮ 분진
㉯ 폐알카리
㉰ 폐유 및 폐유기용제
㉱ 폐합성 고분자화합물

풀이 우리나라에서 가장 많이 발생하는 사업장 폐기물(지정폐기물)은 폐유 및 폐유기용제이다.

03 쓰레기의 입도를 분석하였더니 입도누적곡선상의 10%(D_{10}), 30%(D_{30}), 60%(D_{60}), 90%(D_{90})의 입경이 각각 2, 6, 15, 25mm 이라면 곡률계수는?

㉮ 15 ㉯ 7.5
㉰ 2.0 ㉱ 1.2

풀이
곡률계수 $= \dfrac{(D_{30\%})^2}{(D_{10\%} \times D_{60\%})}$
$= \dfrac{(6mm)^2}{(2mm \times 15mm)} = 1.2$

Tip
① 유효입경 $= D_{10\%} = 2mm$
② 균등계수 $= \dfrac{D_{60\%}}{D_{10\%}} = \dfrac{15mm}{2mm} = 7.5$

정답 01 ㉮ 02 ㉰ 03 ㉱

04. 가연분 함량을 구하는 식으로 옳은 것은?

㉮ 가연분(%) = 100-불연성물질(%)-가연성물질(%)
㉯ 가연분(%) = 100-시료무게(%)-회분(%)
㉰ 가연분(%) = 100-수분(%)-회분(%)
㉱ 가연분(%) = 100-분자량(%)-회분(%)

풀이 가연분 함량(%) = 100-수분(%)-회분(%)의 식을 이용하여 구한다.

05. 도시의 인구가 50,000명이고 분뇨의 1인 1일당 발생량은 1.1L이다. 수거된 분뇨의 BOD농도를 측정하였더니 60,000mg/L 이었고, 분뇨의 수거율이 30%라고 할 때 수거된 분뇨의 1일 발생 BOD량(kg)은? (단, 분뇨의 비중 = 1.0 기준)

㉮ 790   ㉯ 890
㉰ 990   ㉱ 1190

풀이 발생 BOD량(kg/day)
= $1.1 \text{L/day} \cdot \text{인} \times 50,000\text{인} \times 60,000 \text{mg/L}$
  $\times 10^{-6} \text{kg/mg} \times 0.30$
= 990kg/day

06. 수거효율을 결정하기 위해서 흔히 사용되는 동적시간조사(time-motion study)를 통한 자료와 가장 거리가 먼 것은?

㉮ 수거차량당 수거인부수
㉯ 수거인부의 시간당 수거 가옥수
㉰ 수거인부의 시간당 수거톤수
㉱ 수거톤당 인력 소요시간

풀이 문제조건 중 시간과 무관한 ㉮번이 정답이 된다.

07. 연질플라스틱과 종이류가 혼합된 폐기물을 파쇄 하는데 효과적이고, 파쇄속도가 느리고 이물질의 혼입에 대해 취약하지만 파쇄물의 크기를 고르게 절단할 수 있는 파쇄기는?

㉮ 전단파쇄기   ㉯ 충격파쇄기
㉰ 압축파쇄기   ㉱ 해머밀

풀이 ㉮ 전단파쇄기에 대한 설명이다.

08. 쓰레기 3성분을 조사하기 위한 실험 결과가 다음과 같을 때 가연분의 함량(%)은 얼마인가? (단, 원시료 무게 = 5.40kg, 건조 후 무게 = 3.67kg, 강열 후 무게 = 1.07kg)

㉮ 약 20   ㉯ 약 32
㉰ 약 48   ㉱ 약 68

풀이 가연분의 함량(%) = $\frac{3.67 \text{kg} - 1.07 \text{kg}}{5.40 \text{kg}} \times 100$
= 48.15%

09. 분석을 위하여 축소, 분쇄, 균질 등의 목적으로 하는 시료의 축소방법 중 원추4분법이 가장 많이 사용되는 이유로서 가장 적합한 것은?

㉮ 원추를 쌓기 때문이다.
㉯ 축소비율이 일정하기 때문이다.
㉰ 한 번의 조작으로 시료가 축소되기 때문이다.
㉱ 타 방법들이 공인되지 않기 때문이다.

풀이 시료의 축소방법 중 원추4분법이 가장 많이 사용되는 이유는 축소비율이 일정하기 때문이다.

정답 04 ㉰ 05 ㉰ 06 ㉮ 07 ㉮ 08 ㉰ 09 ㉯

10 파이프라인을 이용한 쓰레기 수송방법에 대한 설명으로 가장 거리가 먼 것은?

㉮ 쓰레기 발생밀도가 낮은 곳에서 현실성이 있다.
㉯ 잘못 투입된 물건을 회수하기가 곤란하다.
㉰ 조대쓰레기는 파쇄, 압축 등의 전처리가 필요하다.
㉱ 2.5km 이상의 장거리에서는 이용이 곤란하다.

㉮ 쓰레기 발생밀도가 낮은 곳에서는 현실성이 없다.

11 물질회수를 위한 선별방법 중 손선별에 관한 설명으로 옳지 않은 것은?

㉮ 컨베이어 벨트를 이용하여 손으로 종이류, 플라스틱류, 금속류, 유리류 등을 분류한다.
㉯ 작업효율은 0.5ton/man·hr 정도이다.
㉰ 컨베이어 벨트의 속도는 일반적으로 약 9m/min 이하이다.
㉱ 정확도가 떨어지고 폭발로 인한 위험에 노출되는 단점이 있다.

㉱ 정확도가 높아지고 폭발로 인한 위험을 방지할 수 있는 장점이 있다.

12 트롬멜 스크린의 선별효율에 영향을 주는 인자가 아닌 것은?

㉮ 체의 눈 크기   ㉯ 트롬멜 무게
㉰ 경사도   ㉱ 회전속도(rpm)

㉯ 트롬멜의 길이

13 인구 3,800명인 도시에서 하루 동안 발생되는 쓰레기를 수거하기 위하여 용량 8m³인 청소 차량이 5대, 1일 2회 수거, 1일 근무시간이 8시간인 환경미화원이 5명 동원된다. 이 쓰레기의 적재밀도가 0.3ton/m³일 때 MHT값(man·hour/ton)은? (단, 기타 조건은 고려하지 않음) ton/m³

㉮ 1.38   ㉯ 1.42
㉰ 1.67   ㉱ 1.83

$$MHT = \frac{수거인부수 \times 작업시간}{쓰레기 수거실적}$$
$$= \frac{5인 \times 8hr/day}{8m^3/1회 \cdot 1대 \times 2회/1일 \times 5대 \times 0.3ton/m^3}$$
$$= 1.67 MHT$$

Tip
① MHT = man·hr/ton
② MHT : 1ton의 쓰레기를 수거하는데 수거인부 1인이 소요하는 총시간
③ MHT가 클수록 수거효율이 낮다.

14 채취한 쓰레기 시료에 대한 성상분석 절차는?

㉮ 밀도 측정 → 물리적 조성 → 건조 → 분류
㉯ 밀도 측정 → 물리적 조성 → 분류 → 건조
㉰ 물리적 조성 → 밀도 측정 → 건조 → 분류
㉱ 물리적 조성 → 밀도 측정 → 분류 → 건조

채취한 시료의 성상분석 절차는 밀도 측정 → 물리적 조성 → 건조 → 분류 순이다.

정답 10 ㉮ 11 ㉱ 12 ㉯ 13 ㉰ 14 ㉮

15 우리나라 쓰레기의 배출특성에 대한 설명으로 가장 거리가 먼 것은?

㉮ 계절적 변동이 심하다.
㉯ 쓰레기의 발열량이 높다.
㉰ 음식물 쓰레기 조성이 높다.
㉱ 수분과 회분함량이 많다.

⊙ ㉯ 쓰레기의 발열량이 낮다.

16 폐기물 발생량 및 성상 예측 시 고려되어야 할 인자가 아닌 것은?

㉮ 소득수준   ㉯ 자원회수량
㉰ 사용연료   ㉱ 지역습도

⊙ 폐기물 발생량 및 성상 예측 시 고려되어야 할 인자로는 소득수준, 자원회수량, 사용연료, 계절 등이다.

17 지정폐기물과 관련된 설명으로 알맞은 것은?

㉮ 모든 폐유기용제는 지정폐기물이다.
㉯ 폐촉매 중에 코발트가 다량 포함되면 지정폐기물이다.
㉰ 기름성분(엔진오일, 폐식용유 등)을 5% 이상 함유하면 지정폐기물이다.
㉱ 6가크롬을 다량 함유하고 고형물함량이 5% 미만인 도금공장 발생 공정오니는 지정폐기물이다.

18 자력선별에서 사용하는 자력의 단위는?

㉮ emf   ㉯ mV(미리 볼트)
㉰ T(테슬라)   ㉱ F(파라데이)

⊙ 자력선별에서 사용하는 자력의 단위는 T(테슬라)이다.

19 쓰레기 수거능을 판별할 수 있는 MHT라는 용어에 대한 가장 적절한 표현은?

㉮ 수거인부 1인이 수거하는 쓰레기 톤수
㉯ 수거인부 1인이 시간당 수거하는 쓰레기 톤수
㉰ 1톤의 쓰레기를 수거하는데 소요되는 인부수
㉱ 1톤의 쓰레기를 수거하는데 수거인부 1인이 소요하는 총시간

⊙ MHT(man·hr/ton)는 1톤의 쓰레기를 수거하는데 수거인부 1인이 소요하는 총시간을 의미한다.

20 폐기물 처리방법 중 에너지 혹은 자원회수 방법으로 가장 비경제적인 것은?

㉮ 퇴비화   ㉯ 열 분해
㉰ 혐기성 소화   ㉱ 호기성 소화

⊙ ㉱ 호기성 소화는 에너지를 회수하는 방법이 아니다.

정답 15 ㉯ 16 ㉱ 17 ㉮ 18 ㉰ 19 ㉱ 20 ㉱

제2과목 폐기물처리기술

21 처리용량이 20kL/day인 분뇨처리장에 가스 저장탱크를 설계하고자 한다. 가스 저류기간을 3hr로 하고 생성가스량을 투입량의 8배로 가정한다면 가스탱크의 용량(m^3)은? (단, 비중 = 1.0 기준)

㉮ 20 ㉯ 60
㉰ 80 ㉱ 120

풀이) 가스탱크의 용량(m^3)
= 처리용량(m^3/day) × 가스저류시간(day) × 생성가스량
= $20m^3/day \times \left(\frac{3hr}{24}\right)day \times 8배$
= $20m^3$

Tip
KL/day = m^3/day

22 비정상적으로 작동하는 소화조에 석회를 주입하는 이유는?

㉮ 유기산균을 증가시키기 위해
㉯ 효소의 농도를 증가시키기 위해
㉰ 칼슘 농도를 증가시키기 위해
㉱ pH를 높이기 위해

풀이) 비정상적으로 작동하는 소화조에 석회를 주입하는 이유는 pH를 높이기 위해서이다.

23 연직 차수막 공법의 종류와 가장 거리가 먼 것은?

㉮ 강널말뚝
㉯ 어스 라이닝
㉰ 굴착에 의한 차수시트 매설법
㉱ 어스 댐 코아

풀이) ㉯ 그라우트 공법

24 다음 중 열회수시설이 아닌 것은?

㉮ 절탄기 ㉯ 과열기
㉰ SCR   ㉱ 공기예열기

풀이) ㉰ 재열기

25 오염된 토양의 처리를 위해 고형화 처리 시 토양 $1m^3$ 당 고형화재의 첨가량(kg)은?

㉮ 100 ㉯ 150
㉰ 200 ㉱ 250

풀이) 오염된 토양의 처리를 위해 고형화 처리 시 토양 $1m^3$ 당 고형화재의 첨가량은 150kg이다.

26 효과적으로 퇴비화를 진행시키기 위한 가장 직접적인 중요 인자는?

㉮ 온도
㉯ 함수율
㉰ 교반 및 공기공급
㉱ C/N비

풀이) 효과적으로 퇴비화를 진행시키기 위한 가장 직접적인 중요 인자는 C/N비이다.

정답 21 ㉮ 22 ㉱ 23 ㉯ 24 ㉰ 25 ㉯ 26 ㉱

27 매립지의 구분방법으로 옳지 않은 것은?

㉮ 매립구조에 따라 혐기성, 혐기성 위생, 개량 혐기성위생, 준호기성, 호기성 매립으로 구분한다.
㉯ 매립방법에 따라 불량, 친환경, 안전매립으로 구분한다.
㉰ 매립위치에 따라 육상, 해안매립으로 구분한다.
㉱ 위생매립(Cell 공법)은 도랑식, 경사식, 지역식 매립으로 구분한다.

풀이 ㉯ 매립방법에 따라 단순매립, 위생매립, 안전매립으로 구분한다.

28 유해 폐기물을 고화 처리하는 방법 중 피막형성법에 관한 설명으로 옳지 않은 것은?

㉮ 낮은 혼합률(MR)을 가진다..
㉯ 에너지 소요가 적다.
㉰ 화재 위험성이 있다.
㉱ 침출성이 낮다.

풀이 ㉯ 에너지 소요가 높다.

29 메탄올(CH_3OH) 8kg을 완전 연소하는데 필요한 이론공기량(Sm^3)은? (단, 표준상태 기준)

㉮ 35   ㉯ 40
㉰ 45   ㉱ 50

풀이 ① $CH_3OH + 1.5O_2 \rightarrow CO_2 + 2H_2O$
32kg : $1.5 \times 22.4\,Sm^3$
8kg : O_0(이론산소량)

∴ O_0(이론산소량) $= \dfrac{8kg \times 1.5 \times 22.4 Sm^3}{32kg}$
$= 8.4\,Sm^3$

② 이론공기량(Sm^3) = 이론산소량(Sm^3) $\times \dfrac{1}{0.21}$
$= 8.4\,Sm^3 \times \dfrac{1}{0.21}$
$= 40\,Sm^3$

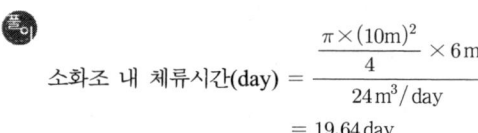

① CH_3OH = 메탄올 = 메틸알콜
② CH_3OH의 분자량(kg)
 $= 12 + (3 \times 1) + 16 + 1 = 32kg$
③ 체적(Sm^3) = 계수 $\times 22.4(Sm^3)$
④ 질량(kg) = 계수 $\times$ 분자량(kg)

30 분뇨를 혐기성 소화방식으로 처리하기 위하여 직경 10m, 높이 6m의 소화조를 실시하였다. 분뇨주입량을 1일 24m^3으로 할 때 소화조 내 체류시간(day)은?

㉮ 약 10   ㉯ 약 15
㉰ 약 20   ㉱ 약 25

풀이 소화조 내 체류시간(day) $= \dfrac{\dfrac{\pi \times (10m)^2}{4} \times 6m}{24\,m^3/day}$
$= 19.64\,day$

31 슬러지에서 고액분리 약품이 아닌 것은?

㉮ 알루미늄염   ㉯ 염소
㉰ 철염   ㉱ 석회카바이트

풀이 고액분리 약품은 응집제를 의미하며, 염소는 소독제이다.

정답 27 ㉯ 28 ㉯ 29 ㉯ 30 ㉰ 31 ㉯

32 분뇨의 악취발생 물질에 들어가지 않는 것은?

㉮ Skatole 및 Indole
㉯ CH_4와 CO_2
㉰ NH_3와 H_2S
㉱ R-SH

풀이 ㉯ CH_4와 CO_2는 무취의 기체이다.

33 소각로에서 NOx 배출농도가 270ppm, 산소배출농도가 12%일 때 표준산소(6%)로 환산한 NOx 농도(ppm)는?

㉮ 120 ㉯ 135
㉰ 162 ㉱ 450

풀이
$$C = Ca \times \frac{21 - O_s}{21 - O_a}$$

여기서 C : 오염물질 농도(ppm)
Ca : 실측오염물질 농도(ppm)
O_s : 표준산소농도(%)
O_a : 실측산소농도(%)

따라서 $C = 270\text{ppm} \times \dfrac{21 - 6\%}{21 - 12\%}$

$= 450\text{ppm}$

34 함수율 99%의 잉여슬러지 30m³를 농축하여 함수율 95%로 했을 때 슬러지 부피(m³)는? (단, 비중 = 1.0 기준)

㉮ 10 ㉯ 8
㉰ 6 ㉱ 4

풀이
$V_1 \times (100 - P_1) = V_2 \times (100 - P_2)$
여기서 V_1 : 농축 전 슬러지량(m³)
P_1 : 농축 전 함수율(%)
V_2 : 농축 후 슬러지량(m³)
P_2 : 농축 후 함수율(%)

따라서 $30\text{m}^3 \times (100 - 99) = V_2 \times (100 - 95)$

∴ $V_2 = \dfrac{30\text{m}^3 \times (100 - 99)}{(100 - 95)} = 6.0\text{m}^3$

35 폐산의 처리 방법 중 배소법에 관한 설명은?

㉮ 폐염산을 고온로 내로 공급하여 수분의 증발, 염화철의 분해를 이용하여 생성되는 염화수소를 염산으로 회수하는 방법
㉯ 폐산 중에 쇠부스러기를 가해서 반응시켜 황산철로 한 후 냉각시켜 $FeSO_4 \cdot 7H_2O$를 분리하는 방법
㉰ 농황산을 농축하여 30~97%의 황산을 회수하여 황산철 1수염을 정출 분리 하는 방법
㉱ 폐산을 냉각하여 염을 석출 분리하는 방법

풀이 폐산의 처리 방법 중 배소법이란 폐염산을 고온로 내로 공급하여 수분의 증발, 염화철의 분해를 이용하여 생성되는 염화수소를 염산으로 회수하는 방법이다.

36 매립지에서 최소한의 환기설비 또는 가스대책 설비를 계획하여야 하는 경우와 가장 거리가 먼 것은?

㉮ 발생가스의 축적으로 덮개설비에 손상이 갈 우려가 있는 경우
㉯ 식물 식생의 과다로 지중 가스 축적이 가중되는 경우

정답 32 ㉯ 33 ㉱ 34 ㉰ 35 ㉮ 36 ㉯

㉰ 유독가스가 방출될 우려가 있는 경우
㉱ 매립지 위치가 주변개발지역과 인접한 경우

[풀이] ㉰ 식물 식생이 과다한 경우 식물에 의한 유기물의 소모로 지중의 가스 축적이 적다.

37 유기물(포도당, $C_6H_{12}O_6$) 1kg을 혐기성 소화시킬 때 이론적으로 발생하는 메탄량(kg)은?

㉮ 약 0.09   ㉯ 약 0.27
㉰ 약 0.73   ㉱ 약 0.93

[풀이]
$C_6H_{12}O_6 \rightarrow 3CO_2 + 3CH_4$
180kg : 3×16kg
1kg : X
∴ $X = \dfrac{1kg \times 3 \times 16 kg}{180 kg} = 0.27 kg$

38 매립지 위치 선정 시 적당한 곳은?

㉮ 홍수범람지역
㉯ 습지대
㉰ 단층지역
㉱ 지하수위 낮은 곳

[풀이] 매립지 위치선정 시 적당한 곳은 지하수오염을 고려해야 하므로 지하수위가 낮은 곳을 선정해야 한다.

39 매립지의 침출수 수질을 결정하는 가장 큰 요인은?

㉮ 폐기물의 매립량
㉯ 폐기물의 조성
㉰ 매립방법
㉱ 강우량

[풀이] 매립지의 침출수 수질을 결정하는 가장 큰 요인은 폐기물의 조성이다.

40 슬러지를 최종 처분하기 위한 가장 합리적인 처리공정 순서는?

A : 최종처분, B : 건조, C : 개량,
D : 탈수, E : 농축, F : 유기물 안정화(소화)

㉮ E - F - D - C - B - A
㉯ E - D - F - C - B - A
㉰ E - F - C - D - B - A
㉱ E - D - C - F - B - A

[풀이] 슬러지의 처리공정은 농축 → 유기물 안정화(소화) → 개량 → 탈수 → 건조 → 소각 → 최종처분 순서이다.

[정답] 37 ㉯ 38 ㉱ 39 ㉯ 40 ㉰

제3과목 폐기물 공정시험기준

41 자외부 파장범위에서 일반적으로 사용하는 흡수셀의 재질은?

㉮ 유리 ㉯ 석영
㉰ 플라스틱 ㉱ 백금

풀이) 흡수셀의 재질
① 유리제 : 가시 및 근적외부 파장범위
② 석영제 : 자외부 파장범위
③ 플라스틱제 : 근적외부 파장범위

42 원자흡수분광광도법에서 사용되는 불꽃의 용도는?

㉮ 원자의 여기화(Excitation)
㉯ 원자의 증기화(Vaporization)
㉰ 원자의 이온화(Ionization)
㉱ 원자화(Atomization)

풀이) 원자흡수분광광도법에서 사용되는 불꽃의 용도는 원자의 증기화이다.

43 석면(편광현미경법)의 시료 채취 양에 관한 내용으로 ( )에 옳은 것은?

> 시료의 양은 1회에 최소한 면적단위로는 $1cm^2$, 부피단위로는 $1cm^3$, 무게단위로는 ( )이상 채취한다.

㉮ 1g ㉯ 2g
㉰ 3g ㉱ 4g

풀이) 시료의 양은 1회에 최소한 면적단위로는 $1cm^2$, 부피단위로는 $1cm^3$, 무게단위로는 2g 이상 채취한다.

44 시안(CN)을 자외선/가시선분광법으로 분석할 때 시안(CN)이온을 염화시안으로 하기 위해 사용하는 시약은?

㉮ 염산 ㉯ 클로라민-T
㉰ 염화나트륨 ㉱ 염화제2철

풀이) 시안(CN)이온을 염화시안으로 하기 위해 사용하는 시약은 클로라민-T이다.

45 시료 채취방법에 관한 내용 중 틀린 것은?

㉮ 시료의 양은 1회에 100g이상 채취한다.
㉯ 채취한 시료는 0~4℃ 이하의 냉암소에서 보관하여야 한다.
㉰ 폐기물이 적재되어 있는 운반차량에서 현장 시료를 채취할 경우에는 적재 폐기물의 성상이 균일하다고 판단되는 깊이에서 현장 시료를 채취한다.
㉱ 대형의 콘크리트 고형화물로써 분쇄가 어려운 경우 같은 성분의 물질로 대체할 수 있다.

풀이) ㉱ 대형의 콘크리트 고형화물로써 분쇄가 어려운 경우 임의의 5개소에서 채취하여 각각 파쇄하여 100g씩 균등 양 혼합하여 채취한다.

정답 41 ㉯ 42 ㉯ 43 ㉯ 44 ㉯ 45 ㉱

46 이물질이 들어가거나 또는 내용물이 손실되지 아니하도록 보호하는 용기는?

㉮ 밀폐용기 ㉯ 기밀용기
㉰ 밀봉용기 ㉱ 차광용기

📖 ㉮ 밀폐용기에 대한 설명이다.

> **Tip**
> **용기**
> ① 밀폐용기 : 이물질
> ② 기밀용기 : 공기 또는 다른 가스
> ③ 밀봉용기 : 기체 또는 미생물
> ④ 차광용기 : 광선

47 폐기물공정시험기준 중 성상에 따른 시료 채취방법으로 가장 거리가 먼 것은?

㉮ 폐기물 소각시설 소각재란 연소실 바닥을 통해 배출되는 바닥재와 폐열보일러 및 대기오염 방지시설을 통해 배출되는 비산재를 말한다.
㉯ 공정상 소각재에 물을 분사하는 경우를 제외하고는 가급적 물을 분사한 후에 시료를 채취한다.
㉰ 비산재 저장조의 경우 낙하구 밑에서 채취하고, 운반차량에 적재된 소각재는 적재차량에서 채취하는 것을 원칙으로 한다.
㉱ 회분식 연소방식 반출설비에서 채취하는 소각재는 하루 동안의 운전 횟수에 따라 매 운전시마다 2회 이상 채취하는 것을 원칙으로 한다.

📖 ㉯ 공정상 소각재에 물을 분사하는 경우를 제외하고는 가급적 물을 분사하기 전에 시료를 채취한다.

48 용액 100g 중 성분용량(mL)을 표시하는 것은?

㉮ W/V% ㉯ V/V%
㉰ V/W% ㉱ W/W%

📖 $\dfrac{\text{성분용량}(mL)}{100g} = \dfrac{V}{W}(\%)$

49 기체크로마토그래프-질량분석법에 따른 유기인 분석방법을 설명한 것으로 틀린 것은?

㉮ 운반기체는 부피백분율 99.999% 이상의 헬륨을 사용한다.
㉯ 질량분석기는 자기장형, 사중극자형 및 이온트랩형 등의 성능을 가진 것을 사용한다.
㉰ 질량분석기의 이온화방식은 전자충격법(EI)을 사용하며 이온화에너지는 35~70eV을 사용한다.
㉱ 질량분석기의 정량분석에는 메트릭스 검출법을 이용하는 것이 바람직하다.

📖 ㉱ 질량분석기의 정량분석에는 선택이온 검출법(SIM)을 이용하는 것이 바람직하다.

50 강열감량 시험에서 얻어진 다음 데이터로부터 구한 강열감량(%)은?

> • 접시무게(W_1) = 30.5238g
> • 접시와 시료의 무게(W_2) = 58.2695g
> • 강열, 방랭 후 접시와 시료의 무게(W_3) = 43.3767g

㉮ 43.68　㉯ 53.68
㉰ 63.68　㉱ 73.68

강열감량(%) = $\dfrac{(W_2 - W_3)}{(W_2 - W_1)} \times 100$

$= \dfrac{(58.2695\,g - 43.3767\,g)}{(58.2695\,g - 30.5238\,g)} \times 100$

$= 53.68\%$

Tip
폐기물의 종류
① 액상 폐기물 : 고형물의 함량이 5% 미만
② 반고상 폐기물 : 고형물의 함량이 5% 이상 15% 미만
③ 고상 폐기물 : 고형물의 함량이 15% 이상

51 기체크로마토그래피법에 사용되고 있는 전자포획형 검출기(ECD)로 선택적으로 검출할 수 있는 물질이 아닌 것은?

㉮ 유기할로겐화합물
㉯ 니트로화합물
㉰ 유기금속화합물
㉱ 유황화합물

전자포획형 검출기(ECD)로 선택적으로 검출할 수 있는 물질은 유기할로겐화합물, 니트로화합물, 유기금속화합물이다.

52 폐기물 공정시험방법의 총칙에서 규정하고 있는 사항 중 옳지 않은 것은?

㉮ 온도의 영향이 있는 것의 판정은 표준온도를 기준으로 한다.
㉯ 방울수라 함은 20℃에서 정제수 20 방울을 적하할 때 그 부피가 약 1mL가 되는 것을 말한다.
㉰ 액상 폐기물이라 함은 고형물의 함량이 10% 미만인 것을 말한다.
㉱ 약이라 함은 기재된 양에 대하여 ± 10% 이상의 차가 있어서는 안 된다.

㉰ 액상 폐기물이라 함은 고형물의 함량이 5% 미만인 것을 말한다.

53 원자흡수분광분석 시 장치나 불꽃의 성질에 기인하여 일어나는 간섭으로 옳은 것은?

㉮ 분광학적 간섭
㉯ 물리적 간섭
㉰ 화학적 간섭
㉱ 이온화 간섭

㉮ 분광학적 간섭에 해당한다.

54 총칙에서 규정하고 있는 '함침성 고상폐기물'의 정의로 옳은 것은?

㉮ 종이, 목재 등 수분을 흡수하는 변압기 내부 부재(종이, 나무와 금속이 서로 혼합되어 분리가 어려운 경우를 포함)를 말한다.
㉯ 종이, 목재 등 수분을 흡수하는 변압기 내부 부재(종이, 나무와 금속이 서로 혼합되어 분리가 어려운 경우는 제외)를 말한다.
㉰ 종이, 목재 등 기름을 흡수하는 변압기 내부 부재(종이, 나무와 금속이 서로 혼합되어 분리가 어려운 경우를 포함)를 말한다.
㉱ 종이, 목재 등 기름을 흡수하는 변압기

정답 51 ㉱　52 ㉰　53 ㉮　54 ㉰

내부 부재(종이, 나무와 금속이 서로 혼합되어 분리가 어려운 경우는 제외)를 말한다.

🔹 함침성 고상폐기물란 종이, 목재 등 기름을 흡수하는 변압기 내부 부재(종이, 나무와 금속이 서로 혼합되어 분리가 어려운 경우를 포함)를 말한다.

55 수은을 원자흡수분광광도법(환원기화법)으로 측정할 때 정밀도(RSD)는?

㉮ ± 10% ㉯ ± 15%
㉰ ± 20% ㉱ ± 25%

🔹 수은을 원자흡수분광광도법(환원기화법)으로 측정할 때 정밀도(RSD)는 ± 25%이다.

56 다음 설명하는 시료의 분할채취방법은?

- 분쇄한 대시료를 단단하고 깨끗한 평면위에 원추형으로 쌓는다.
- 원추를 장소를 바꾸어 다시 쌓는다.
- 원추에서 일정량을 취하여 장방형으로 도포하고 계속해서 일정량을 취하여 그 위에 입체로 쌓는다.
- 육면체의 측면을 교대로 돌면서 균등량 씩을 취하여 두 개의 원추를 쌓는다.
- 하나의 원추는 버리고 나머지 원추를 앞의 조작을 반복하면서 적당한 크기까지 줄인다.

㉮ 구획법   ㉯ 교호삽법
㉰ 원추4분법   ㉱ 분할법

🔹 ㉯ 교호삽법에 대한 설명이다.

57 원자흡수분광광도법으로 크롬을 정량할 때 전처리조작으로 KMnO₄를 사용하는 목적은?

㉮ 철이나 니켈금속 등 방해 물질을 제거하기 위하여
㉯ 시료 중의 6가 크롬을 3가 크롬으로 환원하기 위하여
㉰ 시료 중의 3가 크롬을 6가 크롬으로 산화하기 위하여
㉱ 디페닐카르바지드와 반응성을 높이기 위하여

🔹 과망간산칼륨($KMnO_4$)은 강산화제이므로 시료 중의 3가 크롬을 6가 크롬으로 산화하기 위해 사용한다.

58 수산화나트륨(NaOH) 10g을 정제수 500 mL에 용해시킨 용액의 농도(N)는? (단, 나트륨 원자량 = 23)

㉮ 0.5   ㉯ 0.4
㉰ 0.3   ㉱ 0.2

🔹 $N = \dfrac{질량(g)}{부피(L)} \times \dfrac{1\,eq}{1당량\,g}$

$= \dfrac{10\,g}{0.5\,L} \times \dfrac{1\,eq}{40\,g} = 0.5\,N$

Tip
① N농도 = eq/L
② NaOH는 1가이므로 1 eq = 40 g

정답 55 ㉱ 56 ㉯ 57 ㉰ 58 ㉮

59 4°C의 물 500mL에 순도가 75%인 시약용 납을 5mg을 녹였을 때 용액의 납 농도(ppm)는?

㉮ 2.5 ㉯ 5.0
㉰ 7.5 ㉱ 10.0

풀이 납의 농도(mg/L) = $\frac{5\,mg \times 0.75}{0.5\,L}$ = 7.5 mg/L

Tip
ppm = mg/L

60 유도결합플라스마-원자발광분광법에 의한 카드뮴 분석방법에 관한 설명으로 틀린 것은?

㉮ 정량범위는 사용하는 장치 및 측정조건에 따라 다르지만 330nm에서 0.004~0.3mg/L정도이다.
㉯ 아르곤가스는 액화 또는 압축 아르곤으로서 99.99V/V% 이상의 순도를 갖는 것이어야 한다.
㉰ 시료용액의 발광강도를 측정하고 미리 작성한 검정곡선으로부터 카드뮴의 양을 구하여 농도를 산출한다.
㉱ 검정곡선 작성 시 카드뮴 표준용액과 질산, 염산, 정제수가 사용된다.

풀이 ㉮ 정량범위는 사용하는 장치 및 측정조건에 따라 다르지만 226.50nm에서 0.004~50mg/L이다.

제4과목 폐기물관계법규

61 폐기물 통계 조사 중 폐기물 발생원 등에 관한 조사의 실시 주기는?

㉮ 3년 ㉯ 5년
㉰ 7년 ㉱ 10년

참고 법규개정으로 삭제

62 1회용품의 품목이 아닌 것은?

㉮ 1회용 컵   ㉯ 1회용 면도기
㉰ 1회용 물티슈 ㉱ 1회용 나이프

63 변경허가를 받지 아니하고 폐기물처리업의 허가사항을 변경한 자에게 주어지는 벌칙은?

㉮ 2년 이하의 징역 또는 2천만원 이하의 벌금
㉯ 3년 이하의 징역 또는 3천만원 이하의 벌금
㉰ 5년 이하의 징역 또는 5천만원 이하의 벌금
㉱ 7년 이하의 징역 또는 7천만원 이하의 벌금

풀이 ㉯ 3년 이하의 징역 또는 3천만원 이하의 벌금에 해당한다.

정답 59 ㉰ 60 ㉮ 61 ㉯ 62 ㉰ 63 ㉯

64 폐기물처리업자 등이 보존하여야 하는 폐기물 발생, 배출, 처리상황 등에 관한 내용을 기록한 장부의 보존 기간(최종기재일 기준)으로 옳은 것은?

㉮ 1년 ㉯ 2년
㉰ 3년 ㉱ 5년

풀이 폐기물처리업자의 장부의 보존기간은 3년이다.

65 방치폐기물의 처리기간에 대한 내용으로 ( )에 옳은 내용은? (단, 연장 기간은 고려하지 않음)

> 환경부장관이나 시·도지사는 폐기물처리공제조합에 방치폐기물의 처리를 명하려면 주변 환경의 오염우려 정도와 방치 폐기물의 처리량 등을 고려하여 ( )범위에서 그 처리기간을 정하여야 한다.

㉮ 3개월 ㉯ 2개월
㉰ 1개월 ㉱ 15일

풀이 방치폐기물의 처리기간 : 2개월, 1개월 범위 안에서 기간연장

66 사업장폐기물의 발생억제를 위한 감량지침을 지켜야 할 업종과 규모로 ( )에 맞는 것은?

> 최근 (㉠)간의 연평균 배출량을 기준으로 지정폐기물을 (㉡) 이상 배출하는 자

㉮ ㉠ 1년, ㉡ 100톤
㉯ ㉠ 3년, ㉡ 100톤
㉰ ㉠ 1년, ㉡ 500톤
㉱ ㉠ 3년, ㉡ 500톤

풀이 규모(최근 3년간의 연평균 배출량 기준)
① 지정폐기물 : 100톤 이상
② 지정폐기물 외의 폐기물 : 1천톤 이상

67 폐기물의 국가간 이동 및 그 처리에 관한 법률은 폐기물의 수출·수입 등을 규제함으로써 폐기물의 국가간 이동으로 인한 환경오염을 방지하고자 제정되었는데, 관련된 국제적인 협약은?

㉮ 기후변화협약 ㉯ 바젤협약
㉰ 몬트리올의정서 ㉱ 비엔나협약

풀이 ㉯ 바젤협약에 대한 설명이다.

68 의료폐기물 보관의 경우 보관창고, 보관장소 및 냉장시설에는 보관 중인 의료폐기물의 종류, 양 및 보관기간 등을 확인할 수 있는 의료폐기물 보관 표지판을 설치하여야 한다. 이 표지판 표지의 색깔로 옳은 것은?

㉮ 노란색 바탕에 검은색 선과 검은색 글자
㉯ 노란색 바탕에 녹색 선과 녹색 글자
㉰ 흰색 바탕에 검은색 선과 검은색 글자
㉱ 흰색 바탕에 녹색 선과 녹색 글자

풀이 의료폐기물의 표지판 표지의 색깔은 흰색 바탕에 녹색 선과 녹색 글자이다.

정답 64 ㉰ 65 ㉯ 66 ㉯ 67 ㉯ 68 ㉱

69 지정폐기물(의료폐기물은 제외) 보관창고에 설치해야 하는 지정폐기물의 종류, 보관가능용량, 취급 시 주의사항 및 관리책임자 등을 기재한 표지판 표지의 규격 기준은? (단, 드럼 등 소형용기에 붙이는 경우 제외)

㉮ 가로 60cm 이상×세로 40cm 이상
㉯ 가로 80cm 이상×세로 60cm 이상
㉰ 가로 100cm 이상×세로 80cm 이상
㉱ 가로 120cm 이상×세로 100cm 이상

🅟 표지판 표지의 규격 기준은 가로 60cm 이상×세로 40cm 이상이다.

70 폐기물관리법에 적용되지 아니하는 물질에 대한 기준으로 틀린 것은?

㉮ 물환경보전법에 따른 수질 오염 방지시설에 유입되거나 공공수역으로 배출되는 폐수
㉯ 원자력안전법에 따른 방사성 물질과 이로 인하여 오염된 물질
㉰ 용기에 들어 있는 기체상태의 물질
㉱ 하수도법에 따른 하수·분뇨

🅟 ㉰ 용기에 들어 있지 아니한 기체상태의 물질

71 시·도지사가 폐기물처리 신고자에게 처리금지 명령을 하여야 하는 경우, 천재지변이나 그 밖의 부득이한 사유로 해당 폐기물처리를 계속하도록 할 필요가 인정되는 경우에 그 처리금지를 갈음하여 부과할 수 있는 과징금의 최대 액수는?

㉮ 2천만원   ㉯ 5천만원
㉰ 1억원   ㉱ 2억원

🅟 처리금지를 갈음하여 부과할 수 있는 과징금의 최대 액수는 2천만원 이하이다.

72 대통령령으로 정하는 폐기물처리시설을 설치 운영하는 자 중에 기술관리인을 임명하지 아니하고 기술관리 대행 계약을 체결하지 아니한 자에 대한 과태료 처분 기준은?

㉮ 1천만원 이하   ㉯ 5백만원 이하
㉰ 3백만원 이하   ㉱ 2백만원 이하

🅟 ㉮ 1천만원 이하의 과태료에 해당한다.

73 폐기물 처분시설 또는 재활용시설 중 의료폐기물을 대상으로 하는 시설의 기술관리인 자격으로 틀린 것은?

㉮ 위생사
㉯ 임상병리사
㉰ 산업위생지도사
㉱ 폐기물처리산업기사

🅟 의료폐기물을 대상으로 하는 시설의 기술관리인 자격기준은 폐기물처리산업기사, 임상병리사, 위생사 중 1명 이상이다.

74 환경부장관이나 시·도지사로부터 과징금 통지를 받은 자는 통지를 받은 날부터 며칠 이내에 과징금을 부과권자가 정하는 수납기간에 납부하여야 하는가?

㉮ 15일 ㉯ 20일
㉰ 30일 ㉱ 60일

풀이) 과징금 납부기간 : 통지를 받은 날로부터 20일 이내

75 다음 용어에 대한 설명으로 틀린 것은?

㉮ "재활용"이란 에너지를 회수하거나 회수할 수 있는 상태로 만들거나 폐기물을 연료로 사용하는 활동으로서 환경부령으로 정하는 활동
㉯ "지정폐기물"이란 사업장폐기물 중 폐유·폐산 등 주변 환경을 오염시킬 수 있는 해로운 물질로서 대통령령으로 정하는 폐기물
㉰ "폐기물처리시설"이란 폐기물의 중간처분시설 및 최종처분시설로서 대통령령으로 정하는 시설
㉱ "폐기물감량화시설"이란 생산 공정에서 발생하는 폐기물의 양을 줄이고, 사업장 내 재활용을 통하여 폐기물 배출을 최소화하는 시설로서 대통령령으로 정하는 시설

풀이) ㉰ "폐기물처리시설"이란 폐기물의 중간처분시설, 최종처분시설 및 재활용시설로서 대통령령으로 정하는 시설

76 주변지역 영향 조사대상 폐기물처리시설에 관한 기준으로 옳은 것은?

㉮ 1일 처리능력 30톤 이상인 사업장 폐기물 소각시설
㉯ 1일 처리능력 10톤 이상인 사업장 폐기물 고온소각시설
㉰ 매립면적 1만 제곱미터 이상의 사업장 지정폐기물 매립시설
㉱ 매립면적 3만 제곱미터 이상의 사업장 일반폐기물 매립시설

풀이) 주변지역 영향 조사대상 폐기물처리시설
① 1일 처분능력이 50톤 이상인 사업장 폐기물 소각시설
② 매립면적 1만 제곱미터 이상의 사업장 지정폐기물 매립시설
③ 매립면적이 15만 제곱미터 이상의 사업장 일반폐기물 매립시설
④ 시멘트 소성로(폐기물을 연료로 사용하는 경우로 한정)
⑤ 1일 재활용능력이 50톤 이상인 사업장 폐기물 소각열회수시설

77 폐기물처리업의 변경허가를 받아야 할 중요사항에 관한 내용으로 틀린 것은?

㉮ 매립시설 제방의 증·개축
㉯ 허용보관량의 변경
㉰ 임시차량의 증차 또는 운반차량의 감차
㉱ 주차장 소재지의 변경(지정폐기물을 대상으로 하는 수집·운반업만 해당한다.)

풀이) ㉰ 운반차량(임시차량은 제외)의 증차

정답) 74 ㉯ 75 ㉰ 76 ㉰ 77 ㉰

78 환경부령으로 정하는 폐기물처리시설의 설치를 마친 자는 환경부령으로 정하는 검사 기관으로부터 검사를 받아야 한다. 음식물류 폐기물 처리시설의 검사기관으로 옳은 것은? (단, 그 밖에 환경부장관이 정하여 고시하는 기관 제외)

㉮ 한국산업연구원
㉯ 보건환경연구원
㉰ 한국농어촌공사
㉱ 한국환경공단

풀이) 음식물류 폐기물 처리시설의 검사기관
① 한국환경공단
② 한국산업기술시험원

79 폐기물 처리업의 업종구분과 영업내용의 범위를 벗어나는 영업을 한 자에 대한 벌칙 기준은?

㉮ 1년 이하의 징역이나 1천만원 이하의 벌금
㉯ 2년 이하의 징역이나 2천만원 이하의 벌금
㉰ 3년 이하의 징역이나 3천만원 이하의 벌금
㉱ 5년 이하의 징역이나 5천만원 이하의 벌금

풀이) ㉯ 2년 이하의 징역이나 2천만원 이하의 벌금에 해당한다.

80 환경부령으로 정하는 매립시설의 검사기관으로 틀린 것은?

㉮ 한국건설기술연구원
㉯ 한국환경공단
㉰ 한국농어촌공사
㉱ 한국산업기술시험원

풀이) 매립시설의 검사기관
① 한국건설기술연구원
② 한국환경공단
③ 한국농어촌공사
④ 수도권매립지관리공사

정답 78 ㉱ 79 ㉯ 80 ㉱

2020 제1·2회 폐기물처리산업기사
(2020년 6월 7일 시행)

제1과목 폐기물개론

01 폐기물에 혼합되어 있는 철금속성분의 폐기물을 분류하기 위하여 사용할 수 있는 가장 적합한 방법은?

㉮ 자력선별 ㉯ 광학분류기
㉰ 스크린법 ㉱ Air Separation

풀이 폐기물에 혼합되어 있는 철금속성분의 폐기물을 분류하는 방법은 자력선별법이다.

02 함수율 40%인 3kg의 쓰레기를 건조시켜 함수율 15%로 하였을 때 건조 쓰레기의 무게(kg)는? (단, 비중 = 1.0 기준)

㉮ 1.12 ㉯ 1.41
㉰ 2.12 ㉱ 2.41

풀이 $W_1 \times (100-P_1) = W_2 \times (100-P_2)$
여기서 W_1 : 탈수전 슬러지량(kg)
　　　　P_1 : 탈수전 함수율(%)
　　　　W_2 : 탈수후 슬러지량(kg)
　　　　P_2 : 탈수후 함수율(%)
따라서 $3kg \times (100-40) = W_2 \times (100-15)$
∴ $W_2 = \dfrac{3kg \times (100-40)}{(100-15)} = 2.12 kg$

03 직경이 3.5m인 트롬멜 스크린의 최적속도(rpm)는?

㉮ 25 ㉯ 20
㉰ 15 ㉱ 10

풀이 ① $N_c = \sqrt{\dfrac{g}{4\pi^2 r}} \times 60$
여기서 N_c : 임계속도(rpm)
　　　　g : 중력가속도($9.8 m/\sec^2$)
　　　　r : 반경(m)
따라서 $N_c = \sqrt{\dfrac{9.8 m/\sec^2}{4 \times \pi \times \left(\dfrac{3.5m}{2}\right)}} \times 60$
　　　　　$= 22.60 rpm$
② $N_s = N_c \times 0.45$
여기서 N_s : 최적속도(rpm)
　　　　N_c : 임계속도(rpm)
따라서 $N_s = 22.60 rpm \times 0.45 = 10.17 rpm$

Tip
① rpm = 회/min
② 회/sec × 60sec/min = rpm

정답 01 ㉮ 02 ㉰ 03 ㉱

04 퇴비화에 관한 설명 중 맞는 것은?
㉮ 퇴비화과정 중 병원균은 거의 사멸되지 않는다.
㉯ 함수율이 높을 경우 침출수가 발생된다.
㉰ 호기성보다 혐기성 방법이 퇴비화에 소요되는 시간이 짧다.
㉱ C/N비가 클수록 퇴비화가 잘 이루어진다.

풀이 ㉮ 퇴비화과정 중 병원균은 거의 사멸된다.
㉰ 호기성보다 혐기성 방법이 퇴비화에 소요되는 시간이 길다.
㉱ C/N비가 클수록 퇴비화에 소요되는 시간이 길어진다.

05 트롬멜 스크린에 대한 설명으로 옳지 않은 것은?
㉮ 원통의 최적 회전속도 = 원통의 임계 회전속도×1.45
㉯ 원통의 경사도가 크면 부하율이 커진다.
㉰ 스크린 중에서 선별효율이 좋고 유지관리상의 문제가 적다.
㉱ 원통의 경사도가 크면 효율이 저하된다.

풀이 ㉮ 원통의 최적 회전속도 = 원통의 임계 회전속도×0.45

06 적환장 설치에 따른 효과로 가장 거리가 먼 것은?
㉮ 수거효율 향상
㉯ 비용 절감
㉰ 매립장 작업효율 저하
㉱ 효과적인 인원배치계획이 가능

풀이 ㉰ 매립장 작업효율 상승

07 폐기물 성상분석의 절차 중 가장 먼저 시행하는 것은?
㉮ 분류
㉯ 물리적 조성분석
㉰ 화학적 조성분석
㉱ 발열량 측정

풀이 쓰레기 시료의 분석절차는 시료 → 밀도 측정 → 물리적 조성 → 분류 → 전처리 → 조성 분석 순서이다.

08 폐기물 중 철금속(Fe)/비철금속(Al, Cu)/유리병의 3종류를 각각 분리할 수 있는 방법으로 가장 적절한 것은?
㉮ 자력선별법   ㉯ 정전기선별법
㉰ 와전류선별법   ㉱ 풍력선별법

풀이 폐기물 중 철금속(Fe)/비철금속(Al, Cu)/유리병의 3종류를 각각 분리할 수 있는 방법은 와전류선별법이다.

09 도시폐기물의 해석에서 Rosin-Rammler Model에 대한 설명으로 가장 거리가 먼 것은? (단, $Y = 1-\exp[-(x/x_o)^n]$ 기준)
㉮ 도시폐기물의 입자크기분포에 대한 수식적 모델이다.
㉯ Y는 크기가 x 보다 큰 입자의 총 누적무게분율이다.
㉰ X_o는 특성입자 크기를 의미한다.

정답 04 ㉯ 05 ㉮ 06 ㉰ 07 ㉯ 08 ㉰ 09 ㉯

㉰ 특성입자크기는 입자의 무게기준으로 63.2%가 통과할 수 있는 체의 눈의 크기이다.

풀이 ㉯ Y는 크기가 x 보다 작은 입자의 총 누적무게 분율이다.

10 폐기물에 관한 설명으로 틀린 것은?

㉮ 액상폐기물의 수분 함량은 90% 초과한다.
㉯ 반고상폐기물의 고형물 함량은 5% 이상 15% 미만이다.
㉰ 고상폐기물의 수분 함량은 85% 미만이다.
㉱ 액상폐기물을 직매립할 수는 없다.

풀이 ㉮ 액상폐기물의 수분 함량은 95% 초과한다.

11 소각로 설계에 사용되는 발열량은?

㉮ 저위발열량
㉯ 고위발열량
㉰ 총발열량
㉱ 단열열량계로 측정한 열량

풀이 소각로 설계에 사용되는 발열량은 저위발열량을 기준으로 한다.

12 폐기물의 효과적인 수거를 위한 수거노선을 결정할 때, 유의할 사항과 가장 거리가 먼 것은?

㉮ 기존 정책이나 규정을 참조한다.
㉯ 가능한 한 시계방향으로 수거노선을 정한다.
㉰ U자형 회전은 가능한 피하도록 한다.
㉱ 적은 양의 쓰레기가 발생하는 곳부터 먼저 수거한다.

풀이 ㉱ 많은 양의 쓰레기가 발생하는 곳부터 먼저 수거한다.

13 쓰레기 관리체계에서 가장 비용이 많이 드는 과정은?

㉮ 수거 및 운반   ㉯ 처리
㉰ 저장   ㉱ 재활용

풀이 쓰레기 관리체계에서 가장 비용이 많이 드는 과정은 수거 및 운반이다.

14 원통의 체면을 수평보다 조금 경사진 축의 둘레에서 회전시키면서 체로 나누는 방법은?

㉮ Cascade 선별
㉯ Trommel 선별
㉰ Electrostatic 선별
㉱ Eddy-Current 선별

풀이 원통의 체면을 수평보다 조금 경사진 축의 둘레에서 회전시키면서 체로 나누는 방법은 Trommel 선별법이다.

정답 10 ㉮ 11 ㉮ 12 ㉱ 13 ㉮ 14 ㉯

15 모든 인자를 시간에 따른 함수로 나타낸 후, 각 인자간의 상호관계를 수식화하여 쓰레기발생량을 예측하는 방법은?

㉮ 동적모사모델   ㉯ 다중회귀모델
㉰ 시간인자모델   ㉱ 다중인자모델

풀이 폐기물 발생량 예측방법
① 다중회귀모델 : 하나의 수식으로 각 인자들이 효과를 총괄적으로 나타내어 복잡한 시스템의 분석에 유용하게 사용할 수 있는 쓰레기 발생량 예측방법
② 동적모사모델 : 쓰레기 배출에 영향을 주는 모든 인자를 시간에 대한 함수로 나타낸 후 시간에 대한 함수로 각 영향인자들간에 상관관계를 수식화 한 것
③ 경향모델 : 폐기물 발생량 예측방법 중 모든 인자를 시간에 대한 함수로 하여 모델화시켜 예측하는 방법

16 pH 8과 pH 10인 폐수를 동량의 부피로 혼합하였을 경우 이 용액의 pH는?

㉮ 8.3   ㉯ 9.0
㉰ 9.7   ㉱ 10.0

풀이
$pH = 8 \Rightarrow pOH = 14 - pH = 14 - 8 = 6$이므로
$[OH^-] = 10^{-6}\,mol/L$

$pH = 10 \Rightarrow pOH = 14 - pH = 14 - 10 = 4$이므로
$[OH^-] = 10^{-4}\,mol/L$

$[OH^-] = \dfrac{10^{-6}\,mol/L \times 1 + 10^{-4}\,mol/L \times 1}{1+1}$
$= 5.05 \times 10^{-5}\,mol/L$

$pH = 14 + \log[OH^-]$
$= 14 + \log[5.05 \times 10^{-5}\,mol/L]$
$= 9.70$

17 비가연성 성분이 90wt%이고 밀도가 900kg/m³인 쓰레기 20m³에 함유된 가연성 물질의 중량(kg)은?

㉮ 1,600   ㉯ 1,700
㉰ 1,800   ㉱ 1,900

풀이 가연성물질의 중량(kg)
= 쓰레기량(m^3) × 밀도(kg/m^3) × 가연성 쓰레기 함량
= $20m^3 \times 900kg/m^3 \times (1-0.90)$
= $1,800\,kg$

18 폐기물의 소각처리에 중요한 연료특성인 발열량에 대한 설명으로 옳은 것은?

㉮ 저위발열량은 연소에 의해 생성된 수분이 응축하였을 경우의 발열량이다.
㉯ 고위발열량은 소각로의 설계기준이 되는 발열량으로 진발열량이라고도 한다.
㉰ 단열열량계로 측정한 발열량은 고위발열량이다.
㉱ 발열량은 플라스틱의 혼입이 많으면 증가하지만 계절적 변동과 상관없이 일정하다.

풀이
㉮ 고위발열량은 연소에 의해 생성된 수분이 응축하였을 경우의 발열량이다.
㉯ 저위발열량은 소각로의 설계기준이 되는 발열량으로 진발열량이라고도 한다.
㉱ 발열량은 플라스틱의 혼입이 많으면 증가하지만 계절적 변동과 관계있다.

정답 15 ㉮   16 ㉰   17 ㉰   18 ㉰

19 쓰레기 발생량을 조사하는 방법이 아닌 것은?

㉮ 적재차량 계수분석법
㉯ 직접계근법
㉰ 경향법
㉱ 물질수지법

풀이 ① 폐기물 발생량 예측방법 : 다중회귀모델, 동적모사모델, 경향모델
② 폐기물 발생량 조사방법 : 물질수지법, 직접계근법, 적재차량계수법

20 폐기물의 패쇄 시 에너지 소모량이 크기 때문에 에너지 소모량을 예측하기 위한 여러가지 방법들이 제안된다. 이들 가운데 고운 파쇄(2차 파쇄)에 가장 적합한 예측모형은?

㉮ Rosin-Rammler Model
㉯ Kick의 법칙
㉰ Rittinger의 법칙
㉱ Bond의 법칙

풀이 ㉯ Kick의 법칙에 대한 설명이다.

제2과목 폐기물처리기술

21 펠레트형(Pellet type) RDF의 주된 특성이 아닌 것은?

㉮ 형태 및 크기는 각각 직경이 10~20mm 이고 길이가 30~50mm이다.
㉯ 발열량이 3300~4000kcal/kg으로 fluff형보다 다소 높다.
㉰ 수분함량이 4% 이하로 반영구적으로 보관이 가능하다.
㉱ 회분함량이 12~25%로 powder형보다 다소 높다.

풀이 ㉰ 수분함량이 12~18% 정도이다.

22 부피가 500m³인 소화조에 고형물농도 10%, 고형물내 VS 함유도 70%인 슬러지가 50m³/d로 유입될 때, 소화조에 주입되는 TS, VS 부하는 각각 몇 kg/m³·d인가? (단, 슬러지의 비중은 1.0으로 가정한다.)

㉮ TS : 5.0, VS : 0.35
㉯ TS : 5.0, VS : 0.70
㉰ TS : 10.0, VS : 3.50
㉱ TS : 10.0, VS : 7.0

풀이 ① TS 부하(kg/m³·d)
$= \dfrac{100\,kg/m^3 \times 50\,mm^3/day}{500\,m^3} = 10\,kg/m^3 \cdot day$

② VS 부하(kg/m³·d)
$= \dfrac{100\,kg/m^3 \times 50\,mm^3/day \times 0.70}{500\,m^3} = 7.0\,kg/m^3 \cdot day$

정답 19 ㉰ 20 ㉯ 21 ㉰ 22 ㉱

> **Tip**
> ① % $\xrightarrow{\times 10^4}$ ppm(mg/L) $\xrightarrow{\times 10^{-3}}$ kg/m³
> ② % $\xrightarrow{\times 10}$ kg/m³
> ③ 고형물의 농도 10% = 100kg/m³

23 바이오리액터형 매립공법의 장점과 거리가 먼 것은?

㉮ 매립지의 수명연장이 가능하다.
㉯ 침출수 처리비용의 절감이 가능하다.
㉰ 악취 발생이 감소한다.
㉱ 매립가스 회수율이 증가한다.

풀이 ㉰ 악취 발생이 증가한다.

24 매립방법에 따른 매립이 아닌 것은?

㉮ 단순매립   ㉯ 내륙매립
㉰ 위생매립   ㉱ 안전매립

풀이 ㉯ 매립위치에 따라 내륙매립과 해안매립이 있다.

25 배연 탈황 시 발생된 슬러지 처리에 많이 쓰이는 고형화처리법은?

㉮ 시멘트 기초법
㉯ 석회 기초법
㉰ 자가 시멘트법
㉱ 열가소성 플라스틱법

풀이 배연 탈황 시 발생된 슬러지 처리에 많이 쓰이는 고형화처리법은 자가 시멘트법이다.

26 아래와 같이 운전되는 batch type 소각로의 쓰레기 kg 당 전체발열량(저위발열량+공기예열에 소모된 열량, kcal/kg)은?(단, 과잉공기비 = 2.4, 이론공기량 = 1.8Sm³/kg쓰레기, 공기예열온도 = 180℃, 공기정압비열 = 0.32kcal/Sm³·℃, 쓰레기 저위발열량 = 2,000kcal/kg, 공기온도 = 0℃)

㉮ 약 2,050   ㉯ 약 2,250
㉰ 약 2,450   ㉱ 약 2,650

풀이 ① 쓰레기의 발열량(kcal/kg) = G×C×(t₂ - t₁)
여기서 G : 실제공기량(mA₀)(Sm³/kg)
C : 공기정압비열(kcal/Sm³·℃)
t₂ : 공기예열온도(℃)
t₁ : 공기온도(℃)
따라서
쓰레기의 발열량
= 2.4×1.8Sm³/kg×0.32kcal/Sm³·℃×(180-0)℃
= 248.832 kcal/kg
② 전체 발열량(kcal/kg)
= 쓰레기의 발열량 + 쓰레기의 저위발열량
= 248.832kcal/kg + 2,000kcal/kg
= 2,248.83 kcal/kg

27 석회를 주입하여 슬러지 중의 병원성 미생물을 사멸시키기 위한 pH 유지 농도로 적합한 것은? (단, 온도는 15℃, 4시간 지속시간 기준)

㉮ pH 5 이상   ㉯ pH 7 이상
㉰ pH 9 이상   ㉱ pH 11 이상

풀이 석회를 주입하여 슬러지 중의 병원성 미생물을 사멸시키기 위해 pH 11 이상으로 유지해야 한다.

정답 23 ㉰ 24 ㉯ 25 ㉰ 26 ㉯ 27 ㉱

28 매립지 일일 복토재 기능으로 잘못된 설명은?

㉮ 복토층 구조
㉯ 최종 투수성
㉰ 매립사면 안정화
㉱ 식물 성장층 제공

🔍 매립지 일일 복토재 기능은 복토층 구조, 최종 투수성, 매립사면 안정화이다.

29 슬러지의 탈수특성을 파악하기 위한 여과비저항 실험결과 다음과 같은 결과를 얻었을 때, 여과비저항계수(s^2/g)는?

(단, 여과비저항(r)은 $r = \dfrac{2a \cdot P \cdot A^2}{\eta \cdot c}$ 이다.)

〈실험조건 및 결과〉
• 고형물량 : 0.065g/mL
• 여과압 : 0.98kg/cm²
• 점성 : 0.0112g/cm·s
• 여과면적 : 43.5cm²
• 기울기 : 4.90s/cm⁶

㉮ 2.18×10^8 ㉯ 2.76×10^9
㉰ 2.50×10^{10} ㉱ 2.67×10^{11}

🔍 여과비저항(r)

$= \dfrac{2 \times a \times P \times A^2}{\eta \times c}$

$= \dfrac{2 \times 4.90\,s/cm^6 \times 0.98 \times 10^3\,g/cm^2 \times (43.5\,cm^2)^2}{0.0112\,g/cm\cdot s \times 0.065\,g/mL}$

$= 2.50 \times 10^{10}\,s^2/g$

Tip
고형물량(c) = 0.065g/mL
여과압(P) = 0.98kg/cm² × 10³ g/1kg
= 0.98 × 10³ g/cm²
점성(η) = 0.0112g/cm·s
여과면적(A) = 43.5cm²
기울기(a) = 4.90s/cm²

30 퇴비화 과정에서 공급되는 공기의 기능과 가장 거리가 먼 것은?

㉮ 미생물이 호기적 대사를 할 수 있게 한다.
㉯ 온도를 조절한다.
㉰ 악취를 희석시킨다.
㉱ 수분과 가스 등을 제거한다.

🔍 퇴비화 과정에서 공급되는 공기의 기능
① 미생물이 호기적 대사를 할 수 있게 한다.
② 온도를 조절한다.
③ 수분과 가스 등을 제거한다.

31 폐기물 처리방법 중 열적 처리방법이 아닌 것은?

㉮ 탈수방법 ㉯ 소각방법
㉰ 열분해방법 ㉱ 건류가스화방법

🔍 폐기물 처리방법 중 열적 처리방법으로는 소각방법, 열분해방법, 건류가스화방법이 있다.

정답 28 ㉱ 29 ㉰ 30 ㉰ 31 ㉮

32 응집제로 가장 부적합한 것은?
㉮ 황산나트륨($Na_2SO_4 \cdot 10H_2O$)
㉯ 황산알루미늄($Al_2(SO_4)_3 \cdot 18H_2O$)
㉰ 염화제이철($FeCl_3 \cdot 6H_2O$)
㉱ 폴리염화알루미늄(PAC)

풀이 응집제의 종류로는 주로 알루미늄과 철염이 대표적이며, 황산알루미늄, 염화제이철, 염화제일철, 폴리염화알루미늄 등이 있다.

33 360kL/d 처리장에 투입구의 소요개수는? (단, 수거차량 1.8kL/대, 자동차 1대 투입시간 20min, 자동차 1대 작업시간 8hr이고, 안전율은 1.2이다.)
㉮ 10개 ㉯ 7개
㉰ 5개   ㉱ 3개

풀이 투입구수
$= \dfrac{수거분뇨량}{수거차량의 용량 \times 수거차량 작업시간 \times 수거차량의 분뇨투입시간} \times 안전율$
$= \dfrac{360 kL/day}{1.8kL/대 \times 8hr/1대 \times 1대/20min \times 60min/hr} \times 1.2$
$= 9.996 ≒ 10개$

34 도시폐기물을 위생적인 매립방법으로 매립하였을 경우 매립초기에 가장 많이 발생하는 가스의 종류는?
㉮ NH_3 ㉯ CO_2
㉰ H_2S ㉱ CH_4

풀이 ① 매립초기에 가장 많이 발생하는 가스는 이산화탄소(CO_2)
② 매립후기에 가장 많이 발생하는 가스는 메탄(CH_4)

35 시멘트 고형화 처리가 관계없는 반응은?
㉮ 수화반응   ㉯ 포졸란반응
㉰ 탈산화반응 ㉱ 질산화반응

풀이 ㉱ 질산화반응은 질소화합물이 산소와 결합하는 반응이다.

36 분뇨처리에 관한 사항 중 틀린 것은?
㉮ 분뇨의 악취발생은 주로 NH_3와 H_2S이다.
㉯ 분뇨의 혐기성 소화처리 방식은 호기성 소화처리 방식에 비하여 소화속도가 빠르다.
㉰ 분뇨의 혐기성 소화에서 적정 중온 소화온도는 35±2℃이다.
㉱ 분뇨의 호기성 처리시 희석배율은 20~30배가 적당하다.

풀이 ㉯ 분뇨의 혐기성 소화처리 방식은 호기성 소화 처리 방식에 비하여 소화속도가 느리다.

37 전기집진장치의 장점이 아닌 것은?
㉮ 집진효율이 높다.
㉯ 설치 시 소요 부지면적이 적다.
㉰ 운전비, 유지비가 적게 소요된다.
㉱ 압력손실이 적고 대량의 분진함유가스를 처리할 수 있다.

풀이 ㉯ 설치 시 소요 부지면적이 넓다.

정답 32 ㉮ 33 ㉮ 34 ㉯ 35 ㉱ 36 ㉯ 37 ㉯

38 가연성 쓰레기의 연료화 장점에 해당하지 않은 것은?

㉮ 저장이 용이하다.
㉯ 수송이 용이하다.
㉰ 일반로에서 연소가 가능하다.
㉱ 쓰레기로부터 폐열을 회수할 수 있다.

풀이 ㉰ 일반로에서 연소가 불가능하다.

39 쓰레기의 혐기성 소화에 관여하는 미생물은?

㉮ 산(酸)생성 박테리아
㉯ 질산화 박테리아
㉰ 대장균군
㉱ 질소고정 박테리아

풀이 쓰레기의 혐기성 소화에 관여하는 미생물은 산(酸)생성 박테리아이다.

40 도시의 오염된 지하수의 Darcy 속도(유출속도)가 0.1m/day이고, 유효 공극률이 0.4일 때, 오염원으로부터 600m 떨어진 지점에 도달하는데 걸리는 시간(년)은? (단, 유출속도 : 단위시간에 흙의 전체 단면적을 통하여 흐르는 물의 속도)

㉮ 약 3.3
㉯ 약 4.4
㉰ 약 5.5
㉱ 약 6.6

풀이 도달시간(년) = $\dfrac{이동거리(m) \times 유효공극률}{유출속도(m/년)}$
= $\dfrac{600m \times 0.4}{0.1m/day \times 365day/년}$ = 6.58년

제3과목 폐기물공정시험기준

41 원자흡수분광광도법(공기-아세틸렌 불꽃)으로 크롬을 분석할 때 철, 니켈 등의 공존물질에 의한 방해영향이 크다. 이 때 어떤 시약을 넣어 측정하는가?

㉮ 인산나트륨
㉯ 황산나트륨
㉰ 염화나트륨
㉱ 질산나트륨

풀이 철이나 니켈 등의 공존물질에 의한 방해 영향은 황산나트륨을 넣어 측정한다.

42 폐기물공정시험기준의 온도 표시로 옳지 않은 것은?

㉮ 표준온도 : 0℃
㉯ 상온 : 0~15℃
㉰ 실온 : 1~35℃
㉱ 온수 : 60~70℃

풀이 ㉯ 상온 : 15~25℃

43 시료용기를 갈색경질의 유리병을 사용하여야 하는 경우가 아닌 것은?

㉮ 노말헥산 추출물질 분석 실험을 위한 시료 채취 시
㉯ 시안화물 분석 실험을 위한 시료 채취 시
㉰ 유기인 분석 실험을 위한 시료 채취 시
㉱ PCBs 및 휘발성 저급 염소화 탄화수소류 분석 실험을 위한 시료 채취 시

풀이 갈색경질 유리병 사용시료는 노말헥산 추출물질, 유기인, 폴리클로리네이티드비페닐(PCBs), 휘발성 저급 염소화 탄화수소이다.

정답 38 ㉰ 39 ㉮ 40 ㉱ 41 ㉯ 42 ㉯ 43 ㉯

44 마이크로파 및 마이크로파를 이용한 시료의 전처리(유기물 분해)에 관한 내용으로 틀린 것은?

㉮ 가열속도가 빠르고 재현성이 좋다.
㉯ 마이크로파는 금속과 같은 반사물질과 매질이 없는 진공에서는 투과하지 않는다.
㉰ 마이크로파는 전자파 에너지의 일종으로 빛의 속도로 이동하는 교류와 자기장으로 구성되어 있다.
㉱ 마이크로파영역에서 극성분자나 이온이 쌍극자 모멘트와 이온전도를 일으켜 온도가 상승하는 원리를 이용한다.

㉯ 마이크로파는 금속과 같은 반사물질과 매질이 없는 진공에서도 투과한다.

45 용출시험방법의 범위에 해당하지 않는 것은?

㉮ 고상 또는 액상 폐기물에 대하여 적용
㉯ 지정폐기물의 판정
㉰ 지정폐기물의 중간처리 방법 결정
㉱ 지정폐기물의 매립방법 결정

㉮ 고상 또는 반고상 폐기물에 대하여 적용

46 다음 설명에 해당하는 시료의 분할 채취 방법은?

- 모아진 대시료를 네모꼴로 얇게 균일한 두께로 편다.
- 이것을 가로 4등분, 세로 5등분하여 20개의 덩어리로 나눈다.
- 20개의 각 부분에서 균등한 양을 취한 후 혼합하여 하나의 시료로 한다.

㉮ 교호삽법 ㉯ 구획법
㉰ 균등분할법 ㉱ 원추 4분법

㉮ 구획법에 대한 설명이다.

47 수소이온의 농도가 2.8×10^{-5} mol/L인 수용액의 pH는?

㉮ 2.8 ㉯ 3.4
㉰ 4.6 ㉱ 5.8

$pH = -\log[H^+] = -\log[2.8 \times 10^{-5} mol/L] = 4.55$

48 유도결합플라스마-원자발광분광법에 의한 금속류 분석방법에 관한 설명으로 옳지 않은 것은?

㉮ 시료를 고주파유도코일에 의하여 형성된 석영 플라스마에 주입하여 1000~2000K에서 들뜬 원자가 바닥상태로 이동할 때 방출하는 발광선 및 발광강도를 측정한다.
㉯ 대부분의 간섭 물질은 산 분해에 의해 제거된다.
㉰ 물리적 간섭은 특히 시료 중에 산의 농도가 10V/V% 이상으로 높거나 용존 고형물질이 1500mg/L 이상으로 높은 반면, 검정용 표준용액의 산의 농도는 5% 이하로 낮을 때에 발생한다.
㉱ 간섭효과가 의심되면 대부분의 경우가 시료의 매질로 인해 발생하므로 원자흡수분광광도법 또는 유도결합플라스마-질량분석법과 같은 대체방법과 비교하는 것도 간섭효과를 막는 방법이 될 수 있다.

정답 44 ㉯ 45 ㉮ 46 ㉯ 47 ㉰ 48 ㉮

⊙ ㉮ 시료를 고주파유도코일에 의하여 형성된 아르곤 플라스마에 주입하여 6,000~8,000K에서 들뜬 원자가 바닥상태로 이동할 때 방출하는 발광선 및 발광강도를 측정한다.

49 자외선/가시선 분광법에 의한 카드뮴 분석 방법에 관한 설명으로 옳지 않은 것은?

㉮ 황갈색의 카드뮴착염을 사염화탄소로 추출하여 그 흡광도를 480nm에서 측정하는 방법이다.
㉯ 카드뮴의 정량범위는 0.001~0.03mg이고, 정량한계는 0.001mg이다.
㉰ 시료 중 다량의 철과 망간을 함유하는 경우 디티존에 의한 카드뮴추출이 불완전하다.
㉱ 시료에 다량의 비스무트(Bi)가 공존하면 시안화칼륨용액으로 수회 씻어도 무색이 되지 않는다.

⊙ ㉮ 적색의 카드뮴착염을 사염화탄소로 추출하여 그 흡광도를 520nm에서 측정하는 방법이다.

50 폐기물의 pH(유리전극법)측정 시 사용되는 표준용액이 아닌 것은?

㉮ 수산염 표준용액
㉯ 수산화칼슘 표준용액
㉰ 황산염 표준용액
㉱ 프탈산염 표준용액

⊙ pH(유리전극법)측정 시 사용되는 표준용액으로는 수산염, 프탈산염, 인산염, 붕산염, 탄산염, 수산화칼슘 표준액이 있다.

51 폐기물공정시험기준에서 규정하고 있는 고상폐기물의 고형물 함량으로 옳은 것은?

㉮ 5% 이상   ㉯ 10% 이상
㉰ 15% 이상   ㉱ 20% 이상

⊙ 폐기물 분류
① 액상 폐기물 : 고형물의 함량이 5% 미만
② 반고상 폐기물 : 고형물의 함량이 5% 이상 15% 미만
③ 고상 폐기물 : 고형물의 함량이 15% 이상

52 중량법에 의한 기름성분 분석 방법(절차)에 관한 내용으로 틀린 것은?

㉮ 시료 적당량을 분별깔때기에 넣고 메틸오렌지용액(0.1W/V%)을 2~3방울 넣고 황색이 적색으로 변할 때까지 염산(1+1)을 넣어 pH 4 이하로 조절한다.
㉯ 시료가 반고상 또는 고상 폐기물인 경우에는 폐기물의 양에 약 2.5배에 해당하는 물을 넣어 잘 혼합한 다음 pH 4 이하로 조절한다.
㉰ 노말헥산 추출물질인 함량이 5mg/L 이하로 낮은 경우에는 5L 부피 시료병에 시료 4L를 채취하여 염화철(Ⅲ) 용액 4mL를 넣고 자석교반기로 교반하면서 탄산나트륨용액(20W/V%)을 넣어 pH 7~9로 조절한다.
㉱ 증발용기 외부의 습기를 깨끗이 닦고 실리카겔 데시케이터에 1시간 이상 수분 제거 후 무게를 단다.

⊙ ㉱ 증발용기 외부의 습기를 깨끗이 닦고 실리카겔 데시케이터에 30분간 수분 제거 후 무게를 단다.

정답 49 ㉮ 50 ㉰ 51 ㉰ 52 ㉱

53. 다음 중 농도가 가장 낮은 것은?

㉮ 1mg/L ㉯ 1000μg/L
㉰ 100ppb ㉱ 0.01ppm

풀이
㉮ 1mg/L = 1ppm
㉯ 1000μg/L = 1ppm
㉰ 100ppb = 0.1ppm
㉱ 0.01ppm

54. 유도결합플라스마-원자발광분광법으로 측정할 수 있는 항목과 가장 거리가 먼 것은? (단, 폐기물공정시험기준 기준)

㉮ 6가크롬 ㉯ 수은
㉰ 비소 ㉱ 크롬

풀이 수은의 분석방법은 원자흡수분광광도법(환원기화법)과 자외선/가시선 분광법(디티존법)이 있다.

55. 공정시험기준에서 기체의 농도는 표준상태로 환산한다. 다음 중 표준상태로 알맞은 것은?

㉮ 25℃, 0기압 ㉯ 25℃, 1기압
㉰ 0℃, 0기압 ㉱ 0℃, 1기압

풀이 표준상태는 0℃, 1기압이다.

56. 금속류의 원자흡수분광광도법에 대한 설명으로 틀린 것은?

㉮ 구리의 측정파장은 324.7nm이고, 정량한계는 0.008mg/L이다.
㉯ 납의 측정파장은 283.3nm이고, 정량한계는 0.04mg/L이다.
㉰ 카드뮴의 측정파장은 228.8nm이고, 정량한계는 0.002mg/L이다.
㉱ 수은의 측정파장은 253.7nm이고, 정량한계는 0.05mg/L이다.

풀이 ㉱ 수은의 측정파장은 253.7nm이고, 정량한계는 0.0005mg/L이다.

57. 수은 표준원액(0.1mgHg/mL) 1L를 조제하기 위해 염화제이수은 몇 g이 필요한가? (단, Hg = 200.61, Cl = 35.46)

㉮ 0.118 ㉯ 0.228
㉰ 0.338 ㉱ 0.448

풀이
Hg_2Cl_2 : $2Hg$
472.14g : 2×200.61 g
X : 0.1 mg/mL (= g/L)
∴ X = 0.1177 g/L

58. 편광현미경과 입체현미경으로 고체 시료 중 석면의 특성을 관찰하여 정성과 정량 분석할 때 입체현미경의 배율범위로 가장 옳은 것은?

㉮ 배율 2~4배 이상
㉯ 배율 4~8배 이상
㉰ 배율 10~45배 이상
㉱ 배율 50~200배 이상

풀이 편광현미경과 입체현미경으로 고체 시료 중 석면의 특성을 관찰하여 정성과 정량 분석할 때 입체현미경의 배율범위는 배율 10~45배 이상이다.

정답 53 ㉱ 54 ㉯ 55 ㉱ 56 ㉱ 57 ㉮ 58 ㉰

59 구리를 자외선/가시선 분광법으로 정량하고자 할 때 설명으로 가장 거리가 먼 것은?

㉮ 시료 중에 시안화합물이 존재 시 황산 산성하에서 끓여 시안화물을 완전히 분해 제거한다.
㉯ 비스무스(Bi)가 구리의 양보다 2배 이상 존재 시 황색을 나타내어 방해한다.
㉰ 추출용매는 초산부틸 대신 사염화탄소, 클로로포름, 벤젠 등을 사용할 수도 있다.
㉱ 무수황산나트륨 대신 건조여지를 사용하여 여과하여도 된다.

[풀이] ㉮ 시료 중에 시안화합물이 존재 시 염산 산성하에서 끓여 시안화물을 완전히 분해 제거 한다.

60 원자흡수분광광도법은 원자가 어떤 상태에서 특유 파장의 빛을 흡수하는 원리를 이용한 것인가?

㉮ 전자상태 ㉯ 이온상태
㉰ 기저상태 ㉱ 분자상태

[풀이] 원자흡수분광광도법은 원자가 기저상태에서 특유 파장의 빛을 흡수하는 원리를 이용한다.

제4과목 폐기물관계법규

61 폐기물처분시설인 소각시설의 정기검사 항목에 해당하지 않은 것은?

㉮ 보조연소장치의 작동상태
㉯ 배기가스온도 적절 여부
㉰ 표지판 부착 여부 및 기재사항
㉱ 소방장비 설치 및 관리실태

[풀이] ㉰ 표지판 부착 여부 및 기재사항은 설치검사에 해당한다.

62 폐기물처리시설의 설치기준 중 중간처분시설인 고온용융시설의 개별기준에 해당되지 않은 것은?

㉮ 폐기물투입장치, 고온용융실(가스화실 포함), 열회수장치가 설치되어야 한다.
㉯ 고온용융시설에서 배출되는 잔재물의 강열감량은 1% 이하가 될 수 있는 성능을 갖추어야 한다.
㉰ 고온용융시설에서 연소가스의 체류시간은 1초 이상이어야 한다.
㉱ 고온용융시설의 출구온도는 섭씨 1200도 이상이 되어야 한다.

[풀이] 중간처분시설인 고온용융시설의 개별기준은 ㉯, ㉰, ㉱에 해당한다.

정답 59 ㉮ 60 ㉰ 61 ㉰ 62 ㉮

63 폐기물처리시설을 설치·운영하는 자는 그 처리시설에서 배출되는 오염물질을 측정하거나 환경부령 정하는 측정기관으로 하여금 측정하게 할 수 있다. 환경부령에서 정하는 측정기관이 아닌 것은?

㉮ 보건환경연구원
㉯ 한국환경공단
㉰ 환경기술개발원
㉱ 수도권매립지관리공사

풀이) 환경부령에서 정하는 측정기관은 보건환경연구원, 한국환경공단, 수도권매립지관리공사, 수질오염물질 측정대행업의 등록을 한 자, 폐기물분석전문기관이다.

64 폐기물처리시설의 중간처분시설인 기계적 처분시설이 아닌 것은?

㉮ 파쇄·분쇄시설(동력 15kW 이상인 시설로 한정한다.)
㉯ 소멸화 시설(1일 처분능력 100킬로그램 이상인 시설로 한정한다.)
㉰ 용융시설(동력 7.5kW 이상인 시설로 한정한다.)
㉱ 멸균분쇄 시설

풀이) ㉯번은 생물학적 처분시설에 해당한다.

65 지정폐기물의 종류에 대한 설명으로 옳은 것은?

㉮ 액체상태인 폴리클로리네이티드비페닐 함유 폐기물은 용출액 1리터당 0.003mg 이상 함유한 것으로 한정한다.

㉯ 오니류는 상수오니, 하수오니, 공정오니, 폐수처리오니를 포함한다.
㉰ 폐합성 고분자화합물 중 폐합성 수지는 액체상태의 것은 제외한다.
㉱ 의료폐기물은 환경부령으로 정하는 의료기관이나 시험·검사기관 등에서 발생되는 것으로 한정한다.

풀이)
㉮ 액체상태인 폴리클로리네이티드비페닐 함유 폐기물은 용출액 1리터당 2mg 이상 함유한 것으로 한정한다.
㉯ 오니류는 수분함량이 95% 미만이거나 고형물 함량이 5% 이상인 것으로 한정한다.
㉰ 폐합성 고분자화합물 중 폐합성 수지는 고체상태의 것은 제외한다.

66 폐기물 관리의 기본원칙에 해당되는 사항과 가장 거리가 먼 것은?

㉮ 사업자는 폐기물의 발생을 최대한 억제하고 스스로 재활용함으로써 폐기물의 배출을 최소화하여야 한다.
㉯ 폐기물을 배출하는 경우에는 주변환경이나 주민의 건강에 위해를 끼치지 아니하도록 사전에 적절한 조치를 하여야 한다.
㉰ 폐기물은 그 처리과정에서 양과 유해성을 줄이도록 하는 등 환경보전과 국민건강보호에 적합하게 처리하여야 한다.
㉱ 폐기물은 재활용보다는 우선적으로 소각, 매립 등에서 처분하여 보건위생의 향상에 이바지하도록 하여야 한다.

풀이) ㉱ 폐기물은 소각, 매립 등의 처분을 하기보다는 우선적으로 재활용함으로써 자원생산성의 향상에 이바지하도록 하여야 한다.

정답 63 ㉰ 64 ㉯ 65 ㉱ 66 ㉱

67 환경부장관에 의해 폐기물처리시설의 폐쇄명령을 받았으나 이행하지 아니한 자에 대한 벌칙기준은?

㉮ 5년 이하의 징역이나 5천만원 이하의 벌금
㉯ 3년 이하의 징역이나 3천만원 이하의 벌금
㉰ 2년 이하의 징역이나 2천만원 이하의 벌금
㉱ 1천만원 이하의 과태료

풀이) ㉮ 5년 이하의 징역이나 5천만원 이하의 벌금에 해당한다.

68 허가 취소나 6개월 이내의 기간을 정하여 영업의 전부 또는 일부의 정지를 명할 수 있는 경우에 해당되지 않는 것은?

㉮ 영업정지기간 중 영업 행위를 한 경우
㉯ 폐기물 처리업의 업종구분과 영업 내용의 범위를 벗어나는 영업을 한 경우
㉰ 폐기물의 처리 기준을 위반하여 폐기물을 처리한 경우
㉱ 재활용제품 또는 물질에 관한 유해성기준 위반에 따른 조치명령을 이행하지 아니한 경우

풀이) ㉮번은 허가 취소에 해당한다.

69 환경부령으로 정하는 폐기물처리시설의 설치를 마친 자는 환경부령으로 정하는 검사기관으로부터 검사를 받아야 한다. 폐기물처리시설이 매립시설인 경우, 검사기관으로 틀린 것은?

㉮ 한국건설기술연구원
㉯ 한국산업기술시험원
㉰ 한국농어촌공사
㉱ 한국환경공단

풀이) ㉯ 수도권매립지관리공사

70 다음 중 기술관리인을 두어야 하는 폐기물 처리시설은?

㉮ 지정폐기물 외의 폐기물을 매립하는 시설로 면적이 5천 제곱미터인 시설
㉯ 멸균분쇄시설로 시간당 처분능력이 200 킬로그램인 시설
㉰ 지정폐기물 외의 폐기물을 매립하는 시설로 매립용적이 1만 세제곱미터인 시설
㉱ 소각시설로서 의료폐기물을 시간당 100 킬로그램 처리하는 시설

풀이)
㉮ 지정폐기물 외의 폐기물을 매립하는 시설로 면적이 1만 제곱미터인 시설
㉯ 멸균분쇄시설로 시간당 처분능력이 100킬로그램인 시설
㉰ 지정폐기물 외의 폐기물을 매립하는 시설로 매립용적이 3만 세제곱미터인 시설
㉱ 소각시설로서 의료폐기물을 시간당 200킬로그램 처리하는 시설

정답 67 ㉮ 68 ㉮ 69 ㉯ 70 ㉯

71 폐기물처리시설의 유지·관리에 관한 기술관리를 대행할 수 있는 자는?

㉮ 한국환경공단
㉯ 국립환경과학원
㉰ 한국농어촌공사
㉱ 한국건설기술연구원

풀이) 폐기물처리시설의 유지·관리에 관한 기술관리를 대행할 수 있는 자는 한국환경공단이다.

72 폐기물 감량화시설의 종류에 해당되지 않는 것은? (단, 환경부 장관이 정하여 고시하는시설 제외)

㉮ 공정 개선시설
㉯ 폐기물 파쇄·선별시설
㉰ 폐기물 재이용시설
㉱ 폐기물 재활용시설

풀이) ㉯ 폐기물 감량화시설

73 지정폐기물을 배출하는 사업자가 지정폐기물을 위탁하여 처리하기 전에 환경부장관에게 제출하여 확인을 받아야 하는 서류가 아닌 것은?

㉮ 폐기물처리계획서
㉯ 폐기물분석결과서
㉰ 폐기물인수인계확인서
㉱ 수탁처리자의 수탁확인서

74 폐기물관리법령상 가연성 고형폐기물의 에너지 회수기준에 대한 설명으로 ( )에 알맞은 것은?

> 에너지의 회수효율(회수에너지 총량을 투입 에너지 총량으로 나눈 비율을 말한다.)이 ( )이상일 것

㉮ 65%   ㉯ 75%
㉰ 85%   ㉱ 95%

풀이) 가연성 고형폐기물의 에너지 회수기준
① 다른 물질과 혼합하지 아니하고 해당 폐기물의 저위발열량이 킬로그램당 3천 킬로칼로리 이상일 것
② 에너지의 회수효율(회수에너지 총량을 투입 에너지 총량으로 나눈 비율을 말한다.)이 75% 이상일 것
③ 회수열을 모두 열원으로 스스로 이용하거나 다른 사람에게 공급할 것
④ 환경부장관이 정하여 고시하는 경우에는 폐기물의 30퍼센트 이상을 원료나 재료로 재활용하고 그 나머지 중에서 에너지 회수에 이용할 것

75 주변지역 영향 조사대상 폐기물처리시설을 설치·운영하는 자는 주변지역에 미치는 영향을 몇 년마다 조사하여 그 결과를 환경부장관에게 제출하여야 하는가?

㉮ 2년   ㉯ 3년
㉰ 5년   ㉱ 10년

풀이) 주변지역 영향 조사대상 폐기물처리시설을 설치·운영하는 자는 주변지역에 미치는 영향을 3년마다 조사하여 그 결과를 환경부장관에게 제출하여야 한다.

정답 71 ㉮ 72 ㉯ 73 ㉰ 74 ㉯ 75 ㉯

76 설치승인을 얻은 폐기물처리시설이 변경승인을 받아야 할 중요사항이 아닌 것은?

㉮ 대표자의 변경
㉯ 처분시설 또는 재활용시설 소재지의 변경
㉰ 처분 또는 재활용 대상 폐기물의 변경
㉱ 매립시설 제방의 증·개축

풀이 ㉮ 운반차량(임시차량은 제외)의 증차

77 의료폐기물 전용용기 검사기관(그 밖에 환경부 장관이 전용용기에 대한 검사능력이 있다고 인정하여 고시하는 기관은 제외)에 해당되지 않는 것은?

㉮ 한국화학융합시험연구원
㉯ 한국환경공단
㉰ 한국의료기기시험연구원
㉱ 한국건설생활환경시험연구원

풀이 의료폐기물 전용용기 검사기관은 한국화학융합시험연구원, 한국환경공단, 한국건설생활환경시험연구원이다.

78 사후관리 이행보증금의 사전 적립대상이 되는 폐기물을 매립하는 시설의 면적 기준은?

㉮ 3300m² 이상   ㉯ 5500m² 이상
㉰ 10000m² 이상 ㉱ 30000m² 이상

풀이 사후관리 이행보증금의 사전 적립대상이 되는 폐기물을 매립하는 시설의 면적 기준은 3300m² 이상이다.

79 폐기물관리법에 사용하는 용어의 정의로 옳지 않은 것은?

㉮ 처리 : 폐기물의 수집, 운반, 보관, 재활용, 처분을 말한다.
㉯ 폐기물처리시설 : 폐기물의 중간처분시설, 최종처분시설 및 재활용시설로서 대통령령으로 정하는 시설을 말한다.
㉰ 폐기물감량화시설 : 생산 공정에서 발생하는 폐기물의 양을 줄이고, 사업장 내 재활용을 통하여 폐기물 배출을 최소화하는 시설로서 대통령령으로 정하는 시설을 말한다.
㉱ 지정폐기물 : 인체, 재산, 주변환경에 악영향을 줄 수 있는 해로운 물질을 함유한 폐기물로 환경부령으로 정하는 폐기물을 말한다.

풀이 ㉱ 지정폐기물 : 사업장폐기물 중 폐유·폐산 등 주변 환경을 오염시킬 수 있거나 의료폐기물 등 인체에 위해를 줄 수 있는 해로운 물질로서 대통령령으로 정하는 폐기물이다.

80 생활폐기물의 처리대행자에 해당하지 않은 것은?

㉮ 폐기물처리업자
㉯ 한국환경공단
㉰ 재활용센터를 운영하는 자
㉱ 폐기물재활용사업자

풀이 ㉱ 폐기물처리 신고자

정답 76 ㉮ 77 ㉰ 78 ㉮ 79 ㉱ 80 ㉱

2020 제3회 폐기물처리산업기사
(2020년 8월 23일 시행)

제1과목 폐기물개론

01 폐기물 자원화하는 방법 중 에너지 회수 방법에 속하는 것은?

㉮ 물질 회수 ㉯ 직접열 회수
㉰ 추출형 회수 ㉱ 변환형 회수

풀이 에너지 회수방법은 직접열 회수이다.

02 부피 100m³인 폐기물의 부피를 10m³로 압축하는 경우 압축비는?

㉮ 0.1 ㉯ 1
㉰ 10 ㉱ 90

풀이 압축비 = $\dfrac{\text{압축 전 부피}(m^3)}{\text{압축 후 부피}(m^3)} = \dfrac{100m^3}{10m^3} = 10$

03 폐기물의 성상 분석 절차로 가장 적합한 것은?

㉮ 밀도측정 - 물리적 조성분석 - 건조 - 분류(타는 물질, 안타는 물질)
㉯ 밀도측정 - 건조 - 화학적 조성분석 - 전처리(절단 및 분쇄)
㉰ 전처리(절단 및 분쇄) - 밀도측정 - 화학적 조성분석 - 분류(타는 물질, 안타는 물질)
㉱ 전처리(절단 및 분쇄) - 건조 - 물리적 조성분석 - 발열량측정

풀이 폐기물의 성상 분석 절차 순서는 밀도측정 - 물리적 조성분석 - 건조 - 분류(타는 물질, 안타는 물질) 순이다.

04 건조된 고형물의 비중이 1.65이고 건조 전 슬러지의 고형분 함량이 35%, 건조 중량이 400kg이라 할 때 건조 전 슬러지의 비중은?

㉮ 1.02 ㉯ 1.16
㉰ 1.27 ㉱ 1.35

풀이 $\dfrac{1}{\rho_{SL}} = \dfrac{W_{TS}}{\rho_{TS}} + \dfrac{W_P}{\rho_P}$

여기서 ρ_{SL} : 슬러지의 비중
ρ_{TS} : 고형물의 비중
ρ_P : 물(수분)의 비중
W_{TS} : 고형물의 함량
W_P : 물(수분)의 함량

따라서 $\dfrac{1}{\rho_{SL}} = \dfrac{0.35}{1.65} + \dfrac{0.65}{1.0}$

정답 01 ㉯ 02 ㉰ 03 ㉮ 04 ㉯

$$\rho_{SL} = \frac{1}{0.8621} = 1.16$$

> **Tip**
> ① 고형물(%) + 수분(%) = 100%
> ② 수분(%) = 100 − 고형물(%)
> ③ 물의 비중 = 1.0

05 관거(pipe)를 이용한 폐기물 수송의 특징과 가장 거리가 먼 것은?

㉮ 10km 이상의 장거리 수송에 적당하다.
㉯ 잘못 투입된 폐기물의 회수는 곤란하다.
㉰ 조대폐기물은 파쇄, 압축 등의 전처리를 해야 한다.
㉱ 화재, 폭발 등의 사고 발생 시 시스템 전체가 마비되며 대체 시스템의 전환이 필요하다.

풀이 ㉮ 2.5km이내의 단거리 수송에 적당하다.

06 함수율 80%인 폐기물 10ton을 건조시켜 함수율 30%로 만들 경우 감소하는 폐기물의 중량(ton)은? (단, 비중 = 1.0)

㉮ 2.6 ㉯ 2.9
㉰ 3.2 ㉱ 3.5

풀이 $W_1 \times (100 - P_1) = W_2 \times (100 - P_2)$
여기서 W_1 : 건조 전 폐기물(톤)
P_1 : 건조 전 함수율(%)
W_2 : 건조 후 폐기물(톤)
P_2 : 건조 후 함수율(%)
따라서 $10톤 \times (100 - 80) = W_2 \times (100 - 30)$
$\therefore W_2 = \dfrac{10톤 \times (100-80)}{(100-30)} = 2.86톤$

07 적환장에 대한 설명으로 가장 거리가 먼 것은?

㉮ 최종 처리장과 수거지역의 거리가 먼 경우 사용하는 것이 바람직하다.
㉯ 폐기물의 수거와 운반을 분리하는 기능을 한다.
㉰ 주거지역의 밀도가 낮을 때 적환장을 설치한다.
㉱ 적환장의 위치는 수거하고자 하는 개별적 고형물 발생지역의 하중 중심과 적절한 거리를 유지하여야 한다.

풀이 ㉱ 적환장의 위치는 수거하고자 하는 개별적 고형물 발생지역의 하중 중심과 가깝게 위치하여야 한다.

08 쓰레기 재활용 측면에서 가장 효과적인 수거 방법은?

㉮ 문전수거   ㉯ 타종수거
㉰ 분리수거   ㉱ 혼합수거

풀이 쓰레기 재활용 측면에서 가장 효과적인 수거 방법은 분리수거이다.

09 도시폐기물 최종 분석 결과를 Dulong 공식으로 발열량을 계산하고자 할 때 필요하지 않은 성분은?

㉮ H   ㉯ C
㉰ S   ㉱ Cl

정답 05 ㉮ 06 ㉯ 07 ㉱ 08 ㉰ 09 ㉱

10 물질회수를 위한 선별방법 중 플라스틱에서 종이를 선별할 수 있는 방법으로 가장 적절한 것은?

㉮ 와전류 선별   ㉯ Jig 선별
㉰ 광학 선별   ㉱ 정전기적 선별

㉮ 와전류 선별 : 철금속/비철금속/유리병의 3종류를 각각 분리
㉯ Jig 선별 : 사금선별
㉰ 광학 선별 : 불투명한 것(돌, 코르크 등)과 투명한 것(유리 등)의 분리

11 쓰레기를 파쇄할 경우 발생하는 이점으로 가장 거리가 먼 것은?

㉮ 일반적으로 압축 시 밀도 증가율이 크다.
㉯ 매립 시 폐기물이 잘 섞여서 혐기성을 유지하므로 메탄 발생량이 많아진다.
㉰ 조대쓰레기에 의한 소각로의 손상을 방지한다.
㉱ 고밀도 매립이 가능하다.

㉯ 매립 시 폐기물이 잘 섞이므로 혐기성이 방지된다.

12 난분해성 유기화합물의 생물학적 반응이 아닌 것은?

㉮ 탈수소반응(가수분해반응)
㉯ 고리분할
㉰ 탈알킬화
㉱ 탈할로겐화

난분해성 유기화합물의 생물학적 반응은 고리분할, 탈알킬화, 탈할로겐화이다.

13 파쇄에 필요한 에너지를 구하는 법칙으로 고온파쇄 또는 2차분쇄에 잘 적용되는 법칙은?

㉮ 도플러의 법칙   ㉯ 킥의 법칙
㉰ 패러데이의 법칙 ㉱ 케스터너의 법칙

파쇄에 필요한 에너지를 구하는 법칙으로 고온파쇄 또는 2차분쇄에 잘 적용되는 법칙은 킥의 법칙이다.

14 폐기물의 관리에 있어서 가장 중점적으로 우선순위를 갖는 요소는?

㉮ 재활용   ㉯ 소각
㉰ 최종처분   ㉱ 감량화

폐기물의 관리에 있어서 가장 중점적으로 우선순위를 갖는 요소는 감량화이다.

15 인구가 800,000명인 도시에서 연간 1,000,000 ton의 폐기물이 발생한다면 1인 1일 폐기물의 발생량(kg/cap·day)은?

㉮ 3.12   ㉯ 3.22
㉰ 3.32   ㉱ 3.42

쓰레기 발생량 (kg/cap·일)
$= \dfrac{\text{폐기물 발생량(kg/일)}}{\text{인구수(인)}}$
$= \dfrac{1,000,000 \text{ton/년} \times 10^3 \text{kg/ton} \times 1\text{년}/365\text{일}}{800,000\text{인}}$
$= 3.42 \text{ kg/인·일}$

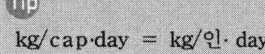
kg/cap·day = kg/인·day

정답 10 ㉱ 11 ㉯ 12 ㉮ 13 ㉯ 14 ㉱ 15 ㉱

16 쓰레기를 원추4분법으로 축분 도중 2번째에서 모포가 걸렸다. 이후 4회 더 축분하였다면 추후 모포의 함유율(%)은?
㉮ 25   ㉯ 12.5
㉰ 6.25   ㉱ 3.13

풀이 모포의 함유율(%) $= \left(\frac{1}{2}\right)^4 \times 100 = 6.25\%$

Tip
원추 4분법
① 분쇄한 대시료를 단단하고 깨끗한 평면 위에 원추형으로 쌓아 올린다.
② 앞의 원추를 장소를 바꾸어 다시 쌓는다.
③ 원추의 꼭지를 수직으로 눌러서 평평하게 만들고 이것을 부채꼴로 사등분한다.
④ 마주 보는 두 부분을 취하고 반은 버린다.
⑤ 반으로 준 시료를 앞의 조작을 반복하여 적당한 크기까지 줄인다.

17 지정폐기물의 종류와 분류물질의 연결이 틀린 것은?
㉮ 폐유독물질 - 폐촉매
㉯ 부식성 - 폐산(pH 2.0이하)
㉰ 부식성 - 폐알칼리(pH 12.5이상)
㉱ 유해물질함유 - 소각재

풀이 ㉮ 유해물질함유 폐기물 - 폐촉매

18 폐기물발생량의 표시에 가장 많이 이용되는 단위는?
㉮ m³/인·일   ㉯ kg/인·일
㉰ 개/인·일   ㉱ 봉투/인·일

풀이 폐기물발생량의 표시에 가장 많이 이용되는 단위는 kg/인·일(kg/cap·day)이다.

19 물렁거리는 가벼운 물질로부터 딱딱한 물질을 선별하는데 사용되는 것으로 경사진 Conveyor를 통해 폐기물을 주입시켜 천천히 회전하는 드럼 위에 떨어뜨려서 분류하는 장치는?
㉮ Stoners
㉯ Ballistic Separator
㉰ Fluidized Bed Separators
㉱ Secators

풀이 ㉱ 세카터(Secators)에 대한 설명이다.

20 적환장의 기능으로 적합하지 않은 것은?
㉮ 분리선별   ㉯ 비용분석
㉰ 압축파쇄   ㉱ 수송효율

풀이 적환장의 기능은 분리선별, 압축파쇄, 수송효율 등이다.

제2과목 폐기물처리기술

21 소각로에서 PVC 같은 염소를 함유한 물질을 태울 때 발생하며 맹독성을 갖는 것으로 분자구조는 염소가 달린 두 개의 벤젠고리 사이에 한 개의 산소원자가 있고, 135개의 이성체를 갖는 것은?
㉮ THM   ㉯ Furan
㉰ PCB   ㉱ BPHC

풀이 ㉯ 퓨란(Furan)에 대한 설명이다.

> **Tip**
> 다이옥신은 산소원자가 2개인 PCDD(이성질체 75개)와 산소원자기 1개인 PCDF(이성질체 135개)이다.

22 일반적으로 사용되는 분뇨처리의 혐기성 소화를 기술한 것으로 가장 거리가 먼 것은?

㉮ 혐기성 미생물을 이용하여 유기물질을 제거하는 것이다.
㉯ 다른 방법들보다 장기적인 면에서 볼 때 경제적이며 운영비가 적다는 이점이 있다.
㉰ 유용한 CH_4가 생성된다.
㉱ 분뇨량이 많으면 소화조를 70℃ 이상 가열시켜 줄 필요가 있다.

풀이 ㉱ 중온반응조의 경우 30~38℃이고, 고온반응조의 경우 55~60℃이다.

23 함수율이 95%인 슬러지를 함수율 75%의 슬러지로 탈수시켰을 때 탈수 후/전의 슬러지체적비(탈수 후/전)는 얼마인가?

㉮ 1/3   ㉯ 1/4
㉰ 1/5   ㉱ 1/6

풀이 $V_1 \times (100-P_1) = V_2 \times (100-P_2)$
여기서 V_1 : 탈수 전 슬러지량
   P_1 : 탈수 전 함수율
   V_2 : 탈수 후 슬러지량
   P_1 : 탈수 후 함수율
따라서 $V_1 \times (100-95) = V_2 \times (100-75)$
∴ $\dfrac{V_2}{V_1} = \dfrac{(100-95)}{(100-75)} = \dfrac{5}{25} = \dfrac{1}{5}$배

24 산업폐기물의 처리 시 함유 처리항목과 그 조건이 잘못 짝지어진 것은?

㉮ 특정유해 함유물질 : 수분 함량 85% 이하일 경우 고온열분해 시킨다.
㉯ 폐합성수지 : 편의 크기를 45cm 이상으로 절단시켜 소각, 용융시킨다.
㉰ 유기물계통 일반산업폐기물 : 수분함량 85% 이하로 유지시켜 소각시킨다.
㉱ 폐유 : 수분함량 5ppm 이하일 경우 소각시킨다.

25 제1, 2차 활성슬러지공법과 희석 방법을 적용하여 분뇨를 처리할 때, 처리 전 수거 분뇨의 BOD가 20,000mg/L이며 제1차 활성슬러지처리에서의 BOD제거율은 70%이고 20배 희석 후의 방류수에서의 BOD가 30mg/L라면 제2차 활성슬러지 처리에서의 BOD제거율(%)은?

㉮ 60   ㉯ 70
㉰ 80   ㉱ 90

풀이 제거효율(%) $= \left(1 - \dfrac{BOD_o \times 희석배수}{BOD_i}\right) \times 100$

① $BOD_i = 20,000\text{mg/L} \times (1-0.70)$
   $= 6,000\text{mg/L}$
② $BOD_o = 30\text{mg/L}$
③ 제거효율(%) $= \left(1 - \dfrac{30\text{mg/L} \times 20배}{6,000\text{mg/L}}\right) \times 100$
   $= 90\%$

정답 22 ㉱ 23 ㉰ 24 ㉯ 25 ㉱

26
우리나라 음식물쓰레기를 퇴비로 재활용하는데 있어서 가장 큰 문제점으로 지적되는 것은?

㉮ 염분함량　　㉯ 발열량
㉰ 유기물함량　㉱ 밀도

풀이) 우리나라 음식물쓰레기를 퇴비로 재활용하는데 있어서 가장 큰 문제점으로 지적되는 것은 높은 염분함량이다.

27
폭 1.0m, 길이 100m인 침출수 집배수시설의 투수계수 1.0×10^{-2}cm/s, 바닥구배가 2%일 때 년간 집배수량(ton)은?
(단, 침출수의 밀도 = 1ton/m³)

㉮ 1,051　　㉯ 5,000
㉰ 6,307　　㉱ 20,000

풀이) $1 \text{ton/m}^3 \times 1.0\text{m} \times 100\text{m} \times 1.0 \times 10^{-4}\text{m/s} \times \dfrac{3,600\sec}{1\text{hr}} \times \dfrac{24\text{hr}}{1\text{day}} \times \dfrac{365\text{day}}{1\text{년}} \times \dfrac{2\%}{100}$
$= 6,307.2 \text{ton/년}$

28
슬러지를 고형화하는 목적으로 가장 거리가 먼 것은?

㉮ 취급이 용이하며, 운반무게가 감소한다.
㉯ 유해물질의 독성이 감소한다.
㉰ 오염물질의 용해도를 낮춘다.
㉱ 슬러지 표면적이 감소한다.

풀이) ㉮ 취급이 용이하며, 운반무게가 증가한다.

29
폐기물을 매립한 후 복토를 실시하는 목적으로 가장 거리가 먼 것은?

㉮ 폐기물을 보이지 않게 하여 미관상 좋게 한다.
㉯ 우수를 효과적으로 배제한다.
㉰ 쥐나 파리 등 해충 및 야생동물의 서식처를 없앤다.
㉱ CH_4 가스가 내부로 유입되는 것을 방지한다.

풀이) ㉱ 화재를 예방하고, 악취를 방지한다.

30
유동층 소각로의 장단점이라 볼 수 없는 것은?

㉮ 미연소분 배출로 2차 연소실이 필요하다.
㉯ 가스의 온도가 낮고 과잉공기량이 적다.
㉰ 상(床)으로부터 찌꺼기 분리가 어렵다.
㉱ 기계적 구동부분이 적어 고장율이 낮다.

풀이) ㉮ 미연소분의 배출이 적어 2차 연소실이 불필요하다.

31
Rotary Kiln에 관한 설명으로 가장 거리가 먼 것은?

㉮ 모든 폐기물을 소각시킬 수 있다.
㉯ 부유성 물질의 발생이 적다.
㉰ 연속적으로 재가 방출된다.
㉱ 1,400℃ 이상의 운전 가능하다.

풀이) ㉯ 부유성 물질의 발생이 많다.

정답　26 ㉮　27 ㉰　28 ㉮　29 ㉱　30 ㉮　31 ㉯

32 오염된 농경지의 정화를 위해 다른 장소로부터 비오염 토양을 운반하여 혼합하는 정화기술은?

㉮ 객토 ㉯ 반전
㉰ 희석 ㉱ 배토

풀이) 오염된 농경지의 정화를 위해 다른 장소로부터 비오염 토양을 운반하여 혼합하는 정화기술은 객토이다.

33 유기성 폐기물 퇴비화의 단점이라 할 수 없는 것은?

㉮ 퇴비화 과정 중 외부 가온 필요
㉯ 부지선정의 어려움
㉰ 악취발생 가능성
㉱ 낮은 비료가치

풀이) ㉮ 퇴비화 과정 중 외부 가온이 필요없다.

34 퇴비화의 메탄발효 조건이 아닌 것은?

㉮ 영양조건 ㉯ 혐기조건
㉰ 호기조건 ㉱ 유기물량

풀이) 퇴비화의 메탄발효 조건은 영양조건, 혐기조건, 유기물량 등이다.

35 소각 시 다이옥신이 생성될 수 있는 가능성이 가장 큰 물질은?

㉮ 노르말헥산 ㉯ 에탄올
㉰ PVC ㉱ 오존

풀이) 소각 시 다이옥신이 생성될 수 있는 가능성이 가장 큰 물질은 PVC 등이다.

36 폐기물 고형화 방법 중 유기중합체법의 특징이 아닌 것은?

㉮ 가장 많이 사용되는 방법은 우레아폼(UF)방법이다.
㉯ 고형성분만 처리 가능하다.
㉰ 고형화 시키는데 많은 양의 첨가제가 필요하다.
㉱ 최종처리 시 2차용기에 넣어 매립해야 한다.

풀이) ㉰ 고형화 시키는데 많은 양의 첨가제가 필요하지 않다.

37 고형분 30%인 주방찌꺼기 10톤의 소각을 위하여 함수율이 50% 되게 건조시켰다면 이때의 무게(톤)는? (단, 비중 = 1.0 가정)

㉮ 2 ㉯ 3
㉰ 6 ㉱ 8

풀이) $W_1 \times TS_1 = W_2 \times (100 - P_2)$
여기서 W_1 : 건조 전 주방찌꺼기(ton)
TS_1 : 건조 전 고형물(%)
W_2 : 건조 후 주방찌꺼기(ton)
P_2 : 건조 후 함수율(%)
따라서 $10\,ton \times 30 = W_2 \times (100 - 50)$
$\therefore W_2 = \dfrac{10\,ton \times 30}{(100 - 50)} = 6\,ton$

 32 ㉮ 33 ㉮ 34 ㉰ 35 ㉰ 36 ㉰ 37 ㉰

38 알칼리성 폐수의 중화제가 아닌 것은?

㉮ 황산 ㉯ 염산
㉰ 탄산가스 ㉱ 가성소다

[풀이] 알칼리성 폐수의 중화제는 산성시약이다.
㉱ 가성소다는 알칼리성 시약이므로 산성폐수의 중화제이므로 정답이다.

39 유효공극을 0.2, 점토층 위의 침출수가 수두 1.5m인 점토 차수층 1.0m를 통과하는데 10년이 걸렸다면 점토 차수층의 투수계수(cm/s)는?

㉮ 2.54×10^{-7} ㉯ 2.54×10^{-8}
㉰ 5.54×10^{-7} ㉱ 5.54×10^{-8}

[풀이] ① $t = \dfrac{d^2 \cdot n}{k(d+h)}$

여기서 t : 침출수가 점토층을 통과하는 시간(년)
　　　　d : 점토층의 두께(m)
　　　　n : 유효공극률
　　　　k : 투수계수(m/년)
　　　　h : 침출수 수두(m)

따라서 $k = \dfrac{d^2 \cdot n}{t(d+h)}$

$= \dfrac{(1.0m)^2 \times 0.2}{10년 \times (1.0m + 1.5m)}$

$= 0.008$m/년

② k(cm/sec)

$= \dfrac{0.008m}{년} \left| \dfrac{10^2 cm}{1m} \right| \dfrac{1년}{365일} \left| \dfrac{1일}{24hr} \right| \dfrac{1hr}{3600sec}$

$= 2.54 \times 10^{-8}$ cm/sec

40 매립지 내에서 분해단계(4단계) 중 호기성 단계에 관한 설명으로 적절치 못한 것은?

㉮ N_2의 발생이 급격히 증가된다.
㉯ O_2가 소모된다.
㉰ 주요 생성기체는 CO_2이다.
㉱ 매립물의 분해속도에 따라 수 일에서 수 개월 동안 지속된다.

[풀이] ㉮ 질소(N_2)의 발생이 감소한다.

제3과목　폐기물공정시험기준

41 시료의 분할채취방법 중 구획법에 의해 축소할 때 몇 등분 몇 개의 덩어리로 나누는가?

㉮ 가로 4등분, 세로 4등분, 16개 덩어리
㉯ 가로 4등분, 세로 5등분, 20개 덩어리
㉰ 가로 5등분, 세로 5등분, 25개 덩어리
㉱ 가로 5등분, 세로 6등분, 30개 덩어리

[풀이] 구획법은 가로 4등분, 세로 5등분 20개 덩어리로 나눈다.

정답　38 ㉱　39 ㉯　40 ㉮　41 ㉯

42. 크롬을 원자흡수분광광도법으로 분석할 때 간섭물질에 관한 내용으로 ( )에 옳은 것은?

> 공기-아세틸렌 불꽃에서는 철, 니켈 등의 공존물질에 의한 방해 영향이 크므로 이때는 ( ) 1% 정도 넣어서 측정한다.

㉮ 황산나트륨 ㉯ 시안화칼륨
㉰ 수산화칼슘 ㉱ 수산화칼륨

풀이 크롬을 원자흡수분광광도법으로 분석할 때 간섭물질은 공기-아세틸렌 불꽃에서는 철, 니켈 등의 공존물질에 의한 방해영향이 크므로 이때는 황산나트륨 1% 정도 넣어서 측정한다.

43. 시료의 전처리방법에서 회화에 의한 유기물 분해 시 증발접시의 재질로 적당하지 않은 것은?

㉮ 백금 ㉯ 실리카
㉰ 사기제 ㉱ 알루미늄

풀이 회화에 의한 유기물 분해 시 증발접시의 재질은 백금, 실리카, 사기제이다.

44. 감염성미생물(아포균 검사법) 측정에 적용되는 '지표생물포자'에 관한 설명으로 ( )에 알맞은 것은?

> 감염성 폐기물의 멸균 잔류물에 대한 멸균 여부의 판정은 병원성미생물보다 열저항성이 (㉠)하고 (㉡)인 아포형성 미생물을 이용하는데 이를 지표생물포자라 한다.

㉮ ㉠ 약, ㉡ 비병원성
㉯ ㉠ 강, ㉡ 비병원성
㉰ ㉠ 약, ㉡ 병원성
㉱ ㉠ 강, ㉡ 병원성

풀이 지표생물포자는 감염성 폐기물의 멸균 잔류물에 대한 멸균 여부의 판정은 병원성미생물보다 열저항성이 강하고 비병원성인 아포형성 미생물을 이용한다.

45. 검정곡선에 대한 설명으로 틀린 것은?

㉮ 검정곡선은 분석물질의 농도변화에 따른 지시값을 나타낸 것이다.
㉯ 절대검정곡선법이란 시료의 농도와 지시값과의 상관성을 검정곡선식에 대입하여 작성하는 방법이다.
㉰ 표준물질첨가법이란 시료와 동일한 매질에 일정량의 표준물질을 첨가하여 검정곡선을 작성하는 방법이다.
㉱ 상대검정곡선법이란 검정곡선 작성용 표준용액과 시료에 서로 다른 양의 내부표준 물질을 첨가하여 시험분석 절차, 기기 또는 시스템의 변동으로 발생하는 오차를 보정하기 위해 사용하는 방법이다.

풀이 ㉱ 상대검정곡선법이란 검정곡선 작성용 표준용액과 시료에 동일한 양의 내부표준물질을 첨가하여 시험분석 절차, 기기 또는 시스템의 변동으로 발생하는 오차를 보정하기 위해 사용하는 방법이다.

정답 42 ㉮ 43 ㉱ 44 ㉯ 45 ㉱

46 폐기물공정시험기준에서 규정하고 있는 사항 중 올바른 것은?

㉮ 용액의 농도를 단순히 "%"로만 표시할 때는 V/V%를 말한다.
㉯ "정확히 취한다"라 함은 규정된 양의 검체, 시액을 홀피펫으로 눈금의 1/10까지 취하는 것을 말한다.
㉰ "수욕상에서 가열한다"라 함은 규정이 없는 한 수온 60~70℃에서 가열함을 뜻한다.
㉱ "약"이라 함은 기재된 양에 대하여 ±10% 이상의 차가 있어서는 안 된다.

[풀이]
㉮ 용액의 농도를 단순히 "%"로만 표시할 때는 W/V%를 말한다.
㉯ "정확히 취한다"라 함은 규정된 양의 검체, 시액을 홀피펫으로 눈금까지 취하는 것을 말한다.
㉰ "수욕상에서 가열한다"라 함은 규정이 없는 한 수온 100℃에서 가열함을 뜻한다.

47 흡광광도법에서 Lambert-Beer의 법칙에 관계되는 식은? (단, a = 투사광의 강도, b = 입사광의 강도, c = 농도, d = 빛의 투과거리, E = 흡광계수)

㉮ $a/b = 10^{-cdE}$ ㉯ $b/a = 10^{-cdE}$
㉰ $a/cd = E \times 10^{-b}$ ㉱ $b/cd = E \times 10^{-a}$

[풀이] 흡광광도법에서 Lambert-Beer의 법칙에 관계되는 식은 $a/b = 10^{-cdE}$ 이다.

48 기체크로마토그래피법으로 유기물질을 분석하는 기본 원리에 대한 설명으로 틀린 것은?

㉮ 컬럼을 통과하는 동안 유기물질이 성분별로 분리된다.
㉯ 검출기는 유기물질을 성분별로 분리 검출한다.
㉰ 기록계에 나타난 피크의 넓이는 물질의 온도에 비례한다.
㉱ 기록계에 나타난 머무름시간으로 유기물질을 정성 분석할 수 있다.

[풀이] ㉰ 기록계에 나타난 피크의 넓이는 시료의 성분에 비례한다.

49 원자흡수분광광도법으로 수은을 분석할 경우 시료채취 및 관리에 관한 설명으로 ( )에 알맞은 것은?

> 시료가 액상 폐기물의 경우는 질산으로 pH (㉠) 이하로 조절하고 채취 시료는 수분, 유기물 등 함유성분의 변화가 일어나지 않도록 0~4℃ 이하의 냉암소에 보관하여야 하며 가급적 빠른 시간 내에 분석하여야 하나 최대 (㉡)일 안에 분석한다.

㉮ ㉠ 2, ㉡ 14   ㉯ ㉠ 3, ㉡ 24
㉰ ㉠ 2, ㉡ 28   ㉱ ㉠ 3, ㉡ 32

[풀이] 원자흡수분광광도법으로 수은을 분석 시 액상 폐기물인 경우
① 질산으로 pH 2 이하로 조절
② 0~4℃ 이하의 냉암소에 보관
③ 최대 28일 안에 분석

정답 46 ㉱ 47 ㉮ 48 ㉰ 49 ㉰

50 기체크로마토그래피의 전자포획검출기에 관한 설명으로 ( )에 내용으로 옳은 것은?

> 전자포획검출기는 방사선 동위 원소 (^{63}Ni, ^3H 등)로부터 방출되는 ( )이 운반 기체를 전리하여 미소전류를 흘려보낼 때 시료 중의 할로겐이나 산소와 같이 전자포획력이 강한 화합물에 의하여 전자가 포획되어 전류가 감소하는 것을 이용하는 방법이다.

㉮ 알파(α)선 ㉯ 베타(β)선
㉰ 감마(ν)선 ㉱ X선

51 10g의 도가니에 20g의 시료를 취한 후 25% 질산암모늄용액을 넣어 탄화시킨 다음 600±25℃의 전기로에서 3시간 강열하였다. 데시케이터에서 식힌 후 도가니와 시료의 무게가 25g이었다면 강열감량(%)은?

㉮ 15 ㉯ 20
㉰ 25 ㉱ 30

풀이 강열감량(%) = $\dfrac{W_2 - W_3}{W_2 - W_1} \times 100$

여기서 W_1 : 도가니의 무게
W_2 : 탄화전의 도가니와 시료의 무게
W_3 : 탄화후의 도가니와 시료의 무게

따라서 강열감량(%) = $\dfrac{(20g+10g)-(25g)}{(20g+10g)-(10g)} \times 100$
= 25%

52 시료 내 수은을 원자흡수분광광도법으로 측정할 때의 내용으로 ( )에 옳은 것은?

> 시료 중 수은을 ( )을 넣어 금속수은으로 환원시킨 다음 이 용액에 통기하여 발생하는 수은 증기를 원자흡수분광광도법에 따라 정량하는 방법이다.

㉮ 시안화칼륨 ㉯ 과망간산칼륨
㉰ 아연분말 ㉱ 이염화주석

풀이 수은을 원자흡수분광광도법은 시료 중 수은을 이염화주석을 넣어 금속수은으로 환원시킨 다음 이 용액에 통기하여 발생하는 수은 증기를 원자흡수분광광도법에 따라 정량하는 방법이다.

53 온도 표시에 관한 내용으로 옳지 않은 것은?

㉮ 찬 곳은 따로 규정이 없는 한 0~15℃의 곳을 뜻한다.
㉯ 냉수는 4℃ 이하를 말한다.
㉰ 온수는 60~70℃를 말한다.
㉱ 상온은 15~25℃를 말한다.

풀이 ㉯ 냉수는 15℃ 이하를 말한다.

54 원자흡수분광광도법에서 중공음극램프선을 흡수하는 것은?

㉮ 기저상태의 원자
㉯ 여기상태의 원자
㉰ 이온화된 원자
㉱ 불꽃중의 원자쌍

풀이 원자흡수분광광도법에서 중공음극램프선을 흡수하는 것은 기저상태의 원자이다.

 50 ㉯ 51 ㉰ 52 ㉱ 53 ㉯ 54 ㉮

55 수분과 고형물의 함량에 따라 폐기물을 구분할 때 다음 중 포함되지 않은 것은?

㉮ 액상 폐기물　　㉯ 반액상 폐기물
㉰ 반고상 폐기물　㉱ 고상 폐기물

[풀이] 폐기물의 종류
① 액상 폐기물 : 고형물의 함량이 5% 미만
② 반고상 폐기물 : 고형물의 함량이 5% 이상 15% 미만
③ 고상 폐기물 : 고형물의 함량이 15% 이상

56 0.1N 수산화나트륨용액 20mL를 중화시키려고 할 때 가장 적합한 용액은?

㉮ 0.1M 황산 20mL
㉯ 0.1M 염산 10mL
㉰ 0.1M 황산 10mL
㉱ 0.1M 염산 40mL

[풀이] 중화적정공식 : $N_1 \times V_1 = N_2 \times V_2$
① 황산 0.1M인 경우 :
　$0.1N \times 20mL = 0.1 \times 2N \times V_2$
　∴ $V_2 = 10mL$
② 염산 0.1M인 경우 :
　$0.1N \times 20mL = 0.1N \times V_2$
　∴ $V_2 = 20mL$

57 유리전극법으로 수소이온농도를 측정할 때 간섭물질에 대한 내용으로 옳지 않은 것은?

㉮ 유리전극은 일반적으로 용액의 색도, 탁도에 의해 간섭을 받지 않는다.
㉯ 유리전극은 산화 및 환원성 물질 그리고 염도에 간섭을 받는다.
㉰ pH 10 이상에서 나트륨에 의해 오차가 발생할 수 있는데 이는 낮은 나트륨 오차 전극을 사용하여 줄일 수 있다.
㉱ pH는 온도변화에 따라 영향을 받는다.

[풀이] 유리전극은 산화 및 환원성 물질 그리고 염도에 간섭을 받지 않는다.

58 절연유 중에 포함된 폴리클로리네이티드 비페닐(PCBs)을 신속하게 분석하는 방법에 대한 설명으로 틀린 것은?

㉮ 절연유를 진탕 알칼리 분해하고 대용량 다층 실리카겔 컬럼을 통과시켜 정제한다.
㉯ 기체크로마토그래프-열전도검출기에 주입하여 크로마토그램에 나타난 피크형태로부터 정량분석 한다.
㉰ 정량한계는 0.5mg/L 이상이다.
㉱ 기체크로마토그래프의 운반기체는 부피백분율 99.999% 이상의 헬륨 또는 질소를 이용한다.

[풀이] 기체크로마토그래프-전자포획검출기에 주입하여 크로마토그램에 나타난 피크형태로부터 정량분석한다.

59 pH = 1인 폐산과 pH = 5인 폐산의 수소이온농도 차이(배)는?

㉮ 4배　　㉯ 4백배
㉰ 만배　　㉱ 10만배

[풀이] $pH = 1 \Rightarrow [H^+] = 10^{-1} mol/L$
$pH = 5 \Rightarrow [H^+] = 10^{-5} mol/L$
따라서 $\dfrac{pH1}{pH5} = \dfrac{10^{-1} mol/L}{10^{-5} mol/L} = 10,000$배

정답　55 ㉯　56 ㉰　57 ㉯　58 ㉯　59 ㉰

> **Tip**
> $pH = -\log[H^+] \Rightarrow [H^+] = 10^{-pH} \text{ mol/L}$
> $pOH = -\log[OH^-]$
> $\Rightarrow [OH^-] = 10^{-pOH} \text{ mol/L}$

60 폐기물공정시험기준상 ppm(parts per million)단위로 틀린 것은?

㉮ mg/m^3 ㉯ g/m^3
㉰ mg/kg ㉱ mg/L

풀이 ppm(parts per million)
$= mg/L = mg/kg = g/m^3$

제4과목 폐기물관계법규

61 환경상태의 조사·평가에서 국가 및 지방자치단체가 상시 조사·평가하여야 하는 내용이 아닌 것은?

㉮ 환경오염지역의 접근성 실태
㉯ 환경오염 및 환경훼손 실태
㉰ 자연환경 및 생활환경 현황
㉱ 환경의 질의 변화

62 환경부장관이나 시·도지사가 폐기물처리업자에게 영업의 정지를 명령하고자 할 때 천재지변이나 그 밖의 부득이한 사유로 해당 영업을 계속하도록 할 필요가 있다고 인정되는 경우, 그 영업의 정지를 갈음하여 대통령령으로 정하는 매출액에 (   )를 곱한 금액을 초과하지 아니하는 범위에서 과징금을 부과할 수 있다. (   ) 안에 알맞은 말은?

㉮ 100분의 1 ㉯ 100분의 5
㉰ 100분의 10 ㉱ 100분의 20

63 사업장폐기물을 공통으로 수집, 운반, 재활용 또는 처분하는 공동 운영기구의 대표자가 폐기물의 발생·배출·처리상황 등을 기록한 장부를 보존하여야 하는 기간은?

㉮ 1년 ㉯ 3년
㉰ 5년 ㉱ 7년

풀이 사업장폐기물을 공통으로 수집, 운반, 재활용 또는 처분하는 공동 운영기구의 대표자가 폐기물의 발생·배출·처리상황 등을 기록한 장부를 보존하여야 하는 기간은 3년이다.

정답 60 ㉮ 61 ㉮ 62 ㉯ 63 ㉯

64 폐기물 처분시설 또는 재활용시설의 검사 기준에 관한 내용 중 멸균분쇄시설의 설치검사 항목이 아닌 것은?

㉮ 계량시설의 자동상태
㉯ 분쇄시설의 작동상태
㉰ 자동기록장치의 작동상태
㉱ 밀폐형으로 된 자동제어에 의한 처리방식인지 여부

> 풀이 멸균분쇄시설의 설치검사 항목
> ① 멸균능력의 적절성 및 멸균조건의 적절 여부
> ② 분쇄시설의 작동상태
> ③ 밀폐형으로 된 자동제어에 의한 처리방식인지 여부
> ④ 자동기록장치의 작동상태
> ⑤ 폭발사고와 화재 등에 대비한 구조인지 여부
> ⑥ 자동투입장치와 투입량 자동계측장치의 작동상태
> ⑦ 악취방지시설·건조장치의 작동상태

65 폐기물처리시설의 유지·관리에 관한 기술관리를 대행할 수 있는 자와 거리가 먼 것은?

㉮ 엔지니어링산업 진흥법에 따라 신고한 엔지니어링사업자
㉯ 기술사법에 따른 기술사사무소(법에 따른 자격을 가진 기술사가 개설한 사무소로 한정한다.)
㉰ 폐기물관리 및 설치신고에 관한 법률에 따른 한국화학시험연구원
㉱ 한국환경공단

66 폐기물 처분시설 중 관리형 매립시설에서 발생하는 침출수의 배출허용기준 중 '나 지역'의 생물화학적 산소요구량의 기준은? (단, '나 지역'은 「물환경보전법 시행규칙」에 따른다.)

㉮ 60mg/L 이하 ㉯ 70mg/L 이하
㉰ 80mg/L 이하 ㉱ 90mg/L 이하

> 풀이 관리형 매립시설에서 발생하는 침출수의 배출허용기준
> ① 청정 지역 : 30mg/L 이하
> ② 가 지역 : 50mg/L 이하
> ③ 나 지역 : 70mg/L 이하

67 폐기물 수집·운반증을 부착한 차량으로 운반해야 될 경우가 아닌 것은?

㉮ 사업장폐기물배출자가 그 사업장에서 발생한 폐기물을 사업장 밖으로 운반하는 경우
㉯ 폐기물처리 신고자가 재활용 대상폐기물을 수집·운반하는 경우
㉰ 폐기물처리업자가 폐기물을 수집·운반하는 경우
㉱ 광역 폐기물 처분시설의 설치·운영자가 생활폐기물을 수집·운반하는 경우

> 풀이 폐기물 수집·운반증을 부착한 차량으로 운반해야 될 경우
> ① 사업장폐기물배출자가 그 사업장에서 발생한 폐기물을 사업장 밖으로 운반하는 경우
> ② 폐기물처리 신고자가 재활용 대상폐기물을 수집·운반하는 경우
> ③ 폐기물처리업자가 폐기물을 수집·운반하는 경우
> ④ 광역 폐기물 처분시설 또는 재활용시설의 설치·운영자가 폐기물을 수집·운반하는 경우

정답 64 ㉮ 65 ㉰ 66 ㉯ 67 ㉱

(단, 생활폐기물을 수집·운반하는 경우는 제외)
⑤ 사업장폐기물을 공동으로 수집·운반, 처분 또는 재활용하는 자가 수집·운반하는 경우
⑥ 폐기물을 수출하거나 구입하는 자가 그 폐기물을 운반하는 경우(컨테이너를 이용하여 운반하는 경우 포함)
⑦ 음식물류 폐기물 배출자가 그 사업장에서 발생한 음식물류 폐기물을 사업장 밖으로 운반하는 경우
⑧ 음식물류 폐기물을 공동으로 수집·운반 또는 재활용하는 자가 음식물류 폐기물을 수집·운반하는 경우

68 폐기물 수집·운반업자가 임시보관장소에 의료폐기물을 5일 이내로 냉장 보관한 수 있는 전용보관시설의 온도 기준은?

㉮ 섭씨 2도 이하   ㉯ 섭씨 3도 이하
㉰ 섭씨 4도 이하   ㉱ 섭씨 5도 이하

> 풀이) 폐기물 수집·운반업자가 임시보관장소에 의료폐기물을 5일 이내로 냉장 보관한 수 있는 전용보관시설의 온도 기준은 섭씨 4도 이하이다.

69 폐기물처리 담당자 등에 대한 교육을 실시하는 기관으로 거리가 먼 것은?

㉮ 국립환경연구원
㉯ 한국환경보전원
㉰ 한국환경공단
㉱ 한국환경산업기술원

> 풀이) ㉮ 국립환경인력개발원

70 폐기물처리시설을 설치·운영하는 자는 일정한 기간마다 정기검사를 받아야 한다. 소각시설의 경우 최초 정기검사일 기준은?

㉮ 사용개시일부터 5년이 되는 날
㉯ 사용개시일부터 3년이 되는 날
㉰ 사용개시일부터 2년이 되는 날
㉱ 사용개시일부터 1년이 되는 날

> 풀이) 소각시설의 경우 정기검사일
> ① 최초 정기검사 : 사용개시일부터 3년
> ② 2회 이후 정기검사 : 최종 정기검사일로부터 3년

71 폐기물관리법에서 사용하는 용어의 뜻으로 틀린 것은?

㉮ 생활폐기물 : 사업장폐기물 외의 폐기물을 말한다.
㉯ 폐기물감량화시설 : 생산 공정에서 발생하는 폐기물을 양을 줄이고, 사업장 내 재활용을 통하여 폐기물 배출을 최소화하는 시설로서 대통령령으로 정하는 시설을 말한다.
㉰ 처분 : 폐기물의 소각·중화·파쇄·고형화 등의 중간처분과 매립하는 등의 최종처분을 위한 대통령령으로 정하는 활동을 말한다.
㉱ 폐기물 : 쓰레기, 연소재, 오니, 폐유, 폐산, 폐알칼리 및 동물의 사체 등으로서 사람의 생활이나 사업활동에 필요하지 아니하게 된 물질을 말한다.

> 풀이) ㉰ 처분 : 폐기물의 소각·중화·파쇄·고형화 등의 중간처분과 매립하거나 해역으로 배출하는 등의 최종처분을 말한다.

정답 68 ㉰ 69 ㉮ 70 ㉯ 71 ㉰

72 폐기물처리업 중 폐기물 수집·운반업의 변경허가를 받아야 할 중요사항에 관한 내용으로 틀린 것은?

㉮ 수집·운반대상 폐기물의 변경
㉯ 영업구역의 변경
㉰ 주차장 소재지의 변경(지정폐기물을 대상으로 하는 수집·운반업만 해당한다.)
㉱ 운반차량(임시차량 포함) 증차

[풀이] ㉱ 운반차량(임시차량 제외) 증차

73 기술관리인을 두어야 할 대통령령으로 정하는 폐기물처리시설에 해당하지 않는 것은? (단, 폐기물처리업자가 운영하는 폐기물처리 시설은 제외)

㉮ 지정폐기물 외의 폐기물을 매립하는 시설로서 면적이 12,000m²인 시설
㉯ 멸균분쇄시설로서 시간당 처분능력이 150kg인 시설
㉰ 용해로로서 시간당 재활용능력이 300kg인 시설
㉱ 사료화·퇴비화 또는 연료화시설로서 1일 재활용능력이 10톤인 시설

[풀이]
㉮ 지정폐기물 외의 폐기물을 매립하는 시설로서 면적이 10,000m²인 시설
㉯ 멸균분쇄시설로서 시간당 처분능력이 100kg인 시설
㉰ 용해로로서 시간당 재활용능력이 600kg인 시설
㉱ 사료화·퇴비화 또는 연료화시설로서 1일 재활용능력이 5톤인 시설

74 환경부장관 또는 시·도지사가 영업구역을 제한하는 조건을 붙일 수 있는 폐기물처리업대상은?

㉮ 생활폐기물 수집·운반업
㉯ 폐기물 재생 처리업
㉰ 지정폐기물 처리업
㉱ 사업장폐기물 처리업

[풀이] 환경부장관 또는 시·도지사가 영업구역을 제한하는 조건을 붙일 수 있는 폐기물처리업대상은 생활폐기물 수집·운반업이다.

75 시설의 폐쇄명령을 이행하지 아니한 자에 대한 벌칙기준으로 맞는 것은?

㉮ 1년이하의 징역이나 1천만원이하의 벌금
㉯ 2년이하의 징역이나 2천만원이하의 벌금
㉰ 3년이하의 징역이나 3천만원이하의 벌금
㉱ 5년이하의 징역이나 5천만원이하의 벌금

[풀이] 시설의 폐쇄명령을 이행하지 아니한 자에 대한 벌칙기준은 5년이하의 징역이나 5천만원이하의 벌금에 해당한다.

76 폐기물 처리 담당자 등에 대한 교육의 대상자(그 밖에 대통령령으로 정하는 사람)에 해당되지 않은 자는?

㉮ 폐기물처리시설의 설치·운영자
㉯ 사업장폐기물을 처리하는 사업자
㉰ 폐기물처리 신고자
㉱ 확인을 받아야 하는 지정폐기물을 배출하는 사업자

[풀이] ㉯ 사업장폐기물을 배출하는 사업자

정답 72 ㉱ 73 ㉰ 74 ㉮ 75 ㉱ 76 ㉯

77 폐기물관리법을 적용하지 아니하는 물질에 대한 설명으로 옳지 않은 것은?

㉮ 용기에 들어 있지 아니한 고체상태의 물질
㉯ 원자력안전법에 따른 방사성 물질과 이로 인하여 오염된 물질
㉰ 하수도법에 따른 하수·분뇨
㉱ 물환경보전법에 따른 수질 오염 방지시설에 유입되거나 공공 수역으로 배출되는 폐수

풀이 ㉮ 용기에 들어 있지 아니한 기체상태의 물질

78 폐기물처리시설의 종류 중 기계적 재활용시설에 해당되지 않는 것은?

㉮ 압축·압출·성형·주조시설(동력 7.5kW 이상인 시설로 한정한다.)
㉯ 절단시설 (동력 7.5kW 이상인 시설로 한정한다.)
㉰ 용융·용해시설(동력 7.5kW 이상인 시설로 한정한다.)
㉱ 고형화·고화시설(동력 15kW 이상인 시설로 한정한다.)

풀이 ㉱ 고형화·고화시설은 화학적 재활용시설이다.

79 다음 중 지정폐기물이 아닌 것은?

㉮ pH가 12.6인 폐알칼리
㉯ 고체상태의 폐합성 고무
㉰ 수분함량이 90%인 오니류
㉱ PCB를 2mg/L 이상 함유한 액상 폐기물

풀이 ㉯ 폐합성 고무(고체상태의 것은 제외)

80 주변지역 영향 조사대상 폐기물처리시설 기준으로 틀린 것은? (단, 폐기물처리업자가 설치·운영하는 시설)

㉮ 시멘트 소성로(폐기물을 연료로 사용하는 경우로 한정한다.)
㉯ 매립면적 15만 제곱미터 이상의 사업장 일반폐기물 매립시설
㉰ 매립면적 3만 제곱미터 이상의 사업장 지정폐기물 매립시설
㉱ 1일 재활용능력이 50톤 이상인 사업장 폐기물 소각열회수시설(같은 사업장에 여러 개의 소각열회수시설이 있는 경우에는 각 소각열 회수시설의 1일 재활용 능력의 합계가 50톤 이상인 경우를 말한다.)

풀이 ㉰ 매립면적 1만 제곱미터 이상의 사업장 지정폐기물 매립시설

정답 77 ㉮ 78 ㉱ 79 ㉯ 80 ㉰

폐기물처리산업기사 CBT 모의고사

제1과목 폐기물개론

01 폐기물을 수거하여 분석한 결과 함수율이 40%이고 총 휘발성 고형물은 총고형물의 80%, 유기탄소량은 총 휘발성 고형물의 90%이었다. 또한 총질소량은 총 고형물의 2%라 할 때 이 폐기물의 C/N(유기탄소량/총질소량)은 얼마인가? (단, 비중은 1.0이다.)

㉮ 26 ㉯ 36
㉰ 46 ㉱ 56

풀이) C/N비 = $\dfrac{탄소량}{질소량}$ = $\dfrac{(1-0.4) \times 0.8 \times 0.9}{(1-0.4) \times 0.02}$ = 36

02 어느 도시폐기물 중 비가연성분이 40%(W/W%)이다. 밀도가 300kg/m³인 폐기물 10m³중 가연성물질의 양은 얼마인가? (단, 비가연성분과 가연성분으로 구분기준)

㉮ 1.2ton ㉯ 1.4ton
㉰ 1.6ton ㉱ 1.8ton

풀이) 가연성 물질의 양(ton)
= 폐기물의 양(m³) × 밀도(ton/m³)
  × $\dfrac{100 - 비가연성 성분(\%)}{100}$
= 10m³ × 0.3ton/m³ × (1-0.4)
= 1.8ton

Tip
① 중량(ton) = 폐기물의 양(m³) × 밀도(ton/m³)
② 가연성 성분(%) = 100-비가연성 성분(%)
③ 밀도 300kg/m³ × 10⁻³ton/kg = 0.3ton/m³

03 전단파쇄기에 관한 설명으로 틀린 것은 어느 것인가?

㉮ 대체로 충격파쇄기에 비해 파쇄속도가 빠르다.
㉯ 이물질의 혼입에 대하여 약하다.
㉰ 파쇄물의 크기를 고르게 할 수 있다.
㉱ 주로 목재류, 플라스틱류 및 종이류를 파쇄하는데 이용된다.

풀이) ㉮ 대체로 충격파쇄기에 비해 파쇄속도가 느리다.

정답 01 ㉯ 02 ㉱ 03 ㉮

04 적환장의 일반적인 설치 필요조건으로 틀린 것은 어느 것인가?
㉮ 작은 용량의 수집차량을 사용할 때
㉯ 슬러지 수송이나 공기수송 방식을 사용할 때
㉰ 불법 투기와 다량의 어질러진 쓰레기들이 발생할 때
㉱ 고밀도 거주지역이 존재할 때

풀이 ㉱ 저밀도 거주지역이 존재할 때

05 $5m^3$의 용적을 갖는 쓰레기를 압축하였더니 $3m^3$으로 감소되었다. 이때 압축비(CR)는 얼마인가?
㉮ 0.43 ㉯ 0.60
㉰ 1.67 ㉱ 2.50

풀이 압축비 = $\dfrac{V_1}{V_2}$

여기서 V_1 : 압축 전의 부피(m^3)
V_2 : 압축 후의 부피(m^3)

따라서 압축비 = $\dfrac{5m^3}{3m^3}$ = 1.67

06 폐기물 매립시 파쇄를 통해 얻을 수 있는 이점으로 틀린 것은 어느 것인가?
㉮ 매립작업만으로 고밀도 매립이 가능하다.
㉯ 표면적 감소로 미생물 작용이 촉진되어 매립지 조기안정화가 가능하다.
㉰ 곱게 파쇄하면 복토 요구량이 절감된다.
㉱ 폐기물의 밀도가 증가되어 바람에 멀리 날아갈 염려가 적다.

풀이 ㉯ 표면적 증가로 미생물 작용이 촉진되어 매립지 조기안정화가 가능하다.

07 폐기물 1ton을 건조시켜 함수율을 50%에서 25%로 감소시켰다. 폐기물의 중량은 얼마로 되겠는가?
㉮ 0.33ton ㉯ 0.5ton
㉰ 0.67ton ㉱ 0.75ton

풀이 $W_1 \times (100 - P_1) = W_2 \times (100 - P_2)$
여기서 W_1 : 건조 전 폐기물
P_1 : 건조 전 함수율
W_2 : 건조 후 폐기물
P_2 : 건조 후 함수율
따라서 $1ton \times (100 - 50) = W_2 \times (100 - 25)$
∴ $W_2 = \dfrac{1ton \times (100 - 50)}{(100 - 25)} = 0.67 ton$

08 쓰레기 발생량을 예측하는 방법 중 쓰레기 배출에 영향을 주는 모든 인자를 시간에 대한 함수로 나타낸 후 시간에 대한 함수로 표현된 각 영향인자들 간의 상관관계를 수식화한 모델은 어느 것인가?
㉮ 경향법 ㉯ 추정법
㉰ 동적모사모델 ㉱ 다중회귀모델

풀이 ㉰ 동적모사모델에 대한 설명이다.

정답 04 ㉱ 05 ㉰ 06 ㉯ 07 ㉰ 08 ㉰

09 쓰레기의 발생량 조사 방법인 물질수지법에 관한 설명으로 옳지 않은 것은?

㉮ 주로 산업폐기물 발생량을 추산할 때 이용된다.
㉯ 비용이 저렴하고 정확한 조사가 가능하여 일반적으로 많이 활용된다.
㉰ 조사하고자 하는 계의 경계를 정확하게 설정하여야 한다.
㉱ 물질수지를 세울 수 있는 상세한 데이터가 있는 경우에 가능하다.

풀이 ㉯ 비용이 많이 들고 정확한 조사가 어려워 많이 활용되지 않는다.

10 하나의 수식으로 각 인자들의 효과를 총괄적으로 나타내어 복잡한 시스템의 분석에 유용하게 사용할 수 있는 쓰레기 발생량 예측방법으로 가장 적절한 것은?

㉮ 경향법 ㉯ 동적모사모델
㉰ 정적모사모델 ㉱ 다중회귀모델

풀이 ㉱ 다중회귀모델에 대한 설명이다.

11 폐기물의 고위발열량 계산에 기초로 활용되는 것은 어느 것인가?

㉮ 물리적 조성 ㉯ 수분량
㉰ 화학적 조성 ㉱ 산성분

풀이 고위발열량 계산에 기초로 활용되는 것은 화학적 조성이다.

12 다음 중 유해폐기물의 불법매립과 가장 관련이 깊은 사건은 어느 것인가?

㉮ 포자리카 사건 ㉯ 뮤즈계곡 사건
㉰ 도노라 사건 ㉱ 러브커넬 사건

풀이 ㉱ 러브커넬 사건에 대한 설명이다.

13 pH가 8과 pH가 10인 폐알칼리액을 동일량으로 혼합하였을 경우 이 용액의 pH는 얼마인가?

㉮ 8.3 ㉯ 9.0
㉰ 9.7 ㉱ 10.0

풀이
① $C_m = \dfrac{Q_1 C_1 + Q_2 C_2}{Q_1 + Q_2}$
$= \dfrac{10^{-6}\,mol/L \times 1 + 10^{-4}\,mol/L \times 1}{1+1}$
$= 5.05 \times 10^{-5}\,mol/L$
② $pH = 14 + \log[OH^-]$
$= 14 + \log[5.05 \times 10^{-5}\,mol/L] = 9.70$

Tip
① $pH\,8 \Rightarrow pOH = 14 - 8 = 6$
② $pH\,10 \Rightarrow pOH = 14 - 10 = 4$
③ $[OH^-] = 10^{-pOH}\,mol/L$
④ 알칼리성 물질에서 $pH = 14 + \log[OH^-]$

14 물질의 전기전도성을 이용하여 도체물질과 부도체물질로 분리하는 선별법은 어느 것인가?

㉮ 자력선별법 ㉯ 트롬멜선별법
㉰ 와전류선별법 ㉱ 정전기선별법

풀이 ㉱ 정전기선별법에 대한 설명이다.

정답 09 ㉯ 10 ㉱ 11 ㉰ 12 ㉱ 13 ㉰ 14 ㉱

15 폐기물의 소각처리에 중요한 연료특성인 발열량에 관한 내용으로 알맞은 것은 어느 것인가?

㉮ 저위발열량은 연소에 의해 생성된 수분이 응축하였을 경우의 발열량이다.
㉯ 고위발열량은 소각로의 설계기준이 되는 발열량으로 진발열량이라고도 한다.
㉰ 단열열량계로 측정한 발열량은 고위발열량이다.
㉱ 발열량은 플라스틱의 혼입률이 많으면 증가하지만 계절적 변동과 상관없이 일정하다.

풀이
㉮ 고위발열량은 연소에 의해 생성된 수분이 응축하였을 경우의 발열량이다.
㉯ 저위발열량은 소각로의 설계기준이 되는 발열량으로 진발열량이라고도 한다.
㉱ 발열량은 플라스틱의 혼입률이 많으면 감소한다.

16 폐기물 재활용 정책 중 EPR의 의미로 알맞은 것은 어느 것인가?

㉮ 폐기물 자원화 기술개발 제도
㉯ 생산자 책임 재활용 제도
㉰ 재활용 제품 소비 촉진 제도
㉱ 고부가 자원화 사업 지원 제도

풀이 EPR은 Extended Producer Responsibility의 약자로 생산자 책임 재활용 제도를 의미한다.

17 폐기물처리 대책의 기본방향으로 틀린 것은 어느 것인가?

㉮ 무해화　㉯ 발생억제
㉰ 재생이용　㉱ 다량소비

풀이 ㉱ 감량화

18 폐기물 선별법 중 와전류 분리법으로 선별하기 어려운 물질은 어느 것인가?

㉮ 구리　㉯ 철
㉰ 아연　㉱ 알루미늄

풀이 와전류 분리법은 비자성이며, 전기전도성이 좋은 구리, 알루미늄, 아연 등을 선별하는 방법이다.

19 폐기물 수거의 효율성을 향상시키기 위해 적환장 설치 위치를 선정할 때, 고려사항으로 틀린 것은 어느 것인가?

㉮ 쉽게 간선도로에 연결되며, 2차 보조 수송수단으로 연결이 쉬운 곳
㉯ 건설비와 운영비가 적게 들고 경제적인 곳
㉰ 수거 쓰레기 발생지역의 무게중심에서 가능한 한 먼 곳
㉱ 주민의 반대가 적고, 환경적 영향이 최소인 곳

풀이 ㉰ 수거 쓰레기 발생지역의 무게중심에서 가능한 한 가까운 곳

정답 15 ㉰ 16 ㉯ 17 ㉱ 18 ㉯ 19 ㉰

20 건설재료로 재이용이 불가능한 폐기물 형태는 어느 것인가?

㉮ 슬래그
㉯ 소각재
㉰ 탈수된 하수슬러지
㉱ 무기성 슬러지

풀이 탈수된 하수슬러지는 주성분이 유기물이므로 건설재료로 재이용이 불가능하다.

제2과목 폐기물처리기술

21 유기물(포도당, $C_6H_{12}O_6$) 1kg을 혐기성 소화시킬 때 이론적으로 발생되는 메탄량(kg)은 얼마인가?

㉮ 약 0.09
㉯ 약 0.27
㉰ 약 0.73
㉱ 약 0.93

풀이 $C_6H_{12}O_6 \rightarrow 3CH_4 + 3CO_2$
　　180kg : 3×16kg
　　1kg : X
∴ $X = \dfrac{1kg \times 3 \times 16kg}{180kg} = 0.27kg$

Tip
① $C_6H_{12}O_6$ = 포도당 = 글루코스
② $C_6H_{12}O_6$의 분자량
　= 6×12 + 1×12 + 6×16 = 180kg
③ 중량(kg) = 계수 × 분자량(kg)
④ 체적(Sm^3) = 계수 × 22.4(Sm^3)

22 유해폐기물 고화처리시 흔히 사용하는 지표인 혼합률(MR)은 고화제 첨가량과 폐기물양의 중량비로 정의된다. 고화처리 전 폐기물의 밀도가 1.0g/cm³, 고화처리된 폐기물의 밀도가 1.3g/cm³이라면 혼합율(MR)이 0.755일 때 고화처리된 폐기물의 부피변화율(VCF)은 얼마인가?

㉮ 1.95
㉯ 1.56
㉰ 1.35
㉱ 1.15

풀이 부피변화율(VCF) = $(1 + MR) \times \dfrac{\rho_1}{\rho_2}$

여기서 MR : 혼합률
　　　ρ_1 : 고화처리 전 폐기물의 밀도(g/cm³)
　　　ρ_2 : 고화처리 후 폐기물의 밀도(g/cm³)
따라서
부피변화율(VCF) = $(1 + 0.755) \times \dfrac{1.0g/cm^3}{1.3g/cm^3}$
　　　　　　　= 1.35

23 혐기성 소화의 장·단점이라 할 수 없는 것은?

㉮ 동력시설을 거의 필요로 하지 않으므로 운전비용이 저렴하다.
㉯ 소화 슬러지의 탈수 및 건조가 어렵다.
㉰ 반응이 더디고 소화기간이 비교적 오래 걸린다.
㉱ 소화가스는 냄새가 나며 부식성이 높은 편이다.

풀이 ㉯ 소화 슬러지의 탈수 및 건조가 용이하다.

정답 20 ㉰ 21 ㉯ 22 ㉰ 23 ㉯

24 사업장폐기물의 퇴비화에 대한 내용으로 틀린 것은?

㉮ 퇴비화 이용이 불가능하다.
㉯ 토양오염에 대한 평가가 필요하다.
㉰ 독성물질의 함유농도에 따라 결정하여야 한다.
㉱ 중금속 물질의 전처리가 필요하다.

풀이 ㉮ 퇴비화 이용이 가능하다.

25 합성차수막 중 PVC에 관한 설명으로 잘못된 것은 어느 것인가?

㉮ 작업이 용이하다.
㉯ 접합이 용이하고 가격이 저렴하다.
㉰ 자외선, 오존, 기후에 약하다.
㉱ 대부분의 유기화학물질에 강하다.

풀이 ㉱ 대부분의 유기화학물질에 약하다.

26 폐기물의 고형화(고체화) 처리에 대한 내용으로 틀린 것은 어느 것인가?

㉮ 재이용 가능한 농도이어야 한다.
㉯ 고형화 시킨 후 침출수와는 관련이 없다.
㉰ 분해불가능하고, 연소 불가능한 것이어야 한다.
㉱ Equilibrium leaching test로써 유해물질의 침출 여부를 결정한다.

풀이 ㉯ 고형화 시킨 후 침출수의 발생이 없어야 한다.

Tip
Equilibrium leaching test = 평형상태의 거른 액 실험

27 다음과 같은 조성의 쓰레기를 소각처분하고자 할 때 이론적으로 필요한 공기의 양(m^3)은 표준상태에서 쓰레기 1kg당 얼마인가?

⟨조건⟩
쓰레기 조성(질량%)
탄소(C) : 9.5%, 수소(H) : 2.8%,
산소(O) : 10.5%, 불연소성분 : 77.2%

㉮ 약 1.25m^3 ㉯ 약 2.25m^3
㉰ 약 3.25m^3 ㉱ 약 4.25m^3

풀이 이론공기량(A_o)

$= 8.89C + 26.67\left(H - \dfrac{O}{8}\right) + 3.33S \, (Sm^3/kg)$

$= 8.89 \times 0.095 + 26.67 \times \left(0.028 - \dfrac{0.105}{8}\right)$

$= 1.24 \, Sm^3/kg$

28 대표적인 고형화 처리방법인 석회기초법에 대한 내용으로 틀린 것은 어느 것인가?

㉮ 가격이 매우 싸고 널리 이용되고 있다.
㉯ 석회-포졸란 화학반응이 간단하고 용이하다.
㉰ pH가 낮을 때 폐기물 성분의 용출가능성이 증가한다.
㉱ 탈수가 필요하다.

풀이 ㉱ 탈수가 필요없다.

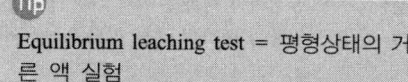

29 폐기물의 열분해에 대한 내용으로 틀린 것은 어느 것인가?

㉮ 열분해를 통하여 얻어지는 연료의 성질을 결정짓는 요소로는 운전온도, 가열속도, 폐기물의 성질 등으로 알려져 있다.
㉯ 열분해 방법은 저온법과 고온법이 있는데, 통상적으로 저온은 500~900℃, 고온은 1100~1500℃를 말한다.
㉰ 열분해 온도에 따르는 가스의 구성비는 고온이 될수록 CO_2 함량이 늘고 수소함량은 줄어든다.
㉱ 열분해에 의해 생성되는 액체물질에는 식초산, 아세톤, 메탄올, 오일, 타르, 방향성 물질이 있다.

🔹 ㉰ 열분해 온도에 따르는 가스의 구성비는 고온이 될수록 CO_2 함량이 감소하고, 수소함량은 증가한다.

30 분뇨 100kL에서 SS 24,500mg/L을 제거하였다. SS의 함수율이 96%라고 하면 그 부피(m^3)는 얼마인가? (단, 비중은 1.0 기준이다.)

㉮ 25m^3　　㉯ 40m^3
㉰ 61m^3　　㉱ 83m^3

🔹 슬러지량(m^3)
$= \dfrac{제거SS량(kg/m^3) \times 분뇨량(m^3)}{비중량(kg/m^3)} \times \dfrac{100}{100-함수율(\%)}$
$= \dfrac{24.5kg/m^3 \times 100m^3}{1,000kg/m^3} \times \dfrac{100}{100-96\%} = 61.25m^3$

Tip
① mg/L $\xrightarrow{\times 10^{-3}}$ kg/m^3
② SS 24,500mg/L $\times 10^{-3}$ = 24.5kg/m^3
③ kL = m^3이므로 100kL = 100m^3
④ 비중(g/cm^3) $\xrightarrow{\times 10^3}$ 비중량(kg/m^3)
⑤ 비중 1.0g/cm^3 $\times 10^3$ = 1,000kg/m^3

31 해안매립공법에 관한 내용으로 틀린 것은 어느 것인가?

㉮ 순차투입방법은 호안측으로부터 순차적으로 쓰레기를 투입하여 육지화하는 방법이다.
㉯ 수심이 깊은 처분장에서는 건설비 과다로 내수를 완전히 배제하기가 곤란한 경우가 많아 순차투입방법을 택하는 경우가 많다.
㉰ 처분장은 면적이 크고 1일 처분량이 많다.
㉱ 수중부에 쓰레기를 깔고 압축작업과 복토를 실시하므로 근본적으로 내륙매립과 같다.

🔹 ㉱ 수중부에 쓰레기를 투여하고 압축작업과 복토를 실시하기 어려워 근본적으로 내륙매립과 다르다.

32 오염된 농경지의 정화를 위해 다른 장소로부터 비오염 토양을 운반하여 넣는 정화기술은?

㉮ 객토　　㉯ 반전
㉰ 희석　　㉱ 배토

🔹 오염된 농경지의 정화를 위해 다른 장소로부터 비오염 토양을 운반하여 넣는 정화기술은 객토이다.

정답 29 ㉰　30 ㉰　31 ㉱　32 ㉮

33 매립지 표면차수막에 대한 내용으로 틀린 것은 어느 것인가?

㉮ 매립지 바닥의 투수계수가 큰 경우에 사용하는 방법이다.
㉯ 매립 전이라면 보수가 용이하지만 매립 후는 어렵다.
㉰ 지하수 집배수시설이 불필요하다.
㉱ 차수막 단위면적당 공사비는 싸지만 매립지 전체를 시공하는 경우가 많아 총 공사비는 비싸다.

▣ ㉰ 지하수 집배수시설이 필요하다.

34 안정화방법 중 습식산화에 대한 내용으로 틀린 것은 어느 것인가?

㉮ 액상슬러지에 열과 압력을 작용시켜 용존산소에 의하여 화학적으로 슬러지 내의 유기물을 산화시킨다.
㉯ 반응탑, 고압펌프, 공기압축기, 열교환기 등으로 구성되어 있다.
㉰ 산화범위에 융통성이 있고 슬러지의 질에 영향을 받지 않으나 냄새가 나고 건설비가 많이 요구된다.
㉱ 고도의 운전기술이 필요하며 처리된 슬러지의 탈수가 잘 되지 않는 단점이 있다.

▣ ㉱ 고도의 운전기술이 필요없고 처리된 슬러지의 탈수가 용이하다.

35 인공 복토재의 조건으로 틀린 것은 어느 것인가?

㉮ 투수계수가 높아야 한다.
㉯ 연소가 잘 되지 않아야 한다.
㉰ 생분해가 가능하여야 한다.
㉱ 살포가 용이해야 한다.

▣ ㉮ 투수계수가 낮아야 한다.

36 일반적인 슬러지 처리 계통도가 가장 올바르게 나열된 것은?

㉮ 농축 → 안정화 → 개량 → 탈수 → 소각
㉯ 탈수 → 개량 → 건조 → 안정화 → 소각
㉰ 개량 → 안정화 → 농축 → 탈수 → 소각
㉱ 탈수 → 건조 → 안정화 → 개량 → 소각

37 생활폐기물 매립장에서 발생하는 침출수의 특성에 대한 내용으로 틀린 것은 어느 것인가?

㉮ 매립초기에는 침출수의 pH가 약알칼리성이며, 매립연한이 오래된 경우에는 약산성을 나타낸다.
㉯ 매립초기에는 생분해성이 높은 유기물 함량이 높은 반면 매립연한이 오래된 경우에는 난분해성 유기물 함량이 높다.
㉰ 침출수의 수질은 연차별, 계절별로 변화한다.
㉱ 통상 침출수의 암모니아성 질소 농도는 상당기간 동안 높은 값을 보인다.

▣ ㉮ 매립초기에는 침출수의 pH가 약산성이며, 매립연한이 오래된 경우에는 약알칼리성을 나타낸다.

정답 33 ㉰ 34 ㉱ 35 ㉮ 36 ㉮ 37 ㉮

38 축분과 톱밥 쓰레기를 혼합한 후 퇴비화하여 함수량 20%의 퇴비를 만들었다면 퇴비량(ton)은 얼마인가? (단, 퇴비화시 수분 감량만 고려, 비중 = 1.0)

성분	쓰레기양(ton)	함수량(%)
축분	12.0	85.0
톱밥	2.0	5.0

㉮ 4.63ton ㉯ 5.23ton
㉰ 6.33ton ㉱ 7.83ton

풀이 ① 축분과 톱밥 쓰레기의 혼합 후 함수율 계산

$$함수율(\%) = \frac{12톤 \times 85\% + 2톤 \times 5\%}{12톤 + 2톤} = 73.57\%$$

② 퇴비량 계산
$$W_1 \times (100 - P_1) = W_2 \times (100 - P_2)$$
$$14톤 \times (100 - 73.57) = W_2 \times (100 - 20)$$
$$\therefore W_2 = 4.63톤$$

Tip

W_1 = 축분+톱밥 = 12ton+2ton = 4ton

39 매립지로부터 가스가 발생될 것이 예상되면 발생가스에 대한 적절한 대책이 수립되어야 한다. 이 중 최소한의 환기설비 또는 가스대책 설비를 계획하여야 하는 경우로 틀린 것은 어느 것인가?

㉮ 발생가스의 축적으로 덮개설비에 손상이 갈 우려가 있는 경우
㉯ 식물 식생의 과다로 지중 가스 축적이 가중되는 경우
㉰ 유독가스가 방출될 우려가 있는 경우
㉱ 매립지 위치가 주변개발지역과 인접한 경우

40 호기성 퇴비화 설계 운영고려 인자 중 C/N비로 알맞은 것은 어느 것인가?

㉮ 초기 C/N비 5~10이 적당하다.
㉯ 초기 C/N비 25~50이 적당하다.
㉰ 초기 C/N비 80~150이 적당하다.
㉱ 초기 C/N비 200~350이 적당하다.

풀이 ㉯ 호기성 퇴비화 설계 운영고려 인자 중 C/N비는 30전후가 적당하다.

제3과목 폐기물 공정시험기준

41 자외선/가시선 분광법에 의해 크롬을 정량하기 위해서는 크롬이온 전체를 6가크롬으로 변화시켜야 하는데 이때 사용하는 시약은 어느 것이가?

㉮ 디페닐카르바지드
㉯ 질산암모늄
㉰ 과망간산칼륨
㉱ 염화제일주석

풀이 시약의 용도
① 과망간산칼륨 : 크롬이온 전체를 6가크롬으로 전환시키는 시약(산화제)
② 디페닐카르바지드 : 적자색으로 발색시키는 시약

정답 38 ㉮ 39 ㉯ 40 ㉯ 41 ㉰

42 폐기물시료 200g을 취하여 기름성분(중량법)을 시험한 결과, 시험 전·후의 증발용기의 무게차는 13.591g으로 나타났고, 바탕시험 전·후의 증발용기의 무게차는 13.557g으로 나타났다. 이때의 노말헥산 추출물질 농도(%)는 얼마인가?

㉮ 0.013% ㉯ 0.017%
㉰ 0.023% ㉱ 0.034%

풀이 노말헥산 추출물질(%)
$= (a-b) \times \dfrac{100}{V} = \dfrac{(a-b)g}{V(g)} \times 100$

여기서 a : 실험전후의 증발용기의 무게 차(g)
b : 바탕시험 전후의 증발용기의 무게 차(g)
V : 시료의 양(g)

따라서
노말헥산 추출물질(%) $= \dfrac{(13.591-13.557)g}{200g} \times 100$
$= 0.017\%$

43 용출 조작시 진탕 횟수 기준으로 알맞은 것은 어느 것인가? (단, 상온, 상압 조건, 진폭은 4~5cm)

㉮ 매분당 약 200회
㉯ 매분당 약 300회
㉰ 매분당 약 400회
㉱ 매분당 약 500회

Tip
용출 시험방법
1. 시료용액의 조제
시료의 조제방법에 따라 조제한 시료 100g 이상을 정확히 달아 정제수에 염산을 넣어 pH를 5.8~6.3으로 한 용매(mL)를 시료 : 용매 = 1 : 10(W : V)의 비로 2,000mL 삼각플라스크에 넣어 혼합한다.

2. 용출조작
① 시료용액의 조제가 끝난 혼합액을 상온 상압에서 진탕회수가 매분 당 약 200회, 진폭이 4~5cm의 진탕기를 사용하여 6시간 연속 진탕한다.
② 1.0μm의 유리섬유 여과지로 여과하고 여과액을 적당량 취하여 용출실험용 시료용액으로 한다.
③ 여과가 어려운 경우에는 원심분리기를 사용하여 매분당 3,000회전 이상으로 20분 이상 원심분리한 다음 상징액을 적당량 취하여 용출실험용 시료용액으로 한다.

44 다음은 폐기물 시료의 채취에 관한 내용이다. ( )안에 알맞은 것은?

시료의 양은 1회에 100g 이상 채취한다. 다만 소각재의 경우에는 1회에 ( ) 이상을 채취한다.

㉮ 200g ㉯ 300g
㉰ 500g ㉱ 1000g

45 자외선/가시선 분광법을 이용한 시안분석방법으로 틀린 것은 어느 것인가?

㉮ 포집된 시안이온을 중화하고 클로라민 T와 피리딘 피라졸론 혼합액을 넣어 적자색 510nm에서 측정한다.
㉯ 시료를 pH 2 이하의 산성으로 조절한 후 에틸렌다이아민테트라아세트산이나 트륨을 넣고 가열 증류한다.
㉰ 잔류염소가 함유된 시료는 잔류염소 20mg 당 L-아스코빈산(10W/V%) 0.6mL를 넣

정답 42 ㉯ 43 ㉮ 44 ㉰ 45 ㉮

어 제거한다.
㉣ 황화합물이 함유된 시료는 아세트산아연 용액(10W/V%) 2mL를 넣어 제거한다.

풀이 ㉮ 포집된 시안이온을 중화하고 클로라민 T와 피리딘 피라졸론 혼합액을 넣어 청색 620nm에서 측정한다.

46 시료용액의 조제에 대한 내용으로 알맞은 것은 어느 것인가?

㉮ 조제한 시료 100g 이상을 정밀히 달아 정제수에 염산을 넣어 pH 5.8~6.3으로 맞춘 용매(mL)를 1:10(W:V)의 비로 2,000mL 삼각플라스크에 넣어 혼합한다.
㉯ 조제한 시료 100g 이상을 정밀히 달아 정제수에 황산을 넣어 pH 5.8~6.3으로 맞춘 용매(mL)를 1:10(W:V)의 비로 2,000mL 삼각플라스크에 넣어 혼합한다.
㉰ 조제한 시료 100g 이상을 정밀히 달아 정제수에 질산을 넣어 pH 5.8~6.3으로 맞춘 용매(mL)를 1:10(W:V)의 비로 2,000mL 삼각플라스크에 넣어 혼합한다.
㉱ 조제한 시료 100g 이상을 정밀히 달아 정제수에 탄산을 넣어 pH 5.8~6.3으로 맞춘 용매(mL)를 1:10(W:V)의 비로 2,000mL 삼각플라스크에 넣어 혼합한다.

47 기체크로마토그래피 분석법으로 측정하여야 하는 항목은 어느 것인가?

㉮ 유기인 ㉯ 시안
㉰ 기름성분 ㉱ 비소

풀이 항목별 분석방법
㉮ 유기인 : 기체크로마토그래피
㉯ 시안 : 자외선/가시선 분광법, 이온전극법
㉰ 기름성분 : 중량법
㉱ 비소 : 원자흡수분광광도법, 유도결합플라스마-원자발광분광법, 자외선/가시선 분광법

48 흡광도가 0.35인 시료의 투과도는 얼마인가?

㉮ 0.447 ㉯ 0.547
㉰ 0.647 ㉱ 0.747

 흡광도(A) $= \log \dfrac{1}{투과도}$

투과도 $= 10^{-A} = 10^{-0.35} = 0.447$

49 $K_2Cr_2O_7$을 사용하여 크롬 표준원액 (100mg Cr/L) 100mL를 제조할 때 $K_2Cr_2O_7$은 얼마나 취해야 하는가? (단, 원자량 K = 39, Cr = 52, O = 16)

㉮ 14.1mg ㉯ 28.3mg
㉰ 35.4mg ㉱ 56.5mg

 $K_2Cr_2O_7$: $2Cr^{3+}$
294g : 2×52g
X : 100mg/L × 0.1L

∴ X $= \dfrac{294g \times 100mg/L \times 0.1L}{2 \times 52g} = 28.27mg$

50
다음은 자외선/가시선 분광법으로 비소를 측정하는 내용이다. ( )안에 알맞은 것은?

> 시료 중의 비소를 3가 비소로 환원시킨 다음 아연을 넣어 발생되는 비화수소를 다이에틸다이티오카르바민산은의 피리딘용액에 흡수시켜 이때 나타나는 ( )에서 측정하는 방법이다.

㉮ 적자색의 흡광도를 430nm
㉯ 적자색의 흡광도를 530nm
㉰ 청색의 흡광도를 430nm
㉱ 청색의 흡광도를 530nm

51
폐기물의 pH(유리전극법)측정 시 사용되는 표준용액으로 틀린 것은 어느 것인가?

㉮ 수산염 표준용액
㉯ 수산화칼슘 표준용액
㉰ 황산염 표준용액
㉱ 프탈산염 표준용액

▶ 표준물질의 종류로는 수산염표준액, 프탈산염표준액, 인산염표준액, 붕산염표준액, 탄산염표준액, 수산화칼슘표준액이 있다.

52
자외선/가시선 분광법으로 수은을 측정하는 방법이다. ( )에 들어갈 말은 어느 것인가?

> 수은을 황산 산성에서 디티존사염화탄소로 일차 추출하고, 브롬화칼륨 존재하에 황산 산성에서 역추출하여 방해성분과 분리한 다음, 알칼리성에서 디티존사염화탄소로 수은을 추출하여 ( )에서 흡광도 측정

㉮ 340nm ㉯ 490nm
㉰ 540nm ㉱ 580nm

53
시료의 전처리 방법 중 다량의 점토질 또는 규산염을 함유한 시료에 적용하는 것은 어느 것인가?

㉮ 질산 - 과염소산 분해법
㉯ 질산 - 과염소산 - 불화수소산 분해법
㉰ 질산 - 과염소산 - 염화수소산 분해법
㉱ 질산 - 과염소산 - 황화수소산 분해법

▶ ㉯ 질산 - 과염소산 - 불화수소산 분해법에 대한 설명이다.

정답 50 ㉯ 51 ㉰ 52 ㉯ 53 ㉯

54 폐기물공정시험법의 시약 및 용액의 조제 방법에 대한 내용이다. ( )에 들어갈 말은 어느 것인가?

> 수산화나트륨용액(1M)을 조제할 때 수산화나트륨 42g을 물 95mL에 넣어 녹이고, 새로 만든 ( )용액을 침전이 생기지 않을 때까지 한 방울씩 떨어뜨려 잘 섞고, 마개를 하여 24시간 방치한 다음 여과하여 사용한다.

㉮ 시안화칼륨 ㉯ 산화칼슘
㉰ 수산화바륨 ㉱ 에틸알콜

55 성상에 따른 시료의 채취 방법으로 틀린 것은 어느 것인가?

㉮ 고상혼합물의 경우 적당한 채취 도구를 사용하며 한 번에 일정량씩 채취한다.
㉯ 액상혼합물의 경우 원칙적으로 최종지점의 낙하구에서 흐르는 도중에 채취한다.
㉰ 액상혼합물이 용기에 들어 있는 경우 잘 혼합하여 균일한 상태로 하여 채취한다.
㉱ 대형 콘크리트 고형화물로서 분쇄가 어려울 경우에는 임의의 5개소에서 채취하여 각각 파쇄하여 50g씩 균등량을 혼합하여 채취한다.

[풀이] ㉱ 대형 콘크리트 고형화물로서 분쇄가 어려울 경우에는 임의의 5개소에서 채취하여 각각 파쇄하여 100g씩 균등량을 혼합하여 채취한다.

56 대상폐기물의 양이 2,000톤인 경우 채취할 현장 시료의 최소수는 얼마인가?

㉮ 24 ㉯ 36
㉰ 50 ㉱ 60

[풀이] 대상폐기물의 양과 시료의 최소 수

대상폐기물의 양 (단위 : ton)	시료의 최소 수	대상폐기물의 양 (단위 : ton)	시료의 최소 수
~1 미만	6	100 이상~500 미만	30
1 이상~5 미만	10	500 이상~1,000 미만	36
5 이상~30 미만	14	1,000 이상~5,000 미만	50
30 이상~100 미만	20	5,000 이상	60

57 다음 설명에 해당하는 시료의 분할 채취 방법은 어느 것인가?

> • 모아진 대시료를 네모꼴로 얇게 균일한 두께로 편다.
> • 이것을 가로 4등분, 세로 5등분하여 20개의 덩어리로 나눈다.
> • 20개의 각 부분에서 균등한 양을 취한 후 혼합하여 하나의 시료로 한다.

㉮ 교호삽법 ㉯ 구획법
㉰ 균등분할법 ㉱ 원추4분법

[풀이] ㉯ 구획법에 대한 설명이다.

정답 54 ㉰ 55 ㉱ 56 ㉰ 57 ㉯

58 기체크로마토그래피-질량분석법에 따른 유기인 분석방법으로 틀린 것은 어느 것인가?

㉮ 운반기체는 부피백분율 99.999% 이상의 헬륨을 사용한다.
㉯ 질량분석기는 자기장형, 사중극자형 및 이온트랩형 등의 성능을 가진 것을 사용한다.
㉰ 질량분석기의 이온화방식은 전자충격법(EI)을 사용하며 이온화에너지는 35~50eV을 사용한다.
㉱ 질량분석기의 정량분석에는 메트릭스 검출법을 이용하는 것이 바람직하다.

풀이 ㉱ 질량분석기의 정량분석에는 선택이온 검출법을 이용하는 것이 바람직하다.

59 ICP 분석에서 시료가 도입되는 플라스마의 온도범위는 얼마인가?

㉮ 1,000~3,000K ㉯ 3,000~6,000K
㉰ 6,000~8,000K ㉱ 15,000~20,000K

60 수은을 원자흡수분광광도법으로 측정하는 방법이다. ( )에 들어갈 알맞은 말은?

> 시료 중 수은을 ( )을 넣어 금속수은으로 환원시킨 다음 이 용액에 통기하여 발생하는 수은증기를 원자흡수분광광도법으로 정량한다.

㉮ 아연분말
㉯ 이염화주석
㉰ 염산하이드록실아민
㉱ 과망간산칼륨

풀이 수은의 원자흡수분광광도법
① 환원제 : 이염화주석
② 측정파장 : 253.7nm
③ 불꽃 : 공기-아세틸렌
④ 정량한계 : 0.0005mg/L

제4과목 폐기물관계법규

61 폐기물 발생 억제 지침 준수의무 대상 배출자의 규모기준으로 알맞은 것은 어느 것인가?

㉮ 최근 3년간의 연평균 배출량을 기준으로 지정폐기물을 300톤 이상 배출하는 자
㉯ 최근 3년간의 연평균 배출량을 기준으로 지정폐기물을 500톤 이상 배출하는 자
㉰ 최근 3년간의 연평균 배출량을 기준으로 지정폐기물 외의 폐기물을 500톤 이상 배출하는 자
㉱ 최근 3년간의 연평균 배출량을 기준으로 지정폐기물 외의 폐기물을 1,000톤 이상 배출하는 자

풀이 폐기물 발생 억제 지침 준수의무 대상 배출자의 규모기준
① 최근 3년간의 연평균 배출량을 기준으로 지정폐기물을 100톤 이상 배출하는 자
② 최근 3년간의 연평균 배출량을 기준으로 지정폐기물 외의 폐기물을 1천톤 이상 배출하는 자

62 폐기물 감량화시설의 종류가 아닌 것은 어느 것인가?

㉮ 폐기물 자원화 시설
㉯ 폐기물 재이용 시설
㉰ 폐기물 재활용 시설
㉱ 공정 개선 시설

[풀이] 폐기물 감량화시설의 종류에는 폐기물 재이용 시설, 폐기물 재활용 시설, 공정 개선시설, 폐기물 감량화시설이 있다.

63 다음은 폐기물처리업에 대한 과징금에 관한 내용이다. ( )안에 적당한 것은?

> 환경부장관이나 시·도지사는 사업장의 사업규모, 사업지역의 특수성, 위반행위의 정도 및 횟수 등을 고려하여 법의 규정에 따른 과징금 금액의 ( ) 범위에서 가중하거나 감경할 수 있다. 다만 가중하는 경우에는 과징금의 총액이 1억원을 초과할 수 없다.

㉮ 2분의 1   ㉯ 3분의 1
㉰ 4분의 1   ㉱ 5분의 1

64 음식물류 폐기물 발생억제 계획의 수립 주기는 얼마인가?

㉮ 1년   ㉯ 2년
㉰ 3년   ㉱ 5년

65 폐기물 처분시설 또는 재활용시설 중 음식물류 폐기물을 대상으로 하는 시설의 기술관리인 자격기준으로 잘못된 것은 어느 것인가?

㉮ 산업위생산업기사
㉯ 화공산업기사
㉰ 토목산업기사
㉱ 전기기사

[풀이] 음식물류 폐기물을 대상으로 하는 시설의 기술관리인 자격기준은 폐기물처리산업기사, 수질환경산업기사, 화공산업기사, 토목산업기사, 대기환경산업기사, 기계기사, 전기기사 중 1명 이상이다.

66 폐기물처리시설 주변지역 영향조사 기준 중 결과보고에 관한 내용으로 조사 완료 후 며칠 이내에 시·도지사나 지방환경관서의 장에게 그 결과를 제출하여야 하는가?

㉮ 5일   ㉯ 10일
㉰ 15일   ㉱ 30일

67 의료폐기물 중 위해의료폐기물인 생물·화학폐기물에 해당되지 않는 것은 어느 것인가?

㉮ 폐백신   ㉯ 폐항암제
㉰ 폐생물치료제   ㉱ 폐화학치료제

[풀이] 생물·화학폐기물에는 폐백신, 폐항암제, 폐화학치료제가 있다.

정답 62 ㉮ 63 ㉮ 64 ㉱ 65 ㉮ 66 ㉱ 67 ㉰

68 폐기물처리시설 중 매립시설의 기술관리인의 자격기준으로 틀린 것은 어느 것인가?

㉮ 화공기사 ㉯ 일반기계기사
㉰ 건설기계기사 ㉱ 전기공사기사

> 풀이) 매립시설의 기술관리인의 자격기준으로는 폐기물처리기사, 수질환경기사, 토목기사, 일반기계기사, 건설기계기사, 화공기사, 토양환경기사 중 1명 이상이다.

69 설치신고대상 폐기물처리시설 기준으로 틀린 것은 어느 것인가?

㉮ 일반소각시설로서 1일 처분능력이 100톤(지정폐기물의 경우에는 10톤) 미만인 시설
㉯ 생물학적 처분시설로서 1일 처분능력이 100톤 미만인 시설
㉰ 소각열회수시설로서 시간당 재활용능력이 100킬로그램 미만인 시설
㉱ 기계적 처분시설 또는 재활용시설 중 탈수·건조 시설, 멸균분쇄시설 및 화학적 처분시설 또는 재활용시설

> 풀이) ㉰ 소각열회수시설로서 1일 재활용능력이 100톤 미만인 시설

70 폐기물의 재활용을 위한 에너지 회수기준으로 알맞은 것은 어느 것인가?

㉮ 환경부장관이 정하여 고시하는 경우 외에는 폐기물의 30퍼센트 이상을 원료나 재료로 재활용하고 그 나머지 중에서 에너지의 회수에 이용할 것
㉯ 환경부장관이 정하여 고시하는 경우 외에는 폐기물의 50퍼센트 이상을 원료나 재료로 재활용하고 그 나머지 중에서 에너지의 회수에 이용할 것
㉰ 환경부장관이 정하여 고시하는 경우에는 폐기물의 30퍼센트 이상을 원료나 재료로 재활용하고 그 나머지 중에서 에너지의 회수에 이용할 것
㉱ 환경부장관이 정하여 고시하는 경우에는 폐기물의 50퍼센트 이상을 원료나 재료로 재활용하고 그 나머지 중에서 에너지의 회수에 이용할 것

71 시·도지사나 지방환경관서의 장이 폐기물처리 시설의 개선명령을 명할 때 개선 등에 필요한 조치의 내용, 시설의 종류 등을 고려하여 정하여야 하는 기간은 얼마인가? (단, 연장기간은 고려하지 않음)

㉮ 3개월 ㉯ 6개월
㉰ 1년 ㉱ 1년 6개월

> 풀이) 개선기간 1년, 기간연장 6개월이다.

정답) 68 ㉱ 69 ㉰ 70 ㉰ 71 ㉰

72 폐기물처리업의 허가를 받을 수 없는 자의 기준으로 틀린 것은 어느 것인가?

㉮ 미성년자, 피성년후견인 또는 피한정후견인
㉯ 파산선고를 받은 자로서 파산선고를 받은 날부터 2년이 지나지 아니한 자
㉰ 금고 이상의 실형을 선고받고 그 형의 집행이 끝나거나 집행을 받지 아니하기로 확정된 후 10년이 지나지 아니한 자
㉱ 금고 이상의 형의 집행유예를 선고받고 그 집행유예 기간이 끝난 날부터 5년이 지나지 아니한 자

 ㉯ 파산선고를 받고 복권되지 아니한 자

> **Tip**
> **폐기물처리업의 허가를 받을 수 없는 자의 기준**
> ① 미성년자, 피성년후견인 또는 피한정후견인
> ② 파산선고를 받고 복권되지 아니한 자
> ③ 이 법을 위반하여 금고 이상의 실형을 선고받고 그 형의 집행이 끝나거나 집행을 받지 아니하기로 확정된 후 10년이 지나지 아니한 자
> ④ 이 법을 위반하여 금고 이상의 형의 집행유예를 선고받고 그 집행유예 기간이 끝난 날부터 5년이 지나지 아니한 자
> ⑤ 이 법을 위반하여 대통령령으로 정하는 벌금형 이상을 선고받고 그 형이 확정된 날부터 5년이 지나지 아니한 자
> ⑥ 폐기물처리업의 허가가 취소되거나 전용용기 제조업의 등록이 취소된 자로서 그 허가 또는 등록이 취소된 날부터 10년이 지나지 아니한 자

73 지정폐기물(의료폐기물은 제외) 보관창고에 설치해야 하는 지정폐기물의 종류, 보관가능 용량, 취급 시 주의사항 및 관리책임자 등을 기재한 표지판 표지의 규격 기준으로 알맞은 것은 어느 것인가? (단, 드럼 등 소형용기에 붙이는 경우 제외)

㉮ 가로 60센티미터 이상×세로 40센티미터 이상
㉯ 가로 80센티미터 이상×세로 60센티미터 이상
㉰ 가로 100센티미터 이상×세로 80센티미터 이상
㉱ 가로 120센티미터 이상×세로 100센티미터 이상

74 폐기물처리업자가 방치한 폐기물의 경우, 폐기물처리 공제조합에 처리를 명할 수 있는 방치폐기물의 처리량은 그 폐기물처리업자의 폐기물 허용보관량의 몇 배 이내인가?

㉮ 1.5배 이내   ㉯ 2.0배 이내
㉰ 2.5배 이내   ㉱ 3.0배 이내

 방치폐기물의 처리량
① 폐기물처리업자가 방치한 폐기물 : 허용보관량의 2배 이내
② 폐기물처리 신고자가 방치한 폐기물 : 허용보관량의 2배 이내

정답 72 ㉯ 73 ㉮ 74 ㉯

75 폐기물처리담당자 등이 이수하여야 하는 교육과정으로 틀린 것은 어느 것인가?

㉮ 사업장폐기물배출자 과정
㉯ 폐기물처리업 기술요원 과정
㉰ 폐기물 재활용시설 기술요원 과정
㉱ 폐기물 처분시설 기술담당자 과정

풀이 폐기물처리담당자 등이 이수하여야 하는 교육과정
① 사업장폐기물배출자 과정
② 폐기물처리업 기술요원 과정
③ 폐기물처리 신고자 과정
④ 폐기물 처분시설 또는 재활용시설 기술담당자 과정

76 폐기물처리시설 주변 지역 영향조사 기준 중 조사지점에 관한 기준으로 틀린 것은 어느 것인가?

㉮ 미세먼지와 다이옥신 조사지점은 해당 시설에 인접한 주거지역 중 3개소 이상 지역의 일정한 곳으로 한다.
㉯ 악취 조사지점은 매립시설에 가장 인접한 주거지역에서 냄새가 가장 심한 곳으로 한다.
㉰ 토양 조사지점은 매립시설에 인접하여 토양오염이 우려되는 4개소 이상의 일정한 곳으로 한다.
㉱ 지하수 조사지점은 매립시설에 설치된 2개소 이상의 지하수 검사정으로 한다.

풀이 ㉱ 지하수 조사지점은 매립시설에 설치된 3개소 이상의 지하수 검사정으로 한다.

77 폐기물처리업자 또는 폐기물처리신고자의 휴업·폐업 등의 신고에 관한 내용이다. ( )안에 들어갈 알맞은 말은?

> 폐기물처리업자나 폐기물처리 신고자가 휴업·폐업 또는 재개업을 한 경우에는 휴업·폐업 또는 재개업을 한 날부터 ( )에 신고서에 해당 서류를 첨부하여 시·도지사나 지방환경관서의 장에게 제출하여야 한다.

㉮ 10일 이내   ㉯ 15일 이내
㉰ 20일 이내   ㉱ 30일 이내

78 폐기물처리 신고자의 준수사항 기준이다. ( )에 들어갈 알맞은 말은?

> 정당한 사유 없이 계속하여 ( ) 이상 휴업하여서는 아니 된다.

㉮ 6월   ㉯ 1년
㉰ 2년   ㉱ 3년

정답 75 ㉰ 76 ㉱ 77 ㉰ 78 ㉯

79 관계 서류나 시설 또는 장비 등을 검사하기 위하여 관계공무원의 사무소 또는 사업장의 출입·검사를 거부·방해 또는 기피한 자에 대한 과태료 처분 기준은 어느 것인가?

㉮ 100만원 이하의 과태료
㉯ 200만원 이하의 과태료
㉰ 300만원 이하의 과태료
㉱ 1,000만원 이하의 과태료

풀이 ㉮ 100만원 이하의 과태료에 해당한다.

※ 알림
CBT 시험문제는 수강생들이 복원한 문제를 중심으로 구성되어 있으므로 실제 출제된 문제와 다소 차이가 있을 수 있음을 알려드립니다.
저자는 수험생들이 원하시는 보다 알차고 보다 쉽게 공부할 수 있는 수험서를 만들기 위해 항상 최선의 노력을 다하고 있습니다.

80 폐기물 처리시설 중 차단형 매립시설의 정기검사 항목으로 틀린 것은 어느 것인가?

㉮ 소화장비 설치·관리실태
㉯ 축대벽의 안정성
㉰ 사용종료매립지 밀폐상태
㉱ 침출수집배수시설의 기능

풀이 ㉱번은 관리형 매립시설의 정기검사에 해당한다.

> **Tip**
> **차단형 매립시설의 정기검사 항목**
> ① 소화장비 설치·관리실태
> ② 축대벽의 안정성
> ③ 사용종료매립지 밀폐상태
> ④ 빗물·지하수 유입방지 조치

정답 79 ㉮ 80 ㉱

폐기물처리산업기사 과년도문제해설

초 판 인쇄 | 2013년 9월 1일
초 판 발행 | 2013년 9월 5일
개정 6판 발행 | 2022년 1월 10일
개정 7판 발행 | 2023년 1월 10일
개정 8판 발행 | 2024년 1월 10일

저 자 | 전화택
발행인 | 조규백
발행처 | 도서출판 구민사
　　　　(07293) 서울특별시 영등포구 문래북로 116, 604호(문래동3가 46, 트리플렉스)
전화 (02) 701-7421(~2)
팩스 (02) 3273-9642
홈페이지 www.kuhminsa.co.kr

신고번호 | 제2012-000055호(1980년 2월 4일)
I S B N | 979-11-6875-287-0　　13500

값 34,000원

※ 낙장 및 파본은 구입하신 서점에서 바꿔드립니다.
※ 본서를 허락없이 부분 또는 전부를 무단복제, 게재행위는 저작권법에 저촉됩니다.

폐기물처리산업기사 과년도문제해설

초 판 인쇄 | 2013년 9월 1일
초 판 발행 | 2013년 9월 5일
개정 6판 발행 | 2022년 1월 10일
개정 7판 발행 | 2023년 1월 10일
개정 8판 발행 | 2024년 1월 10일

저 자 | 전화택
발행인 | 조규백
발행처 | 도서출판 구민사
        (07293) 서울특별시 영등포구 문래북로 116, 604호(문래동3가 46, 트리플렉스)
전화 (02) 701-7421(~2)
팩스 (02) 3273-9642
홈페이지 www.kuhminsa.co.kr

신고번호 | 제2012-000055호(1980년 2월 4일)
ISBN | 979-11-6875-287-0   13500

값 34,000원

※ 낙장 및 파본은 구입하신 서점에서 바꿔드립니다.
※ 본서를 허락없이 부분 또는 전부를 무단복제, 게재행위는 저작권법에 저촉됩니다.